物联网与云计算关键技术丛书

物联网

射频识别（RFID）核心技术详解

（第3版）

Radio Frequency Identification Development Internals

■ 黄玉兰 编著

人 民 邮 电 出 版 社

北 京

图书在版编目（CIP）数据

物联网：射频识别（RFID）核心技术详解 / 黄玉兰编著. -- 3版. -- 北京：人民邮电出版社，2016.12（2022.1重印）
ISBN 978-7-115-43818-8

Ⅰ. ①物… Ⅱ. ①黄… Ⅲ. ①射频－无线电信号－信号识别 Ⅳ. ①TN911.23

中国版本图书馆CIP数据核字(2016)第278676号

内容提要

本书内容共6篇18章，全面介绍了物联网RFID系统及其工作原理。系统架构篇介绍了物联网RFID的概念、产生背景、发展历程、基本组成和系统架构。无线传输篇、射频前端篇、数字通信篇和体系标准篇讲解了物联网RFID工作流程、工作原理、理论数据、工程举例、各国规范和标准体系，主要内容包括RFID使用频率、无线传播、电磁能量收发、天线技术、射频前端电路、编码与调制、数据完整性、数据安全性、电子标签体系结构、读写器体系结构、中间件和标准体系。应用实例篇介绍了物联网RFID在各个领域的典型应用实例。书中每篇均有内容导读，每章都配有小结、思考题和练习题，列举了具有实用价值和工程数据的例题，书末附有习题答案，便于学习。

本书分篇细致介绍，内容丰富详实，论述系统全面，同时具有可读性，不仅讲解了物联网RFID基础知识和基本原理，给出了理论认知和理论计算，而且介绍了国内外发展现状、实践切入点、技术数据、仿真设计和解决方案。

对于从事物联网RFID工作的工程师，本书是一本很好的参考书。本书适合作为高等院校通信、电子、物联网和自动控制类学生的教材。

◆ 编　　著　黄玉兰
责任编辑　李永涛
责任印制　杨林杰

◆ 人民邮电出版社出版发行　　北京市丰台区成寿寺路11号
邮编　100164　　电子邮件　315@ptpress.com.cn
网址　https://www.ptpress.com.cn
涿州市京南印刷厂印刷

◆ 开本：787×1092　1/16
印张：28　　2016年12月第3版
字数：698千字　　2022年1月河北第19次印刷

定价：59.00元

读者服务热线：(010)81055410　印装质量热线：(010)81055316
反盗版热线：(010)81055315

第 3 版前言

第 3 版说明

《物联网：射频识别（RFID）核心技术详解》2010 年出版，2011 年 11 月荣获陕西省普通高等学校优秀教材一等奖，2012 年修订完成第 2 版，已经重印 7 次。

为适应物联网与射频识别的迅速发展，对第 2 版又进行了修订。本版保留了原书中心明确、层次清楚、论述流畅的特点，在保持原书基本风格不变的前提下，对全书进行了全面更新和完善。本版在第 2 版的基础上做了如下修订。

- 本版分 6 篇详细介绍。本书第 2 版分为系统架构、工作原理和应用实例 3 篇。本版分为系统架构、无线传输、射频前端、数字通信、体系标准和应用实例 6 篇，将工作原理进行细化，视角更全面，内容更详实，并给出了每篇的内容导读。
- 修订了系统架构的部分内容。本版更换并增加了部分电子标签和读写器的实物插图，完善了 RFID 基本组成的内容，完善了 EPC 系统的内容，将 RFID 标准化组织的内容并入体系标准篇。
- 新增了无线传输的部分内容。本版增加了各国以 e.i.r.p 和 e.r.p 功率计的 RFID 辐射功率的内容，增加了发射与接收关系的弗里斯方程，增加了电磁场计算和能量转换的内容，增加了传输距离和环境影响的内容，增加了标签散射、雷达截面和反向接收功率的内容。
- 调整了射频前端的部分内容。本版将天线基础和 RFID 天线这 2 章的内容合并为 1 章，缩减了 RFID 谐振电路的内容，调整了微波 RFID 射频前端电路的内容。
- 新增了数字通信的部分内容。本版增加了 PIE 和 FM0 编码的内容，增加了编码预期性能和 RFID 标准的编码类型，增加了调制目的和 RFID 标准的调制方式，增加了 CRC 和 LRC 校验例题，增加了 RFID 标准的误码检测内容，增加了 RFID 防碰撞算法和防碰撞协议，增加了 RFID 单信道体制和通信资源利用，增加了 RFID 安全和隐私举例，增加了 DES 加密算法，增加了 RFID 物理、相互对称鉴别和基于哈希函数的安全机制。
- 新增和修订了体系标准的部分内容。本版增加了声表面波计算和基衬材料的内容，增加了声表面波标签使用频段和干扰计算的内容，完善了电子标签基本功能模块的内容，增加了标签信息编码规则和编码结构的内容，增加了“主-从”原则中读写器的内容，完善了读写器基本功能模块的内容，增加了微波读写器实例，完善了 RFID 标准化组织的内容。
- 新增和修订了应用实例的部分内容。本版增加了物联网 RFID 在铁路领域应用的实例，增加了物联网 RFID 在安全领域应用的实例，并调整了部分实例内容。
- 为便于学习，增加了每篇的内容导读和每章的小结，还增加了几十个例题和一部分习题，并提供了习题答案。

行业背景

“物联网”是在“互联网”的基础上，将用户端延伸和扩展到任何物品，进行信息交换和通信的一种网络。当物联网最初在美国被提出时，还只是停留在给全球每个物品一个编码，实现物品跟踪与信息传递的设想。如今，物联网被称为继计算机、互联网之后世界信息产业的第三次浪潮，物联网已经上升为国家战略，成为下一阶段 IT 产业的任务。在物联网时代，人类在信息与通信的世界里将获得一个新的沟通维度，从任何时间、任何地点人与人之间的沟通和连接，扩展到任何时间、任何地点人与物、物与物之间的沟通和连接。

射频识别（Radio Frequency Identification，RFID）通过无线射频方式获取物体的相关数据，并对物体加以识别，是一种非接触式的自动识别技术。RFID 通过射频信号自动识别目标对象并获取相关数据，识别工作无须人工干预，可以识别高速运动的物体，可以同时识别多个目标，可以实现远程读取，并可以工作于各种恶劣环境。RFID 技术无须与被识别物体直接接触，即可完成物体信息的输入和处理，能快速、实时、准确地采集和处理物体信息，是 21 世纪十大重要技术之一。

在物联网中，RFID 技术是实现物联网的关键技术。RFID 技术与互联网、移动通信等技术相结合，可以实现全球范围内物体的跟踪与信息的共享，从而给物体赋予智能，实现人与物体及物体与物体的沟通和对话，最终构成联通万事万物的物联网。

关于本书

编写本书的初衷有 3 方面。一是介绍物联网的系统架构，给出物联网与 RFID 之间的关系，使读者领悟 RFID 在物联网中所处的地位和作用；二是给出工作原理，这些工作原理可以构成完整的物联网 RFID 解决方案；三是给出物联网 RFID 的应用实例，使读者认识到物联网的时代即将来临，物联网 RFID 将对社会经济的各个领域产生重大影响。

本书内容组织方式

本书分为 6 篇，共 18 章内容。第 1 篇（第 1 章～第 3 章）为物联网 RFID 系统架构篇，介绍了物联网 RFID 概念、产生背景、发展历程、基本组成和系统架构。第 2 篇～第 5 篇详述了物联网 RFID 的工作原理，其中，第 2 篇（第 4 章～第 5 章）为物联网 RFID 无线传输篇，介绍了 RFID 使用频率、无线传播和电磁能量收发；第 3 篇（第 6 章～第 8 章）为物联网 RFID 射频前端篇，介绍了 RFID 天线和射频前端电路；第 4 篇（第 9 章～第 11 章）为物联网 RFID 数字通信篇，介绍了 RFID 编码、调制、数据校验、防碰撞算法、安全与隐私解决机制；第 5 篇（第 12 章～第 15 章）为物联网 RFID 体系标准篇，介绍了电子标签体系结构、读写器体系结构、中间件和标准体系；第 6 篇（第 16 章～第 18 章）为物联网 RFID 应用实例篇，介绍了物联网 RFID 在航空、铁路、公路、制造、物流、防伪和安全领域的典型应用实例。

本书作者

本书由西安邮电大学黄玉兰教授编著。中国科学院西安光学精密机械研究所、中国科学院大学通信与信息系统专业的博士生夏璞协助完成了本书的插图工作，并协助整理了物联网和 RFID 的技术资料，在此表示感谢。本书受到西安邮电大学的资助（JGA201502）。

由于作者时间和水平有限，书中难免会有缺点和错误，敬请广大专家和读者予以指正。（电子邮箱：huangyulan10@sina.com）。

编者

2016 年 10 月

第 2 版前言

第 2 版说明

《物联网：射频识别（RFID）核心技术详解》自 2010 年出版以来，受到广大读者的一致好评，已经多次印刷。2011 年 11 月荣获陕西省普通高等学校优秀教材一等奖。

为适应物联网与射频识别的迅速发展，对第 1 版进行了修订。第 2 版修订如下。

- 修订了与物联网相关的内容。自 2009 年我国大力提倡物联网以来，物联网已经上升为 7 个国家战略性新兴产业之一，得到政府、学术和产业界的关注，近 3 年来，物联网的概念、起源、架构和技术日渐清晰。第 2 版在第 1 篇增加了物联网的概念和起源等具体内容，增加了物联网 EPC 系统的架构等具体内容，并更换了部分实物插图，以适应物联网的迅速发展。
- 增加了 RFID 技术的内容。本书增加了“我国 800/900MHz 频段射频识别（RFID）技术应用规定”，增加了数据完整性的基础理论，增加了 IBM 和微软公司中间件产品的介绍，并增加了部分实物插图。
- 调整了物联网 RFID 应用实例的内容。本书修改了第 3 篇部分章节的题目，更换了部分插图，并调整了部分实例内容。
- 为便于学习，各章后都增加了习题。

本书内容组织方式

本书内容分为 3 篇，共 17 章。其中，第 1 篇（第 1 章～第 3 章）为物联网 RFID 系统架构篇，系统地介绍了物联网的概念、RFID 的概念、RFID 的发展历程、物联网 RFID 的系统架构和 5 个组成部分；第 2 篇（第 4 章～第 14 章）为 RFID 工作原理篇，系统地介绍了 RFID 的工作频率、电子标签和读写器的天线、电子标签和读写器的射频前端电路、编码与调制、数据的完整性与数据的安全性、电子标签的体系结构、读写器的体系结构、中间件和 RFID 标准体系；第 3 篇（第 15 章～第 17 章）为物联网 RFID 应用实例篇，介绍了物联网 RFID 在不同领域的典型应用实例。

本书作者

本书由西安邮电大学黄玉兰撰写。中国科学院西安光学精密机械研究所通信与信息系统专业的研究生夏璞协助完成了本书的插图工作，并协助整理了物联网和 RFID 的技术资料，在此表示感谢。夏岩提供了一些物联网和 RFID 的应用资料，夏岩在西门子工作多年，实践经验丰富，在本书的编写中给出了一些建议，在此表示感谢。

由于作者时间和水平有限，书中难免会有缺点和错误，敬请广大专家和读者予以指正。（电子邮件：huangyulan10@sina.com）。

编者

2012 年 11 月

目录

第 1 篇　物联网 RFID 系统架构

内容导读

第 1 篇“物联网 RFID 系统架构”共有 3 章内容。射频识别（Radio Frequency Identification，RFID）经历了从闭环应用到开环应用的发展历程，并促成了物联网（The Internet of Things，IOT）概念的诞生。

- 第 1 章“物联网与 RFID 技术”简要地介绍了物联网的概念、RFID 的概念、RFID 的发展历程和 RFID 在物联网中的作用。RFID 是一种自动识别技术，物联网起源于 RFID 领域，基于物联网的 RFID 应用将十分广泛。
- 第 2 章“RFID 系统的基本构成”介绍了 RFID 系统的基本组成部分。RFID 系统是由电子标签、读写器和系统高层构成，电子标签用来标志物体，读写器用来读写电子标签的信息，系统高层管理电子标签和读写器。
- 第 3 章“物联网 RFID 体系架构”以 EPC 系统为基础，介绍了物联网 RFID 体系架构。1999 年，美国麻省理工学院（MIT）构想为全球所有物品都提供 EPC 码，EPC 系统将 RFID 的闭环应用拓展到开环应用。EPC 系统利用 RFID 技术识别物品，利用 EPC 码、中间件、名称解析服务和信息发布服务将物品的信息发布到互联网上，目标是构建全球的、开放的、物品标识的物联网。

第1章 物联网与RFID技术

物联网是在互联网的基础上，将用户端延伸和扩展到任何物体，进行信息交换和通信的一种网络。当物联网最初在美国被提出时，还只是停留在给全球每个物品一个代码，实现物品跟踪与信息传递的设想上。如今，物联网已经成为国家战略，物联网本身则被称为继计算机、互联网之后世界信息产业的第三次浪潮。在物联网时代，人类在信息与通信的世界里将获得一个新的沟通维度，从任何时间、任何地点的人与人之间的沟通和连接，扩展到任何时间、任何地点的人与物和物与物之间的沟通和连接。互联网时代，人与人之间的距离变小了；而继互联网之后的物联网时代，则是人与物、物与物之间的距离变小了。

在物联网中，RFID 技术是实现物联网的关键技术。RFID 技术是一种自动识别技术，它利用射频信号实现无接触信息传递，达到物体识别的目的。RFID 技术与互联网、移动通信等技术相结合，可以实现全球范围内物体的跟踪与信息的共享，从而给物体赋予智能，实现人与物体及物体与物体的沟通和对话，最终构成联通万事万物的物联网。

本章将介绍物联网和 RFID 技术的基本概况。本章首先介绍物联网的概念和 RFID 的概念，介绍 RFID 技术的发展历程，并介绍物联网起源于 RFID 领域；然后介绍物品的自动识别技术，RFID 是一种自动识别技术，通过条码识别、磁卡识别、IC 卡识别和 RFID 的比较，介绍 RFID 技术与其他自动识别技术相比的优势；最后介绍物联网 RFID 技术的应用领域和应用前景。

1.1 物联网起源于射频识别（RFID）领域

1.1.1 物联网和 RFID 的概念

物联网的定义是：通过射频识别（RFID，Radio Frequency Identification）、传感器、全球定位系统、激光扫描器等信息传感设备，按照约定的协议，把任何物体与互联网连接起来，进行信息交换和通信，以实现智能化识别、定位、跟踪、监控和管理的一种网络。

物联网的英文名称为 The Internet of Things。由该名称可见，物联网就是“物与物相连的互联网”。这有两层意思，第一，物联网的核心和基础仍然是互联网，是在互联网基础之上延伸和扩展的一种网络；第二，其用户端延伸和扩展到了任何物体，在物体之间进行信息的交换和通信。

射频识别（RFID）是一种自动识别技术。RFID 通过无线射频信号获取物体的相关数据，并对物体加以识别。RFID 技术无须与被识别物体直接接触，即可完成物体信息的输入和处理，能快速、实时、准确地采集和处理物体的信息。

RFID 以电子标签来标志某个物体。电子标签包含电子芯片和天线，电子芯片用来存储物体的数据，天线用来收发无线电波。电子标签的天线通过无线电波将物体的数据发射到附近的 RFID 读写器，RFID 读写器就会接收物体的数据，并对数据进行处理。RFID 无须人工干预，可以工作于各种恶劣环境，可以识别高速运动的物体，并可以同时识别多个目标。

IT 产业下一阶段的任务，就是把新一代的 IT 技术充分运用到各行各业之中，地球上的各种物体将被普遍连接，形成物联网。在物联网中，世界上的所有物体都将“自动开口说话”，人和物体也可以“对话”，物体和物体之间也能“交流”，再借助于互联网，在世界任何一个地方人类都可以即时获取物体的信息。

在物联网中，RFID 是非常重要的技术。在物联网的构想中，每个物品都有一个电子标签，RFID 技术通过读写器自动采集电子标签的信息，再通过网络传输到中央信息系统，以实现物品的自动识别和信息共享。物联网以 RFID 系统为主要基础之一，结合已有的无线通信技术、网络技术、数据库技术和中间件技术等，将构筑一个由大量联网的读写器和无数移动的电子标签组成的，比 Internet 更为庞大的网络。

1.1.2 RFID 的发展历程

RFID 技术在 20 世纪 40 年代产生，最初单纯用于军事领域，从 20 世纪 90 年代开始在企业内部等闭环内逐步推广使用。现在随着物联网概念的产生，RFID 技术将逐步运用到各行各业之中。任何新技术的产生和发展都源于实际应用的需要，RFID 技术也不例外，从 20 世纪 40 年代起，RFID 技术经历了产生、探索阶段、成为现实阶段、推广阶段和普及阶段。RFID 技术的发展历程如下。

(1) RFID 技术的产生

20 世纪 40 年代，由于雷达技术的应用和改进，产生了 RFID 技术，也奠定了 RFID 技术的基础。RFID 的诞生源于战争的需要，二战期间，英国空军首先在飞机上使用 RFID 技术，其功能是用来分辨敌方飞机和我方飞机，这是有记录的第一个敌我 RFID 系统，也是 RFID 的第一次实际应用。

在“不列颠空战”中，德国的“BF-109”战机与英国的“飓风 MK.I”战机和“喷火 MK.I”战机十分相似，在瞬息万变的空战中不易识别敌我。为此，英军开发了无线电“敌我识别系统”。英军的无线电“敌我识别系统”大多与雷达协同工作，识别的“敌”“友”信息在雷达上显示，英军的无线电“敌我识别系统”为英国空军取得了巨大的技术优势。无线电“敌我识别系统”一般由询问器和应答器两部分组成，由询问器发射事先编好的电子脉冲码，若目标为“友”方，则应答器在接收到信号后会发射事先约定好的脉冲编码，如果对方不回答或回答错误即可认为是敌方。英军的“敌我识别系统”基本具备了 RFID 技术的主要特征，因此其成为 RFID 技术的起源。这个技术在 20 世纪 50 年代末成为世界空中交通管制系统的基础，至今还在商业和私人航空控制系统中使用。

(2) RFID 技术的探索阶段

1948 年，Harry Stockman 发表的论文“用能量反射的方法进行通信”是 RFID 理论发展的里程碑，该论文发表在“无线电工程师协会论文集”中，该论文集是 IEEE 的前身。在论文中 Harry Stockman 预言：“显然，在能量反射通信中的其他基本问题得到解决之前，在开辟它的实际应用领域之前，我们还要做相当多的研究和发展工作”。事实正如 Harry Stockman 所预言，人类花了大约 30 年时间，才解决了他所说的所有问题。

20 世纪 50 年代是 RFID 技术的探索阶段。远距离信号转发器的发明扩大了敌我识别系统的识别范围，D. B. Harris 的论文“使用可模式化被动反应器的无线电波传送系统”提出了信号模式化理论和被动标签的概念。在这个探索期，RFID 技术主要是在实验室进行研究，RFID 技术使用成本高、设备体积大。

(3) RFID 技术成为现实阶段

1960～1980 年，RFID 技术成为了现实。在理论与技术方面，无线理论及其他电子技术（如集成电路和微处理器）的发展，为 RFID 技术的商业化奠定了基础。在应用方面，20 世纪 60 年代欧洲出现了商品的电子监视器，这是 RFID 技术第一次在商业系统中应用。此后，RFID 技术逐步进入商业应用阶段，RFID 技术成为了现实。

- 20 世纪 60 年代

20 世纪 60 年代是 RFID 技术应用的初始期。在这一时期，科研人员开始尝试一些应用，一些公司引入 RFID 技术开发电子监控设备来保护财产、防止偷盗。早期的 RFID 系统是只有 1 位的电子标签系统，电子标签不需要电池，简单地附着在物品上。电子标签一旦靠近识别装置（读写器），系统就会报警，识别装置通常放在门口，用于探测电子标签的存在。

- 20 世纪 70 年代

20 世纪 70 年代是 RFID 技术应用的发展期。在这一时期，由于微电子技术的发展，科技人员开发了基于集成电路芯片的 RFID 系统，并且有了可写内存，RFID 读取速度更快、识别范围更远，降低了 RFID 技术的应用成本，减小了 RFID 设备的体积。RFID 技术成为人们研究的热门课题，各种机构都开始致力于 RFID 技术的开发，RFID 测试技术也得到加速发展，出现了一系列 RFID 技术的研究成果，RFID 产品研发处于一个大发展时期。

- 20 世纪 80 年代

20 世纪 80 年代是 RFID 技术应用的成熟期。在这一时期，RFID 技术及产品进入商业应用阶段，西方发达国家都在不同的应用领域安装和使用了 RFID 系统。例如，挪威使用了 RFID 电子收费系统，纽约港务局使用了 RFID 汽车管理系统，美国铁路用 RFID 系统识别车辆，欧洲用 RFID 电子标签跟踪野生动物来对野生动物进行研究。

(4) RFID 技术的推广阶段

20 世纪 90 年代是 RFID 技术的推广期，主要表现在发达国家配置了大量的 RFID 电子收费系统，并将 RFID 用于安全和控制系统，使射频识别的应用日益繁荣。

20 世纪 90 年代，RFID 技术在美国的公路自动收费系统得到了广泛应用。1991 年，美国俄克拉荷马州出现了世界上第一个开放式公路自动收费系统，装有 RFID 电子标签的汽车在经过收费站时无需减速停车，可以按照正常速度通过，固定在收费站的读写器在识别车辆后自动从汽车的账户上扣费，这个 RFID 系统的好处是消除了因为减速停车造成的交通堵塞。1992 年，美国休斯顿安装了世界上第一套同时具有电子收费功能和交通管理功能的 RFID 系统，借助于 RFID 的电子收费系统，科研人员开发了一些新功能，一个 RFID 电子标签可以具有多个账号，分别用于电子收费系统、停车场管理和汽车费用征收。

20 世纪 90 年代，社区和校园大门控制系统开始使用射频识别系统，RFID 技术在安全管理和人事考勤等工作中发挥了作用。

20 世纪 90 年代，世界汽车行业也开始使用射频识别系统，日本丰田公司和美国福特公司将 RFID 技术用于汽车防盗系统，汽车防盗实现了智能化。

(5) RFID 技术的普及阶段

20 世纪 90 年代末和 21 世纪初是 RFID 技术的普及期。这时，RFID 产品种类更加丰富，标准化问题日趋为人们所重视，电子标签成本不断降低，规模应用行业不断扩大，一些国家的零售商和政府机构都开始推荐 RFID 技术，RFID 比想象的更接近现实。

- RFID 技术在沃尔玛公司的应用

2003 年，美国沃尔玛公司宣布它将要求 100 个主要供应商在 2005 年 1 月前在其货箱和托盘上应用 RFID 电子标签。而且，沃尔玛还提出在 2006 年这一要求将扩展到其他的供应商，同时将很快在欧洲实施，然后在剩下的其他海外区域实施。沃尔玛是世界最大的连锁超市，沃尔玛的这一决定在全球范围内极大地推动 RFID 技术的普及。沃尔玛的高级供应商每年要把 80 亿箱到 100 亿箱货物运送到零售商店，一旦这些货箱贴上电子标签，就需要安装相关的 RFID 设施。因此，沃尔玛的这项决议使 RFID 技术在各行业的应用迅速扩展。

- RFID 技术在美国国防部的应用

对军队来说，后勤物资调动是打赢战争最为重要的保障。但是，如何把这样庞大繁杂的工作进行得迅速准确却是一大难题。在 1991 年海湾战争中，美国向中东运送了约 4 万个集装箱，但由于标识不清，其中 2 万多个集装箱不得不重新打开、登记、封装并再次投入运输系统，当战争结束后，还有 8000 多个打开的集装箱未能加以利用。

美国国防部认为，RFID 在集装箱联运跟踪和库存物资跟踪方面具有巨大的发展潜力。目前美国国防部已经在内部使用 RFID 系统，跟踪大约 40 万件物品，RFID 已经给美军后勤领域的管理带来了极大的方便。

- RFID 标准体系

本世纪初，RFID 标准体系已经初步形成。目前国际上有多种 RFID 标准体系，其中 ISO/IEC、EPCglobal 和 UID 是 3 种最主要的 RFID 标准体系。各种 RFID 标准体系相互竞争，共同促进 RFID 技术的发展。国际上多种 RFID 标准体系的竞争有利于降低我国物联网 RFID 标准的使用成本，ISO/IEC、EPCglobal 和 UID 标准体系最后是否能够成为我国的产业标准，将由我国政府和我国市场共同决定。

全球多种 RFID 标准体系包含了许多 RFID 标准，但这些 RFID 标准不一定完全符合我国的应用需求。我国认识到 RFID 标准的重要性，已经加入 RFID 标准的制订。

1.1.3 物联网的历史与未来

物联网的基本思想是美国麻省理工学院在 1999 年提出的，其核心思想是为全球每个物品提供唯一的电子标识符，实现对所有实体对象的唯一有效标识。这种电子标识符就是现在经常提到的电子产品编码（Electronic Product Code，EPC），物联网最初的构想是建立在 EPC 之上的。EPC 系统使网络的触角伸到了物体之上，通过 EPC 码来搭建自动识别全球物品的物联网，目标是实现全球物品实时识别和信息共享的网络平台。EPC 系统利用射频识别技术追踪和管理物品。在 EPC 系统中，电子标签中存储着 EPC 码，电子标签是 EPC 码的物理载体，附着在可跟踪的物品上，可全球流通；电子标签与读写器构成的射频识别系统对EPC码自动采集；读写器与互联网相连，读写器是读取电子标签中EPC码，并将EPC码输入互联网的设备。

2003年，美国沃尔玛公司宣布2005年将使用EPC系统的射频识别技术。随后，联合利华、保洁、卡夫、可口可乐、吉列和强生等公司也宣布将采用EPC系统。2004年，EPC系统推出了第一代的全球标准，第一代EPC电子标签标准EPC Gen1完成，并在部分应用中进行了测试。2005年，EPC系统发布了电子标签的EPC Gen2标准，Gen2标准得到实际应用。从示范实验到全球标准，EPC系统以射频识别技术作为一种物联网的实现模式，构建全球的、开放的、物品标识的物联网。

2005年11月17日，在突尼斯（Tunis）举行的信息社会世界峰会（WSIS）上，国际电信联盟（ITU）发布了《ITU互联网报告2005：物联网》，正式提出了"物联网"的概念。报告指出，无所不在的"物联网"通信时代即将来临，世界上所有的物体都可以通过因特网主动进行信息交换，包括从轮胎到牙刷、从房屋到纸巾。

2009年1月28日，奥巴马就任美国总统后，与美国工商业领袖举行了一次"圆桌会议"。作为仅有的两名代表之一，IBM首席执行官彭明盛首次提出"智慧地球"这一概念，建议新政府投资新一代的智慧型基础设施。"智慧地球"概念一经提出，立即得到美国各界的高度关注，甚至有分析认为，IBM公司的这一构想极有可能上升至美国的国家战略，并在世界范围内引起轰动。IBM认为，IT产业下一阶段的任务是把新一代的IT技术充分运用到各行各业之中，地球上的各种物体将被普遍连接，形成物联网。

2009年6月18日，欧盟在比利时首都布鲁塞尔提交了以《物联网——欧洲行动计划》为题的公告。欧盟的《物联网——欧洲行动计划》列举了14项行动，欧盟希望通过构建新型物联网管理框架来引领世界物联网的发展。有关专家认为，欧盟制订有关物联网的行动计划，标志着欧盟已经将物联网的建设提到议事日程上来。

2009年8月，我国首次提出发展物联网。2010年3月，教育部下发"教育部办公厅关于战略性新兴产业相关专业申报和审批工作的通知"，我国高校开始创办物联网工程专业。2010年9月，国务院通过"国务院关于加快培育和发展战略性新兴产业的决定"，确定物联网是我国7个战略性新兴产业之一。2015年7月，国务院发布推进"互联网+"的行动指导意见，"互联网+"将在协同制造、现代农业、智慧能源、普惠金融、益民服务、高效物流、电子商务、便捷交通、绿色生态和人工智能方面开展重点行动，这将进一步加快我国物联网的发展。

美国权威咨询机构Forrester预测，到2020年，世界上"物与物互联"业务与"人与人通信"业务相比将达到30比1。也有预测这个比例未来可以达到100比1甚至1000比1，将对社会经济产生巨大影响。

欧洲智能系统集成技术平台（The European Technology Platform on Smart Systems Integration，EPOSS）是欧盟工业企业为协调研发活动而成立的一个组织。EPOSS在《Internet of Things in 2020》报告中指出物联网的发展将经历4个阶段：2010年之前RFID被广泛应用于物流、零售和制药领域；2010～2015年物体互联；2015～2020年物体进入半智能化；2020年之后物体逐步进入全智能化。

1.2 RFID 是一种自动识别技术

随着人类社会步入信息时代，人们所获取和处理的信息量不断加大。传统的信息采集是通过人工手段录入的，不仅劳动强度大，而且数据误码率高。以通信技术和计算机为基础的自动识别技术可以对目标对象自动识别，并可以工作在各种环境之下，使人类得以对大量信息进行及时、准确地处理。自动识别技术可以对每个物品进行标识和识别，并可以将数据实时更新，是构造全球物品信息实时共享的基础，是物联网的重要组成部分。

射频识别是一种自动识别技术。与条码识别技术、磁卡识别技术和 IC 卡识别技术等相比，射频识别技术以特有的无接触、抗干扰能力强、可同时识别多个物体等优点，成为自动识别领域中最优秀和应用最广泛的技术之一，是目前最重要的自动识别技术。本节首先介绍自动识别技术的概念和分类，然后分别介绍条码识别技术、磁卡识别技术、IC 卡识别技术和射频识别技术，通过本章的学习可以对自动识别技术有一个基本的认识。

1.2.1 自动识别技术的概念

自动识别技术是利用机器识别对象的众多技术的总称。具体地讲，就是应用识别装置，通过被识别物品与识别装置之间的接近活动，自动地获取被识别物品的相关信息。自动识别技术是一种高度自动化的信息或数据采集技术，对字符、影像、条码和信号等记录数据的载体进行机器自动识别，自动地获取被识别物品的相关信息，并提供给后台的计算机处理系统来完成相关后续处理。

以前信息识别和管理多采用单据、凭证和传票等为载体，通过手工记录、电话沟通、人工计算、邮寄或传真等方法，对信息进行采集、记录、处理、传递和反馈，不仅极易出现差错、信息滞后，也使管理者对物品在流动过程中的各个环节难以统筹协调。因而造成了信息识别和管理不能系统控制，无法实现系统优化和实时监控，效率低下，导致人力、运力、资金和场地的大量浪费。

近几十年来，自动识别技术在全球范围内得到迅猛发展，极大地提高了数据采集和信息处理的速度，改善了人们的工作和生活环境，提高了工作效率，并为管理的科学化和现代化做出了重要贡献。自动识别技术可以在制造、物流、防伪和安全等领域中应用，可以采用光识别、磁识别、电识别或射频识别等多种识别方式，是集计算机、光、电、通信和网络技术为一体的高技术学科。

1.2.2 自动识别技术的分类

自动识别技术的分类方法很多，可以按照国际自动识别技术的分类标准进行分类，也可以按照应用领域和具体特征的分类标准进行分类。

(1) 按照国际标准分类

按照国际自动识别技术的分类标准，自动识别技术可以分为数据采集技术和特征提取技术两大类。数据采集技术分为光识别技术、磁识别技术、电识别技术和无线识别技术等；特征提取技术分为静态特征识别技术、动态特征识别技术和属性特征识别技术等。

(2) 按照应用领域和具体特征分类

按照应用领域和具体特征的分类标准，自动识别技术可以分为条码识别技术、生物识别技术、图像识别技术、磁卡识别技术、IC 卡识别技术、光学字符识别技术和射频识别技术等。这几种自动识别技术采用了不同的数据采集技术，其中条码是光识别技术、磁卡是磁识别技术、IC 卡是电识别技术、射频识别是无线识别技术。

1.2.3 条码识别技术

条码是由一组条、空和数字符号组成，按一定编码规则排列，用以表示一定的字符、数字及符号等信息。

条码技术诞生于 Westinghouse 实验室，发明家 John Kermode 想实现邮政单据自动分检，他的想法是在信封上做条码标记，条码中的信息是收信人的地址，如同今天的邮政编码。为此，John Kermode 发明了条码标识。最早的条码标识设计方案非常简单，即一个“条”表示数字“1”、二个“条”表示数字“2”，依次类推。然后，John Kermode 又发明了由扫描器和译码器构成的识读设备，扫描器利用当时新发明的光电池收集反射光，“空”反射回来的是强信号，“条”反射回来的是弱信号，通过这种方法直接分检信件。

条码种类很多，大体可以分为一维条码和二维条码。一维条码和二维条码都有许多码制，条、空图案对数据不同的编码方法构成了不同形式的码制。不同码制有各自不同的特点，可以用于一种或若干种场合。条码识别是对红外光或可见光识别，由扫描器发出的红外光或可见光照射条码标记，深色的“条”吸收光，浅色的“空”将光反射回扫描器，扫描器将光反射信号转换成电子脉冲，再由译码器将电子脉冲转换成数据，数据最后传至后台。

一、一维条码

(1) 一维条码的码制

一维条码有许多种码制，包括 EAN-8 码、EAN-13 码、UPC-A 码、UPC-E 码、Code25 码、Code39 码、Code93 码、Code128 码、Matrix 码、库德巴码和 ITF25 码等。图 1-1 所示为几种常用一维条码的样图。

（a）EAN-8 码

（b）EAN-13 码

0 89600 12456 9

（c）UPC-A 码

（d）Code93 码

（e）库德巴码

1234567890

（f）ITF25 码

图1-1 几种常用的一维条码样图

(2) 一维条码的构成

不论哪一种码制，一维条码都是由以下几部分构成的。

- 左右空白区：作为扫描器的识读准备。
- 起始符：扫描器开始识读。

- 数据区：承载数据的部分。
- 校检符（位）：用于判别识读的信息是否正确。
- 终止符：条码扫描的结束标志。
- 供人识读字符：机器不能扫描时手工输入用。
- 有些条码还有中间分隔符，如 EAN-13 条码和 UPC-A 条码等。

(3) EAN-13 条码

目前最流行的一维条码是 EAN-13 条码。EAN（European Article Number）是欧洲物品编码的缩写。EAN-13 条码的代码是由 13 位数字组成，其中它的前 3 位数字为前缀码，目前国际物品编码协会分配给我国并已启用的前缀码为“690～692”。当前缀码为“690”和“691”时，第 4～7 位数字为厂商代码，第 8～12 位数字为商品项目代码，第 13 位数字为校验码；当前缀码为“692”时，第 4～8 位数字为厂商代码，第 9～12 位数字为商品项目代码，第 13 位数字为校验码。EAN-13 条码的构成如图 1-2 所示。

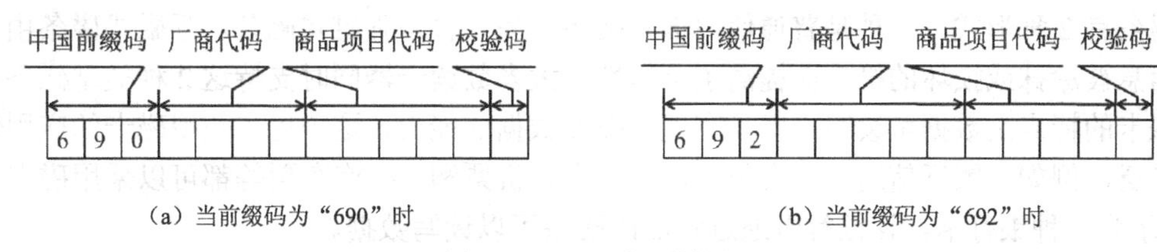

（a）当前缀码为“690”时　　（b）当前缀码为“692”时

图1-2　EAN-13 条码的构成

二、二维条码

二维条码技术是在一维条码无法满足实际应用需求的前提下产生的。二维条码能够在横向和纵向二维空间同时表达信息，因此能在很小的面积内表达大量的信息。二维条码技术自 20 世纪 70 年代初问世以来，发展十分迅速，目前它已广泛应用于商业流通、仓储、医疗卫生、图书情报、邮政、铁路、交通运输和生产自动化管理等领域。

二维条码是用某种特定的几何图形，按一定规律在平面（二维空间）上分布的黑白相间的图形。二维条码在代码编制上巧妙地利用计算机逻辑基础的“0”和“1”比特概念，使用若干个与二进制相对应的几何图形来表示数值信息，通过图像输入设备或光电扫描设备自动识读，以实现信息自动处理。目前有几十种二维条码的码制，常用的码制有 Data matrix 码、QR Code 码、Maxicode 码、PDF417 码、Code 49 码、Code 16K 码和 Code one 码等。图 1-3 所示为几种常用二维条码的样图。

（a）Data matrix 码　（d）PDF417 码

（b）QR Code 码　（e）Code 49 码

（c）Maxicode 码　（f）Code 16K 码

图1-3　几种常用的二维条码样图

1.2.4 磁卡识别技术

磁卡最早出现在 20 世纪 60 年代，当时伦敦交通局将地铁票背面全涂上磁介质，磁卡用来储值。后来，由于改进了系统、缩小了面积，磁介质成为了现在的磁条。磁条从本质意义上讲与计算机用的磁带或磁盘是一样的，它可以用来记载字母、字符和数字信息。磁条通过粘合或热合与塑料或纸牢固地整合在一起，形成磁卡。

磁卡是一种磁记录介质卡片，它由高强度、耐高温的塑料或纸质涂覆塑料制成，能防潮、耐磨且有一定的柔韧性，携带方便、使用较为稳定可靠。磁条记录信息的方法是变化磁的极性，在磁性氧化的地方具有相反的极性（如 S-N 和 N-S），这个过程被称作磁变。识读器材能够分辨到这种磁性变换。一部解码器可以识读到磁性变换，并将它们转换回字母或数字的形式，以便由一部计算机来处理。磁卡技术能够在很小的磁条内存储较大数量的信息，在磁条上的信息可以被重写或更改。

磁条有 2 种形式，一种是普通信用卡式磁条，另一种是强磁式磁条。强磁式磁条由于降低了信息被涂抹或损坏的机会而提高了可靠性，大多数读卡器同时支持这 2 种类型磁条的识读。磁卡的特点是数据可读写，即具有现场改变数据的能力，这个优点使得磁卡的应用领域十分广泛，例如，银行信用卡、会员卡、现金卡、机票和公共汽车票等都可以采用磁卡。图 1-4 所示为一种银行卡，该银行卡通过背面的磁条可以读写数据。

（a）银行卡正面

（b）银行卡背面及其磁条

图1-4　银行磁卡

磁卡数据存储时间的长短受磁性粒子极性耐久性的限制，因此磁卡存储数据的安全性一般较低，如果磁卡不小心接触磁性物质就可能造成数据的丢失或混乱。要提高存储数据的安全性能，就必须采用另外的相关技术。随着新技术的发展，安全性能较差的磁卡有逐步被取代的趋势。但是，在现有条件下，社会上仍然存在大量的磁卡设备，再加上磁卡技术的成熟和低成本，在短期内磁卡技术仍然会在许多领域应用。

1.2.5 IC 卡识别技术

(1) IC 卡

IC 卡，英文名称为 Integrated Circuit，有些国家和地区称之为灵巧卡（Smart Card）、芯片卡（Chip Card）或智能卡（Intelligent Card）。IC 卡是一种电子式数据自动识别卡，分为接触式 IC 卡和非接触式 IC 卡，这里介绍的是接触式 IC 卡。

IC 卡是集成电路卡，通过卡里的集成电路存储信息。IC 卡将一个微电子芯片嵌入到卡基中，做成卡片形式，通过卡片表面 8 个金属触点与读卡器进行物理连接，来完成通信和数据交换。IC 卡包含了微电子技术和计算机技术，作为一种成熟的高技术产品，是继磁卡之后出现的又一种新型信息工具。

按照是否带有微处理器，IC 卡可分为存储卡和智能卡两种。存储卡仅包含存储芯片而无微处理器；智能卡则带有微处理器，将指甲盖大小带有内存和微处理器芯片的大规模集成电路嵌入到塑料基片中，就制成了智能卡。银行的 IC 卡通常是指智能卡，智能卡也称为CPU(中央处理器)卡，它具有数据读写和处理功能，因而具有安全性高、可以离线操作等突出优点。图 1-5 所示为几种 IC 卡。

（a）银行 IC 卡（银联）

（b）灵巧卡

（c）中国电信 IC 卡

（d）银行 IC 卡（VISA）

图1-5　IC 卡

(2)　IC 卡与磁卡的比较

IC 卡的外形与磁卡相似，它与磁卡的区别在于数据存储的媒介不同。磁卡是通过卡上磁条的磁场变化来存储信息；而 IC 卡是通过嵌入卡中的电擦除式可编程只读存储器（EEPROM）集成电路芯片来存储数据信息。

与磁卡相比较，IC 卡具有以下优点。

- 存储容量大。磁卡的存储容量大约在 200 个数字字符；IC 卡的存储容量根据型号不同，小的几百个字符，大的上百万个字符。
- 安全保密性好。IC 卡上的信息能够随意读取、修改和擦除，但都需要密码。
- 具有数据处理能力。IC 卡与读卡器进行数据交换时，可对数据进行加密和解密，以确保交换数据的准确可靠；而磁卡则无此功能。
- 使用寿命长。IC 卡的使用寿命比磁卡的使用寿命长。
- 向更高层次发展。例如，从接触型 IC 卡向非接触型 IC 卡转移；从低存储容量 IC 卡向高存储容量 IC 卡发展；从单功能 IC 卡向多功能 IC 卡转化；由局域网向因特网迁移等。随着新技术的不断涌现，在未来的几年中，IC 卡将越来越多地渗入到人们的生活中。

1.2.6　RFID 技术

RFID 与传统的条码识别相比有很大的优势，其优势与特点表现如下。

(1) RFID标签抗污损能力强

条码的载体是纸张，它附在塑料袋或外包装箱上，特别容易受到折损。条码采用的是光识别技术，如果条码的载体受到污染或折损将会影响物体信息的正确识别。RFID采用电子芯片存储信息，可以免受外部环境污损。

(2) RFID标签安全性高

条码是由平行排列的宽窄不同的线条和间隔组成，条码制作容易、操作简单，但条码是数据明码，也产生了仿造容易、信息保密性差等缺点。RFID标签采用的是电子芯片存储信息，其数据可以通过编码实现加密保护，其内容不易被伪造和更改。

(3) RFID标签信息容量大

一维条码的容量有限，只有约40bit存储能力；二维条码容量虽然比一维条码容量增大了很多，但最大容量也只可存储3000个字符。RFID标签的容量可以做到二维条码容量的几十倍。随着记忆载体的发展，RFID标签数据的容量会越来越大，可实现真正的“一物一码”，满足信息流量不断增大和信息处理速度不断提高的需要。

(4) RFID可远距离同时识别多个标签

条码识别一次只能有一个条码接受扫描，而且要求条码与读写器的距离比较近，一般小于20cm。射频识别采用的是无线电波进行数据交换，RFID读写器能够远距离同时识别数百个RFID标签，并可以通过计算机网络处理和传送信息。

(5) RFID是物联网的基石

条码印刷上去就无法更改。RFID是采用电子芯片存储信息，可以随时记录物品在任何时候的任何信息，并可以很方便地新增、更改和删除信息。RFID通过计算机网络可以使制造企业与销售企业实现互联，工作人员可以随时了解物品在生产、运输和销售过程中的实时信息，人类可以实现对物品的透明化管理。因此，RFID是实现“物与物互连”和“人与物互连”的一种重要方式，是实现物联网的基石。

1.3 物联网RFID的应用领域和应用前景

1.3.1 物联网RFID的应用领域

现在，物联网RFID已经应用于制造、物流和零售等多个领域，RFID种类十分丰富。2015年，我国又提出“互联网+”的行动指导意见，这将进一步加快我国物联网RFID的发展。目前物联网RFID的主要应用领域如下。

(1) 制造领域

主要用于生产数据的实时监控、质量追踪和自动化生产等。

(2) 物流领域

主要用于物流过程中的货物追踪、信息自动采集、仓储应用、港口应用和邮政快递等。

(3) 零售领域

主要用于商品的销售数据实时统计、补货和防盗等。

(4) 医疗领域

主要用于医疗器械管理、病人身份识别和婴儿防盗等。

(5) 身份识别领域

主要用于电子护照、身份证和学生证等各种电子证件。

(6) 军事领域

主要用于弹药管理、枪支管理、物资管理、人员管理和车辆识别与追踪等。

(7) 防伪安全领域

主要用于贵重物品（烟，酒，药品）防伪、票证防伪、汽车防盗和汽车定位等。

(8) 资产管理领域

主要用于贵重的、危险性大的、数量大且相似性高的各类资产管理。

(9) 交通领域

主要用于不停车缴费、出租车管理、公交车枢纽管理、铁路机车识别、航空交通管制、旅客机票识别和行李包裹追踪等。

(10) 食品领域

主要用于水果、蔬菜生长和生鲜食品保鲜等。

(11) 图书领域

主要用于书店、图书馆和出版社的书籍资料管理等。

(12) 动物领域

主要用于驯养动物和宠物识别管理等。

(13) 农业领域

主要用于畜牧牲口和农产品生长的监控等，确保绿色农业，确保农业产品的安全。

(14) 电力管理领域

主要用于对电力运行状态进行实时监控，以实现电力高效一体化管理。

(15) 电子支付领域

主要用于银行和零售等部门，采用银行卡或充值卡等支付方式进行支付的一种系统。

(16) 环境监测领域

主要用于环境的跟踪与监测。

(17) 智能家居领域

主要用于家庭中各类电子产品、通信产品、信息家电的互通与互连，以实现智能家居。

(18) 益民服务领域

主要用于养老、教育、旅游和社会保障等新兴服务，以提升科学决策能力和管理水平。

1.3.2 物联网 RFID 的应用前景

基于物联网的 RFID 技术用途十分广泛，可用于公共安全、工业制造、农业生产、仓储物流、环境监控、智能交通、智能家居、公共卫生、健康监测和绿色生态等多个领域。专家预测，未来 10 年内物联网就可能大规模普及，如果物联网顺利普及，就意味着几乎所有的工业制造、农业生产、商业物流、家居用品、电器设备、交通运输甚至金融服务等都需要更新换代，物联网 RFID 有很好的应用前景。

在物联网中，物体上都会附有 RFID 电子标签，物体上的 RFID 电子标签负责与外界沟通联系、互通信息。由于需要数以亿计的 RFID 电子标签，RFID 电子标签的期望价格为 5 美分。RFID 电子标签是一种用于物品的无线收发设备，RFID 电子标签包含天线和芯片，如何使这样的 RFID 电子标签的价格降低为 5 美分，这对 RFID 技术提出了挑战。展望未来，物联网 RFID 技术将在 21 世纪掀起一场技术与应用的革命，RFID 技术本身则被视为 21 世纪十大重要技术之一。

1.4 本章小结

物联网的英文名称为 The Internet of Things，由该名称可见，物联网就是"物与物相连的互联网"。RFID 是一种通过无线射频信号获取物体相关数据的自动识别技术。RFID 技术在 20 世纪 40 年代产生，经历了产生、探索、成为现实、推广和普及阶段，现在随着物联网概念的产生，RFID 技术将运用到各行各业之中。

自动识别技术是利用机器识别对象的众多技术的总称。条码识别技术、磁卡识别技术、IC 卡识别技术和 RFID 技术都属于自动识别技术。条码是由一组条、空和数字符号组成，条码识别是对红外光或可见光进行识别，深色的"条"吸收光、浅色的"空"将光反射回扫描器。磁卡是一种磁记录卡片，记录信息的方法是变化磁的极性，一部解码器可以识读到磁性变换。IC 卡是一种电子式数据自动识别卡，通过卡里的集成电路存储信息。RFID 是射频无线识别技术，RFID 技术以特有的无接触、可同时识别多个物体等优点，成为最优秀和应用最广泛的自动识别技术。

物联网用途十分广泛，专家预测，未来 10 年内物联网就可能大规模普及。在物联网中，需要大量的 RFID 电子标签，对 RFID 电子标签的预期价格为 5 美分，这对物联网 RFID 技术提出了挑战。

1.5 思考与练习

1.1 什么是物联网？什么是 RFID 技术？

1.2 简述 RFID 技术产生、探索、成为现实、推广和普及阶段的发展史。

1.3 简述物联网的发展历程。

1.4 什么是自动识别技术？简述自动识别技术的分类方法。

1.5 条码识别技术的原理是什么？一维条码和二维条码有哪些码制？EAN-13 条码是怎样构成的？

1.6 简述磁卡识别技术和 IC 卡识别技术的工作原理。IC 卡比磁卡有哪些优点？

1.7 为什么说 RFID 技术是实现物联网的基石？

1.8 简述物联网 RFID 的应用领域和应用前景。

第2章 RFID 系统的基本构成

RFID 系统是由电子标签、读写器和系统高层构成。RFID 系统是一种非接触式的自动识别系统，它通过射频无线信号自动识别目标对象，并获取相关数据。在 RFID 系统中，电子标签用来标识物体，读写器用来读写电子标签的信息，电子标签与读写器通过射频无线信号传递物体的信息，系统高层管理电子标签和读写器。本章主要介绍 RFID 系统的基本构成、分类方法、工作流程、技术参数、功能特征和发展趋势，通过本章的学习，可以对由电子标签、读写器和系统高层构成的 RFID 系统有一个基本的认识。

2.1 RFID 系统概述

2.1.1 RFID 系统的基本组成

RFID 系统因应用不同其组成会有所不同，但基本都是由电子标签、读写器和系统高层这 3 大部分组成的。电子标签附着在物体上，用来标识物体。电子标签通过射频无线电波与读写器进行数据交换，读写器可将系统高层的读写命令传送到电子标签，再把电子标签返回的数据信息传送到系统高层。系统高层的数据交换与管理系统负责完成电子标签数据信息的存储，并负责对读写器和电子标签进行管理和控制。RFID 系统的基本组成如图 2-1 所示。

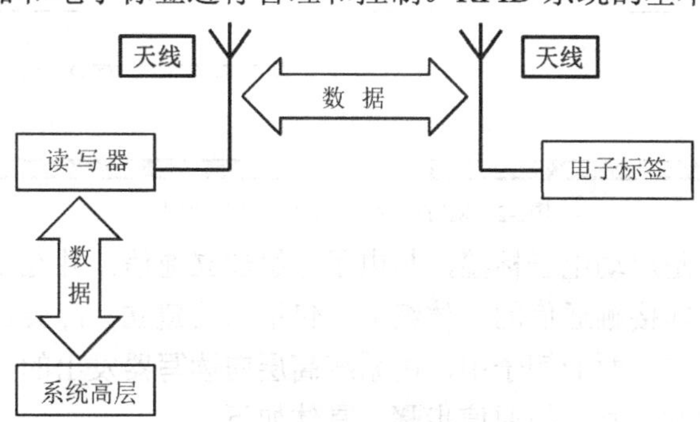

图2-1 RFID 系统的基本组成

(1) 电子标签

电子标签由芯片和天线组成，具有存储数据和收发射频无线信号的功能。每个电子标签都具有唯一的电子编码，电子编码中存储着物体的相关信息。

(2) 读写器

读写器是利用射频技术读写电子标签信息的设备；同时，读写器还具有通信接口，通过通信接口与系统高层进行通信。在 RFID 系统工作时，一般首先由读写器发射一个特定的询

问信号；当电子标签接收到这个信号后，就会给出应答信号，应答信号中含有电子标签携带的数据信息；读写器接收这个应答信号，然后将其传输给系统高层。

(3)　系统高层

最简单的 RFID 系统只有一个读写器，它一次只对一个电子标签进行操作。例如，公交车上的票务系统就是最简单的 RFID 系统，公交车上的读写器一次只对一个电子标签（也就是公交卡）进行刷卡操作。复杂的 RFID 系统会有多个读写器，每个读写器要同时对多个电子标签进行操作，并要求实时处理数据信息，这就需要系统高层处理问题，RFID 系统的数据处理、数据交换、数据传输和通信管理都由系统高层完成。

2.1.2 RFID 系统的“主-从”原则

在 RFID 系统中，要从一个电子标签中读出数据或者向一个电子标签中写入数据，需要非接触式的读写器作为接口。读写器与电子标签的所有动作均由系统高层控制，对一个电子标签的读写操作是严格按照“主-从”原则进行的。在这个“主-从”原则中，系统高层是主动方；读写器是从动方，只对系统高层的读写指令做出反应。

为了执行系统高层发出的指令，读写器会与一个电子标签建立通信。而相对于电子标签而言，此时的读写器是主动方。除了最简单的只读电子标签，电子标签只响应读写器发出的指令，从不自主活动。

RFID 系统的“主-从”原则如图 2-2 所示，其中包括系统高层与读写器的“主-从”原则和读写器与电子标签的“主-从”原则。

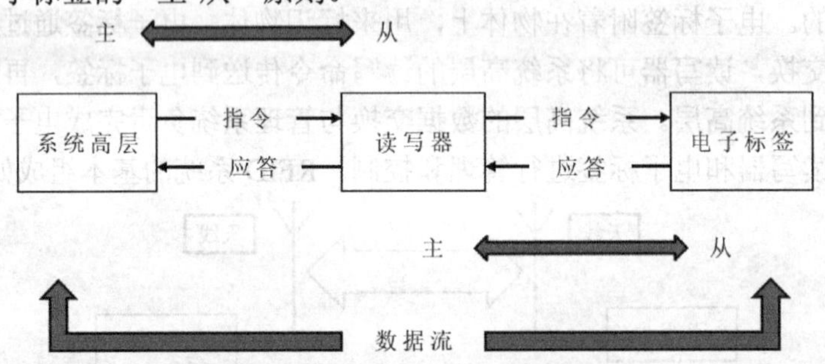

图2-2　RFID 系统中的“主-从”原则

读写器的基本任务是启动电子标签，与电子标签建立通信，并在系统高层和非接触的电子标签之间传送数据。非接触通信的具体细节，包括通信建立、冲突避免和身份验证等，均由读写器自己来处理。在下面的例子中，由系统高层向读写器发出的一条读取命令，会在读写器与电子标签之间触发一系列的通信步骤，具体如下。

- 系统高层向读写器发出一条读取某一电子标签信息的命令。
- 读写器进行搜寻，读写器查看该电子标签是否在读写器的作用范围内。
- 该电子标签向读写器回答出一个序列号。
- 读写器对该电子标签的身份进行验证。
- 读写器通过对该电子标签的身份验证后，读取该电子标签的信息。
- 读写器将该电子标签的信息送往系统高层。

2.1.3 RFID 系统的技术流程

RFID 系统有基本的技术流程。由技术流程可以看出 RFID 系统利用无线射频方式在读写器和电子标签之间进行非接触双向数据传输，以达到目标识别、数据传输和控制的目的。RFID 系统的一般技术流程如下。

① 读写器通过天线发送一定频率的射频信号。

② 当电子标签进入读写器天线的工作区时，电子标签天线产生足够的感应电流，电子标签获得能量被激活（被唤醒），电子标签建立电源。

③ 电子标签接收读写器的询问指令，按照碰撞仲裁算法进入等待应答状态。

④ 电子标签将自身信息通过内置天线发送出去。

⑤ 读写器天线接收到从电子标签发送来的无线射频信号。

⑥ 读写器天线将无线射频信号传送到读写器。

⑦ 读写器对无线射频信号进行解调和解码，然后送到系统高层进行相关处理。

⑧ 系统高层根据逻辑运算判断该电子标签的合法性。

⑨ 系统高层针对不同的设定做出相应处理，发出指令信号，控制执行机构动作。

根据 RFID 系统的技术流程，电子标签由内置天线、射频模块、控制模块和存储模块构成，读写器由天线、射频模块、读写模块、时钟和电源构成。其中，有些电子标签自身也含有电池。RFID 系统的结构框图如图 2-3 所示。

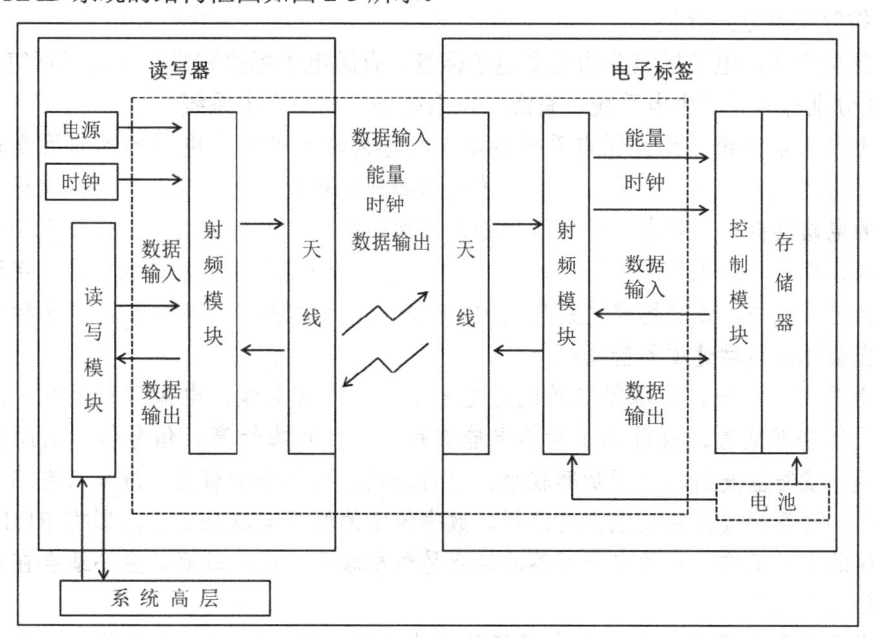

图2-3 RFID 系统的结构框图

2.1.4 RFID 系统的分类方法

RFID 系统的分类方法很多。RFID 系统常用的分类方法有按照频率分类、按照供电方式分类、按照耦合方式分类、按照技术方式分类、按照信息存储方式分类、按照系统档次分

类和按照工作方式分类等。下面具体介绍 RFID 系统常用的分类方式。

(1) 按照频率分类

RFID 系统工作频率的选择要顾及其他无线电服务，不能对其他服务造成干扰和影响。通常情况下，读写器发送的频率称为系统的工作频率或载波频率，根据工作频率的不同，射频识别系统通常分为低频、高频和微波系统。

- 低频系统。低频系统的工作频率范围为 30kHz~300kHz，RFID 常见的低频工作频率有 125kHz 和 134.2kHz。低频系统的电子标签内保存的数据量较少，阅读距离较短，电子标签外形多样，天线方向性不强。目前低频 RFID 系统比较成熟，有相应的国际标准，主要用于距离短、数据量低的 RFID 系统中。
- 高频系统。高频系统的工作频率范围为 3MHz~30MHz，RFID 常见的高频工作频率是 6.75MHz、13.56MHz 和 27.125MHz。高频系统可以传送较大的数据量，是目前应用比较成熟、使用范围较广的系统。目前高频 RFID 系统有相应的国际标准，主要用于距离短、数据量高的射频识别系统中。
- 微波系统。微波系统的工作频率大于 300MHz，RFID 常见的工作频率是 433MHz、860/960MHz、2.45GHz 和 5.8GHz 等，其中 433MHz、860/960MHz 也常称为超高频（UHF）频段。微波系统主要应用于同时对多个电子标签进行操作、需要较长的读写距离、需要高读写速度的场合，系统价格较高。微波 RFID 系统是目前 RFID 研发的核心，是物联网的关键技术。

(2) 按照供电方式分类

按照供电方式，电子标签分为无源电子标签、有源电子标签和半有源电子标签，对应的 RFID 系统分别称为无源供电系统、有源供电系统和半有源供电系统。

- 无源供电系统。无源供电系统的电子标签内没有电池，电子标签利用读写器发出的波束供电，电子标签将接收到的部分射频能量转换成直流电，为标签内的电路供电。无源电子标签作用距离相对较短，但寿命长且对工作环境要求不高，在不同的无线电规则限制下可以满足大部分实际应用系统的需要。在无源供电系统中，读写器要发射较大的射频功率，识别距离相对较近，电子标签所在物体的运动速度不能太高。
- 有源供电系统。有源供电系统是指电子标签内有电池，电池可以为电子标签提供全部能量。有源电子标签电能充足，工作可靠性高，信号传送的距离较远，读写器发射的射频功率较小。但有源电子标签寿命有限，寿命只有 3~10 年，随着标签内电池电力的消耗，数据传输的距离会越来越小，影响 RFID 系统的正常工作。有源电子标签的缺点是体积较大、成本较高，且不适合在恶劣环境下工作。
- 半有源供电系统。半有源电子标签内有电池，但电池仅对维持数据的电路及维持芯片工作电压的电路提供支持。电子标签未进入工作状态前，一直处于休眠状态，相当于无源标签，标签内部电池能量消耗很少，电池可以维持几年甚至长达 10 年。当电子标签进入读写器的工作区域后，受到读写器发出射频信号的激励，标签进入工作状态，电子标签的能量主要来源于读写器的射频能量，标签内部电池主要用于弥补射频场强的不足。

(3) 按照耦合方式分类

根据读写器与电子标签耦合方式、工作频率和作用距离的不同，RFID 无线信号传输分为电感耦合方式和电磁反向散射方式。

- 电感耦合方式。电感耦合方式适用于低频和高频系统，读写器与电子标签之间的射频信号传递采用变压器模型，电磁能量通过空间高频交变磁场实现耦合，该系统的理论依据是法拉第电磁感应定律。电感耦合方式又分为密耦合系统和遥耦合系统两种类型。在密耦合系统中，读写器与电子标签的作用距离较近，典型的范围为 0~1cm，电子标签需要插入到读写器中，或将电子标签放置在读写器的表面，读写器可以提供给电子标签较大的能量，通常用于安全性要求较高、但不要求作用距离的应用中。在遥耦合系统中，读写器与电子标签的作用距离为 15~100cm，由于耦合传输给电子标签的能量较小，所以遥耦合系统一般只使用于只读电子标签，目前 RFID 遥耦合系统使用最广。
- 电磁反向散射方式。电磁反向散射方式适用于微波系统。在电磁反向散射方式中，读写器与电子标签之间的射频信号传递采用雷达模型，读写器发射出去的电磁波碰到电子标签后，电磁波被反射，同时携带回电子标签的信息，该系统依据的是电磁波空间辐射原理。在电磁反向散射系统中，电子标签处于读写器的远区，典型的作用距离为 1~10m。电子标签接收读写器天线辐射的能量，该能量可以用于电子标签与读写器之间的信号传输。

(4) 按照技术实现方式分类

按照读写器读取电子标签数据的技术实现方式，RFID 系统可以分为主动广播式、被动倍频式和被动反射调制式 3 种方式。

- 主动广播式。主动广播式是指电子标签主动向外发射信息，电子标签用自身的射频能量发送数据。这种方式的优点是电能充足、工作可靠性高、信号传送距离远；缺点是标签的使用寿命受到限制、产生电磁污染、保密性差。
- 被动倍频式。被动倍频式是指电子标签返回读写器的频率是读写器发射频率的 2 倍，读写器发射和读写器接收占用 2 个不同的频点。被动式电子标签不带电池，要靠外界提供能量才能正常工作。被动式电子标签是指读写器发射查询信号，电子标签被动接收。被动式电子标签具有长久的使用期，常常用于标签信息需要频繁读写的地方，并且支持长时间数据传输和永久性数据存储。
- 被动反射调制式。依旧是读写器发射查询信号，电子标签被动接收。但是，此时电子标签返回读写器的频率与读写器发射的频率相同。在有障碍物的情况下，用被动技术方式，读写器的能量必须来去穿过障碍物 2 次，而主动方式信号仅穿过障碍物 1 次。因此，在主动工作方式中，读写器与电子标签的距离可以更远；在被动工作方式中，读写器与电子标签的距离较近。

(5) 按照保存信息方式分类

电子标签保存信息的方式有只读方式和读写方式，具体分为如下 4 种形式。

- 只读电子标签。这是一种最简单的电子标签。电子标签内部只有只读存储器（Read Only Memory，ROM），在集成电路生产时电子标签内的信息即以只读内存工艺注入，此后信息不能更改。

- 一次写入只读电子标签。内部只有 ROM 和随机存储器（Random Access Memory，RAM）。ROM 用于存储操作系统程序和安全性要求较高的数据，它与内部的处理器或逻辑处理单元完成操作控制功能。这种电子标签与只读电子标签相比，可以写入一次数据，标签的标识信息可以在标签制造过程中由制造商写入，也可以由用户自己写入，但是一旦写入就不能更改了。
- 现场有线可改写电子标签。这种电子标签应用比较灵活，用户可以通过访问电子标签的存储器进行读写操作。电子标签一般将需要保存的信息写入内部存储区，改写时需要采用编程器或写入器，改写过程中必须为电子标签供电。
- 现场无线可改写电子标签。这种电子标签类似于一个小的发射接收系统，电子标签内保存的信息也位于其内部存储区，电子标签一般为有源类型，通过特定的改写指令用无线方式改写信息。一般情况下，改写电子标签数据所需的时间为秒级，读取电子标签数据所需的时间为毫秒级。

(6) 按照系统档次分类

按照存储能力、读取速度、读取距离、供电方式和密码功能等的不同，RFID 系统分为低档系统、中档系统和高档系统。

- 低档系统。对于低档系统，电子标签存储的数据量较小，电子标签内的信息只能读取、不能更改。低档系统又可以分为 1 位系统和只读电子标签。

1 位系统的数据量为 1 位。该系统读写器只能发出 2 种状态，这 2 种状态分别是“在读写器工作区有电子标签”和“在读写器工作区没有电子标签”。1 位系统电子标签没有芯片，而是利用物理效应进行工作。1 位系统电子标签主要应用在商店的防盗中，该系统读写器通常放在商店门口，电子标签则附着在商品上，当商品通过商店门口时系统就报警。

只读电子标签内的数据通常只由唯一的串行多字节数据组成，适合于只需读出一个确定数字的情况。只要将只读电子标签放入读写器的工作范围内，电子标签就开始连续发送自身序列号，并且只有电子标签到读写器的单向数据流在传输。在只读系统中，读写器的工作范围内只能有一个电子标签，如果多个电子标签同时存在，就会发生数据碰撞。只读电子标签功能简单，芯片面积小，功耗小，成本较低。

- 中档系统。对于中档系统，电子标签的数据存储容量较大，数据可以读取也可以写入，是带有可写数据存储器的射频识别系统。
- 高档系统。高档系统一般带有密码功能，电子标签带有微处理器，微处理器可以实现密码的复杂验证，而且密码验证可以在合理的时间内完成。

(7) 按照工作方式分类

射频识别系统的基本工作方式有 3 种，分别为全双工工作方式、半双工工作方式和时序工作方式。

- 全双工和半双工工作方式。全双工表示电子标签与读写器之间可以在同一时刻互相传送信息；半双工表示电子标签与读写器之间可以双向传送信息，但在同一时刻只能向一个方向传送信息。在全双工和半双工系统中，电子标签的响应是在读写器发出电磁场或电磁波的情况下发送出去的，与读写器本身的信号相比，电子标签的信号在接收天线上是很弱的，所以必须使用合适的传输方法，以便把电子标签的信号与读写器的信号区别开来。在实践中，从电子标签到读写器的数据传输一般采用负载反射调制技术，将电子标签数据加载到反射回波上（尤其是针对无源电子标签系统）。

- 时序工作方式。在时序工作方式中，读写器辐射出的电磁场短时间周期性地断开，这些间隔被电子标签识别出来，并被用于从电子标签到读写器的数据传输。其实，这是一种典型的雷达工作方式。时序方法的缺点是：在读写器发送间歇时，电子标签的能量供应中断，这就必须通过装入足够大的辅助电容器或辅助电池进行补偿。

(8) 按照谁先讲分类

对于时分双工工作的 RFID 空中接口，通信协议第一条就是规定谁先讲，分为读写器先讲和标签先讲。

- 读写器先讲（ITF）。ISO/IEC18000-4 标准的模式 1 就是读写器先讲（Interrogator Talk First，ITF），ISO/IEC18000-4 的模式 1 为无源后向散射 RFID 系统。标签初始处于休眠状态，当其进入读写器的射频场以后，接收来自读写器发射的射频能量，标签以此建立电源，如果场强足够大，则标签接通电源、复位并接收指令，读写器按照标签类型发送唤醒指令，标签被唤醒。同时，每条指令开始有一个帧头和分隔符，标签从接收信号中恢复时钟和数据。
- 标签先讲（TTF）。ISO/IEC18000-4 标准的模式 2 就是标签先讲（Tag Talk First，TTF），ISO/IEC18000-4 的模式 2 为电池辅助后向散射 RFID 系统。进入读写器的射频场以后，所有标签都后向散射带有同步信息和标签数据的固定序列（通知序列）以建立通信，标签按照各自的速度、识别数据和读写器射频场内的标签数，设定一个重复时间，通过各标签后向散射的平均时间随机化（即唤醒过程和休眠时间的周期为随机值）来实现抗碰撞。

2.2 电子标签

电子标签（Tag）又称为射频标签、应答器或射频卡。电子标签附着在待识别的物品上，每个电子标签具有唯一的电子编码，电子编码是 RFID 系统真正的数据载体。从技术角度来说，射频识别的核心是电子标签，读写器是根据电子标签的性能而设计的。在 RFID 系统中，电子标签的价格远比读写器低，但电子标签数量很大，应用场合多样，组成、外形和特点各不相同。RFID 技术以电子标签代替条码，对物品进行非接触自动识别，可以实现自动收集物品信息的功能。

2.2.1 电子标签的基本组成

一般情况下，电子标签由标签专用芯片和标签天线组成，芯片用来存储物品的数据，天线用来收发无线电波。电子标签的芯片很小，厚度一般不超过 0.35mm；天线的尺寸一般要比芯片大许多，天线的形状与工作频率等有关。封装后的电子标签尺寸可以小到 2mm，也可以像身份证那么大。根据电子标签类型和应用需求的不同，电子标签能够携带的数据信息量有很大差异，范围从几比特到几兆比特。电子标签与读写器间通过电磁波进行通信，电子

标签可以看成是一个特殊的收发信机。电子标签各组成部分如下。

- 电子标签由芯片和天线组成，可以维持被识别物品信息的完整性，并随时可以将信息传输给读写器。电子标签具有确定的使用年限，使用期内不需要维修。
- 电子标签芯片具有一定的存储容量，可以存储被识别物体的相关信息。电子标签芯片对标签接收的信号进行解调、解码等各种处理，并把标签需要返回的信号进行编码、调制等各种处理。
- 电子标签天线用于收集读写器发射到空间的电磁波，并把标签本身的数据信号以电磁波的形式发射出去。

2.2.2 电子标签的结构形式

为了满足不同的应用需求，电子标签的结构形式多种多样，有卡片型、环型、钮扣型、条型、盘型、钥匙扣型和手表型等。电子标签可能会是独立的标签形式，也可能会与诸如汽车点火钥匙等集成在一起进行制造。电子标签的外形会受到天线形状的影响，是否需要电池也会影响到电子标签的设计，电子标签可以封装成各种不同的形式。各种形式的电子标签如图 2-4 所示。

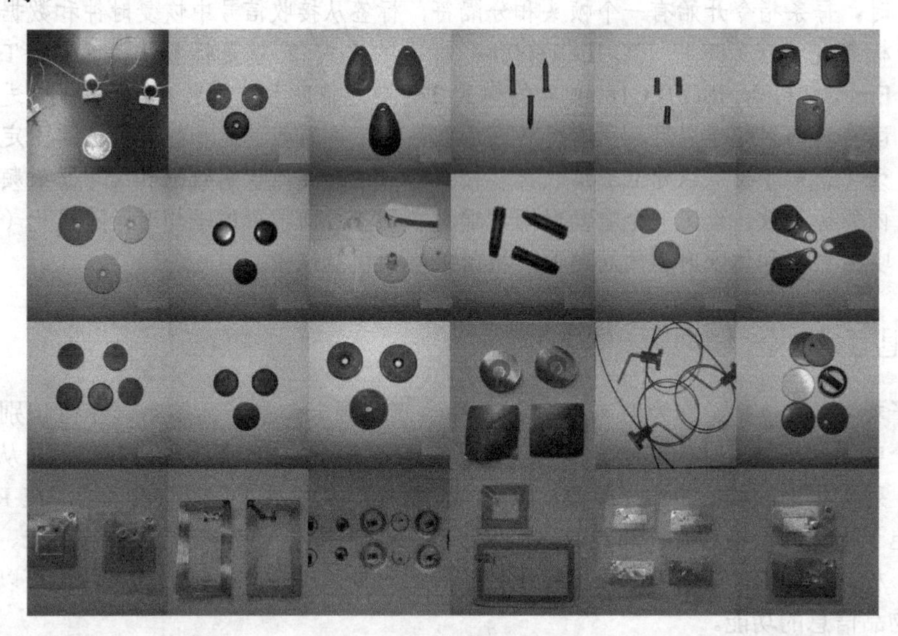

图2-4 各种形式的电子标签

(1) 卡片型电子标签

如果将电子标签的芯片和天线封装成卡片形状，就构成卡片型电子标签。卡片型电子标签也常称为射频卡。

- 我国第二代身份证。我国第二代身份证内含有 RFID 芯片，也就是说，我国第二代身份证相当于一个电子标签。我国第二代身份证如图 2-5（a）所示，电子标签的工作频率为 13.56MHz，可以采用读卡器验证身份证的真伪。通过身份证读卡器，身份证芯片内所存储的姓名、地址和照片等信息将一一显示出来。

- 城市一卡通。城市一卡通用于覆盖一个城市的公共消费领域，是安全、快捷的清算与结算手段，消费领域包括公交汽车、地铁、出租车、路桥收费和水电煤缴费等。城市一卡通利用射频技术和计算机网络，在公共平台上实现消费领域的电子化收费。城市一卡通如图 2-5（b）所示。
- 门禁卡近距离卡片控制的门禁系统是 RFID 最早的商业应用之一。门禁卡可以携带的信息量较少，厚度是标准信用卡厚度的 2~3 倍，允许进入的特定人员会配发门禁卡。读写器经常安装在靠近大门的位置，读写器获取持卡人的信息，然后与后台数据库进行通信，以决定该持卡人是否具有进入该区域的权限。门禁卡如图 2-5（c）所示。
- 银行卡。银行卡也可以采用射频识别卡。2005 年年末，美国出现一种新的商业信用卡系统“即付即走”（PayPass），这种信用卡内置有 RFID 芯片，一张传统的信用卡变成了一个电子标签。持卡人无需再采用传统的方式进行磁条刷卡，而只需将信用卡靠近 POS 机附近的 RFID 读写器，即可以进行消费结算，结算过程在几秒之内即可完成。PayPass 银行卡如图 2-5（d）所示。

（a）我国第二代身份证

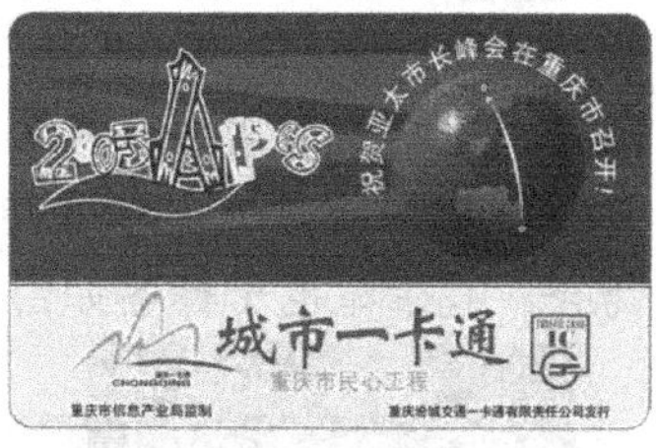

（b）城市一卡通

（c）门禁卡

（d）PayPass 银行卡

图2-5 卡片型电子标签

(2) 标签类电子标签

标签类电子标签形状多样，有条型、盘型、钥匙扣型和手表型等，可以用于物品识别和电子计费等。

- 具有粘贴功能的电子标签。电子标签通常具有自动粘贴的功能，可以在生产线上由贴标机粘贴在箱、瓶等物品上，也可以手工粘贴在车窗和证件上。具有粘贴功能的电子标签如图 2-6（a）所示，这种电子标签芯片安放在一张薄纸模或塑料模内，薄膜经常和一层纸胶合在一起，背面涂上粘胶剂，这样电子标签就很容易粘贴到被识别的物体上。
- 车辆自动收费电子标签。装有 RFID 电子标签的汽车在经过收费站时无需减速停车，固定在收费站的读写器识别车辆后，自动从汽车的账户上扣费，这个系统的好处是消除了停车造成的交通堵塞。美国的易通卡（EZpass）就采用了这种 RFID 车辆自动收费系统。EZpass 采用主动电子标签，如图 2-6（b）所示，标签的塑料外壳为 1.5 英寸（1 英寸=2.54 厘米）宽、3 英寸高、5/8 英寸厚，安装在汽车风挡玻璃后面；读写器天线安装在距离交费车辆 6～10 英尺（1 英尺=30.48 厘米）的收费亭处，也有安装在道路上方 20 英尺高的龙门上的。当汽车进入收费区时，车载电子标签被该通道读写器天线发射的电磁场激活，经过加密编码的序号从电子标签传到读写器，读写器将这些信息传送到 EZpass 的数据库，通行费自动从电子标签账户的预付费中扣除。

- 钥匙扣型电子标签。钥匙扣形式的电子标签经常被设计成钥匙扣或胶囊状，用来挂在钥匙环上。钥匙扣型电子标签给使用者带来了携带的方便，钥匙扣型电子标签如图 2-6（c）所示。美国埃克森石油公司的速结卡则采用了胶囊状的电子标签，该标签封装为圆柱形胶囊状，可以挂在钥匙扣上，长 1.5 英寸、直径 3/8 英寸，内置电子标签（包括芯片和天线）的玻璃容器长 7/8 英寸、直径 5/32 英寸，消费时电子标签与油泵前的读写器距离不小于 1 英寸。
- 手表型电子标签。手表型电子标签也称为腕带型电子标签，广泛应用于游泳场、洗浴中心、冷却库、防水巡检、野外作业等潮湿高温恶劣环境，长时间浸泡在水中均不影响产品使用。手表型电子标签如图 2-6（d）所示。
- 扎带型电子标签。扎带型电子标签广泛用于需要对物品进行绑扎的各种应用场合，扎带型电子标签如图 2-6（e）所示。

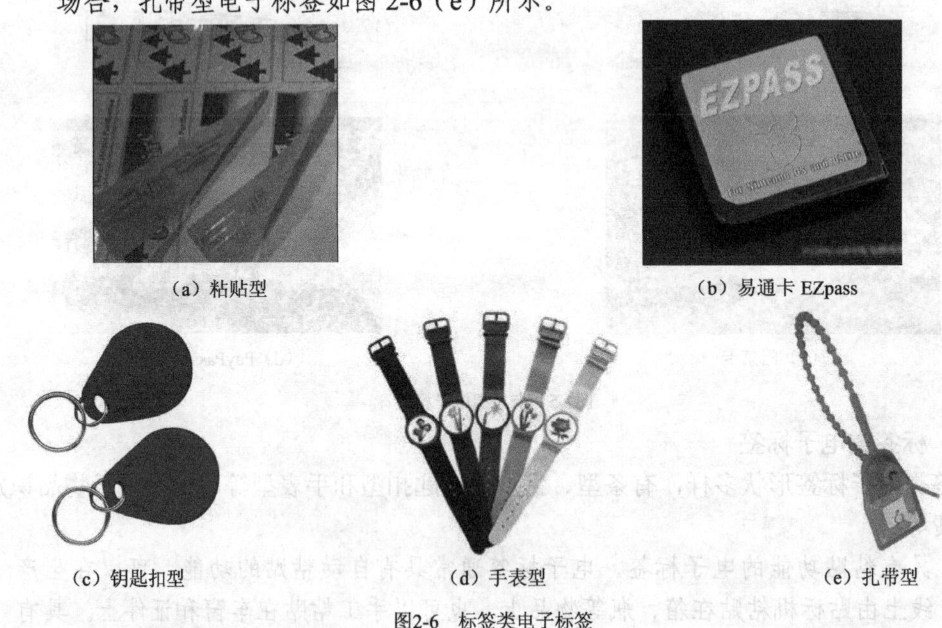

（a）粘贴型　（b）易通卡 EZpass　（c）钥匙扣型　（d）手表型　（e）扎带型

图2-6　标签类电子标签

(3) 植入式电子标签

与其他电子标签相比较，植入式电子标签制造得很小。例如，将电子标签做成动物跟踪标签，其直径比铅笔芯还小，可以嵌入到动物的皮肤下。将 RFID 电子标签植入到动物皮下，称为“芯片植入”，这种方式近年来得到了很大的发展。这种电子标签采用玻璃封装，用注射的方式植入到狗或猫的两肩之间皮下，用来替代传统的狗牌或猫牌进行信息管理。植入式电子标签如图 2-7 所示。

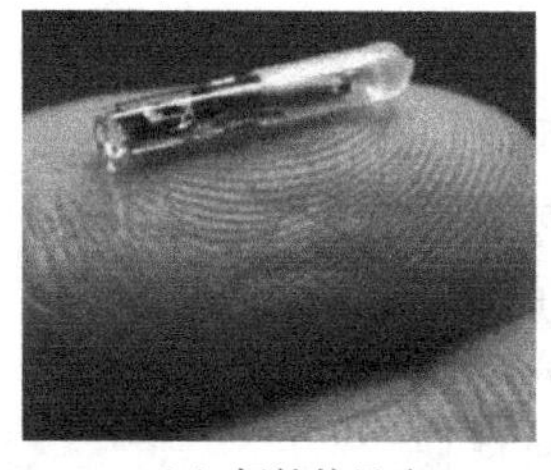
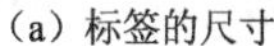
（a）标签的尺寸

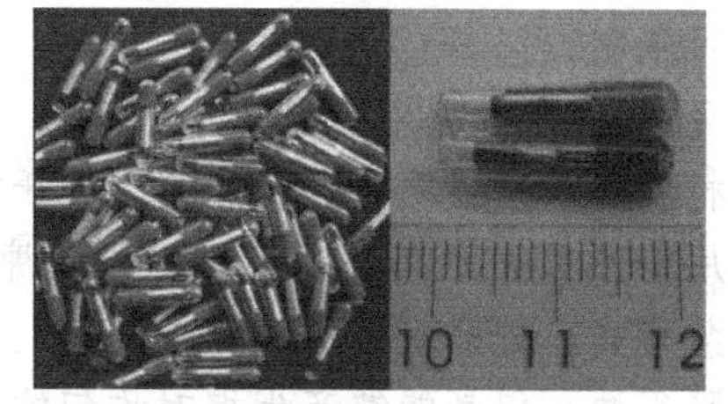

（b）标签的尺寸

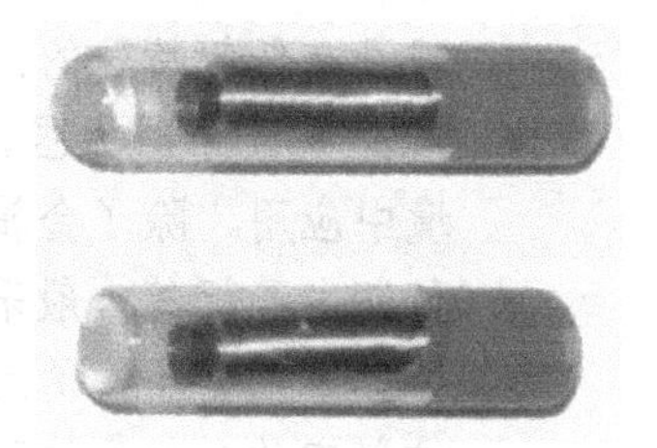
（c）标签的结构

图2-7 植入式电子标签

2.2.3 电子标签的工作频段和功能特点

下面，在低频、高频和微波 3 个频段上，分别介绍电子标签的工作特点。

一、低频电子标签的功能特点

RFID 技术首先在低频得到应用和推广。低频电子标签一般为无源标签，当电子标签位于读写器天线的近场区，电子标签的工作能量通过电感耦合方式从读写器中获得。在这种工作方式中，读写器与电子标签之间存在着变压器耦合作用，电子标签天线中感应的电压被整流，用作电子标签供电电压使用。低频电子标签可以应用于动物识别、工具识别、汽车电子防盗、酒店门锁管理、树木管理、资产管理和门禁安全管理等方面。低频电子标签可以采用如图 2-8 所示的形式。

（a）动物项圈

（b）动物脚环

（c）牲畜耳环

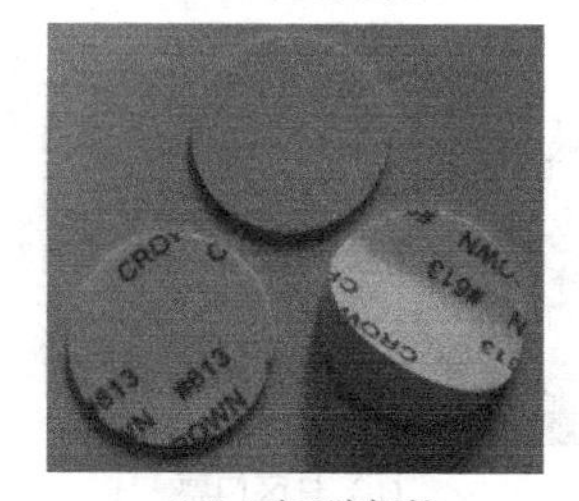
（d）不干胶标签

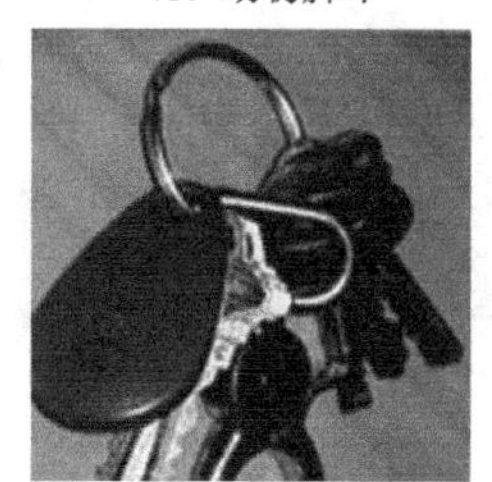
（e）汽车钥匙

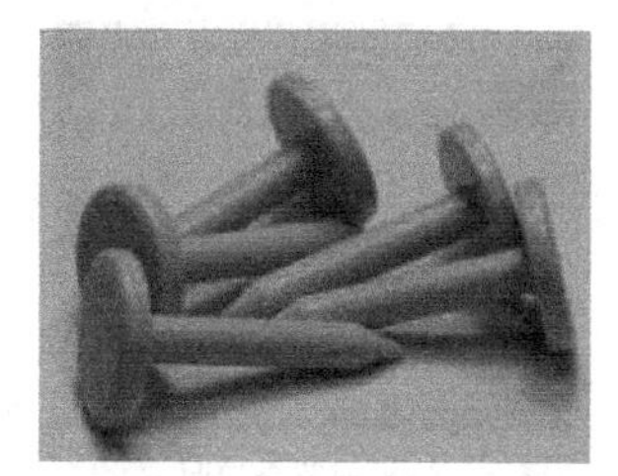
（f）树木管理

图2-8 低频电子标签

在图 2-8 中，图 2-8（a）～图 2-8（b）所示分别为动物项圈和动物脚环式电子标签，这种电子标签经常用于管理动物；图 2-8（c）所示为牲畜耳环式电子标签，这种电子标签经常用于管理牛、羊或猪；图 2-8（d）所示为不干胶电子标签，可用于管理各种物品；图 2-8（e）所示为汽车钥匙式电子标签，一般内置有电池；图 2-8（f）所示为钉状电子标签，可用于树木管理，也可用于其他种类的资产管理。

(1) 低频电子标签的优点

- 低频频率使用自由，工作频率不受无线电管理委员会的约束，低频系统在全球没有任何特殊的许可限制。

- 低频电波穿透力强，可以穿透弱导电性物质，能在水、木材和有机物质等环境中应用，除了金属材料外，一般低频电波能够穿过任意材料的物品。
- 低频电子标签一般采用普通 CMOS 工艺，具有省电、廉价的特点。
- 低频产品有不同的封装形式，好的封装形式有 10 年以上的使用寿命。
- 该频率的磁场区域下降很快，但是能够产生相对均匀的读写区域。

(2)　低频电子标签的缺点

- 相对于其他频段 RFID，低频电子标签存储数据量小。
- 低频电子标签识别距离近，数据传输速率比较慢，只适合近距离、低速度的应用场合，低频电子标签与读写器的距离一般小于 1m。
- 低频电子标签采用线圈绕制的环状天线，线圈的圈数较多，价格相对较高。

二、高频电子标签的功能特点

高频电子标签的工作原理与低频电子标签基本相同。高频电子标签通常无源，当电子标签需要位于读写器天线的近场区，电子标签的工作能量通过电感耦合方式从读写器中获得。电子标签一般通过负载调制的方式进行工作，也就是通过电子标签负载电阻的接通和断开，促使读写器天线上的电压发生变化，实现天线电压振幅调制。高频电子标签常做成卡片形状，典型的应用有我国第二代身份证、小额消费卡、电子车票、门票和物流管理等。高频电子标签可以采用图 2-9 所示的形式。

（a）VIP 卡

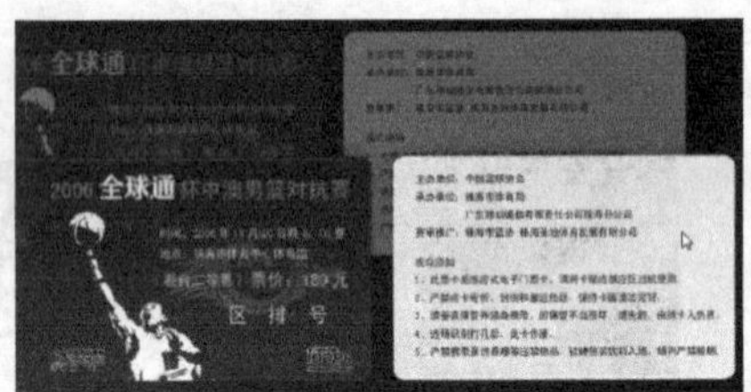

（b）体育赛事门票

（c）展览会门票

（d）音乐会门票

（e）景区门票

（f）纸质的 RFID 火车票

（g）物流标签

图2-9　高频电子标签

在图 2-9 中，图 2-9（a）所示为具有小额消费功能的 VIP 卡，小额消费电子标签也可以用于商店、超市等其他多种场合；图 2-9（b）～图 2-9（e）所示为门票，RFID 门票可以用于体育赛事、景区门票或展览会门票；图 2-9（f）所示为纸质的 RFID 火车票，这种电子标签已经在广州到深圳的车票中采用；图 2-9（g）所示为物流标签，这种电子标签同时还配有条码，通常批量生产为一大卷，便于大量使用。

(1) 高频电子标签的优点

- 与低频电子标签相比，高频电子标签存储的数据量增大。
- 由于频率的提高，高频电子标签可以用更高的传输速率传送信息。
- 该频率电子标签的天线不再需要线圈绕制，而是通过腐蚀印刷的方式制作，电子标签天线的制作更为简单。
- 虽然该频率的磁场下降很快，但是能够产生相对均匀的读写区域。
- 该系统具有防冲撞特性，可以同时读取多个电子标签。
- 该频段的 13.56MHz 在全球都可以免许可使用，没有特殊的限制。

(2) 高频电子标签的缺点

- 除了金属材料外，该频率的波长可以穿过大多数的材料，但是会降低读取距离。
- 识别距离近，电子标签与读写器的距离一般小于 1.5m。
- 高频频段除特殊频点外，受无线电管理委员会的约束，在全球有许可限制。

三、微波电子标签的功能特点

微波电子标签可以为有源电子标签或无源电子标签。微波电子标签与读写器传输数据时，电子标签位于读写器天线的远场区，读写器天线的辐射场为无源电子标签提供射频能量，或将有源电子标签唤醒。微波电子标签的典型参数为是否无源、无线读写距离、是否支持多标签同时读写、是否适合高速物体识别、电子标签的价格及电子标签的数据存储容量等。微波电子标签的数据存储容量一般限定在 2Kbit 以内，从技术及应用的角度来说，微波电子标签并不适合作为大量数据的载体，其主要功能在于标识物品并完成无接触的识别过程。以目前的技术水平来说，微波无源电子标签比较成功的产品相对集中在 800MHz～900MHz 工作频段，2.45GHz 和 5.8GHz 系统则多以半无源微波电子标签产品面世。半无源标签一般采用钮扣电池供电，具有较远的阅读距离。微波电子标签可以采用图 2-10 所示的形式。

在图 2-10 中，图 2-10（a）所示为腕带式电子标签，这类电子标签可用于医院病人或婴儿的跟踪，也可用于危险人物的管理；图 2-10（b）所示为纽扣式电子标签，它属于一种体积微小、耐高温的电子标签，直径可为 14mm，最高工作温度可达 110℃，采用 UHF 频段且无源，并有防尘防水的功能，适用于洗衣店；图 2-10（c）所示为悬挂式电子标签，这种电子标签有 96bit 内存容量，无源，识读距离可达 6m；图 2-10（d）所示为透明的电子标签，不会遮挡被标识的物品；图 2-10（e）所示为超高频小型抗金属 RFID 标签，该标签可附着于金属表面使用，图中给出了标签尺寸与曲别针尺寸的对比；图 2-10（f）所示为批量生产的电子标签，可满足电子标签的大规模使用；图 2-10（g）～图 2-10（i）所示为微波有源标签，工作距离可达 100m，可用于人员考勤系统、车辆自动识别和 ETC 不停车收费等，其中图 2-10（i）给出了有源标签与硬币的尺寸对比。

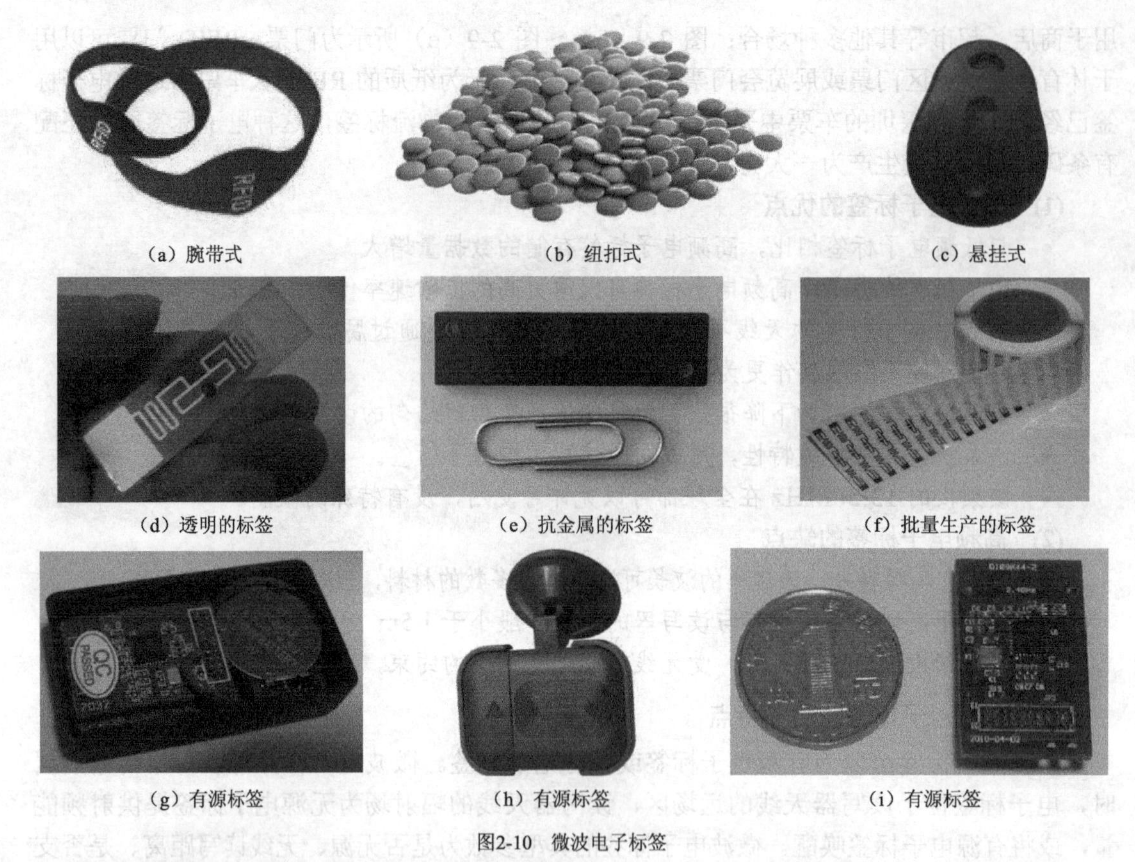

（a）腕带式　（b）纽扣式　（c）悬挂式

（d）透明的标签　（e）抗金属的标签　（f）批量生产的标签

（g）有源标签　（h）有源标签　（i）有源标签

图2-10　微波电子标签

(1)　微波电子标签的优点

- 微波电子标签与读写器的距离较远，标签无源时距离一般大于 1m，典型情况为 4~7m，最大可达 10m 以上。
- 有很高的数据传输速率，在很短的时间可以读取大量的数据。
- 可以读取高速运动物体的数据。
- 由于微波电子标签与读写器的距离一般较大，在工作区域中可能同时出现多个电子标签，从而提出多个电子标签同时读取的要求，这种要求现在已经发展为一种潮流。微波系统可以同时读取多个电子标签的信息，目前多标签同时识读已经成为先进射频识别系统的一个重要标志。

(2)　微波电子标签的缺点

- 微波穿透力弱，水、木材和有机物质对电波传播有影响，微波穿过这些物质会降低读取距离。
- 微波不能穿透金属，电子标签需要和金属分开。
- 灰尘、雾等悬浮颗粒对微波传播有影响。

2.2.4　电子标签的技术参数

电子标签的技术参数主要有标签激活的能量要求、标签信息的读写速度、标签信息的传输速率、标签信息的容量、标签的封装尺寸、标签的读写距离、标签的可靠性、标签的工作频率和标签的价格等。

(1) 标签激活的能量要求

当电子标签进入读写器的工作区域后，受到读写器发出射频信号的激励，标签进入工作状态。标签的激活能量是指激活电子标签芯片电路所需的能量，这要求电子标签与读写器在一定的距离内，读写器能提供电子标签足够的射频场强。

(2) 标签信息的读写速度

标签的读写速度包括读出速度和写入速度。读出速度是指电子标签被读写器识读的速度，写入速度是指电子标签信息写入的速度，一般要求标签信息的读写为毫秒级。

(3) 标签信息的传输速率

标签信息的传输速率包括两方面：一方面是电子标签向读写器反馈数据的传输速率；另一方面是来自读写器写入数据的速率。

(4) 标签信息的容量

标签信息的容量是指电子标签携带的可供写入数据的内存量。标签信息容量的大小与电子标签是“前台”式还是“后台”式有关。

- “后台”式电子标签。“后台”式电子标签通过读写器采集到数据后，便可以借助网络与计算机数据库连接。因此，一般来说只要电子标签的内存有 200 多位（bit），就能够容纳物品的编码了。如果需要物品更详尽的信息，这种电子标签需要通过后台数据库来提供。
- “前台”式电子标签。在实际使用中，现场有时不易与数据库联机，这必须加大电子标签的内存量。例如，将电子标签的内存加大到几千位到几十千位，这样电子标签可以独立使用，不必再查数据库信息，这种电子标签可称为“前台”式电子标签。但是，在选用“前台式”电子标签时要注意，一般来说内存越大读取时间越长，只有在那些时间因素不很重要，但必须当时就要知道物品较详细信息的情况下，才采用这种电子标签。

(5) 标签的封装尺寸

标签的封装尺寸主要取决于天线的尺寸和供电情况等，在不同场合对封装尺寸有不同要求。封装尺寸小的为毫米级，大的为分米级。如果电子标签的尺寸小，则它的适用范围宽，不管大物品或是小物品都能设置。但是，一味追求尺寸小并不是好事。如果电子标签设计的比较大，可以加大天线的尺寸，因此能有效地提高电子标签的识读率。

(6) 标签的读写距离

标签的读写距离是指电子标签与读写器的工作距离。标签的读写距离近的为毫米级，远的可达 10m 以上。另外，大多数系统的读取距离和写入距离是不同的，写入距离是读取距离的 40%～80%。

(7) 标签的可靠性

标签的可靠性与电子标签的工作环境、大小、材料、质量、标签与读写器的距离等有关。例如，在传送带上时，当电子标签暴露在外，并且是单个读取时，读取的准确度接近 100%。但是，许多因素都可能降低标签读写的可靠性，一次同时读取的标签越多、标签的移动速度越快，越有可能出现误读或漏读。

在某项应用中的调查表明，使用 10000 个电子标签时，一年中 60 个电子标签受到损

坏，受损坏的比例低于 0.1%。为了防止电子标签的损坏而造成的不便，条码与电子标签的共同使用是一种有效的补救办法，这样可以根据条码记载的信息迅速复制出一个电子标签。另外，在一个物品上放两个电子标签以备万一也是一种方法，但缺点是成本较高。

(8)　标签的工作频率

标签的工作频率是指电子标签工作时采用的射频频率，可以分为低频工作频率、高频工作频率和微波工作频率。

(9)　标签的价格

当电子标签大量订货时，目前某些电子标签的价格低于 30 美分。当电子标签的使用数量以 10 亿计时，规模经济效应将使电子标签的价格大大降低，很多公司希望将来每个电子标签低于 5 美分。智能电子标签的价格较高，一般在 1 美元以上。

2.2.5　电子标签的封装

对电子标签的硬件来说，封装占据了成本的一半以上。因此，封装是射频识别产业链中重要的一环。由于射频识别应用的领域越来越多，对电子标签的封装也提出了不同的要求。下面只从材料方面介绍电子标签的封装情况。

(1)　纸标签

纸质的电子标签一般由面层、芯片电路层、胶层和底层组成。这种电子标签价格便宜，一般具有自粘贴的功能，可以直接粘贴在被识别物品的表面上。

(2)　塑料标签

塑料电子标签采用特定的工艺和塑料基材，将芯片和天线封装成不同的标签形式。塑料电子标签可以采用不同的颜色，封装材料耐高温。

(3)　玻璃标签

玻璃电子标签将芯片和天线用特殊的物质植入到一定大小的玻璃容器内，封装成玻璃标签。玻璃电子标签可以注射到动物体内，用于动物的识别和跟踪。美国埃克森石油公司的速结卡也是一种玻璃电子标签，它采用玻璃容器封装芯片和天线，这种电子标签被设计成胶囊状，用来挂在钥匙环上。

2.2.6　电子标签的发展趋势

电子标签有多种发展趋势，以适应不同的应用需求。以电子标签在商业上的应用为例，由于有些商品的价格较低，为使电子标签不过多提高商品的成本，要求电子标签的价格尽可能低。又以物联网为例，物联网希望标签不仅有标识的功能，而且有感知的功能。总体来说，电子标签具有以下发展趋势。

(1)　体积更小

由于实际应用的限制，一般要求电子标签的体积比标记的物品小。这样，体积非常小的物品及其他一些特殊的应用场合，就对标签提出了更小、更易于使用的要求。现在带有内置天线的最小射频识别芯片厚度仅有 0.1mm 左右，电子标签可以嵌入纸币。

(2)　成本更低

从长远来看，电子标签（特别是超高频远距离电子标签）的市场在未来几年内将逐渐成熟，成为继手机、身份证、公交卡之后又一个具有广阔前景和巨大容量的市场。在商业上应用电子标签，当使用数量以 10 亿计时，很多公司希望每个电子标签的价格低于 5 美分。

(3) 作用距离更远

由于无源射频识别系统的工作距离主要限制在标签的能量供电上，随着低功耗设计技术的发展，电子标签的工作电压将进一步降低，所需功耗可以降低到 5μW 甚至更低。这就使得无源射频识别系统的作用距离进一步加大，可以达到几十米以上的作用距离。

(4) 无源可读写性能更加完善

不同的应用系统对电子标签的读写性能和作用距离有着不同的要求。为了适应多次改写标签数据的场合，需要更加完善电子标签的读写性能，使其误码率和抗干扰性能达到可以接受的程度。

(5) 适合高速移动物体的识别

针对高速移动的物体，如火车和高速公路上行驶的汽车，电子标签与读写器之间的通信速度会提高，使高速运动的物体可以快速准确地识别。

(6) 多标签的读/写功能

在物流领域中，会涉及大量物品需要同时识别的问题。因此，必须采用适合这种应用的通信协议，以实现快速、多标签的读/写功能。

(7) 电磁场下自我保护功能更完善

电子标签处于读写器发射的电磁辐射中，这样电子标签有可能处于非常强的能量场中。如果电子标签接收的电磁能量很强，会在标签上产生很高的电压。为了保护标签芯片不受损害，必须加强电子标签在强磁场下的自保护功能。

(8) 智能性更强、加密特性更完善

在某些对安全性要求较高的应用领域中，需要对标签的数据进行严格的加密，并对通信过程进行加密。这样就需要智能性更强、加密特性更完善的电子标签，使电子标签在“敌人”出现的时候能够更好地隐藏自己而不被发现，并且数据不会因未经授权而被获取。

(9) 带有其他附属功能的标签

在某些应用领域中，需要准确寻找某一个标签，这时标签需要有某些附属功能，如蜂鸣器或指示灯。当系统发送指令时，电子标签便会发出声光指示，这样就可以在大量的目标中寻找特定的标签了。另外，在其他一些方面，如新型的防损、防窃标签，可以在生成过程中将电子标签隐藏或嵌入在物品中，以解决超市中物品的防窃问题。

(10) 具有杀死功能的标签

为了保护隐私，在标签的设计寿命到期或者需要终止标签的使用时，读写器发出杀死命令或标签自行销毁。

(11) 新的生产工艺

为了降低标签天线的生产成本，人们开始研究新的天线印制技术，可以将 RFID 天线以接近于零的成本印制到产品包装上。采用导电墨水在产品的包装盒上印制 RFID 天线，比传统的金属天线成本低，印制速度快，节省空间，并有利于环保。

(12) 带有传感器功能

将电子标签与传感器相连，将大大扩展电子标签的功能和应用领域。

2.3　读写器

读写器（Reader and Writer）又称为阅读器（Reader）或询问器，是读取和写入电子标签内存信息的设备。读写器又可以与计算机网络进行连接，由计算机网络构成的系统高层完成数据信息的存储、管理和控制。读写器是一种射频无线数据采集设备，其基本作用就是作为数据交换的一环，将前端电子标签所包含的信息传递给后端的系统高层。

2.3.1　读写器的基本组成

读写器基本由射频模块、控制处理模块和天线组成。读写器通过天线与电子标签进行无线通信，因此读写器可以看成是一个特殊的收发信机。同时，读写器也是电子标签与计算机网络的连接通道。

读写器可以工作在一个或多个频率，可以读写一种或多种型号的电子标签，并可以与计算机网络相连。

读写器天线可以是一个独立的部分，也可以内置到读写器中。读写器天线将电磁波发射到空间，并收集电子标签的无线数据信号。

射频模块用于基带信号与射频信号的相互转换，并与天线相连。射频模块既可以将频率很低的基带信号转换为射频信号，然后传输至天线；又可以将天线接收的射频信号转换为频率很低的基带信号。

控制模块是读写器的核心。控制模块的主要作用有：对发射信号进行编码、调制等各种处理，对接收信号进行解调、解码等各种处理；执行防碰撞算法；实现与后端应用程序的规范接口。

2.3.2　读写器的结构形式

读写器没有一个确定的模式。根据数据管理系统的功能和设备制造商的生产习惯，读写器具有各种各样的结构和外观形式。根据读写器天线与读写器模块是否分离，读写器可以分为集成式读写器和分离式读写器；根据读写器外形和应用场合，读写器可以分为固定式读写器、OEM 模块式读写器、手持式读写器、工业读写器和读卡器等。

(1)　固定式读写器

固定式读写器一般是指天线、读写器与主控机分离，读写器和天线可以分别安装在不同位置，读写器可以有多个天线接口和多种 I/O 接口。固定式读写器如图 2-11 所示。

图2-11　3 种固定式读写器

固定式读写器将射频模块和控制处理模块封装在一个固定的外壳里，固定式读写器的主要技术参数如下。

- 供电方式。供电可以为 220V 交流电、110V 交流电或 12V 直流电，电源接口通常为交流三针圆形或直流同轴插口。
- 天线及天线接口。天线可以采用单天线、双天线或多天线形式。天线接口可以为 BNC 或 SMA 射频接口。天线与读写器的连接可以为螺钉旋接方式，也可以为焊点连接方式。
- 通信接口。通信接口可以采用 RS232 接口、RS485 接口或无线 WLAN802.11 接口等。

(2) OEM 模块式读写器

在很多应用中，读写器并不需要封装外壳，只需要将读写器模块组装成产品，这就构成了 OEM（Original Equipment Manufacture）模块式读写器。OEM 模块式读写器的典型技术参数与固定式读写器相同。

(3) 手持便携式读写器

为了减小设备尺寸，降低设备制造成本，提高设备灵活性，也可以将天线与射频模块、控制处理模块封装在一个外壳中，这样就构成了一体化读写器。手持便携式读写器是指天线、读写器与主控机集成在一起，适合用户手持使用的电子标签读写设备。手持便携式读写器将读写器模块、天线和掌上电脑集成在一起，执行电子标签识别的功能，其工作原理与固定式读写器基本相同。手持便携式读写器一般带有液晶显示屏，并配有输入数据的键盘，常用在付款扫描、巡查、动物识别和测试等场合。手持便携式读写器一般采用充电电池供电，并可以通过通信接口与服务器进行通信，可以工作在不同的环境，并可以采用 Windows CE 或其他操作系统。与固定式读写器不同的是，手持便携式读写器可能会对系统本身的数据存储量有要求，并要求防水和防尘等。手持便携式读写器可以采用图 2-12 所示的形式。

图2-12 5 种手持式读写器

(4) 身份证阅读器和银行卡读卡器

第二代身份证阅读器符合 ISO14443 技术标准，采用内置式天线、标准计算机通信接口，

支持 Windows 98/2000/XP/NT 等操作系统，电源直流插孔可设计在通信插头上。第二代身份证阅读器如图 2-13（a）所示，可用于银行开户、旅馆住宿登记、民航机票购买等场合。

银行卡读卡器符合 ISO 7816 和 ISO 14443 标准，能将接触式和非接触式技术标准整合在同一个读卡器设备中，不仅可以用于信用卡网上交易支付，还可以用于非接触式智能卡充值。银行卡读卡器如图 2-13（b）所示，具有用于非接触电子标签访问的内置天线，卡的读取距离视标签类型而定，读卡距离最大可达 50mm。

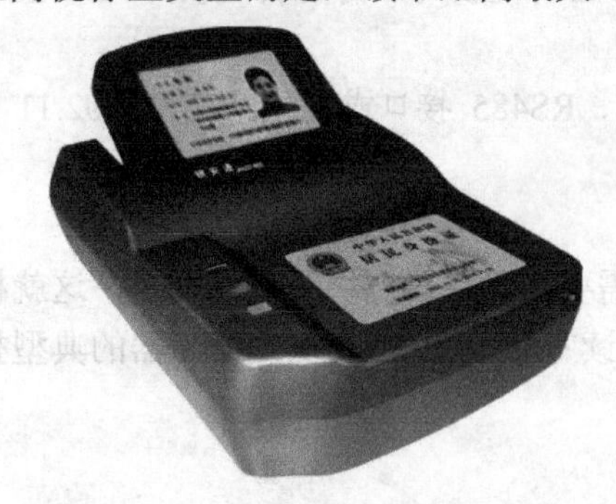

（a）身份证阅读器

（b）银行卡读卡器

图2-13　身份证阅读器和银行卡读卡器

(5)　工业读写器

工业读写器是指应用于矿井、自动化生产或畜牧等领域的读写器。工业读写器一般有现场总线接口，很容易集成到现有设备中。工业读写器一般需要与传感设备组合在一起，如矿井读写器应具有防爆装置。与传感设备集成在一起的工业读写器有可能成为应用最广的射频识别形式。

(6)　发卡器

发卡器主要用于电子标签对具体内容的操作，包括建立档案、消费纠错、挂失、补卡和信息修正等。发卡器可以与计算机相互配合，与发卡管理软件结合起来应用。发卡器实际上是小型电子标签读写装置，具有发射功率小、读写距离近等特点。

2.3.3　读写器的工作特点

读写器的基本功能是触发作为数据载体的电子标签，与这个电子标签建立通信联系。电子标签与读写器非接触通信的一系列任务均由读写器处理，同时读写器在应用软件的控制下，实现读写器在系统网络中的运行。读写器的工作特点如下。

(1)　电子标签与读写器之间的通信

读写器以射频方式向电子标签传输能量，并对电子标签完成基本操作。基本操作主要包括对电子标签初始化，读取或写入电子标签内存的信息，使电子标签功能失效等。

(2)　读写器与系统高层之间的通信

读写器将读取到的电子标签信息传递给由计算机网络构成的系统高层，系统高层对读写器进行控制和信息交换，完成特定的应用任务。

(3)　读写器的识别能力

读写器不仅能识别静止的单个电子标签，而且能同时识别多个移动的电子标签。

- 防碰撞识别能力。在识别范围内，读写器可以完成多个电子标签信息的同时存取，具备读取多个电子标签信息的防碰撞能力。
- 对移动物体的识别能力。读写器能够在一定技术指标下，对移动的电子标签进行读取，并能够校验读写过程中的错误信息。

(4) 读写器对有源电子标签的管理

对有源电子标签，读写器能够标识电子标签电池的相关信息，如电量等。

(5) 读写器的适应性

读写器兼容最通用的通信协议，单一的读写器能够与多种电子标签进行通信。读写器在现有的网络结构中非常容易安装，并能够被远程维护。

(6) 应用软件的控制作用

读写器的所有行为可以由应用软件来控制，应用软件作为主动方对读写器发出读写指令，读写器作为从动方对读写指令进行响应。

2.3.4 读写器的技术参数

不同的使用环境和应用场合需要不同的读写器技术参数。读写器常用的技术参数如下。

(1) 工作频率

射频识别的工作频率是由读写器的工作频率决定的，读写器的工作频率也要与电子标签的工作频率保持一致。

(2) 输出功率

读写器的输出功率不仅要满足应用的需要，还要符合国家和地区对无线发射功率的许可，符合人类健康的要求。

(3) 输出接口

读写器的接口形式很多，具有 RS232、RS485、USB、WIFI、GSM 和 3G 等多种接口，可以根据需要选择几种输出接口。

(4) 读写器形式

读写器有多种形式，包括固定式读写器、手持式读写器、工业读写器和 OEM 读写器等，选择时还需要考虑天线与读写器模块分离与否。

(5) 工作方式

工作方式包括全双工、半双工和时序 3 种方式。

(6) 读写器优先或电子标签优先

读写器优先是指读写器首先向电子标签发射射频能量和命令，电子标签只有在被激活且接收到读写器的命令后，才对读写器的命令做出反应。

电子标签优先是指对于无源电子标签，读写器只发送等幅度、不带信息的射频能量，电子标签被激活后，反向散射电子标签数据信息。

2.3.5 读写器的发展趋势

随着射频识别应用的日益普及，读写器的结构和性能不断更新，价格也不断降低。从技术角度来说，读写器的发展趋势体现在以下几个方面。

(1)　兼容性

现在射频识别的应用频段较多，采用的技术标准也不一致。因此，希望读写器可以多频段兼容、多制式兼容，实现读写器对不同标准、不同频段的电子标签兼容读写。

(2)　接口多样化

读写器要与计算机通信网络连接，因此希望读写器的接口多样化。读写器可以具有RS232、USB、WIFI、GSM 和 3G 等多种接口。

(3)　采用新技术

- 采用智能天线。采用多个线天线构成的阵列天线，形成相位控制的智能天线，实现多输入多输出（MIMO）的天线技术。
- 采用新的防碰撞算法。防碰撞技术是读写器的关键技术，采用新的防碰撞算法可以使防碰撞的能力更强，多标签读写更有效、更快捷。
- 采用读写器管理技术。随着射频识别技术的广泛使用，由多个读写器组成的读写器网络越来越多，这些读写器的处理能力、通信协议、网络接口及数据接口均可能不同，读写器需要从传统的单一读写器模式发展为多读写器模式。所谓读写器管理技术，是指读写器配置、控制、认证和协调的技术。

(4)　模块化和标准化

随着读写器射频模块和基带信号处理模块的标准化和模块化日益完善，读写器的品种将日益丰富，读写器的设计将更简单，读写器的功能将更完善。

2.4　系统高层

对于某些简单的应用，一个读写器可以独立完成应用的需要。但对于多数应用来说，射频识别系统是由许多读写器构成的信息系统，系统高层是必不可少的。系统高层可以将许多读写器获取的数据信息有效地整合起来，完成查询、管理与数据交换等功能。

伴着着经济全球化的进程，RFID 的应用与日俱增，加之计算机技术、RFID 技术、互联网技术与无线通信技术的飞速发展，对全球每个物品进行识别、跟踪与管理将成为可能。RFID 必将通过网络整合起来，计算机网络将成为 RFID 系统的高层。借助于 RFID 技术，物品信息将传送到计算机网络的信息控制中心，构成一个全球统一的物品信息系统，构造一个覆盖全球万事万物的物联网体系，实现全球信息资源共享、全球协同工作的目标。

2.5　本章小结

RFID 由电子标签、读写器和系统高层构成。在 RFID 系统中，电子标签用来标识物体，读写器用来读写物体的信息，电子标签与读写器通过射频无线信号传递信息，系统高层管理电子标签和读写器。RFID 系统的分类方法很多，常用的有按照频率、供电方式、耦合方式、技术方式、信息存储方式、系统档次和工作方式等方法分类。

电子标签（Tag）又称为射频标签、应答器或射频卡。电子标签附着在待识别的物品上，每个电子标签具有唯一的电子编码，电子编码是 RFID 系统真正的数据载体。一般情况下，电子标签由标签专用芯片和标签天线组成，芯片用来存储物品的数据，天线用来收发无线电波。电子标签的结构形式多种多样，有卡片型、环型、钮扣型、条型、盘型、钥匙扣型和手表型等。电子标签可以工作在低频、高频和微波 3 个频段上，RFID 技术首先在低频得到应用；高频电子标签常做成卡片形状，是目前使用最多的电子标签；微波电子标签是近年来研发的热点，也是实现物联网的关键技术。电子标签的技术参数主要有激活要求、读写速度、传输速率、容量、封装尺寸、读写距离、工作频率和价格等。电子标签可以封装为纸标签、塑料标签和玻璃标签。读写器（Reader and Writer）又称为阅读器（Reader）或询问器，是读取和写入电子标签内存信息的设备。读写器一般由射频模块、控制处理模块和天线组成，读写器通过天线与电子标签进行无线通信，因此读写器可以看成是一个特殊的收发信机。读写器的基本作用就是作为数据交换的一环，将前端电子标签所包含的信息传递给后端的系统高层。读写器具有各种结构和外观形式，根据天线是否分离可以分为集成式和分离式读写器；根据外形和应用场合可以分为固定式、OEM 模块式、手持式、工业用和读卡器等。读写器常用的技术参数有工作频率、输出功率、输出接口、结构形式、工作方式和读写器是否优先等。当 RFID 系统由许多读写器构成时，系统高层是必不可少的，系统高层可以将许多读写器获取的数据有效地整合起来，完成查询、管理和数据交换等功能。

2.6 思考与练习

2.1 RFID 系统的基本组成是什么？什么是 RFID 系统的“主-从”原则？RFID 系统的一般技术流程是什么？

2.2 简述射频识别系统的分类方法。

2.3 电子标签的基本组成是什么？电子标签有哪些常用的结构形式？

2.4 简述电子标签的工作频段、功能特点、技术参数和封装方法。

2.5 电子标签的发展趋势是什么？

2.6 读写器的基本组成是什么？读写器有哪些常用的结构形式？

2.7 简述读写器的工作特点和技术参数。读写器的发展趋势是什么？

2.8 RFID 为什么需要系统高层？在物联网中 RFID 的系统高层有什么作用？

第3章 物联网 RFID 体系架构

ISO/IEC 是最早涉足 RFID 领域的国际标准化组织，但 ISO/IEC 主要关注电子标签与读写器之间的 RFID 技术标准。1999 年，美国麻省理工学院（MIT）提出了 EPC 系统，EPC 系统利用 RFID 技术识别物品，目标是构建全球的、开放的、物品标识的物联网，从此开启了面向物联网的 RFID 应用。EPC 系统基于物联网的 RFID 体系架构主要包括物品编码、射频识别、中间件、名称解析服务和信息发布服务 5 个部分，本章将以 EPC 系统为基础介绍物联网 RFID 体系架构。

3.1 物联网 RFID 体系的基本构成

国际标准化组织（International Organization for Standardization，ISO）和国际电工委员会（International Electrotechnical Commission，IEC）是最早制订 RFID 标准的国际组织。ISO/IEC 早期制订的 RFID 标准只是在行业或企业内部使用，并没有构筑物联网的背景。

1999 年，美国麻省理工学院（MIT）首先提出了物联网的概念。MIT 最初的构想是为全球所有物品都提供一个 EPC 码，通过 EPC 码来实现对全球任何物理对象的唯一标识。物联网最初的思想来源于 MIT 的这一构想，MIT 的这一构想就是现在经常提到的物联网 EPC 系统。EPC 系统利用 RFID 技术识别物品，然后将物品的信息发布到互联网上，EPC 系统的目标是在全球范围内构建所有物品的信息网络。

EPC 系统是目前正在实际运行的一种物联网 RFID 实现模式。EPC 系统主要包括 5 个基本组成部分，分别为电子产品编码（EPC 码）、射频识别（RFID）、物联网中间件（IOT-Middleware）、物联网名称解析服务（IOT-ONS）和物联网信息发布服务（IOT-IS）。EPC 系统构建了基于物联网的 RFID 体系架构，物联网 RFID 体系的运行方式如下。

① 在物联网中，每个物品都将被赋予一个 EPC 码，EPC 码用来对物品进行唯一标志。

② EPC 码存储在物品的电子标签中，读写器对电子标签进行读写并获取 EPC 码，电子标签与读写器构成一个 RFID 系统。

③ 读写器获取电子标签的 EPC 码后，将 EPC 码发送给 IOT-Middleware。

④ IOT-Middleware 通过互联网向 IOT-ONS 发出查询指令，IOT-ONS 根据规则查得物品信息的 IP 地址，同时根据 IP 地址引导 IOT-Middleware 访问 IOT-IS。

⑤ IOT-IS 中存储着该物品的详细信息，在收到查询要求后，将该物品的详细信息以网页的形式发送回 IOT-Middleware，以供查询。

在物联网 RFID 体系的运行中，当 EPC 码与 IOT-IS 建立起联系后，可以获得大量的物品信息，并可以实时更新物品的信息，一个全新的、以 RFID 技术为基础的、物品标识的物联网就建立起来了。

3.2 全球物品编码

射频识别采用 EPC 码标识物品。EPC 码的容量非常大，全球每一个物品都可以通过 EPC 码进行标识。条码也是物品的一种编码方式。EPC 码以实现物联网为目标，不仅可以兼容条码，而且具有足够容量、面向全球使用。EPC 码是射频识别的编码标准，是全球统一标识系统的重要组成部分，也是 EPC 系统的核心之一。

3.2.1 物品编码概述

物品编码是物品的“身份证”，解决物品识别的最好方法就是首先给全球每一个物品都提供唯一的编码。现在物品编码体系主要有条码编码体系和 EPC 编码体系。其中，条码属于早期建立的物品编码体系，EPC 码是基于物联网的物品编码体系。

(1) 美国统一编码委员会（UCC）

1970 年，美国超级市场委员会制订了通用商品代码（Universal Production Code，UPC）。UPC 是一种条码，1976 年美国和加拿大的超级市场开始使用 UPC 条码应用系统。UPC 条码是最早大规模使用的条码，目前，UPC 条码主要在美国和加拿大使用。

1973 年，美国统一编码委员会（Universal Code Council，UCC）成立。UCC 是标准化组织，UPC 条码由 UCC 管理。UCC 成员集中在北美国家，目前 UCC 大约有几十万个成员。条码给商业带来了便捷和效益，目前条码仍然应用在全球经济的各个领域。

(2) 欧洲物品编码协会（EAN）

UPC 条码的使用成功促使了欧洲物品编码系统的产生。1977 年，欧洲物品编码协会（European Article Number，EAN）成立，开发出与 UPC 条码完全兼容的 EAN 条码。

1981 年，EAN 更名为国际物品编码协会（International Article Numbering Association，IAN）。这时，EAN 已经发展成为一个国际性的组织，EAN 条码作为一种消费单元代码，在全球范围内被用于唯一标识一种商品。EAN 会员遍及 130 多个国家和地区，我国于 1991 年加入 EAN 组织。

(3) EAN·UCC 系统

从 20 世纪 90 年代起，为了使北美的标识系统尽快纳入 EAN 系统，EAN 加强了与 UCC 的合作。EAN 和 UCC 先后 2 次达成联盟协议，决定共同开发、管理 EAN·UCC 系统。2002 年 11 月 26 日，UCC 和加拿大电子商务委员会（Electronic Commerce Council of Canada，ECCC）正式加入 EAN，使 EAN·UCC 系统成为全球统一的编码系统。

(4) 全球电子产品编码中心（EPC global）

EPC global 由 EAN 和 UCC 两大标准化组织联合成立。EPC global 的主要职责是在全球范围内建立和维护 EPC 网络，保证采用全球统一的标准完成物品的自动实时识别，以此来提高国际贸易单元信息的透明度与可视性，提高全球供应链的运作效率。

- EPC 码

随着经济的全球化，需要对全球每个物品进行编码和管理，条码的编码容量满足不了这

样的要求，电子产品编码（Electronic Product Code，EPC）就产生了。EPC 码统一了全球物品编码方法，其容量可以为全球每一个物品编码。EPC 码主要在射频识别（RFID）中使用。EPC 码的容量非常大，全球每件物品都可以通过 EPC 码进行编码。EPC 码将取代条码，不仅对未来零售业产生深远影响，而且将用以实现全球范围内的物品跟踪与信息共享。

- EPC global 的组织结构

EPC 的概念是美国麻省理工学院（MIT）提出的，为了推进 EPC 系统的发展，MIT 成立了 Auto-ID 中心。2003 年 11 月，EAN 和 UCC 联合收购了 EPC，成立了 EPC global。同时，Auto-ID 中心更名为 Auto-ID 实验室，Auto-ID 实验室负责 EPC 系统的后续研究。EPC global 在美国（MIT）、英国、日本、韩国、中国、澳大利亚和瑞士建立了 7 个 Auto-ID 实验室，5 个世界著名的研究性大学（英国剑桥大学、澳大利亚阿雷德大学、日本 Keio 大学、上海复旦大学和瑞士圣加伦大学）相继加入研发 EPC，EPC global 得到了沃尔玛、可口可乐、宝洁和 Tesco 等 100 多个国际大公司的支持。EPC global 要在全球推广 EPC 标准，中国物品编码中心（ANCC）也参与到 EPC 的推广中来。EPC global 的组织结构如图 3-1 所示。

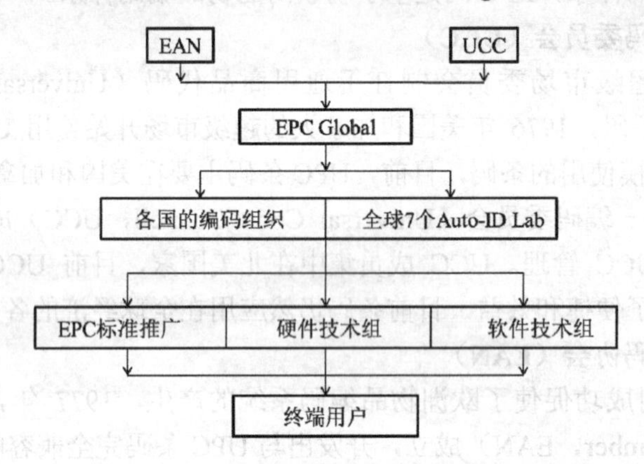

图3-1 EPC global 的组织结构

(5) 国际物品编码协会（GS1）

当 UCC 加入 EAN 后，EAN International 成立。2005 年 2 月，EAN International 更名为 GS1（Globe standard 1）。GS1 结束了欧、美物品编码协会 30 年多年的分治与竞争，统一了全球物品的编码标准。GS1 不仅包括条码的编码体系，而且包括 EPC 码的编码体系。GS1 拥有一套全球跨行业的产品、运输单元、资产、位置和服务的标识标准体系和信息交换标准体系，在全世界范围内物品都能够在 GS1 的框架下被扫描和识读。

3.2.2 条码编码

物品信息数据采集的方法很多，条码识别是其中的一种方法。条码是物品的“身份证”，目前已经成为商品流通于国际市场的“通用语言”。

(1) 条码的种类

条码主要分为以下 6 种。其中，常用的条码为 GTIN 和 SSCC。

- 全球贸易项目代码（GTIN）

GTIN 是为全球贸易提供唯一标识的一种代码，由 14 位数字构成，是 EAN 与 UCC 的统一代码。GTIN 码贴在包装箱上，与资料库中的交易信息相对应，在供应链的各个阶段可用。GTIN 有 4 种不同的编码结构，分别为 EAN/UCC-14、EAN/UCC-13（即 EAN13 码）、EAN/UCC-8（即 EAN8 码）和 UCC-12，后 3 种编码通过补零可成为 14 位数字的代码。

- 系列货运包装箱代码(SSCC)

SSCC 是为了便于运输和仓储而建立的临时性组合包装代码，在供应链中需要对其进行个体的跟踪和管理。SSCC 能使物流单元的实际流动被跟踪和自动记录，可广泛用于运输行程安排和自动收货等。

- 全球位置标识代码（GLN）、全球可回收资产标识代码（GRAI）

GLN 可以标识实体（货物、纸张信息、电子信息）、位置（物理的或职能的）或具有地址的任何团体，是对参与供应链等活动的法律实体、功能实体和物理实体进行标识的代码。

GRAI 用于对资产的标识与管理。可回收资产是指具有一定价值可再次使用的包装或运输设备。

- 全球单个资产标识代码（GIAI）、全球服务标识代码（GSRN）

GIAI 用于对资产的标识与管理。单个资产是指具有任何特性的物理实体。

GSRN 用来标识任何服务关系。一般是由服务提供方为任何特定的服务关系分配一个唯一的标识代码。

(2) EAN 条码

EAN 条码是欧洲物品编码协会制订的一种商品用条码，通用于全世界。EAN 条码有标准版（EAN-13）和缩短版（EAN-8）两种，标准版用 13 位数字表示，又称为 EAN-13 码；缩短版用 8 位数字表示，又称为 EAN-8 码。

图书和期刊作为特殊的商品也采用了 EAN-13 码，分别表示为 ISBN 和 ISSN。其中，前缀 978 被用于图书号 ISBN；前缀 977 被用于期刊号 ISSN。我国图书被分配使用以 7 开头的 ISBN 号，因此我国出版社出版的图书 ISBN 码都是以 9787 开头。

EAN-13 条码一般由前缀码、制造厂商代码、商品代码和校验码组成。前缀码用来标识国家或地区，赋码权在欧洲物品编码协会，如 690～692 代表中国大陆；制造厂商代码的赋码权是各个国家或地区的物品编码组织，我国由国家物品编码中心赋予制造厂商代码；商品代码是用来标识商品的代码，赋码权由产品生产企业自己行使；条码最后 1 位为校验码，用来校验条码中左起第 1～12 位数字代码的正确性。

例 3.1 对于 EAN-13 条码，进行如下计算：①当前缀码为“690”时厂商代码容量；②当前缀码为“690”时商品项目容量；③EAN-13 条码的最大编码容量；④用比特描述条码的容量。

解 当前缀码为“690”时，第 4～7 位数字为厂商代码，第 8～12 位数字为商品项目代码，第 13 位数字为校验码。也即前缀码为“690”时，EAN-13 条码的编码容量如下。

① 厂商代码容量为 10000 个厂商。

② 每个厂商的商品项目容量为 100000 个商品项目，总计有 10000×100000=1000000000 个商品项目的编码容量。

③ EAN-13 条码的最大编码容量见表 3-1。EAN-13 条码第 1～3 位为国家前缀码，全球有 1000 个国家前缀码容量。因此，EAN-13 条码的最大编码容量为

1000×1000000000=1000000000000 个商品项目的编码容量

表 3-1　EAN-13 条码的最大编码容量

	位数	允许存在的最大数字
国家前缀码	3	1000
厂商代码	4	10000
商品项目代码	5	100000
校验码	1	
最多允许的商品项目总数		1000000000000

④ bit 中文名称是位，音译“比特”，是用以描述电脑数据量的最小单位。在二进制数系统中，每个 0 或 1 就是 1 个位（bit）。二进制数的一位所包含的信息就是 1 比特，如二进制数 0101 就是 4 比特。由于

$$2^{40}=1099511627776$$

约等于条码容量 1000000000000，因此条码容量约为 40bit。

3.2.3 EPC 码

EPC 码既是射频识别的编码标准，也是全球统一标识系统的重要组成部分。EPC 码与 EAN/UCC 码兼容，是新一代的编码标准。因此，EPC 码并不是取代现行的条码标准，而是由现行的条码标准逐渐过渡到 EPC 标准，或者在未来 EPC 码和 EAN/UCC 码共同存在。

(1) EPC 码的编码容量

EPC 码是由一个版本号加上另外 3 段数据组成的一组数字，3 段数据依次为域名管理者（General Manager Number）、对象分类代码（Object Class）和序列号（Serial Number）。其中，版本号标识 EPC 码的版本，它决定 EPC 码随后的 3 段数据可以有不同的长度。EPC 码可以给全球任何一个物品编码。以生产厂商使用 EPC 码为例：EPC 码的域名管理者描述生产厂商的信息，是厂商识别代码；EPC 码的对象分类代码是对物品进行分组归类，记录物品的类型信息；EPC 码的序列号能唯一标识每一个物品。

EPC 码是二进制码，这一点与条码不同，条码是十进制码。EPC 码的版本有 64 位、96 位和 256 位编码结构，见表 3-2。出于成本等因素的考虑，EPC 系统测试时采用 64 位编码结构，实际应用采用 96 位编码结构，未来扩展时采用 256 位编码结构。

表 3-2　EPC 码 64 位、96 位和 256 位的编码结构

编码结构	类型	版本号	域名管理者	对象分类代码	序列号
EPC-64	TYPE Ⅰ	2	21	17	24
	TYPE Ⅱ	2	15	13	34
	TYPE Ⅲ	2	26	13	23
EPC-96	TYPE Ⅰ	8	28	24	36
EPC-256	TYPE Ⅰ	8	32	56	160
	TYPE Ⅱ	8	64	56	128
	TYPE Ⅲ	8	128	56	64

例 3.2 对于 EPC-96 位结构，进行如下计算：①域名管理者代码的编码容量；②对象分类代码的编码容量；③物品数目的编码容量；④EPC 码的编码容量。

解 在 EPC-96 位编码结构下，每个 EPC 码包含 4 个独立的部分，即版本号加上另外 3 段数据。版本号具有 8 位大小，用来保证 EPC 码的唯一性。另外 3 段数据包括：28 位域名管理者代码，用来标识制造商或者组织机构；24 位对象分类代码，用来对物品进行分组归类；36 位序列号，用来表示每件物品都具有唯一的编号。

① EPC-96 位结构编码可以允许的域名管理者代码的编码容量为

$$2^{28}=268435455$$

② 每一个域名管理者拥有的对象分类代码的编码容量为

$$2^{24}=16777215$$

③ 每一个对象分类拥有的物品数目的编码容量为

$$2^{36}=68719476735$$

④ EPC-96 位 EPC 码的编码容量见表 3-3。EPC-96 位结构的 EPC 码的编码容量为

$$268435455\times16777215\times68719476735=309484990217175959785701375$$

表 3-3 EPC-96 位结构的 EPC 码的编码容量

	位数	允许存在的最大数字
版本号	8	
域名管理者	28	268435455
对象分类代码	24	16777215
序列号	36	68719476735
最多允许的物品总数		309484990217175959785701375

(2) EPC 码的特点

- 编码容量大

EPC 码的编码容量非常大，可以给全球每一件物品编码；而条码只能给每一种商品项目编码。

EAN-13 条码的最大编码容量为 1000000000000，这个容量不够给全球每个物品编码，最多只能给每个商品项目编码。例如，某书的编码为 ISBN 978-7-115-30170-3，印刷 10600 本，这 10600 本书是一个商品项目，它们只有一个相同的条码编码。

采用 EPC-96 位数据结构，最大编码容量为 309484990217175959785701375 个，这个容量足够给地球上每个物品编码。例如，还是某书印刷 10600 本，如果采用 EPC 码进行编码，可以给这 10600 本书提供 10600 个不同的编码。

- 兼容性

EPC 码的标准与目前广泛应用的 EAN/UCC 条码标准是兼容的，目前广泛使用的全球贸易项目代码（GTIN）和系列货运包装箱代码（SSCC）都可以顺利地转换到 EPC 码中。

- 全面性

EPC 码的标准可在生产、流通、存储、结算、跟踪和召回等供应链的各个环节全面应用，也可用于其他领域。

- 合理性

EPC 码由 EPC global、各国 EPC 码管理机构（中国的管理机构为 EPC global China）和被标识物品的管理者分段管理，具有结构明确、易于使用、共同维护和统一应用等特点，具有合理性。

- 国际性

EPC 码的标准不以具体国家、企业和组织为核心，编码标准全球协商一致，编码采用全数字形式，不受地方色彩、种族语言、经济水平和政治观点等限制，具有国际性。

3.3 电子标签与读写器构成的 RFID 识别系统

电子标签与读写器构成的 RFID 识别系统可以实现 EPC 码的自动采集。电子标签是 EPC 码的物理载体，附着在可跟踪的物品上，可全球流通，并可对其进行识别和读写；读写器与物联网相连，读写器是读取电子标签中 EPC 码、并将 EPC 码输入物联网的设备。

EPC 系统电子标签与读写器之间利用无线方式进行信息交换，具有非接触识别的特点，可以识别快速移动的物品，并可以同时识别多个物品。EPC 射频识别系统为物品数据采集排除了人工干预，实现了完全自动化，是物联网的重要环节。

3.3.1 EPC 标签

EPC 标签一般由天线和芯片组成。EPC 标签芯片的面积不足 1 平方毫米，可实现二进制信息存储。EPC 标签芯片存储的信息量和信息类别是条码无法企及的，未来 EPC 标签在标识产品的时候将达到单品层次。如果制造商愿意，未来 EPC 标签还可以对物品的成分、工艺、生产日期、作业班组甚至是作业环境进行描述。

RFID 系统可以通过 EPC 标签内的 EPC 码实现对物品的追踪。读写器可以发射低能量信号，这种信号激发电子标签。一个货物托盘上数百个单品的电子标签中的信息可以在几微秒的时间内读完，而且不需要像条码那样必须靠照射才能读取。

EPC 标签是 EPC 码的信息载体，其中存储的唯一信息是 96 位或 64 位的 EPC 码。根据基本功能和版本号的不同，EPC 标签有类（Class）和代（Gen）的概念，Class 描述的是 EPC 标签的分类，Gen 是指 EPC 标签的规范版本号。

一、EPC 标签分类

为了降低成本，EPC 标签通常是被动式电子标签。根据功能级别的不同，EPC 标签可以分为 Class 0、Class 1、Class 2、Class 3 和 Class 4。

(1) Class 0

该类 EPC 标签一般能够满足供应链和物流管理的需要，可以在超市结账付款、超市货品扫描、集装箱货物识别和仓库管理等领域应用。Class 0 标签主要具有以下功能。

- 包含 EPC 代码、24 位自毁代码以及 CRC 码。
- 可以被读写器读取，但不可以由读写器写入。
- 可以自毁，自毁后电子标签不能再被识读。

(2) Class 1

该类EPC标签又称为身份标签，是一种无源、后向散射式的电子标签。该类EPC标签除了具备Class 0标签的所有特征外，还具有以下特征。

- 具有一个电子产品代码标识符和一个标签标识符（Tag Identifier，TID）。
- 通过KILL命令能够实现标签自毁功能，使标签永久失效。
- 具有可选的密码保护功能。
- 具有可选的用户存储空间。

(3) Class 2

该类EPC标签也是一种无源、后向散射式电子标签，它是性能更高的电子标签，它除了具备Class 1标签的所有特征外，还具有以下特征。

- 具有扩展的标签标识符（TID）。
- 具有扩展的用户内存、选择性识读功能。
- 访问控制中加入了身份认证机制，并将定义其他附加功能。

(4) Class 3

该类EPC标签是一种半有源、后向散射式标签，它除了具备Class 2标签的所有特征外，还具有以下特征。

- 标签带有电池，有完整的电源系统。
- 有综合的传感电路，具有传感功能。

(5) Class 4

该类EPC标签是一种有源、主动式标签，它除了具备Class 3标签的所有特征外，还具有以下特征。

- 标签到标签的通信功能。
- 主动式通信功能。
- 特别组网功能。

二、EPC标签代（Gen）的概念

EPC标签的Gen和EPC标签的Class是两个不同的概念。EPC标签的Class描述的是标签的基本功能，EPC标签的Gen是指主要版本号。例如，EPC Class1 Gen2标签指的是EPC第2代Class1类别的标签，这是目前使用最多的EPC标签。

(1) EPC Gen概述

EPC Gen1是EPC系统第一代标准。EPC Gen1标准是EPC系统射频识别技术的基础，EPC Gen1主要是为了测试EPC技术的可行性。

EPC Gen2是EPC系统第二代标准。EPC Gen2标准主要是为使这项技术与实践结合，满足现实的需求。Gen1到Gen2的过渡带来了诸多益处。EPC Gen2可以制订EPC系统统一的标准，识读准确率更高；EPC Gen2标签提高了RFID标签的质量，追踪物品的效果更好，同时提高了信息的安全保密性；EPC Gen2标签减少了读卡器与附近物体的干扰，并且可以通过加密的方式防止黑客的入侵。

沃尔玛最早使用的是EPC Gen1标签，沃尔玛EPC Gen1标签2006年6月30日停止使用；从2006年7月开始，沃尔玛要求供应商采用EPC Gen2标签。零售巨头沃尔玛的这一

要求意味着许多公司需要将技术由 EPC Gen1 标准升级到 EPC Gen2 标准。

EPC Gen2 标签不能用于单品。首先是因为标签面积较大（主要是标签的天线尺寸大），大致超过了 2 平方英寸；另外就是因为 Gen2 标签相互干扰。EPC Gen2 技术主要面向货物托盘和货箱级别的应用，在不确定的环境下，EPC Gen2 标签传输同一信号，任何读写器都可以接收，这对于托盘和货箱来说是很适合的。但 EPC Gen2 技术不能用于单品，将来 EPC Gen3 标准可以实现单品识别与追踪，解决 EPC Gen2 技术所无法解决的问题。

下面讨论一下现有的 EPC 标签标准。EPC 系统原来有 4 个不同的标签制造标准，分别为英国大不列颠科技集团（BTG）的 ISO-180006A 标准、美国 Intermec 科技公司的 ISO-180006B 标准、美国 Matrics 公司（现在已经被美国讯宝科技公司以 2.3 亿美元收购）的 Class 0 标准和 Alien Technology 公司的 Class 1 标准。EPC Gen2 标准是在整合上述 4 个标签标准的前提下产生的，同时 EPC Gen2 标准扩展了上述 4 个标签标准。

EPC Gen2 标准的一个问题是特权许可和发行。Intermec 科技公司宣布暂停任何特权来鼓励标准的执行和技术的推进，BTG、Alien、Matrics 和其他大约 60 家公司签署了 EPC global 的无特权许可协议，这意味着 EPC Gen2 标准及使用是免版税的。但是，UHF RFID 产品（如电子标签和读写器等）并非免版税，Intermec 科技公司声明基于 EPC Gen2 标准的产品包含了自己的几项专利技术。

(2) EPC Gen2

EPC Gen2 标准详细描述了第二代 EPC 标签与读写器之间的通信。EPC Gen2 是指符合“EPC Radio Frequency Identity Protocols/Class 1 Generation2 UHF/RFID/Protocol for Communications at 860MHz-960MHz”规范的标签。EPC Gen2 标签的特点如图 3-2 所示。

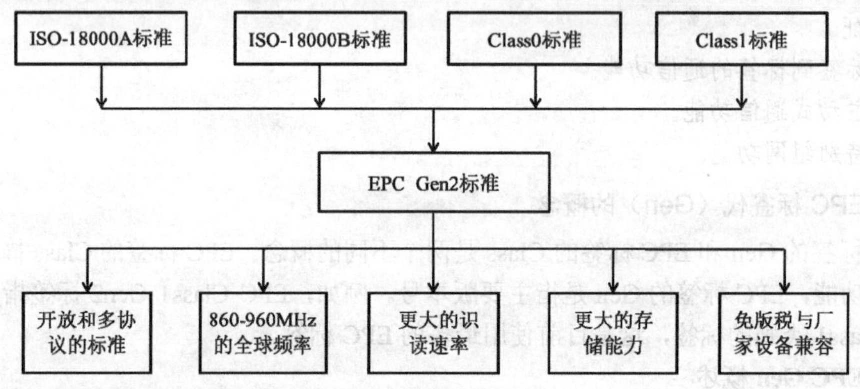

图3-2　EPC Gen2 标签的特点

EPC Gen2 的特点如下。

- 开放和多协议的标准

EPC Gen2 的空中接口协议综合了 ISO/IEC-180006A 和 ISO/IEC -180006B 的特点和长处，并进行了一系列的修正和扩充，在物理层数据编码、调制方式和防碰撞算法等关键技术方面进行了改进，并促使 ISO/IEC-180006C 标准发布。

EPC Gen2 的基本通信协议采用了“多方菜单”。例如，调制方案提供了不同方法来实现同一功能，给出了双边带幅移键控（DB-ASK）、单边带幅移键控（SS-ASK）和反相幅移键控（PR-ASK）3 种不同的调制方案，供读写器选择。

- 全球频率

Gen2 标签能够工作在 860～960MHz 频段。世界不同地区分配了不同功率、不同电磁频谱用于 UHF RFID，Gen2 的读写器能适用不同区域的要求。

- 识读速率更大

EPC Gen2 具有 80kbit/s、160kbit/s、320kbit/s 和 640kbit/s 共 4 种数据传输速率，Gen2 标签的识读速率是原有标签的 10 倍，这使得 EPC Gen2 标签可以实现高速自动作业。

- 更大的存储能力

EPC Gen2 最多支持 256 位的 EPC 编码，而 EPC Gen1 最多支持 96 位的 EPC 编码。EPC Gen2 标签在芯片中有 96 字节的存储空间，并有特有的口令，具有更大的存储能力及更好的安全性能，可以有效地防止芯片被非法读取。

- 免版税和兼容

EPC Gen2 标准及使用是免版税的。EPC Gen2 标签将从多渠道获得，不同销售商的设备之间将具有良好的兼容性，它将促使 EPC Gen2 价格快速降低。

- 其他优点

EPC Gen2 芯片尺寸小，将缩小到原有版本的 1/2 到 1/3。EPC Gen2 标签具有“灭活”（Kills）功能，标签收到读写器的灭活指令后可以自行永久销毁。EPC Gen2 标签具有高读取率，在较远的距离测试具有将近 100%的读取率。EPC Gen2 具有实时性，容许标签延后进入识读区仍然被识读，这是 EPC Gen1 所不能达到的。EPC Gen2 标签具有更好的安全加密功能，读写器在读取信息的过程中不会把数据扩散出去。

3.3.2 EPC 读写器

EPC 读写器的基本任务就是激活 EPC 标签，与 EPC 标签建立通信联系，并且在 EPC 标签与应用软件之间传递数据。EPC 读写器与网络之间不需要个人计算机作为过渡，EPC 读写器提供了网络连接功能，EPC 读写器的软件可以进行 Web 设置、TCP/IP 读写器界面设置和动态更新等。EPC 读写器和标签与普通读写器和标签的区别在于：EPC 标签必须按照 EPC 标准编码，并遵循 EPC 读写器与 EPC 标签之间的空中接口协议。

(1) EPC 读写器的构成

EPC 读写器的构成如图 3-3 所示。EPC 读写器一般由天线、空中接口电路、控制器、网络接口、存储器、时钟和电源等构成。

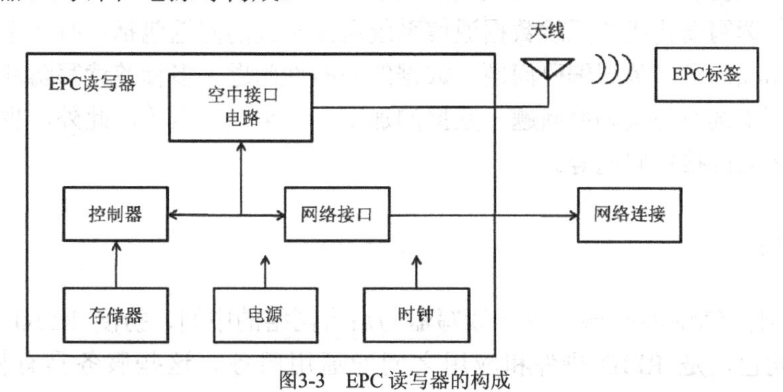

图3-3 EPC 读写器的构成

空中接口电路是 EPC 读写器与 EPC 标签信息交换的桥梁。空中接口电路包括收、发 2 个通道，主要包含编码、调制、解调和解码等功能。

控制器可以采用微控制器（MCU）或数字信号处理器（DSP）。DSP 是一种特殊结构的微处理器，可以替代微处理器或单片机作为系统的控制内核。由于 DSP 提供了强大的数字信号处理功能和接口控制功能，所以 DSP 是 EPC 读写器的首选控制器件。

网络接口应能够支持以太网、IEEE 802.11 无线局域网等网络连接方式，使 EPC 读写器不需要个人计算机过渡直接与网络相连，这是 EPC 读写器的重要特点。

(2) EPC 读写器的特点

EPC 读写器是 EPC 标签与计算机网络之间的纽带。EPC 读写器将 EPC 标签中的 EPC 码读入后，转换为可在网络中传输的数据。EPC 读写器的特点如下。

- 空中接口功能

为读取 EPC 标签的数据，EPC 读写器需要与对应的 EPC 标签有相同的空中接口协议。如果一个 EPC 读写器需要读取多种 EPC 标签的数据，该 EPC 读写器还需要与多种 EPC 标签有相同的空中接口协议，这就要求一个读写器支持多种空中接口协议。

- 读写器防碰撞

EPC 系统需要多个读写器，相邻 EPC 读写器之间会产生干扰，这种干扰称为读写器碰撞。读写器碰撞会产生读写的盲区、读写的重复或读写的错误，因此需要采取防碰撞措施，以消除或减小读写器碰撞的影响。

- 与计算机网络直接相连

EPC 读写器应具有与计算机网络相连的功能，不需要经过另一台计算机作为中介。EPC 读写器应该像服务器、路由器等一样，成为网络的一个独立端点，能够支持 Internet、局域网或无线网等标准和协议，直接与网络相连。

3.3.3 EPC 读写器与电子标签构成的系统

电子标签与读写器之间交换的是数据。由于采用无接触方式通信，存在一个空间无线信道，电子标签与读写器之间的数据交换构成一个无线数据通信系统。在这样的模型下，电子标签是数据通信的一方，读写器是数据通信的另一方，要实现安全、可靠和有效的数据通信，通信双方必须遵守相互约定的通信协议。否则，数据通信的双方将互相听不懂对方在说什么，步调也无从协调一致，从而造成数据通信无法进行。

电子标签与读写器构成的无线数据通信系统所涉及到的问题包括：时序系统问题、通信握手问题、数据帧问题、数据编码问题、数据的完整性问题、多标签读写防冲突问题、干扰与抗干扰问题、识读率与误码率问题、数据的加密与安全性问题等。此外，也需要考虑读写器与应用系统之间的接口问题等。

3.4 中间件

RFID 中间件（Middleware）处于读写器与后台网络的中间，扮演 RFID 硬件和应用程序之间的中介角色，是 RFID 硬件和应用之间的通用服务。这些服务具有标准的程序接口和协议，能实现网络与 RFID 读写器的无缝连接。中间件可以被视为 RFID 运作的中枢，它解决了应用系统与硬件接口连接的问题，即使 RFID 标签数据增加、数据库软件由其他软件取代或读写器种类增加时，应用端不需要修改也能处理数据。中间件解决了多对多连接的各种复杂问题，可以实现数据的正确读取，并有效地将数据传送到后端网络，是 RFID 应用的一项重要技术。

3.4.1 中间件的特性

RFID 中间件主要是一种面向消息的中间件（Message-Oriented Middleware，MOM），信息是以消息的形式从一个程序传送到另一个或多个程序，信息可以以异步（Asynchronous）的方式传送，所以传送者不必等待回应。面向消息的中间件包含的功能不仅是传递信息，还必须包括解译数据、数据广播、错误恢复、定位网络资源、找出符合成本的路径、消息与要求的优先次序和消息安全等。

(1) 独立的架构

RFID 中间件独立且介于 RFID 读写器与后端应用程序之间，并且能够与多个 RFID 读写器及多个后端应用程序连接，以减轻架构与维护的复杂性。

(2) 数据处理

数据处理是 RFID 最重要的功能。RFID 中间件具有数据搜集、过滤、整合和传递等特性，以便将正确的对象信息传到企业后端的应用系统。RFID 中间件采用存储再转送的功能来提供顺序的消息流，具有数据流管理的能力。

(3) 标准

RFID 中间件支持标准化协议，支持不同应用软件对 RFID 数据的请求，能对读写器进行有效的管理和监控。

3.4.2 中间件的基本构成

中间件是具有特定属性的程序模块，其一般由程序模块集成器、读写器接口、应用程序接口和网络访问接口构成。中间件的结构如图 3-4 所示。

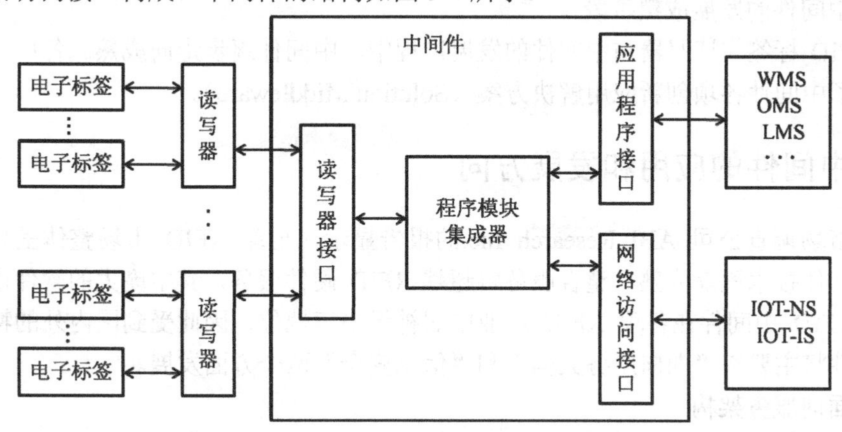

图3-4 中间件的结构

中间件的结构说明如下。

(1)　程序模块集成器

程序模块集成器具有数据搜集、过滤、整合和传递等功能。程序模块集成器由多个程序模块构成，分为标准程序模块和用户定义的程序模块，标准程序模块由标准化组织定义，用户定义的程序模块由用户自行定义。

(2)　读写器接口

读写器接口采用相应的通信协议，提供与读写器连接的方法。

(3)　应用程序接口

应用程序接口提供程序模块集成器与应用程序之间的接口。应用程序有很多种形式，包括仓库管理系统（WMS）、订单管理系统（OMS）和物流管理系统（LMS）等。这些系统通过资源和供应链数据的实时收集和反馈，为决策层提供及时准确的企业信息。

(4)　网络访问接口

网络访问接口提供与互联网的连接，用来构建物联网名称解析服务（IOT-ONS）和物联网信息发布服务（IOT-IS）的通道。

3.4.3　中间件的发展阶段

从 RFID 中间件的发展进程来看，RFID 中间件可分为应用程序中间件、架构中间件和解决方案中间件 3 个发展阶段。

(1)　中间件的发展初期阶段

应用程序中间件（Application Middleware）是 RFID 中间件的发展初期阶段。在这一时期，中间件多以串接 RFID 读写器为目的。RFID 读写器厂商主动提供简单的应用程序接口，以供企业将后端系统与 RFID 读写器串接。以整体发展来看，此时企业需自行花费许多成本购买中间件，以处理前后端系统连接的问题。

(2)　中间件的成长关键阶段

架构中间件（Infrastructure Middleware）是 RFID 中间件的成长关键阶段。在本阶段，RFID 中间件不但已经具备平台的管理和维护功能，而且具备基本数据搜集和过滤等功能，同时能满足企业多设备对多应用的连接需求。

(3)　中间件的发展成熟阶段

在 RFID 标签、读写器与中间件的发展过程中，中间件逐步走向成熟。各厂商针对不同领域提出了中间件各项创新应用解决方案（Solution Middleware）。

3.4.4　中间件的应用和发展方向

美国市场调查公司 ABI Research Inc.的报告显示，全球 RFID 市场整体呈高度成长状态。随着硬件技术逐渐成熟，整合服务将超越 RFID 硬件服务，其中庞大的软件市场尤为引人注目。RFID 中间件在各项 RFID 产业中居神经中枢地位，因此受到国内外的特别关注。未来中间件将主要在“面向服务架构”和“信息安全”两个方面发展。

(1)　面向服务架构

面向服务架构（Service Oriented Architecture，SOA）的目标是建立沟通标准，突破应用程序之间沟通的障碍，实现商业流程自动化，支持商业模式的创新，让 IT 变得更灵活，从而更快地响应需求。RFID 中间件在未来发展上将以面向服务的架构为基本趋势，向企业提供更加弹性灵活的服务。

(2) 基础安全

RFID 应用最让外界质疑的是信息安全问题。RFID 后端系统连接着大量厂商的数据库，该数据库可能引发商业安全问题，尤其是可能引发消费者的信息隐私权问题。为此，有些厂商已经开始生产带“屏蔽”功能的 RFID 芯片，通过发射无线射频信号扰乱 RFID 读写器，让 RFID 读写器误以为搜集到的是垃圾信息而错失数据，从而达到保护消费者隐私权的目的。目前 EPC global 也在研究安全机制，以配合 RFID 中间件的工作，安全将是 RFID 未来发展的重要内容之一。

3.5 物联网名称解析服务和信息发布服务

物联网名称解析服务（Internet of Things Name Service，IOT-ONS）和信息发布服务（Internet of Things Information Service，IOT-IS）是物联网的两个组成部分，主要用于完成信息的传输和管理功能。其中，IOT-ONS 负责将电子标签的 ID 号解析成对应的网络资源地址，IOT-IS 负责对物联网中的物品信息进行处理和发布。

物联网比较成熟的名称解析服务和信息发布服务是 EPC 系统。EPC 系统的名称解析服务称为对象名称解析服务（Object Name Service，ONS），EPC 系统的信息发布服务称为 EPC 信息发布服务（EPC Information Service，EPCIS）。

3.5.1 物联网网络服务概述

电子标签 EPC 码的容量虽然很大，能够给全球每个物品进行编码，但 EPC 码主要是给全球物品提供识别 ID 号，EPC 码本身存储的物品信息十分有限。物品原材料、生产、加工、仓储和运输等大量信息不能用 EPC 码表示出来，有关物品的大量信息需要存储在物联网的网络中，这就需要物联网的网络服务。

物联网的网络是建立在 Internet 之上的。有关物品的大量信息存放在 Internet 上，存放地址与物品的识别 ID 号一一对应，这样通过 ID 号就可以在 Internet 上找到物品的详细信息。网上存放物品信息的计算机称为物联网信息服务器，物联网信息服务器一般放在生产厂家或单位委托的机房里，通过 Internet 可以访问物联网信息服务器，物联网信息服务器提供的服务称为物联网信息发布服务（IOT-IS）。

在 Internet 上，物联网信息服务器非常多，查找物联网信息服务器需要知道 IP 地址，这就像在 Internet 上查找与域名对应的 IP 地址一样。解析物联网信息服务器 IP 地址的是物联网名称解析服务器，物联网名称解析服务器能够将电子标签的识别 ID 号转换成对应的统一资源标识符（Uniform Resource Identifiers，URI）。在服务器上利用 URI 可以找到一个文件夹或网页的绝对地址，URI 最常见的形式就是网页地址。物联网名称解析服务器通过解析电子标签的识别 ID 号，提供存放电子标签信息的物联网信息服务器 IP 地址，这样用户就可以随时在网上查找对应的物品信息。物联网名称解析服务器提供的上述服务称为物联网名称解析服务（IOT-ONS）。

物联网比较成熟的服务是 EPC 系统。EPC 系统表述和传递相关信息的语言是实体标记语言（Physical Markup Language，PML），EPC 系统有关物品的所有信息都是由 PML 语言书写的，PML 语言是读写器、中间件、应用程序、ONS 和 EPCIS 之间相互通信的共同语言。PML 语言由可扩展标记语言（XML）发展而来，是一种相互交换数据和通信的格式，其使用了时间戳和属性等信息标记，非常适合射频识别使用。

3.5.2 物联网名称解析服务

物联网名称解析的作用类似于 Internet 中的域名解析服务（Domain Name Server，DNS）。DNS 是网络设备响应客户端发出的请求，将域名解释为相应的 IP 地址，完成将一台计算机定位到互联网上某一具体地点的服务。Internet 中的域名虽然便于记忆，但机器之间只能互相认识 IP 地址。

目前比较成熟的物联网名称解析服务是 EPC 系统的对象名称解析服务（ONS）。ONS 作为 EPC 系统的重要一环，其作用就是通过 EPC 码获取 EPC 数据访问的通道信息。

(1) ONS 的作用

ONS 是前台软件与后台服务器的网络枢纽，ONS 以 Internet 中的 DNS 为基础，将 RFID 网络架构起来。ONS 运用 Internet 的域名解析服务来查找关于 EPC 码的信息，就表明 ONS 查询的格式与 DNS 一致，RFID 的 EPC 码对应一个 Internet 域名。

ONS 的存储记录是授权的，只有 EPC 码的拥有者可以对其进行更新、添加和删除。当前 ONS 提供静态和动态 2 种服务，静态 ONS 服务通过 EPC 码可以查询供应商提供的商品静态信息，动态 ONS 服务通过 EPC 码可以查询商品在供应链各个环节上的动态信息。

企业拥有的本地 ONS 服务器包括 2 个功能：一个是实现产品 EPC 信息服务地址的存储；另一个是实现与外界信息的交换，将存储信息向根 ONS 服务器报告，并获取网络查询结果。多个企业的 ONS 服务器通过根 ONS 服务器进行级联，组成 ONS 网络体系。

现今全球 ONS 服务由 EPC global 委托 VeriSign 公司营运，设有 14 个资料中心用以提供 ONS 搜索服务，同时建立了 7 个服务中心，共同构成全球访问网络。

(2) ONS 的工作原理

电子标签的 EPC 码被读写器阅读后，读写器将 EPC 码上传到本地服务器。本地服务器通过本地 ONS 服务器或根 ONS 服务器查找 EPC 码对应的 EPCIS 服务器地址，EPCIS 服务器中存储着 EPC 码对应的商品详细信息。当 EPCIS 服务器的地址查找到后，本地服务器就可以与 EPCIS 服务器通信了。ONS 的上述工作原理如图 3-5 所示。ONS 服务是读取物品信息的一个中间环节，ONS 服务涉及整个物联网系统，其具体过程如下。

- 电子标签的 EPC 码被读写器识读
- 读写器将 EPC 码上传到本地服务器。
- 本地服务器中有物联网中间件，中间件屏蔽了不同厂家读写器的多样性，可以实现不同硬件与不同应用软件的无缝连接，同时筛掉了许多冗余数据，将真正有用的数据传送到后台。
- 本地服务器将 EPC 码进行相应的统一资源标识符（Uniform Resource Identifiers，URI）格式转换，然后发送到本地的 ONS 解析器。

- 本地ONS解析器将EPC码的URI格式转换为一个DNS域名。
- 本地ONS解析器基于DNS域名访问本地ONS服务器，如果发现相关ONS记录则返回，否则转发给上级ONS服务器。
- 本地或上级ONS服务器基于DNS域名查询到EPCIS服务器的IP地址。
- ONS服务器将EPCIS服务器的IP地址发送给本地ONS解析器。
- 本地ONS解析器再将EPCIS服务器的IP地址发送给本地服务器。
- 本地服务器基于EPCIS服务器的IP地址访问EPCIS服务器，通过EPCIS服务器查询产品信息或打开产品网页。

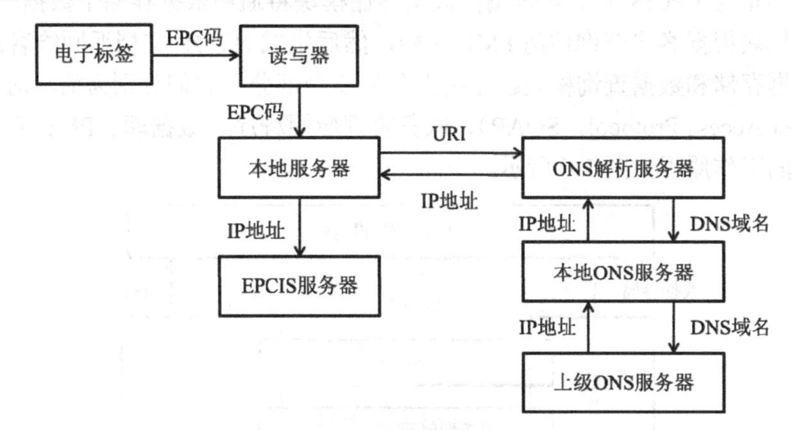

图3-5　ONS的工作原理

3.5.3　物联网信息发布服务

物联网信息发布服务（IOT-IS）是用网络数据库来实现的。IOT-IS提供了一个数据和服务的接口，使得物品的信息可以在企业之间共享。

目前比较成熟的物联网信息发布服务是EPC系统的信息服务（EPCIS）。在这个系统中，EPC码被用作数据库的查询指针，EPCIS提供信息查询接口，与已有的数据库、应用程序及信息系统相连。

最早的信息发布服务称为实体标记语言服务（Physical Markup Language Server，PML Server）。2004年9月，EPC global修订了EPC网络结构方案，EPCIS代替了PML Server，现在并非必须用PML语言存储或记录信息。2007年4月，EPC global发布了EPCIS行业标准，这标志着物联网的信息发布服务跃上了一个新的台阶。

一、EPCIS的作用

EPCIS提供2种数据流动方式：一种是读写器发送电子标签数据至EPCIS以供存储；另一种是应用程序发送查询至EPCIS以获取信息。

(1)　EPCIS存储的数据类型

- 制造日期和有效期等序列数据，是静态属性数据。
- 颜色、重量和尺寸等产品类别数据，是静态属性数据。
- 电子标签的观测记录，是具有时间戳的物品历史数据。
- 传感器的测量数据，是具有时间戳的物品历史数据。

- 物品的位置，是具有时间戳的物品历史数据。
- 阅读物品信息的读写器位置，是具有时间戳的物品历史数据。

(2)　由 EPCIS 存储的数据查询信息

通过 EPCIS 中存储的物品静态信息、具有时间戳的物品历史数据和其他属性，可以查询到所需物品的位置和品牌等各种信息。

二、EPCIS 的工作原理

EPCIS 主要包括客户端模块、数据存储模块和数据查询模块。客户端模块主要用来将电子标签的信息向指定 EPCIS 服务器传输；数据存储模块将通用数据存储于数据库 PML 文档中；数据查询模块根据客户查询访问 PML 文档，然后生成 HTML 文档返回给客户端。

EPCIS 数据存储和数据查询模块在结构上分为 5 个部分，它们分别为简单对象访问协议（Simple Object Access Protocol，SOAP）、服务管理应用程序、数据库、PML 文档和 HTML 文档。EPCIS 的工作原理如图 3-6 所示。

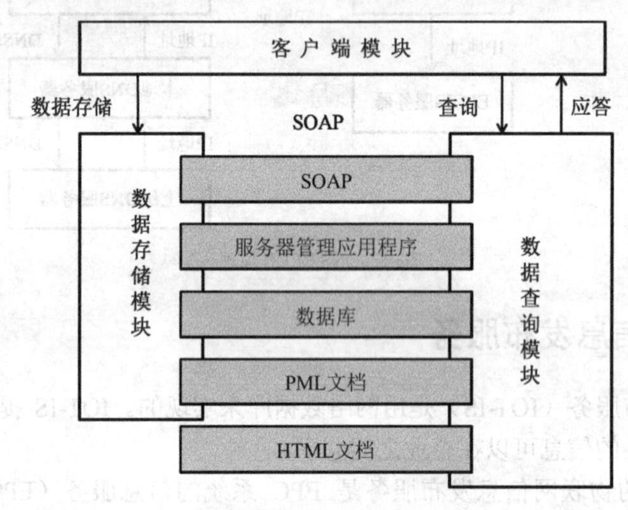

图3-6　EPCIS 的工作原理

根据 EPCIS 的上述工作过程，对图 3-6 的内容说明如下。客户端模块存储着电子标签信息，主要用来将电子标签的信息向指定 EPCIS 服务器传输；数据存储模块包含简单对象访问协议（SOAP）、服务器管理应用程序、数据库和 PML 文档 4 部分，数据查询模块包含简单对象访问协议（SOAP）、服务器管理应用程序、数据库、PML 文档和 HTML 文档 5 部分。

在图 3-6 中，简单对象访问协议（SOAP）是一种非集中、分布环境的信息交换协议，它使用 SOAP 信封将信息的内容、来源和处理框架封装起来，传递给服务器管理应用程序，并传递给物联网客户；服务器管理应用程序接收和处理 SOAP 发送的数据，并将处理结果反馈给 SOAP；数据库在不同层次存储不同的信息，用来提供查询或存储对象在物联网中的代码映射；PML 文档用来整合信息，并用来在读写器、中间件和 EPCIS 之间进行信息交换，EPC 码用来识别产品，但关于产品的所有信息都是用 PML 程序书写的；HTML 文档就是 HTML 页面，也就是网页，EPCIS 应具备一定的应用程序，具有生成 HTML 文档的功能。

3.6 基于物联网的RFID在我国的实施政策

自2004年EPC系统推出第一代电子标签标准EPC Gen1并进行了应用测试，我国就开始部署RFID的实施工作。2006年6月9日，我国发布了《中国射频识别（RFID）技术政策白皮书》，多个部委和单位参与了《中国射频识别（RFID）技术政策白皮书》的编制工作。《中国射频识别（RFID）技术政策白皮书》共分为5章，分别阐述了RFID技术发展现状与趋势、中国发展RFID技术战略、中国RFID技术发展及优先应用领域、推进产业化战略和宏观环境建设。《中国射频识别（RFID）技术政策白皮书》指出，RFID技术可应用于物流、制造和公共信息服务等行业，可大幅提高管理与运作效率，可降低成本，随着相关技术的不断完善和成熟，RFID产业将成为一个新兴的高技术产业群并成为国民经济新的增长点。《中国射频识别（RFID）技术政策白皮书》对我国研究RFID技术、发展RFID产业、提升社会信息化水平、促进经济可持续发展、提高人民生活质量、增强公共安全和国防安全等产生了深远的影响。

2006年12月，中华人民共和国国家质量监督检验检疫总局、中国国家标准管理委员会联合发布国家标准GB/T20563-2006《动物射频识别代码结构》。目前我国还没有制订对所有物品的统一编码标准。

我国在125kHz频段、13.56MHz频段、433MHz 频段、860/960MHz频段和2.45GHz频段主要是采用ISO/IEC的RFID标准。2007年4月20日，我国制订了“800/900MHz频段RFID技术应用试行规定（信部无〔2007〕205号）”，RFID使用频率为840～845MHz和920～925MHz。

我国在RFID应用领域制订了多个标准，包括在道路运输电子收费方面的标准《电子收费 专用短程通信》和原铁道部发布的行业标准TB/T3070-2002《铁路机车车辆自动识别设备技术条件》等。

我国目前在物联网中间件（IOT-Middleware）、物联网名称解析服务（IOT-ONS）和物联网信息发布服务（IOT-IS）方面还没有自己的标准。

在信息技术领域，一个产业往往是围绕若干个标准建立起来的。RFID标准也不例外，RFID标准包含大量专利，当全球只有一个RFID标准时，就意味着市场的垄断和产业的控制。目前国际上围绕着EPC标准已经有6000多项专利，标准是技术的核心与制高点，RFID在中国的应用尚未普及，标准之争却已显现。基于物联网的RFID在我国的实施还有很多方面有待于发展和完善。

3.7 本章小结

EPC系统是目前正在实际运行的一种物联网RFID实现模式，目标是构建全球的、开放的、物品标识的物联网，本章以EPC系统为基础介绍物联网RFID的体系架构。EPC系统主要包括5个基本组成部分，分别为电子产品编码（EPC码）、射频识别（RFID）、物联网中间件（IOT-Middleware）、物联网名称解析服务（IOT-ONS）和物联网信息发布服务（IOT-IS）。

解决物品识别的最好方法就是首先给全球每一个物品都提供唯一的编码。现在物品编码体系主要有条码编码体系和 EPC 编码体系，条码属于早期建立的物品编码体系，EPC 码是基于物联网的物品编码体系，条码的编码容量有限，EPC 码的编码容量大。条码是十进制码；EPC 码是二进制码，有 64 位、96 位和 256 位编码结构。电子标签与读写器构成的 RFID 识别系统可以实现 EPC 码的自动采集。EPC 标签是 EPC 码的信息载体，根据基本功能和版本号的不同，EPC 标签有类（Class）和代（Gen）的概念。Class 描述的是 EPC 标签的分类，分为 Class 0、Class 1、Class 2、Class 3 和 Class 4；Gen 是指 EPC 标签的规范版本号，分为 Gen1 和 Gen2。RFID 中间件（Middleware）处于读写器与后台网络的中间，扮演 RFID 硬件和应用程序之间的中介角色，是 RFID 运作的中枢。物联网名称解析服务（IOT-ONS）和信息发布服务（IOT-IS）主要用于完成信息的传输和管理功能，其中，IOT-ONS 负责将电子标签的 ID 号解析成对应的网络资源地址，IOT-IS 负责对物联网中的物品信息进行处理和发布。物联网比较成熟的名称解析服务和信息发布服务是 EPC 系统，分别为 EPC 对象名称解析服务（ONS）和 EPC 信息发布服务（EPCIS）。

我国 2006 年 6 月 9 日发布了《中国射频识别（RFID）技术政策白皮书》。目前我国主要采用 ISO/IEC 的 RFID 标准，我国物联网 RFID 的实施还有很多方面有待于发展。

3.8　思考与练习

3.1　最早制订 RFID 标准的国际化组织是什么？为什么说 EPC 系统是一种基于 RFID 的物联网实现模式？EPC 系统的 5 个基本组成部分是什么？

3.2　条码是几进制码？条码的编码有哪 6 种结构？条码编码有哪些标准化组织？

3.3　对于 EAN-13 条码，进行如下计算：（1）当前缀码为“692”时厂商代码容量；（2）当前缀码为“692”时商品项目容量；（3）EAN-13 条码的最大编码容量。

3.4　EPC 码是几进制码？EPC 码有几种编码结构？EPC 每一种编码结构有几种类型？

3.5　对于 EPC-64 位 TYPE Ⅱ类型，进行计算：（1）域名管理者代码的编码容量；（2）对象分类代码的编码容量；（3）物品数目的编码容量；（4）EPC 码的编码容量。

3.6　简述 EPC 标签的类（Class）和代（Gen）的概念，EPC 标签分几类？有多少代？

3.7　什么是物联网 RFID 中间件？简述 RFID 中间件的特性、结构、发展阶段和应用。

3.8　什么是物联网的网络服务？包括哪几个部分？什么是 EPC 系统的网络服务？包括哪几个部分？

3.9　在 EPC 系统中，解释 ONS 的作用和工作原理。在 EPC 系统中，解释 EPCIS 的作用和工作原理。

3.10　简述我国基于物联网的 RFID 实施情况。

第2篇　物联网RFID无线传输

内容导读

第2篇“物联网RFID无线传输”共有2章内容，介绍了RFID系统使用的频率、电磁波的辐射、电磁波的传播和电磁波的接收。

- 第4章“RFID使用的频率及电磁波的辐射”介绍了RFID的工作频率及电磁波的辐射特性。RFID电子标签与读写器之间采用无线方式通信，需要确定无线通信的工作频率。天线是辐射电磁波的装置，需要介绍天线的辐射特性和产生的电磁场。不同波段RFID的电磁场特性不同，世界各国都规定了RFID的辐射功率。
- 第5章“RFID电磁波传播及接收功率恢复”介绍了RFID电磁波的传播、接收和反向散射。读写器与电子标签之间的电波传播主要取决于自由空间传输损耗和弗里斯方程。电磁波的接收主要讨论了标签接收，包括有效接收面积、标签电压和标签最大工作距离。电磁波的反向散射主要讨论了由标签到读写器的散射（或再辐射），包括散射功率、雷达截面和反向接收功率。

第4章 RFID使用的频率及电磁波的辐射

在电子通信领域，信号采用的传输方式和信号的传输特性主要是由工作频率决定的。对于电磁频谱，按照频率从低到高（波长从长到短）的次序可以划分为不同的频段。RFID 采用了不同的工作频率，以满足多种应用的需要。RFID 利用无线电波传递信息，无线电波来源于电磁波的辐射。本章首先介绍频谱的划分、频谱的分配和 RFID 使用的频段；然后介绍电磁波的辐射；最后介绍低频、高频和微波 RFID 的电磁场特性。

4.1 频率及其分类

在无线电频率分配上有一点需要特别注意，那就是干扰问题。无线电频率可供使用的范围是有限的，频谱被看作大自然中的一项资源不能无秩序地随意占用，而需要仔细地计划加以利用。频率的分配主要是根据电磁波传播的特性和各种通信业务的要求而确定的，但也要考虑一些其他因素，如历史的发展、国际的协定、各国的政策、目前使用的状况和干扰的避免等。当国际的频率划分确定后，各国还可以在此基础上给予具体的分配。

4.1.1 电磁波谱

无线电波是电磁波谱中的一员，电磁波谱如图 4-1 所示。电磁波谱按照频率由低到高分为无线电波、红外光、可见光、紫外线、X 射线和γ射线。其中，无线电波是指频率范围在 30Hz～3000GHz 的电磁波。

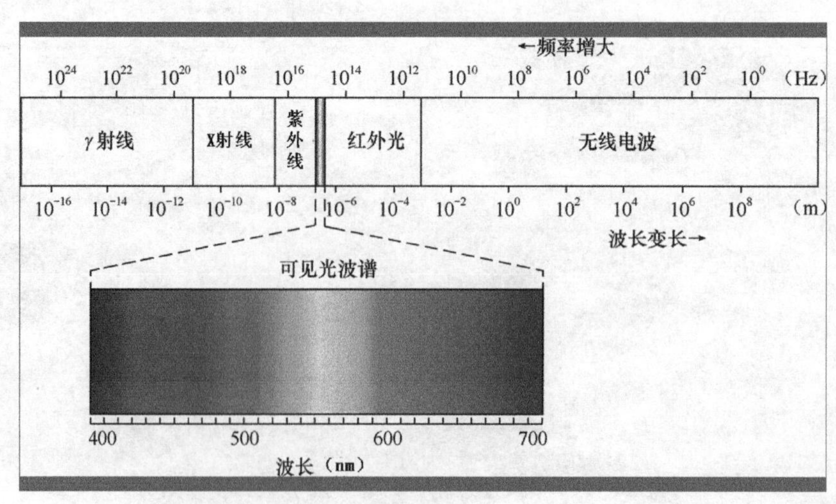

图4-1 电磁波谱

4.1.2 无线电波的频谱分段法

(1) IEEE 的频谱分段法

由于应用领域众多，对无线电波频谱的分段法有多种方式。如今较为通用的频谱分段法是 IEEE 提出的，见表 4-1。

表 4-1 IEEE 频谱

频段名称	频率范围	波长范围
ELF（极低频）	30Hz~300Hz	10000km~1000km
VF（音频）	300Hz~3000Hz	1000km~100km
VLF（甚低频）	3kHz~30kHz	100km~10km
LF（低频）	30kHz~300kHz	10km~1km
MF（中频）	300kHz~3000kHz	1km~0.1km
HF（高频）	3MHz~30MHz	100m~10m
VHF（甚高频）	30MHz~300MHz	10m~1m
UHF（超高频）	300MHz~3000MHz	100cm~10cm
SHF（特高频）	3GHz~30GHz	10cm~1cm
EHF（极高频）	30GHz~300GHz	1cm~0.1cm
亚毫米波	300GHz~3000GHz	1mm~0.1mm
P 波段	0.23GHz~1GHz	130cm~30cm
L 波段	1GHz~2GHz	30cm~15cm
S 波段	2GHz~4GHz	15cm~7.5cm
C 波段	4GHz~8GHz	7.5cm~3.75cm
X 波段	8GHz~12.5GHz	3.75cm~2.4cm
Ku 波段	12.5GHz~18GHz	2.4cm~1.67cm
K 波段	18GHz~26.5GHz	1.67cm~1.13cm
Ka 波段	26.5GHz~40GHz	1.13cm~0.75cm

(2) 微波和射频

微波（Microwave）是 RFID 经常使用的波段。微波是指频率为 300MHz～3000GHz 的电磁波，微波对应的波长为 1m～0.1mm。微波分为分米波、厘米波、毫米波和亚毫米波 4 个波段。

目前射频（Radio Frequency，RF）没有定义一个严格的频率范围。广义地说，可以向外辐射电磁信号的频率称为射频。在 RFID 中，射频的频率一般选为 kHz 至 GHz。

从上面的频率划分可以看出，目前射频频率与微波频率之间没有定义出明确的频率分界点，微波的频率低端与射频频率相重合。

4.1.3 频谱分配和 ISM 频段

一、频谱的分配

频谱分配是指将频率根据不同的业务加以分配，以避免频率使用方面的混乱。因为电磁波是在全球存在的，所以需要有国际协议来分配频谱，各国还可以在此基础上给予具体的分配。有专门的国际会议讨论频率的分配和规定，同时由于科学的不断发展，这些分配也在不断改变。现在进行频率分配的国际组织有国际电信联盟（ITU）、国际无线电咨询委员会（CCIR）和国际频率登记局（IFRB）等。我国进行频率分配的组织是工业和信息化部无线电管理局。

二、无线电业务种类

无线电业务的种类较多。有些无线电业务如标准频率业务、授时信号业务和移动通信业务等是公认不应该被干扰的，分配给这些业务使用的频率其他业务不应该使用，或只能在不干扰的条件下才能使用。

无线电业务主要包括广播业务、定点通信业务、移动通信业务、无线电导航业务、无线电定位业务、空间通信业务、无线电天文业务、气象业务、标准频率业务、授时信号业务、业余无线电业务和 ISM 频段（工业、科学和医用频率）。

三、ISM 频段

ISM 频段（Industrial Scientific Medical Band）属于无许可（Free License）的频段，使用者无需许可证，没有所谓使用授权的限制。ISM 频段主要是开放给工业、科学和医用 3 个主要机构使用的频段。ISM 频段允许任何人随意地传输数据，但是对使用的功率进行限制，使得发射与接收之间只能是很短的距离，以避免不同使用者之间的相互干扰。

在美国，ISM 频段是由美国联邦通信委员会（FCC）定义出来的。其他大多数国家也都已经留出了 ISM 频段，用于非授权用途。目前，许多国家的无线电设备（尤其是家用设备）都使用了 ISM 频段，如车库门控制器、无绳电话、无线鼠标、蓝牙耳机及无线局域网（WLAN）等。

RFID 工作频率的选择要顾及其他无线电服务，不能对其他无线电服务造成干扰和影响。因而，RFID 系统通常只能使用特别为工业、科学和医疗应用而保留的 ISM 频率。

ISM 频段的主要频率范围如下。

(1) 频率 6.78MHz

这个频率范围为 6.765MHz～6.795MHz，属于短波频率。这个频段起初是为短波通信设置的，这个频率范围的使用者是不同类别的无线电服务，如无线电广播服务、无线电气象服务和无线电航空服务等。现在电感耦合 RFID 系统使用这个频段。

(2) 频率 13.56MHz

这个频率范围为 13.553MHz～13.567MHz，处于短波频段。这个频段起初也是为短波通信设置的，这个频率范围的使用者是不同类别的无线电服务机构，如新闻机构和电信机构等。现在这个频率范围是 ISM 频段，这是电感耦合 RFID 系统最常用的频段，此外还有其他的 ISM 应用，如遥控系统、远距离控制模型系统、演示无线电系统和传呼机等。

(3) 频率 27.125MHz

这个频率范围为 26.957MHz～27.283MHz。在这个频率范围内，除了电感耦合 RFID 系统外，还有医疗用电热治疗仪、工业用高频焊接装置和传呼机等应用。在工业使用 27MHz 的 RFID 系统时，附近的高频焊接装置将严重干扰工作在同一频率的 RFID 系统。另外，在规划医院 27MHz 的 RFID 系统时，应特别注意可能存在的电热治疗仪干扰。

(4) 频率 40.680MHz

这个频率范围为 40.660MHz～40.700MHz，为 VHF 频段的低端。在这个频率范围内，ISM 的主要应用是遥测和遥控。该频段目前没有 RFID 工作，属于不适合 RFID 的频段。

(5) 频率 433.920MHz

这个频率范围为 430.050MHz～434.790MHz，在世界范围内分配给业余无线电服务使用，目前也已经被各种 ISM 应用占用。除此之外，该频段还可用于小型电话机、遥测发射器、无线耳机、近距离小功率无线对讲机和汽车无线中央闭锁装置等。但是，由于这个频段应用众多，ISM 的相互干扰比较大。

(6) 频率 869.0MHz

这个频率范围为 868MHz～870MHz，处于 UHF 频段。自 1997 年以来，该频段在欧洲允许短距离设备使用，因而也可以作为 RFID 频率使用。一些远东国家也在考虑对短距离设备允许使用这个频率范围。

(7) 频率 915.0MHz

在美国和澳大利亚，频率范围 888MHz～889MHz 和 902MHz～928MHz 已可使用，并被反向散射 RFID 系统使用。这个频率范围在欧洲还没有提供 ISM 应用。与此邻近的频率范围被按 CT1 标准和 CT2 标准生产的无绳电话占用。

(8) 频率 2.45GHz

这个频率的范围为 2.400GHz～2.4835GHz，属于微波波段，也处于 UHF 频段。该频段电磁波是准光线传播，建筑物和障碍物都是很好的反射面，电磁波在传输过程中衰减很大。这个频率范围适合反向散射 RFID 系统。除此之外，该频段典型的 ISM 应用还有蓝牙和 802.11 协议的无线网络等。

(9) 频率 5.8GHz

这个频率的范围为 5.725GHz～5.875GHz，属于微波波段，与业余无线电爱好者和无线电定位服务使用的频率范围部分重叠。这个频率范围内的典型 ISM 应用是反向散射 RFID 系统，可用于高速公路 RFID 系统。

(10) 频率 24.125GHz

这个频率的范围为 24.00GHz～24.25GHz，属于微波波段，与业余无线电爱好者、无线电定位服务及地球资源卫星服务使用的频率范围部分重叠。在这个频率范围内，目前尚没有 RFID 工作。此波段主要用于移动信号传感器，也用于传输数据的无线电定向系统。

(11) 频率 60GHz

自 2000 年以来，为适应无线电技术的发展，科学、合理地开发和利用频谱资源，欧洲国家、美国、日本、澳大利亚和中国等相继在 60GHz 附近划分出免许可的 ISM 频段。其中，北美和韩国开放了 57GHz～64GHz 频段，欧洲和日本开放了 59GHz～66GHz 频段，澳

大利亚开放了 59.4GHz～62.9GHz 频段，我国开放了 59GHz～64GHz 频段。60GHz 开放的频率范围几乎等于所有其他免许可无线通信频段的总和。对于这些开放的连续频谱，用户不需要负担昂贵的频谱资源费用，这有利于在世界范围内开发这个频段的技术和产品。60GHz 主要用于微功率、短距离和高速率的无线电应用，将成为室内短距离应用的必然选择。

四、其他频率的应用

135kHz 以下的频率没有作为 ISM 频率保留，这个频段被各种无线电服务大量使用，RFID 也是可以使用的。这个频段可以用较大的磁场工作，特别适于电感耦合 RFID 系统。

根据这个频段电磁波的传播特性，占用这个频率的无线电服务可以达到半径 1000 公里以上。在这个频率范围内，典型的无线电服务是航空导航无线电服务、航海导航无线电服务、定时信号服务、频率标准服务及军事无线电服务。用这种频率工作的 RFID 系统将使读写器周围几百米内的无线电钟失效，为了防止这类冲突，未来可能在 70kHz～119kHz 之间规定一个保护区，不允许 RFID 系统占用。

4.1.4 RFID 使用的频段

射频识别（RFID）产生并辐射电磁波。由于 RFID 系统要顾及其他无线电服务，不能对其他无线电服务造成干扰，因此 RFID 系统通常使用为工业、科学和医疗特别保留的 ISM 频段。除 ISM 频段外，RFID 也采用 0～135kHz 之间的频率，我国在 2007 年还专门划分了用于 RFID 的频段。

RFID 读写器和电子标签之间射频信号的传输主要有 2 种方式，一种是电感耦合方式，另一种是电磁反向散射方式，这两种方式采用的频率不同，工作原理也不同。

一、RFID 电感耦合方式使用的频率

在电感耦合方式的 RFID 系统中，电子标签一般为无源标签，其工作能量通过电感耦合的方式从读写器天线的近场中获得。电子标签与读写器之间传送数据时，电子标签需要位于读写器附近，信号和能量传输由读写器天线与电子标签天线的电感耦合实现。在这种方式中，读写器和电子标签的天线都是线圈，读写器天线在周围产生磁场，当电子标签通过时，电子标签的线圈上会产生感应电压，整流后可为电子标签的芯片供电，使电子标签开始工作。在 RFID 电感耦合方式中，读写器线圈和电子标签线圈的电感耦合如图 4-2 所示。

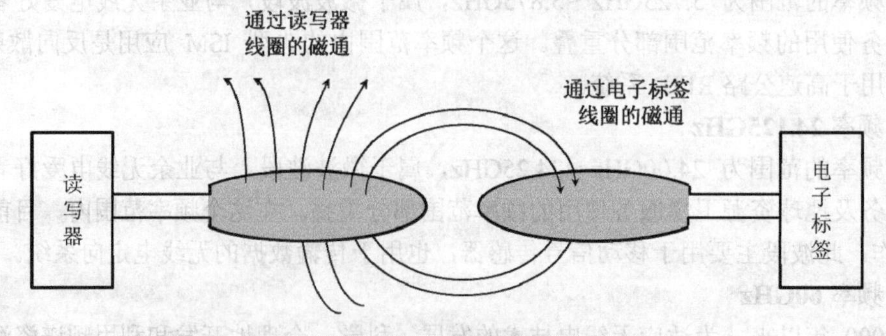

图4-2　读写器线圈和电子标签线圈的电感耦合

计算表明，当读写器与电子标签天线之间的距离增大时，磁场强度的下降起初为

60dB/10 倍频程；当距离增大到 λ/2π 之后，磁场强度的下降为 20dB/10 倍频程。另外，工作频率越低，工作波长越长。因此，在读写器的工作范围内（如 0～10cm），使用较低的工作频率有利于读写器与电子标签天线之间的电感耦合。电感耦合方式的 RFID 系统一般采用低频频率和高频频率，典型的频率为 125kHz、135kHz、6.78MHz、13.56MHz 和 27.125MHz。

(1) 小于 135kHz 的 RFID 系统

该频段电子标签工作在低频，最常用的工作频率为 125kHz 和 135kHz。该频段 RFID 系统的工作特性和应用如下。

- 工作频率不受无线电频率管制约束。
- 阅读距离一般小于 1m。
- 有较高的电感耦合功率可供电子标签使用。
- 无线信号可以穿透水、有机组织和木材等。
- 与低频电子标签相关的国际标准有 ISO11784/11785 和 ISO18000-2 等。
- 用于机动车辆的典型应用有：远程无钥匙门禁（RKE）、无源无钥匙门禁（PKE）和无源无钥匙启动（PKS）等。目前全球防盗汽车钥匙式电子标签约有 10 亿个。
- 用于动物和牲畜的典型应用有：动物识别、动物饲养、牲畜饲养和冷冻链。
- 用于商业和工业的典型应用有：商店警报防盗系统（EAS）、工业洗衣、商业运输中的托盘监控、容器识别（例如：丁烷储气罐）、工具识别（例如：医院手推车）、20 英尺集装箱监控、奢侈品监控和赌场筹码监控等。
- 用于公共领域的典型应用有：巴黎树木监控（健康状况、浇水）、机场等高安全区域的访问控制、图书馆的图书盘点和会员卡记录等。

(2) 6.78MHz 的 RFID 系统

该频段电子标签工作在高频，RFID 系统的工作特性和应用如下。

- 与 13.56MHz 相比，电子标签可供使用的功率大一些。
- 有一些国家没有使用该频段。

(3) 13.56MHz 的 RFID 系统

该频段电子标签工作在高频，RFID 系统的工作特性和应用如下。

- 这是最典型的 RFID 高频工作频率。
- 相关的国际标准有 ISO14443、ISO15693 和 ISO18000-3 等。
- 该频段在世界范围内用作 ISM 频段使用。
- 高时钟频率，可实现密码功能或使用微处理器。
- 数据传输快，典型值为 106Kbit/s。
- 电子标签一般制成标准卡片形状。该频段的电子标签是实际应用中使用量最大的电子标签。
- 用于非接触智能卡的典型应用有：电子钱包（学校食堂、城市公交卡、电子火车票）、访问控制（体育场门票、核电厂访问）和道路运输自动售检票系统（AFC）等。目前全球非接触智能卡约有 20 亿个。
- 用于个人和官方数据有：护照、电子签证、居民身份证（我国居民身份证采用该频段）和驾驶证等。

- 用于监控和追踪的典型应用有：邮包监控（国外 DHL、联邦快递）、车队管理（监控邮政车辆、公司货车）、图书管理（文档管理、图书归架、图书盘点）和商店监控（防盗监控 EAS、流量控制、盘点）等。

(4)　27.125MHz 的 RFID 系统

- 不是世界范围的 ISM 频段。
- 数据传输较快，典型值为 424kbit/s。
- 高时钟频率，可实现密码功能或使用微处理器。
- 与 13.56MHz 相比，电子标签可供使用的功率小一些。

二、RFID 电磁反向散射方式使用的频率

电磁反向散射的 RFID 系统采用雷达原理模型，发射出去的电磁波碰到目标后反射，同时携带目标的信息返回。该方式一般适合于微波频段，典型的工作频率有 433MHz、800/900MHz、2.45GHz 和 5.8GHz，属于远距离 RFID 系统。

微波电子标签分为有源标签与无源标签。电子标签工作时位于读写器的远区，电子标签接收读写器天线的辐射场，读写器天线的辐射场为无源电子标签提供射频能量，将有源电子标签唤醒。该方式 RFID 系统的阅读距离一般大于 1m，典型情况为 4m～7m，最大可达 10m 以上。该方式读写器天线和电子标签天线的电磁辐射如图 4-3 所示。

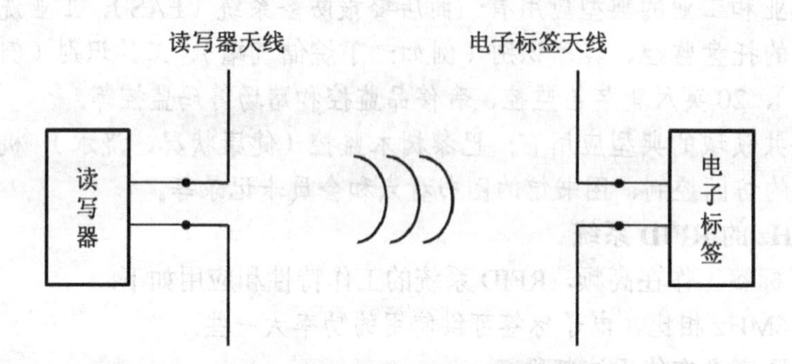

图4-3　读写器天线和电子标签天线的电磁辐射

(1)　433MHz 的 RFID 系统

- 该频段处于微波频段的频率低端，具有穿透性强、绕射性强和传输距离远等特点，如 70m ~ 100m 距离的应用场合。
- 该频段的带宽较窄（小于 1MHz），天线尺寸较大，常采用有源电子标签。
- 该频段有源 RFID 技术适用于各种环境，尤其适用于隧道和山区等复杂环境。
- 典型应用有：机动车辆远程控制上锁系统（RKE）、轮胎压力监控系统的车轮识别和定位。

(2)　800/900MHz 的 RFID 系统

- 该频段是实现物联网的主要频段，主要采用无源标签，适用于 4m ~ 7m 的应用场合，最多可扩展到 10m 的应用场合。
- 860MHz ~ 960MHz 是 EPC Gen2 标准描述的第二代 EPC 标签与读写器之间的通信频率。EPC Gen2 标准是 EPC global 最主要的 RFID 标准，世界不同地区分配了该频段的频谱用于 UHF RFID，Gen2 标准的读写器能适用不同区域的

要求。

- 我国根据频率使用的实际状况及相关的试验结果，结合我国相关部门的意见，并经过频率规划专家咨询委员会的审议，规划 840MHz ~ 845MHz 及 920MHz ~ 925MHz 频段用于 RFID 技术。
- 以目前技术水平来说，无源微波标签比较成功的产品相对集中在 800/900MHz 频段，特别是 902MHz ~ 928MHz 工作频段上，如美国为 902MHz ~ 928MHz。
- 800/900MHz 的设备造价较低。
- 典型应用有：EPC Gen2 标签、我国铁路车号自动识别系统（ATIS）、商店警报防盗系统（EAS）、供应链管理、邮包识别、集装箱管理和机场行李分类等。EPC Gen2 标签希望替代条形码应用，这些标签每天应用数百万个，每年几十亿个，而且是一次性的，可应用于行李、供应链管理和运输业等。

(3) 2.45GHz 的 RFID 系统

- 该频段带宽较宽（可达约 100MHz），传播损耗较大，天线尺寸较小，主要采用有源标签，适用于远距离的应用场合，如 100m 的距离。
- 日本泛在识别（Ubiquitous ID，UID）标准体系是世界上射频识别三大标准体系之一，UID 使用 2.45GHz 的 RFID 系统。
- 典型应用有：日本使用的标签和实时定位系统（RTL）等。

(4) 5.8GHz 的 RFID 系统

- 该频段的使用比 800/900MHz 及 2.45GHz 频段少。
- 5.8GHz 多为有源电子标签。
- 典型应用有：道路运输电子收费和我国高速公路不停车收费（ETC）等。

4.1.5 我国 800/900MHz 频段射频识别（RFID）技术应用规定

为适应我国社会经济发展对RFID技术的应用需求，并与国际相关标准衔接，根据我国无线电频率划分和产业发展情况，我国专门划分了用于 RFID 的频段。2007 年 4 月 20 日，我国制订了“800/900MHz 频段 RFID 技术应用试行规定（信部无[2007]205 号）”，RFID 使用频率为 840MHz～845MHz 和 920MHz～925MHz。

我国 840MHz～845MHz 和 920MHz～925MHz 频段的 RFID 无线电发射设备按照微功率（短距离）无线电设备进行管理，设备投入使用前，须获得相关部门核发的无线电发射设备型号核准证。该频段 RFID 无线电发射设备射频指标如下。

(1) 载波频率容限：20×10^{-6}。载波频率容限是实测载波频率与标称载波频率之间误差的一个指标，载波频率容限=|实测载波频率-标称载波频率|/标称载波频率。

(2) 信道带宽及信道占用带宽（99%能量）：250kHz。

(3) 信道中心频率如下：

- f_c（MHz）=840.125+N×0.25（N 为整数，取值为 0 ~ 19）。
- f_c（MHz）=920.125+M×0.25（M 为整数，取值为 0 ~ 19）。

(4) 邻道功率泄漏比：40dB（第一邻道），60dB（第二邻道）。

(5) 发射功率见表 4-2。

在表 4-2 中，有效辐射功率（effective radiated power，e.r.p）为无线电发射机供给天线的功率和在给定方向上该天线相对于半波偶极子的增益的乘积。用 e.r.p 代替 e.i.r.p 来表示同半波偶极子天线相比的最大发射功率，半波偶极子天线具有 1.64 的增益（2.15dB），因此 e.r.p 比 e.i.r.p 低 2.15dB。

$$10\log 1.64 = 2.15\text{dB}$$

表 4-2　发射功率

频率范围（MHz）	发射功率（e.r.p）
840.50～844.5 920.50～924.5	2W
840～845 920～925	100mW

(6) 工作模式：跳频扩频方式，每跳频的信道最大驻留时间 2 秒。

(7) 杂散发射限值（在两频段的中间载波频率±1MHz 范围以外）给出了天线端口和机箱端口（含一体化天线）的指标。其中，天线端口的指标见表 4-3；机箱端口（含一体化天线）的指标见表 4-4。

表 4-3　天线端口的指标

	频率范围	限值要求（dBm）	测量带宽	检波方式
	30MHz～1GHz	-36	100kHz	有效值
	1GHz～12.75GHz	-30	1MHz	
最大功率状态	806MHz～821MHz 825MHz～835MHz 851MHz～866MHz 870MHz～880MHz 885MHz～915MHz 930MHz～960MHz	-52	100kHz	
	1.7GHz～2.2GHz	-47	100kHz	
待机状态	30MHz～1GHz	-57	100kHz	
	1GHz～12.75GHz	-47	100kHz	

在表 4-4 中，等效全向辐射功率（equivalent isotropically radiated power，e.i.r.p）为无线电发射机供给天线的功率与在给定方向上天线增益的乘积。e.i.r.p 定义为：在观察点获得的功率密度等同于从点源辐射天线获得的功率密度时，向点源天线馈送的功率。e.i.r.p 公式为：e.i.r.p =Pt*Gt，Pt 表示发射机的发射功率，Gt 表示发射天线的天线增益，它表示同全向天线相比可由发射机获得的在最大天线增益方向上的发射功率。各方向具有相同单位增益的理想全向天线通常作为无线通信系统的参考天线。

表 4-4 机箱端口（含一体化天线）的指标

频率范围	限值要求（dBm）	测量带宽	检波方式
30MHz～1GHz	-36（e.i.r.p）	100kHz	有效值
1GHz～12.75GHz	-30（e.i.r.p）	1MHz	

(8) 电源端口和电信端口的传导骚扰发射应满足国标 GB9254-1998 中 B 类设备的限值要求。

(9) 在制造商声明的极限工作电压、极限温度条件下，设备的发射功率和频率容限应满足相应技术指标。

例 4.1 北美（美国和加拿大）使用 UHF 频段无源 RFID 读写设备的发射功率以 e.i.r.p 功率计，最大为 4W。我国使用 UHF 频段无源 RFID 读写设备的发射功率以 e.r.p 功率计，最大为 2W。试比较北美和我国 RFID 读写设备的发射功率。

解 ① 以 e.r.p 功率进行比较

北美以 e.i.r.p 功率计，UHF 频段无源 RFID 读写设备的最大发射功率为

$$4\text{W} \Rightarrow 10\log\frac{4000\text{毫瓦}}{1\text{毫瓦}} = 36\text{dBm}$$

若以 e.r.p 功率计，北美最大发射功率为

$$36\text{dBm} - 2.15\text{dB} = 33.85\text{dBm}$$

$$10\log\frac{2430\text{毫瓦}}{1\text{毫瓦}} = 33.85\text{dBm} \Rightarrow 2.43\text{W}$$

我国以 e.r.p 功率计，UHF 频段无源 RFID 读写设备的最大发射功率为

$$2\text{W} \Rightarrow 10\log\frac{2000\text{毫瓦}}{1\text{毫瓦}} = 33\text{dBm}$$

以 e.r.p 功率计，北美与我国相比，有

$$33.85\text{dBm} - 33\text{dBm} = 0.85\text{dBm}$$

$$2.43\text{W} - 2\text{W} = 0.43\text{W}$$

结论是：以 e.r.p 功率计，北美比我国的发射功率大 0.85dBm，也即北美比我国的发射功率大 0.43W。

② 以 e.i.r.p 功率进行比较

北美以 e.i.r.p 功率计，UHF 频段无源 RFID 读写设备的最大发射功率为

$$4\text{W} \Rightarrow 10\log\frac{4000\text{毫瓦}}{1\text{毫瓦}} = 36\text{dBm}$$

我国以 e.r.p 功率计，UHF 频段无源 RFID 读写设备的最大发射功率为

$$2\text{W} \Rightarrow 10\log\frac{2000\text{毫瓦}}{1\text{毫瓦}} = 33\text{dBm}$$

若以 e.i.r.p 功率计，我国最大发射功率为

$$33\text{dBm} + 2.15\text{dB} = 35.15\text{dBm}$$

$$10\log\frac{3280\text{毫瓦}}{1\text{毫瓦}} = 35.15\text{dBm} \Rightarrow 3.28\text{W}$$

以 e.i.r.p 功率计，北美与我国相比，有

$$36\text{dBm} - 35.15\text{dBm} = 0.85\text{dBm}$$

$$4\text{W} - 3.28\text{W} = 0.72\text{W}$$

结论是：以 e.i.r.p 功率计，北美比我国的发射功率大 0.85dBm，也即北美比我国的发射功率大 0.72W。

4.1.6 我国微功率（短距离）无线电设备的技术要求

为促进各种无线电业务协调、健康地发展，进一步加强对微功率（短距离）无线电设备的管理，我国发布修订了“微功率（短距离）无线电设备的技术要求（信部无[2005]423 号）”。“微功率（短距离）无线电设备的技术要求（信部无[2005]423 号）”包括具体技术指标和通用要求 2 部分，其中包括可用于 RFID 的技术要求。在具体技术指标中，可用于 RFID 的频率包括 9kHz～190kHz、13.553MHz～13.567MHz、433.00MHz～434.79MHz 和 2400MHz～2483.50MHz 等，并给出了发射功率限值和频率容限。在通用要求中，给出了各频率的杂散辐射发射测量频率范围和杂散辐射发射限值。

4.2 电磁波的电参数

RFID 电波传播的电参数是对读写器与电子标签之间电波传播的定量分析，是选择工作频率和传播环境的依据。电波传播的电参数包括电磁波速度、工作频率、工作波长、角频率、相位常数、周期、波阻抗、能流密度矢量、极化和反射系数等。

4.2.1 电磁波的传播速度

(1) 在空气中

空气可以视为自由空间。在空气中，电磁波的传播速度为

$$c = \frac{1}{\sqrt{\varepsilon_0 \mu_0}} \tag{4.1}$$

式（4.1）中，ε_0 为空气的介电常数，μ_0 为空气的磁导率。这是 RFID 最常见的识别环境。这时有

$$c = \frac{1}{\sqrt{\left(\frac{1}{36\pi \times 10^9}\right) \times \left(4\pi \times 10^{-7}\right)}} = 3 \times 10^8 \text{m} / \text{s} \tag{4.2}$$

(2) 在无耗介质中

在无耗介质中，电磁波的传播速度为

$$v_p = \frac{1}{\sqrt{\varepsilon\mu}} = \frac{1}{\sqrt{\varepsilon_0\mu_0}} \frac{1}{\sqrt{\varepsilon_r\mu_r}} = \frac{c}{\sqrt{\varepsilon_r\mu_r}} \tag{4.3}$$

在这种 RFID 的识别环境中，电子标签或读写器处于无耗的介质环境中。

(3) 在有耗媒质中

在有耗媒质中，电磁波的传播速度为

$$v_p = \frac{\omega}{\beta} \tag{4.4}$$

式（4.4）中，

$$\beta = \omega\sqrt{\frac{\mu\varepsilon}{2}\left(\sqrt{1+\left(\frac{\sigma}{\omega\varepsilon}\right)^2}+1\right)} \tag{4.5}$$

式（4.5）中，σ 是媒质的电导率，此时 $\sigma \neq 0$，表示媒质有导电性，也即媒质有损耗。在这种 RFID 的识别环境中，电子标签处于有机组织或含水物质的环境中，例如电子标签处在动物、潮湿木材或水产品环境中。

例 4.2 计算下面 3 种情况下电磁波的传播速度：①在空气中；②在无耗介质中（$\varepsilon = 9\varepsilon_0$，$\mu = \mu_0$，$\sigma = 0$）；③在海水中（$\mu = \mu_0$、$\varepsilon = 81\varepsilon_0$、$\sigma = 4$ s/m），频率为 f=100Hz。

解 ① 由式（4.1）和式（4.2），空气中电磁波的传播速度为 $c = 3\times10^8 \text{m}/\text{s}$ 。

② 当 $\varepsilon = 9\varepsilon_0$ 时，电磁波的传播速度为

$$v_p = \frac{1}{\sqrt{\mu\varepsilon}} = \frac{c}{\sqrt{\varepsilon_r}} = \frac{3\times10^8}{\sqrt{9}} = 10^8 \text{m}/\text{s}$$

③ 在有耗媒质中，电磁波的传播速度是频率 f 的函数。在海水中，当频率 f=100Hz 时，电磁波的传播速度为

$$v_p = \frac{\omega}{\beta} \approx \frac{\omega}{\sqrt{\pi f \mu\sigma}} = \frac{2\pi\times100}{3.97\times10^{-2}} = 1.58\times10^4 \text{m}/\text{s}$$

4.2.2 RFID 的工作波长

不同频率的电磁波所对应的工作波长不同。不同应用领域使用的工作频率是管理机构确定的，当工作频率确定下来后，工作波长取决于电磁波所在区域的媒质。

工作波长与该媒质电磁波的传播速度有关。电磁波的传播速度还可以表示为

$$v_p = f\lambda \tag{4.6}$$

式（4.6）中，f 是工作频率，λ 是工作波长。RFID 最常见的识别环境是自由空间，这时工作频率与工作波长的乘积等于自由空间的光速，有如下关系。

$$c = f\lambda = 3\times10^8\,\text{m}/\text{s} \tag{4.7}$$

例 4.3　计算空气中常用 RFID 的工作波长。

解　由式（4.7），当 RFID 的工作频率为 125kHz 时，RFID 的工作波长为

$$\lambda = \frac{c}{f} = \frac{3\times10^8}{125\times10^3} = 2400\text{m}$$

用同样的方法进行计算，可以得到空气中不同 RFID 工作频率对应的工作波长，见表 4-5。由表 4-5 可以看出，工作频率越高，工作波长越短。不同频段 RFID 的工作波长有很大差异，低频和高频的工作波长较长，微波的工作波长较短。正是因为工作波长的差异，导致低频和高频 RFID 采用电感耦合识别方式，微波 RFID 采用电磁反向散射识别方式。

表 4-5　空气中常用 RFID 的工作波长

频段	工作频率	工作波长
低频	125kHz	2400m
高频	6.78MHz	44m
高频	13.56MHz	22m
高频	27.125MHz	11m
微波（超高频）	433.92MHz	0.69m
微波（超高频）	869.0MHz	0.35m
微波（超高频）	915.0MHz	0.33m
微波	2.45GHz	0.12m
微波	5.8GHz	0.05m

例 4.4　计算塑料粒中 125kHz 的 RFID 工作波长。已知塑料粒的相对介电常数 $\varepsilon_r = 2$。

解　由式（4.3）和式（4.6）可得

$$\lambda = \frac{c}{f\sqrt{\varepsilon_r \mu_r}}$$

在塑料粒中，125kHz 的 RFID 工作波长为

$$\lambda=\frac{c}{f\sqrt{\varepsilon_r\mu_r}}=\frac{3\times10^8}{125\times10^3\times\sqrt{2}}=1697\text{m}$$

4.2.3 波阻抗和能流密度矢量

(1) 相位常数

考虑电磁场按正弦变化的情况，并假设电磁波沿 + z 方向传播，如图 4-4 所示。

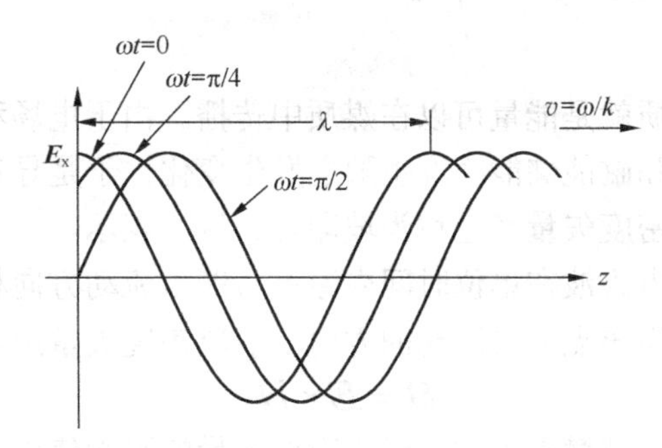

图4-4 沿 + Z 方向传播的电磁波

电场可以写成

$$E_x=E_m\cos\left(\omega t-kz\right) \tag{4.8}$$

式（4.8）中，ω 称为角频率，k 称为相位常数。ω 表示电磁波每单位时间改变的相位，k 表示电磁波每单位距离改变的相位。

$$\omega=2\pi f \tag{4.9}$$

$$k=\omega\sqrt{\mu\varepsilon}=\frac{2\pi}{\lambda} \tag{4.10}$$

(2) 波阻抗

理想介质中横电磁波的电场和磁场如图 4-5 所示。

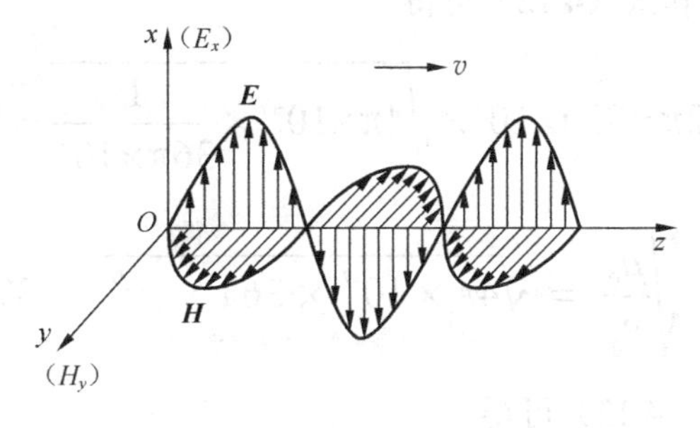

图4-5 理想介质中横电磁波的电场和磁场

当电波为横电磁波时，电场与磁场的时空变化相同，只是振幅相差一个因子 η，η 称为

波阻抗或本征阻抗。假设电场只有 E_x 分量，磁场只有 E_y 分量，波阻抗为

$$\eta = \frac{E_x}{H_y} = \frac{\omega\mu}{k} = \sqrt{\frac{\mu}{\varepsilon}} \tag{4.11}$$

在自由空间中，波阻抗为

$$\eta_0 = \sqrt{\frac{\mu_0}{\varepsilon_0}} = 120\pi \approx 377\ \Omega \tag{4.12}$$

(3)　能流密度矢量

电磁波的一个重要性质就是能量可以在媒质中传播。由于电场和磁场随时间的变化，使空间各点的电能储能密度和磁能储能密度也随之发生变化，于是导致能量的流动。电磁波传播称为能量流动，用能流密度矢量（也称为坡印廷矢量）表示。

能流密度矢量定义：电磁波在单位时间内穿过与能量流动方向相垂直的单位表面的能量为能流密度矢量，其方向为该点能量流动的方向。能流密度矢量用 $\boldsymbol{S}$ 表示。

$$\boldsymbol{S} = \boldsymbol{E} \times \boldsymbol{H} \tag{4.13}$$

在无耗介质中，对于正弦横电磁波，能流密度矢量的平均值为

$$S_{av} = \frac{E_m^2}{2\eta} \tag{4.14}$$

在自由空间中，对于正弦横电磁波，能流密度矢量的平均值为

$$S_{av} = \frac{E_m^2}{2\eta_0} \tag{4.15}$$

例 4.5　空气中 RFID 工作频率 f=920MHz，电磁波的电场强度 $E_x = 4\times10^{-4}\,\mathrm{V/m}$。

求：①电磁波的相位常数 k 和波阻抗 η；②磁场 H_y；③能流密度矢量的平均值。

解　① 由式（4.10）和式（4.12）可得

$$k = \omega\sqrt{\mu\varepsilon} = 2\pi\times920\times10^6\times\sqrt{4\pi\times10^{-7}\times\frac{1}{36\pi\times10^9}} \approx 19.3\,\mathrm{rad/m}$$

$$\eta_0 = \sqrt{\frac{\mu_0}{\varepsilon_0}} = \sqrt{4\pi\times10^{-7}\times36\pi\times10^9} \approx 377\Omega$$

② 由式（4.11）和式（4.12）可得

$$H_y = \frac{E_x}{\eta} = \frac{4\times10^{-4}}{377} \approx 1.1\times10^{-6}\,\mathrm{A/m}$$

③ 由式（4.15）可得

$$S_{av}=\frac{E_x^2}{2\eta_0}=\frac{\left(4\times10^{-4}\right)^2}{2\times377}\approx2.1\times10^{-10}\,\mathrm{W/m^2}$$

(4) 分贝毫瓦（dBm）

由于实用性和方便性的原因，功率通常用 dBm（分贝毫瓦）表示。dBm 的定义是功率电平对 1 毫瓦的比，即

$$\text{功率（dBm）}=10\lg\frac{P(z)}{1\text{毫瓦}} \tag{4.16}$$

显然，0dBm=1 毫瓦。在 RFID 设备中，功率很少用瓦（W）为单位，功率常用 dBm 为单位。表 4-6 给出了一些适合 RFID 的功率之间的换算。

表 4-6 功率之间的换算

功率（W）	分贝毫瓦（dBm）
4000mW	+36dBm
2000mW	+33dBm
1000mW	+30dBm
500mW	+27dBm
100mW	+20dBm
10mW	+10dBm
1mW	+0dBm
100μW	-10dBm
10μW	-20dBm
1μW	-30dBm
100nW	-40dBm
10nW	-50dBm
1nW	-60dBm
100pW	-70dBm

4.2.4 波的极化

波的极化是指在空间任一固定点上，波的电场矢量空间取向随时间变化的方式，用电场强度的矢端轨迹来描述。波的极化状态有 3 种：如果电场强度的矢端轨迹为直线，波为线极化波；如果电场强度的矢端轨迹为圆，波为圆极化波；如果电场强度的矢端轨迹为椭圆，波为椭圆极化波。当均匀平面波沿 + z 方向传播时，电场可以表示为

$$\boldsymbol{E}=\boldsymbol{e}_xE_x+\boldsymbol{e}_yE_y=\boldsymbol{e}_xE_{xm}\cos(\omega t+\psi_x)+\boldsymbol{e}_yE_{ym}\cos(\omega t+\psi_y)$$

(1) 线极化

如果 E_x 和 E_y 相位相同或相差 π，合成电场的矢端轨迹为直线，波为线极化。线极化

波满足如下条件。

$$\psi_x = \psi_y \quad 或 \quad \psi_x = \psi_y + \pi$$

线极化波如图 4-6（a）所示，合成电场与 x 轴的夹角为 α。

(2)　圆极化

如果 E_x 和 E_y 振幅相同，相位相差 $\pm\pi/2$，合成电场的矢端轨迹为圆，波为圆极化。圆极化波满足如下条件。

$$E_{xm} = E_{ym} \quad 及 \quad \psi_x - \psi_y = \pm\pi/2$$

圆极化分为左旋圆极化和右旋圆极化两种情形。左旋圆极化波的电场矢端旋转方向与电波传播方向成左手螺旋关系，右旋圆极化波的电场矢端旋转方向与电波传播方向成右手螺旋关系。右旋圆极化波如图 4-6（b）所示。

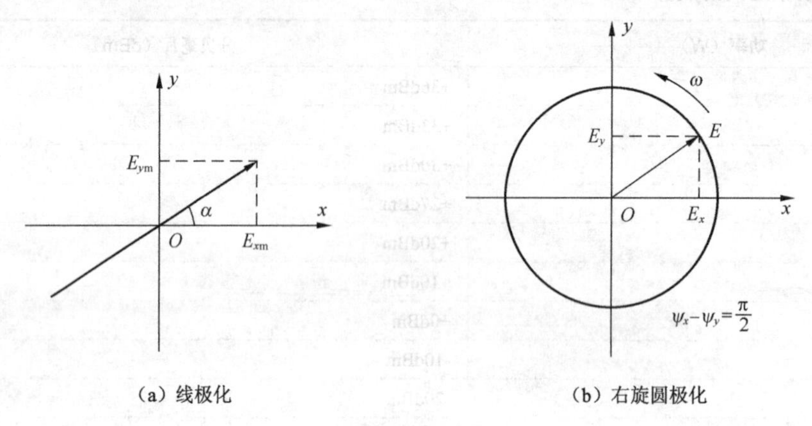

（a）线极化　　（b）右旋圆极化

图4-6　波的极化

(3)　椭圆极化

通常 E_x 和 E_y 的振幅和相位都不相等，合成电场的矢端轨迹为椭圆，波为椭圆极化。线极化和圆极化都是椭圆极化的特例。当椭圆短轴为 0 时，椭圆极化成为线极化；当椭圆长轴与短轴相等时，椭圆极化成为圆极化。

4.2.5　反射系数和折射系数

由于电磁波在传播过程中不可避免地会碰到媒质的分界面，电磁波会产生反射和折射（透射）现象。由媒质 1 向分界面入射的电磁波称为入射波，透过分界面进入媒质 2 的电磁波称为折射（透射）波，离开分界面返回媒质 1 的电磁波称为反射波。

(1)　垂直入射时

当电场沿 x 方向极化时，入射电场为 E_{x1}^{+}，反射电场为 E_{x1}^{-}，折射电场为 E_{x2}^{+}。定义 R 为反射系数、T 为折射系数。这里只讨论对无耗介质的垂直入射。

$$R = \frac{E_{m1}^-}{E_{m1}^+} = \frac{\eta_2 - \eta_1}{\eta_2 + \eta_1} \tag{4.17}$$

$$T = \frac{E_{m2}^+}{E_{m1}^+} = \frac{2\eta_2}{\eta_2 + \eta_1} \tag{4.18}$$

例 4.6 均匀平面波从空气中垂直入射到介质上。已知介质的$\mu = \mu_0$、$\varepsilon = 4\varepsilon_0$。求：反射系数和折射系数。

解 无耗介质的波阻抗为

$$\eta_2 = \sqrt{\frac{\mu_0}{\varepsilon}} = \sqrt{\frac{\mu_0}{\varepsilon_0}}\sqrt{\frac{1}{\varepsilon_r}} = 60\pi\Omega$$

反射系数为

$$R = \frac{\eta_2 - \eta_1}{\eta_2 + \eta_1} = \frac{60\pi - 120\pi}{60\pi + 120\pi} = -\frac{1}{3}$$

折射系数为

$$T = \frac{2\eta_2}{\eta_2 + \eta_1} = \frac{2\times 60\pi}{60\pi + 120\pi} = \frac{2}{3}$$

(2) 斜入射时

电磁波斜入射如图 4-7 所示，入射线与反射平面法线之间的夹角θ为入射角，反射线与反射平面法线之间的夹角θ'为反射角，折射线与反射平面法线之间的夹角θ''为折射角。

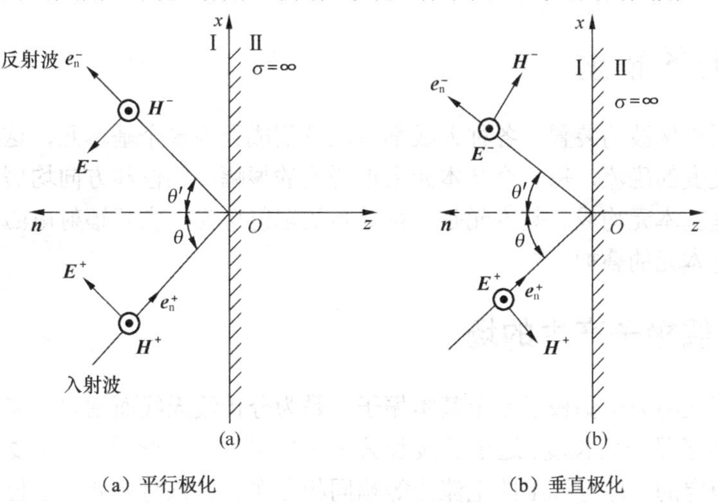

（a）平行极化　　（b）垂直极化

图4-7 电磁波的斜入射

- 斯耐尔定律

电磁波反射和折射的传播方向由斯耐尔定律确定。入射角、反射角和折射角的关系符合

斯耐尔定律。

$$\theta' = \theta \tag{4.19}$$

$$\frac{\sin\theta''}{\sin\theta} = \frac{\sqrt{\mu_1\varepsilon_1}}{\sqrt{\mu_2\varepsilon_2}} \tag{4.20}$$

式（4.19）为斯耐尔反射定律，式（4.20）为斯耐尔折射定律。

- 反射系数和折射系数

电场的方向平行于入射平面称为平行极化，如图 4-7（a）所示；电场的方向垂直于入射平面称为垂直极化，如图 4-7（b）所示。平行极化的反射系数 $R_{//}$ 和折射系数 $T_{//}$ 分别为

$$R_{//} = \frac{(\varepsilon_2/\varepsilon_1)\cos\theta - \sqrt{(\varepsilon_2/\varepsilon_1) - \sin^2\theta}}{(\varepsilon_2/\varepsilon_1)\cos\theta + \sqrt{(\varepsilon_2/\varepsilon_1) - \sin^2\theta}} \tag{4.21}$$

$$T_{//} = \frac{2\sqrt{\varepsilon_2/\varepsilon_1}\cos\theta}{(\varepsilon_2/\varepsilon_1)\cos\theta + \sqrt{(\varepsilon_2/\varepsilon_1) - \sin^2\theta}} \tag{4.22}$$

垂直极化波的反射系数 $R_\perp$ 和折射系数 $T_\perp$ 分别为

$$R_\perp = \frac{\cos\theta - \sqrt{(\varepsilon_2/\varepsilon_1) - \sin^2\theta}}{\cos\theta + \sqrt{(\varepsilon_2/\varepsilon_1) - \sin^2\theta}} \tag{4.23}$$

$$T_\perp = \frac{2\cos\theta}{\cos\theta + \sqrt{(\varepsilon_2/\varepsilon_1) - \sin^2\theta}} \tag{4.24}$$

4.3　电磁波的辐射

天线是辐射电磁波的装置。各种天线都可以分割成无限多个基本元，这些基本元上载有交变的电流或交变的磁流，每一个基本元上电磁流的振幅、相位和方向均假设是相同的，具体天线则由这些基本元构成。基本元是一种基本的辐射单元，实际辐射电磁波的天线可以看成是无穷多个基本元的叠加。

4.3.1　赫兹偶极子产生的场

赫兹偶极子又称为电偶极子或电基本振子，是为分析线天线而抽象出来的天线最小构成单元。赫兹偶极子是一段长度 l 远小于波长 λ 的细短导线（$l \ll \lambda$），导线上电流的振幅和相位都认为是恒定的，即导线上的电流为等幅同相分布。设该赫兹偶极子位于坐标原点，并沿 z 轴放置在自由空间，如图 4-8 所示。根据电磁场理论，可以得到赫兹偶极子的辐射场。计算赫兹偶极子的辐射场时，均采用球坐标系，球坐标系如图 4-9 所示。

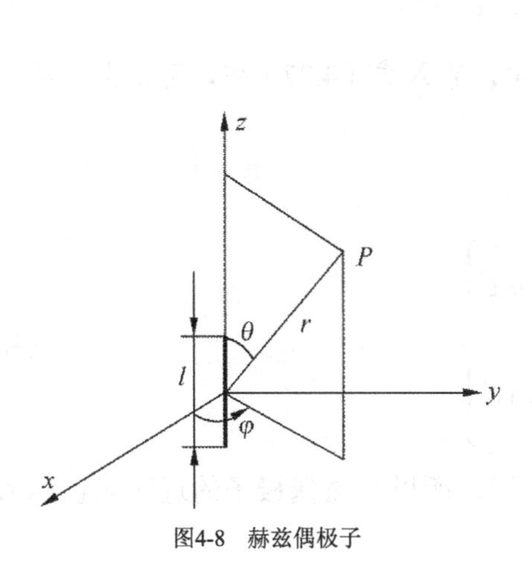

图4-8 赫兹偶极子

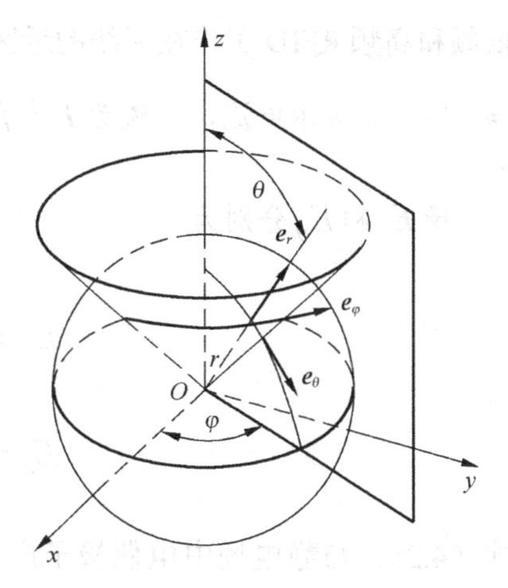

图4-9 球坐标系

在球坐标系中，赫兹偶极子产生的电场和磁场为

$$\left.\begin{aligned}
E_r &= \frac{Il}{4\pi}\frac{2}{\omega\varepsilon_0}\cos\theta\left(\frac{k}{r^2}-j\frac{1}{r^3}\right)e^{-jkr}\\
E_\theta &= \frac{Il}{4\pi}\frac{1}{\omega\varepsilon_0}\sin\theta\left(j\frac{k^2}{r}+\frac{k}{r^2}-j\frac{1}{r^3}\right)e^{-jkr}\\
E_\varphi &= 0\\
H_r &= 0\\
H_\theta &= 0\\
H_\varphi &= \frac{Il}{4\pi}\sin\theta\left(j\frac{k}{r}+\frac{1}{r^2}\right)e^{-jkr}
\end{aligned}\right\} \tag{4.25}$$

式（4.25）中，I 是电流振幅，l 是赫兹偶极子长度。为了便于分析，以 kr 的大小为标准，将赫兹偶极子周围的空间分为 3 个区域，这 3 个区域分别是近区、远区和中间区。

(1) 近区场

近区场的条件为

$$kr = \frac{2\pi}{\lambda}r \ll 1 \tag{4.26}$$

近区场 $e^{-jkr}\approx 1$，式（4.25）中只保留 $1/r$ 的高次项，电场和磁场可以近似表示为

$$\left.\begin{aligned}
E_r &\approx -j\frac{Il}{2\pi\omega\varepsilon_0 r^3}\cos\theta\\
E_\theta &\approx -j\frac{Il}{4\pi\omega\varepsilon_0 r^3}\sin\theta\\
H_\varphi &\approx \frac{Il}{4\pi r^2}\sin\theta
\end{aligned}\right\} \tag{4.27}$$

低频和高频 RFID 工作在天线的近区。近区场有如下特点。

- 用复数表示电流，电流为 $I = j\omega q$，将该电流带入式（4.27）中，可以得到电场 E_r 和 E_θ 分别为

$$\left.\begin{aligned} E_r &= \frac{ql}{2\pi\varepsilon_0 r^3}\cos\theta \\ E_\theta &= \frac{ql}{4\pi\varepsilon_0 r^3}\sin\theta \end{aligned}\right\} \tag{4.28}$$

式（4.28）与静电场中电偶极子产生的电场一样，所以赫兹偶极子的近区场也称为感应场。

- 讨论近区场时，电流元相当于电偶极子，近区场也称为准静态场。
- 在近区，电场与磁场相位相差 π/2，平均坡印廷矢量为 0，能量没有向外辐射。因此，近区场是束缚场。
- 讨论近区场时，忽略了 $1/r$ 的低次项，而这恰恰是在近区辐射的能量项。这说明近区有辐射，只不过辐射场远小于束缚场。

(2) 远区场

远区场的条件为

$$kr = \frac{2\pi}{\lambda} r >> 1 \tag{4.29}$$

微波 RFID 工作在天线的远区。在远区，式（4.25）中只保留 $1/r$ 项，赫兹偶极子的电场和磁场可以近似表示为

$$\left.\begin{aligned} E_\theta &\approx j\frac{k^2 Il}{4\pi\omega\varepsilon_0 r}\sin\theta e^{-jkr} = j\frac{Il}{2\lambda r}\eta_0 \sin\theta e^{-jkr} \\ H_\varphi &\approx j\frac{kIl}{4\pi r}\sin\theta e^{-jkr} = j\frac{Il}{2\lambda r}\sin\theta e^{-jkr} \end{aligned}\right\} \tag{4.30}$$

在远区，电场和磁场随空间方位的变化为 $\sin\theta$，如图 4-10 所示。

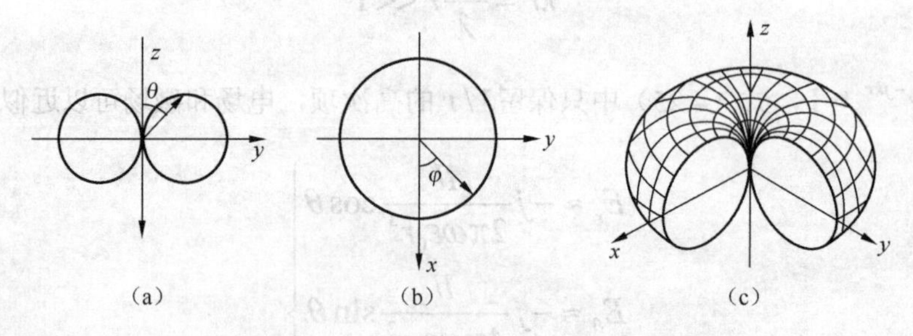

图4-10 赫兹偶极子辐射的方向图

远区场有如下特点。

- 有方向性。电场和磁场都有因子 $\sin\theta$，说明在不同方向上辐射强度不相等，

也就是说辐射有方向性。当 r 一定时，赫兹偶极子的方向性函数为 $\sin\theta$，方向图如图 4-10 所示。

- 在图 4-10（a）中，天线的方向图由波瓣构成。在主瓣场强最大值（$\theta = 90°$）两侧，场强下降为最大值 $1/\sqrt{2}$ 的两点（$\theta = 45°$ 和 $\theta = 135°$）矢径夹角称为半功率波瓣宽度 $2\theta_{0.5}$。半功率波瓣宽度为

$$2\theta_{0.5} = 135° - 45° = 90°$$

- 由于有方向性，赫兹偶极子与全向天线相比有增益。在离开天线某一距离处，天线在最大辐射方向上产生的功率密度，与天线辐射出去的能量被均匀分到空间各个方向（即理想无方向性天线）时的功率密度之比为增益。赫兹偶极子的增益为 1.5（1.76dB）。

$$10\log 1.5 = 1.76\text{dB}$$

- 远区场只有 E_θ 和 H_φ 项，平均坡印廷矢量为

$$\boldsymbol{S}_{av} = \frac{1}{2}\mathrm{Re}\left(\boldsymbol{E} \times \boldsymbol{H}^*\right) = \boldsymbol{e}_r \eta_0 \left(\frac{Il}{2\lambda r}\sin\theta\right)^2 \tag{4.31}$$

式（4.31）表明，远区场能量向外辐射。

- 能量辐射方向与电场和磁场方向都垂直，远区场可视为 TEM 波。
- 电场和磁场都有因子 e^{-jkr}，说明等相位面为球面，辐射为球面波。
- 因子 e^{-jkr} 说明相位随 r 的加大而持续滞后，t 时刻的场并不取决于 t 时刻的源，而是要经过一段时间才能到达，说明辐射有滞后性。
- 赫兹偶极子向空间辐射的总功率为

$$P_\Sigma = \int_S |\boldsymbol{S}_{av}| \mathrm{d}S = \int_S \frac{\eta_0}{2}|H_\varphi|^2 \mathrm{d}S = 40\pi^2 I^2 \left(\frac{l}{\lambda}\right)^2 \tag{4.32}$$

- 参照电路理论，可以用一个等效电阻 R_Σ 来消耗辐射功率，R_Σ 称为辐射电阻。辐射电阻反映了天线辐射电磁波的能力。

$$R_\Sigma = \frac{2P_\Sigma}{I^2} = 80\pi^2\left(\frac{l}{\lambda}\right)^2 \tag{4.33}$$

- 电场和磁场振幅关系为

$$\frac{E_\theta}{H_\varphi}=\eta_0=120\pi\Omega$$

电场振幅是磁场振幅的120π倍。

(3)　中间区

介于赫兹偶极子的远区和近区之间的区域称为中间区。由于中间区在工程上考虑的较少，这里不再讨论。

4.3.2　磁基本振子产生的场

4.3.1 小节介绍的赫兹偶极子是一种基本的辐射单元，本小节介绍的磁基本振子也是一种基本的辐射单元。实际上，并不真正存在磁基本振子，但它可以与一些实际波源相对应，用此概念可以简化计算，因此讨论是有必要的。半径$a \ll \lambda$的小电流环的辐射场与电基本振子相对偶，小电流环可以等效为一个磁基本振子。小电流环如图 4-11 所示。

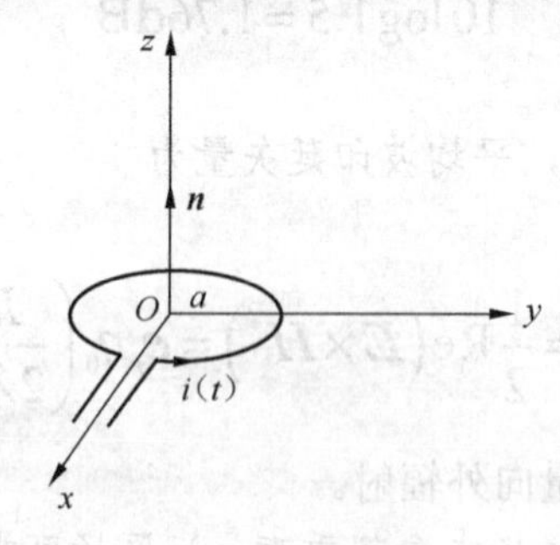

图4-11　小电流环

(1)　小电流环的辐射场

磁基本振子的一个实际模型是周长$2\pi a \ll \lambda$的细小导体圆环，导体圆环上的电流为$i=\mathrm{Re}\left(Ie^{j\omega t}\right)$，导体圆环的面积为$S$。设该小电流环位于坐标原点，小电流环的法线沿$z$轴放置，采用球坐标系，由电磁理论可以得出在自由空间小电流环的远区场为

$$\left.\begin{aligned} E_\varphi &= \frac{\omega\mu_0 SI}{2\lambda r}\sin\theta e^{-jkr} \\ H_\theta &= -\frac{\omega\mu_0 SI}{2\lambda r}\frac{1}{\eta_0}\sin\theta e^{-jkr} \end{aligned}\right\} \tag{4.34}$$

式（4.34）中，r、θ和φ是球坐标的 3 个自变量，I是电流振幅，S为圆环面积。

磁基本振子与电基本振子有对偶关系。由式（4.34）可知，只要有如下关系

$$I_m = j\frac{\omega\mu_0 S}{l}I \tag{4.35}$$

式（4.34）与式（4.30）的辐射场对偶。磁基本振子（即小电流环）有E_φ和H_θ分量，电基本振子有E_θ和H_φ分量。

(2) 小电流环的辐射特点

小电流环是一种实用的天线，称为环形天线。事实上，对于一个很小的环来说，如果环的周长远小于$\lambda/4$，该天线的辐射场与环的实际形状无关，即环可以是矩形、三角形或其他形状。小电流环的辐射场与电基本振子的辐射场有许多相似之处，特点如下。

- 小电流环和电基本振子的辐射场都是 TEM 波，都是球面波，都有方向性函数$\sin\theta$，电场与磁场振幅都相差η_0倍。但小电流环和电基本振子的辐射场对偶，小电流环有E_φ、H_θ分量，电基本振子有E_θ、H_φ分量，两者极化方向不同。
- 小电流环向空间辐射的总功率为

$$P_\Sigma = 160\pi^4 I^2 \left(\frac{S}{\lambda^2}\right)^2 \tag{4.36}$$

- 小电流环的辐射电阻为

$$R_\Sigma = 320\pi^4 \left(\frac{S}{\lambda^2}\right)^2 \tag{4.37}$$

- 电基本振子的辐射电阻与$(l/\lambda)^2$成正比，小电流环的辐射电阻与S^2/λ^4成正比。若用同样长度的导线做成上述 2 种天线，小电流环天线的辐射电阻要小许多，故小环天线经常作为接收天线使用。
- 若增加小环天线的匝数N或在环内插入相对磁导率为μ_r的磁棒，小环天线的辐射电阻可以提高，辐射电阻为

$$R_\Sigma = 320\pi^4 \left(\frac{S}{\lambda^2}\right)^2 (N\mu_r)^2 \tag{4.38}$$

例 4.7 求长度为l的电基本振子与周长为l的小电流环的辐射电阻之比。

解 由式（4.33）可得，电基本振子的辐射电阻为

$$R_{\Sigma 1} = 80\pi^2 \left(\frac{l}{\lambda}\right)^2$$

由式（4.37）可得，小电流环的辐射电阻为

$$R_{\Sigma 2}=320\pi^4\left(\frac{S}{\lambda^2}\right)^2=320\pi^4\left(\frac{l^2}{4\pi\lambda^2}\right)^2=20\pi^2\left(\frac{l}{\lambda}\right)^4$$

电基本振子与小电流环的辐射电阻之比为

$$\frac{R_{\Sigma 1}}{R_{\Sigma 2}}=4\left(\frac{l}{\lambda}\right)^{-2}$$

由于$l << \lambda$，因此$R_{\Sigma 1} >> R_{\Sigma 2}$。即：当天线长度相同时，电基本振子的辐射能力比小电流环的辐射能力强。

4.3.3 任意长度偶极子天线产生的场

4.3.1 小节介绍的赫兹偶极子是物理长度远小于工作波长的线性辐射体，但实际上赫兹偶极子是不太容易出现的情况。实际的线天线的物理长度相对于工作波长一般是不可以忽略的，如$\lambda/2$偶极子天线就是一种常用的线天线。偶极子天线是应用广泛的基本线形天线，它既可以对称使用，又可以一端接地。对称结构的偶极子天线如图 4-12 所示，它由 2 个臂长为l、半径为a的直导线构成，2 个内端点为馈电点。下面讨论对称结构的偶极子天线。

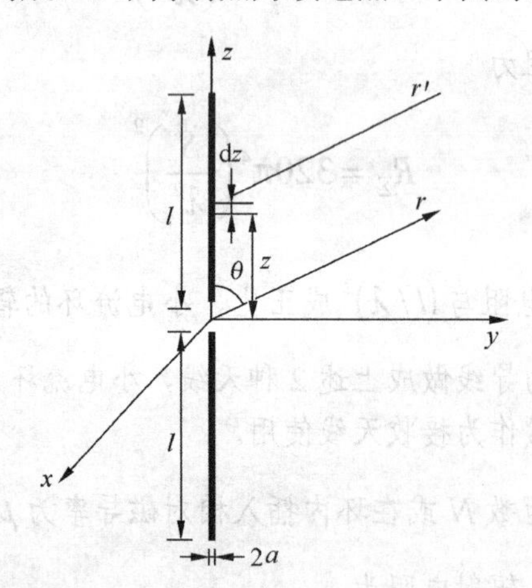

图4-12　对称结构的偶极子天线

一、偶极子天线的电流分布

要计算辐射场，首先需要知道偶极子天线上的电流分布。理论和实践都已经证明，由细导线构成的偶极子天线可以视为终端张开的平行双导线，可以用终端开路的电流分布近似表示偶极子天线上的电流分布，即

$$I(z)=I_m\sin\left[k\left(l-|z|\right)\right]=\begin{cases}I_m\sin\left[k\left(l-z\right)\right] & 0<z<l\\ I_m\sin\left[k\left(l+z\right)\right] & -l<z<0\end{cases} \tag{4.39}$$

式（4.39）中，I_m为波腹点的电流，$k=2\pi/\lambda$为相位常数。

二、偶极子天线的辐射场

偶极子天线可以看成由许多电流元$I(z)\mathrm{d}z$构成，电流元的辐射场可以视为赫兹偶极子的辐射场，任意长度偶极子天线的辐射场为许多赫兹偶极子辐射场的叠加。

(1) 偶极子天线的辐射场

因为观察点足够远，每个电流元到观察点的射线近似平行，所以辐射场叠加是可以的。由式（4.30）和式（4.39），偶极子天线的辐射电场为

$$\begin{aligned} E_\theta &= \int_{-l}^{l} j\frac{60\pi I_m \sin\left[k\left(l-|z|\right)\right]\mathrm{d}z}{\lambda r}\sin\theta e^{-jk(r-z\cos\theta)} \\ &= j\frac{60I_m}{r}\left[\frac{\cos\left(kl\cos\theta\right)-\cos\left(kl\right)}{\sin\theta}\right]e^{-jkr} \end{aligned} \tag{4.40}$$

偶极子天线的辐射磁场为

$$H_\varphi = \frac{E_\theta}{\eta_0} \tag{4.41}$$

偶极子天线的辐射场有如下特性。

- 电场只有E_θ分量，磁场只有H_φ分量，为 TEM 波。
- 辐射场的大小与离开天线的距离成反比。
- 辐射场的等相位面为球面，辐射球面电磁波。
- 辐射场的方向性函数仅与θ有关，而与φ无关，立体方向图是以天线轴为中心轴的回旋体，H 面的方向图为圆。

(2) 偶极子天线的辐射模式

在空间不同的方位上，偶极子天线的辐射功率密度是不一样的，称为天线的方向性。为了便于比较不同天线的方向特性，常采用归一化方向性函数。

归一化方向性函数定义为

$$F(\theta,\varphi) = \frac{\left|\boldsymbol{E}(\theta,\varphi)\right|}{\left|\boldsymbol{E}_{\max}\right|} \tag{4.42}$$

由式（4.40）可以得到偶极子天线的归一化方向性函数，继而可以画出 4 种不同长度偶极子天线在空间不同方位上的辐射情况，如图 4-13 所示。偶极子天线的辐射特点如下。

- 在图 4-13 (a)中，偶极子天线总长$2l=\lambda/2$，称为半波偶极子天线或$\lambda/2$偶极子天线。在 UHF 频段（包括 RFID），经常采用$\lambda/2$偶极子天线。
- 在图 4-13 (b)中，偶极子天线总长$2l=\lambda$，称为全波偶极子天线。
- 在图 4-13 (c)中，偶极子天线总长$2l=3\lambda/4$，主辐射方向改变，不能使用。
- 在图 4-13 (d)中，偶极子天线总长$2l=\lambda$，主辐射方向发生改变，不能使用。

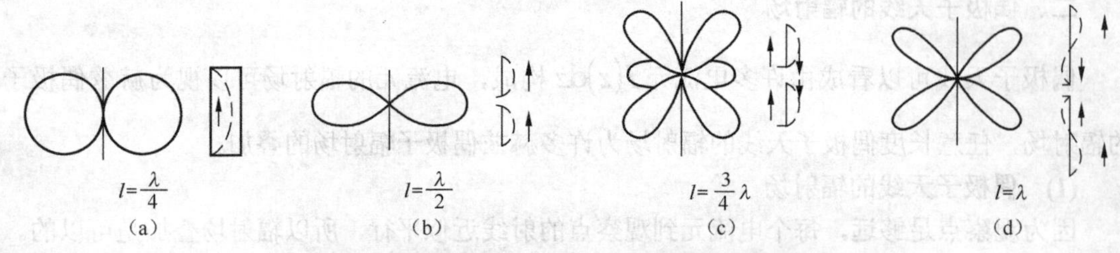

图4-13　不同长度偶极子天线在空间不同方位上的辐射情况

三、$\lambda/2$ 偶极子天线的半功率波瓣宽度、增益和辐射电阻

由式（4.40）和式（4.42），$\lambda/2$ 偶极子天线的归一化方向性函数为

$$\frac{\cos\left(\frac{\pi}{2}\cos\theta\right)}{\sin\theta}$$

通过计算可以得出，$\lambda/2$ 偶极子天线半功率波瓣宽度为 78°，增益为 1.64。

$\lambda/2$ 偶极子天线的辐射电阻是以波腹处的电流为参考，定义为 2 倍的天线辐射功率与波腹处电流振幅值平方的比值，为

$$R_{\Sigma}=\frac{2P_{\Sigma}}{I_m^2} \tag{4.43}$$

式（4.43）中

$$\begin{aligned}P_{\Sigma}&=\frac{1}{240\pi}\int_0^{2\pi}\int_0^{\pi}\left[E_\theta\right]^2 r^2\sin\theta\mathrm{d}\theta\mathrm{d}\varphi\\&=30I_m^2\int_0^{\pi}\frac{\left[\cos\left(kl\cos\theta\right)-\cos\left(kl\right)\right]^2}{\sin\theta}\mathrm{d}\theta\end{aligned} \tag{4.44}$$

通过计算，可以得到 $\lambda/2$ 偶极子天线的如下特性。

(1) 半波偶极子天线的半功率波瓣宽度为 78°。

(2) 半波偶极子天线的增益为 1.64。

(3) 半波偶极子天线的辐射电阻为 73.128Ω。

4.3.4 不同波段 RFID 的电磁场特性

(1) 低频和高频 RFID 的电磁场特性

低频和高频 RFID 的工作波长较长。由表 4-5 可知，空气中低频和高频 RFID 的工作波长在几十米到几千米之间。在低频和高频 RFID 系统中，电子标签与读写器的距离一般小于 1 米，无源电子标签与读写器的典型距离为几毫米到几厘米之间。由于电子标签与读写器的距离很近，电子标签基本都处于读写器天线的近区，电子标签是通过电磁场感应，而不是通过电磁波辐射来获得信号和能量。

低频和高频 RFID 基本上都采用电感耦合识别方式。在低频和高频 RFID 系统中，电子

标签和读写器的天线基本上都是线圈的形式，两个线圈之间的作用可以理解为变压器的电磁场耦合，两个线圈之间的耦合功率传输效率与工作频率、线圈匝数、线圈面积、线圈间的距离和线圈的相对角度等多种因素相关。

(2) 微波 RFID 的电磁场特性

微波 RFID 主要工作在几百 MHz 到几 GHz 之间，其工作波长较短。由表 4-5 可知，空气中微波 RFID 的工作波长在几厘米到几分米之间。由于工作波长较短，电子标签基本都处于读写器天线的远区，电子标签是通过电磁波辐射获得读写器的信号和能量。

- 赫兹偶极子在远区的赤道面的电场幅度

在赤道面，$\theta = 90°$，$\sin\theta = 1$，赫兹偶极子的远区电场为

$$E_\theta = j\frac{Il}{2\lambda r}\eta_0 e^{-jkr} \tag{4.45}$$

又由式（4.32），赫兹偶极子向空间辐射的总功率为

$$P_\Sigma = 40\pi^2 I^2 \left(\frac{l}{\lambda}\right)^2$$

赫兹偶极子的远区电场模值为

$$|E_\theta| = \sqrt{\frac{3\eta_0}{4\pi}}\frac{\sqrt{P_\Sigma}}{r} = 9.49\frac{\sqrt{P_\Sigma}}{r} \tag{4.46}$$

在赤道面，$\theta = 90°$，$\sin\theta = 1$，赫兹偶极子的远区磁场为

$$H_\varphi = j\frac{Il}{2\lambda r}e^{-jkr} \tag{4.47}$$

赫兹偶极子的远区磁场模值为

$$|H_\varphi| = \sqrt{\frac{3}{4\pi\eta_0}}\frac{\sqrt{P_\Sigma}}{r} = 0.025\frac{\sqrt{P_\Sigma}}{r} \tag{4.48}$$

例 4.8 以赫兹偶极子为例计算。某标准规定，2.45GHz 户外应用 e.i.r.p 不能超过 0.5W，计算距离赫兹偶极子 10m 处的最大电场强度平均值 E_{rms} 和最大磁场强度平均值 H_{rms}。

解 在 $\theta = 90°$ 有电场最大值。由式（4.46）可得，最大电场强度的平均值为

$$E_{rms} = |E_\theta|/\sqrt{2} = \frac{9.49}{\sqrt{2}}\frac{\sqrt{0.5}}{10} = 0.47\text{V/m}$$

经常以电场强度为参考，以 $\text{dBm}\cdot\text{V}\cdot\text{m}^{-1}$ 或 $\text{dB}\mu\cdot\text{V}\cdot\text{m}^{-1}$ 为单位进行测量。其中，$\text{dB}\mu\cdot\text{V}\cdot\text{m}^{-1}$ 是以 1μV/m rms 为参考，电场强度以 μV/m rms 为单位进行测量。得到

$$E_{rms} = 20\log\frac{E(\text{V/m})}{1\mu\text{V}} = 20\log\frac{0.47}{1\times10^{-6}} = 113.5\text{dB}\mu\cdot\text{V}\cdot\text{m}^{-1}$$

由式（4.48）可得，最大磁场强度的平均值为

$$H_{rms} = |H_\theta|/\sqrt{2} = \frac{0.025}{\sqrt{2}}\frac{\sqrt{0.5}}{10} = 0.0013\text{A/m}$$

以 $\text{dB}\mu\cdot\text{A}\cdot\text{m}^{-1}$ 为单位进行测量，得到

$$H_{rms} = 20\log\frac{H(\text{A/m})}{1\mu\text{A}} = 20\log\frac{0.0013}{1\times10^{-6}} = 61.96\text{dB}\mu\cdot\text{A}\cdot\text{m}^{-1}$$

比较电场强度 E_{rms} 和磁场强度 H_{rms}，可以得到

$$H_{rms}\left(\text{dB}\mu\cdot\text{A}\cdot\text{m}^{-1}\right) = E_{rms}\left(\text{dB}\mu\cdot\text{V}\cdot\text{m}^{-1}\right) - 51.5\text{dB}$$

- *$\lambda/2$ 偶极子天线在远区的赤道面的电场幅度*

$\lambda/2$ 偶极子天线是经常使用的一种天线。由式（4.40）和式（4.42），$\lambda/2$ 偶极子天线的归一化方向性函数为

$$F(\theta,\varphi) = \frac{\cos(kl\cos\theta) - \cos(kl)}{\sin\theta} = \frac{\cos\left(\dfrac{\pi}{2}\cos\theta\right)}{\sin\theta} \tag{4.49}$$

在赤道面，$\theta = 90°$，$\lambda/2$ 偶极子天线的远区电场为

$$E_\theta = j\frac{60I_m}{r}\frac{\cos\left(\dfrac{\pi}{2}\cos\theta\right)}{\sin\theta}e^{-jkr} = j\frac{60I_m}{r}e^{-jkr}$$

又由式（4.44），$\lambda/2$ 偶极子天线向空间辐射的总功率为

$$P_\Sigma = 36.56I_m^2$$

$\lambda/2$ 偶极子天线的远区电场模值为

$$|E_\theta| = 9.92\frac{\sqrt{P_\Sigma}}{r} \tag{4.50}$$

还可以从天线的增益对式（4.50）与式（4.46）加以比较。赫兹偶极子增益 $G_{hertz} = 1.5$，$\lambda/2$ 偶极子天线增益 $G_{\lambda/2} = 1.64$，有如下等式

$$9.92\frac{\sqrt{P_\Sigma}}{r}\cdot\frac{\sqrt{1.5}}{\sqrt{1.64}}=9.49\frac{\sqrt{P_\Sigma}}{r}$$

由式（4.50）可以得出式（4.46）。

在赤道面，$\theta=90°$，由式（4.41），$\lambda/2$偶极子天线的远区磁场模值为

$$\left|H_\varphi\right|=\frac{9.92}{120\pi}\frac{\sqrt{P_\Sigma}}{r}=0.026\frac{\sqrt{P_\Sigma}}{r} \tag{4.51}$$

例 4.9 以$\lambda/2$偶极子天线为例计算。在某标准的规定下，户外应用在距离天线 10m 处的最大磁场强度平均值H_{rms}为$42\text{dB}\mu\cdot\text{A}\cdot\text{m}^{-1}$，计算最大电场强度平均值$E_{rms}$和 e.i.r.p。

解 在距离天线 10m 处的最大电场强度的平均值为

$$E_{rms}\left(\text{dB}\mu\cdot\text{V}\cdot\text{m}^{-1}\right)=H_{rms}\left(\text{dB}\mu\cdot\text{A}\cdot\text{m}^{-1}\right)+51.5\text{dB}=93.5\text{dB}\mu\cdot\text{V}\cdot\text{m}^{-1}$$

又由

$$E_{rms}=20\log\frac{E(\text{V/m})}{1\mu\text{V}}=93.5\text{dB}\mu\cdot\text{V}\cdot\text{m}^{-1}$$

可得最大电场强度的平均值为

$$E_{rms}=4.74\times10^{-2}\,\text{V/m}$$

在$\theta=90°$有电场最大强度。由式（4.50）可得，最大电场强度的平均值为

$$E_{rms}=\left|E_\theta\right|/\sqrt{2}=\frac{9.92}{\sqrt{2}}\frac{\sqrt{P_\Sigma}}{10}=4.74\times10^{-2}\,\text{V/m}$$

因此 e.i.r.p 为

$$P=\left(\frac{4.74\times10^{-2}\times\sqrt{2}\times10}{9.92}\right)^2=4.5\text{mW}$$

4.3.5 各国 RFID 辐射功率

(1) 美国

在美国，UHF 频段的 RFID 采用 902MHz～928MHz，RFID 等效全向辐射功率（e.i.r.p）最大值为 4W。也即

$$P_{e.i.r.p}=4\text{W}$$

$$10\log\frac{4\text{W}}{1\text{毫瓦}}=36\text{dBm}$$

$$P_{e.i.r.p}=36\text{dBm}$$

$$P_{e.r.p}=36\text{dBm - 2.15dBm}=33.85\text{dBm}$$

(2) 欧洲

在欧洲，UHF 频段的 RFID 采用 869.4MHz～869.65MHz，RFID 有效辐射功率（e.r.p）最大值为 0.5W。也即

$$P_{e.r.p}=0.5\text{W}$$

$$10\log\frac{0.5\text{W}}{1\text{毫瓦}}=27\text{dBm}$$

$$P_{e.r.p}=27\text{dBm}$$

$$P_{e.i.r.p}=27\text{dBm}+2.15\text{dBm}=29.15\text{dBm}$$

$$P_{e.i.r.p}=0.82\text{W}$$

在欧洲，UHF 频段的 RFID 还采用 865.5MHz～867.6MHz，RFID 有效辐射功率（e.r.p）最大值为 2W。

(3) 中国

在我国，UHF 频段的 RFID 采用 840MHz～845MHz 和 920MHz～925MHz，RFID 有效辐射功率（e.r.p）最大值为 2W。也即

$$P_{e.r.p}=2\text{W}$$

$$10\log\frac{2\text{W}}{1\text{毫瓦}}=33\text{dBm}$$

$$P_{e.r.p}=33\text{dBm}$$

$$P_{e.i.r.p}=33\text{dBm}+2.15\text{dBm}=35.15\text{dBm}$$

$$P_{e.i.r.p}=3.28\text{W}$$

4.4 本章小结

无线电波是电磁波谱中的一员，无线电波是指频率范围在 30Hz～3000GHz 的电磁波。无线电波的频谱分段法有多种方式，如 IEEE 频谱分段法。频谱的分配是指将频率根据不同业务加以分配，频率分配既有世界组织（ITU、CCIR 等），也有各国自己的组织（我国是工业和信息化部无线电管理局）。ISM 频段属于无许可的频段，ISM 频段主要开放给工业、科学和医用等机构。由于 RFID 系统不能对其他无线电服务造成干扰，因此 RFID 系统通常使用 ISM 频段。我国还制订了“800/900MHz 频段 RFID 技术应用试行规定”，RFID 频率为 840MHz～845MHz 和 920MHz～925MHz。

电波传播的特性可以通过电参数反映出来。RFID 电波传播的电参数可用于对读写器与电子标签之间电波传播的定量分析。电波传播的电参数包括电磁波速度、工作频率、工作波长、角频率、相位常数、周期、波阻抗、能流密度矢量、极化和反射系数等。

由赫兹偶极子着手可以对辐射的电磁场进行分析。赫兹偶极子是线天线的基本辐射单元，周围分为近区、远区和中间区，在每个区域用电场 E、磁场 H、平均坡印廷矢量 $\boldsymbol{S}_{av}$ 和辐射总功率 P_{Σ} 等对辐射的电磁场进行分析。磁基本振子也是一种基本的辐射单元，其结构可为小电流环，磁基本振子与赫兹偶极子相对偶。真实的线天线可以是某一长度的偶极子天线，其中 $\lambda/2$ 偶极子天线就是一种常用的线天线。低频和高频 RFID 处于天线近区，微波 RFID 处于天线远区，依此可以分析不同波段 RFID 的电磁场特性。各国均给出了以 e.i.r.p 或 e.r.p 功率计的 RFID 辐射功率。

4.5 思考与练习

4.1 电磁波谱是怎样划分的？无线电波的频率范围是什么？

4.2 简述 IEEE 频谱分段法，并说明微波频段与射频频段的关系。

4.3 为什么要进行频谱的分配？什么是 ISM 频段？简述 RFID 使用的频段。

4.4 某一地区 UHF 频段无源 RFID 读写设备的发射功率以 e.i.r.p 功率计，最大为 3W。另一地区 UHF 频段无源 RFID 读写设备的发射功率以 e.r.p 功率计，最大为 1.8W。试比较这两个地区 RFID 读写设备的发射功率。

4.5 计算下面 2 种情况下电磁波的传播速度：（1）在无耗介质（$\varepsilon=4\varepsilon_0$，$\mu=\mu_0$，$\sigma=0$）中；（2）在无耗介质（$\varepsilon=10\varepsilon_0$，$\mu=\mu_0$，$\sigma=0$）中。

4.6 分别计算空气中 125kHz、13.56MHz、433.92MHz、869.0MHz、915.0MHz、2.45GHz 和 5.8GHz 的工作波长。哪些频段适合电感耦合方式？哪些频段适合电磁反向散射方式？

4.7 在空气中 RFID 的工作频率 f =2.45GHz，电磁波的电场强度

$E_x = 2\times10^{-3}\,\mathrm{V/m}$。求：（1）电磁波的相位常数$k$和波阻抗$\eta$；（2）磁场$H_y$；（3）能流密度矢量的平均值。

4.8　什么是波的极化？波的极化有哪 3 种状态？

4.9　均匀平面波从空气中垂直入射到无耗介质上。已知介质的$\mu=\mu_0$、$\varepsilon=9\varepsilon_0$。求：反射系数和折射系数。

4.10　什么是赫兹偶极子？写出赫兹偶极子的近区场（电场和磁场），近区场有什么特性？写出赫兹偶极子的远区场（电场和磁场），远区场有什么特性？写出赫兹偶极子的辐射总功率和辐射电阻。

4.11　什么是磁基本振子？写出磁基本振子的远区场（电场和磁场），远区场有什么特性？写出磁基本振子的辐射总功率和辐射电阻。

4.12　写出任意长度偶极子天线的远区场（电场和磁场），远区场有什么特性？写出任意长度偶极子天线的辐射总功率和辐射电阻。

4.13　用赫兹偶极子为例进行计算。某标准规定，920MHz 的户外应用 e.i.r.p 不能超过 1.5W，计算距离赫兹偶极子 10m 处的最大电场强度E_{rms}和最大磁场强度H_{rms}。

4.14　用$\lambda/2$偶极子天线为例进行计算。在某标准的规定下，户外应用在距离天线 10m 处的最大磁场强度H_{rms}为$58\mathrm{dB\mu\cdot A\cdot m^{-1}}$，计算最大电场强度的平均值$E_{rms}$和 e.i.r.p.。

第5章 RFID 电磁波传播及接收功率恢复

当电磁波在 RFID 读写器与电子标签收发两个天线之间传播时，电磁波的传播有自由空间传输损耗，并可通过弗里斯方程给出发射功率与接收功率之间的关系。在 RFID 的工作环境中，电磁波在传输过程中有反射、折射、散射和吸收，需要讨论菲涅尔区、多径传输、集肤效应和衰落等问题。收发天线尽管电参数互易，但接收时经常讨论天线有效接收面积，并讨论可以让标签开始工作的电场强度、感应电动势和标签最大工作距离。基站发出的电磁波遇到标签天线后，会产生反向散射，标签散射的功率、雷达截面、基站接收的反向功率和 RFID 失配对反向接收的影响是需要考虑的问题。本章首先讨论 RFID 电磁波的传播，然后讨论电磁波的接收，最后讨论电磁波的反向散射。

5.1 RFID 电磁波的传播

微波 RFID 主要工作在几百 MHz 到几 GHz 之间，空气中的工作波长在几厘米到几分米之间。由于微波 RFID 工作波长较短，电子标签基本都处于读写器基站天线的远区，电子标签是通过电磁波传播获得读写器的信号和能量。同样，在电子标签向读写器发送信息时，读写器也处于电子标签天线的远区，读写器也是通过电磁波传播获得电子标签的信号。本节讨论 RFID 电磁波的传播。

5.1.1 自由空间的传输损耗

自由空间可视为理想介质，是不会损耗电磁能量的。自由空间的传输损耗是指电磁波在传播的过程中，随着传播距离的增大，能量的自然扩散而引起的损耗，它反映了球面波的扩散损耗。自由空间的传输损耗为

$$L_{bf}=20\lg(\frac{4\pi r}{\lambda})\text{dB} \tag{5.1}$$

式（5.1）中，r 为电波传播距离，λ 为工作波长。可以看出，电波传播的距离越长，或电波的工作波长越短（也即工作频率越高），自由空间的传输损耗越大。

自由空间电磁波的传播速度为

$$c=f\lambda=3\times10^{8}\text{m}/\text{s} \tag{5.2}$$

式（5.2）中，f 为工作频率。于是，式（5.1）又可以表示为

$$L_{bf}=20\lg(\frac{4\pi rf}{c})\text{dB}$$

若工作频率 f 的单位为兆赫兹（MHz），电波传播距离 r 的单位为米（m），自由空间的传输损耗为

$$L_{bf} = -27.56 + 20\lg f(\text{MHz}) + 20\lg r(\text{m})\text{dB} \tag{5.3}$$

若工作频率 f 的单位为吉赫兹（GHz），电波传播距离 r 的单位为米（m），自由空间的传输损耗为

$$L_{bf} = 32.45 + 20\lg f(\text{GHz}) + 20\lg r(\text{m})\text{dB} \tag{5.4}$$

在 RFID 中，通常工作频率 f 的单位为 MHz 或 GHz，电波传播距离 r 的单位为 m。

(1) 860/960MHz 频段

860/960MHz 频段的中心频率为 910MHz。在 910MHz，电波传输损耗为

$$L_{bf} = -27.56 + 20\lg 910 + 20\lg r = 31.62 + 20\lg r\text{dB}$$

当 r=1m 时，$L_{bf} = 31.62\text{dB}$；当 r=4m 时，$L_{bf} = 43.66\text{dB}$。另外，在 860MHz，当 r=4m 时，$L_{bf} = 43.17\text{dB}$；在 960MHz，当 r=4m 时，$L_{bf} = 44.13\text{dB}$。

例 5.1　在空气中，已知 UHF 频段 RFID 的工作频率 f=920MHz，读写器与电子标签的距离 r=10m。求：读写器与电子标签之间的电波传输损耗。

解　由式（5.3）可得，读写器与电子标签之间的电波传输损耗为

$$\begin{aligned} L_{bf} &= -27.56 + 20\lg f(\text{MHz}) + 20\lg r(\text{m}) \\ &= -27.56 + 20\lg 920 + 20\lg 10 \\ &= 51.7\text{dB} \end{aligned}$$

(2) 2.45GHz 频段

在 2.45GHz，电波传输损耗为

$$L_{bf} = 32.45 + 20\lg 2.45 + 20\lg r = 40.23 + 20\lg r\text{dB}$$

当 r=1m 时，$L_{bf} = 40.23\text{dB}$；当 r=10m 时，$L_{bf} = 60.23\text{dB}$。

例 5.2　试证明：当读写器与电子标签的距离 r 相同时，2.45GHz 比 900MHz 电波传输损耗大 8.7dB。

证明　在 2.45GHz，读写器与电子标签之间的电波传输损耗为

$$L_{bf} = 32.45 + 20\lg 2.45 + 20\lg r = 40.23 + 20\lg r\text{dB}$$

在 900MHz，读写器与电子标签之间的电波传输损耗为

$$L_{bf} = -27.56 + 20\lg 900 + 20\lg r = 31.52 + 20\lg r\text{dB}$$

2.45GHz 与 900MHz 电波传输损耗的差值为

$$(40.23+20\lg r)-(31.52+20\lg r)=8.7\text{dB}$$

(3) 不同频率时传输损耗

自由空间的传输损耗与工作频率、读写器与电子标签之间的距离有关。当工作频率分别为 900MHz、2.4GHz 和 5.8GHz，读写器与电子标签的距离分别为 1m 至 10m 时，自由空间的传输损耗见表 5-1。

表 5-1　自由空间的传输损耗

读写器与电子标签的距离	衰减（900MHz）	衰减（2.4GHz）	衰减（5.8GHz）
1m	31.5dB	40.0dB	47.7dB
2m	37.6dB	46.1dB	53.7dB
3m	41.1dB	49.6dB	57.3dB
4m	43.6dB	52.1dB	59.8dB
5m	45.5dB	54.0dB	61.7dB
6m	47.1dB	55.6dB	63.3dB
7m	48.4dB	57.0dB	64.6dB
8m	49.6dB	58.1dB	65.8dB
9m	50.6dB	59.1dB	66.8dB
10m	51.5dB	60.1dB	67.7dB

5.1.2 弗里斯方程

当电波在收发两个天线之间传播时，弗里斯（H.T.Friis）方程给出了发射天线发射的功率与接收天线接收的功率之间的关系。不论收发天线是什么类型，当匹配时，接收天线接收到的功率 P_{trms} 为

$$P_{trms}=P_{brms}G_b\left(\frac{\lambda}{4\pi r}\right)^2 G_t \tag{5.5}$$

式（5.5）称为弗里斯方程。式（5.5）中，P_{brms} 为传导至发射天线的功率，G_b 为发射天线的增益，G_t 为接收天线的增益。对于式（5.5），按照物理顺序说明如下。

(1) $P_{brms}G_b$ 与发射天线相关。当发射天线匹配，传导至发射天线的功率转换为辐射功率。

(2) $\left(\frac{\lambda}{4\pi r}\right)^2$ 与自由空间电波的传输损耗有关。

(3)　G_t 与接收天线相关。当接收天线匹配，天线接收的功率转换为向负载的输出。

(4)　弗里斯方程描述了匹配时整个无线收发系统的功率传输情况。实际上，这个无线收发系统也可以用等效电路描述。

例 5.3　欧洲 UHF 频段 RFID 工作频率为 869MHz，某地有效辐射功率（e.r.p）为 $P_{e.r.p}=0.5\text{W}$。读写器天线采用 $\lambda/2$ 偶极子天线，电子标签天线采用 $\lambda/2$ 偶极子天线。计算：①某地等效全向辐射功率（e.i.r.p）；②当读写器与电子标签相距 2m 时，电子标签接收的功率；③当读写器与电子标签相距 7m 时，电子标签接收的功率。

解　① 某地有效辐射功率 0.5W 为

$$10\lg\frac{500\text{毫瓦}}{1\text{毫瓦}}=27\text{dBm}$$

读写器天线采用 $\lambda/2$ 偶极子天线，增益为 2.15dB。也即：等效全向辐射功率（e.i.r.p）为

$$27\text{dBm}+2.15\text{dB}=29.15\text{dB}$$

由于

$$10\lg\frac{820\text{毫瓦}}{1\text{毫瓦}}=29.15\text{dBm}$$

因此某地等效全向辐射功率（e.i.r.p）为 0.82W。如果直接用读写器 $\lambda/2$ 偶极子天线的增益 1.64 计算，等效全向辐射功率（e.i.r.p）为

$$0.5\times1.64\ =\ 0.82\text{W}$$

② 当工作频率为 869MHz，工作波长为

$$\lambda=\frac{c}{f}=\frac{3\times10^8}{869\times10^6}=0.345\text{m}$$

由式（5.5），当读写器与电子标签相距 2m 时，电子标签接收的功率为

$$P_{trms}=P_{brms}G_b\left(\frac{\lambda}{4\pi r}\right)^2G_t=0.5\times1.64\times\left(\frac{0.345}{4\pi\times2}\right)^2\times1.64=2.53\times10^{-4}\text{W}$$

电子标签接收的功率 2.53×10^{-4}W 为

$$10\lg\frac{2.53\times10^{-1}\text{毫瓦}}{1\text{毫瓦}}=-5.97\text{dBm}$$

③ 当读写器与电子标签相距 7m 时，电子标签接收的功率为

$$P_{trms} = P_{brms} G_b \left(\frac{\lambda}{4\pi r} \right)^2 G_t = 0.5 \times 1.64 \times \left(\frac{0.345}{4\pi \times 7} \right)^2 \times 1.64 = 2.07 \times 10^{-5}\,\mathrm{W}$$

电子标签接收的功率 2.07×10^{-5}W 为

$$10\lg \frac{2.07 \times 10^{-2}\text{毫瓦}}{1\text{毫瓦}} = -16.84\mathrm{dBm}$$

5.1.3 RFID 工作环境对电波传播的影响

在自由空间中，电磁波传播是直射，没有任何障碍物。实际上，RFID 并不是工作在自由空间的环境中。在 RFID 的工作环境中，电磁波在传输的过程中经常被遮挡，有电磁波的反射、折射和吸收等问题。本小节将讨论 RFID 的工作环境对电波传播的影响。

一、视距传播与菲涅尔区

433.92MHz、869.0MHz、915.0MHz、2.45GHz 和 5.8GHz 等都是 RFID 工作的微波频段。在微波波段，由于频率很高，电波利用视距传播的方式工作。视距传播是指发射天线与接收天线在相互能看得见的距离内。具体地说，就是在微波波段时，发射点和接收点之间不希望有障碍物阻挡。实际上，在收发天线之间，存在着对电波传播起主要作用的空间区域，这个空间区域称为传播主区，传播主区可以用菲涅尔区的概念来描述。

(1) 菲涅尔区

由惠更斯-菲涅尔原理可以知道，收发天线之间传播的信号并非只占用收发天线之间的直线区域，而是占用一个较大的区域，这个区域可以用菲涅尔区来表示。

下面讨论菲涅尔区的几何区域。若 T 点为发射天线，R 点为接收天线，以 T 点和 R 点为焦点的旋转椭球面所包含的空间区域称为菲涅尔区。若在 TR 两点之间插入一个无限大的平面 S，并让平面 S 垂直于 TR 连线，平面 S 将与菲涅尔区椭球相交成一个圆，圆的半径称为菲涅尔半径。若菲涅尔半径不同，菲涅尔区的大小也不同。菲涅尔区有无数多个，分为最小菲涅尔、第一菲涅尔区、第二菲涅尔区等。菲涅尔区如图 5-1 所示。

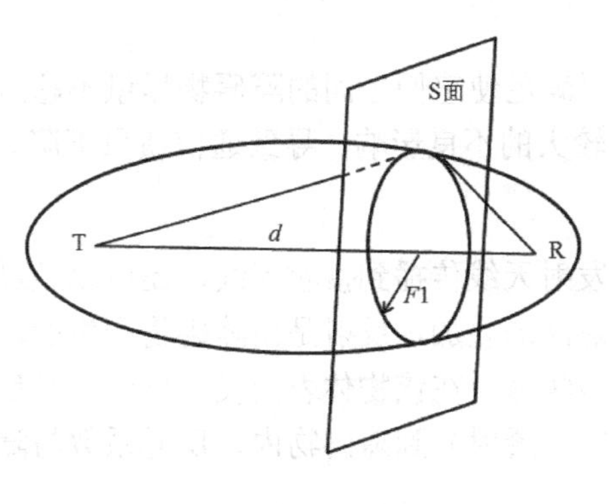

（a）空间菲涅尔区

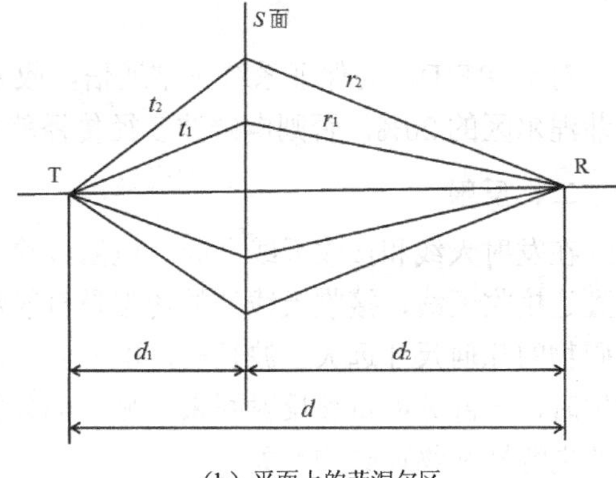

（b）平面上的菲涅尔区

图5-1 菲涅尔区

可以划分如下菲涅尔区的范围。

$$t+r-d=n\cdot\frac{\lambda}{2} \tag{5.6}$$

当 n=1，式（5.6）定义了第一菲涅尔区；当 n=2，式（5.6）定义了第二菲涅尔区；当 n=3，式（5.6）定义了第 n 菲涅尔区。

当行程差 $t+r-d$ 为 $\lambda/2$ 的奇数倍时，接收点的电场得到加强；当行程差为 $\lambda/2$ 的偶数倍时，接收点的电场相互抵消。当电磁波只通过第一菲涅尔区时，接收点的信号是最强的，因此经常讨论第一菲涅尔区。除第一菲涅尔区外，最小菲涅尔区也是一个重要概念。

(2)　最小菲涅尔区

为了获得自由空间的传播效果，只要保证在一定的菲涅尔区域内满足“自由空间的条件”就可以了，这个区域称为最小菲涅尔区。也就是说，只要最小菲涅尔区内无障碍物，就满足“自由空间的条件”，收发天线之间的电波传播与全空间无障碍物相同。最小菲涅尔区的大小可以用菲涅尔半径表示，最小菲涅尔区半径为

$$F_0=0.577\sqrt{\frac{\lambda d_1 d_2}{d}} \tag{5.7}$$

式（5.7）中，d 为收发天线之间的距离，d_1 和 d_2 分别为发射天线和接收天线与平面 S 的距离。此时，最小菲涅尔半径是平面 S 与菲涅尔椭球相交圆的半径。可以看出，当收发天线之间的距离一定时，波长越短，传播主区的菲涅尔半径越小，菲涅尔椭球的区域越细长。光的菲涅尔椭球区域退化为一条直线，这就是认为光的传播路径是直线的原因。

(3)　第一菲涅尔区

第一菲涅尔区比最小菲涅尔区大。当收发天线只利用第一菲涅尔区传播电磁波，则接收天线得到的辐射场为自由空间的 2 倍。当收发天线只利用第一菲涅尔区传播电磁波，接收天线能得到所有传播环境中最大的辐射场。第一菲涅尔区的大小可以用菲涅尔半径表示，第一菲涅尔区半径为

$$F_1=\sqrt{\frac{\lambda d_1 d_2}{d}} \tag{5.8}$$

对于 RFID，为保证系统正常通信，收发天线要满足使它们之间的障碍物尽量不超过第一菲涅尔区的 20%，否则电磁波多径传播就会产生较大的不良影响，导致通信质量下降。

二、反射

在发射天线和接收天线之间，电磁波除直接从发射天线传播到接收天线，还可以经过反射到达接收天线，接收天线处的场强是直射波和反射波的叠加。反射是由障碍物产生的，当障碍物的几何尺寸远大于波长时，电磁波不能绕过该物体，在该物体表面发生反射。当反射发生时，一部分能量被反射回来，另一部分能量折射（透射）到障碍物内，反射系数与障碍物的电特性和物理结构有关。

(1)　反射的菲涅尔区

对于反射，只有菲涅尔区对反射产生主要作用。反射的菲涅尔区与第一菲涅尔区或最小

菲涅尔区相对应，是反射波的传播主区。

假设障碍物为无限大理想导电平面，障碍物的影响可以用镜像法来分析。依旧假设 T 点为发射天线，R 点为接收天线。T′点是 T 点的镜像点，反射波可以视为由镜像波源 T′点发出的。由自由空间电波传播菲涅尔区的概念可知，在镜像天线 T′点到接收天线 R 点之间电波传播的主区就是以 T′点和 R 点为焦点的最小或第一菲涅尔椭球区，该椭球与障碍物相交的椭圆就是反射的菲涅尔区。反射的菲涅尔区如图 5-2 所示。

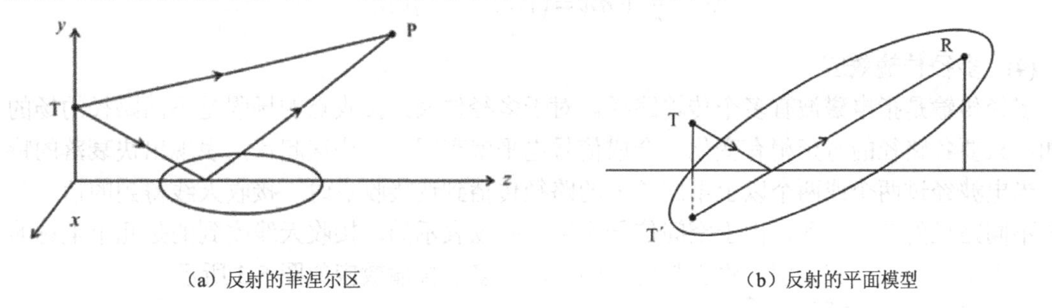

（a）反射的菲涅尔区　　（b）反射的平面模型

图5-2　反射的菲涅尔区

(2)　反射的积极干扰

对于 RFID，当反射波与基站发出的初始波是同相或接近同相时，反射信号加到初始波上，于是初始波就得到了加强。这意味着可以发现一些远距离的工作点。例如，在一个仓库中，RFID 设计时是只读取中距离的元件数据，但实际上仓库最里面的远距离元件数据有可能被读取。读取数据的远距离点是孤立的，这有时会引起工作距离的混淆，也会给工作计划带来麻烦。

(3)　反射的破坏性干扰

对于 RFID，当反射波与基站发出的初始波是反相或接近反相时，反射信号加到初始波上，于是初始波就得到削减。这意味着将发现一些点，在这些点标签不再工作，这种情况下，这些点称为“黑洞”。这些点经常在工作波长的整数倍时重复出现，带来很大麻烦。例如，一个标签在移动时，一开始工作，又不工作了，又工作了，如此下去，只要标签移动到“黑洞”点，标签就不工作了。如果没有意识到这些问题，会给碰撞管理带来很大麻烦。一些标准（如 ISO 18000-6）已经意识到这些问题，并通过特殊功能的命令解决了这个问题。也可以采用多天线系统消除黑洞，恰当放置多个基站天线，对于一个基站天线是“黑洞”的点，对另一个基站天线就不是“黑洞”的点。还可以采用跳频技术消除“黑洞”，如美国 RFID 的频率为 902MHz～928MHz，波长为 33.25cm～32.32cm，波长的差值为 33.25cm-32.32cm=0.93cm，由于波长不断变化，也可以消除“黑洞”。

例 5.4　某 UHF 频段 RFID 工作频率为 920MHz。计算：① 当反射波与基站发出的初始波是同相时，相位差是多少？电波的传播路径相差多少？② 当反射波与基站发出的初始波是反相时，相位差是多少？电波的传播路径相差多少？

解　① 当反射波与基站发出的初始波是同相时，相位差是一个波长的整数倍，相位差是360°的整数倍，也即相位差是0°。当工作频率为 920MHz，工作波长为

$$\lambda = \frac{3\times10^8}{920\times10^6} = 32.6\text{cm}$$

n 为整数，反射波与初始波的传播路径相差为

$$\Delta r = n\lambda = (32.6n)\,\text{cm}$$

② 当反射波与基站发出的初始波是反相时，相位差是半个波长，即相位差是180°。n 为整数，反射波与初始波的传播路径相差为

$$\Delta r = \frac{\lambda}{2} + n\lambda = (16.3 + n\lambda)\,\text{cm}$$

(4)　多径传输效应

多径传输是指电磁波有多个传输路径。对于多径传输，接收点的场强是不同路径的场的叠加，只要各路径的时延稍有变化，合成信号电平就有明显的快速起伏，表现出快衰落的特征。当电波经过两个或两个以上不同长度的路径传播到达接收点时，接收天线得到的信号是几个不同路径的信号之和，由于空间信号是用电磁场表示的，接收天线收到的是几个电场的叠加。多个路径长度有差别，将引起明显的失真。多径传输效应如图 5-3 所示。

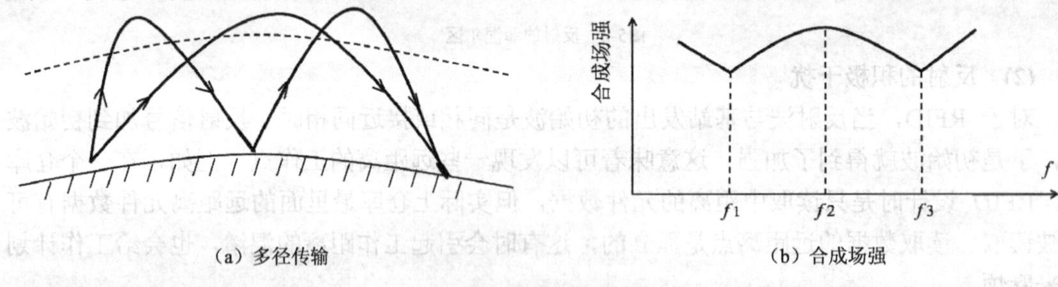

图5-3　多径传输效应

(5)　衰减与衰落

衰减和衰落是不同的概念，衰减是指发射天线的信号到达接收天线时信号的振幅减小，衰落是指接收点的信号随时间随机的起伏。读写器和电子标签所处的环境比较复杂，电波传播时会发生衰减和衰落。

产生衰减的因素很多，主要包括自由空间的传输损耗、障碍物的分隔和阻挡等。衰落有时是在几秒或几分钟内有快速变化的快衰落，有时是几小时内出现缓慢变化的慢衰落。引起衰落的原因可以分为吸收型衰落或干涉型衰落，吸收型衰落主要是由传输媒质电参数变化引起的，干涉型衰落主要是由随机的多径传输引起的。RFID 的衰落主要是干涉型快衰落，例如，当电子标签处于运动状态时，由于周围环境的变化，可能产生干涉型快衰落，如图 5-4 所示。

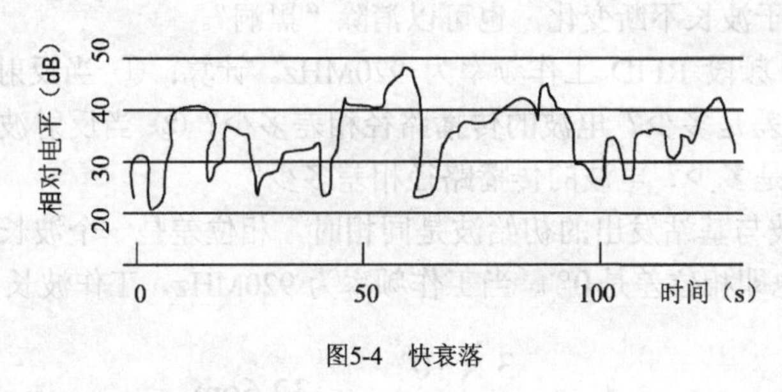

图5-4　快衰落

三、吸收

当电波在有耗媒质中传播时，媒质的电导率大于 0，媒质会吸收能量。如果媒质的电导率越大、信号的工作频率越高，媒质的吸收也越大。媒质吸收能量，将导致 RFID 电磁波在媒质中传播时产生衰减。

(1) 有耗媒质中的电场

电磁波进入有耗媒质后，电场为

$$\boldsymbol{E}=E_m\mathrm{e}^{-\gamma z}=E_m\mathrm{e}^{-\alpha z}\mathrm{e}^{-j\beta z} \tag{5.9}$$

式（5.9）中

$$\alpha=\omega\sqrt{\frac{\mu\varepsilon}{2}\left(\sqrt{1+\left(\frac{\sigma}{\omega\varepsilon}\right)^2}-1\right)} \tag{5.10}$$

$$\beta=\omega\sqrt{\frac{\mu\varepsilon}{2}\left(\sqrt{1+\left(\frac{\sigma}{\omega\varepsilon}\right)^2}+1\right)} \tag{5.11}$$

式（5.9）～式（5.11）中，σ 为媒质的电导率；$\mathrm{e}^{-\alpha z}$ 表示电场的振幅随 z 的增大而减小，α 代表每单位距离衰减的程度，α 称为电磁波的衰减常数；$\mathrm{e}^{-j\beta z}$ 表示电场的相位随 z 的增大而滞后，β 代表每单位距离相位滞后的程度，β 称为电磁波的相位常数。有耗媒质中的电场和磁场如图 5-5 所示。下面讨论良介质和良导体两种有耗媒质的情况。

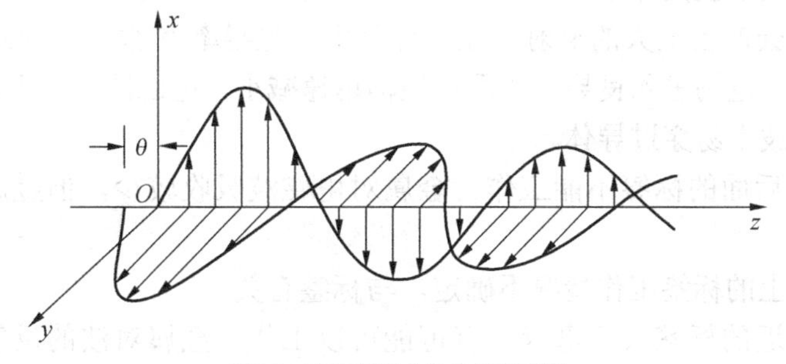

图5-5 有耗媒质中的电场和磁场

- 良介质。当媒质中的位移电流远大于传导电流时，$\sigma/\omega\varepsilon<<1$，媒质主要表现为介质特性，称其为良介质。在良介质中，α 和 β 近似为

$$\alpha\approx\frac{\sigma}{2}\sqrt{\frac{\mu}{\varepsilon}},\quad \beta\approx\omega\sqrt{\mu\varepsilon}\left[1+\frac{1}{8}\left(\frac{\sigma}{\omega\varepsilon}\right)^2\right]$$

- 良导体。当媒质中的位移电流远小于传导电流时，$\sigma/\omega\varepsilon >> 1$，媒质主要表现为导体特性，称其为良导体。良导体中，α 和 β 近似为

$$\alpha \approx \sqrt{\frac{\omega\mu\sigma}{2}} = \sqrt{\pi f \mu\sigma} \tag{5.12}$$

$$\beta \approx \sqrt{\frac{\omega\mu\sigma}{2}} = \sqrt{\pi f \mu\sigma} \tag{5.13}$$

(2) 有耗媒质中 RFID 电波衰减

在 RFID 环境中，有时会存在有耗媒质，有耗媒质吸收能量，使 RFID 电波出现衰减。若媒质的电导率 σ 越大、RFID 的工作频率 f 越高，RFID 电波衰减越大。

- 当电波传播遇到潮湿媒质时，如遇到潮湿木材时，潮湿木材将吸收能量，RFID 电波将出现损耗。
- 当电波传播遇到水产品（特别是海水产品）时，如遇到鱼、虾时，鱼、虾将吸收能量，RFID 电波将出现损耗。
- 当电波传播遇到有机物质时，如遇到人或动物时，人或动物将吸收能量，电波将出现损耗。
- 当电波传播遇到金属时，如遇到铜、铝、铁时，电波不能穿过金属（金属反射电磁波多，但吸收电磁波少），金属后面的标签不能工作。

四、金属的集肤效应

当电磁波由一种媒质（如空气）入射到良导体时，因电磁波在良导体中衰减很快，折射波进入良导体后很快就衰减掉了，电磁波只存在于良导体的表面，这种现象称为集肤效应。电磁波遇到导体，会产生很大的反射。在良导体中，电导率 σ 很大，导致衰减常数 α 也很大，波的衰减很快，电场进入良导体表面后振幅迅速减小，电磁波相当于只集中在良导体表面。结论是：电磁波不易穿过导体。

(1) 一片金属后面的标签不能工作。金属对电磁波吸收较少，但金属反射电磁波强烈。

(2) 贴在金属上的标签工作情况不确定，与标签有关。

(3) 离金属很近的标签（几毫米）有可能可以工作，金属对波的反射可使标签天线增益提高，但标签天线的方向性也增强了。

用趋肤厚度表示电磁波集肤的程度，趋肤厚度等于电磁波入射到导体并衰减到表面值的 $1/e$ 所传播的距离。由式（5.12）可知，在良导体中，趋肤厚度为

$$\delta = \frac{1}{\alpha} = \sqrt{\frac{2}{\omega\mu\sigma}} = \frac{1}{\sqrt{\pi f \mu\sigma}} \tag{5.14}$$

例 5.5 当 RFID 频率分别为 $f_1 = 125\,\text{kHz}$、$f_2 = 13.56\,\text{MHz}$ 和 $f_3 = 2.4\,\text{GHz}$ 时，计算

电磁波在铜中的趋肤厚度。试问：电磁波容易穿过金属吗？

解 已知铜$\mu \approx \mu_0$，$\varepsilon \approx \varepsilon_0$，$\sigma = 5.8\times10^7$ S/m。当$f_1 = 125$ kHz 时

$$\delta_1 = \frac{1}{\sqrt{\pi f_1 \mu\sigma}} = \frac{1}{\sqrt{\pi\times125\times10^3\times4\pi\times10^{-7}\times5.8\times10^7}} = 0.19\text{mm}$$

当$f_2 = 13.56$ MHz 时

$$\delta_2 = \frac{1}{\sqrt{\pi f_2 \mu\sigma}} = \frac{1}{\sqrt{\pi\times13.56\times10^6\times4\pi\times10^{-7}\times5.8\times10^7}} = 0.018\text{mm}$$

当$f_3 = 2.4$ GHz 时

$$\delta_3 = \frac{1}{\sqrt{\pi f_3 \mu\sigma}} = \frac{1}{\sqrt{\pi\times2.4\times10^9\times4\pi\times10^{-7}\times5.8\times10^7}} = 0.0014\text{mm}$$

可见，RFID 在铜中的趋肤厚度很小，也即 RFID 系统产生的电磁波不易穿过导体。另外，随着频率的升高，电磁波在铜中的趋肤厚度在降低。

五、RFID 电磁波的传播机制

当有障碍物（包括地面）时，RFID 电波传播存在直射、反射、绕射和散射等多种情况，这几种情况是在不同传播环境下产生的。

(1) 直射

直射是指电磁波在自由空间传播，没有任何障碍物。

(2) 反射

反射是由障碍物产生的。当障碍物的几何尺寸远大于波长时，电磁波不能绕过该物体，在该物体表面发生反射。当反射发生时，一部分能量被反射回来，另一部分能量折射（透射）到障碍物内，反射系数与障碍物的电特性和物理结构有关。

实际障碍物是起伏不平的。障碍物起伏对波的影响程度与波长和起伏高度之比密切相关，用瑞利准则描述障碍物的平度。瑞利准则给出了光滑障碍物与粗糙障碍物的分界点，瑞利准则为

$$h < \frac{\lambda}{8\cos\theta_i} \tag{5.15}$$

式（5.15）中，h 是起伏高度，θ_i 为电磁波的入射角。可以看出，电磁波的波长越短，或电磁波的入射角越小，越难以看成光滑障碍物。粗糙障碍物可以引起散射。

(3) 散射

散射也与障碍物相关。当障碍物的尺寸或障碍物的起伏小于波长，电波传播的过程中遇

到数量较大的障碍物时，电磁波发生散射，向不同方向散射。散射经常发生在粗糙表面、小物体或其他不规则物体的表面。

(4)　绕射

绕射也是由障碍物产生的，电波绕过传播路径上障碍物的现象称为绕射。当障碍物的尺寸与波长相近，且障碍物有光滑边缘时，电磁波可以从该物体的边缘绕射过去。电磁波的绕射能力与电波相对于障碍物的尺寸相关，波长越大于障碍物尺寸，绕射能力越强。

5.2　电磁波的接收

天线是接收电磁波的装置。收发天线尽管电参数互易，但发射天线的电参数以辐射场的大小为主要衡量目标，接收天线的电参数以天线感应电动势的大小为主要衡量目标，接收天线经常讨论有效接收面积。本节介绍天线对电磁波的接收，主要是针对 RFID 标签天线对基站来波的接收。

5.2.1　互易定理

接收天线的主要功能是将无线电波能量转换为高频电流（或导波）能量。接收天线的工作过程是：天线在空间电磁波的作用下产生感应电动势，并在天线的输入端产生电压，在接收回路中产生电流。可以看出，接收天线的工作过程就是发射天线的逆过程。

某一天线作为接收天线的电参数与作为发射天线的电参数相同，符合互易定理。由于天线无论作为发射还是接收，应该满足的边界条件是相同的，因此天线在接收状态的电流分布也应与发射时相同。这就意味着任何天线用作接收时，它的方向性、阻抗、极化和有效长度等均与用作发射天线时相同。这种同一天线用作发射天线和用作接收天线时，电参数相同的性质，称为天线的收发互易性。

以标签天线为例。如果标签天线采用 $\lambda/2$ 偶极子天线，$\lambda/2$ 偶极子天线的增益为 1.64，则 $\lambda/2$ 偶极子天线作为接收天线时的增益为 1.64，$\lambda/2$ 偶极子天线作为发射天线时的增益也为 1.64。

5.2.2　有效接收面积

(1)　有效接收面积定义

有效接收面积是衡量接收天线接收无线电波能力的指标。有效接收面积是指：天线以最大接收方向对准来波方向，并且天线的极化与来波极化完全匹配时，接收天线送到匹配负载的功率与来波的功率密度之比。有效接收面积为

$$A_e = \frac{P_{trms}}{S_{av}} \tag{5.16}$$

式（5.16）中，P_{trms} 为接收天线送到匹配负载的功率，即接收天线的最佳接收功率；

S_{av} 为来波的功率密度。

接收天线在最佳接收状态下所接收的功率，可以看成具有面积 A_e 的口面所截获的入射波功率密度的总和。如果用波长和增益表示有效接收面积，有效接收面积为

$$A_e = \frac{\lambda^2}{4\pi} G \tag{5.17}$$

式（5.17）中，G 为接收天线的增益，λ 为入射波的波长。

(2) 有效接收面积讨论

天线的有效接收面积与天线的物理面积无关。例如，磁基本振子（小环天线）的方向性系数是 1.5，增益也是 1.5，它的有效接收面积为

$$A_e = \frac{\lambda^2}{4\pi} \times 1.5 = 0.12\lambda^2$$

如果小环天线的半径为 0.1λ，小环天线所包围的面积为

$$S = \pi(0.1\lambda)^2 = 0.0314\lambda^2$$

可以看出，小环天线的有效接收面积 A_e 比实际物理面积 S 大。

例 5.6 某天线的增益为 20dB，工作波长为 $\lambda = 1\text{m}$。求：天线的有效接收面积。

解 某天线的增益为 20dB。由于

$$10\lg 100 = 20$$

也即增益为 100。由式（5.17），天线的有效接收面积为

$$A_e = \frac{\lambda^2}{4\pi} G = \frac{1}{4\pi} \times 100 = 7.96\text{m}^2$$

由例 5.6 可知，在计算天线的有效接收面积时，并不需要知道天线的物理面积。

(3) RFID 天线有效接收面积

天线的有效接收面积与工作频率成反比。当 RFID 采用 2.45GHz 时，如果其他条件都一样，收发距离给定，其是 900MHz 时接收功率的 13.5%。RFID 经常使用 $\lambda/2$ 偶极子天线，偶尔也采用特殊的天线。

例 5.7 在 866MHz 和 2.45GHz，分别计算：①理想全向天线有效接收面积；②赫兹偶极子有效接收面积；③ $\lambda/2$ 偶极子天线有效接收面积。

解 ① 866MHz 的工作波长为

$$\lambda = \frac{c}{f} = \frac{3\times10^8}{866\times10^6} = 0.346\text{m} = 34.6\text{cm}$$

2.45GHz 的工作波长为

$$\lambda = \frac{c}{f} = \frac{3\times10^8}{2.45\times10^9} = 0.122\text{m} = 12.2\text{cm}$$

理想全向天线的增益为 1。由式（5.17），866MHz 理想全向天线的有效接收面积为

$$A_e = \frac{\lambda^2}{4\pi}G = \frac{34.6^2}{4\pi}\times1 = 95.3\text{cm}^2$$

2.45GHz 理想全向天线的有效接收面积为

$$A_e = \frac{\lambda^2}{4\pi}G = \frac{12.2^2}{4\pi}\times1 = 11.8\text{cm}^2$$

② 赫兹偶极子的增益为 1.5。由式（5.17），866MHz 赫兹偶极子的有效接收面积为

$$A_e = \frac{\lambda^2}{4\pi}G = \frac{34.6^2}{4\pi}\times1.5 = 142.9\text{cm}^2$$

2.45GHz 赫兹偶极子的有效接收面积为

$$A_e = \frac{\lambda^2}{4\pi}G = \frac{12.2^2}{4\pi}\times1.5 = 17.8\text{cm}^2$$

③ $\lambda/2$ 偶极子天线是 RFID 最常用的天线，其增益为 1.64。由式（5.17）可得，866MHz 时 $\lambda/2$ 偶极子天线的有效接收面积为

$$A_e = \frac{\lambda^2}{4\pi}G = \frac{34.6^2}{4\pi}\times1.64 = 156.2\text{cm}^2$$

2.45GHz 时 $\lambda/2$ 偶极子天线的有效接收面积为

$$A_e = \frac{\lambda^2}{4\pi}G = \frac{12.2^2}{4\pi}\times1.64 = 19.4\text{cm}^2$$

2.45GHz 是 866MHz 有效接收面积的 12.4%。

5.2.3 接收的电场强度

在 RFID 中，当标签进入读写器基站的场强中时，标签开始工作。标签开始工作的最小功率取决于制造商使用的技术、标签集成电路的复杂性和功能等，在 UHF 频段，标签开始工作的最小功率通常为 10μW～150μW。现在分析可以让标签开始工作的电场强度。

(1) 标签开始工作的电场强度

由式（5.16），接收天线送到匹配负载的功率为

$$P_{trms} = A_e S_{av} \tag{5.18}$$

式（5.18）中，S_{av} 为来波的功率密度，A_e 为有效接收面积。由式（4.15），S_{av} 为

$$S_{av} = \frac{E_m^2}{2\eta_0} = \frac{E_{rms}^2}{\eta_0}$$

由式（5.17），A_e 为

$$A_e = \frac{\lambda^2}{4\pi} G$$

所以，接收天线送到匹配负载的功率为

$$P_{trms} = \frac{\lambda^2}{4\pi} G \frac{E_{rms}^2}{\eta_0} \tag{5.19}$$

由式（5.19），接收天线所在处的电场强度为

$$E_{rms} = \sqrt{\frac{4\pi \times 120\pi \times P_{trms}}{\lambda^2 G}} = \frac{4\pi}{\lambda} \sqrt{\frac{30 \times P_{trms}}{G}} \tag{5.20}$$

例 5.8 在 920MHz，$\lambda/2$ 偶极子天线的增益为 1.64，标签最小工作功率为 35μW。计算：①标签为了工作，必须处于的最小电场强度；②如果当地规定读写器基站的有效辐射功率（e.r.p）最大值为 $P_{e.r.p} = 0.5\text{W}$，计算标签的最大工作距离。

解 ① 920MHz 的工作波长为

$$\lambda = \frac{c}{f} = \frac{3 \times 10^8}{920 \times 10^6} = 0.33\text{m}$$

标签最小工作功率为 35μW，由式（5.20），标签工作所需的最小电场强度为

$$E_{rms} = \frac{4\pi}{\lambda} \sqrt{\frac{30 \times P_{trms}}{G}} = \frac{4\pi}{0.33} \sqrt{\frac{30 \times 35 \times 10^{-6}}{1.64}} = 0.97\text{V/m}$$

② 有效辐射功率 $P_{e.r.p} = 0.5\text{W}$，这相当于 $\lambda/2$ 偶极子天线的辐射功率。由式（4.50），$\lambda/2$ 偶极子天线的远区电场模值为，

$$|E_\theta| = \sqrt{2} E_{rms} = 9.92 \frac{\sqrt{P_\Sigma}}{r}$$

所以，标签的最大工作距离为

$$r = 9.92\frac{\sqrt{P_\Sigma}}{\sqrt{2}E_{rms}} = \frac{9.92}{\sqrt{2}} \times \frac{\sqrt{0.5}}{0.97} = 5.04\text{m}$$

(2)　标签的电压

标签的等效电路由天线和负载组成，如图 5-6 所示，这也是前向链路的等效电路。其中，Z_t 是天线阻抗，$Z_t=R_t+jX_t$；Z_L 是负载阻抗，$Z_L=R_L+jX_L$；V_e 是天线作为“源”的等效电压；V_{rms} 是提供给负载的电压。负载阻抗 Z_L 是天线外部的负载，等效于经过天线终端的所有电路的阻抗。

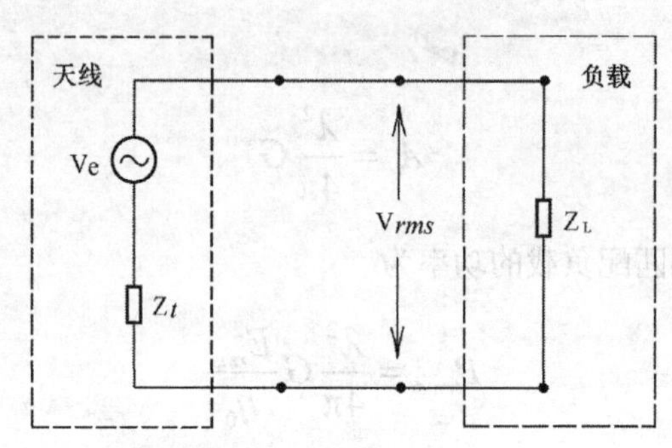

图5-6　标签的等效电路

当匹配时，接收天线送到匹配负载的功率与负载中产生电压的关系为

$$P_{trms} = \frac{V_{rms}^2}{R_L} \tag{5.21}$$

匹配时 $R_t=R_L$，再将式（5.5）中的 P_{trms} 代入式（5.21），负载中产生的电压为

$$V_{rms} = \frac{\lambda}{4\pi r}\sqrt{P_{brms}G_bG_tR_t} \tag{5.22}$$

由式（4.39）可知，对称偶极子天线上的电流分布是不均匀的。如果假设对称偶极子天线上的电流分布是均匀的，都为波腹点的电流 I_m，则对称偶极子天线的等效长度为 l_e，对称偶极子天线的电压可表达为

$$V_e = E_{rms}l_e \tag{5.23}$$

又由式（4.15），对称偶极子天线的等效长度为

$$l_e = \frac{V_e}{E_{rms}} = \frac{V_e}{\sqrt{S_{av}\eta_0}} \tag{5.24}$$

匹配时 $V_e = 2V_{rms}$，将式（5.22）代入式（5.24），可得

$$l_e = \frac{2}{\sqrt{S_{av}\eta_0}} \frac{\lambda}{4\pi r} \sqrt{P_{brms} G_b G_t R_t} \tag{5.25}$$

$$S_{av} = \frac{P_{brms} G_b}{4\pi r^2} \tag{5.26}$$

将式（5.26）代入式（5.25），可得对称偶极子天线的等效长度为

$$l_e = \frac{\lambda}{\sqrt{\pi\eta_0}} \sqrt{G_t R_t} \tag{5.27}$$

例 5.9 计算：①$\lambda/2$偶极子天线的等效长度；②对于例 5.8，负载中产生的电压；③进入负载的功率。

解 ① 由式（5.27），$\lambda/2$偶极子天线的等效长度为

$$l_e = \frac{\lambda}{\sqrt{\pi\eta_0}} \sqrt{G_t R_t} = \frac{\lambda}{\sqrt{\pi \times 120\pi}} \sqrt{1.64 \times 73.128} = \frac{\lambda}{\pi} = 0.318\lambda$$

② 对于例 5.8，$\lambda = 0.33\text{m}$，有

$$l_e = 0.318 \times 0.33 = 0.105\text{m}$$

由式（5.23），负载中产生的电压为

$$V_e = E_{rms} l_e = 0.97 \times 0.105 \times 1000 = 101\text{mV}$$

③ $V_e = 2V_{rms}$，所以

$$V_{rms} = \frac{101}{2} = 50.5\text{mV}$$

进入负载的功率为

$$P_L = \frac{V_{rms}^2}{R_L} = \frac{50.5^2}{73.128} = 35\mu\text{W}$$

进入负载的功率即为例 5.8 中标签最小的工作功率。

5.2.4 失配与损耗

在电磁波的接收中，会存在各种失配与损耗，RFID 实际工作时需要考虑这些失配与损耗。失配与损耗包括极化失配、负载失配和天线损耗等，当计入上述失配与损耗后，RFID 实际工作范围会减小。

一、极化失配

(1) 极化失配因子

在 4.2.4 小节已经介绍过极化。波的极化是指在空间任一固定点上，波的电场矢量空间

取向随时间变化的方式。波的极化状态有 3 种：线极化波、圆极化波和椭圆极化波。

极化失配是指：当来波的极化方向与接收天线的极化方向不一致时，接收到的信号会变小，也就是说，发生极化损失。极化失配是由于发射天线辐射的电磁波的电场方向与接收天线极化之间的相对角度 θ 引起的。发射天线辐射的电磁波的电场方向与接收天线极化之间的相对角度 θ 如图 5-7 所示，图中基站天线与 x 坐标轴平行，标签天线与 xoy 坐标面平行。

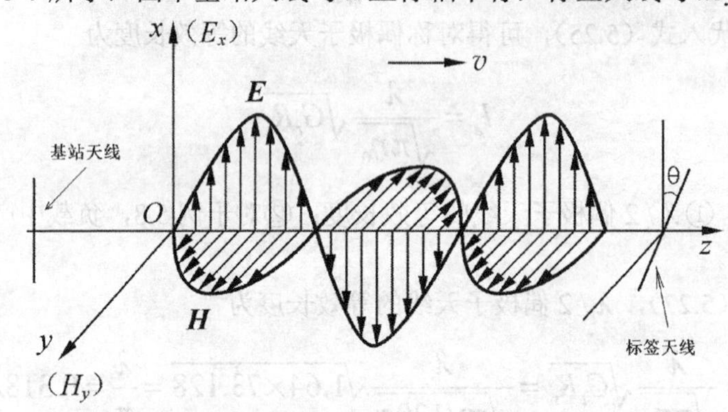

图5-7　发射天线辐射电磁波的电场方向与接收天线极化之间的相对角度

极化失配因子定义为：当接收天线处于理想位置时，在一个给定的方向上，接收天线实际接收到的功率 P_t 与最大可接收到的功率 $P_{t\max}$ 之比，用 p_θ 表示，为

$$P_t = p_\theta P_{t\max} \tag{5.28}$$

当发射天线与接收天线均为线天线（例如，$\lambda/2$ 偶极子天线），对于图 5-7 所示的情况，极化失配因子为

$$p_\theta = \cos^2\theta \tag{5.29}$$

假设标签天线处于基站天线的赤道平面（也即标签天线处于基站天线的最大辐射方位上），如果 $\theta = 60°$，极化失配因子（用 dB 表示）为

$$p_\theta = 20\log\cos\theta = 20\log\cos 60° = -6\text{dB}$$

如果 $\theta = 90°$，极化失配因子（用 dB 表示）为无穷大，也即

$$p_\theta = 20\log\cos\theta = 20\log\cos 90° \to -\infty\text{dB}$$

(2)　接收天线的极化要求

- 垂直极化波要用具有垂直极化特性的天线来接收。
- 水平极化波要用具有水平极化特性的天线来接收。
- 右旋圆极化波要用具有右旋圆极化特性的天线来接收。
- 左旋圆极化波要用具有左旋圆极化特性的天线来接收。
- 当接收天线的极化方向与来波的极化方向完全正交时，如用水平极化的接收天线接收垂直极化的来波，或用右旋圆极化的接收天线接收左旋圆极化的来波时，天线就完全接收不到来波的能量，这种情况下极化损失为最大，称极化完全隔离。

- 如果发射天线与接收天线一个是线极化，另一个是圆极化，则只能接收到来波的一半能量，也即极化失配因子为 3dB。

(3) RFID 天线的极化特性

RFID 基站天线既有圆极化天线，也有线极化天线；一般而言，标签天线为线极化天线。当 RFID 基站天线与标签天线有不同的极化时，极化失配因子见表 5-2。这里需要说明的是，垂直极化和水平极化都为线极化。

表 5-2　极化失配因子

		基站		
		圆极化	垂直极化	水平极化
标签	垂直极化	-3 dB	0 dB	$-\infty$ dB
	水平极化	-3 dB	$-\infty$ dB	0dB

二、负载失配

电子标签是由芯片和天线组成的，芯片的集成电路可视为负载。如果芯片集成电路的输入阻抗与标签天线的阻抗不匹配，只会有一部分功率被负载消耗，功率的另一部分将被标签天线反射回基站。假设负载实际消耗的功率为 P_L，最大可能消耗的功率为 $P_{L\max}$，二者的比值为负载失配因子，用 q 表示，为

$$q = \frac{P_L}{P_{L\max}} \tag{5.30}$$

也即：$qP_{L\max}$ 为负载实际消耗的功率，$(1-q)P_{L\max}$ 为反射回基站的功率。如果标签天线的阻抗与标签负载阻抗匹配，负载失配因子 $q=1$。一般而言，实际标签的负载失配因子 q 在 0.8 左右。

三、天线损耗

天线自身还会产生损耗。天线自身产生的损耗与表面面积和材料品种等有关，例如，天线自身产生焦耳热损耗和电晕效应等都会产生天线自身的损耗。天线损耗表明天线有效率的概念。天线在工作时，并不能将输入天线的能量全部都输出去。天线的效率定义为天线的输出功率 P_{out} 与输入功率 P_{in} 的比值，即

$$\eta_A = \frac{P_{out}}{P_{in}} \tag{5.31}$$

天线的效率体现了天线自身的损耗程度。一般而言，标签的天线效率 η_A 在 0.7 左右。

5.2.5 RFID 标签的最大工作距离

当考虑了极化失配、负载失配和天线损耗后，弗里斯方程可改写为

$$P_L = P_{trms} p_\theta q \eta_A = P_{brms} G_b \left(\frac{\lambda}{4\pi r} \right)^2 G_t p_\theta q \eta_A \tag{5.32}$$

式（5.32）中，P_L 是考虑了极化失配、负载失配和天线损耗后，标签负载接收的功率。由式（5.32）可知，标签的最大工作距离 $r_{\max}$ 将受到影响，有

$$r_{\max} = \frac{\lambda}{4\pi} \sqrt{\frac{P_{brms} G_b G_t p_\theta q \eta_A}{P_L}} \tag{5.33}$$

下面计算标签的最大工作距离。在如下的计算中，假设标签采用 $\lambda/2$ 偶极子天线，标签开始工作的最小功率为 35μW，p_θ 为 1，q 为 0.8，η_A 为 0.7。

(1) 美国规则（FCC47 part15）

$$f = 915\text{MHz}$$

$$\lambda = 0.33\text{m}$$

$$P_{e.i.r.p} = 4\text{W}$$

由式（5.33）可得

$$r_{\max} = \frac{0.33}{4\pi} \sqrt{\frac{4 \times 1.64 \times 1 \times 0.8 \times 0.7}{35 \times 10^{-6}}} = 8.5\text{m}$$

(2) 欧洲规则 2004（CEPT-ERC 70 03）

$$f = 869\text{MHz}$$

$$\lambda = 0.35\text{m}$$

$$P_{e.r.p} = 500\text{mW} \ \rightarrow P_{e.i.r.p} = 500 \times 1.64 = 820\text{mW}$$

由式（5.33）可得

$$r_{\max} = \frac{0.35}{4\pi} \sqrt{\frac{0.82 \times 1.64 \times 1 \times 0.8 \times 0.7}{35 \times 10^{-6}}} = 4.09\text{m}$$

(3) 欧洲规则 2007（ETSI 302 208-LBT）

$$f = 866\text{MHz}$$

$$\lambda = 0.35\text{m}$$

$$P_{e.r.p} = 2\text{W} \quad \to P_{e.i.r.p} = 2\times 1.64 = 3.28\text{W}$$

由式（5.33）可得

$$r_{\max} = \frac{0.35}{4\pi}\sqrt{\frac{3.28\times 1.64\times 1\times 0.8\times 0.7}{35\times 10^{-6}}} = 8.18\text{m}$$

(4) 我国规则 2007（信部无 205 号）

$$f = 842.5\text{MHz}\text{或}f = 922.5\text{MHz}$$

$$\lambda = 0.36\text{m}\text{或}\lambda = 0.33\text{m}$$

$$P_{e.r.p} = 2\text{W} \to P_{e.i.r.p} = 2\times 1.64 = 3.28\text{W}$$

由式（5.33）可得

$$r_{\max} = \frac{0.36}{4\pi}\sqrt{\frac{3.28\times 1.64\times 1\times 0.8\times 0.7}{35\times 10^{-6}}} = 8.41\text{m}$$

或

$$r_{\max} = \frac{0.33}{4\pi}\sqrt{\frac{3.28\times 1.64\times 1\times 0.8\times 0.7}{35\times 10^{-6}}} = 7.71\text{m}$$

5.3 电磁波的反向散射

波在路径上传播时，经常会遇到障碍物，导致波发生反射或散射。RFID 基站发出的电磁波遇到标签天线后，标签天线会将一部分电磁波散射（或再辐射）出去，标签负载只会吸收部分电磁波。当标签被锁定后，它通过一个特定的调制方式对读写器进行应答，这种通信方式称为反向散射。

5.3.1 标签散射的功率

在图 5-6 中，给出了基站到标签的前向链路等效电路。天线阻抗 $Z_t=R_t+jX_t$，如果忽略天线自身的损耗电阻，R_t 为天线的辐射电阻。不管标签的负载阻抗 $Z_L=R_L+jX_L$ 是多少，标签散射（或再辐射）出去的功率 P_S（e.i.r.p）是通过 R_t 实现的。通过计算通过 R_t 的电流模值，可以计算出 P_S（e.i.r.p）。

$$P_S = \frac{R_t}{\left(R_t + R_L\right)^2 + \left(X_t + X_L\right)^2} V_e^2 G_t \tag{5.34}$$

式（5.34）中，P_S 计入了标签天线的再辐射的天线增益 G_t。如果 X_t=$-X_L$，负载调谐；如果 R_t=R_L，负载匹配。

在不知道负载阻抗 Z_L 的情况下，一般而言标签天线再辐射的功率由两部分组成，其一为标签天线与负载阻抗匹配时的再辐射功率，称为结构功率 P_{st}；其二为修正部分，称为模式功率 P_{mo}。

$$P_S = P_{st} + P_{mo} \tag{5.35}$$

当匹配时，$R_t = R_L$，由式（5.34）可得结构功率 P_{st} 为

$$P_{st} = \frac{1}{4R_t} V_e^2 G_t \tag{5.36}$$

当不匹配时，$R_t \neq R_L$。令

$$a = \frac{R_L}{R_t}，\ \Gamma = \frac{a-1}{a+1}$$

模式功率 P_{mo} 为

$$P_{mo} = \left[(1-\Gamma)^2 - 1 \right] P_{st} \tag{5.37}$$

当匹配时，$a=1$，$\Gamma = 0$，模式功率 $P_{mo} = 0$。

5.3.2 雷达截面

雷达截面也称为散射孔径，它的值用来衡量反射/再辐射到达源的能力。雷达截面 A_S 定义为被标签再辐射的功率与标签接收的入射波有效功率通量密度的比值，为

$$A_S = \frac{P_S}{S_{av}} \tag{5.38}$$

将式（5.34）代入式（5.38），有

$$A_S = \frac{P_S}{S_{av}} = \frac{R_t}{(R_t + R_L)^2 + (X_t + X_L)^2} \frac{V_e^2 G_t}{S_{av}}$$

又由式（5.16）和式（5.17），有

$$S_{av} = \frac{4\pi P_{trms}}{\lambda^2 G_t}$$

因此可以得到

$$A_S = \frac{R_t}{(R_t + R_L)^2 + (X_t + X_L)^2} \frac{V_e^2 \lambda^2 G_t^2}{4\pi P_{trms}} \tag{5.39}$$

下面讨论负载调谐和负载匹配时的情形。当共轭匹配时，$R_t=R_L$，$X_t=-X_L$，由式（5.39）可以得到

$$A_S = \frac{1}{16\pi} \frac{V_e^2 \lambda^2 G_t^2}{P_{trms} R_t}$$

匹配时，弗里斯方程给出的接收天线送到匹配负载的功率 P_{trms} 等于负载消耗的功率，也即

$$P_{trms} = \frac{V_e^2}{4R_t}$$

于是，雷达截面为

$$A_S = \frac{\lambda^2 G_t^2}{4\pi} \tag{5.40}$$

由式（5.40），对于 $\lambda/2$ 偶极子天线，$G_t = 1.64$，雷达截面为

$$A_S = \frac{\lambda^2 G_t^2}{4\pi} = \frac{1.64^2 \lambda^2}{4\pi} = 0.214\lambda^2$$

当共轭匹配时，到达标签的功率一半被标签负载消耗，另一半被标签再辐射出去。被标签负载消耗的功率与有效接收面积 A_e 相关，被标签再辐射出去的功率与雷达截面 A_S 相关。

5.3.3 反向接收的功率

当共轭匹配时，标签对入射波进行反射/再辐射的功率通量密度为

$$S_{av}\big|_S = \frac{P_S}{4\pi r^2} \tag{5.41}$$

由式（5.16）、式（5.17）、式（5.38）和式（5.40），标签散射（即再辐射）出去的功率 P_S 为

$$P_S = P_{t\,rms} G_t$$

将弗里斯方程代入，有

$$S_{av}\big|_S = P_{brms} G_b \frac{\lambda^2}{(4\pi)^3 r^4} G_t^2 \tag{5.42}$$

式（5.42）称为雷达方程。

现在可以计算基站接收的反向功率。为更具一般性，假设基站接收天线与基站发射天线不同。如果基站接收天线的增益为 G_b'，基站接收天线的有效接收面积为

$$A_e = \frac{\lambda^2}{4\pi} G_b'$$

当基站接收天线与基站发射天线相同时，增益 $G_b' = G_b$。当共轭匹配时，基站接收的反向功率 $P\big|_{back}$ 为

$$\begin{aligned} P\big|_{back} &= P_{brms} G_b \frac{\lambda^2}{(4\pi)^3 r^4} G_t^2 \frac{\lambda^2}{4\pi} G_b' \\ &= P_{brms} G_b G_t^2 \left(\frac{\lambda}{4\pi r}\right)^4 G_b' \end{aligned} \tag{5.43}$$

对式（5.43）的物理过程说明如下。

① 基站提供辐射功率 $P_{brms} G_b$。

② 由基站到标签为前向链路，前向链路的衰减为 $(\lambda/4\pi r)^2$，该衰减由自由空间电波的传输损耗产生。

③ 标签天线的增益为 G_t，标签天线接收前向信号时有增益 G_t。

④ 标签天线对来波产生再辐射，再辐射增益为 G_t。

⑤ 由标签到基站为反向链路，反向链路的衰减为 $(\lambda/4\pi r)^2$，该衰减由自由空间电波的传输损耗产生。

⑥ 接收的基站天线的增益为 G_b'，基站天线接收反向信号时有增益 G_b'。如果基站发射天线与基站接收天线相同，$G_b' = G_b$。

例 5.10 ①在 869.5MHz，基站发射天线的增益为 2.14dB，基站接收天线的增益为 6dB，标签天线的增益为 2.14dB，基站与标签的距离为 4m，基站的有效辐射功率为 $P_{e.r.p}=27\text{dBm}$。计算：基站接收的反向功率 $P|_{back}$。②对于 2.45GHz，基站等效全向辐射功率为 $P_{e.i.r.p}=36\text{dBm}$，如果工作距离为 10m，基站采用定向天线，基站发射天线的增益为 4dB，基站接收天线的增益为 6dB，标签天线的增益为 2.14dB。计算：基站接收的反向功率 $P|_{back}$。

解 ① 由式（5.3）可得，前向链路和反向链路的电波传输损耗都为

$$\begin{aligned}L_{bf}&=-27.56+20\lg f(\text{MHz})+20\lg r(\text{m})\\&=-27.56+20\lg 869.5+20\lg 4\\&=43.27\text{dB}\end{aligned}$$

基站有效辐射功率 $P_{e.r.p}=27\text{dBm}$，则基站等效全向辐射功率为

$$P_{e.i.r.p}=27+2.14=29.14\text{dBm}$$

基站接收的反向功率为

$$P|_{back}=29.14-43.27+2.14+2.14-43.27+6=-47.12\text{dBm}$$

② 由式（5.4）可得，前向链路和反向链路的电波传输损耗都为

$$\begin{aligned}L_{bf}&=32.45+20\lg f(\text{GHz})+20\lg r(\text{m})\\&=32.45+20\lg 2.45+20\lg 10\\&=60.23\text{dB}\end{aligned}$$

基站接收的反向功率为

$$P|_{back}=36-60.23+2.14+2.14-60.23+6=-74.18\text{dBm}$$

由例 5.10 可以看出，基站接收的反向功率值是很低的。为了使基站能接收利用反向传输的微弱功率，从标签来的反向信号必须经过精确检测。这意味着，从标签来的反向信号必须大于周围的噪声值，才能提取到需要接收的信号，同时，基站的接收机必须足够灵敏。如果从标签来的反向信号小于周围的噪声值，可以借助于 FHSS 或 DSSS 技术进行接收。

5.3.4 RFID 失配对反向接收的影响

对于标签散射（或再辐射）出去的功率 P_S，前面主要讨论了共轭匹配的情形。实际

上，也经常出现不是共轭匹配的情形。当 $R_t \neq R_L$ 时，P_S 由结构功率 P_{st} 和模式功率 P_{mo} 构成。由于雷达截面 $A_S = P_S / S_{av}$，当不匹配时，雷达截面也由二部分构成。有

$$A_S = \frac{P_{st} + P_{mo}}{S_{av}} \tag{5.44}$$

由式（5.44），定义

$$A_{st} = \frac{P_{st}}{S_{av}} \tag{5.45}$$

A_{st} 为雷达等效截面的固定部分。定义

$$A_{mo} = \frac{P_{mo}}{S_{av}} \tag{5.46}$$

A_{mo} 为雷达等效截面随负载 R_L 的变化部分。

由式（5.37），A_{mo} 为

$$A_{mo} = \left[(1-\Gamma)^2 - 1 \right] A_{st} \tag{5.47}$$

于是，有

$$A_S = A_{st} + \left[(1-\Gamma)^2 - 1 \right] A_{st} = (1-\Gamma)^2 A_{st} \tag{5.48}$$

又由式（5.40），当不匹配时，雷达截面为

$$A_S = (1-\Gamma)^2 \frac{\lambda^2 G_t^2}{4\pi} \tag{5.49}$$

由于 $\Gamma = \dfrac{a-1}{a+1}$，将其代入式（5.49），当不匹配时，雷达截面又为

$$A_S = \frac{4}{(a+1)^2} A_{st} = \frac{\lambda^2 G_t^2}{\pi (a+1)^2} \tag{5.50}$$

(1)　标签天线短路

如果将标签天线的终端短路，与调谐电路并联，这时有

$$a=\frac{R_L}{R_t}=0\text{，}\ \Gamma=\frac{a-1}{a+1}=-1$$

由式（5.49），标签天线终端短路时的雷达截面为

$$A_S\big|_{sc}=(1-\Gamma)^2\frac{\lambda^2 G_t^2}{4\pi}=4A_{st} \tag{5.51}$$

式（5.51）中，下标 sc 代表短路。可见，标签天线终端短路时的雷达截面比标签天线终端匹配时的雷达截面大 4 倍。

以$\lambda/2$偶极子天线为例，增益$G_t=1.64$，当负载匹配时，有

$$A_{st}=\frac{\lambda^2 G_t^2}{4\pi}=0.214\lambda^2$$

当标签天线的终端短路时，有

$$A_S\big|_{sc}=4A_{st}=0.856\lambda^2$$

如果f=866MHz，$\lambda=0.346\text{m}$，有

$$A_{st}=0.214\lambda^2=256\text{cm}^2$$

$$A_S\big|_{sc}=4A_{st}=0.856\lambda^2=1024\text{cm}^2$$

如果f=2.45GHz，$\lambda=0.122\text{m}$，有

$$A_{st}=0.214\lambda^2=32\text{cm}^2$$

$$A_S\big|_{sc}=4A_{st}=0.856\lambda^2=128\text{cm}^2$$

(2) 标签天线开路

如果将标签天线的终端开路，与调谐电路并联。理论上讲，如果没有负载连接到天线终端，则可以建立一个开路与调谐电路的并联。这时有

$$a=\frac{R_L}{R_t}=\infty\text{，}\ \Gamma=\frac{a-1}{a+1}=+1$$

由式（5.49），可得

$$A_S\big|_{\infty}=0$$

$$A_{mo}=-A_{st}$$

实际上，标签天线的终端开路是不会发生的，在真实的 RFID 中，经常有最小负载（集

成电路的高阻抗）。

(3) 不同情况下的雷达截面变化

综上所述，作为 R_L、a 和 Γ 的函数，不同情况下的雷达截面见表 5-3。当天线负载阻抗变化时，可以引起雷达等效截面变化，标签将产生不同的再辐射功率。

表 5-3 不同情况下的雷达截面

负载	R_L	a	Γ	A_{st}	A_{mo}	A_S
匹配	R_t	1	0	$\frac{\lambda^2 G_t^2}{4\pi}$	0	A_{st}
短路	0	0	-1	$\frac{\lambda^2 G_t^2}{4\pi}$	$3A_{st}$	$4A_{st}$
开路	∞	∞	+1	$\frac{\lambda^2 G_t^2}{4\pi}$	$-A_{st}$	0

5.4 本章小结

电子标签与读写器之间的传输媒质是一种信道，本章主要讨论在这种信道中微波 RFID 的电磁波传输、接收、散射（或再辐射）与反向接收。在自由空间中，自由空间传输损耗为 $L_{bf} = -27.56 + 20\lg f(\text{MHz}) + 20\lg r(\text{m})\text{dB}$，发射功率与接收功率之间的关系符合弗里斯（H.T.Friis）方程。在自由空间中，电磁波传播是直射，没有任何障碍物，实际上 RFID 并不是工作在自由空间的环境中。在 RFID 的工作环境中，有电磁波的反射、折射、散射和吸收等，需要讨论菲涅尔区、多径传输、集肤效应、衰减和衰落等问题。

某一天线作为接收天线的电参数与作为发射天线的电参数相同，符合互易定理。电磁波的接收主要讨论有效接收面积、标签开始工作的电场强度、标签产生的电压和标签的最大工作距离。由于在电磁波的接收中，会存在各种失配与损耗，RFID 实际工作时需要考虑极化失配、负载失配和天线损耗等问题。

基站发出的电磁波遇到标签天线后，会将一部分电磁波散射（或再辐射）出去，称为反向散射。标签散射（或再辐射）出去的功率 P_S 由两部分组成，其一为标签天线与负载阻抗匹配时的再辐射功率（结构功率 P_{st}）；其二为修正部分（模式功率 P_{mo}）。雷达截面也称为散射孔径，它的值用来衡量反射/再辐射到达源的能力。标签散射（或再辐射）后，基站接收反向散射（或再辐射）的功率。当天线负载阻抗失配时，可以引起雷达截面的变化，标签将产生不同的再辐射功率。

5.5 思考与练习

5.1 什么是自由空间的传输损耗？自由空间的传输损耗是怎样产生的？

5.2 在空气中，已知 UHF 频段 RFID 的工作频率 f=840MHz，读写器与电子标签的距离 r=5m。求：读写器与电子标签之间的电波传输损耗。

5.3 自由空间的传输损耗与哪些参量有关？验证表 5-1 中的传输损耗数据。

5.4 UHF 频段 RFID 工作频率为 922.5MHz，某地有效辐射功率（e.r.p）为 $P_{e.r.p}=2\text{W}$。读写器天线采用 $\lambda/2$ 偶极子天线，电子标签天线采用 $\lambda/2$ 偶极子天线。计算：（1）某地等效全向辐射功率（e.i.r.p）；（2）当读写器与电子标签之间相距 5m 时，电子标签接收的功率。

5.5 什么是视距传播？什么是视距传播的菲涅尔区？分别给出最小菲涅尔区和第一菲涅尔区的半径。

5.6 对 RFID 而言，什么是反射的积极干扰和破坏性干扰？如何消除通信“黑洞”？

5.7 什么是多径传输？衰减与衰落有什么区别？对 RFID 各有什么影响？

5.8 （1）当电波在什么媒质中传播时，媒质会吸收能量？（2）在 RFID 应用中，为什么海水产品、潮湿木材和动物对 RFID 有较大影响？

5.9 （1）什么是金属的集肤效应？（2）金属后面的标签能工作吗？

5.10 什么情况下会发生电磁波的直射、反射、绕射和散射？

5.11 在 920MHz 和 2.4GHz，分别计算：（1）理想全向天线有效接收面积；（2）赫兹偶极子有效接收面积；（3）$\lambda/2$ 偶极子天线有效接收面积。

5.12 在 842.5MHz，$\lambda/2$ 偶极子天线的增益为 1.64，标签最小工作功率为 50μW。计算：（1）标签为了工作，必须处于的最小电场强度；（2）如果当地规定读写器基站的有效辐射功率（e.r.p）最大值为 $P_{e.r.p}=2\text{W}$，标签的最大工作距离。

5.13 计算：（1）对于题 5.12，负载中产生的电压；（2）进入负载的功率。

5.14 什么是极化失配、负载失配和天线损耗？这些失配与损耗对 RFID 有什么影响？

5.15 什么是标签散射（或再辐射）出去的功率 P_S？其中结构功率 P_{st} 与模式功率 P_{mo} 各是怎样形成的？

5.16 在 842.5MHz，基站发射天线的增益为 2.14dB，基站接收天线的增益为 6dB，标签天线的增益为 2.14dB，基站与标签的距离为 6m，基站的有效辐射功率为 $P_{e.r.p}=33\text{dBm}$。计算：基站接收的反向功率 $P|_{back}$。

第3篇　物联网RFID射频前端

内容导读

第3篇“物联网RFID射频前端”共有3章，介绍了RFID天线技术、RFID电感耦合和电磁反向散射的射频前端，它们是以射频频率工作的部件或模块。

- 第6章“RFID天线技术”介绍了天线的概念和电参数，并介绍了RFID天线应用现状、类型和制造工艺。天线是无线通信系统的第一个和最后一个器件，天线用于无线电波的发射和接收。
- 第7章“RFID电感耦合方式的射频前端”介绍了低频和高频RFID射频前端的工作方式。在这种工作方式中，读写器和电子标签的射频前端都采用谐振电路，同时电感线圈使读写器与电子标签之间相互耦合，构成了RFID电感耦合方式的能量和数据传输。
- 第8章“RFID电磁反向散射方式的射频前端”介绍了微波RFID射频前端的工作方式。在这种工作方式中，RFID射频前端主要包括发射电路和接收电路，需要处理收、发2个过程，其中主要涉及滤波器、放大器、混频器和振荡器的设计。

第6章 RFID天线技术

在无线通信领域，天线是不可缺少的组成部分。当 RFID 信息通过电磁波在空间传播时，电磁波的产生和接收要通过天线来完成。此外，在利用电磁波传送能量方面，非信号的能量辐射也需要由天线来完成，RFID 无源标签就是通过天线发射的电磁能量工作的。天线对 RFID 系统十分重要，它是决定 RFID 性能的关键部件。

RFID 天线可以分为低频、高频和微波天线，在每一频段又分为电子标签天线和读写器天线。不同频段天线的结构、工作原理、设计方法和应用方式有很大差异，导致 RFID 天线种类繁多、应用各异。在低频和高频频段，读写器与电子标签基本都采用线圈天线；微波 RFID 天线形式多样，可以采用偶极子天线、微带天线、阵列天线和宽频带天线等。RFID 天线制作工艺主要有线圈绕制法、蚀刻法和印刷法，这些工艺既有传统的制作方法，也有近年来发展起来的新技术。RFID 电子标签较小，天线要求低造价、小型化，天线制作的新工艺可使 RFID 天线降低制作成本，走出应用的成本瓶颈。

本章首先对天线做简单概述，其次介绍 RFID 天线设计及应用现状，然后给出低频、高频和微波 RFID 天线技术，最后介绍 RFID 天线的制造工艺。

6.1 天线概述

在无线通信中，由发射机产生的高频振荡能量经过传输线（在天线领域，传输线也称为馈线）传送到发射天线，然后由发射天线转换为电磁波能量向预定方向辐射。电磁波通过传播媒质到达接收天线后，接收天线将接收到的电磁波能量转换为导行电磁波，然后通过馈线送到接收机，完成无线电波的传输过程。在上述无线电波传输的过程中，天线是无线通信系统的第一个器件和最后一个器件，如图 6-1 所示。

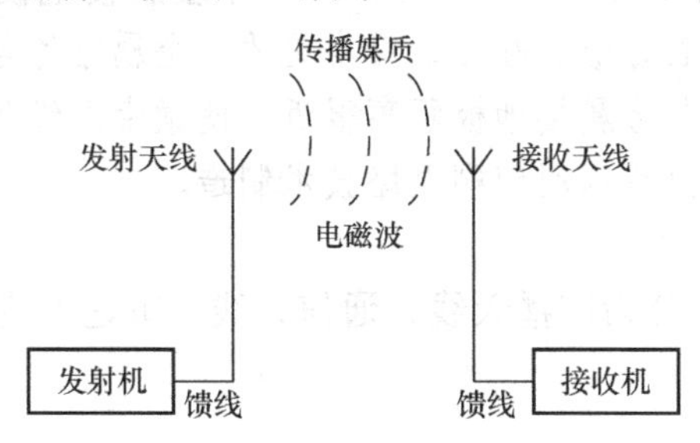

图6-1 无线通信系统框图

6.1.1　天线的定义

凡是利用电磁波传递信息和能量的，都依靠天线进行工作。天线是用来发射或接收无线电波的装置。天线是将传输线中的电磁能量有效地转换成空间电磁波或将空间电磁波有效地转换成传输线中的电磁能量的设备。

对于天线，主要关心的是它的辐射场。天线对空间不同方向的辐射或接收效果并不一样，带有方向性。以发射天线为例，天线辐射的能量在某些方向强，在某些方向弱，在某些方向为 0。在设计或采纳天线时，天线的方向性是需要考虑的主要因素之一。

天线可以视为传输线的终端器件。天线作为一个单端口元件，要求与相连接的馈线阻抗匹配。天线的馈线上要尽可能传输行波，从馈线入射到天线上的能量要尽可能不被天线反射、要尽可能多地辐射出去。天线与馈线、接收机和发射机的匹配或最佳贯通是天线工程最关心的问题之一。

任何一个天线都有一定的方向性、一定的输入阻抗、一定的频带宽度、一定的功率容量和一定的效率等。由于对天线的要求是多种多样的，因此导致天线种类繁多、功能各异。

6.1.2　天线的分类

(1)　天线按照波段分类

按适用的波段分类，天线可以分为长波天线、中波天线、短波天线和微波天线等。

(2)　天线按照结构分类

按结构分类，天线可以分为线状天线、面状天线、缝隙天线和微带天线等。

- 线状天线。线状天线是指线半径远小于线本身的长度和波长，且载有高频电流的金属导线。线天线有直线形、环形、螺旋形和菱形等多种形状。
- 面状天线。面状天线是由尺寸大于波长的金属面构成，主要用于微波波段，形状可以是喇叭状或抛物面状等。
- 缝隙天线。缝隙天线是金属面上的线状长槽，长槽的横向尺寸远小于波长及纵向尺寸，长槽上有横向高频电场。
- 微带天线。微带天线由一个金属贴片和一个金属接地板构成。金属贴片可以有各种形状，其中长方形和圆形是最常见的。金属贴片与金属接地板之间是介质基板。金属贴片与金属接地板距离很近，使微带天线侧面很薄，适用于平面和非平面结构，并且可以用印刷电路技术制造。

(3)　天线按照用途分类

按用途分类，天线可以分为广播天线、通信天线、雷达天线、导航天线和 RFID 天线等。

6.1.3　天线的研究和设计方法

天线的结构一般都比较复杂。对天线的研究可以采用叠加原理，并可以通过解析法和数值法进行分析。对天线的设计一般利用仿真软件完成。

(1) 叠加原理

- 线天线。对于线天线，首先求出元电流（或称为赫兹偶极子或电基本振子）的辐射场，然后找出线天线上的电流分布，线天线的辐射是元电流辐射的线积分。
- 面天线。对于面天线，将辐射问题分为内问题和外问题。由已知激励源求天线封闭面上的场为内问题，由天线封闭面上的场求外部空间辐射场为外问题。在求天线的外问题时，辐射场也要用到叠加原理。

(2) 研究天线的方法

- 解析解。天线的辐射性能是宏观电磁场问题，严格的分析方法是找出解析解，解析解是满足边界条件的麦克斯韦方程解。
- 数值解。在实际天线的计算中，严格的解析求解会出现数学上的困难，有时甚至无法求出解析解，所以天线实际上都是采用数值近似解法。

(3) 设计天线的方法

在对天线粗略设计的基础上，要想得到较精确的性能参数，就需要利用现代数值计算技术和仿真软件对天线进行设计。天线的设计一般都采用仿真软件，仿真设计已经成为天线技术的一个重要手段。现在国际上比较流行的电磁三维仿真软件有 Ansoft 公司的 HFSS(High Frequency Structure Simulator)和 CST 公司的 MWS(Microwave Studio)等。这些软件可以设计天线的三维结构，可以求解任意三维射频、微波器件的电磁场分布，并可以直接得到辐射场和天线方向图，仿真结果与实测结果具备很好的一致性，是高效、可靠的天线设计方法。

HFSS 是世界上第一个商业化的三维结构电磁场仿真软件，是业界公认的三维电磁场设计和分析的工业标准。经过几十年的发展，HFSS 以其仿真精度高、可靠性强、方便易用的操作界面和稳定成熟的自适应网格剖分技术，成为高频结构设计的首选工具，可以帮助工程师高效地设计各种高频结构，同时也成为当今天线设计领域最流行的设计软件。

HFSS 提供了简洁直观的用户设计界面，具有功能强大的电性能分析能力和后处理器，能计算任意形状三维无源结构的 S 参数和全波电磁场。HFSS 软件拥有强大的天线设计功能，可以计算天线多种参量，如增益、方向性、远场方向图剖面、远场 3D 图和 3dB 带宽等；可以绘制三维图形，包括球坐标系场分量、圆极化场分量、极化特性和轴比等。HFSS 可以设计天线、天线阵及天线罩，为天线及其系统设计提供全面的仿真功能，从而降低天线设计成本，减少天线的设计周期。HFSS 可以完成天线如下的设计功能。

- 完成包括二维、三维远场辐射方向图的设计功能。
- 完成天线增益的设计功能。
- 完成轴比的设计功能。
- 完成半功率波瓣宽度的设计功能。
- 完成内部电磁场分布的分析功能。
- 完成天线阻抗的设计功能。
- 完成电压驻波比的设计功能等。

(4) 天线的仿真、制作与调试

天线仿真、制作与调试是相辅相成的关系。对于一个天线，最好的方法是一边进行仿真，同时还制作与调试。如果调试的结果和仿真的结果相差较大，看看仿真在设置上是否有

不符合实际的地方，这样可以看出哪些外部或内部条件对结果影响较大，将来仿真的时候就可以按照外部或内部实际条件去设置。天线测试一般需要网络分析仪，例如，采用安捷伦公司的矢量网络分析仪。

6.1.4 天线的电参数

天线的性能指标是用天线的电参数描述的。天线的电参数是对天线的定量分析，是选择和设计天线的依据。天线的电参数包括天线的方向性参数（包含方向性函数、方向图和方向性系数）、增益、效率、输入阻抗、有效长度、极化、频带宽度和有效接收面积等。大多数天线的电参数是针对发射状态规定的，以衡量天线将高频电流能量转换成空间电磁波能量的能力，以及衡量天线定向辐射的能力。接收天线的工作过程是发射天线的逆过程，同一天线收发参数性质相同，符合互易定理。

一、天线的方向性函数

天线的方向性函数是指以天线为中心，在相同距离 r 的条件下，天线辐射场与空间方向的关系。天线的方向性函数是天线辐射场的相对值，用 $f(\theta,\varphi)$ 表示。为了便于比较不同天线的方向特性，常采用归一化方向性函数。归一化方向性函数定义为

$$F(\theta,\varphi)=\frac{f(\theta,\varphi)}{f(\theta,\varphi)\big|_{\max}}=\frac{|\boldsymbol{E}(\theta,\varphi)|}{|\boldsymbol{E}_{\max}|} \tag{6.1}$$

式（6.1）中，$f(\theta,\varphi)\big|_{\max}$ 为方向性函数的最大值，$|\boldsymbol{E}(\theta,\varphi)|$ 和 $|\boldsymbol{E}_{\max}|$ 分别为天线在同一距离时指定方向 (θ,φ) 的电场强度值和最大的电场强度值。

例 6.1　①计算电基本振子（赫兹偶极子）的归一化方向性函数；②计算半波偶极子天线的归一化方向性函数。

解　① 由式（4.30）可得，电基本振子在远区的电场为

$$E_\theta = j\frac{Il}{2\lambda r}\eta_0 \sin\theta e^{-jkr}$$

电基本振子的方向性函数为 $f(\theta,\varphi)=\sin\theta$。由于 $f(\theta,\varphi)\big|_{\max}=1$，由式（6.1）可得电基本振子的归一化方向性函数为

$$F(\theta,\varphi)=\sin\theta \tag{6.2}$$

② 由式（4.40b）可得，偶极子天线在远区的电场为

$$E_\theta = j\frac{60I_m}{r}\left[\frac{\cos(kl\cos\theta)-\cos(kl)}{\sin\theta}\right]e^{-jkr}$$

对于半波偶极子天线，$2l=\lambda/2$，有 $kl=\pi/2$。由天线的方向性函数定义可知，半波

偶极子天线的方向性函数为

$$f(\theta,\varphi)=\frac{\cos(kl\cos\theta)-\cos(kl)}{\sin\theta}=\cos\left(\frac{\pi\cos\theta}{2}\right)/\sin\theta$$

由于 $f(\theta,\varphi)|_{\max}=1$，由式（6.1）可得半波偶极子天线的归一化方向性函数为

$$F(\theta,\varphi)=\cos\left(\frac{\pi\cos\theta}{2}\right)/\sin\theta \tag{6.3}$$

二、天线的方向图

根据天线方向性函数绘制的图形称为天线的方向图。天线的方向图分为立体方向图、E 面方向图和 H 面方向图。在对各种方向图进行定量比较时，常用主瓣宽度、旁瓣电平和前后比来表示方向图的特性。第 4 章的图 4-10 就是赫兹偶极子辐射的方向图。

(1) 立体方向图

立体方向图可以完全反映出天线的方向特性。图 4-10 (c)所示为赫兹偶极子的立体方向图。

(2) E 面方向图

有时为方便，常采用与场矢量相平行的平面来表示方向图。E 面方向图是电场矢量所在平面的方向图。对沿 z 轴放置的赫兹偶极子而言，E 面即为子午平面。图 4-10 (a)所示为赫兹偶极子的 E 面方向图。

(3) H 面方向图

H 面方向图是磁场矢量所在平面的方向图。对沿 z 轴放置的赫兹偶极子而言，H 面即为赤道平面。图 4-10 (b)所示为赫兹偶极子的 H 面方向图。

例 6.2 画出半波偶极子天线的 E 面方向图和 H 面方向图。

解 由式（6.3)，半波偶极子天线的 E 面方向图如图 6-2（a）所示，H 面方向图如图 6-2（b）所示。由图 6-2 可以看出，半波偶极子天线在 E 面有方向性，在 H 面没有方向性；半波偶极子天线 E 面方向图为“8”字形，无副瓣。

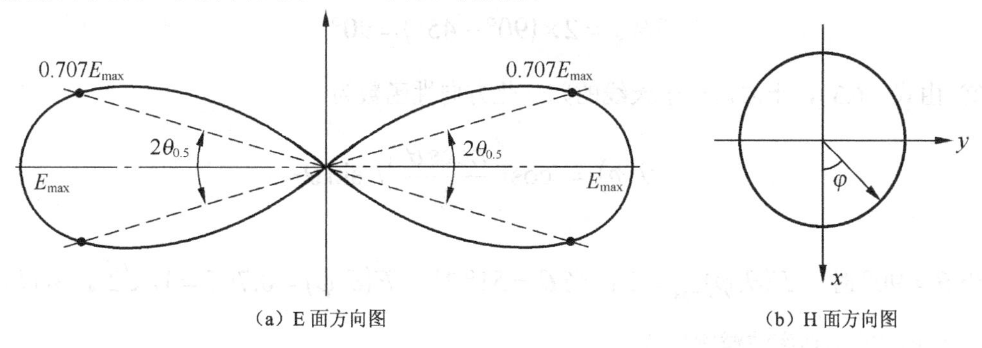

（a）E 面方向图　　（b）H 面方向图

图6-2 半波偶极子天线的方向图

(4) 主瓣宽度

天线的方向图由一个或多个波瓣构成。天线辐射最强方向所在的波瓣称为主瓣，主瓣宽

度是衡量主瓣尖锐程度的物理量。主瓣宽度分为半功率波瓣宽度和零功率波瓣宽度。

在主瓣最大值两侧，主瓣上场强下降为最大值$1/\sqrt{2}$的两点矢径夹角称为半功率波瓣宽度，记为$2\theta_{0.5}$，半功率波瓣宽度是主瓣半功率点的夹角。在主瓣最大值两侧，场强下降为0 的两点矢径夹角称为零功率波瓣宽度，记为$2\theta_0$。半功率波瓣宽度越窄，说明天线辐射的能量越集中，定向性越好。有些面天线的半功率波瓣宽度小于 1°。

图 6-3 所示为一种常见的天线方向图，该方向图有一个主瓣、多个旁瓣。图 6-3 给出了主瓣的半功率波瓣宽度$2\theta_{0.5}$和零功率波瓣宽度$2\theta_0$，并给出了第一副瓣和后瓣。

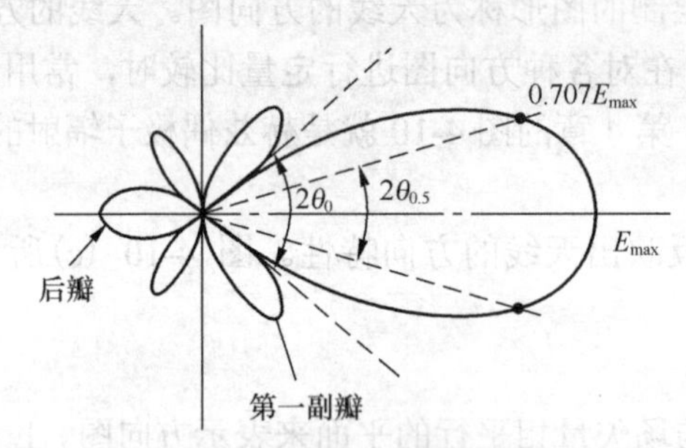

图6-3 方向图的主瓣宽度及旁瓣电平

例 6.3 ① 计算电基本振子（赫兹偶极子）的半功率波瓣宽度；② 计算半波偶极子天线的半功率波瓣宽度。

解 ① 由式（6.2），电基本振子的归一化方向性函数为

$$F(\theta,\varphi)=\sin\theta$$

当$\theta=90°$时，$F(\theta,\varphi)_{\max}=\sin 90°=1$；当$\theta=45°$时，$F(\theta,\varphi)=\sin 45°=1/\sqrt{2}$。所以，电基本振子的半功率波瓣宽度为

$$2\theta_{0.5}=2\times(90°-45°)=90°$$

② 由式（6.3），半波偶极子天线的归一化方向性函数为

$$F(\theta,\varphi)=\cos\left(\frac{\pi\cos\theta}{2}\right)/\sin\theta$$

当$\theta=90°$时，$F(\theta,\varphi)_{\max}=1$；当$\theta=51°$时，$F(\theta,\varphi)=0.707=1/\sqrt{2}$。所以，半波偶极子天线的半功率波瓣宽度为

$$2\theta_{0.5}=2\times(90°-51°)=78°$$

(5) 旁瓣电平

主瓣以外其他的瓣称为旁瓣或副瓣。旁瓣区域通常为不需要辐射的区域，所以旁瓣电平应尽可能低。旁瓣最大值与主瓣最大值之比称为旁瓣电平，记为 FSLL。

$$\text{FSLL}=20\lg\frac{|E_2|}{|E_{\max}|}\ (\text{dB}) \tag{6.4}$$

式（6.4）中，$|E_2|$为旁瓣电场最大值，$|E_{\max}|$为主瓣电场最大值。

三、天线的方向性系数

在离开天线某一距离处，天线在最大辐射方向上产生的功率密度，与天线辐射出去的能量被均匀分到空间各个方向（即理想无方向性天线）时的功率密度之比，称为天线的方向性系数。天线的方向性系数定义为

$$D=\frac{S_{\max}}{S_{av}}=\frac{|E_{\max}|^2}{|E_{av}|^2} \tag{6.5}$$

对于无方向性天线，$D=1$，无方向性天线也称为理想点源辐射，它是一种抽象的数学模型。实际天线均有方向性，方向性系数越大，天线的方向性越强。

根据归一化方向性函数的定义，天线在任意方向的辐射场强和功率密度分别为

$$E(\theta,\varphi)=E_{\max}F(\theta,\varphi)$$

$$S(\theta,\varphi)=\frac{|E(\theta,\varphi)|^2}{2\eta_0}=\frac{|E(\theta,\varphi)|^2}{240\pi}$$

天线的辐射功率为

$$P_\Sigma=\oint_S S(\theta,\varphi)\mathrm{d}S=\frac{|E_{\max}|^2r^2}{240\pi}\int_0^{2\pi}\int_0^{\pi}\left[F(\theta,\varphi)\right]^2\sin\theta\mathrm{d}\theta\mathrm{d}\varphi \tag{6.6}$$

理想无方向性天线的辐射功率为

$$P_\Sigma=\frac{|E_{av}|^2}{2\eta_0}4\pi r^2=\frac{|E_{av}|^2}{60}r^2 \tag{6.7}$$

式（6.6）与式（6.7）的辐射功率相等。根据方向性系数的定义，有

$$D=\frac{4\pi}{\int_0^{2\pi}\int_0^{\pi}\left[F(\theta,\varphi)\right]^2\sin\theta\mathrm{d}\theta\mathrm{d}\varphi} \tag{6.8}$$

例 6.4 ①计算电基本振子（赫兹偶极子）的方向性系数；②计算半波偶极子天线的方向性系数。

解 ① 电基本振子的归一化方向性函数为$F(\theta,\varphi)=\sin\theta$，将其代入式（6.8），得到

电基本振子的方向性系数为

$$D=\frac{4\pi}{\int_0^{2\pi}\int_0^{\pi}\left[F(\theta,\varphi)\right]^2\sin\theta\mathrm{d}\theta\mathrm{d}\varphi}=\frac{4\pi}{\int_0^{2\pi}\int_0^{\pi}\sin^3\theta\mathrm{d}\theta\mathrm{d}\varphi}=1.5$$

② 半波偶极子天线归一化方向性函数为 $F(\theta,\varphi)=\cos\left(\frac{\pi\cos\theta}{2}\right)/\sin\theta$，将其代入式（6.8），得到半波偶极子天线的方向性系数为

$$D=\frac{4\pi}{\int_0^{2\pi}\int_0^{\pi}\left[F(\theta,\varphi)\right]^2\sin\theta\mathrm{d}\theta\mathrm{d}\varphi}=\frac{4\pi}{\int_0^{2\pi}\int_0^{\pi}\cos\left(\frac{\pi\cos\theta}{2}\right)\mathrm{d}\theta\mathrm{d}\varphi}=1.64$$

四、天线的效率

天线在工作时，并不能将输入天线的能量全部辐射出去。天线的效率定义为天线的辐射功率 P_Σ 与输入功率 P_{in} 的比值，即

$$\eta_A=\frac{P_\Sigma}{P_{in}}=\frac{P_\Sigma}{P_\Sigma+P_L} \tag{6.9}$$

式（6.9）中，P_L 是天线的总损耗，包括天线的导体损耗、天线的介质损耗和电晕效应等。

五、天线的输入阻抗

(1) 输入阻抗定义

天线的输入阻抗定义为天线输入端电压与电流的比值，即

$$Z_{in}=U_{in}/I_{in}=R_{in}+jX_{in} \tag{6.10}$$

式（6.10）中，R_{in} 表示天线的输入电阻，X_{in} 表示天线的输入电抗。

天线的输入阻抗是一个重要的参数，它决定于天线本身的结构和尺寸，并与激励方式、工作频率、周围物体的影响等有关。只有极少数简单的天线才能准确计算出输入阻抗，多数天线的输入阻抗是通过近似计算或测量的方法得以确定。直径很细的半波偶极子天线的输入阻抗为 73.1+j42.5Ω。

天线的输入端是指天线与馈线的连接处。天线作为馈线的负载，通常要求阻抗匹配。当天线与馈线不匹配时，馈线上的入射功率会被天线部分反射，馈线传输系统的效率 η_φ 将小于 1。整个天馈线系统的效率 η 为

$$\eta = \eta_{\varphi}\eta_{A} \tag{6.11}$$

(2) 天线的阻抗问题

天线的阻抗问题一般分为辐射阻抗问题和输入阻抗问题。辐射阻抗是将天线视为一个“辐射源”，辐射出去的功率等效为被一个“电阻”吸收，这个电阻就是辐射电阻。赫兹偶极子的辐射电阻见式（4.33）。分析辐射阻抗的方法一般有波印廷法和感应电动势法，波印廷法是在天线表面积分，只能求解辐射电阻，不能求解辐射电抗；感应电动势法是在天线远场积分，既能求辐射电阻，也能求解辐射电抗。输入阻抗一般是与天线输入端电流相关的，与辐射电阻有一定联系。如果天线输入端电流是波腹点之前的电流，则输入阻抗与辐射电阻一样；但有时输入点的电流并不是波腹电流，那么输入阻抗不同于辐射阻抗。分析输入阻抗的方法除了前面的，还有等效传输线法，但等效传输线法存在一些不足，在一些场合需要进行修正。天线输入阻抗的匹配主要是指天线与馈电系统的匹配问题，匹配时效率最高。如果合理的设计天线，能够使得天线谐振，这时输入阻抗是纯电阻，容易与馈电网络匹配。

六、天线的增益

(1) 增益的定义

天线是无源器件，所以仅仅起到能量转换作用而不能放大信号。那么某天线的增益是指什么呢？天线增益是指：天线将发射功率往某一指定方向集中辐射的能力。

增益定义为当天线与理想无方向性天线的输入功率相同时，两种天线在最大辐射方向上辐射功率密度之比。增益同时考虑了天线的方向性系数和天线的效率，增益为

$$G = D\eta_{A} \tag{6.12}$$

一个增益为 10、输入功率为 1W 的天线，与一个增益为 2、输入功率为 5W 的天线，在最大辐射方向上具有相同的辐射效果，所以工程上常将 GP_{in} 称为天线的等效全向辐射功率。

例 6.5 某天线的辐射功率 $P_{\Sigma} = 20\text{W}$，输入功率 $P_{in} = 25\text{W}$，在最大辐射方向距离天线 100m 处的辐射功率密度 $S_{\max} = 1.5\text{mW/m}^2$。求：①天线的方向性系数；②天线的效率；③天线的增益。

解 ① 当无方向性天线的辐射功率 $P_{\Sigma} = 20\text{W}$、$r = 100\text{m}$ 时，辐射功率密度为

$$S_0 = \frac{P_{\Sigma}}{4\pi r^2} = \frac{20}{4\pi \times (100)^2} = \frac{1}{2000\pi}\text{W/m}^2$$

由式（6.5），天线的方向性系数为

$$D = \frac{S_{\max}}{S_{av}} = \frac{1.5\times 10^{-3}}{1/2000\pi} = 9.4$$

② 由式（6.9），天线的效率为

$$\eta_A = \frac{P_\Sigma}{P_{in}} = \frac{20}{25} = 80\%$$

③ 由式（6.12），天线的增益为

$$G = D\eta_A = 9.4 \times 80\% = 7.5$$

若用 dB 表示，增益为

$$G = 10\log 7.5 = 8.75\text{dB}$$

(2)　dB、dBi 与 dBd

dB、dBi 和 dBd 都可表示天线的增益。

- dBi 的参考基准为全方向性天线。i 是指 isotropic（等方性的），dBi 是指天线相对于无方向性天线的功率能量密度之比。
- dBd 的参考基准为偶极子。d 是指 dipole（偶极子），dBd 是指相对于半波偶极子的功率能量密度之比。由于半波偶极子的增益为 2.15dBi，因此，用 dBi 表示的值比用 dBd 表示的值要大 2.15 dB。

  0dBd=2.15dBi
- 天线增益 dB 、dBi 和 dBd 的关系为

$$G(\text{dB}) = G(\text{dBi}) = G(\text{dBd}) + 2.15\text{dB} \tag{6.13}$$

七、天线的有效长度

很多天线上的电流分布是不均匀的，如图 6-4（a）所示。天线有效长度的定义是：在保持实际天线最大辐射方向上场强不变的前提下，假设天线上的电流为均匀分布，电流的大小等于输入端的电流，此假想的天线长度为天线的有效长度，如图 6-4（b）所示。在图 6-4 中，l 为实际天线的长度，l_e 为天线的有效长度。

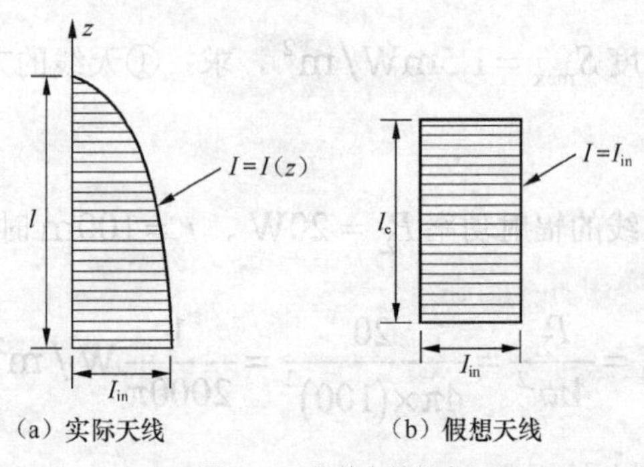

图6-4　天线的有效长度

八、天线的极化

天线的极化是指在天线最大辐射方向上，电场矢量的方向随时间变化的规律。极化是在

空间固定点上电场方向随时间变化的轨迹，在偏离最大辐射场的方向时，通常天线的极化随之改变。按轨迹形状，极化分为线极化、圆极化和椭圆极化。圆极化和椭圆极化又有右旋和左旋 2 种存在方式。图 6-5 所示为在某一时刻右旋和左旋圆极化波的电场矢端分布图。

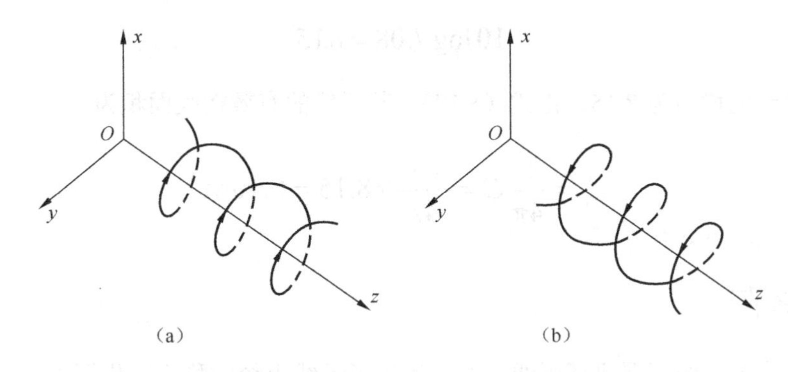

图6-5　在某一时刻右旋和左旋圆极化波的电场矢端分布图

天线不能接收与其正交的极化分量，例如，垂直线极化天线不能接收水平线极化波。接收天线要保持与发射天线极化匹配，例如，圆极化天线不能接收与其旋向相反的圆极化波。如果接收天线不保持与发射天线极化匹配，称为极化失配，采用“极化失配因子”衡量这种失配，“极化失配因子”的值在 0～1 之间。

RFID 常采用圆极化天线。在实际使用中，当收发天线固定时，通常采用线极化天线；但当收发天线的一方剧烈摆动时，收发则要采用圆极化天线。收发天线不仅需要主辐射方向对准，并要保持极化方向一致。

九、天线的频带宽度

天线的所有电参数都与频率有关。当频率偏离中心频率时，会引起电参数的变化，例如，引起方向图的变形、输入阻抗的改变等。将天线的电参数保持在规定技术指标要求之内的频率范围称为天线的工作频带宽度，简称为天线的频带带宽。

根据天线频带宽度的不同，天线可以分为窄频带天线、宽频带天线和超宽频带天线。一般来说，窄频带天线的相对带宽只有百分之几，宽频带天线的相对带宽可以达到百分之几十，超宽频带天线的相对带宽可以达到几个倍频程。

十、天线的有效接收面积

在 5.2.2 小节已经介绍过有效接收面积。由式（5.17），天线的有效接收面积为

$$A_e = \frac{\lambda^2}{4\pi} G$$

天线的有效接收面积与天线的物理面积无关。

例 6.6　某天线的增益为 6dBd，工作波长为 $\lambda = 0.4\text{m}$。求：天线的有效接收面积。

解　由式（6.13），天线增益 dB 、dBi 和 dBd 的关系为

$$G(\text{dB}) = G(\text{dBi}) = G(\text{dBd}) + 2.15\text{dB}$$

于是，某天线有

$$G(\mathrm{dB}) = G(\mathrm{dBi}) = G(\mathrm{dBd}) + 2.15\mathrm{dB} = 8.15\mathrm{dB}$$

由于

$$10\log 7.08 = 8.15$$

所以某天线的增益为 8.15。由式（5.17），某天线的有效接收面积为

$$A_e = \frac{\lambda^2}{4\pi}G = \frac{0.4^2}{4\pi} \times 8.15 = 0.10\mathrm{m}^2$$

6.1.5　天线阵

在 4.3.3 小节介绍了偶极子天线，对称偶极子天线也经常称为对称振子天线。对称振子天线是应用广泛的基本线形天线，它既可以单独使用，又可以作为天线阵的单元。对称振子天线的方向性是由电基本振子（赫兹偶极子）的辐射场在空间干涉而形成，它与电基本振子的方向性、排列情况及对称振子天线的电流分布等有关。将上述概念加以扩展，将许多单元天线按一定方式排列，构成一个辐射系统，这个辐射系统称为天线阵，构成天线阵的每个单元称为阵元。天线阵的辐射特性取决于阵元的结构、数目、排列方式、间距、阵元上电流的振幅和相位等。天线阵比单个阵元有更高的方向性系数，可以获得期望的方向图，可以构成智能天线。本小节只讨论直线阵。

(1)　对称振子天线

两臂长度相等的振子叫做对称振子。每臂长度为四分之一波长、全长为二分之一波长的振子称为半波对称振子，它是构成阵列天线的基本辐射单元。由 4.3.3 小节，对称振子天线的辐射电场为

$$E_\theta = j\frac{60I_m}{r}\left[\frac{\cos(kl\cos\theta) - \cos(kl)}{\sin\theta}\right]e^{-jkr}$$

对称振子天线的归一化方向性函数为

$$F(\theta,\varphi) = \frac{\cos(kl\cos\theta) - \cos(kl)}{\sin\theta}$$

半波对称阵子的半功率波瓣宽度为 78°，全波对称阵子的半功率波瓣宽度为 47°。

对称振子天线的辐射电阻为

$$R_\Sigma = 30\int_0^\pi \frac{\left[\cos(kl\cos\theta) - \cos(kl)\right]^2}{\sin\theta}\mathrm{d}\theta$$

半波对称振子的辐射电阻为 73.1Ω，全波对称振子的辐射电阻为 200Ω。

在工程上，对称振子天线的输入阻抗常采用“等效传输线法”进行计算。这种方法将对称振子天线看成是终端开路的双线传输线，但必须计及天线与传输线的区别，对传输参量加以修正，再利用传输线的输入阻抗公式来计算对称振子天线的输入阻抗。对称振子天线输入

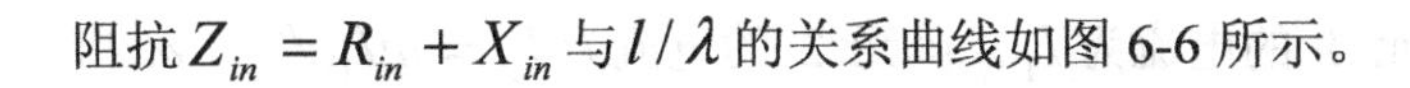
阻抗 $Z_{in} = R_{in} + X_{in}$ 与 l/λ 的关系曲线如图 6-6 所示。

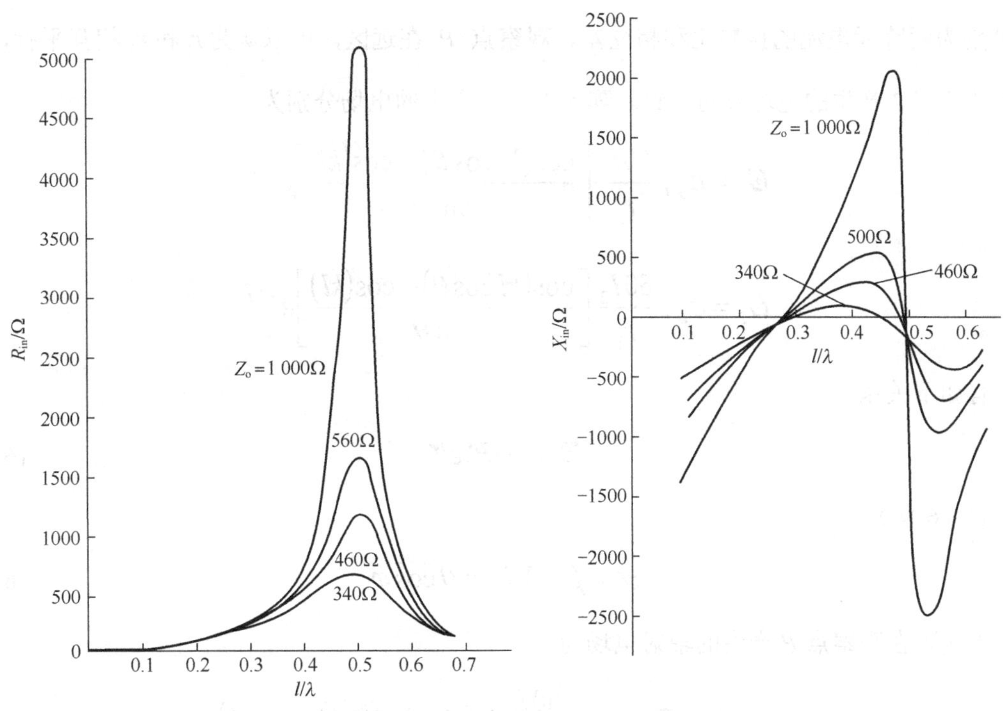

图6-6　对称振子天线的输入阻抗

对称振子天线输入阻抗的特点如下。

- R_{in} 与 X_{in} 既与 l/λ 有关，也与特性阻抗 Z_0 有关。
- 特性阻抗 Z_0 随天线的粗细而变，天线越粗天线的特性阻抗 Z_0 越小。
- 天线越粗，R_{in} 和 X_{in} 的曲线变化越缓慢，容易实现宽频带阻抗匹配。

(2)　二元阵与方向性乘积原理

二元阵由 2 个相距较近、取向一致的阵元组成。下面讨论 2 个沿 z 轴放置、沿 x 轴排列的对称振子构成的二元阵，如图 6-7 所示。

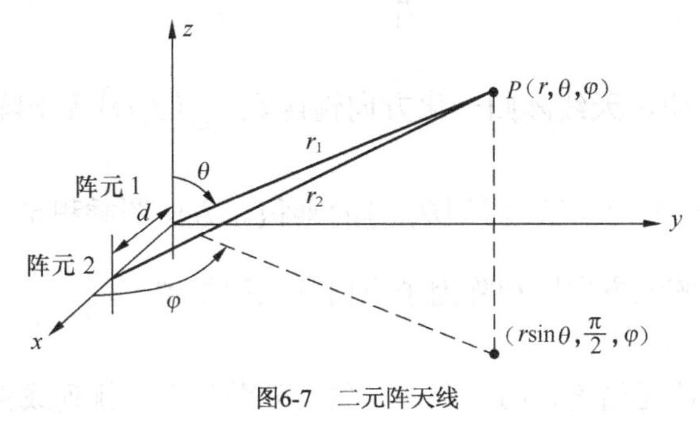

图6-7　二元阵天线

在图 6-7 中，阵元相距d，阵元 1 的电流为I_1，阵元 2 的电流为$I_2 = mI_1e^{j\beta}$，m和β分别为两阵元电流的振幅比和相位差。观察点 P 在远区，可以认为r_1和r_2相互平行，阵元 1 和阵元 2 产生的电场方向一致。阵元 1 和 2 产生的电场分别为

$$\boldsymbol{E}_1 = \boldsymbol{e}_\theta j\frac{60I_1}{r_1}\left[\frac{\cos(kl\cos\theta)-\cos(kl)}{\sin\theta}\right]e^{-jkr_1}$$

$$\boldsymbol{E}_2 = \boldsymbol{e}_\theta j\frac{60I_2}{r_2}\left[\frac{\cos(kl\cos\theta)-\cos(kl)}{\sin\theta}\right]e^{-jkr_2}$$

有如下关系

$$\boldsymbol{E}_2 = m\boldsymbol{E}_1e^{j\psi} \tag{6.14}$$

式（6.14）中

$$\psi = \beta + kd\sin\theta\cos\varphi \tag{6.15}$$

天线阵在观察点 P 产生的辐射电场为

$$\boldsymbol{E} = \boldsymbol{E}_1 + \boldsymbol{E}_2 = \boldsymbol{e}_\theta j\frac{60I_1}{r_1}F(\theta,\varphi)e^{-jkr_1}\left(1+me^{j\psi}\right) \tag{6.16}$$

令

$$F_2(\theta,\varphi) = 1+me^{j\psi} \tag{6.17}$$

式（6.17）称为阵因子归一化方向性函数。令

$$F_{ar}(\theta,\varphi) = F(\theta,\varphi)F_2(\theta,\varphi) \tag{6.18}$$

式（6.18）称为方向图乘积定理。则式（6.16）成为

$$\boldsymbol{E} = \boldsymbol{e}_\theta j\frac{60I_1}{r_1}F_{ar}(\theta,\varphi)e^{-jkr_1} \tag{6.19}$$

方向图乘积定理说明，天线阵归一化方向性函数$F_{ar}(\theta,\varphi)$等于阵元归一化方向性函数$F(\theta,\varphi)$与阵因子归一化方向性函数$F_2(\theta,\varphi)$的乘积。方向图乘积定理也适用于 N 元相似阵，天线阵的方向图由阵元方向图和阵因子方向图乘积得到。

(3)　均匀直线阵

均匀直线阵是指各阵元结构相同、取向一致、间距相等、排列成直线，且各阵元的电流振幅相等、相位以均匀比例递增或递减。均匀直线阵如图 6-8 所示。

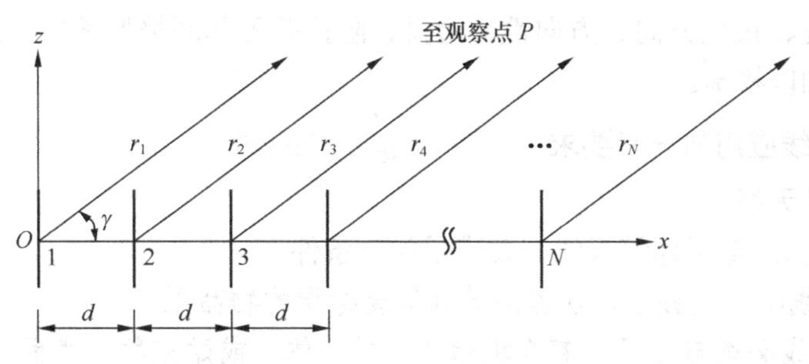

图6-8 均匀直线阵

类似于对二元阵的分析，N 元阵的相邻两阵元辐射场的相位差为

$$\psi = \beta + kd\cos\gamma \tag{6.20}$$

由于各阵元电流振幅相等，因此 N 元阵的阵因子为

$$F_N(\theta,\varphi) = 1 + e^{j\psi} + e^{j2\psi} + \cdots + e^{j(N-1)\psi} = \frac{1-e^{jN\psi}}{1-e^{j\psi}} \tag{6.21}$$

于是天线阵在观察点 P 产生的辐射场为

$$\boldsymbol{E} = \boldsymbol{E}_1 + \boldsymbol{E}_2 + \cdots + \boldsymbol{E}_N = \boldsymbol{E}_1 F_N(\theta,\varphi)$$

利用等比级数求和公式，有

$$|\boldsymbol{E}| = |\boldsymbol{E}_1||F_N(\theta,\varphi)| = |\boldsymbol{E}_1|\left(\sin\frac{N\psi}{2} / \sin\frac{\psi}{2}\right) \tag{6.22}$$

由上面的分析可以看出，N 元阵的阵因子是以 2π 为周期的函数，所以阵因子方向图将出现 1 个主瓣和多个旁瓣。在$\psi = \pm 2N\pi$时，函数出现最大值，其中$\psi = 0$时的最大值是主瓣，其余最大值是旁瓣。当天线阵的主辐射方向垂直于阵轴方向时，称为边射阵；当天线阵的主辐射方向在阵的轴线方向时，称为端射阵。利用天线阵的上述特性，可以通过阵元电流的相位差β调整ψ，从而控制天线阵的主辐射方向，依此可以设计智能天线。

6.2 RFID 天线应用及设计现状

在 RFID 系统中，天线分为电子标签天线和读写器天线。在低频频段和高频频段，RFID 天线通过电感耦合完成能量和数据的传输；在 433MHz、800/900MHz、2.45GHz 和 5.8GHz 的微波频段，RFID 天线通过辐射完成能量和数据的传输。

6.2.1 RFID 天线的应用现状

影响 RFID 天线应用性能的参数主要有天线类型、尺寸结构、材料特性、成本价格、工

作频率、频带宽度、极化方向、方向性、增益、阻抗匹配和环境影响等，RFID 天线的应用需要对上述参数加以权衡。

一、RFID 天线应用的一般要求

(1)　电子标签天线

一般来讲，RFID 电子标签天线需要满足如下条件。

- RFID 天线必须足够小，能够附着到需要标识的物品上。
- RFID 天线必须与电子标签有机地结合成一体，或贴在物体表面，或嵌入到物体内部。
- 一些应用要求电子标签具备特定的方向性，例如，具有全向或半球覆盖的方向性，以满足零售商品跟踪等的需要。
- RFID 天线提供最大可能的信号和能量给标签的芯片。
- 无论物品在什么方向，RFID 天线的极化都能与读写器的询问信号相匹配。
- 电子标签可能被用在高速的传输带上，此时有多普勒频移，天线的频率和带宽应不影响 RFID 工作。
- 电子标签在读写器读取区域的时间很少，要求有很高的读取速率，所以 RFID 系统必须保证标签识别的快速无误，并支持金属环境。
- RFID 电子标签天线必须可靠，并保证在温度、湿度、压力发生变化及在标签印刷和层压处理中的存活率。RFID 天线应具有鲁棒性。
- RFID 天线的频率和频带要满足技术标准，电子标签期望的工作频率带宽依赖于标签使用地的规定。
- RFID 标签天线必须是低成本，这约束了天线结构和根据结构使用的材料，标签天线多采用铜、铝或银油墨。

(2)　读写器天线

- 读写器天线既可以与读写器集成在一起，也可以采用分离式。
- 对于远距离系统，天线和读写器一般采取分离式结构，并通过阻抗匹配的同轴电缆连接到一起。
- 读写器天线设计要求低剖面、小型化，读写器由于结构、安装和使用环境等变化多样，读写器产品朝着小型化甚至超小型化发展。
- 读写器天线设计要求多频段覆盖。
- 对于分离式读写器，还将涉及天线阵的设计问题。
- 目前国际上已经开始研究读写器应用的智能波束扫描天线阵。

二、RFID 天线的极化、方向性、阻抗匹配和环境影响

(1)　RFID 天线的极化

不同的 RFID 系统采用的天线极化方式不同。有些应用可以采用线极化天线，如在流水线上，这时电子标签的位置基本上是固定不变的。但在大多数场合，由于电子标签的方位是不可知的，所以大部分 RFID 系统采用圆极化天线，以降低 RFID 系统对电子标签的方位敏感性。

(2) RFID 天线的方向性

RFID 系统的工作距离主要与读写器给电子标签的供电有关。随着低功耗电子标签芯片技术的发展，电子标签的工作电压不断降低，所需功耗很小，这使得进一步增大系统工作距离的潜能转移到天线上，这要求有方向性较强的天线。

如果天线波瓣宽度越窄，天线的方向性越好，天线的增益越大，天线作用的距离越远，抗干扰能力越强，但同时天线的覆盖范围也就越小。

(3) RFID 天线的阻抗匹配

为了以最大功率传输，芯片的输入阻抗必须和天线的输出阻抗匹配。几十年来，天线设计多采用 50Ω 或 75Ω 的阻抗匹配，但是可能还有其他情况。例如，一个缝隙天线可以设计几百欧姆的阻抗；一个折叠偶极子的阻抗可以是一个标准半波偶极子阻抗的几倍；印刷贴片天线的引出点能够提供一个 40Ω 到 100Ω 的阻抗范围。

(4) RFID 的环境影响

电子标签天线的特性受所标识物体的形状和电参数的影响。例如，金属对电磁波有衰减作用，金属表面对电磁波有反射作用，弹性衬底会造成天线变形等，这些影响在天线设计与应用中必须加以解决。以在金属物体表面使用天线为例，目前有价值的解决方案有 2 个，一个是从天线的形式出发，采用微带贴片天线或倒 F 天线等；另一个是采用双层介质、介质覆盖或电磁带隙等。

6.2.2 RFID 天线的设计现状

在 RFID 系统中，电子标签天线和读写器天线的设计要求和面临的技术问题是不同的。下面分别加以阐述。

(1) RFID 电子标签天线的设计

电子标签天线的设计目标是传输最大的能量进出标签芯片，这需要仔细设计天线和自由空间的匹配，以及天线与标签芯片的匹配。当工作频率增加到微波波段，天线与电子标签芯片之间的匹配问题变得更加严峻。一直以来，电子标签天线的开发是基于 50Ω 或 75Ω 输入阻抗；而在 RFID 应用中，芯片的输入阻抗可能是任意值，并且很难在工作状态下准确测试，缺少准确的参数，天线的设计难以达到最佳。

电子标签天线的设计还面临许多其他难题，如小尺寸要求，低成本要求，所标识物体的形状及物理特性要求，电子标签到贴标签物体的距离要求，贴标签物体的介电常数要求，金属表面的反射要求，局部结构对辐射模式的影响要求等。这些都将影响电子标签天线的特性，都是电子标签设计面临的问题。

(2) RFID 读写器天线的设计

对于近距离 RFID 系统（如 13.56MHz 小于 10cm 的识别系统），天线经常和读写器集成在一起；对于远距离 RFID 系统（如 UHF 频段大于 3m 的识别系统），天线和读写器经常采取分离式结构，并通过阻抗匹配的同轴电缆将读写器和天线连接到一起。读写器由于结构、安装和使用环境等变化多样，并且读写器产品朝着小型化甚至超小型化发展，使得读写器天线的设计面临新的挑战。

读写器天线设计要求低剖面、小型化及多频段覆盖。对于分离式读写器，还将涉及天线

阵的设计问题，小型化带来的低效率、低增益问题等，这些目前是国内外共同关注的研究课题。目前已经开始研究读写器应用的智能波束扫描天线阵，读写器可以按照一定的处理顺序，通过智能天线感知天线覆盖区域的电子标签，增大系统覆盖范围，使读写器能够判定目标的方位、速度和方向信息，具有空间感应能力。

(3) RFID 天线的设计步骤

RFID 电子标签天线的性能很大程度依赖于芯片的复数阻抗，复数阻抗是随频率变化的，因此天线尺寸和工作频率限制了最大可达到的增益和带宽。为获得最佳的标签性能，需要在设计时做折衷，以满足设计要求。在天线的设计步骤中，电子标签的读取范围必须严密监控，在标签构成发生变更或不同材料不同频率的天线进行性能优化时，通常采用可调天线设计，以满足设计允许的偏差。设计 RFID 天线时，首先选定应用的种类，确定电子标签天线的需求参数；然后根据电子标签天线的参数，确定天线采用的材料，并确定了电子标签天线的结构和 ASIC 封装后的阻抗；最后采用优化的方式，使 ASIC 封装后的阻抗与天线匹配，并综合仿真天线的其他参数，让天线满足技术指标，并用网络分析仪检测各项指标。RFID 电子标签天线的设计步骤如图 6-9 所示。

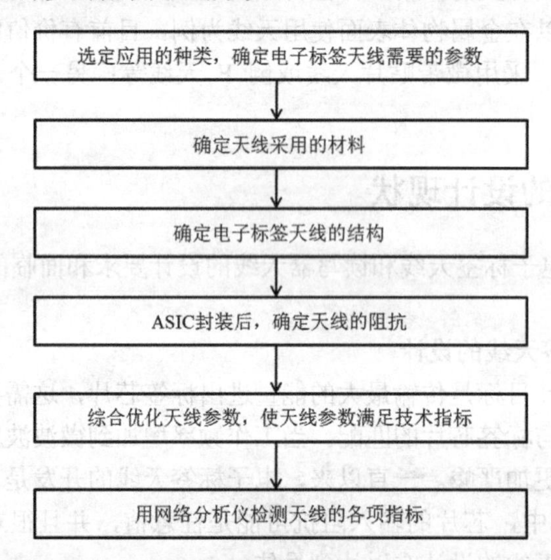

图6-9 电子标签天线的设计步骤

很多天线因为使用环境复杂，使得 RFID 天线的解析方法也很复杂，天线通常采用电磁模型和仿真工具来分析。仿真工具对天线的设计非常重要，是一种快速有效的天线设计工具，目前在天线技术中使用越来越多。典型的天线设计方法首先是将天线模型化；然后对模型进行仿真，在仿真中监测天线射程、天线增益和天线阻抗等，并采用优化的方法进一步调整设计；最后对天线加工并测量，直到满足指标要求。

6.3 低频和高频 RFID 天线技术

在低频和高频频段，读写器和电子标签基本都采用线圈天线。线圈之间存在互感，使一个线圈的能量可以耦合到另一个线圈，因此读写器天线与电子标签天线之间是采用电感耦合的方式工作。读写器天线与电子标签天线是近场耦合，电子标签处于读写器的近区，当超出上述范围时，近场耦合便失去作用。本节所讨论的低频和高频 RFID 天线是基于近场耦合的概念进行设计。

6.3.1 低频和高频 RFID 天线的结构和图片

低频和高频 RFID 天线可以有不同的构成方式，并可以采用不同的材料。图 6-10 所示为几种实际 RFID 低频和高频天线的图片，由这些图片可以看出各种 RFID 天线的结构，同时这些图片还给出了与天线相连的芯片。

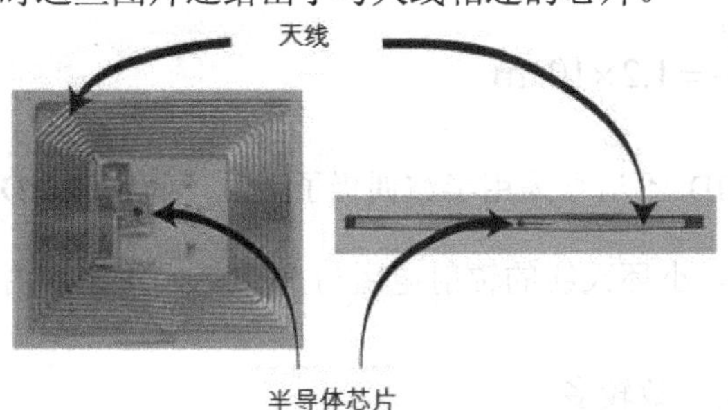

(a) 矩形环天线和芯片

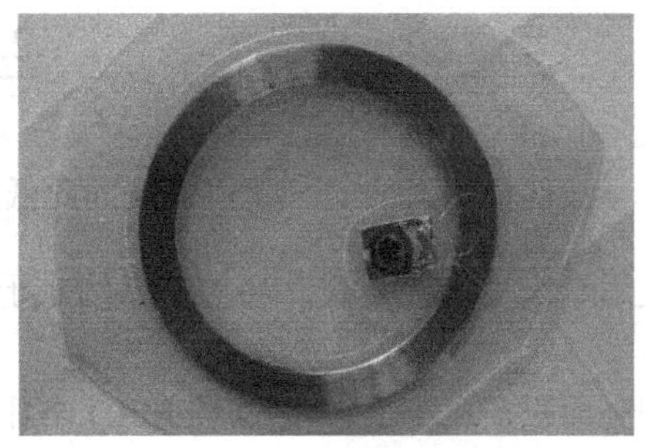

(b) 圆形环天线和芯片

(c) 柔软基板的天线

(d) 批量生产的标签和天线

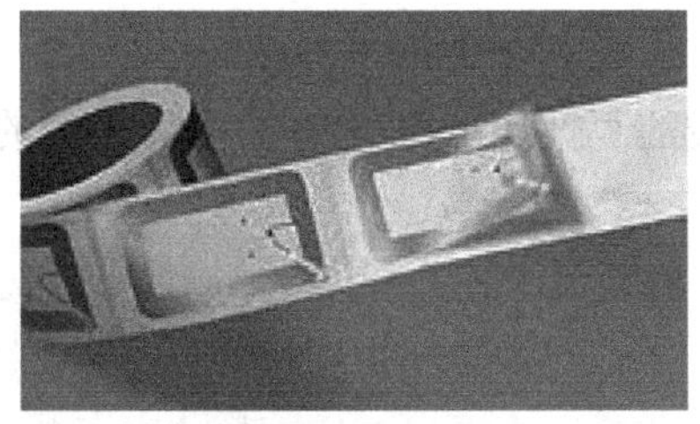

(e) 批量生产的标签和天线

(f) 天线与手指尺寸对比

图6-10 低频和高频 RFID 天线

由图 6-10 可以看出，低频和高频 RFID 天线有如下特点。

- 天线都采用线圈的形式。
- 线圈的形式多样，可以是圆形环，也可以是矩形环。
- 天线的尺寸比芯片的尺寸大很多，电子标签的尺寸主要是由天线决定的。
- 有些天线的基板是柔软的，适合粘贴在各种物体的表面。
- 由天线和芯片构成的电子标签，可以比拇指还小。
- 由天线和芯片构成的电子标签，可以在条带上批量生产。

例 6.7　某低频 RFID 工作频率为 125kHz，若采用半波偶极子天线，求天线的尺寸。低频 RFID 适合采用半波偶极子天线吗？

解　当低频 RFID 工作频率为 125kHz 时，工作波长为

$$\lambda = \frac{c}{f} = \frac{3\times10^8}{125\times10^3} = 2.4\times10^3\,\mathrm{m}$$

半波偶极子天线的总长为

$$2l = \frac{\lambda}{2} = \frac{2.4\times10^3}{2} = 1.2\times10^3\,\mathrm{m}$$

半波偶极子天线的长度很大，因此低频 RFID 不适合采用半波偶极子天线。低频 RFID 天线适合采用小环天线，环的周长远小于 $\lambda/4$。小环天线的辐射电阻与 S^2/λ^4 成正比，由于圆环面积 S 远小于 λ^2，低频 RFID 小环天线的匝数较多。

例 6.8　某高频 RFID 工作频率为 13.56MHz，若采用半波偶极子天线，求天线的尺寸。高频 RFID 适合采用半波偶极子天线吗？

解　当高频 RFID 工作频率为 13.56MHz 时，工作波长为

$$\lambda = \frac{c}{f} = \frac{3\times10^8}{13.56\times10^6} = 22\mathrm{m}$$

半波偶极子天线的总长为

$$2l = \frac{\lambda}{2} = \frac{22}{2} = 11\mathrm{m}$$

半波偶极子天线的长度也比较大，高频 RFID 也不适合采用半波偶极子天线。高频 RFID 天线也采用小环天线，但高频 RFID 小环天线的匝数比低频 RFID 小环天线的匝数少。

6.3.2　低频和高频 RFID 天线的磁场

安培在实验中总结出如下结论：电流在周围产生磁场。电流周围磁场的存在方式与电流的分布有关，当电流分布不同时，在周围会产生不同的磁感应强度。

(1)　直线电流产生的磁场

根据安培定律，长直电流周围将产生磁场强度，磁场强度为

$$\boldsymbol{H} = \boldsymbol{e}_{\varphi}\frac{I}{2\pi r} \tag{6.23}$$

磁感应强度与磁场强度的关系为

$$B = \mu H = \mu_0 \mu_r H \tag{6.24}$$

式（6.24）中，μ_0 为空气磁导率，μ_r 为相对磁导率。长直电流周围的磁场如图 6-11 所示。

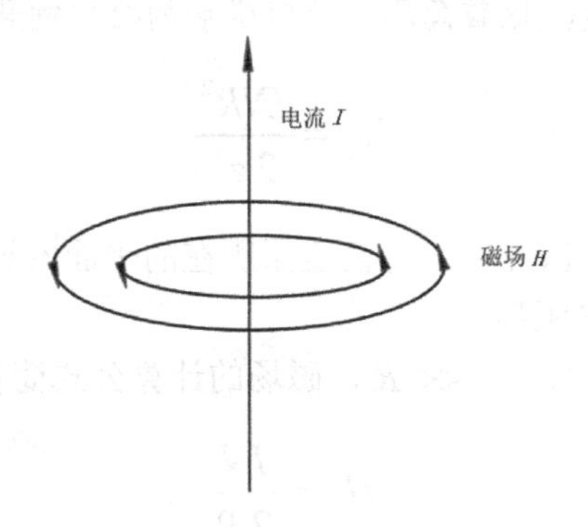

图6-11　长直电流周围产生的磁场

(2)　圆形线圈产生的磁场

很多低频和高频 RFID 天线是圆环结构，采用了“短圆柱形线圈”。“短圆柱形线圈”在周围产生的磁场为

$$H_z = \frac{INR^2}{2\left(R^2 + z^2\right)^{3/2}} \tag{6.25}$$

式（6.25）中，R 为线圈的半径，z 为线圈中心轴线上的一点与线圈圆心的距离，I 为线圈上的电流，N 为线圈的匝数。“短圆柱形线圈”的结构和产生的磁场如图 6-12 所示。

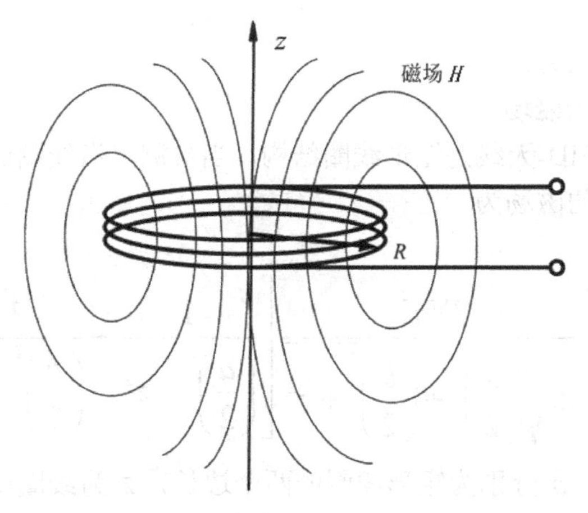

图6-12　短圆柱形线圈及周围的磁场

“短圆柱形线圈”在周围产生的磁场有如下特点。

- 磁场与线圈的匝数 N 有关，线圈的匝数越大，磁场越强。一般低频线圈的匝数较多，有几百至上千圈；高频线圈的匝数较少，有几至几十圈。
- 当被测点沿线圈的轴线离开线圈时，如果 $z \ll R$，磁场的强度几乎不变。当

$z=0$时，磁场的公式简化为

$$H_z = \frac{IN}{2R} \tag{6.26}$$

- 当被测点沿线圈的轴线离开线圈较大时，即$z >> R$时，磁场强度的衰减与z的 3 次方成比例，衰减比较急剧。这时磁场的公式简化为

$$H_z = \frac{INR^2}{2z^3} \tag{6.27}$$

例 6.9　对于线圈天线，试证明：①在线圈所在的平面附近，有磁场均匀区；②当远离线圈时，衰减约为 60dB/10 倍距离。

证明　① 由式（6.26），如果$z << R$，磁场的计算公式简化为

$$H_z = \frac{IN}{2R}$$

磁场与z无关。也即磁场的强度几乎不变，有磁场均匀区。

② 由式（6.27），当$z >> R$时，磁场的公式简化为

$$H_z = \frac{INR^2}{2z^3}$$

衰减为

$$20\log(H_z) = 20\log\left(\frac{INR^2}{2z^3}\right) = -60\log z + 20\log\left(\frac{INR^2}{2}\right)$$

衰减为 60dB/10 倍距离。

(3)　矩形线圈产生的磁场

有些低频和高频 RFID 天线是矩形线圈结构，当被测点沿线圈的轴线离开线圈z时，矩形线圈结构在轴线产生的磁场为

$$H = \frac{INab}{4\pi\sqrt{\left(\frac{a}{2}\right)^2 + \left(\frac{b}{2}\right)^2 + z^2}}\left[\frac{1}{\left(\frac{a}{2}\right)^2 + z^2} + \frac{1}{\left(\frac{b}{2}\right)^2 + z^2}\right] \tag{6.28}$$

式（6.28）中，a和b分别为矩形线圈的两个边长，z为线圈中心轴线上的一点与线圈中心的距离，I为线圈上的电流，N为线圈的圈数。

计算结果证实，当被测点沿线圈的轴线离开线圈时，如果$z << a$及$z << b$，即与线圈的距离较近时，磁场的强度几乎不变；当被测点沿线圈的轴线离开线圈较大时，磁场强度的衰减比较急剧。

6.3.3 低频和高频 RFID 天线的最佳尺寸

线圈天线的最佳尺寸是指线圈上的电流 I 为常数，且与天线的距离 z 为常数时，线圈的尺寸与产生磁场的关系。下面以圆环形线圈为例，讨论线圈的最佳尺寸。

为从数学上讨论最大磁场与线圈尺寸的关系，需要对式（6.25）中的磁场求导，计算出磁场的拐点。计算的结果表明，最大磁场与线圈尺寸的关系为

$$R=\sqrt{2}z \tag{6.29}$$

式（6.29）表明，当距离 z 为常数时，如果线圈的半径 $R=\sqrt{2}z$ ，可以获得最大磁场。也就是说，当线圈的半径 R 为常数时，如果距离为 $z=0.707R$ ，可以获得最大磁场。

虽然增大线圈的半径 R 会在线圈的较远处 z 获得最大的磁场，但由式（6.25）可以看出，随着距离 z 的增大，会使磁场值减小，影响电子标签线圈与读写器线圈之间的耦合强度，导致降低对电子标签能量的供给。

6.4 微波 RFID 天线技术

微波 RFID 天线与低频、高频 RFID 天线有本质上的不同。微波 RFID 天线采用电磁辐射的方式工作，读写器天线与电子标签天线之间的距离较远，一般超过 1m，典型值为 1m～10m 之间；微波 RFID 的电子标签较小，天线的小型化成为设计的重点；微波 RFID 天线形式多样，可以采用偶极子天线、微带天线、阵列天线和宽带天线等；微波 RFID 天线要求低造价，因此出现了许多天线制作的新技术。

6.4.1 微波 RFID 天线的结构和图片

微波 RFID 天线结构多样，是构成物联网的主要天线形式。图 6-13 所示为几种实际 RFID 微波天线的图片，由这些图片可以看出各种微波 RFID 天线的结构，同时这些图片还给出了与天线相连的芯片。

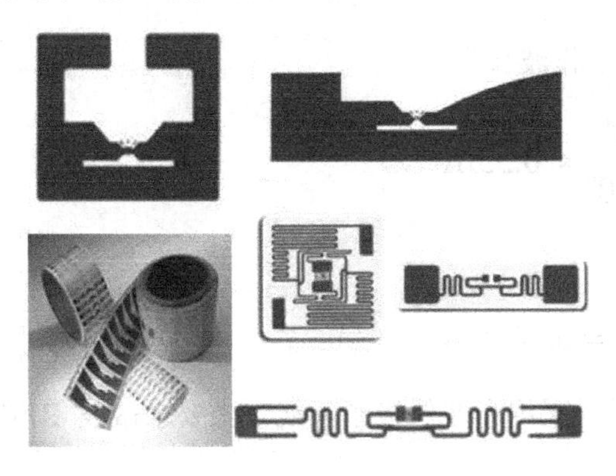

（a）各种微波 RFID 天线

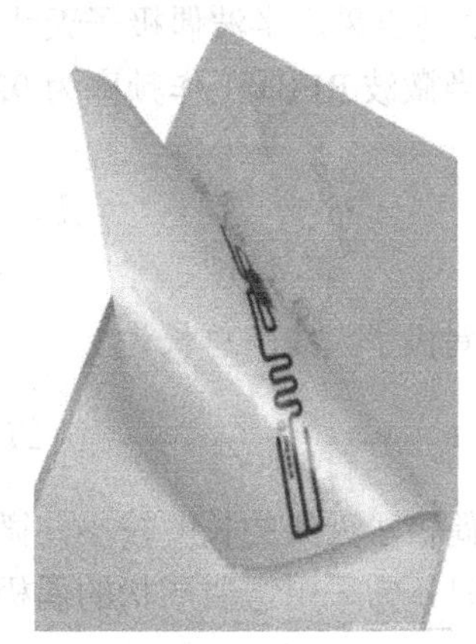

（b）柔软基板的天线

图 6-13 微波 RFID 天线

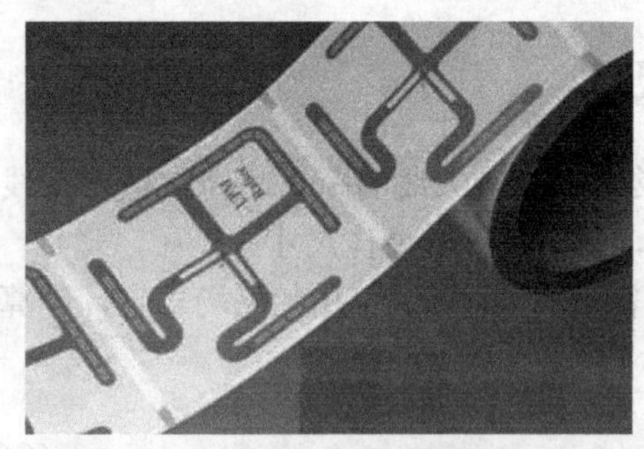

（c）批量生产的标签和天线

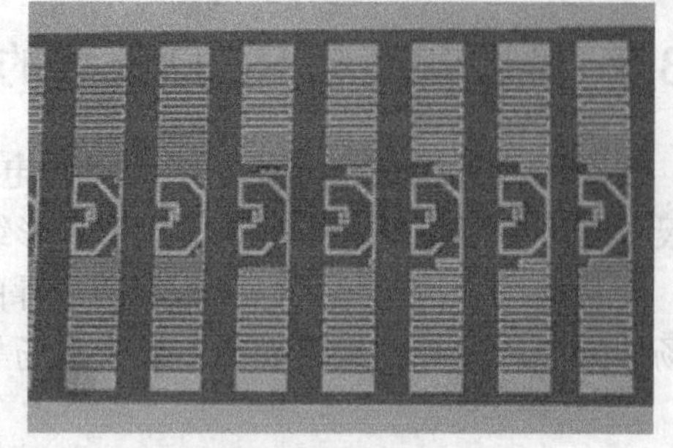

（d）批量生产的标签和天线

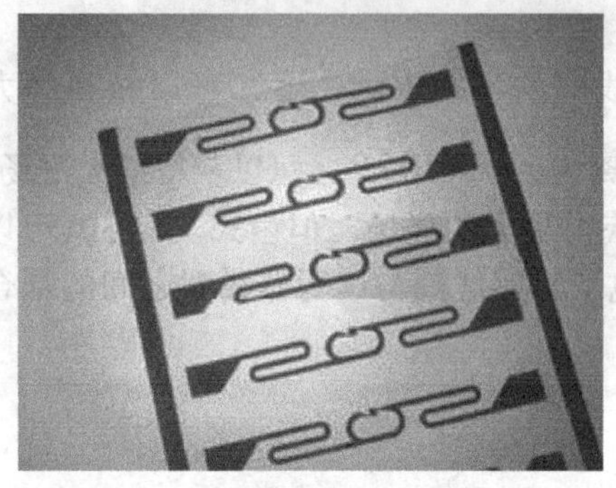

（e）批量生产的标签和天线

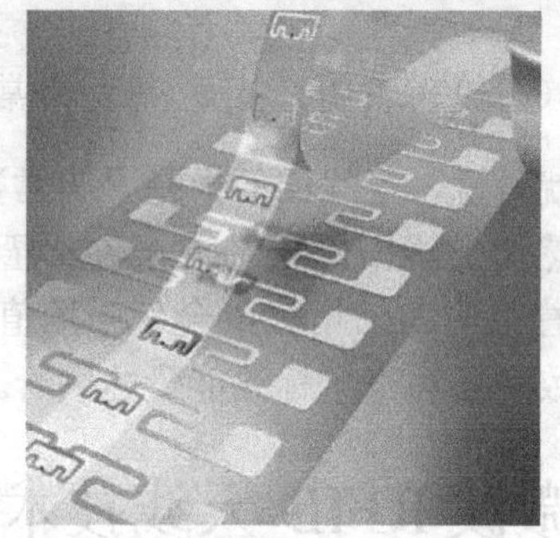

（f）可扩充的微波 RFID 天线

图6-13　微波 RFID 天线（续）

由图 6-13 可以看出，微波 RFID 天线有如下特点。

- 微波 RFID 天线的结构多样。
- 很多电子标签天线的基板是柔软的，适合粘贴在各种物体的表面。
- 天线的尺寸比芯片的尺寸大很多，电子标签的尺寸主要是由天线决定的。
- 由天线和芯片构成的电子标签，很多是在条带上批量生产。
- 由天线和芯片构成的电子标签尺寸很小。
- 有些天线提供可扩充装置，可提供短距离和长距离通信的 RFID 电子标签天线。

例 6.10　某微波 RFID 工作频率为 920MHz，若采用半波偶极子天线，求天线的尺寸。微波 RFID 适合采用半波偶极子天线吗？

解　当微波 RFID 工作频率为 920MHz 时，工作波长为

$$\lambda=\frac{c}{f}=\frac{3\times10^{8}}{920\times10^{6}}=0.33\text{m}$$

半波偶极子天线的总长为

$$2l=\frac{\lambda}{2}=\frac{0.33}{2}=0.16\text{m}$$

半波偶极子天线的长度较小，微波 RFID 适合采用半波偶极子天线。当要求微波 RFID 天线更小时，常采用弯曲形状的偶极子天线。

6.4.2 微波 RFID 天线的应用方式

微波 RFID 天线应用在制造、物流、防伪和交通等多种领域。下面以仓库流水线上纸箱跟踪为例，给出微波 RFID 天线在跟踪纸箱过程中的使用方法，如图 6-14 所示。

（1）纸箱放在流水线上，通过传动皮带送入仓库。

（2）纸箱上贴有标签，标签有 2 种形式，一种是电子标签，另一种是条码标签。为防止电子标签损毁，纸箱上还贴有条码标签，以作备用。

（3）在仓库门口，放置 3 个读写器天线，读写器天线用来识别纸箱上的电子标签，从而完成物品识别与跟踪的任务。

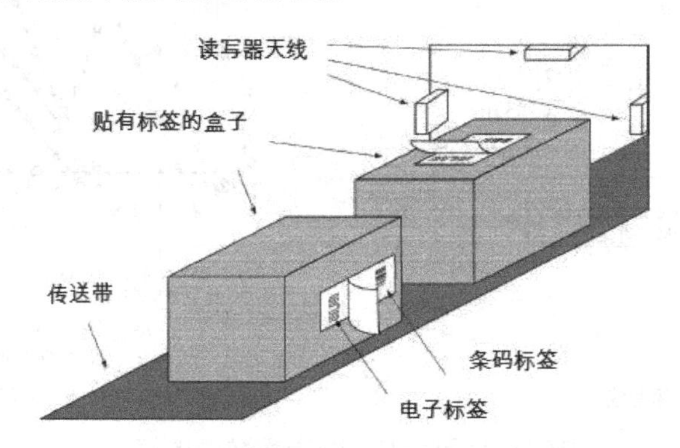

图6-14 微波 RFID 天线在纸箱跟踪中的应用

6.4.3 多种类型的微波 RFID 天线

微波 RFID 天线的设计需要考虑天线采用的材料，需要考虑天线的尺寸，需要考虑天线的作用距离，并需要考虑频带宽度、方向性和增益等多项性能指标。微波 RFID 天线主要采用偶极子天线、微带天线、非频变天线和阵列天线等，下面对这些天线加以讨论。

一、曲偶极子天线

(1) 弯曲偶极子天线的结构

偶极子天线即振子天线，是微波 RFID 常用的天线。为了缩短标签天线的尺寸，在微波 RFID 中偶极子天线常采用弯曲结构。弯曲偶极子天线在纵向延伸方向至少折返一次，从而具有至少两个导体段，每个导体段分别具有一个延伸轴，这些导体段借助于一个连接段相互平行且有间隔地排列，并且第一导体段向空间延伸，折返的第二导体段与第一导体段垂直，第一和第二导体段扩展成一个导体平面。弯曲偶极子天线如图 6-15 所示。

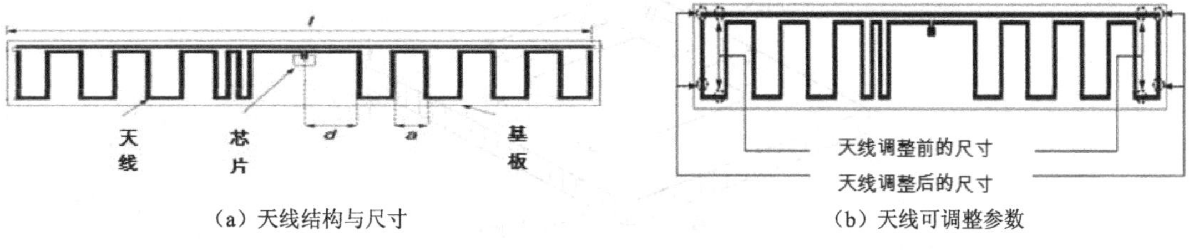

（a）天线结构与尺寸 （b）天线可调整参数

图6-15 弯曲偶极子天线

因为尺寸和调谐的要求，偶极子天线采用弯曲结构是一个自然的选择。弯曲允许天线紧凑，并提供了与弯曲轴垂直平面上的全向辐射性能。为更好地控制天线电阻，增加了一个同等宽度的载荷棒作为弯曲轮廓；为供给芯片一个好的电容性阻抗，需进一步弯曲截面；弯曲轮廓的长度和载荷棒可以变更，以获得适宜的阻抗匹配。

弯曲天线有几个关键的参数，如载荷棒宽度、距离、间距、弯曲步幅宽度和弯曲步幅高度等。通过调整上述参数，可以改变天线的增益和阻抗，并改变电子标签的谐振、最高射程和频带宽度等。图 6-16 所示为一种最高射程与频率的曲线关系。

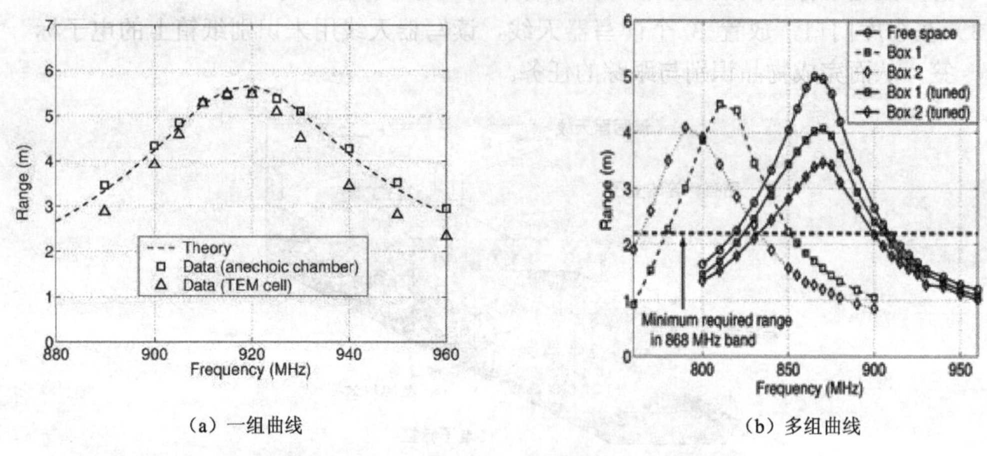

（a）一组曲线　　（b）多组曲线

图6-16　电子标签最高射程与频率的曲线关系

(2)　线极化和圆极化

图 6-15 所示的弯曲偶极子天线是线极化的。两个正交弯曲偶极子可以实现圆极化，这是由于圆极化可以分解为两个在空间和时间上均正交的等幅线极化波。

二、微带天线

微带天线是由导体薄片粘贴在背面有导体接地板的介质基片上形成的天线。微带天线是平面型天线，它体积小、重量轻、易集成、能与载体共形、制造成本低、易于大量生产，因此得到广泛重视，目前在卫星通信、武器制导、便携式无线电设备和 RFID 等领域都有广泛应用。微带天线如图 6-17 所示，长度为 d，宽度为 L，与宽度为 W 的馈线相连。微带天线通常利用微带传输线或同轴探针馈电，在导体贴片与接地板之间激励起高频电磁场，通过贴片四周与接地板之间的缝隙向外辐射。微带天线按结构特征分类，可以分为微带贴片天线和微带缝隙天线；按形状分类，可以分为矩形、圆形和环形微带天线；按工作原理分类，可以分成谐振型（驻波型）和非揩振型（行波型）微带天线。

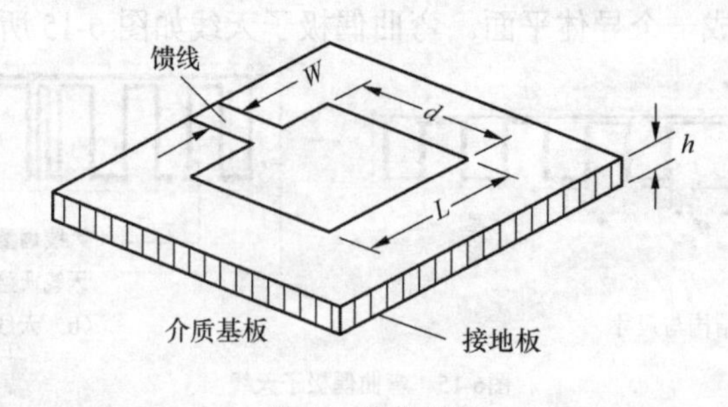

图6-17　微带天线

(1) **RFID 微带天线**

- 微波 RFID 常采用微带贴片天线。
- 微带天线用作抗金属标签天线的情况比较多。微带天线可以将金属表面作为天线的接地平面，从而达到抗金属的效果。
- 微带天线易于形成圆极化。微带圆极化天线既可以由单点馈电或多点馈电构成，也可以由单片或阵列构成。另外，目前也在研究由曲线微带构成的宽频带圆极化微带天线。
- 微带天线可实现双（多）频带天线。微带双（多）频带天线可以由在天线上开槽实现，或者是增加寄生单元通过耦合技术实现，或者是通过上下层叠结构实现。微带双（多）频带天线是指 1 个天线能够在 2 个或多个频段同时满足技术指标要求。

(2) **微带驻波贴片天线**

微带贴片天线（MPA）是由介质基片、在基片一面上任意几何形状的平面导电贴片、在基片另一面的导体接地板 3 部分构成。贴片形状可以是多种多样的，实际应用中由于某些特殊的性能要求和安装条件的限制，必须用到某种形状的微带贴片天线。为使微带天线适用于各种特殊用途，对各种几何形状的微带贴片天线进行分析就具有相当的重要性。各种微带贴片天线的贴片形状如图 6-18 所示。

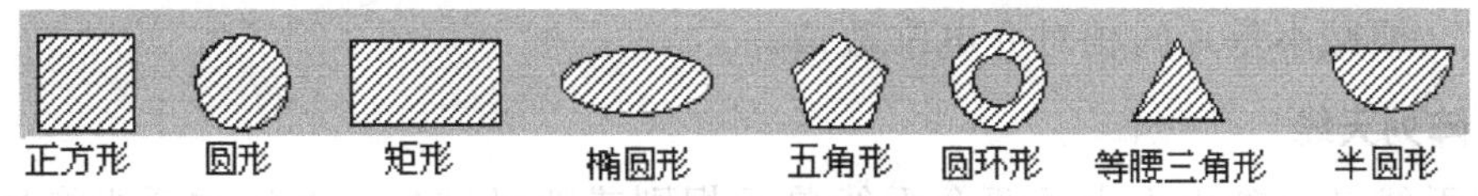

图6-18 各种微带贴片天线的贴片形状

(3) **微带行波贴片天线**

微带行波天线（MTA）是由基片、在基片一面上的链形周期结构或普通的长 TEM 波传输线、在基片另一面的导体接地板 3 部分组成。TEM 波传输线的末端接匹配负载，当天线上维持行波时，可从天线结构设计上使主波束位于从边射到端射的任意方向。各种微带行波天线的形状如图 6-19 所示。

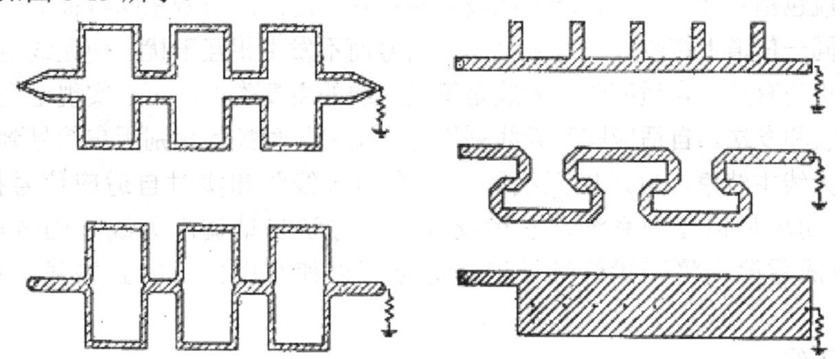

图6-19 各种微带行波天线的形状

(4) **微带缝隙天线**

微带缝隙天线由微带馈线和开在导体接地板上的缝隙组成。微带缝隙天线是把接地板刻出窗口即缝隙，而在介质基片的另一面印刷出微带线对缝隙馈电，缝隙可以是矩形（宽的或窄的）、圆形或环形。各种微带缝隙天线的形状如图 6-20 所示。

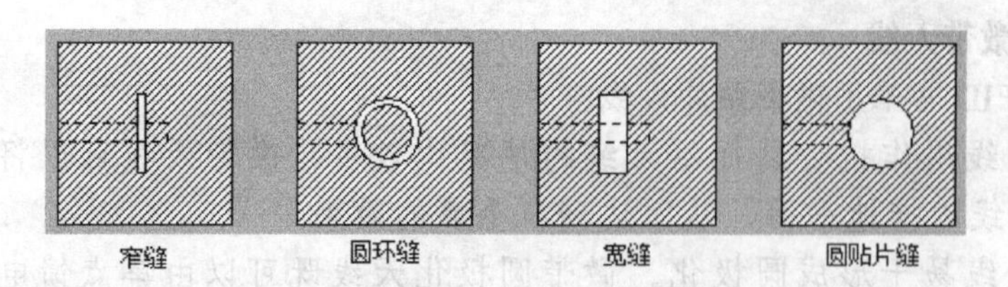

图6-20　各种微带缝隙天线的形状

(5)　微带天线的设计

微带天线进行工程设计时，要对天线的性能参数（如方向图、方向性系数、效率、输入阻抗、极化和频带等）预先估算，这将大大提高天线研制的质量和效率，降低研制的成本。这种理论工作的开展，带来了多种分析微带天线的方法，如传输线法、腔模理论法、格林函数法、积分方程法和矩量法等。用上述各种方法计算微带天线的方向图，其结果基本是一致的，特别是主波束。大多数微带天线只在介质基片的一面上有辐射单元，因此可以用微带或同轴线馈电。因为天线输入阻抗不等于通常的 50Ω 传输线阻抗，所以需要匹配。矩形微带天线的馈电方式基本上分成侧馈和背馈 2 种，不论哪种馈电方式，其谐振输入电阻很大。为与 50Ω 馈电系统相匹配，阻抗变换器是不可少的。为实现匹配，输入阻抗的大小必须知道，匹配可由适当选择馈电的位置来做到，但是馈电的位置也影响辐射特性。很多微带天线接近开路状态，因此限制了天线的阻抗频带。为了使频带加宽，可增加基片的厚度，或减小基片的相对介电常数值。

三、阵列天线

阵列天线是一类由不少于两个天线单元规则或随机排列，并通过适当激励获得预定辐射特性的天线。就发射天线来说，偶极子或微带天线源是常见的，阵列天线是将它们按照直线或更复杂的形式，排成某种阵列样子，构成阵列形式的辐射源，并通过调整阵列天线馈电电流、间距、电长度等不同参数，来获取最好的辐射方向性。

(1)　智能天线

目前随着通信技术的迅速发展，以及对天线诸多研究方向的提出，都促使了新型天线的诞生，这其中就包括智能天线。智能天线技术利用各个用户间信号空间特征的差异，通过阵列天线技术在同一信道上接收和发射多个用户信号而不发生相互干扰，使无线电频谱的利用和信号的传输更为有效。自适应阵列天线是智能天线的主要类型，可以实现全向天线，完成用户信号的接收和发送。自适应阵列天线采用数字信号处理技术识别用户信号到达方向，并在此方向形成天线主波束。自适应天线阵是一个由天线阵和实时自适应信号接收处理器所组成的一个闭环反馈控制系统，它用反馈控制方法自动调准天线阵的方向图，使它在干扰方向形成零陷，将干扰信号抵消，而且可以使有用信号得到加强，从而达到抗干扰的目的。

(2)　八木天线

八木天线又称为引向天线，它是一种广泛应用于米波和分米波的天线。八木天线是一个紧耦合寄生振子端射阵，它由一个有源振子、一个反射振子（稍长于有源振子）和若干个引向振子（稍短于有源振子）构成，除有源振子通过馈线与信号源或接收机连接外，其余振子均为无源振子。八木天线的有源振子为半波长，主要作用是提供辐射能量；无源振子由反射振子和引向振子构成，主要作用是使辐射能量集中到天线的端向。八木天线的主辐射方向为“由反射振子指向引向振子”的方向，这也是反射振子与引向振子名称的由来。通常有几个振子就称为几元八木天线。八木天线的增益可以达到十几个分贝，振子的数目越多增益越大，但当振子数目达到 8 个以上时，增益就增加得有限了。八木天线为线极化，当振子面水平架设时是水平极化，当振子面垂直架设时是垂直极化。八木天线的优点是结构简单、牢固、造价低、方向性强、体积小、便于转动和馈电方便；缺点是工作带宽较窄（一般在 5% 左右），调整比较麻烦。图 6-21 所示为 2 个实际的八木天线。

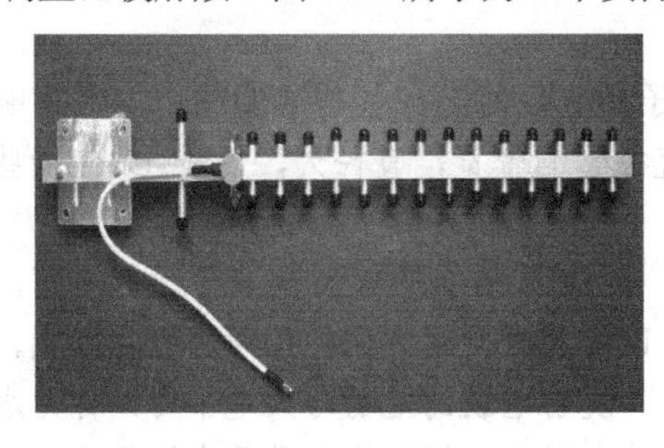
（a）16 元八木天线

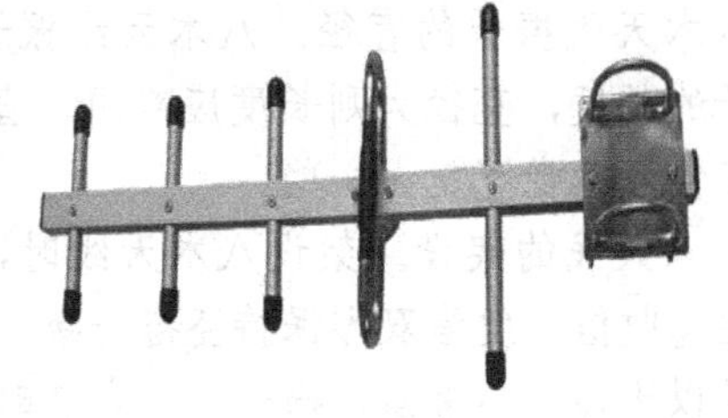
（b）5 元八木天线

图6-21　2 个实际的八木天线

- 八木天线的方向性。在八木天线中，比有源振子稍长一点的称为反射器，它在有源振子的一侧，起着削弱从这个方向传来的电波或从本天线发射去的电波的作用；比有源振子稍短一点的称为引向器，它位于有源振子的另一侧，能增强从这一侧方向传来的或向这个方向发射出去的电波。引向器可以有许多个，每根长度都要比其相邻的并靠近有源振子的那根长度相同或略短一点。引向器数量越多，辐射方向越尖锐，增益越高，但实际上超过四、五个引向器之后，这种增加就不太明显了，而体积大、自重增加、对材料强度要求提高、成本加大等问题却逐渐突出。
- 八木天线的“大梁”。八木天线每个引向器和反射器都是用一根金属棒做成，所有振子都是按一定的间距平行固定在一根“大梁”上，大梁也是用金属材料做成的。振子中点不需要与大梁绝缘，振子的中点正好位于电压的零点，零点接地没有问题。而且这还有一个好处，在空间感应到的静电正好可以通过这个中间接触点，将天线金属立杆导通到建筑物的避雷地网中去。
- 八木天线的有源振子。八木天线的有源振子是一个关键的单元，有源振子有两种常见的形态，一种是直振子，另一种是折合振子。直振子是二分之一波长偶极振子，折合振子是直振子的变形。有源振子与馈线相接的地方必须与主梁保持良好的绝缘，而折合振子中点仍可以与大梁相通。
- 八木天线的输入阻抗。二分之一波长折合振子的输入阻抗，比二分之一波长偶极天线的输入阻抗高 4 倍。当加了引向器和反射器后，输入阻抗的关系就变得复杂起来了。总的来说，八木天线的输入阻抗比仅有基本振子的输入阻抗要低很多，而且八木天线各单元间距越大则阻抗越高，反之则阻抗变低，同时天线的效率也降低。
- 八木天线的阻抗匹配。八木天线需要与馈线达到阻抗匹配，于是就有了各种各样的匹配方法。一种匹配方法是在馈电处并接一段 U 形导体，它起着一个电感器的作用，和天线本身的电容形成并联谐振，从而提高了天线阻抗。还有一种简单的匹配做法，是把靠近天线馈电处的馈线绕成一个约六、七圈的线圈挂在那里，这与U形导体匹配的原理类似。

- 八木天线的平衡输出。八木天线是平衡输出，两个馈电点对“地”呈现相同的特性。但通常收发信机天线端口却是不平衡的，这将破坏天线原有的方向特性，并在馈线上也会产生不必要的发射。一副好的八木天线，应该有“平衡－不平衡”转换。
- 八木天线振子的直径。八木天线振子的直径对天线性能有影响。直径影响振子的长度，直径大则长度应略短。直径影响带宽，直径大，天线 Q 值低些，工作频率带宽就大一些。
- 八木天线的架设。架设八木天线时，要注意振子是与大地平行还是垂直，并注意收信、发信双方保持姿态一致，以保证收发双方保持相同的极化方式。振子以大地为参考面，振子水平安装时，发射电波的电场与大地平行，称为水平极化波；振子与地垂直安装时，发射的电波与大地垂直，是垂直极化波。

四、螺旋天线

螺旋天线是由导体螺旋线构成，螺旋线是空心的或绕在低耗的介质棒上，圈的直径可以是相同的，也可以随高度不断减小，圈的距离可以是等距的，也可以是不等距的。螺旋天线及其方向图如图 6-22 所示。

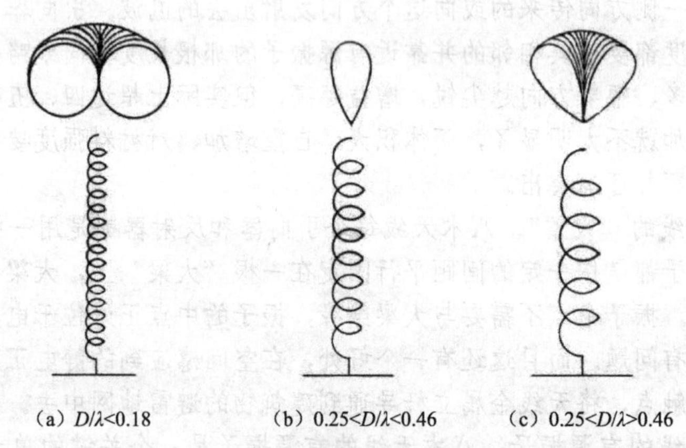

图6-22 螺旋天线及其方向图

当螺旋天线的直径 D 与波长的比值 $D/\lambda<0.18$ 时，是细螺旋天线，也称为螺旋鞭天线，如图 6-22（a）所示。螺旋鞭天线是边射型天线，主辐射方向与螺旋轴垂直。

当螺旋天线的直径 D 与波长的比值为 $0.25<D/\lambda<0.46$ 时，是端射型天线，主辐射方向沿螺旋轴方向，如图 6-22（b）所示。这时螺旋天线是圆极化天线，天线上的电流按行波分布，输入阻抗近似为纯电阻，具有宽频带特性。

五、非频变天线

RFID 工作频率很多，这要求一台读写器可以接收不同频率电子标签的信号，因此读写器发展的一个趋势是在不同的频率使用，这使得非频变天线成为 RFID 一个关键技术。一般来说，若天线的相对带宽达到百分之几十，这类天线称为宽频带天线；若天线的频带宽度能够达到 10:1，这类天线称为非频变天线。非频变天线能在一个很宽的频率范围内，保持天线的阻抗特性和方向特性基本不变或稍有变化。非频变天线有多种形式，主要包括平面等角螺旋天线、圆锥等角螺旋天线和对数周期天线等。

(1) 平面等角螺旋天线

平面等角螺旋天线是一种角度天线，有 2 条臂，每一条臂都有 2 条边缘线，每一条边缘线均为等角螺旋线。平面等角螺旋天线如图 6-23 所示。

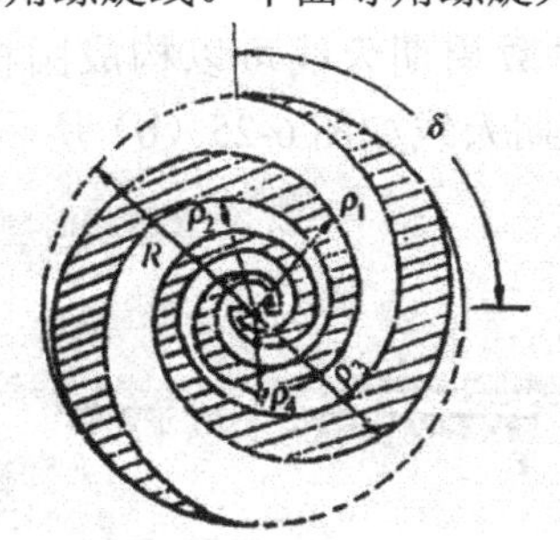

图6-23 平面等角螺旋天线

平面等角螺旋天线的螺旋线符合如下极坐标方程

$$\rho = \rho_0 e^{a\varphi} \tag{6.30}$$

在图 6-23 中，2 个臂 4 条边缘有相同的a，由于平面等角螺旋天线的边缘臂仅由角度决定，因此平面等角螺旋天线满足非频变天线对形状的要求。平面等角螺旋天线的 2 个臂可以看成是一对变形的传输线，臂上电流沿传输线边传输、边辐射、边衰减，臂上每一小段都是辐射元，总的辐射场就是辐射元的叠加。实验表明，臂上电流在流过约一个波长后，就迅速衰减到 20dB 以上，终端效应很弱，存在截断点效应，超过截断点的螺旋线对天线辐射影响不大。平面等角螺旋天线的最大辐射方向与天线平面垂直，其方向图近似为正弦函数，半功率波瓣宽度为 90°，极化方式接近于圆极化。

(2) 圆锥等角螺旋天线

平面等角螺旋天线的辐射是双方向的，为了得到单方向辐射，可以做成圆锥等角螺旋天线。图 6-24 所示为 2 种实际的圆锥等角螺旋天线。

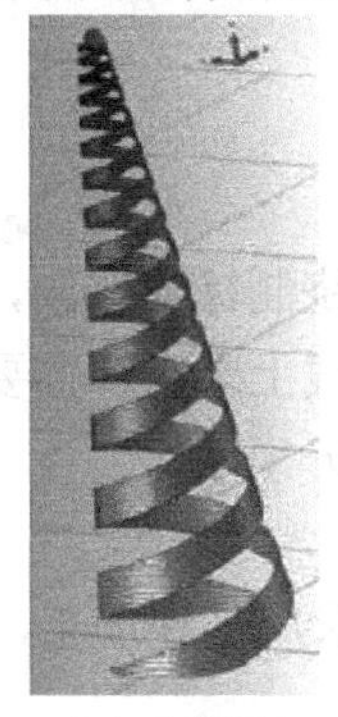

（a）内部空心

（b）有基层

图6-24 圆锥等角螺旋天线

(3)　对数周期天线

对数周期天线是非频变天线的另一种形式，它基于以下的概念：当某一天线按某一比例因子τ变换后，若依然等于它原来的结构，则天线的性能在频率为f和频率为τf时保持相同。对数周期天线常采用振子结构，其结构简单，在短波、超短波和微波波段都得到了广泛应用。对数周期天线的馈电点选择在最短振子处，天线的最大辐射方向由最长振子指向最短振子，极化方式为线极化，方向性系数主要为 5dB～8dB。对数周期天线如图 6-25（a）所示。对数周期天线有时需要圆极化，2 个对数周期天线可以构成圆极化，这需要将 2 个天线的振子相互垂直放置。圆极化对数周期天线如图 6-25（b）所示。

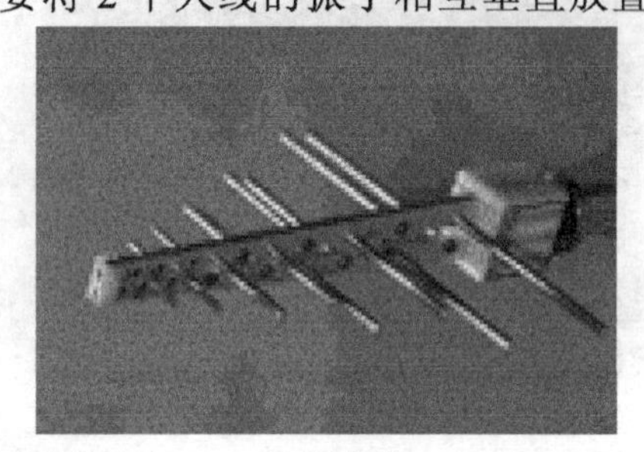

（a）线极化

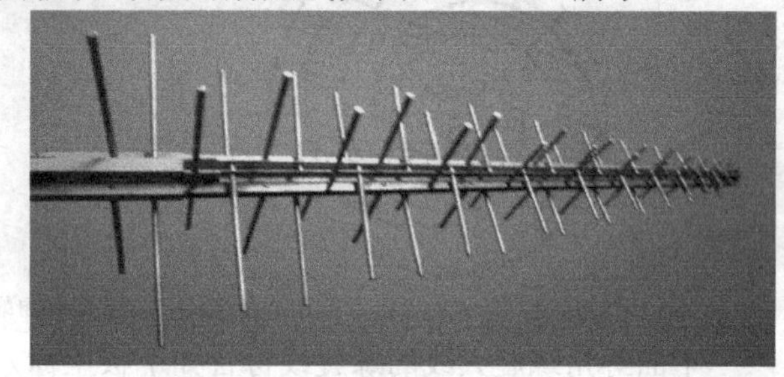

（b）圆极化

图6-25　对数周期天线

6.5 RFID 天线的制造工艺

为适应电子标签的快速应用和不断发展，RFID 天线采用了多种制作工艺，这些工艺既有传统的制作方法，也有近年来发展起来的新技术。RFID 标签天线应该具有低成本、高效率和低污染的特性，并应考虑各种工艺对参数的影响，通过导电材料选取、网版选用和基材选择等，结合实际工艺方法和工艺实验，制作出天线实物。

RFID 天线制作工艺主要有线圈绕制法、蚀刻法和印刷法。低频 RFID 电子标签天线基本是采用绕线方式制作而成；高频 RFID 电子标签天线利用以上 3 种工艺均可实现，但以蚀刻天线为主，其材料一般为铝或铜；UHF RFID 电子标签天线则以印刷天线为主。各种标签天线制作工艺都有优缺点，下面将对各种工艺加以介绍。

6.5.1　线圈绕制法

利用线圈绕制法制作 RFID 天线时，要在一个绕制工具上绕制标签线圈，并使用烤漆对其进行固定，此时天线线圈的匝数一般较多。将芯片焊接到天线上之后，需要对天线和芯片进行粘合，并加以固定。线圈绕制法制作的 RFID 天线如图 6-26 所示。

线圈绕制法的特点如下。

- 频率范围在 125kHz～135kHz 的 RFID 电子标签只能采用这种工艺，线圈的圈数一般在几百到上千。
- 这种方法的缺点是成本高，生产速度慢。

（a）矩形绕制的线圈天线

（b）圆形绕制的线圈天线

图6-26　线圈绕制法制作的 RFID 天线

- 高频 RFID 天线也可以采用这种工艺，线圈的匝数一般在几到几十。
- UHF 天线很少采用这种工艺。
- 采用这种工艺时，天线通常采用焊接的方式与芯片连接。此种技术只有在保证焊接牢靠、天线硬实、模块位置十分准确以及焊接电流控制较好的情况下，才能保证较好的连接，由于受控的因素较多，这种方法容易出现虚焊、假焊和偏焊等缺陷。

6.5.2　蚀刻法

蚀刻法是在一个塑料薄膜上层压一个平面铜箔片，然后在铜箔片上涂覆光敏胶，干燥后通过一个正片（具有所需形状的图案）对其进行光照，然后放入化学显影液中，此时感光胶的光照部分被洗掉，露出铜，最后放入蚀刻池，所有未被感光胶覆盖部分的铜被蚀刻掉，从而得到所需形状的天线。蚀刻法制作的 RFID 天线如图 6-27 所示。

（a）铜材料的线圈天线

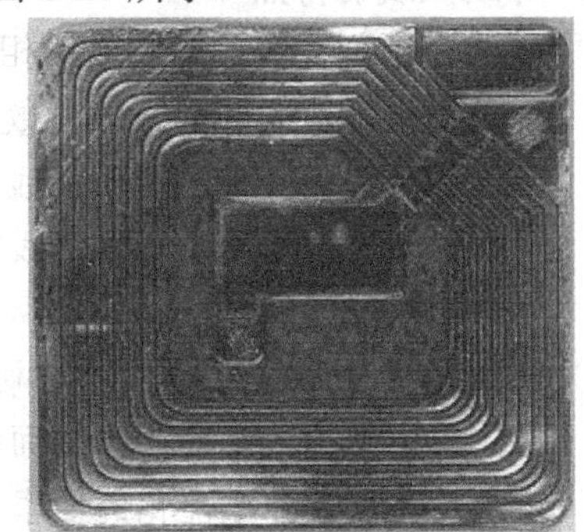

（b）铝材料的线圈天线

图6-27　蚀刻法制作的 RFID 天线

蚀刻法的特点如下。

- 蚀刻天线精度高，能够与读写器的询问信号相匹配，天线的阻抗、方向性等性能都很好，制造良率较高，天线性能优异且稳定。
- 这种方法的缺点是成本太高，制作程序繁琐，产能低下，成本昂贵。
- 高频 RFID 标签常采用这种工艺。
- 蚀刻的 RFID 标签耐用年限为 10 年以上。

6.5.3 印刷法

印刷天线是直接用导电油墨在绝缘基板（薄膜）上印刷导电线路，形成天线和电路。目前印刷天线的主要印刷方法已从只用丝网印刷，扩展到胶印印刷、柔性版印刷和凹印印刷等，较为成熟的制作工艺为网印技术与凹印技术。印刷天线技术的进步，使 RFID 标签的生产成本降低，从而促进了 RFID 电子标签的广泛应用。

印刷天线技术可以用于制造 13.56MHz 和 UHF 频段的 RFID 电子标签。该工艺的优点是产出最大，成本最低；缺点是电阻大，附着力低，耐用年限较短。印刷法制作的 RFID 天线和生产设备如图 6-28 所示，其中图 6-28（b）所示为德国悬策尔公司的印刷天线生产设备。

（a）印刷法制作的天线可批量生产

（b）印刷天线生产设备

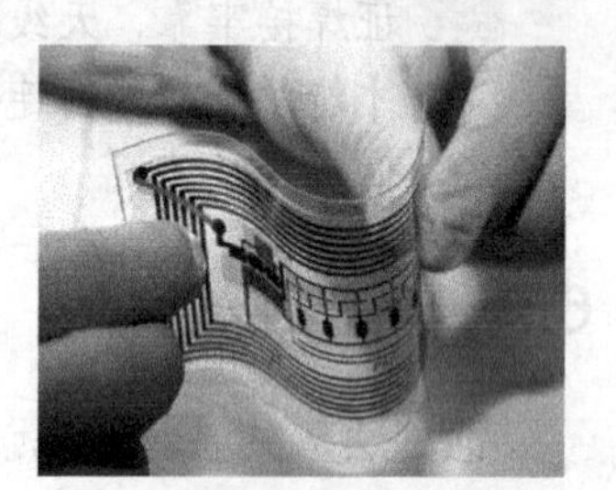

（c）印刷法制作的天线有柔韧性

图6-28 印刷法制作的 RFID 天线

(1) 印刷天线的特点

印刷天线与蚀刻天线、绕制天线相比，具有以下独特之处。

- 可更加精确地调整电性能参数。RFID 标签天线的主要技术参数有谐振频率、Q 值和阻抗等。为了达到天线的最优性能，印刷 RFID 标签可以采用改变天线匝数、改变天线尺寸和改变线径粗细的方法，将电性能参数精确调整到所需的目标值。
- 可满足各种个性化要求。印刷天线技术可以通过局部改变天线的宽度、改变晶片层的厚度、改变物体表面的曲率和角度等，来完成 RFID 多种使用用途，以满足客户各种个性化的要求，而不降低任何使用性能。
- 可使用各种不同基体材料。印刷天线可按用户要求使用不同基体材料，除可以使用聚氯乙烯（PVC）外，还可使用共聚酯（PET-G）、聚酯（PET）、丙烯腈-丁二烯-苯乙烯共聚物（ABS）、聚碳酸脂（PC）和纸基材料等。如果采用绕线技术或蚀刻技术，就很难用 PC 等材料生产出适应恶劣环境条件的 RFID 标签。
- 可使用各种不同厂家提供的晶片模块。随着 RFID 标签的广泛使用，越来越多的 IC 晶片厂家加入到 RFID 晶片模块生产的队伍。由于缺乏统一标准，IC 晶片的电性能参数也都不同，而印刷天线的灵活结构可分别与各种不同晶片及采用不同封装形式的模块相匹配，能达到最佳使用性能。

(2) 导电油墨与 RFID 印刷天线技术

导电油墨是一种特殊油墨，它可在 UV 油墨、水性油墨或特殊胶印油墨中加入可导电的载体，使油墨具有导电性。导电油墨主要是由导电填料（包括金属粉末、金属氧化物、非金属和其他复合粉末）、连接剂（主要有合成树脂、光敏树脂、低熔点有机玻璃等）、添加剂（主要有分散剂、调节剂、增稠剂、增塑剂、润滑剂、抑制剂等）和溶剂（主要有芳烃、醇、酮、酯、醇醚等）等组成，可以制成碳浆油墨和银浆油墨等导电油墨。碳浆油墨成膜固化后具有保护铜箔和传导电流的作用，具有良好的导电性，同时它不易氧化，性能稳定，耐酸、碱和化学溶剂的侵蚀，具有耐磨性强、抗磨损、抗热冲击性好等特点。银浆油墨有极强的附着力和遮盖力，可低温固化，具有可控导电性和很低的电阻值，这种导电油墨不仅印刷的膜层薄、均匀光滑、性能优良，而且还可大量节省材料。

在电子标签的制印中，导电油墨主要用于印制天线，替代传统的金属天线。传统的金属天线工艺复杂，制作时间长，消耗金属材料，成本较高。用导电油墨印制的天线，是利用高速的印刷方法制成，高效快速，导电油墨原材料成本要低于传统的金属天线是印刷天线中首选的既快又便宜的方法。如今，导电油墨已开始取代有些频率段的蚀刻天线，如在微波频段（860MHz～960MHz 和 2450MHz），用导电油墨印刷的天线可以与传统蚀刻的铜天线相比拟，这对于降低电子标签的制作成本具有很大的意义。

RFID 印刷天线之所以具有强于传统天线的特点，主要取决于导电油墨的特性及其与印刷技术的完美结合。导电油墨由细微导电粒子或其他特殊材料（如导电的聚合物等）组成，印刷在柔性或硬质承印物上，可制成印刷电路，起到导线、天线和电阻的作用。

导电油墨印刷天线技术的特点如下。

- 成本低。成本低主要取决于导电油墨材料和网印工序这两个方面的原因。其一：从材料本身的成本来讲，油墨要比冲压或蚀刻金属线圈的价格低，特别是在铜、银的价格上涨的情况下，采用导电油墨印刷法制作 RFID 天线不失为一种理想的替代方法。其二：网印工序之所以能降低成本，原因之一是引进印刷设备的投资比引进铜蚀刻设备要便宜得多。此外，由于印刷过程中无需因环保要求而追加额外的投资，故生产及设备的维护成本比铜蚀刻方法也要低，从而也减少了电阻标签的成本。
- 导电性好。导电油墨干燥后，由于导电粒子间的距离变小，自由电子沿外加电场方向移动形成电流，因此 RFID 印刷天线具有良好的导电性能。
- 操作容易。印刷技术作为一种添加法制作技术，较之减法制作技术（如蚀刻）而言，是一种容易控制、一步到位的工艺过程。
- 无污染。铜蚀刻过程必须采用的光敏胶和其他化学试剂都具有较强的侵蚀作用，所产生的废料及排出物对环境造成较大的污染。而采用导电油墨直接在基材上进行印刷，无需使用化学试剂，因而具有无污染的优点。
- 使用时间短。印刷技术较蚀刻的差别是耐用年限较短。一般印刷的 RFID 电子标签耐用年限为二至三年，但蚀刻的 RFID 电子标签耐用年限为十年以上。

(3) RFID 印刷天线的应用价值

- 促进各行业 RFID 应用。对于一般商品，RFID 电子标签的使用会导致产品成本的提高，从而阻碍了 RFID 技术的进一步应用。但导电油墨技术可使 RFID

应用走出成本瓶颈，利用导电油墨进行 RFID 电子标签天线的印刷可大大降低天线的制作成本，从而降低 RFID 电子标签的总体成本。

- 促进印刷产业的发展。RFID 天线的制作需要借助于先进的印刷技术，这无疑为印刷行业拓宽了发展的方向，使印刷行业不再仅仅局限于传统的纸面印刷，而是与自动识别行业、半导体行业等有了交叉点，这可以促进各个行业的共同进步。

6.6 本章小结

天线是用来发射或接收无线电波的装置。天线的性能指标是用天线的电参数描述的，天线的电参数包括天线的方向性参数、增益、效率、输入阻抗、有效长度、极化、频带宽度和有效接收面积等。天线发射与天线接收是逆过程，同一天线收发参数性质相同，符合互易定理。对天线的研究可以采用叠加原理，各种天线都可以分割成无限多个基本元。偶极子天线（对称振子天线）是最基本的线形天线，它由两个臂长为l、半径为a的直导线构成，其辐射场可以看成是赫兹偶极子辐射场的叠加。对称振子天线既可以单独使用，又可以作为天线阵的单元。将许多单元天线按一定方式排列，构成一个辐射系统，这个辐射系统称为天线阵，构成天线阵的每个单元称为阵元。天线阵符合方向图乘积定理，也即天线阵的方向图由阵元方向图和阵因子方向图乘积得到。

RFID 天线可以分为低频、高频和微波天线，在每一频段又分为电子标签天线和读写器天线。影响 RFID 天线应用性能的参数主要有天线类型、尺寸结构、材料特性、成本价格、工作频率、频带宽度、极化方向、方向性、增益、阻抗匹配和环境影响等，RFID 天线需要对上述参数加以权衡。在低频和高频频段，读写器和电子标签基本都采用线圈天线，线圈的形式多样，可以是圆形环，也可以是矩形环。一般低频 RFID 线圈天线的匝数较多，有几百至上千圈；高频 RFID 线圈天线的匝数较少，有几至几十圈。微波 RFID 天线形式多样，可以采用对称振子天线（偶极子天线）、微带天线、阵列天线和宽频带天线等。为了缩短天线的尺寸，在微波 RFID 中偶极子天线常采用弯曲结构。为适应电子标签的快速应用和不断发展，RFID 天线采用了多种制作工艺，这些工艺既有传统的制作方法，也有近年来发展起来的新技术。RFID 天线制作工艺主要有线圈绕制法、蚀刻法和印刷法。

6.7 思考与练习

6.1　简述天线的定义和天线的分类方法。

6.2　对小电流环天线计算：（1）归一化方向性函数；（2）半功率波瓣宽度；（3）方向性系数。

6.3　天线的电参数包括天线的效率、输入阻抗、方向性参数、增益、有效长度、极化、频带宽度和有效接收面积。简述上述电参数分别定量分析了天线的哪些性能指标。

6.4　某天线的辐射功率$P_{\Sigma}=15\text{W}$，输入功率$P_{in}=18\text{W}$，在最大辐射方向距离天线100m 处的辐射功率密度$S_{\max}=1.2\text{mW}/\text{m}^2$。求：（1）天线的方向性系数；（2）天线的

效率；（3）天线的增益。

6.5 简述半波对称振子和全波对称振子的结构、方向图、半功率波瓣宽度和辐射电阻的数值。对称振子天线加粗能提高频带宽度吗？

6.6 什么是天线阵方向性乘积原理？什么是均匀直线阵？什么是边射阵？什么是端射阵？用天线阵可以构成智能天线吗？

6.7 RFID 天线分为电子标签天线和读写器天线，这两类天线应用的一般要求是什么？这 2 类天线的设计要求和面临的技术问题相同吗？

6.8 简述低频和高频 RFID 天线的结构、特点和磁场分布。

6.9 某低频 RFID 工作频率为 135kHz，若采用半波对称振子天线，求天线的尺寸。低频 RFID 适合采用半波对称振子天线吗？

6.10 某高频 RFID 工作频率为 6.78MHz，若采用半波对称振子天线，求天线的尺寸。高频 RFID 适合采用半波对称振子天线吗？

6.11 某微波 RFID 工作频率为 842.5MHz，若采用半波对称振子天线，求天线的尺寸。微波 RFID 适合采用半波对称振子天线吗？

6.12 微波 RFID 天线为什么采用弯曲偶极子天线？简述弯曲偶极子天线的设计特点。

6.13 RFID 天线采用了哪些传统的制作工艺？近年来发展起来的新工艺有哪些？

第7章 RFID电感耦合方式的射频前端

低频和高频 RFID 基本是采用电感耦合方式进行工作的。在这种工作方式中，读写器和电子标签线圈天线都相当于电感，电感线圈产生交变磁场，使读写器与电子标签之间相互耦合，构成了电感耦合方式的能量和数据传输。同时，线圈的电感与射频电路中的电容组合在一起，形成谐振电路，读写器和电子标签的射频前端都采用谐振电路。

本章的核心内容是谐振电路和电感耦合。谐振电路能有选择地让一部分频率的信号通过，同时衰减通带外的信号，谐振电路可以用谐振频率、品质因数、输入阻抗和频带宽度等参数描述。本章首先介绍线圈的自感和互感，其次介绍读写器的射频前端和串联谐振电路，然后介绍电子标签的射频前端和并联谐振电路，最后介绍读写器与电子标签之间的电感耦合。

7.1 线圈的自感和互感

读写器与电子标签线圈形式的天线都相当于电感。电感有自感和互感两种，读写器线圈和电子标签线圈分别都有自感，同时读写器线圈与电子标签线圈之间形成互感。线圈的电感与通过线圈的磁通量有关，下面将介绍通过线圈的磁通量，并计算线圈的自感和互感。

7.1.1 磁通量

磁通是电磁学中的一个重要物理量，感应电动势和电感等的计算都与通过回路的磁通有关。磁感应强度$\boldsymbol{B}$通过曲面S的通量称为磁通，磁通用Φ表示。

$$\Phi = \int_S \boldsymbol{B} \cdot \mathrm{d}\boldsymbol{S} \tag{7.1}$$

式（7.1）中，$\mathrm{d}\boldsymbol{S}$的方向是面的法线方向$\boldsymbol{n}$，磁通的单位是 Wb（韦伯）。磁通相当于通过一个闭合回路磁力线的总数，磁通如图 7-1 所示。

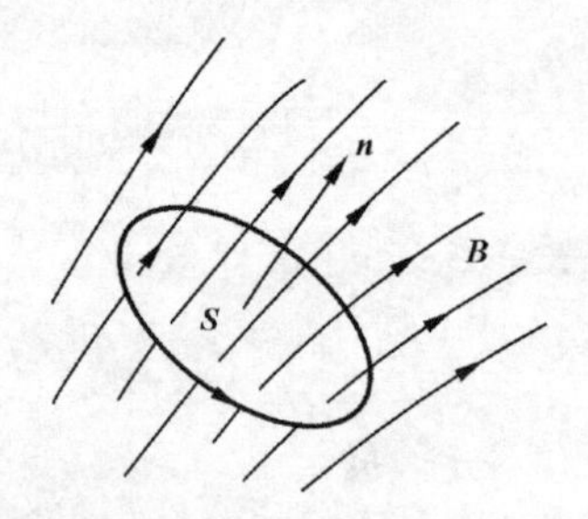

图7-1 通过一个闭合回路的磁通量

在 RFID 中，读写器和电子标签的线圈通常都有很多匝，假设通过一匝线圈的磁通为 Φ，线圈的匝数为 N，则通过 N 匝线圈的总磁通 ψ 为

$$\psi = N\Phi \tag{7.2}$$

7.1.2 线圈的电感

当磁场是由线圈本身的电流产生时，通过线圈的总磁通与电流的比值为线圈的自感，一般称为线圈的电感 L。在 RFID 中，读写器的线圈与电子标签的线圈都有电感。线圈的电感为

$$L = \frac{\psi}{I} \tag{7.3}$$

在计算线圈的电感时，线圈产生的磁通如图 7-2 所示。

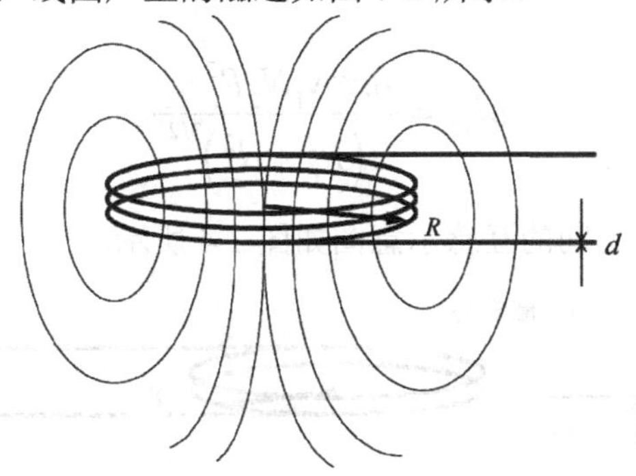

图7-2 在计算线圈的电感时线圈产生的磁通

电感是线圈的一种电参量，线圈的电感仅与线圈的结构、尺寸和材料有关。如果读写器或电子标签线圈的匝数为 N，线圈为圆形，线圈的半径为 R，线圈导线的直径为 d（$d \ll R$），则这种线圈的电感近似可以表示为

$$L = \mu_0 N^2 R \ln\left(\frac{2R}{d}\right) \tag{7.4}$$

7.1.3 线圈间的互感

当第一个线圈上的电流产生磁场，并且该磁场通过第二个线圈时，通过第二个线圈的磁通与第一个线圈上电流的比值称为两个线圈间的互感，互感用 M 表示。在 RFID 中，读写器的线圈与电子标签的线圈之间有互感。互感定义为

$$M_{12} = \frac{\psi_{12}}{I_1} \tag{7.5}$$

在计算线圈间的互感时，线圈产生的磁通如图 7-3 所示。

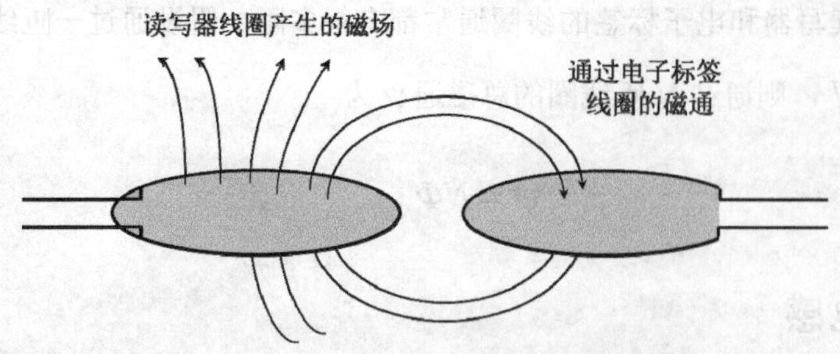

图7-3 在计算线圈间的互感时线圈产生的磁通

线圈之间的互感也是一种电参量，线圈之间的互感是仅与两个线圈的结构、尺寸、相对位置和材料有关。如果读写器线圈的匝数为 N_1、半径为 R_1，电子标签线圈的匝数为 N_2、半径为 R_2，两个线圈都为圆形，两个线圈圆心之间的距离为 d，两个线圈平行放置，则两个线圈之间的互感近似可以表示为

$$M_{12} = \frac{\mu_0 \pi N_1 N_2 R_1^2 R_2^2}{2\left(R_1^2 + d^2\right)^{3/2}} \tag{7.6}$$

读写器与电子标签线圈之间的互感示意图如图 7-4 所示。

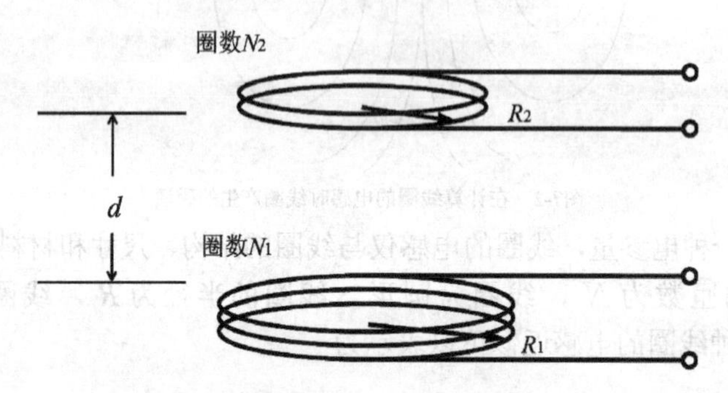

图7-4 读写器与电子标签之间的互感示意图

7.2 RFID 读写器的射频前端

RFID 读写器的射频前端常采用串联谐振电路，串联谐振电路可以使低频和高频 RFID 读写器有较好的能量输出。串联谐振电路由电感和电容串联构成，在某一个频率上谐振，可以用谐振频率、品质因数、输入阻抗和频带宽度等参数描述串联谐振电路的特性。

7.2.1 RFID 读写器射频前端的结构

低频和高频 RFID 读写器的天线用于产生磁通，该磁通向电子标签提供电源，并在读写器与电子标签之间传递信息。对读写器射频前端电路的构造有如下要求。

（1）读写器天线上的电流最大，使读写器线圈产生最大的磁通。

（2）功率匹配，最大程度地输出读写器的能量。

（3）足够的频带宽度。

根据以上要求，读写器射频前端的电路应该是串联谐振电路。串联谐振时，电路可以获得最大的电流，使读写器线圈上的电流最大；读写器可以最大程度地输出能量；根据频带宽度的要求调整谐振电路的品质因数，可以满足读写器信号的输出。

RFID 读写器的射频前端电路如图 7-5 所示，电感 L 由线圈天线构成，电容 C 与电感 L 串联，构成串联谐振电路。实际应用时，电感 L 和电容 C 有损耗（主要是电感的损耗），串联谐振电路相当于电感 L、电容 C 和电阻 R 串联而成。

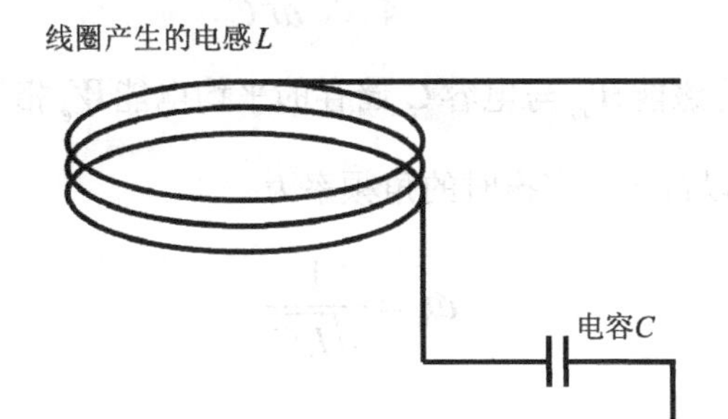

图7-5　读写器射频前端电路的结构

7.2.2　串联谐振电路

串联谐振电路由电感 L、电容 C 和电阻 R 串联而成，如图 7-6 所示。在串联谐振电路中，电感 L 储存磁能并提供感抗，电容 C 储存电能并提供容抗。当电感 L 储存的平均磁能与电容 C 储存的平均电能相等时，电路产生谐振，此时电感 L 的感抗和电容 C 的容抗相互抵消，输入阻抗为纯电阻 R。

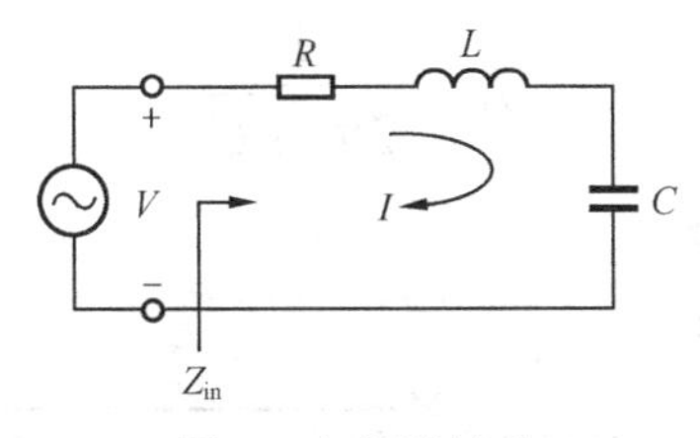

图7-6　串联谐振电路

(1)　谐振频率

图 7-6 所示的电路只有当频率为某一特殊值时，才能产生谐振，此频率称为谐振频率。在图 7-6 中，电路的电流为

$$I=\frac{V}{Z_{in}}$$

电感 L 储存的平均磁能为

$$W_m=\frac{1}{4}|I|^2 L \tag{7.7}$$

电容C储存的平均电能为

$$W_e = \frac{1}{4}|V_C|^2 C \tag{7.8}$$

式（7.8）中，V_C是电容C上的电压，$V_C = \frac{I}{j\omega C}$。于是，电容$C$储存的平均电能成为

$$W_e = \frac{1}{4}|I|^2 \frac{1}{\omega^2 C} \tag{7.9}$$

当电感L储存的平均磁能W_m与电容C储存的平均电能W_e相等时，电路产生谐振。由式（7.7）和式（7.9）可以得到，谐振时的角频率为

$$\omega_0 = \frac{1}{\sqrt{LC}} \tag{7.10}$$

由式（7.10）可以看出，只有当$\omega = \omega_0$时电路才能产生谐振。谐振频率为

$$f_0 = \frac{1}{2\pi\sqrt{LC}} \tag{7.11}$$

例 7.1　某高频 RFID 工作频率为 13.56MHz，采用串联谐振的射频前端电路，若线圈天线的电感为 1.0μH，求串联电容C。

解　由式（7.11），谐振频率为

$$f_0 = \frac{1}{2\pi\sqrt{LC}}$$

串联电容C为

$$C = \frac{1}{L}\left(\frac{1}{2\pi f_0}\right)^2 = \frac{1}{1\times10^{-6}} \times \frac{1}{\left(2\pi\times13.56\times10^6\right)^2} = 137.9\text{pF}$$

(2)　品质因数

品质因数描述了能耗这一谐振电路的重要内在特征。品质因数定义为

$$Q = \omega_0 \frac{\text{平均储能}}{\text{功率损耗}} \tag{7.12}$$

其中

$$\text{平均储能} = W_m + W_e = 2\times\frac{1}{4}|I|^2 L = \frac{1}{2}|I|^2 L$$

$$功率损耗=\frac{1}{2}|I|^2 R$$

于是，可以得到品质因数为

$$Q=\frac{\omega_0 L}{R} \tag{7.13}$$

可以看出，如果串联电阻 R 越小，电路损耗越小，品质因数越高。

例 7.2 在例 7.1 中，若串联谐振电路的品质因数为 20，求串联电阻 R。

解 由式（7.13），品质因数为

$$Q=\frac{\omega_0 L}{R}$$

串联电阻 R 为

$$R=\frac{\omega_0 L}{Q}=\frac{2\pi\times 13.56\times 10^{6}\times 1.0\times 10^{-6}}{20}=4.2\Omega$$

(3) 输入阻抗

输入阻抗为

$$Z_{in}=R+j\omega L-j\frac{1}{\omega C}=|Z_{in}|e^{j\phi} \tag{7.14}$$

① 当 $\omega=\omega_0$ 时，有

$$j\omega_0 L=j\frac{1}{\omega_0 C}$$

电感 L 的感抗和电容 C 的容抗相互抵消，这时的输入阻抗为纯电阻。输入阻抗为

$$Z_{in}=R \tag{7.15}$$

② 当 $\omega=\omega_0\pm\Delta\omega\neq\omega_0$ 时，Z_{in} 是复数。输入阻抗为

$$Z_{in}=R+j\omega L\left(\frac{\omega^2-\omega_0^2}{\omega^2}\right)$$

由于

$$\omega^2-\omega_0^2=(\omega-\omega_0)(\omega+\omega_0)=\Delta\omega(2\omega-\Delta\omega)\approx 2\omega\Delta\omega$$

于是，输入阻抗成为

$$Z_{in}\approx R+j2L\Delta\omega\approx R+j\frac{2RQ\Delta\omega}{\omega_0} \tag{7.16}$$

(4) 频带宽度

输入阻抗的模值$\left|Z_{in}\right|$随频率而变，当$\omega=\omega_0$时$\left|Z_{in}\right|$达到最小值R，当ω偏离ω_0时$\left|Z_{in}\right|$增大。当频率由ω_0变为$\omega=\omega_1<\omega_0$或$\omega=\omega_2>\omega_0$时，若$\left|Z_{in}\right|$从最小值R上升到$\sqrt{2}R$，$\omega_2-\omega_1$称为频带宽度，用BW表示。串联谐振电路的频带宽度如图 7-7 所示。

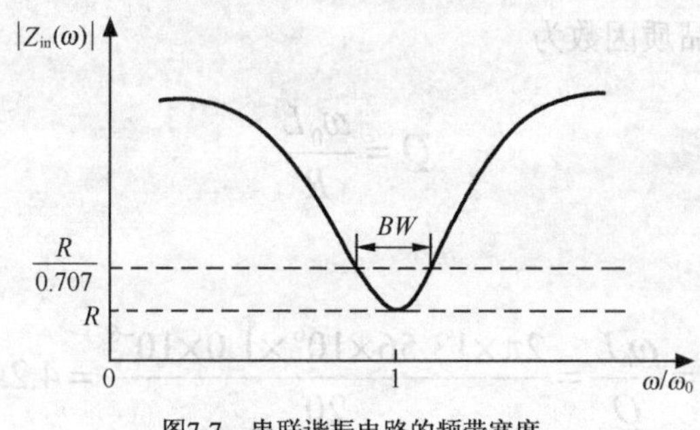

图7-7 串联谐振电路的频带宽度

利用$Q=\dfrac{\omega_0 L}{R}=\dfrac{1}{\omega_0 RC}$，输入阻抗为

$$Z_{in}=R\left[1+jQ\left(\frac{\omega}{\omega_0}-\frac{\omega_0}{\omega}\right)\right] \tag{7.17}$$

若$\left|Z_{in}\right|=R/2$，由式（7.17）有

$$Q\left(\frac{\omega}{\omega_0}-\frac{\omega_0}{\omega}\right)=\pm 1 \tag{7.18}$$

或

$$\frac{\omega_2}{\omega_0}-\frac{\omega_0}{\omega_2}=-\left(\frac{\omega_1}{\omega_0}-\frac{\omega_0}{\omega_1}\right),\ \omega_0^2=\omega_1\omega_2$$

于是可以得到

$$BW=\omega_2-\omega_1=\frac{\omega_0}{Q} \tag{7.19}$$

或

$$Q=\frac{\omega_0}{\omega_2-\omega_1}=\frac{\omega_0}{BW} \tag{7.20}$$

式（7.19）和式（7.20）说明，频带宽度可以由品质因数和谐振频率求得。如果品质因

数越高，则相对频带宽度越小。

例 7.3 对于例 7.2，计算串联谐振电路的频带宽度。如果品质因数提高到 25，串联谐振电路的频带宽度又为多少？

解 由式（7.19），串联谐振电路的频带宽度为

$$BW = \frac{\omega_0}{Q}$$

又由于 $\omega = 2\pi f$，用 Hz 表示的串联谐振电路的频带宽度为

$$BW = \frac{1}{2\pi}\frac{\omega_0}{Q} = \frac{1}{2\pi}\frac{2\pi \times 13.56 \times 10^6}{20} = 6.8 \times 10^5 \text{Hz}$$

如果品质因数提高到 25，串联谐振电路的频带宽度变小，为

$$BW = \frac{1}{2\pi}\frac{\omega_0}{Q} = \frac{1}{2\pi}\frac{2\pi \times 13.56 \times 10^6}{25} = 5.4 \times 10^5 \text{Hz}$$

(5) 有载品质因数

前面定义的 Q 称为无载品质因数，它体现了谐振电路自身的特性。实际应用中，谐振电路总是要与外负载相耦合，由于外负载消耗能量，使有载品质因数下降。

假设外负载为 R_L，外部品质因数定义为

$$Q_e = \frac{\omega_0 L}{R_L} \tag{7.21}$$

R_L 将与 R 串联，总的电阻为 $R + R_L$，此时有载品质因数设为 Q_L，Q_L 为

$$Q_L = \frac{\omega_0 L}{R + R_L} \tag{7.22}$$

无载品质因数、外部品质因数和有载品质因数之间的关系为

$$\frac{1}{Q_L} = \frac{1}{Q} + \frac{1}{Q_e} \tag{7.23}$$

7.3 RFID 电子标签的射频前端

RFID 电子标签的射频前端常采用并联谐振电路，并联谐振电路可以使低频和高频 RFID 电子标签从读写器耦合的能量最大。并联谐振电路由电感和电容并联构成，并联谐振

电路在某一个频率上谐振，可以用谐振频率、品质因数、输入阻抗和频带宽度等描述并联谐振电路的特性。

7.3.1 RFID 电子标签射频前端的结构

低频和高频 RFID 电子标签的天线用于耦合读写器的磁通，该磁通向电子标签提供电源，并在读写器与电子标签之间传递信息。

对电子标签天线的构造有如下要求。

（1）电子标签天线上感应的电压最大，使电子标签线圈输出最大的电压。

（2）功率匹配，电子标签最大程度地耦合来自读写器的能量。

（3）足够的频带宽度。

根据以上要求，电子标签天线的电路应该是并联谐振电路。并联谐振时，电路可以获得最大的电压，使电子标签线圈上输出的电压最大；可以最大程度地耦合读写器的能量；根据频带宽度的要求调整谐振电路的品质因数，可以满足电子标签接收的信号要求。

RFID 电子标签射频前端电路的结构如图 7-8 所示，电感 L 由线圈天线构成，电容 C 与电感 L 并联，构成并联谐振电路。实际应用时，电感 L 和电容 C 有损耗（主要是电感的损耗），并联谐振电路相当于电感 L、电容 C 和电阻 R 并联而成。

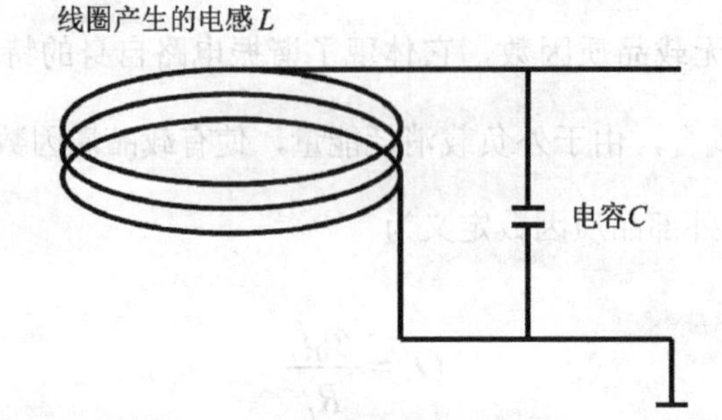

图7-8　电子标签射频前端电路的结构

7.3.2 并联谐振电路

并联谐振电路如图 7-9 所示，由电阻 R、电感 L 和电容 C 并联而成。当频率为谐振频率时，电感 L 储存的平均磁能与电容 C 储存的平均电能相等，电路产生谐振。由于电阻消耗能量，谐振出现阻尼，品质因数给出了阻尼的程度。

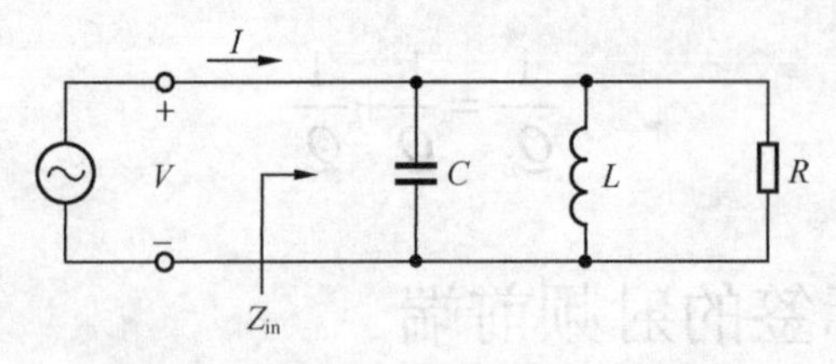

图7-9　并联谐振电路

并联谐振电路的参量与串联谐振电路的参量基本相同，也需要讨论谐振频率、品质因数和频带宽度等参量。

串联谐振电路和并联谐振电路的参量见表 7-1。

表 7-1 串联谐振电路和并联谐振电路参量一览表

参量	串联谐振电路	并联谐振电路
输入阻抗或导纳	$Z_{in}=R+j\omega L-j\dfrac{1}{\omega C}$	$Y_{in}=\dfrac{1}{R}+\dfrac{1}{j\omega L}+j\omega C$
储存的磁能	$W_m=\dfrac{1}{4}\lvert I\rvert^2 L$	$W_m=\dfrac{1}{4}\lvert V\rvert^2\dfrac{1}{\omega^2 L}$
储存的电能	$W_e=\dfrac{1}{4}\lvert I\rvert^2\dfrac{1}{\omega^2 C}$	$W_e=\dfrac{1}{4}\lvert V\rvert^2 C$
谐振角频率	$\omega_0=1/\sqrt{LC}$	$\omega_0=1/\sqrt{LC}$
频带宽度	$BW=\omega_2-\omega_1=\omega_0/Q$	$BW=\omega_2-\omega_1=\omega_0/Q$
无载品质因数	$Q=\dfrac{\omega_0 L}{R}$	$Q=\dfrac{R}{\omega_0 L}$
外部品质因数	$Q_e=\dfrac{\omega_0 L}{R_L}$	$Q_e=\dfrac{R_L}{\omega_0 L}$
有载品质因数	$Q_L=\dfrac{\omega_0 L}{R+R_L}$	$Q_L=\dfrac{RR_L}{\omega_0 L(R+R_L)}$
品质因数关系	$\dfrac{1}{Q_L}=\dfrac{1}{Q}+\dfrac{1}{Q_e}$	$\dfrac{1}{Q_L}=\dfrac{1}{Q}+\dfrac{1}{Q_e}$

例 7.4 设计一个由理想电感和理想电容构成的并联谐振电路，要求在负载 $R_L=50\Omega$、谐振频率 $f=13.56\text{MHz}$ 时，有载品质因数 $Q_L=1.1$。讨论通过改变电感和电容值提高有载品质因数的途径。

解 由理想电感和理想电容构成的并联谐振电路，有载品质因数为

$$Q_L=\frac{R_L}{\omega_0 L}=1.1$$

电感为

$$L=\frac{R_L}{\omega_0 Q_L}=\frac{50}{2\pi\times 13.56\times 10^6\times 1.1}=533.5\text{nH}$$

电容为

$$C=\frac{1}{L\omega_0^2}=\frac{1}{533.5\times10^{-9}\times\left(2\pi\times13.56\times10^6\right)^2}=258.5\text{pF}$$

并联谐振电路如图 7-10（a）所示。可以通过将电感值降低 n 倍同时将电容值提高 n 倍的方法来提高有载品质因数，这时有载品质因数可以提高 n 倍，而没有改变谐振频率。如选 $n=2$，电感、电容和有载品质因数分别为

$$L=\frac{533.5}{2}=266.8\text{nH}$$

$$C=258.5\times2=517.0\text{pF}$$

$$Q_L=1.1\times2=2.2$$

提高有载品质因数后的并联谐振电路如图 7-10（b）所示。

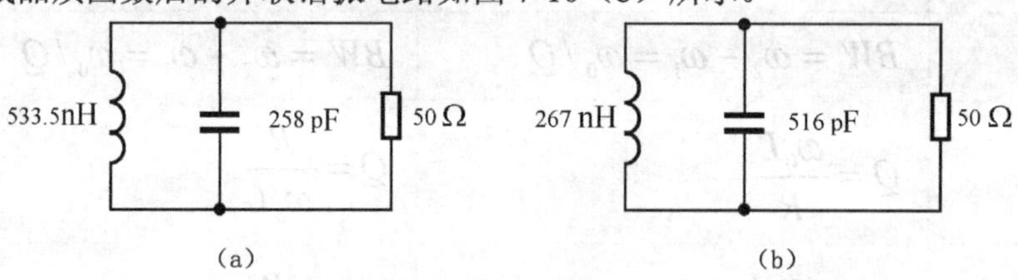

图7-10 例 7.4 用图

7.4 RFID 读写器与电子标签之间的电感耦合

读写器与电子标签之间有电感耦合，读写器通过电感耦合给电子标签提供能量，电感耦合符合法拉第电磁感应定律。按照电子标签的供电来源，可分为有源电子标签和无源电子标签，读写器通过电感耦合给电子标签提供能量的方式分别如下。

（1）有源电子标签有自己的电池，电池用于给数据载体供电。在这种电子标签中，读写器通过电感耦合给电子标签提供的能量只用于产生“唤醒”信号，只要“唤醒”信号超过某个阈值，电子标签就被激活，使电子标签的数据载体进入工作模式。当与读写器完成信息交换后，“唤醒”信号低于阈值，电子标签又进入睡眠或备用模式。

（2）电感耦合方式 RFID 系统的电子标签主要是无源的。对无源电子标签来说，读写器通过电感耦合给电子标签的数据载体供电。电子标签从电感耦合中获得交变电压后，需要采用整流器把交变电压转换为直流，然后对电压进行滤波，以便给电子标签数据载体供电。

7.4.1 电子标签的感应电压

当电子标签进入读写器产生的磁场区域后，电子标签的线圈上就会产生感应电压，当电子标签与读写器的距离足够近时，电子标签获得的能量可以使其开始工作。

(1) 电子标签线圈的感应电压

法拉第通过大量实验发现了电磁感应定律。在磁场中有一个任意闭合的导体回路，当穿过回路的磁通量ψ改变时，回路中将出现电流，表明回路中出现了感应电动势。法拉第总结出感应电动势与磁通量ψ的关系为

$$v=-\frac{\mathrm{d}\psi}{\mathrm{d}t}$$

电子标签线圈上感应电压的示意图如图 7-11 所示。如果读写器线圈的匝数为N_1，电子标签线圈的匝数为N_2，线圈都为圆形，线圈的半径分别为R_1和R_2，两个线圈平行放置，两个线圈圆心之间的距离为d，电子标签线圈上感应的电压为

$$v_2=-\frac{\mathrm{d}\psi}{\mathrm{d}t}=-\frac{\mu_0\pi N_1N_2R_1^2R_2^2}{2\left(R_1^2+d^2\right)^{3/2}}\frac{\mathrm{d}i_1}{\mathrm{d}t}=-M\frac{\mathrm{d}i_1}{\mathrm{d}t} \tag{7.24}$$

式（7.24）中的M即为式（7.6）中的互感。

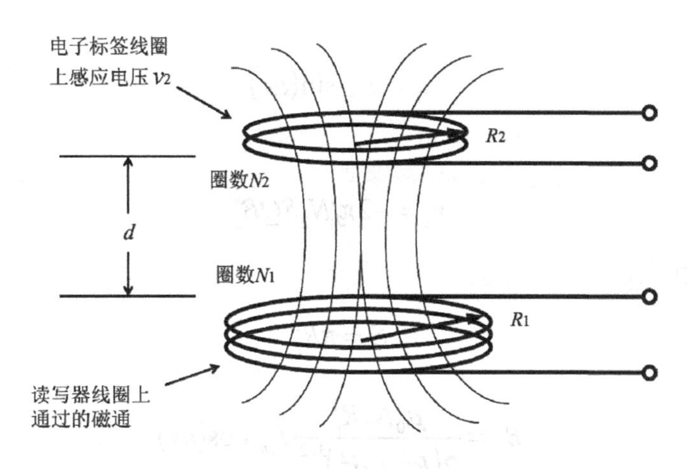

图7-11　电子标签线圈上感应电压的示意图

由式（7.24）可以看出，电子标签上感应的电压v_2与互感M成正比，即v_2与线圈的结构、尺寸、相对位置和材料有关。由式（7.24）还可以看出，电子标签上感应的电压v_2与线圈距离的 3 次方成反比，因此电子标签与读写器的距离越近，电子标签上耦合的电压越大。结论是：在电感耦合工作方式中，电子标签必须靠近读写器才能工作。

(2) 电子标签谐振回路的电压输出

电子标签射频前端采用并联谐振电路，其等效电路如图 7-12 所示。其中，v_2为线圈的感应电压，L_2为线圈的电感，R_2为线圈的损耗电阻，C_2为谐振电容，R_L为负载电阻。

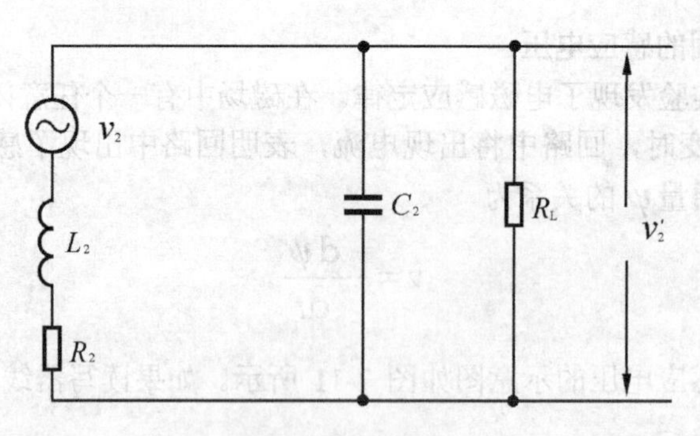

图7-12　电子标签并联谐振的等效电路

在图 7-12 中，负载电阻上产生的电压为v_2'。电压v_2'的频率等于读写器电压v_1'的工作频率，也等于电子标签电感L_2和电容C_2的谐振频率，所以有

$$v_2' = v_2 Q = -M\frac{\mathrm{d}i_1}{\mathrm{d}t}Q$$

其中

$$i_1 = I_{1m}\sin(\omega t)$$

于是得到

$$v_2' = -2\pi f N_2 S Q B_z \tag{7.25}$$

式（7.25）中

$$S = \pi R_2^2$$

$$B_z = \frac{\mu_0 N_1 R_1^2}{2\left(R_1^2 + d^2\right)^{3/2}} I_{1m}\cos(\omega t)$$

(3)　电子标签输出电压的调节

电压v_2'通过振荡回路中的谐振，很快达到一个高值。如果提高读写器与电子标签之间的耦合因数（例如减小读写器与电子标签之间的距离），或者是提高负载电阻R_L，电压v_2'可以达到 100V 以上。然而，为了数据载体的工作，需要稳定的 3V～5V 工作电压（整流以后）。

为了不依赖耦合因数或其他参数调节电压v_2'，实际上一般在负载电阻R_L上并联一个分流电阻R_S，如图 7-13 所示。随着感应电压的增加，分流电阻R_S的值不断减小，并使电子标签谐振回路的品质因数恰当地减小，从而使电压v_2'保持稳定。

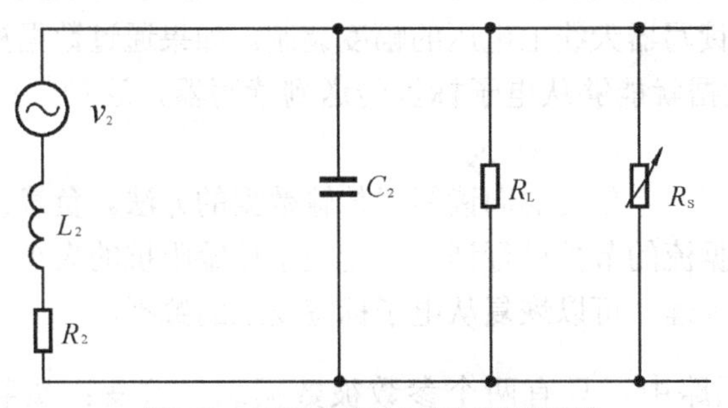

图7-13　电子标签通过分流电阻调节电压

7.4.2　电子标签的直流电压

当负载电阻上产生的电压v_2'达到一定值之后，通过整流电路可以产生电子标签芯片工作的直流电压。也就是说，电子标签通过与读写器电感耦合，产生交变电压，该交变电压通过整流、滤波和稳压后，给电子标签的芯片提供所需的直流电压。电子标签交变电压转换为直流电压的过程如图 7-14 所示。

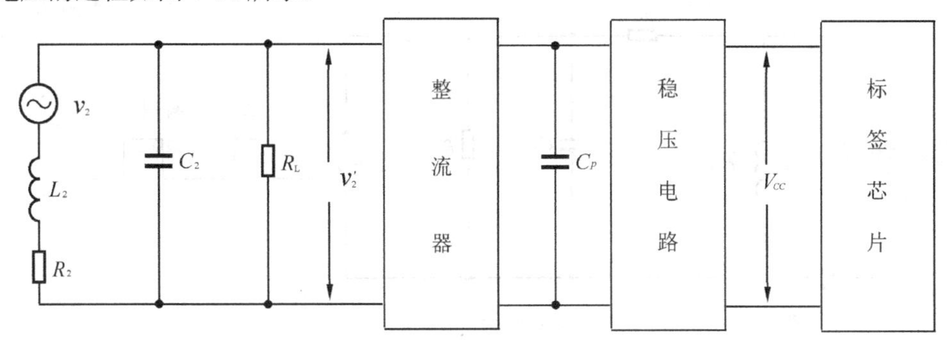

图7-14　电子标签交变电压转换为直流电压

(1)　整流和滤波

电子标签一般采用全波整流电路。线圈耦合得到的交变电压通过整流后，再经过滤波电容C_p滤掉高频成分，可以获得直流电压。这时，滤波电容C_p又可以作为储能元件。

(2)　稳压电路

由于电子标签获得的交变电压在一定范围内有着变化，导致电子标签整流和滤波以后直流电压不是很稳定，因此需要稳压电路。稳压电路输出直流电压V_{CC}，给电子标签的芯片提供所需的稳定直流电压。

7.4.3　负载调制

如果将谐振的电子标签放入读写器天线的交变磁场中，电子标签将从磁场中获得能量。

由此导致的电子标签对读写器的反作用可以用读写器天线线圈中的变换阻抗 Z_T 来描述。接通和关断在电子标签天线线圈处的负载电阻，会引起阻抗 Z_T 的改变，从而造成读写器天线的电压变化，这将影响读写器天线上电压的幅度调制。如果通过数据控制电子标签负载电阻的接通和断开，这些数据就能够从电子标签传送到读写器，这种数据传输方式称为负载调制。

负载调制是电子标签经常使用的向读写器传输数据的方法。负载调制通过对电子标签振荡回路的电参数按照数据流的节拍进行调节，使电子标签阻抗的大小和相位随之改变。通过在读写器中对数据进行处理，可以恢复从电子标签发送的数据。

在电子标签振荡回路中，只有两个参数被数据载体改变：负载电阻 R_L 及并联电容 C_2。因此，电子标签负载调制技术主要有电阻负载调制和电容负载调制两种方式。

(1) 电阻负载调制

在电阻负载调制中，负载电阻 R_L 并联一个电阻 R_{mod}。R_{mod} 称为负载调制电阻，该电阻按数据流的时钟接通和断开，开关 S 的通断由二进制数据编码控制。电阻负载调制的电路原理图如图 7-15 所示。

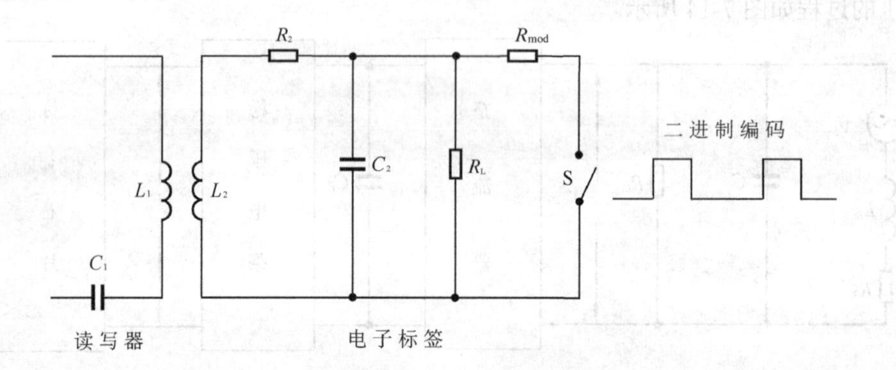

图7-15　电阻负载调制的电路原理图

电阻负载调制的特性如下。

- 当二进制数据编码为“1”时，开关 S 接通，电子标签的负载电阻为 R_{mod} 和 R_L 的并联；当二进制数据编码为“0”时，开关 S 断开，电子标签的负载电阻为 R_L。这表明当开关 S 接通时，电子标签的负载电阻比较小。
- 对于并联谐振，如果并联电阻比较小，将降低品质因数。也就是说，当电子标签的负载电阻比较小时，品质因数 Q 值将降低，这将使谐振回路两端的电压下降。
- 上述分析说明，开关 S 接通或断开，会使电子标签谐振回路两端的电压发生变化。为了恢复（解调）电子标签发送的数据，上述变化应该输送到读写器。

- 当电子标签谐振回路两端的电压发生变化时，由于线圈电感耦合，这种变化会传递给读写器，表现为读写器线圈两端电压的振幅发生变化，因此产生对读写器电压的调幅。
- 电阻负载调制的波形变化过程如图 7-16 所示。图 7-16（a）所示为电子标签数据的二进制数据编码，图 7-16（b）所示为电子标签线圈两端的电压，图 7-16（c）所示为读写器线圈两端的电压，图 7-16（d）所示为读写器线圈解调后的电压。可以看出，图 7-16（a）与图 7-16（d）所示的二进制数据编码一致，表明电阻负载调制完成了信息传递的工作。

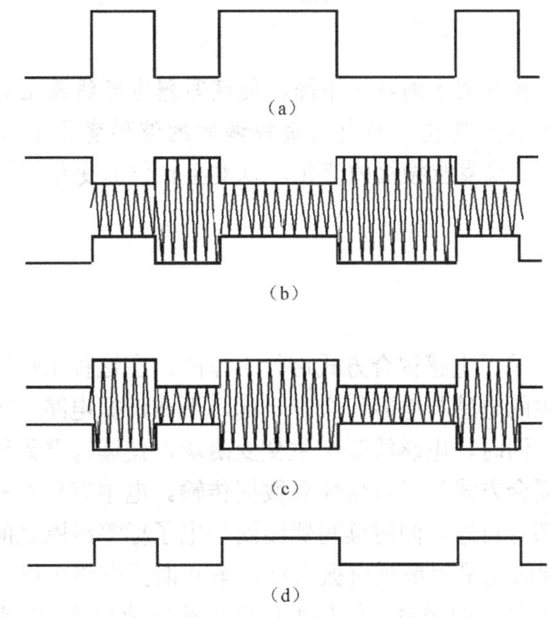

图7-16　电阻负载调制的波形变化过程

(2)　电容负载调制

在电阻负载调制中，负载 R_L 并联一个电容 C_{mod}，C_{mod} 取代了由二进制数据编码控制的负载调制电阻 R_{mod}。电容负载调制的电路原理图如图 7-17 所示。

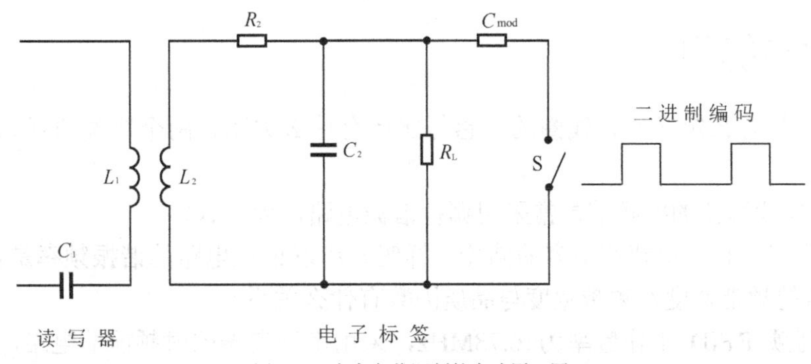

图7-17　电容负载调制的电路原理图

电容负载调制的特性如下。

- 在电阻负载调制中，读写器和电子标签在工作频率下都处于谐振状态；而在电容负载调制中，由于接入了电容 C_{mod}，电子标签回路失谐，又由于读写器与电子标签的耦合作用，导致读写器也失谐。
- 开关 S 的通断控制电容 C_{mod} 按数据流的时钟接通和断开，使电子标签的谐振频率在两个频率之间转换。
- 通过定性分析可以知道，电容 C_{mod} 的接入使电子标签电感线圈上的电压下降。
- 由于电子标签电感线圈上的电压下降，使读写器电感线圈上的电压上升。
- 电容负载调制的波形变化，与电阻负载调制的波形变化相似，但此时读写器电感线圈上电压不仅发生振幅的变化，也发生相位的变化，相位变化应尽量减小。

7.5 本章小结

低频和高频 RFID 是采用电感耦合方式进行工作的。在这种工作方式中，线圈形式的天线相当于电感，线圈产生的电感与电容组合在一起，形成谐振电路，读写器和电子标签的射频前端都采用谐振电路。同时，电感线圈产生交变磁场，使读写器天线与电子标签天线之间相互耦合，构成了电感耦合方式的能量传输和数据传输。电感有自感和互感两种，读写器线圈、电子标签线圈分别都有自感，同时读写器线圈与电子标签线圈之间形成互感。

RFID 读写器的射频前端采用串联谐振电路，串联谐振电路可以使读写器天线上的电流最大，使读写器线圈产生最大的磁通，能最大程度地输出读写器的能量。RFID 电子标签的射频前端常采用并联谐振电路，并联谐振电路可以使电子标签天线上感应的电压最大，使电子标签线圈输出最大的电压，使电子标签最大程度地耦合来自读写器的能量。

读写器与电子标签之间有电感耦合。读写器通过电感耦合给电子标签提供能量，并通过整流电路可以产生电子标签芯片工作的直流电压。负载调制是电子标签经常使用的向读写器传输数据的方法，电子标签负载调制技术主要有电阻负载调制和电容负载调制两种方式。

7.6 思考与练习

7.1 磁通是怎么定义的？线圈的自感与磁通有什么关系？两个线圈的互感与磁通有什么关系？

7.2 RFID 读写器的射频前端常采用哪种谐振电路，为什么？

7.3 串联谐振时，电感和电容的储能一样吗？串联谐振电路的谐振频率是什么?什么是串联谐振电路的频带宽度？频带宽度与品质因数有什么关系？

7.4 某高频 RFID 工作频率为 6.78MHz，采用串联谐振的射频前端电路，若线圈天线的电感为3.5μH，求串联电容C。若品质因数为20，求串联电阻R。

7.5 对于题7.4，计算串联谐振电路的频带宽度。如果品质因数提高到25，串联谐振电路的频带宽度又为多少？

7.6 RFID电子标签的射频前端常采用哪种谐振电路，为什么？

7.7 并联谐振时，电感和电容的储能一样吗？并联谐振电路的谐振频率是什么？什么是并联谐振电路的频带宽度？与品质因数有什么关系？

7.8 设计一个由理想电感和理想电容构成的并联谐振电路，要求在负载$R_L = 50\Omega$、谐振频率$f = 6.78\text{MHz}$时，有载品质因数$Q_L = 2$。讨论改变电感和电容值提高有载品质因数的途径。

7.9 当电子标签与读写器的距离足够近时，电子标签上的感应电压与互感有什么关系？电子标签上感应的电压与两个线圈的距离有什么关系？

7.10 画出电子标签交变电压转换为直流电压的电路框图，并说明工作过程。

7.11 什么是负载调制？电子标签负载调制技术主要有哪两种方式？简述其工作原理，并画图说明调制波形的变化过程。

第8章 RFID 电磁反向散射方式的射频前端

RFID 电磁反向散射方式的射频前端用于微波 RFID 系统。微波 RFID 的射频前端主要包括发射电路和接收电路，需要处理收、发两个过程。微波 RFID 射频前端涉及很多电路的设计，包括滤波器的设计、放大器的设计、混频器的设计和振荡器的设计等。

本章首先介绍微波 RFID 射频前端的基本构成，然后分别介绍滤波器的设计、放大器的设计、混频器的设计和振荡器的设计。

8.1 微波 RFID 射频前端的基本构成

图 8-1 所示为微波 RFID 的读写器系统框图，该框图包括天线、射频前端电路、混合信号电路和数字电路。其中，读写器射频前端电路主要包括滤波器、放大器、混频器和振荡器，这些器件基本可构成发射电路和接收电路，能够完成发信和收信两个过程。

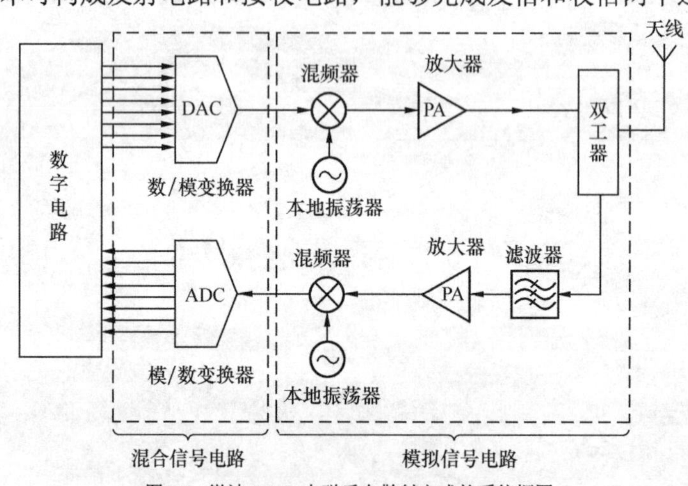

图8-1 微波 RFID 电磁反向散射方式的系统框图

在图 8-1 中，射频前端接收电路的工作过程如下：读写器天线接收到的信号通过双工器进入接收通道；然后通过滤波器进入放大器，这时信号的频率还为射频频率；最后射频信号在混频器中与本振信号混频，生成中频信号，中频信号的频率比射频信号的频率大幅度降低。读写器发射的过程与接收的过程相反，射频前端发射电路的工作过程如下：在发射的通道中首先利用混频器将中频信号与本振信号混频，生成射频信号；然后将射频信号放大；最后射频信号经过双工器由天线辐射出去。

例 8.1 某微波 RFID 的读写器射频前端电路结构图如图 8-2 所示。计算：①读写器射频前端发射电路在各节点的频率；②读写器射频前端接收电路在各节点的频率。

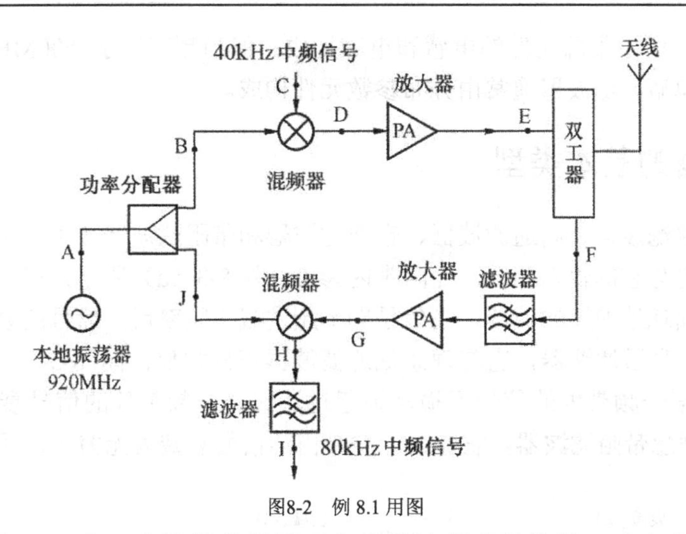

图8-2 例 8.1 用图

解 ① 在图 8-2 中，本地振荡器用于产生微波频率的信号；功率分配器是三端口器件，3 个端口的工作频率相同，用于将本地振荡器输入的功率分配为 2 路输出；混频器是三端口器件，由箭头可以看出有 2 路输入、1 路输出，输出端口的频率是 2 路输入端口频率的“和频”或是“差频”；放大器是二端口器件，2 个端口的工作频率相同，用于放大信号；滤波器是二端口器件，2 个端口的工作频率相同，用于信号滤波。

射频前端发射电路包括本地振荡器、功率分配器、混频器和放大器。其中，节点 A 处的频率为 920MHz，为本地振荡器的频率；节点 B 处的频率为 920MHz，与节点 A 处的频率相同；节点 C 处的频率为 40kHz，为中频信号的频率；节点 D 处的频率为 920MHz+40kHz=920.04MHz，采用了 2 路输入频率的“和频”；节点 E 处的频率为 920.04MHz，与节点 D 处的频率相同。

40kHz 的中频信号含有 RFID 信息，但 40kHz 的中频信号不适合无线传输。射频前端发射电路的作用是将 40kHz 的中频信号提高到 920.04MHz 的射频信号，然后通过天线将 920.04MHz 射频信号发射出去。920.04MHz 是微波频率，微波频率的信号适合无线传输。

② 射频前端接收电路包括本地振荡器、功率分配器、混频器、放大器和 2 个滤波器。其中，节点 A 处的频率为 920MHz，为本地振荡器的频率；节点 J 处的频率为 920MHz，与节点 A 处的频率相同；节点 I 处的频率为 80kHz；节点 H 处的频率为 80kHz，与节点 I 处的频率相同，为中频信号的频率；节点 G 处的频率为 920MHz+80kHz=920.08MHz（也即 920.08MHz−920MHz=80kHz），混频器输出频率采用了 2 路输入频率的“差频”；节点 F 处的频率为 920.08MHz，与节点 G 处的频率相同。

80kHz 的中频信号含有 RFID 的信息，但 80kHz 的中频信号不适合无线传输。射频前端接收电路的作用是将天线接收的 920.08MHz 射频信号降低为 80kHz 的中频信号。

8.2 射频滤波器的设计

射频电路许多有源和无源部件都没有获得精确的频率特性，因而在设计射频系统时通常会加入滤波器，滤波器可以非常精确地实现预定的频率特性。滤波器是一个二端口网络，它允许所需要频率的信号以最小可能的衰减通过，同时大幅度衰减不需要频率的信号。当频率

不高时，滤波器可以由集总元件的电感和电容构成；但当频率高于 500MHz 时，电路寄生参数的影响不可忽略，滤波器通常由分布参数元件构成。

8.2.1　滤波器的基本类型

滤波器有低通滤波器、高通滤波器、带通滤波器和带阻滤波器 4 种基本类型。理想滤波器的输出在通带内与它的输入相同，在阻带内为 0。图 8-3（a）所示是理想低通滤波器，它允许低频信号无损耗地通过滤波器，当信号频率超过截止频率后，信号的衰减为无穷大；图 8-3（b）所示理想高通滤波器，它与理想低通滤波器正好相反；图 8-3 （c）所示理想带通滤波器，它允许某一频带内的信号无损耗地通过滤波器，频带外的信号衰减为无穷大；图 8-3（d）所示是理想带阻滤波器，它让某一频带内的信号衰减为无穷大，频带外的信号无损耗地通过滤波器。

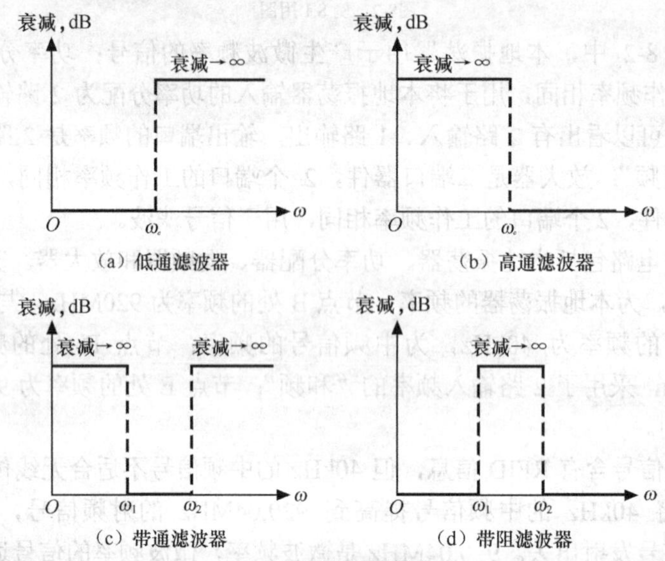

图8-3　4 种理想滤波器

理想滤波器是不存在的。实际滤波器既不能实现通带内信号无损耗地通过，也不能实现阻带内信号衰减无穷大。以低通滤波器为例，实际低通滤波器允许低频信号以很小的衰减通过，当信号频率超过截止频率后，信号的衰减将急剧增大。

8.2.2　低通滤波器原型

低通滤波器原型是设计滤波器的基础，集总元件低通、高通、带通、带阻滤波器和分布参数滤波器都根据低通滤波器原型变换而来。一般插入损耗作为考察滤波器的指标。插入损耗定义为来自源的可用功率与传送到负载功率的比值，用 dB 表示的插入损耗定义为

$$IL = 10\lg\frac{1}{1-\left|\Gamma_{in}\left(\omega\right)\right|^{2}} \tag{8.1}$$

式（8.1）中，$\left|\Gamma_{in}\left(\omega\right)\right|^{2}$ 可以用 ω^2 的多项式来描述，ω 为角频率。插入损耗可以选特定

的函数，随所需的响应而定，常用的有通带内最平坦和通带内等幅波纹起伏响应的情形，对应这 2 种响应的滤波器分别称为巴特沃斯滤波器和切比雪夫滤波器。

一、巴特沃斯低通滤波器原型

如果滤波器在通带内的插入损耗随频率的变化是最平坦的，这种滤波器称为巴特沃斯滤波器，也称为最平坦滤波器。对于低通滤波器，最平坦响应的数学表示式为

$$IL = 10\lg\left[1 + k^2\left(\frac{\omega}{\omega_c}\right)^{2N}\right] \tag{8.2}$$

式（8.2）中，N 是滤波器阶数，ω_c 是截止角频率。一般选 $k=1$，当 $\omega=\omega_c$ 时，插入损耗 IL 等于 3dB 。图 8-4 所示为低通滤波器的最平坦响应，在通带内巴特沃斯滤波器没有任何波纹，在阻带内巴特沃斯滤波器的衰减随着频率的升高单调急剧上升。

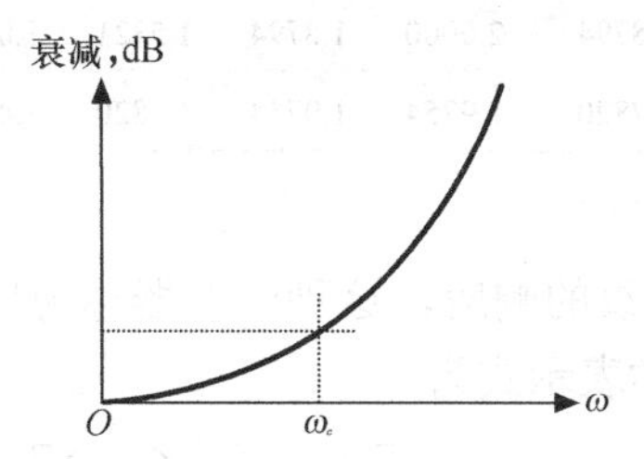

图8-4　低通滤波器的最平坦响应

(1)　滤波器的阶数

由式（8.2）可以看出，N 值越大，阻带内衰减随着频率增大的越快。设计低通滤波器时，对阻带内的衰减有数值上的要求，由此可以计算出 N 值。

(2)　滤波器的结构

低通滤波器原型由电感和电容构成，源阻抗 $g_0 = 1\Omega$，截止频率为 $\omega_c = 1$。低通滤波器原型如图 8-5 所示，图 8-5（a）与图 8-5（b）互为共生，两者能给出同样的响应。实际滤波器 N 的取值不会太大，N=1 至 N=10 低通滤波器原型的元件取值见表 8-1。

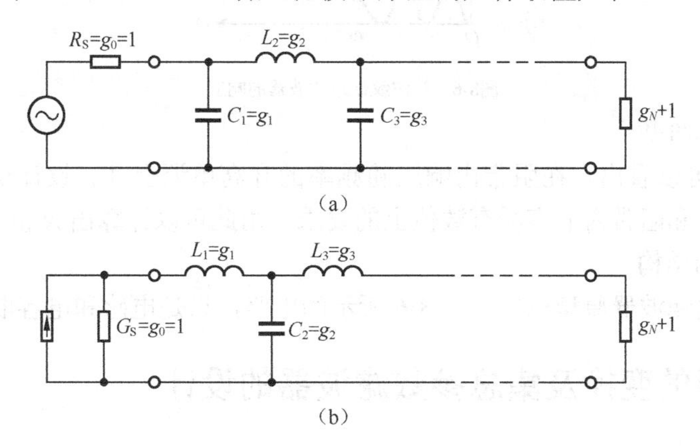

图8-5　低通滤波器原型电路

表 8-1　最平坦低通滤波器原型的元件取值（$g_0=1$，N=1 至 10）

N	g_1	g_2	g_3	g_4	g_5	g_6	g_7	g_8	g_9	g_{10}	g_{11}
1	2.0000	1.0000									
2	1.4142	1.4142	1.0000								
3	1.0000	2.0000	1.0000	1.0000							
4	0.7654	1.8478	1.8478	0.7654	1.0000						
5	0.6180	1.6180	2.0000	1.6180	0.6180	1.0000					
6	0.5176	1.4142	1.9318	1.9318	1.4142	0.5176	1.0000				
7	0.4450	1.2470	1.8019	2.0000	1.8019	1.2470	0.4450	1.0000			
8	0.3902	1.1111	1.6629	1.9615	1.9615	1.6629	1.1111	0.3902	1.0000		
9	0.3473	1.0000	1.5321	1.8794	2.0000	1.8794	1.5321	1.0000	0.3473	1.0000	
10	0.3129	0.9080	1.4142	1.7820	1.9754	1.9754	1.7820	1.4142	0.9080	0.3129	1.0000

二、切比雪夫低通滤波器原型

如果滤波器在通带内有等波纹的响应，这种滤波器称为切比雪夫滤波器，也称为等波纹滤波器。低通等波纹响应的数学表示式为

$$IL=10\lg\left[1+k^2T_N^2\left(\frac{\omega}{\omega_c}\right)\right] \tag{8.3}$$

式（8.3）中，$T_N(x)$是切比雪夫多项式。图 8-6 所示为等波纹低通滤波器的响应。

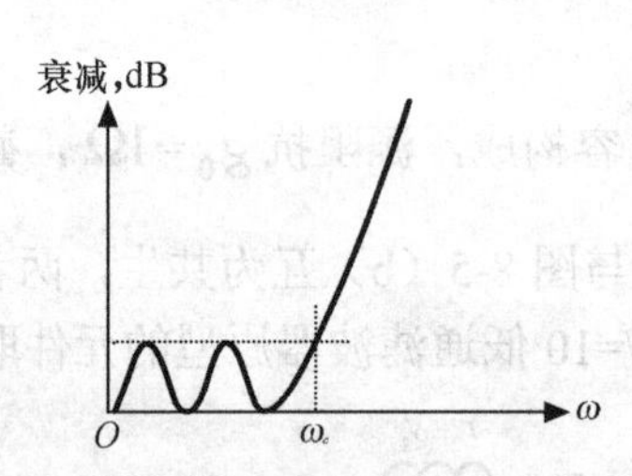

图8-6　等波纹低通滤波器的响应

(1)　滤波器的阶数

由式（8.3）可以看出，在阻带内响应随频率的升高单调上升。设计切比雪夫低通滤波器时，对波纹高度和阻带内的衰减有数值上的要求，由此可以计算出 N 值。

(2)　滤波器的结构

切比雪夫低通滤波器原型也采用图 8-6 所示的电路，只是电感和电容取值不同。

8.2.3　滤波器的变换及集总参数滤波器的设计

低通滤波器原型是假定源阻抗为1Ω和截止频率为$\omega_c=1$的归一化设计。为了得到实际的滤波器，必须对前面讨论的参数进行反归一化设计，将低通滤波器原型变换到任意源阻抗和任意频率的低通滤波器、高通滤波器、带通滤波器和带阻滤波器。

一、滤波器的变换

滤波器的变换包括阻抗变换和频率变换两个过程，以满足实际的源阻抗和工作频率。

(1) 阻抗变换

在低通滤波器原型设计中，除偶数阶切比雪夫滤波器外，其余原型滤波器的源阻抗和负载阻抗均为1。实际源阻抗和负载阻抗不为1，必须对所有阻抗做比例变换。

(2) 频率变换

将归一化频率变换为实际频率，相当于变换原型中的电感和电容值。通过频率变换，不仅可以将低通滤波器原型变换为低通滤波器，而且可以将低通滤波器原型变换为高通滤波器、带通滤波器和带阻滤波器。

二、低通滤波器原型变换为低通滤波器

将低通滤波器原型的截止频率由 1 改变为ω_c，在低通滤波器中需要用ω/ω_c代替低通滤波器原型中的ω。图 8-7 所示为低通滤波器原型到低通滤波器的频率变换，其中图 8-7（a）所示为低通滤波器原型的响应，图 8-7（b）所示为低通滤波器的响应。

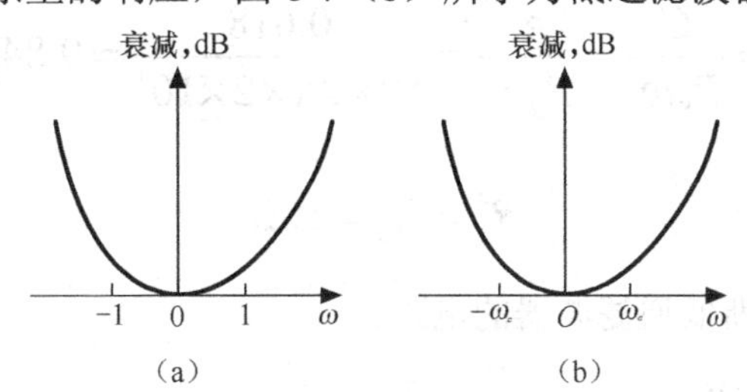

图8-7 低通滤波器原型到低通滤波器的频率变换

当频率和阻抗都变换时，低通滤波器的元件值L'和C'分别为

$$L'=\frac{R_S L}{\omega_c} \tag{8.4}$$

$$C'=\frac{C}{R_S\omega_c} \tag{8.5}$$

例 8.2 设计一个巴特沃斯低通滤波器，其截止频率为 200MHz，阻抗为50Ω，在 300MHz 处插入损耗至少要有15dB 的衰减。

解 由式（8.2）可以得到

$$IL=10\lg\left[1+\left(\frac{\omega}{\omega_c}\right)^{2N}\right]=15$$

解得$N=5$可以满足插入损耗要求。

由表 8-1 可以得到$N=5$时巴特沃斯低通滤波器原型的元件值为

$$g_1 = 0.618, \ g_2 = 1.618, \ g_3 = 2.000, \ g_4 = 1.618, \ g_5 = 0.618, \ g_0 = g_6 = 1$$

利用式（8.4）和式（8.5）可以得到滤波器的元件值，这里使用了图 8-5（a）所示的电路。

$$C_1' = \frac{C}{R_S\omega_c} = \frac{g_1}{R_S\omega_c} = \frac{0.618}{50\times2\pi\times2\times10^8} = 9.84\text{pF}$$

$$L_2' = \frac{R_S L}{\omega_c} = \frac{R_S g_2}{\omega_c} = \frac{50\times1.618}{2\pi\times2\times10^8} = 64.38\text{nH}$$

$$C_3' = \frac{C}{R_S\omega_c} = \frac{g_3}{R_S\omega_c} = \frac{2}{50\times2\pi\times2\times10^8} = 31.83\text{pF}$$

$$L_4' = \frac{R_S L}{\omega_c} = \frac{R_S g_4}{\omega_c} = \frac{50\times1.618}{2\pi\times2\times10^8} = 64.38\text{nH}$$

$$C_5' = \frac{C}{R_S\omega_c} = \frac{g_5}{R_S\omega_c} = \frac{0.618}{50\times2\pi\times2\times10^8} = 9.84\text{pF}$$

$$R_S' = R_L' = 50\Omega$$

图 8-8 所示为巴特沃斯低通滤波器的电路。

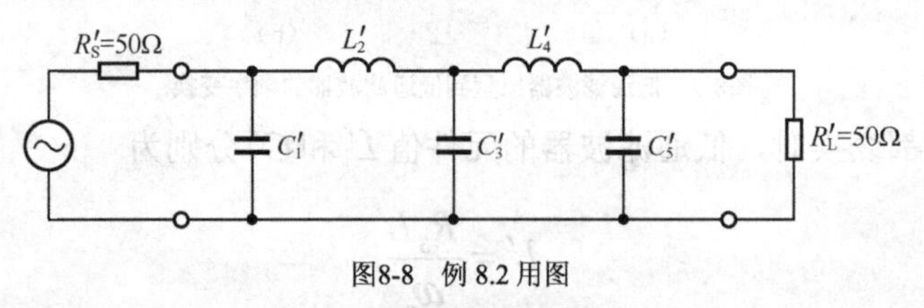

图8-8　例 8.2 用图

三、从低通滤波器原型到实际滤波器的变换

低通滤波器原型也能变换到高通、带通和带阻响应的情形。低通滤波器原型到低通滤波器、高通滤波器、带通滤波器和带阻滤波器的变换如图 8-9 所示，图中只包括频率变换过程，不包括阻抗变换过程。若实际的源电阻为 R_S，令低通滤波器原型的元件值用不带撇号的符号表示，变换后滤波器的元件值用带撇号的符号表示，则阻抗变换为

$$R_S' = 1R_S \tag{8.6}$$

$$L' = R_S L \tag{8.7}$$

$$C' = \frac{C}{R_S} \tag{8.8}$$

$$R_L' = R_S R_L \tag{8.9}$$

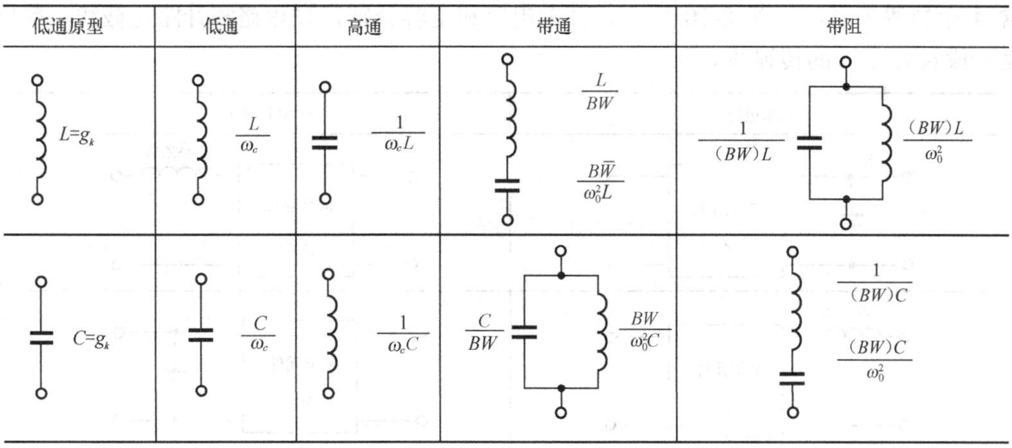

低通原型	低通	高通	带通	带阻
$L=g_k$	$\frac{L}{\omega_c}$	$\frac{1}{\omega_c L}$	$\frac{L}{BW}$ $\frac{BW}{\omega_0^2 L}$	$\frac{1}{(BW)L}$ $\frac{(BW)L}{\omega_0^2}$
$C=g_k$	$\frac{C}{\omega_c}$	$\frac{1}{\omega_c C}$	$\frac{C}{BW}$ $\frac{BW}{\omega_0^2 C}$	$\frac{1}{(BW)C}$ $\frac{(BW)C}{\omega_0^2}$

图8-9 从低通滤波器原型到低通、高通、带通和带阻滤波器的变换

8.2.4 分布参数滤波器的设计

前面讨论的滤波器是由集总元件电感和电容构成，当频率不高时，集总元件滤波器工作良好。但当频率高于 500MHz 时，滤波器通常由分布参数元件构成。这是由两个原因造成的，其一是频率高时电感和电容应选的元件值过小，电感和电容一般不再使用集总参数元件；其二是此时工作波长与滤波器元件的物理尺寸相近，需要考虑分布参数效应。分布参数滤波器的种类很多，下面只讨论微带短截线低通滤波器和平行耦合微带线带通滤波器。

一、微带短截线低通滤波器

分布参数低通滤波器可以采用微带短截线实现，其中理查德（Richards）变换用于将集总元件变换为传输线段，科洛达（Kuroda）规则可以将各滤波器元件分隔开。

(1) 理查德（Richards）变换

终端短路和终端开路传输线的输入阻抗具有纯电抗性，利用传输线的这一特性，可以实现集总元件到分布参数元件的变换。

当传输线的长度为$l = \lambda_0 / 8$时，终端短路的一段传输线与电感的等效关系为

$$jX_L = j\omega L = jZ_0 \tan\left(\frac{\pi}{4}\frac{f}{f_0}\right) = SZ_0 \tag{8.10}$$

同样，终端开路的一段传输线可以等效为集总元件的电容，等效关系为

$$jB_C = j\omega C = jY_0 \tan\left(\frac{\pi}{4}\frac{f}{f_0}\right) = SY_0 \tag{8.11}$$

(2)　科洛达（Kuroda）规则

科洛达规则是利用附加的传输线段，得到在实际上更容易实现的滤波器。科洛达规则包含 4 个恒等关系，如图 8-10 所示，其中电感和电容分别代表短路和开路短截线，单位元件是一段长为 $\lambda/8$ 的传输线。

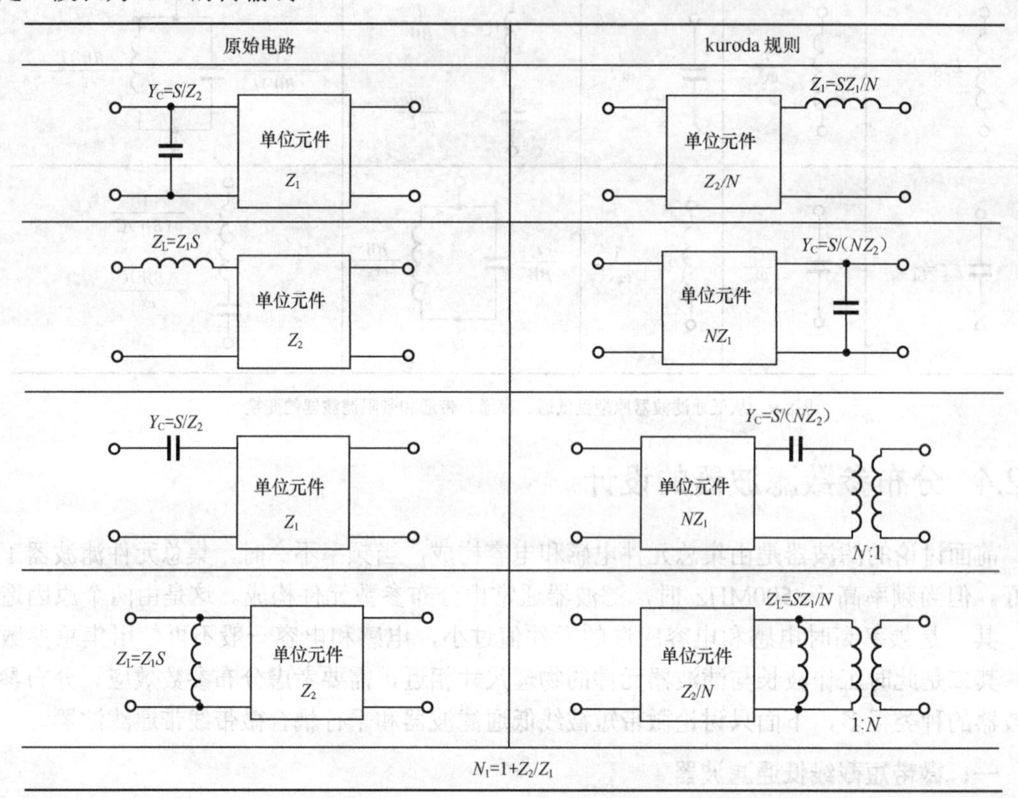

图8-10　4 个科洛达（Kuroda）规则

(3)　微带短截线低通滤波器设计举例

利用理查德变换和科洛达规则，可以实现分布参数低通滤波器。下面设计微带短截线低通滤波器，设计的详细过程可以参阅人民邮电出版社出版的《射频电路理论与设计》。

例 8.3　滤波器的截止频率为 4GHz，通带内波纹为 3dB，滤波器采用 3 阶，系统阻抗为 50Ω。设计一个微带短截线低通滤波器。

解　滤波器为 3 阶、带内波纹为 3dB 的切比雪夫低通滤波器原型的元件值为

$$g_1 = 3.3487 = L_1,\ \ g_2 = 0.7117 = C_2,\ \ g_3 = 3.3487 = L_3$$

集总参数低通原型电路如图 8-11 所示。

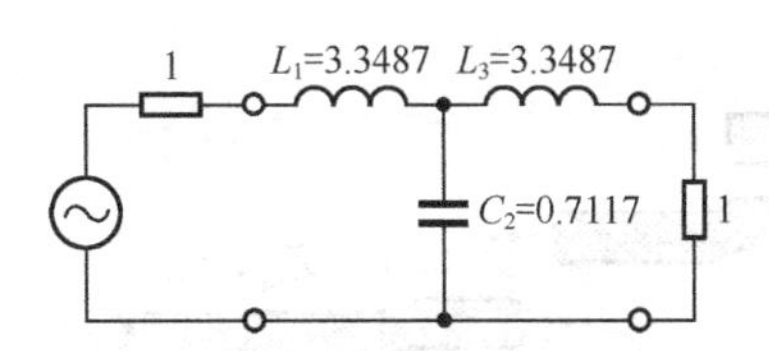

图8-11　集总参数低通原型电路

利用理查德变换，将集总元件变换成短截线，如图 8-12 所示，图中短截线的特性阻抗为归一化值。

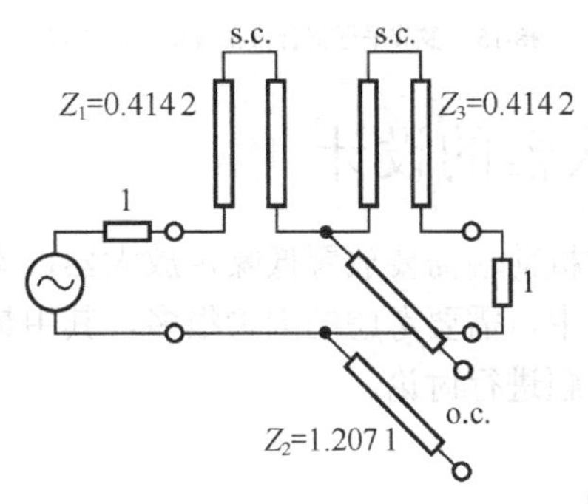

图8-12　集总元件变换成短截线的低通电路

增添单位元件，然后利用科洛达规则将串联短截线变换为并联短截线，并将归一化特性阻抗变换到实际特性阻抗，对应的微带短截线滤波电路如图 8-13 所示。

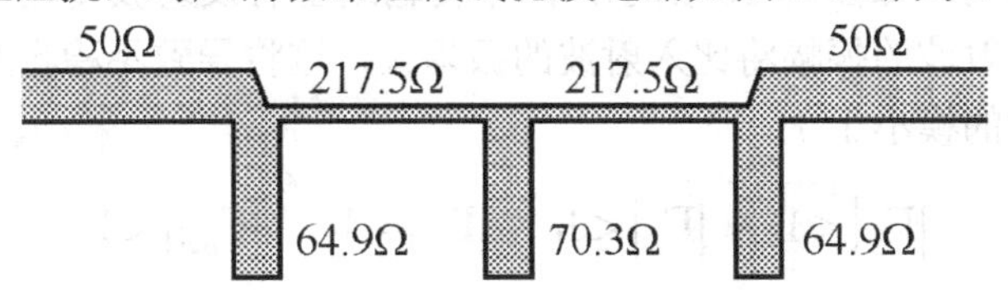

图8-13　微带短截线低通滤波电路

二、平行耦合微带线带通滤波器

平行耦合微带传输线由两个无屏蔽的平行微带传输线紧靠在一起构成，由于两个传输线之间电磁场的相互作用，在两个传输线之间会有功率耦合，这种传输线也因此称为耦合传输线。平行耦合微带传输线如图 8-14 所示。

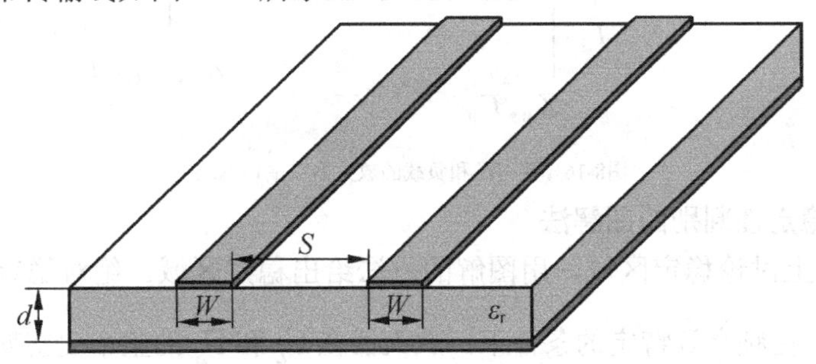

图8-14　平行耦合微带传输线

平行耦合微带线可以构成带通滤波器。当平行耦合微带线的长度为$l = \lambda/4$时，有带通滤波的特性。如果将多个耦合微带线单元级连，级连后的网络可以具有良好的滤波特性。多节平行耦合微带线带通滤波器如图 8-15 所示。

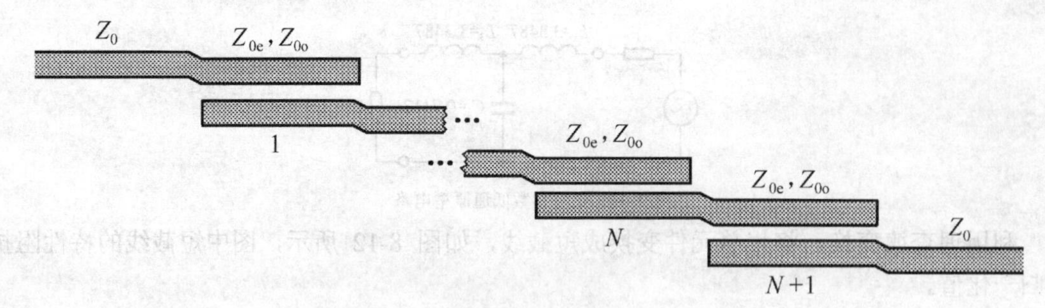

图8-15　多节平行耦合微带线带通滤波器

8.3　射频低噪声放大器的设计

在射频接收系统中，接收机前端需要放置低噪声放大器，本节介绍低噪声放大器的设计方法。在低噪声放大器的设计中，需要考虑的因素很多，其中最重要的就是稳定性、增益、失配和噪声，本节将对上述问题进行讨论。

8.3.1　放大器的稳定性

(1)　放大器稳定的定义

放大器的二端口网络如图 8-16 所示，图中传输线上有反射波传输，如果反射系数的模大于 1，传输线上反射波的振幅将比入射波的振幅大，这将导致不稳定产生。因此，放大器稳定意味着反射系数的模小于 1，即

$$|\Gamma_S|<1, \quad |\Gamma_L|<1, \quad |\Gamma_{in}|<1, \quad |\Gamma_{out}|<1 \tag{8.12}$$

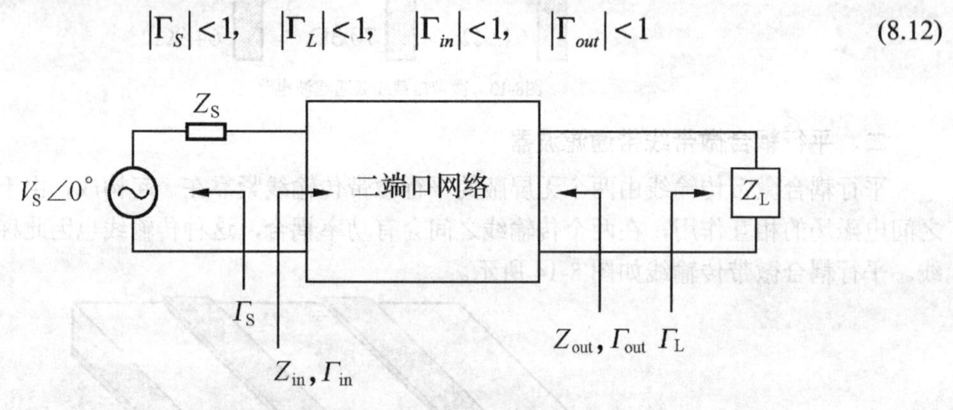

图8-16　接有源和负载的放大器二端口网络

(2)　放大器稳定性判别的图解法

可以在复平面上讨论稳定区域，用图解的方法给出稳定区域。绝对稳定是稳定的一个特例，绝对稳定是指在频率等特定的条件下，放大器在 Γ_L 和 Γ_S 的整个史密斯圆图内，都处于稳定状态。当放大器绝对稳定时，稳定判别圆与史密斯圆图的相对位置如图 8-17 所示。

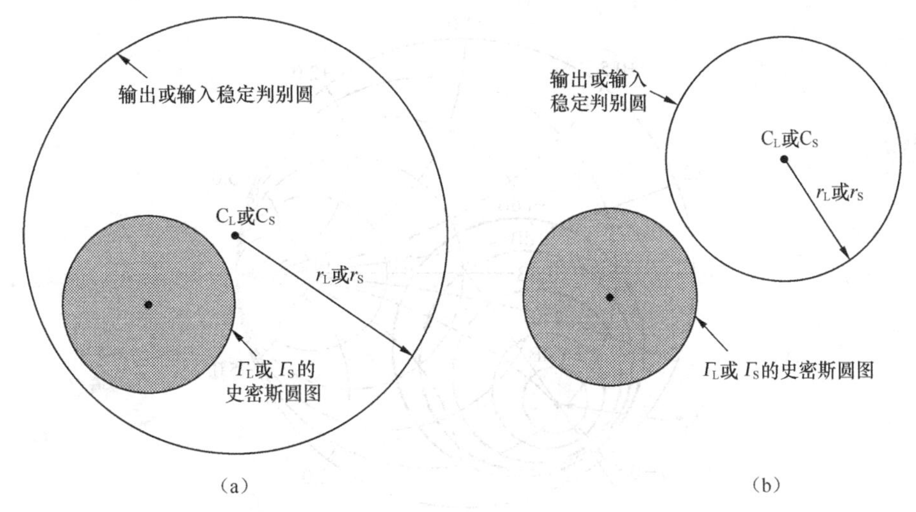

图8-17　绝对稳定时稳定判别圆与史密斯圆图的相对位置

(3)　放大器绝对稳定判别的解析法

还可以用解析法判别放大器的稳定性。

$$\Delta = S_{11}S_{22} - S_{12}S_{21} \tag{8.13}$$

$$k = \frac{1-|S_{11}|^2-|S_{22}|^2+|\Delta|^2}{2|S_{12}||S_{21}|} > 1 \tag{8.14}$$

式（8.14）中，k称为稳定性因子。放大器绝对稳定要求

$$k > 1, \quad |\Delta| < 1 \tag{8.15}$$

8.3.2　放大器的功率增益

对输入信号进行放大是放大器最重要的任务。因此，增益的概念很重要。

(1)　转换功率增益

放大器的转换功率增益为

$$G_T = \frac{1-|\Gamma_S|^2}{|1-\Gamma_{in}\Gamma_S|^2}|S_{21}|^2\frac{1-|\Gamma_L|^2}{|1-S_{22}\Gamma_L|^2} \tag{8.16}$$

(2)　等增益圆

若增益G_S为固定值，这对Γ_S的取值有要求。同样，若增益G_L为固定值，则对Γ_L的取值有要求。可以在Γ_S复平面上找出等增益G_S的曲线，在Γ_L复平面上找出等增益G_L的曲线，其曲线都为一个圆。一组单向晶体管等增益圆曲线如图8-18所示。

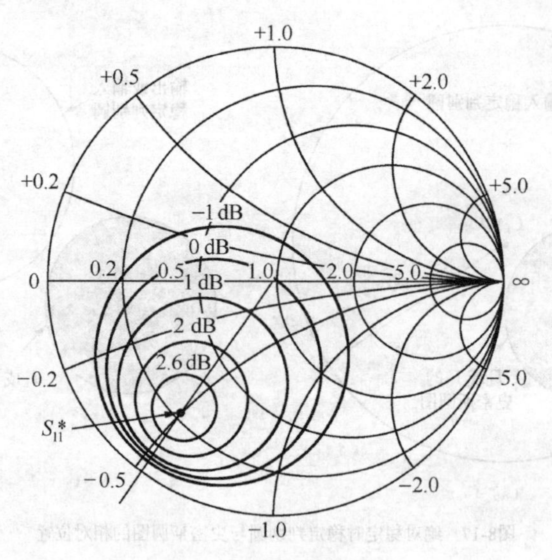

图8-18　单向晶体管等增益圆

8.3.3　放大器输入、输出驻波比

信源与晶体管之间及晶体管与负载之间的失配程度对驻波比有影响。在很多情况下，放大器的输入和输出电压驻波比必须保持在特定指标之下。

放大器输入、输出电压驻波比为

$$\text{VSWR} = \frac{1+|\Gamma|}{1-|\Gamma|} \tag{8.17}$$

8.3.4　放大器的噪声

下面先介绍噪声的表示方法，然后给出级联网络的噪声。

(1)　噪声系数

- 噪声系数 F 由放大器输入端额定信噪比与输出端额定信噪比的比值来确定。

$$F = \frac{P_{Si} / P_{Ni}}{P_{So} / P_{No}} \tag{8.18}$$

- 二端口放大器的噪声系数还可以表示为

$$F = F_{\min} + \frac{R_n}{G_S}\left|Y_S - Y_{opt}\right|^2 \tag{8.19}$$

式（8.19）中，R_n 表示晶体管的等效噪声电阻，Y_S 表示晶体管的源导纳，Y_{opt} 表示最小噪声系数时的最佳源导纳，$F_{\min}$ 表示 $Y_S = Y_{opt}$ 时晶体管的最小噪声系数。

(2) 级联网络的噪声系数

下面考虑n个放大器的级连，有如下关系

$$F = F_1 + \frac{F_2 - 1}{G_{A1}} + \frac{F_3 - 1}{G_{A1}G_{A2}} + \cdots + \frac{F_n - 1}{G_{A1}G_{A2}\cdots G_{An-1}} \tag{8.20}$$

式（8.20）表明，多级级连的高增益放大器，仅第一级对总噪声有较大影响。

8.4 射频功率放大器的设计

本节讨论的功率放大器是大信号放大器，由于信号幅度比较大，晶体管时常工作于非线性区域，在这种情况下小信号S参量通常失效，需要求得晶体管大信号时的相应参数，以便得到功率放大器的合理设计。功率放大器可以设计为 A 类放大器、AB 类放大器、B 类放大器或 C 类放大器。当工作频率大于 1GHz 时，常使用 A 类功率放大器。下面讨论 A 类功率放大器的设计，并讨论交调失真。

8.4.1 A 类放大器的设计

A 类放大器也称为甲类放大器。对于工作在这种状态的放大器，晶体管在整个信号的周期内均导通。功率放大器的效率是特别需要考虑的，放大器的效率定义为射频输出功率与直流输入功率之比。A 类放大器的效率最高为 50%。

(1) 大信号下晶体管的特性参数

生产厂商在提供大信号下晶体管的参数时，往往会给出 1dB 增益压缩点及动态范围。

- 1dB 增益压缩点。

当晶体管的输入功率达到饱和状态时，其增益开始下降，或者称为压缩。典型的输入输出功率关系可以画在双对数坐标中，如图 8-19 所示。当输入功率较低时，输出与输入功率成线性关系；当输入功率超过一定量值后，输出与输入功率为非线性关系，晶体管的增益开始下降。当晶体管的功率增益从其小信号线性功率增益下降 1dB 时，对应的点称为 1dB 增益压缩点。小信号线性功率增益记为$G_{0\text{dB}}$，1dB 增益压缩点相应的增益记为$G_{1\text{dB}}$，有

$$G_{1\text{dB}} = G_{0\text{dB}} - 1\text{dB} \tag{8.21}$$

在 1dB 增益压缩点，输入功率记为$P_{in,1\text{dB}}$，输出功率记为$P_{out,1\text{dB}}$，有如下关系

$$P_{out,1\text{dB}}(\text{dBm}) = P_{in,1\text{dB}}(\text{dBm}) + G_{1\text{dB}}(\text{dB}) \tag{8.22}$$

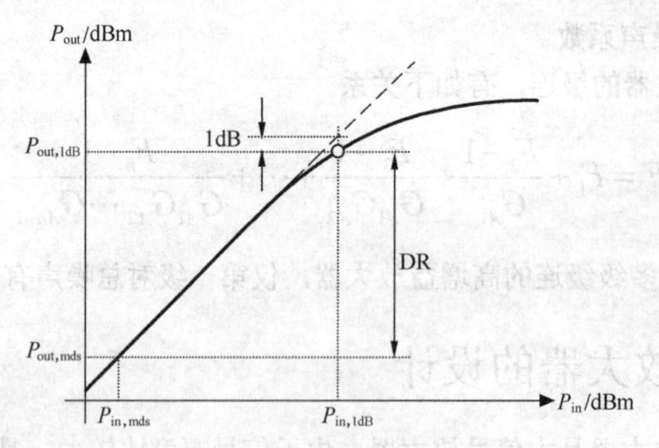

图8-19　功率放大器输入功率与输出功率的关系

- 动态范围 DR 。

相对于最小输入可检信号功率 $P_{in,mds}$ ，相应的最小输出可检信号功率 $P_{out,mds}$ 必须大于噪声功率方可被检测到。为检测到输出信号，假定 $P_{out,mds}$ 比输出热噪声 P_{No} 高 XdB，通常 XdB 取为 3dB。功率放大器的动态范围定义为

$$DR = P_{out,1dB} - P_{out,mds}\,(\text{dB}) \tag{8.23}$$

动态范围的低端功率被噪声所限，高端功率限制在 1dB 增益压缩点。

(2)　A 类功率放大器的设计方法

- 利用小信号 S 参量设计。

有些工作在大信号下的 A 类功率放大器可以利用小信号 S 参量进行设计，其小信号 S 参量在大信号时除 S_{21} 以外几乎保持不变，但 S_{21} 会随功率电平的增高而降低。

- 利用大信号 S 参量设计。

若大信号 S 参量可以得到，可以利用大信号 S 参量设计 A 类功率放大器。

- 利用 Γ_{SP} 和 Γ_{LP} 设计。

利用 Γ_{SP} 和 Γ_{LP} 设计输入输出匹配网络，可以完成 A 类功率放大器的设计。

- 利用等功率线设计。

在等功率线上选择具有稳定性的 Γ_{LP} ，然后计算 Γ_{in} ，再由 $\Gamma_{SP} = \Gamma_{in}^*$ 得到 Γ_{SP} 。

8.4.2　交调失真

在非线性放大器的输入端加两个或两个以上频率的正弦信号时，在输出端将产生附加的频率分量，这会引起输出信号的失真。

(1) 三阶截止点 *IP*

在非线性放大器中，假设输入信号的频率为 f_1 和 f_2，输入信号可以写为

$$v_i(t)=V_0\left[\cos(2\pi f_1 t)+\cos(2\pi f_2 t)\right] \tag{8.24}$$

输出信号为

$$\begin{aligned}v_0(t)&=a_0+a_1V_0\left[\cos(2\pi f_1 t)+\cos(2\pi f_2 t)\right]\\&+a_2V_0^2\left[\cos(2\pi f_1 t)+\cos(2\pi f_2 t)\right]^2+\cdots\end{aligned} \tag{8.25}$$

输出信号中除含有频率成分 f_1 和 f_2 外，还会产生新的频率分量 $2f_1$、$2f_2$、$3f_1$、$3f_2$、$f_1\pm f_2$、$2f_1\pm f_2$、$2f_2\pm f_1$ 等。这些新的频率分量是非线性系统失真的产物，称为谐波失真或交调失真。三阶交调如图 8-20 所示。

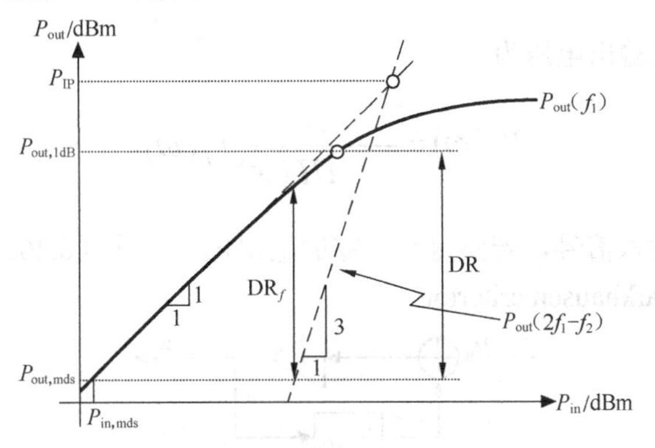

图8-20　输入输出功率关系及三阶截止点

新的频率分量除三阶交调 $2f_1-f_2$ 和 $2f_2-f_1$ 以外都很容易被滤除，但三阶交调由于距 f_1 和 f_2 太近而不易滤除，可以导致信号失真。

(2) 无寄生动态范围 DR_f

当三阶交调信号等于最小输出可检信号功率 $P_{out,mds}$ 时，线性产物输出功率与三阶交调输出功率的比值称为无寄生动态范围 DR_f。

8.5 射频振荡器的设计

振荡器是射频系统中最基本的部件之一，它可以将直流功率转换成射频功率，在特定的频率点建立起稳定的正弦振荡，成为所需的射频信号源。早期的振荡器在低频下使用，考毕兹（Colpitts）、哈特莱（Hartley）和皮尔斯（Pierce）等结构都可以构成低频振荡器。现代射频系统的载波常常超过 1GHz，这就需要有与之相适应的振荡器。在较高频率可以使用工

作于负阻状态的二极管和晶体管，并利用腔体、传输线或介质谐振器构成振荡器，其构成的振荡器甚至可以产生高达 100 GHz 的基频振荡。

8.5.1　振荡器的基本模型

从最一般的意义上看，振荡器是一个非线性电路，它将直流（DC）功率转换为交流（AC）波形。振荡器的核心是一个能够在特定频率上实现正反馈的环路，图 8-21 所示描述了正弦振荡器的基本工作原理，具有电压增益 A 的放大器输出电压为 $V_o(\omega)$，这一输出电压通过传递函数为 $H(\omega)$ 的反馈网络加到电路的输入电压 $V_i(\omega)$ 上，于是输出电压可以表示为

$$V_o(\omega) = AV_i(\omega) + H(\omega)AV_o(\omega)$$

用输入电压表示的输出电压为

$$V_o(\omega) = \frac{A}{1 - AH(\omega)} V_i(\omega) \tag{8.26}$$

由于振荡器没有输入信号，若要得到非零的输出电压，式（8.26）的分母必须为 0，这称为巴克豪森准则（Barkhausen criterion）。

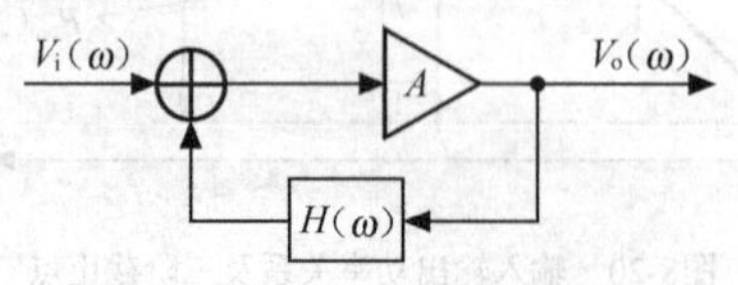

图8-21　振荡器的基本结构框图

8.5.2　射频低频频段振荡器的设计

射频低频段振荡电路有许多可能的形式，其采用双极结型晶体管（BJT）或场效应晶体管（FET），可以是共发射极/源极、共基极/栅极或共集电极/漏极结构，并可以采用多种形式的反馈网络。各种形式的反馈网络形成了 Colpitts、Hartley 和 Pierce 等振荡电路。

(1)　使用双极结型晶体管的共发射极振荡电路

考毕兹和哈特莱振荡器如图 8-22 所示，下面讨论这 2 种振荡电路。

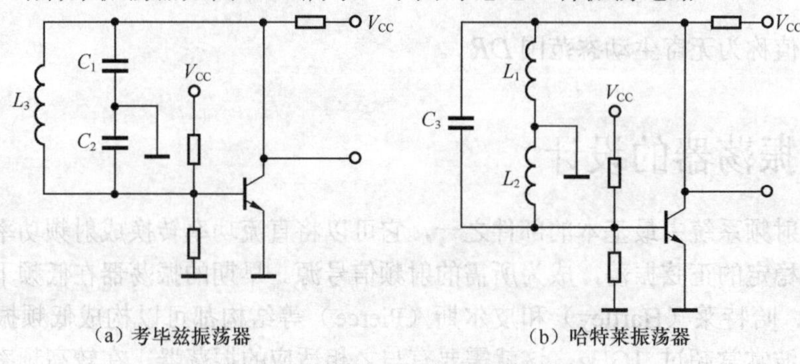

图8-22　共发射极双极结型晶体管振荡器

- 考毕兹振荡器

对于考毕兹振荡器，电路振荡的必要条件为

$$\frac{C_2}{C_1}=\frac{g_m}{G_i} \tag{8.27}$$

式（8.27）中，g_m 是晶体管的跨导，G_i 是晶体管的输入导纳。

考毕兹电路振荡的频率 ω_0 为

$$\omega_0=\sqrt{\frac{1}{L_3}\left(\frac{C_1+C_2}{C_1C_2}\right)} \tag{8.28}$$

- 哈特莱振荡器

对于哈特莱振荡器，电路振荡的必要条件为

$$\frac{L_1}{L_2}=\frac{g_m}{G_i} \tag{8.29}$$

哈特莱电路振荡的频率 ω_0 为

$$\omega_0=\sqrt{\frac{1}{C_3\left(L_1+L_2\right)}} \tag{8.30}$$

(2) 晶体振荡器

为了提高频率稳定性，常将石英晶体用于振荡电路中。石英晶体谐振器具有许多优点，包括具有极高的品质因数（可以高达 100000）、良好的频率稳定性和良好的温度稳定性等。但遗憾的是，石英晶体谐振器属于机械系统，其谐振频率一般不能超过 250MHz。

典型的石英晶体等效电路如图 8-23 所示，这一电路的串联谐振频率和并联谐振频率分别为 ω_S 和 ω_P，一般 ω_P 比 ω_S 高不足 1%。晶体的振荡频率应落在频率 ω_S 和 ω_P 之间，在这一频率范围内，晶体的作用相当于一个电感，这也是晶体使用的工作点。

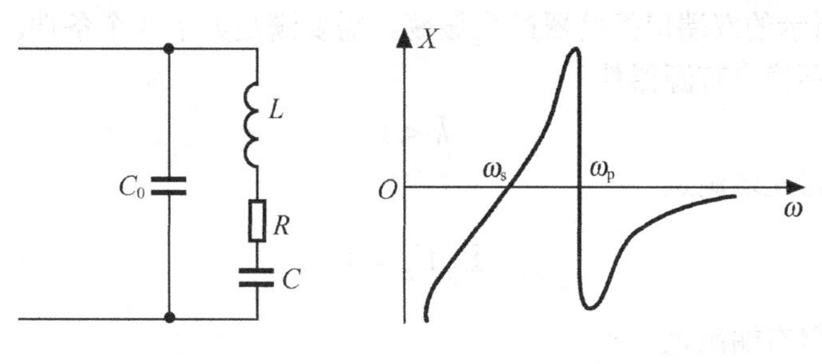

（a）晶体的等效电路　　（b）晶体谐振器的输入电抗

图8-23　石英晶体的等效电路

在晶体的工作点，晶体可以代替哈特莱或考毕兹振荡器中的电感，典型的晶体振荡器电路如图 8-24 所示，它称为皮尔斯（Pierce）振荡器。

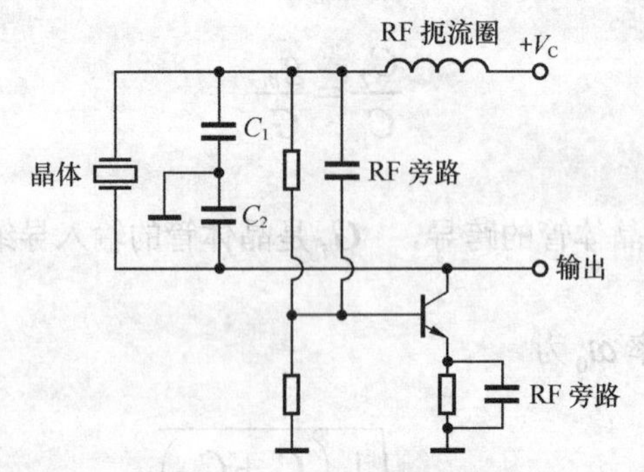

图8-24　皮尔斯晶体振荡器电路

8.5.3 微波振荡器的设计

微波振荡器的内部有一个有源固态器件，该器件与无源网络相配合，可以产生所需要的微波信号。由于振荡器是在无输入信号的条件下产生振荡功率，因此其具有负阻效应。微波三端口负阻器件包括双极结型晶体管和场效应晶体管等，微波二端口负阻器件包括隧道二极管、雪崩渡越二极管和耿氏二极管等。利用三端口负阻器件可以设计出微波双端口振荡器，利用二端口负阻器件可以设计出微波单端口振荡器。

一、振荡条件

(1) 双端口振荡器振荡条件

双端口振荡器如图 8-25 所示，由晶体管、振荡器调谐网络和终端网络 3 部分组成。

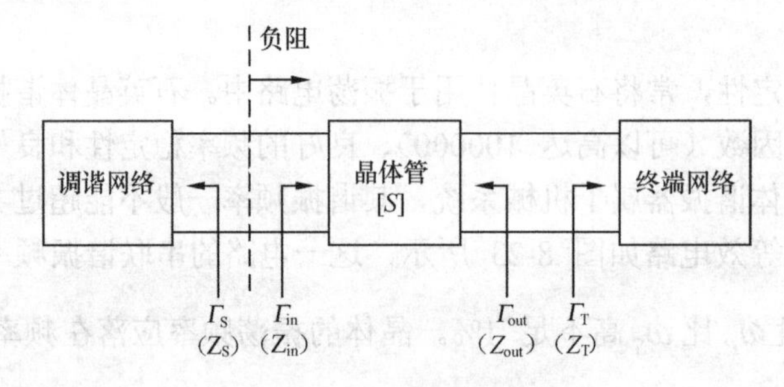

图8-25　双端口振荡器的框图

如果图 8-32 所示的双端口振荡器产生振荡，需要满足如下 3 个条件。

条件 1：存在不稳定有源器件

$$k<1 \tag{8.31}$$

条件 2：振荡器左端满足

$$\Gamma_{in}\Gamma_S=1 \tag{8.32}$$

条件 3：振荡器右端满足

$$\Gamma_{out}\Gamma_T=1 \tag{8.33}$$

(2) 单端口振荡器振荡条件

单端口振荡器是双端口振荡器的特例。晶体管双端口网络配以适当的负载终端，可将其转换为单端口振荡器，微波二极管也可以构成单端口振荡器。单端口振荡器如图 8-26 所示，其中$Z_{in}=R_{in}+jX_{in}$是有源器件的输入阻抗，$Z_S=R_S+jX_S$是无源负载阻抗。

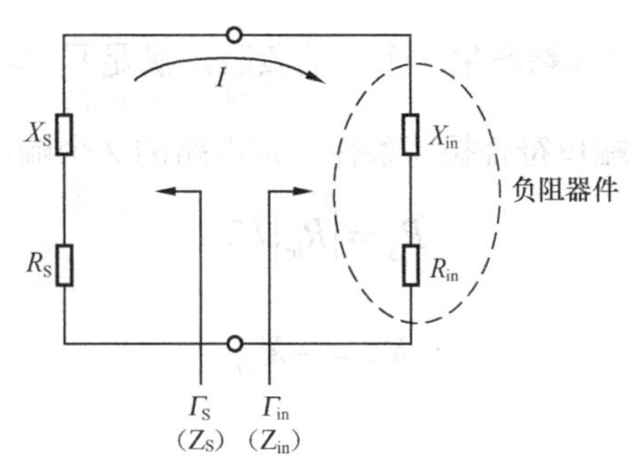

图8-26 单端口振荡器电路

若使单端口振荡器产生振荡，需要满足如下条件

$$Z_{in}+Z_S=0 \tag{8.34}$$

也即

$$R_{in}+R_S=0\,,\quad X_{in}+X_S=0$$

因为负载是无源的，$R_S>0$，所以可得$R_{in}<0$。这时正电阻R_S消耗能量，负电阻R_{in}提供能量，负电阻R_{in}是源。

(3) 稳定振荡条件

振荡器在起振时，还要求整个电路在某一频率ω下出现不稳定，即应有

$$R_{in}(I,\omega)+R_S<0$$

即电路总电阻小于 0，振荡器中将有对应频率下持续增长的电流I流过。当电流I增加时，$R_{in}(I,\omega)+R_S$应变为较小的负值，直到电流达到其稳态值I_0。

另外，对于一个稳态的振荡来说，还应有能力消除由于电流或频率的扰动所引起的振荡频率偏差。也就是说，稳态的振荡要求电流或频率的任何扰动都应该被阻尼掉，使振荡器回到原来的状态。由高Q谐振电路构成调谐网络可以使振荡器有高稳定性，因此为提高振荡器的稳定性，应选择有高品质因数的调谐网络。

对一个振荡器的全面设计，除需考虑稳定性外，还需考虑最大功率输出、相位噪声、稳态工作点选择等因素，这些内容请参考相关资料。

二、晶体管振荡器

晶体管振荡器实际是工作于不稳定区域的晶体管二端口网络。把有潜在不稳定因素的晶

体管终端连接一个阻抗，选择阻抗的数值在不稳定区域驱动晶体管，可以建立起单端口负阻网络。晶体管振荡器的设计步骤如下：选择一个在期望振荡频率处潜在不稳定的晶体管；选择一个合适的晶体管电路结构，为增强上述电路的不稳定性，还常常配以正反馈来增加其不稳定性；在Γ_T复平面上画出输出稳定判别圆，然后在不稳定区域中选择一个合适的反射系数值Γ_T，使其在晶体管的输入端产生一个大的负阻，满足$\Gamma_{in}>0$；选择阻抗Z_S，如果输入或输出端口中的任何一个端口符合振荡条件，则电路的 2 个端口都将产生振荡。

$$R_S = \left|R_{in}\right|/3 \tag{8.35}$$

$$X_S = -X_{in} \tag{8.36}$$

三、二极管振荡器

可以使用隧道二极管、雪崩渡越二极管和耿氏二极管等负阻器件构建单端口振荡电路。这些振荡电路的缺点是输出波形较差，噪声也比较高。但使用这些二极管构建的振荡电路可以方便地获得射频高端频段的振荡信号，如耿氏二极管可以用于制造工作频率在1GHz~100GHz 的小功率振荡器。

四、介质谐振器振荡器

由高 Q 谐振电路构成的调谐网络可以使振荡器有高的稳定性，因此应选择有高品质因数的调谐网络。对于用集总元件或微带线和短截线构成的调谐网络，Q 值很难超过几百。而介质谐振器未加载的 Q 值可以达到几千或上万，它结构紧凑，而且容易与平面电路集成，因此得到了越来越广泛的应用。

8.6 混频器的设计

混频器是射频系统中用于频率变换的部件，具有广泛的应用领域，其可以将输入信号的频率升高或降低而不改变原信号的特性。以射频接收系统为例，混频器可以将较高频率的射频输入信号变换为频率较低的中频输出信号，以便更容易对信号进行后续的调整和处理。

混频器是一个三端口器件。其中，2 个端口输入，1 个端口输出。混频器采用非线性或时变参量元件，它可以将 2 个不同频率的输入信号变为一系列不同频率的输出信号，输出频率分别为 2 个输入频率的“和频”“差频”及谐波。

混频器通常是以二极管或晶体管的非线性为基础。非线性元件能产生众多的其他频率分量，然后通过滤波来选取所需的频率分量，在混频器中希望得到的是“和频”或“差频”。本节首先讨论混频器的特性，然后讨论用二极管实现下变频系统。

(1)　混频器的特性

混频器的符号和功能如图 8-27 所示。图 8-27（a）所示为上变频的工作状况，两个输入端分别称为本振端（LO）和中频端（IF），输出端称为射频端（RF）；图 8-27（b）所示为下变频的工作状况，两个输入端分别称为本振端（LO）和射频端（RF），输出端称为中频端（IF）。

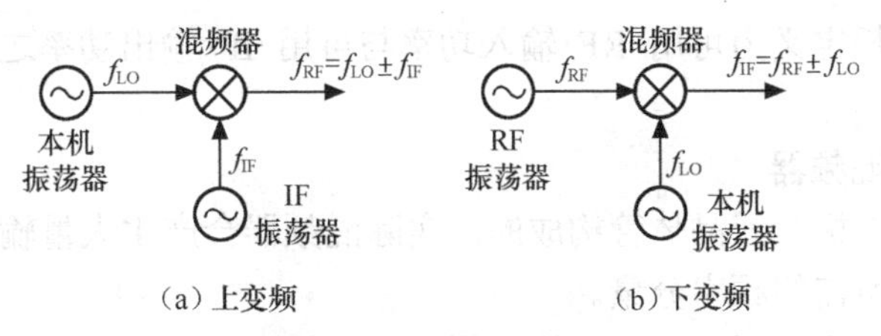

（a）上变频　　（b）下变频

图8-27　混频器的符号和功能

- 上变频

对于上变频过程，本振LO信号连接混频器的一个输入端口，可以表示为

$$v_{LO}(t)=\cos(2\pi f_{LO}t)$$

中频IF信号连接混频器的另一个输入端口，可以表示为

$$v_{IF}(t)=\cos(2\pi f_{IF}t)$$

理想混频器的输出是LO信号与IF信号的乘积，可以表示为

$$v_{RF}(t)=k\left[\cos 2\pi(f_{LO}-f_{IF})t+\cos 2\pi(f_{LO}+f_{IF})t\right] \tag{8.37}$$

理想混频器输出的RF信号包含输入LO与IF信号的“和频”和“差频”，为

$$f_{RF}=f_{LO}\pm f_{IF} \tag{8.38}$$

本振频率 f_{LO} 一般比中频频率 f_{IF} 要高许多，输出信号的频谱如图 8-28（a）所示。上变频采用“和频”，即

$$f_{RF}=f_{LO}+f_{IF} \tag{8.39}$$

- 下变频

对于下变频过程，与用在接收机中的一样。RF 信号与本振 LO 信号为混频器的两个输入信号，理想混频器的输出IF是输入RF与LO信号的“和频”和“差频”，为

$$f_{IF}=f_{RF}\pm f_{LO}$$

输出信号的频谱如图8-28（b）所示。希望输出“差频”，即

$$f_{IF}=f_{RF}-f_{LO} \tag{8.40}$$

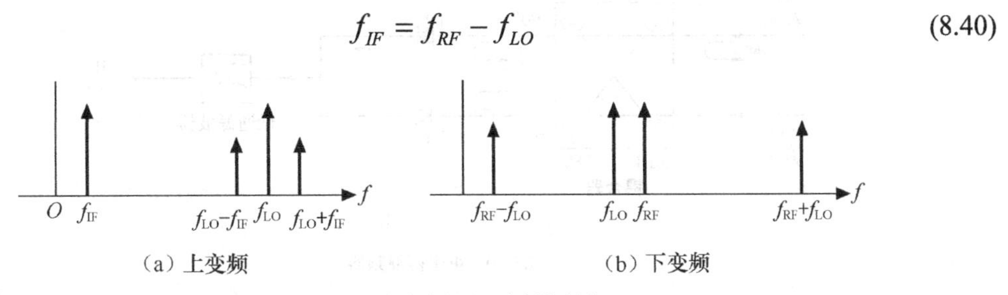

（a）上变频　　（b）下变频

图8-28　理想上变频和下变频的频谱

- 变频损耗

混频器的变频损耗定义为可用 RF 输入功率与可用 IF 输出功率之比，变频损耗的典型值为 4~7dB。

(2)　单端二极管混频器

实际混频器是由二极管或晶体管构成的。实际混频器会产生大量输入信号的各种谐波，需要用滤波器来选取所需的频率分量。

仅用一个二极管产生所需 IF 信号的混频器称为单端二极管混频器。单端二极管混频器如图 8-29 所示，RF 和 LO 输入到同相耦合器中，两个输入电压合为一体，利用二极管进行混频。由于二极管的非线性，从二极管输出的信号存在多个频率，经过一个低通滤波器，可以获得“差频”IF 信号。二极管用 DC 电压偏置，该 DC 偏置电压必须与射频信号去耦，因此二极管与偏置电压源之间采用射频扼流圈 RFC 来通直流、隔交流。

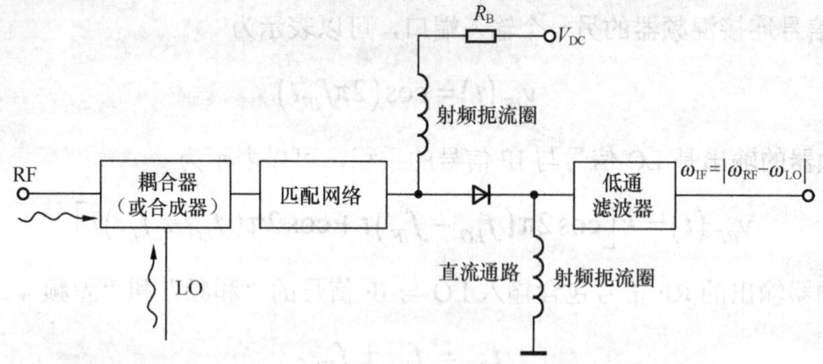

图8-29　单端二极管混频器的一般框图

(3)　单平衡混频器

前面讨论的单端二极管混频器虽然容易实现，但在宽带应用中不易保持输入匹配及本振信号与射频信号之间相互隔离，为此提出单平衡混频器。图 8-30 所示为单平衡混频器，2 个单端混频器与 1 个 3dB 耦合器可以组成单平衡混频器。为简单起见，图中省略了对二极管的偏置电路。

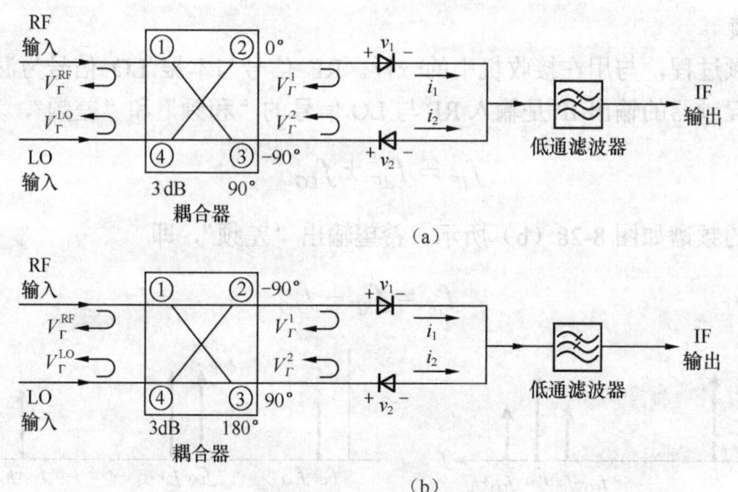

图8-30　单平衡混频器

8.7 本章小结

RFID 电磁反向散射方式的射频前端采用微波 RFID 系统。微波 RFID 射频前端主要包括发射电路和接收电路，能够处理收、发两个过程。微波 RFID 射频前端涉及许多电路模块的设计，其中包括滤波器设计、放大器设计、混频器设计和振荡器设计等。

滤波器是一个二端口网络，它允许所需要频率的信号以最小可能的衰减通过，同时大幅度衰减不需要频率的信号。滤波器有低通、高通、带通和带阻 4 种基本类型。当频率不高时，滤波器可以由集总元件的电感和电容构成；对于微波滤波器，电路寄生参数的影响不可忽略，滤波器通常由分布参数元件构成。

放大器主要包括低噪声放大器和功率放大器两种类型。低噪声放大器功率足够小，可以假定是线性器件，其最重要的参数是稳定性、增益和噪声，在接收机的前端需要放置低噪声放大器。功率放大器是大信号放大器，晶体管时常工作于非线性区域，其最重要的参数是稳定性、1dB 增益压缩点、动态范围、三阶截止点和交调失真。

振荡器将直流功率转换成射频功率，在特定的频率点建立起稳定的正弦振荡，成为所需的射频信号源。早期的振荡器在低频下使用，考毕兹（Colpitts）、哈特莱（Hartley）等结构都可以构成低频振荡器，并可以使用晶体谐振器提高低频振荡器的频率稳定性。现代射频系统的载波常常达到或超过 1GHz，可以使用工作于负阻状态的二极管和晶体管，并利用腔体、传输线或介质谐振器等构成射频振荡器。

混频器是射频系统中用于频率变换的部件，可以将输入信号的频率升高或降低而不改变原信号的特性。混频器是三端口器件，其中 2 个端口输入、1 个端口输出。混频器通常是以非线性的二极管或晶体管为基础，非线性元件产生众多的其他频率分量，然后通过滤波选取所需的频率分量，在混频器中希望得到的是“和频”或“差频”。在射频发射电路中，混频器可以将频率较低的中频信号变换为频率较高的射频信号；在射频接收电路中，混频器可以将频率较高的射频信号变换为频率较低的中频信号。

8.8 思考与练习

8.1 什么频率的 RFID 系统采用电磁反向散射方式进行工作？画出电磁反向散射方式射频前端电路的一般框图，简述框图中各模块的作用。

8.2 在图 8-2 中，若本地振荡器的频率为 840MHz，节点 C 处的频率为 30kHz，节点 H 处的频率为 60kHz。计算：（1）射频前端发射机电路在各节点的频率；（2）射频前端接收机电路在各节点的频率。

8.3 给出滤波器的定义。画出理想低通、高通、带通和带阻滤波器衰减随频率变化的曲线。画出低通巴特沃斯滤波器和低通切比雪夫滤波器衰减随频率变化的曲线。

8.4 什么是低通滤波器原型？画出低通滤波器原型电路，说明滤波器阶数与电感、电容元器件个数的关系。当滤波器阶数由小变大时，滤波器随频率衰减的曲线怎样变化？

8.5 简述怎样由低通滤波器原型变换到任意源阻抗和任意频率的低通滤波器、高通滤波器、带通滤波器和带阻滤波器。

8.6 设计一个 3 阶巴特沃斯低通滤波器，其截止频率为 300MHz，源和负载的阻抗都

为 50Ω，滤波器的第一个元件为电容。

8.7　什么频率时采用分布参数滤波器？给出微带短截线低通滤波器和平行耦合微带线带通滤波器的工作原理和电路结构。

8.8　用几种方法可以确定放大器的稳定性？分别具体说明。

8.9　射频放大器的增益仅与晶体管的增益有关吗？还与什么有关？

8.10　放大器噪声系数是怎样定义的？级联放大器的噪声系数主要取决于哪一级？

8.11　功率放大器与低噪声放大器有什么不同？功率放大器主要考虑哪些技术指标？A 类放大器效率最高为多少？为什么功率放大器产生增益压缩和交调失真？

8.12　微波振荡器产生振荡的 3 个条件是什么？分别具体说明。

8.13　混频器是几端口网络？说明理想混频器的工作原理。

第 4 篇　物联网 RFID 数字通信

内容导读

第 4 篇“物联网 RFID 数字通信”共有 3 章内容。RFID 是通信系统，相对于射频能量的传递而言，第 4 篇则体现出 RFID 数据信息传输的全过程。

- 第 9 章“RFID 编码与调制”介绍了 RFID 编码与调制的基本特性和常用方法。基带信号无法直接进行无线传输，将基带信号编码，然后变换成适合在信道中传输的信号，这个过程称为编码与调制。
- 第 10 章“RFID 的数据完整性”介绍了数字传输的差错控制和防碰撞技术。在读写器与电子标签的无线通信中，最主要的干扰因素是信道噪声和多卡操作，运用差错检测和防碰撞算法可分别解决这两个问题，使数据保持完整性。
- 第 11 章“RFID 的数据安全性”介绍了 RFID 的安全与隐私问题。在 RFID 的各个环节都存在安全隐患，必须采取措施保障数据的有效性和隐私性，从而使数据保持安全性。

第9章 RFID 编码与调制

读写器与电子标签之间消息的传递是通过电信号实现的，即把消息寄托在电信号的某一参量上，如寄托在电信号连续波的幅度、频率或相位上。原始的电信号通常称为基带信号，有些信道可以直接传输基带信号，但以自由空间作为信道的无线传输却无法直接传递基带信号。将基带信号编码，然后变换成适合在信道中传输的信号，这个过程称为编码与调制；在接收端进行反变换，然后进行解码，这个过程称为解调与解码。经过调制以后的信号称为已调信号，它具有两个基本特征，一个是携带有信息，另一个是适合在信道中传输。

图 9-1 所示为 RFID 系统的通信模型。在这个模型中，信道由自由空间、读写器天线、读写器射频前端、电子标签天线和电子标签射频前端构成，这部分内容在第 4 章到第 8 章中已经介绍过了。本章讨论这个模型中的编码与调制，主要介绍 RFID 系统编码与调制的基本特性，并给出编码与调制的常用方法。这个模型是一个开放的无线系统，外界的各种干扰容易使信号传输产生错误，同时数据也容易让外界窃取，因此需要有数据校验和保密措施，以使信号保持完整性和安全性，这部分内容将在第 10 章和第 11 章中介绍。

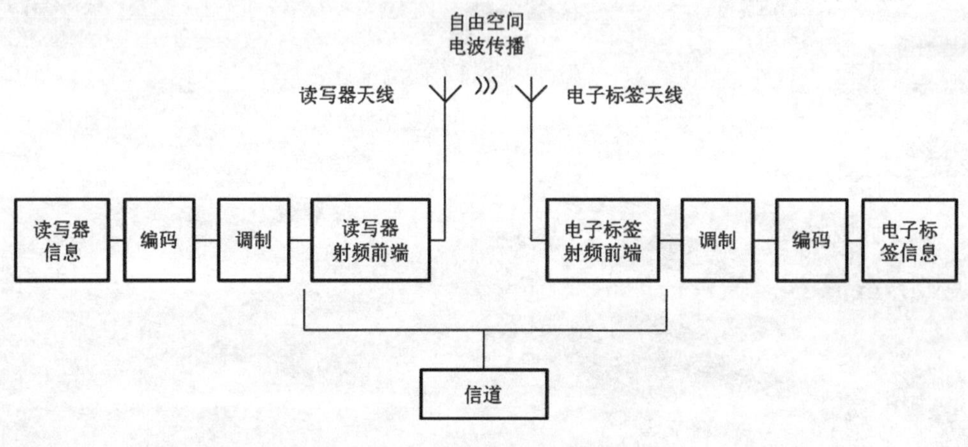

图9-1　RFID 通信系统模型

9.1 信号与信道

信号是消息的载体，在通信系统中消息以信号的形式从一点传送到另一点。信道是信号的传输媒质，信道的作用是把携有信息的信号从它的输入端传递到输出端。在 RFID 系统中，由于采用非接触的通信方式，读写器与电子标签之间构成一个无线通信系统，其中读写器是通信的一方，电子标签是通信的另一方。

9.1.1 信号

信号分为模拟信号和数字信号，信号可以从时域和频域两个角度来分析。读写器与电子标签之间传输的信号有其自身的特点，需要讨论信号的工作方式。

一、模拟信号和数字信号

模拟信号是指用连续变化的物理量表示的信息，其信号的幅度、频率或相位随时间连续变化。模拟数据一般采用模拟信号。例如，电话传输中的音频电压是连续变化的电压，麦克风输出电压也是连续变化的电压，它们都是模拟信号。

数字信号是指幅度的取值是离散的，幅值被限制为有限个数值，例如，计算机输入输出信号、电报信号都是数字信号。二进制码是一种数字信号，例如，断续变化的电压脉冲可以用二进制码表示，其中恒定的正电压表示二进制数 1，恒定的负电压表示二进制数 0。

数字信号较模拟信号有许多优点，RFID 系统常采用数字信号，其主要特点如下。

(1) 信号的完整性

RFID 系统采用非接触技术传递信息，容易遇上干扰，使传输的信息发生改变。数字信号容易校验，并容易防碰撞，可以使信号保持完整性。

(2) 信号的安全性

RFID 系统采用无线方式传递信息，开放的无线系统存在安全隐患，信息传输的安全性和保密性变得越来越重要。数字信号的加密处理比模拟信号容易得多，数字信号可以用简单的数字逻辑运算进行加密和解密处理。

(3) 在传输过程中可实现无噪声积累

通常数字信号的幅值是 0 或 1，如果在传输过程中受到噪声干扰，只要在适当的距离内信号没有恶化到一定程度，就可以再生恢复原信号继续传输，可实现无噪声积累。

(4) 便于存储、处理和交换

数字信号的形式与计算机所用的信号一致，都是二进制代码，因此便于与计算机联网，也便于用计算机对数字信号进行存储、处理和交换。

(5) 便于设备集成化和微型化

数字通信设备大部分电路是数字电路，可用大规模集成电路或超大规模集成电路实现，设备体积小、功耗低。

(6) 便于构成物联网

采用数字传输方式，可实现传输和交换的综合，实现业务数字化，更容易与互联网结合，更容易构成物联网，可使物联网的管理和维护实现自动化、智能化。

二、时域和频域

时域的自变量是时间，时域表达信号随时间的变化。在时域中，通常对信号的波形进行观察，画出图来就是横轴是时间、纵轴是信号的振幅。

频域的自变量是频率，频域表达信号随频率的变化。对信号进行时域分析时，有时一些信号的时域参数相同，但并不能说明信号就完全相同，因为信号不仅随时间变化，还与频率、相位等信息有关，这就需要进一步分析信号的频率结构，在频率域中对信号进行描述。在 RFID 技术中，对信号频域的研究很重要，需要讨论信号的频率和带宽等参数。

三、信号工作方式

读写器与电子标签之间的工作方式可以分为时序系统、全双工系统和半双工系统。下面就读写器与电子标签之间的工作方式予以讨论。

(1) 时序系统

在时序系统中，从电子标签到读写器的信息传输是在电子标签能量供应间歇进行的，读写器与电子标签不同时发射。这种方式可以改善信号受干扰的状况，提高系统的工作距离。时序系统的工作过程如下。

- 读写器先发射射频能量，该能量传送到电子标签，给电子标签的电容器充电，将能量用电容器存储起来，这时电子标签的芯片处于省电模式或备用模式。
- 读写器停止发射能量，电子标签开始工作，电子标签利用电容器的储能向读写器发送信号，这时读写器处于接收电子标签响应的状态。
- 能量传输与信号传输交叉进行，一个完整的读出周期由充电阶段和读出阶段两个阶段构成。

(2) 全双工系统

全双工表示电子标签与读写器之间可以在同一时刻互相传送信息。

(3) 半双工系统

半双工表示电子标签与读写器之间可以双向传送信息，但在同一时刻只能向一个方向传送信息。

四、通信握手

通信握手是指读写器与电子标签双方在通信开始、结束和通信过程中的基本沟通，通信握手要解决通信双方的工作状态、数据同步和信息确认等问题。

(1) 优先通信

RFID 由通信协议确定谁优先通信，也即是读写器先讲，还是电子标签先讲。对于无源和半有源系统，都是读写器先讲；对于有源系统，双方都有可能先讲。

(2) 数据同步

读写器与电子标签在通信之前，要协调双方的位速率，保持数据同步。读写器与电子标签的通信是空间通信，数据传输采用串行方式进行。

(3) 信息确认

信息确认是指确认读写器与电子标签之间信息的准确性，如果信息不正确，将请求重发。在 RFID 系统中，通信双方经常处于高速运动状态，重发请求加重了时间开销，而时间是制约速度的最主要因素。因此，RFID 的通信协议常采用自动连续重发，接收方比较数据后丢掉错误数据，保留正确数据。

9.1.2 信道

信道分为两大类，一类是电磁波在空间的传播渠道，如短波信道、微波信道等；另一类是电磁波的导引传播渠道，如电缆信道、光纤信道等。RFID 的信道是具有各种传播特性的空间，所以 RFID 采用无线信道。下面讨论信道的频带宽度、传输速率和信道容量。

一、信道的频带宽度

在信道中，信号所能拥有的频率范围叫做信道的频带宽度。信道的频带宽度为

$$BW=f_1-f_2 \tag{9.1}$$

式（9.1）中，f_1和f_2分别是信号在信道中能够通过的最低和最高频率。

目前世界各国都给出了RFID频谱资源分配表，这也对信道的频带宽度提出了要求。以我国为例，我国将840MHz～845MHz和920MHz～925MHz分配给RFID使用，我国800/900 MHz频段的RFID信道频带宽度是2个5MHz。

二、信息传输速率

(1) 比特

bit的中文名称是位，音译“比特”，bit是用以描述电脑数据量的最小单位。在二进制数系统中，每个0或1就是1个位（bit）。二进制数的一位所包含的信息就是1比特，如二进制数0101就是4比特。

以条码为例，可以将二进制数与十进制数进行比较。例如，EAN-13条码的容量为1000000000000，由于2^{40}=1099511627776，所以EAN-13条码的容量约为40比特。

(2) 信息传输速率的定义

信息传输速率R_b就是数据在传输介质（信道）上的传输速率。信息传输速率是描述数据传输系统的重要技术指标之一，信息传输速率在数值上等于每秒钟传输数据代码的二进制比特数。信息传输速率R_b的单位为比特/秒，记做bps或bit/s。

例如，如果在通信信道上发送1比特信号所需要的时间是0.001ms，那么信道的信息传输速率为1000000bit/s。在实际应用中，常用的信息传输速率单位有kbit/s、Mbit/s和Gbit/s，它们的关系如下。

$$1\text{kbit/s}=10^3\text{bit/s}，1\text{Mbit/s}=10^6\text{bit/s}，1\text{Gbit/s}=10^9\text{bit/s}$$

(3) RFID常用标准的信息传输速率

- 对于13.56MHz的ISO/IEC 14443标准，从读写器到电子标签的信息传输速率为106kbit/s；从电子标签到读写器的信息传输速率为106kbit/s。
- 对于860/960MHz的ISO 18000-6标准，18000-6 A从读写器到电子标签的信息传输速率为33kbit/s，18000-6 B从读写器到电子标签的信息传输速率为10kbit/s～40kbit/s，18000-6 C从读写器到电子标签的信息传输速率为26.7kbit/s～128kbit/s；18000-6 A从电子标签到读写器的信息传输速率为40kbit/s～160kbit/s，18000-6 B从电子标签到读写器的信息传输速率为40kbit/s～160kbit/s，18000-6 C从电子标签到读写器的信息传输速率为40kbit/s～640kbit/s。

三、波特率与比特率

(1) 波特率

在信息传输通道中，携带数据信息的信号单元称为码元。每秒钟通过信道传输的码元称为码元传输速率R_B，简称波特率。码元传输速率R_B的单位为波特，记做Baud或B。波特

率是指数据信号对载波的调制速率，它用单位时间内载波调制状态改变的次数来表示。

(2)　比特率

比特率就是信息传输速率 R_b，表示每秒钟内传输的二进制位的位数，简称比特率。比特率是位速率，在数值上等于每秒钟传输数据代码的二进制比特数。

(3)　波特率与比特率的关系

如果一个码元的状态数可以用 M 个离散的电平个数来表示，有如下关系。

$$\text{比特率}=\text{波特率}\times\log_2 M \tag{9.2}$$

例 9.1　设某数字传输系统传送二进制码元的速率为 2400Baud。试求：①该系统的信息传输速率 R_b；②若该系统改为传送十六进制信号码元，码元速率不变，该系统这时的信息传输速率 R_b。

解　① 传送二进制码元时，由式（9.2）可得

$$R_b= 2400\times\log_2 M= 2400\times\log_2 2=2400\text{bit/s}$$

也即

$$R_b=R_B=2400\text{bit/s}$$

② 传送十六进制码元时，由式（9.2）可得

$$R_b= 2400\times\log_2 M= 2400\times\log_2 16=9600\text{bit/s}$$

结论是：当码元传输速率（波特率）不变时，通过增加进制数 M，可以提高信息传输速率（比特率）。

例 9.2　已知二进制数字信号的比特率 R_b 为 2400bit/s。若该系统信息传输速率不变，当变换为四进制信号码元时，求这时的波特率 R_B。

解　由式（9.2）有

$$R_b= R_B\times\log_2 M$$

若该系统信息传输速率不变，则波特率为

$$R_B=\frac{R_b}{\log_2 M}=\frac{2400}{\log_2 4}=1200\text{Baud}$$

结论：当信息传输速率（比特率）不变，提高进制数 M，码元传输速率（波特率）降低。

四、发射机与接收机之间的数据率

发射机与接收机之间传输的数据是以这个数据率来传输的，这里是指从读写器到电子标签的前向链路及从电子标签到读写器的后向链路中传输的数据速率。依据数据中是否包含一个位（bit）、一个字节（Byte）或其他单位等任何格式，常用数据率的单位是位数每秒、字节数每秒等。每 8 个位（bit，简写为 b）组成一个字节（Byte，简写为 B）。

例如，用字节为单位表示的数据率有关系如下。

1kBps=1000 字节每秒，1KBps=1024 字节每秒

这里应该特别区分 1kBps 与 1KBps 的差别。

例 9.3 某发射机与接收机之间传输的数据率为 6KBps。试求：每秒传输多少字节？

解 由于

1KBps=1024 字节数每秒

所以， 6KBps 数据率为

1024×6=6144 字节数每秒

五、信道容量

信道容量是信道的一个参数，反映了信道所能传输的最大信息量。

(1) 具有理想低通矩形特性的信道

根据奈奎斯特准则，这种信道的最高码元传输速率为

$$\text{最高码元传输速率} = 2BW \tag{9.3}$$

也即这种信道的最高数据传输速率为

$$C = 2BW\log_2 M \tag{9.4}$$

式（9.4）称为具有理想低通矩形特性的信道容量。

(2) 带宽受限且有高斯白噪声干扰的信道

在被高斯白噪声干扰的信道中，香农提出并证明了最大信息传送速率的公式。这种情况的信道容量为

$$C = BW\log_2(1+\frac{S}{N}) \tag{9.5}$$

式（9.5）中，S 是信号功率，N 是噪声功率。可以看出，信道容量与信道带宽 BW 成正比，同时还取决于系统信噪比以及编码技术种类。香农定理指出：如果信息源的信息速率 R 小于或等于信道容量 C，那么在理论上存在一种方法，可以使信息源的输出能够以任意小的差错概率通过信道传输；如果 $R>C$，则没有任何办法传递这样的信息，或者说传递这样的二进制信息有差错率。

(3) RFID 的信道容量

信道最重要的特征参数是信息传递能力。在典型的情况（即高斯信道）下，信道的信息通过能力与信道的频带宽度、工作时间、信道中信号功率与噪声功率之比有关，频带越宽，工作时间越长，信号与噪声功率比越大，则信道的通过能力越强。

- 频带宽度越大，信道容量就越大。因此，在物联网中 RFID 主要选用微波频率，微波频率比低频频率和高频频率有更大的带宽。
- 信噪比越大，信道容量就越大。RFID 无线信道有传输衰减和多径效应等，应尽量减小衰减和失真，提高信噪比。

例 9.4 已知某信道带宽为 3.4kHz。试求：①当信道输出信噪比为 30dB 时，信道的容量；②若要在该信道中传输 33.6 kbit/s 的数据，接收端的最小信噪比。

解 ① 当信噪比为 30dB 时，有

$$\frac{S}{N} = 1000$$

由式（9.5）可得

$$C = BW\log_2(1+\frac{S}{N}) = 3.4\times10^3\times\log_2\left(1+1000\right) = 34\text{kbit/s}$$

② 由式（9.5）可得

$$33.6\times10^3 = 3.4\times10^3\times\log_2\left(1+\frac{S}{N}\right)$$

求解可得

$$\frac{S}{N} = 2^{\frac{33.6}{3.4}} - 1 = 943$$

转换为 dB，可得

$$10\lg 943 = 29.7\text{dB}$$

9.2 编码与调制

数字通信系统是利用数字信号传递信息的通信系统，其涉及的技术问题很多，主要有信源编码与信源解码、加密与解密、信道编码与信道解码、数字调制与数字解调等。数字通信系统的模型如图 9-2 所示。

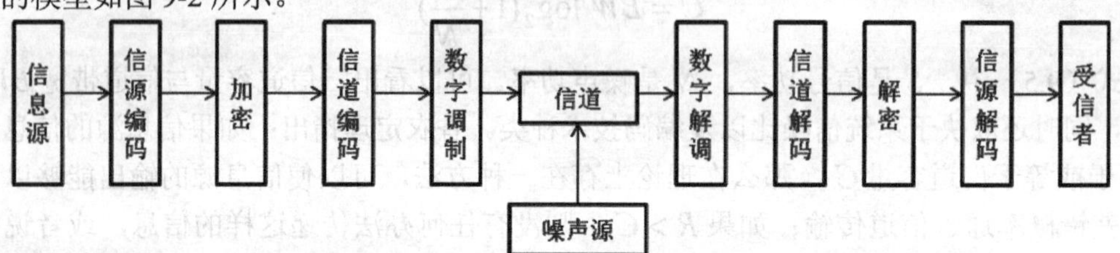

图9-2　数字通信系统的模型

9.2.1 编码与解码

编码是为了达到某种目的而对信号进行的一种变换。其逆变换称为解码或译码。根据编码的目的不同，编码理论有信源编码、信道编码和保密编码，编码理论在数字通信、计算技术、自动控制和人工智能等方面都有广泛的应用。

(1)　信源编码与解码

信源编码是对信源输出的信号进行变换，包括连续信号的离散化（即将模拟信号通过采样和量化变成数字信号），以及对数据进行压缩以提高信号传输的有效性。信源解码是信源编码的逆过程。信源编码有如下两个主要功能。

- 提高信息传输的有效性。这需要通过某种数据压缩技术，设法减少码元数目和降低码元速率。码元速率决定传输所占的带宽，而传输带宽反映了通信的有效性。

- 完成模/数转换。当信息源给出的是模拟信号时，信源编码器将其转换为数字信号，以实现模拟信号的数字化传输。

(2) 信道编码与解码

信道编码是对信源编码器输出的信号进行再变换，包括区分通路、适应信道条件和提高通信可靠性而进行的编码。信道解码是信道编码的逆过程。信道编码的主要原因如下。

- 数字信号是 0 或 1 构成的，在一些特殊情况下，形成的编码序列可能是连续的 0 或连续的 1，在这两种情况下，信号的直流分量大增，不利于信号的正确传输。
- 在信号的传输中，由于噪声的影响而产生差错，通过编码可附加监督码元，在接收端可通过附加的码元信息检查信号是否有差错，并进行纠错。

数字信号在信道传输时受到噪声等影响会引起差错，为了减小差错，信道编码器对传输的信息码元按一定的规则加入保护成分（监督元），组成抗干扰编码。接收端的信道解码器按相应的逆规则进行解码，从中发现错误或纠正错误，以提高通信系统的可靠性。

(3) 保密编码与解码

保密编码是对信号进行再变换，即为了使信息在传输过程中不易被窃译而进行的编码。在需要实现保密通信的场合，为了保证所传信息的安全，人为地将被传输的数字序列扰乱，即加上密码，这种处理过程称为加密。保密解码是保密编码的逆过程，保密解码利用与发送端相同的密码复制品，在接收端对收到的数据进行解密，恢复原来信息。

保密编码的目的是为了隐藏敏感信息，它常采用替换、乱置或两者兼有的方法实现。一个密码体制通常包括加（解）密算法和可以更换控制算法的密钥两个基本部分。

9.2.2 调制和解调

调制的目的是把传输的模拟信号或数字信号变换成适合信道传输的信号，这就意味着要把信源的基带信号转变为一个相对基带频率而言非常高的频带信号。调制的过程用于通信系统的发端，调制就是将基带信号的频谱搬移到信道通带中的过程，经过调制的信号称为已调信号，已调信号也称为带通信号或频带信号。在接收端需将已调信号还原成原始信号，解调是将信道中的频带信号恢复为基带信号的过程。

(1) 信号需要调制的原因

为了有效地传输信息，无线通信系统需要采用较高频率的信号，这种需要主要是由下面因素导致的。

- 工作频率越高带宽越大。

当工作频率为 1GHz，若传输的相对带宽为 10%时，可以传输 100MHz 带宽的信号；当工作频率为 1MHz 时，若传输的相对带宽也为 10%，只可以传输 0.1MHz 带宽的信号。通过比较可以看出，较高的工作频率可以带来较大的频带宽度。

当信道的频带宽度加大时，可以提高无线通信系统的抗干扰、抗衰落能力，还可以实现传输频带宽度与信噪比之间的互换。当信号的频带宽度加大时，可以将多个基带信号分别搬移到不同的载频处，以实现信道的多路复用，提高信道的利用率。

- 工作频率越高天线尺寸越小。

无线通信需要采用天线来发射和接收信号，如果天线的尺寸可以与工作波长相比拟，天线的辐射更为有效。由于工作频率与波长成反比，提高工作频率可以降低波长，进而可以减小天线的尺寸。进一步说，工作频率提高导致需要的天线尺寸减小，这迎合了现代通信对尺寸小型化的要求。

(2)　信号调制的方法

在无线通信中，调制是指载波调制。所谓载波调制，就是用调制信号去控制载波的参数。未受调制的周期性振荡信号称为载波，它可以是正弦波，也可以不是正弦波。调制信号是基带信号，基带信号可以是模拟的，也可以是数字的。载波调制后称为已调信号，它含有调制信号的全部特征。

如果基带信号是数字信号，用数字基带信号去控制载波，把数字基带信号变换为数字带通信号（已调信号），这个过程称为数字调制。一般来说，数字基带信号含有丰富的低频分量，需要对数字基带信号进行调制，以使信号与信道的特性相匹配。

调制在通信系统中有十分重要的作用。通过调制不仅可以进行频谱搬移，把调制信号的频谱搬移到所希望的频率位置，从而将调制信号转换成适合传播的已调信号，而且它对系统传输的有效性和可靠性有很大的影响，调制方式往往决定了一个通信系统的性能。

高频载波是消息的载体信号，数字调制是通过改变高频载波的幅度、频率或相位，使其随着基带信号的变化而变化。解调则是将基带信号从载波中提取出来，以便预定的接收者处理和理解的过程。数字调制的方法通常称为键控法，主要键控方法如下。

- 调幅。使载波的幅度随着调制信号的变化而变化。
- 调频。使载波的瞬时频率随着调制信号的变化而变化，而幅度保持不变。
- 调相。利用调制信号控制载波信号的相位。

9.3 RFID 常用的编码方法

编码是 RFID 的一项重要工作。RFID 最常用的编码方法是用不同的电压电平来表示两个二进制数字，也即数字信号由矩形脉冲组成。RFID 的编码方式有反向不归零（NRZ）编码、单极性归零（Unipolar RZ）编码、曼彻斯特（Manchester）编码、米勒（Miller）编码、差动双相（DBP）编码、差动编码、脉冲间隔编码（PIE）和双相空间编码（FM0）等。

9.3.1 编码应具有的预期性能

在 RFID 系统中，编码规则的选择对能量转换和信号恢复有很大影响，同时编码规则也要考虑数据速率、载频调制原理、应用的碰撞管理、频谱划分和辐射标准等多种因素。下面分别考虑前向链路、后向链路和碰撞管理阶段的编码预期性能。

(1)　前向链路编码的预期性能

从读写器到电子标签的数据传输为前向链路。前向链路的编码应满足如下预期性能。

- 载频调制后，发射信号要尽可能长时间地存在，这样才能提供最有效的能量转换和远程供电。换句话说，就是在已知读写器发射功率的情况下，通信距离和远程供电要尽可能地大；或者换一种方式，就是在通信距离已知的情况下，读写器的发射功率和辐射功率要尽可能地小。

- 读写器的发射信号具有能够转换的最大数量，以便电子标签能够提取必要因素为同步电子设备进行数字译码。
- 能够提供一个合理的信噪比（当然，这也涉及调制类型）。
- 提供（或者是建议）有较长的工作周期，以便电子标签毫不困难地同时处理通信协议和执行通信任务。
- 经过调制后，就频谱效率和能量而言，载波辐射的与这个位编码有关的频谱是最合适的。

(2) 后向链路编码的预期性能

从电子标签到读写器的数据传输为后向链路。在这个工作阶段，读写器已经准备好采集从电子标签发来的信号。如果电子标签处于复杂的环境，读写器接收的信号受噪声的影响会比较大，使读写器很难从噪声中将有用信号分离出来。在这种情况下，后向链路的编码应满足如下预期性能。

- 在位时间时有最大可能的发射数量，即使在有噪声出现时，也能让基站更容易识别、提取和检测到信号。
- 电子标签负载调制后，电子标签的再辐射频谱尽可能下降（主要是当电子标签与读写器距离较近时，或再辐射信号较强时）。
- 在电子标签应答时，将电子标签的总功耗降到最低。
- 容易检测到同时出现在电磁场中的多个电子标签，以提供有效的碰撞管理。

(3) 碰撞管理阶段的预期性能

如果多个电子标签同时出现在电磁场中时，有必要对它们进行区分，或者至少告诉读写器（这时读写器是“盲”状态）有多少个电子标签出现。要做到这一点，如果位编码能够指出在这个通信阶段是否产生了一个或多个入射，那将是有帮助的。这有必要引入“子编码”到二进制编码，因为在传输载波的调制期间会出现一个新的信号，以及出现另一个新的频率或多个频率形式，这通常称为副载波。其他技术，诸如时隙技术也会被应用。

9.3.2 编码格式

按照数字编码方式，可以将编码划分为单极性码和双极性码。对于单极性码，无电压表示“0”，恒定正电压表示“1”；对于双极性码，分别用正、负电平脉冲代表“0”和“1”（也可颠倒），例如，“1”码和“0”码都有电流，“1”为正电流，“0”为负电流。按照信号是否归零，还可以将编码划分为归零码和非归零码。归零码在码元中间信号回归到零电平，例如，当发“1”码时，发出恒定正电流，但持续时间短于一个码元的时间宽度，即发出一个窄脉冲；非归零码在码元中间信号不回归到零电平。

对于单极性不归零码，无电压表示“0”，恒定正电压表示“1”。对于双极性不归零码，“1”码和“0”码都有电流，“1”为正电流，“0”为负电流，正和负的幅度相等。对于单极性归零码，当发“1”码时，发出恒定正电流，但持续时间短于一个码元的时间，即发出一个窄脉冲；当发“0”码时，不发送电流。对于双极性归零码，其中“1”码发正的窄脉冲，

“0”码发负的窄脉冲。不归零码在传输中难以确定一位的结束和另一位的开始，需要用某种方法使发送器和接收器之间进行定时或同步；归零码的脉冲较窄，由于脉冲宽度与传输频带宽度成反比的关系，归零码在信道上占用的频带较宽；单极性码会积累直流分量；双极性码的频谱中直流分量大大减少，这对数据传输是有利的。

一、反向不归零（NRZ）编码

反向不归零（Not Return to Zero，NRZ）编码用高电平表示二进制的 1，用低电平表示二进制的 0。NRZ 编码规则如图 9-3 所示。

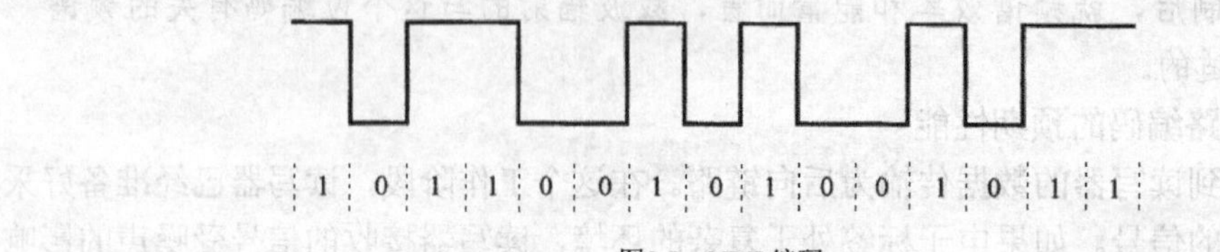

图9-3　NRZ 编码

图 9-3 所示的波形在码元之间无空隙间隔，在全部码元时间内传送码，所以称为反向不归零编码。这种编码方式仅适合近距离传输信息，原因如下。

(1)　有直流

一般信道难于传输零频率附近的频率分量，所以该方式不适宜长距离传输。

(2)　不方便使用

接收端判决门限与信号功率有关，不方便使用。

(3)　不能直接提取位同步信号

在连续出现“0”或连续出现“1”时，难以找到位同步信息，也就是不能直接用来提取位同步信号。

二、单极性归零（Unipolar RZ）编码

对于单极性归零（Unipolar Return to Zero，Unipolar RZ）编码，当发 1 码时发出正电流，但正电流持续的时间短于一个码元的时间宽度，即发出一个窄脉冲；当发 0 码时，完全不发送电流。Unipolar RZ 编码规则如图 9-4 所示。

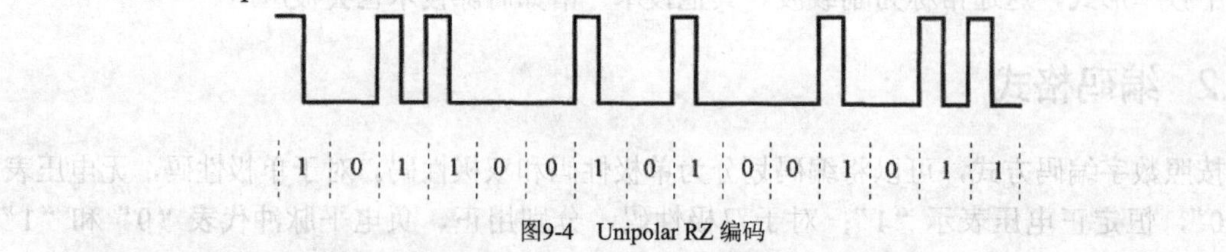

图9-4　Unipolar RZ 编码

比较 NRZ 和 Unipolar RZ 编码，二者都为单极性码，但 NRZ 占空比为 100%，Unipolar RZ 占空比为 50%。

三、曼彻斯特（Manchester）编码

曼彻斯特（Manchester）编码也称为分相编码（Split-Phase Coding）或二相码。在 Manchester 编码中，用电压跳变的相位不同来区分 1 和 0。其中，从高到低的跳变表示 1，从低到高的跳变表示 0。Manchester 编码规则如图 9-5 所示。

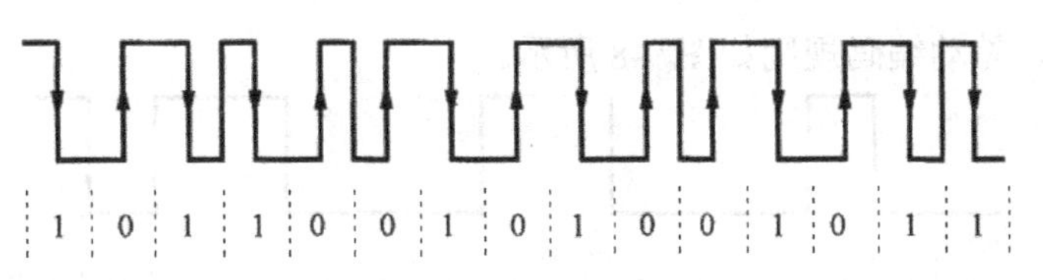

图9-5 Mancheste 编码

Manchester 编码的特点如下。

(1) 自同步编码

由于跳变都发生在每一个码元的中间，接收端可以方便地利用 Manchester 编码作为位同步时钟，因此这种编码也称为自同步编码。

(2) 构成比特数据的校验

Manchester 编码将一个码元分成两个子码元，子码元的宽度为码元宽度的 1/2，第一子码元可视为信息位，第二子码元可视为校验位，从而构成比特数据的校验。Manchester 编码在采用副载波的负载调制或反向散射调制时，通常用于从电子标签到读写器的数据传输，因为这有利于发现数据传输的错误。

四、米勒（Miller）编码

米勒（Miller）编码是改进的 Manchester 编码。Miller 编码在半个位周期内的任意的边沿表示二进制 1，而经过下一个位周期中不变的电平表示二进制 0。也就是说，Miller 编码以位于比特中心点的电平转换代表数据 1，在比特中心点没有电平转换代表数据 0。另外，当出现连续二进制 0 时，电平转换发生在这个位结束时刻。Miller 编码规则如图 9-6 所示。Miller 编码在位周期开始时产生电平交变，对接收器来说，位节拍比较容易重建。

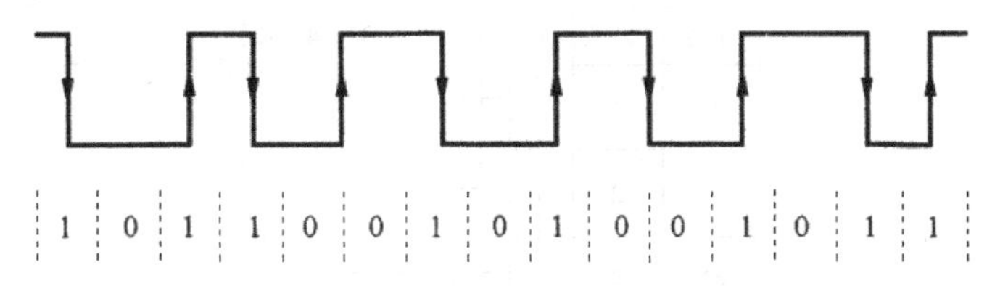

图9-6 Miller 编码

五、差动双相（DBP）编码

差动双相（DBP）编码在半个位周期中用任意的边沿表示二进制 0，而没有边沿就是二进制 1。此外，在每个位周期开始时，电平都要反相。DBP 编码规则如图 9-7 所示。

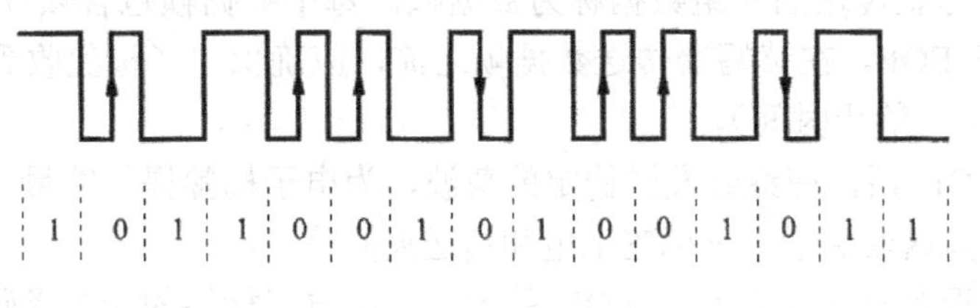

图9-7 DBP 编码

六、差动编码

对于差动编码，每个要传输的二进制 1 都会引起信号电平的变化，而对于二进制 0，信

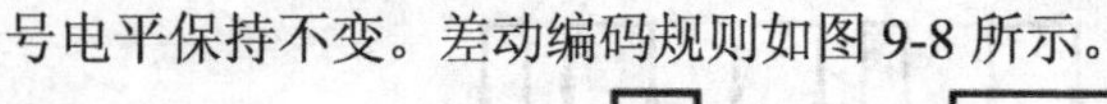
号电平保持不变。差动编码规则如图 9-8 所示。

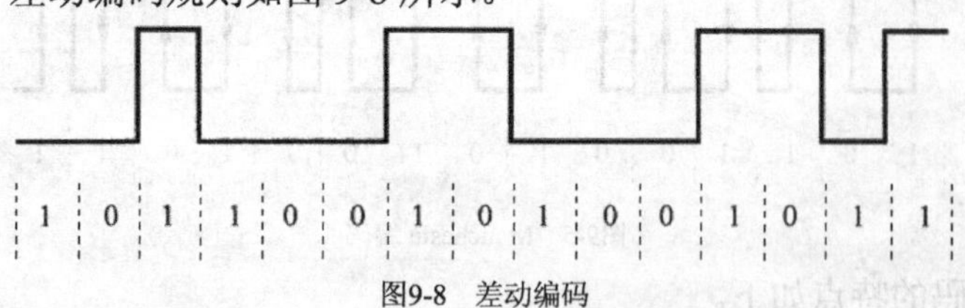

图9-8　差动编码

七、脉冲间隔编码（PIE）

脉冲间隔编码（Pulse Interval Encoding，PIE）是读写器向电子标签传送数据的编码方式。PIE 编码是“0”与“1”有不同时间间隔的一种编码方式，其基于一个持续的固定间隔的脉冲，脉冲的重复周期根据“0”与“1”而不同。通常情况下，每个二进制码的持续间隔是一个时钟周期的整数倍。

(1)　载波调制脉冲

读写器向电子标签传送数据是通过调幅载波（ASK）的形式完成的。数据编码由可变时间间隔的脉冲产生。两个连续的脉冲之间的时间间隔定义为脉冲时间间隔 T_{ari}，T_{ari} 的整数倍用来表示数据编码的信息。

(2)　PIE 编码

PIE 编码符号有 4 个，分别是数据 0、数据 1、数据帧开始（SOF）和数据帧结束（EOF），它们的编码符号分别是时间间隔 T_{ari} 的 1、2、4 和 4 倍。数据 0、数据 1、SOF 和 EOF 的定义如图 9-9 所示。可以看出，PIE 编码很容易定义出数据 0 和数据 1 以外的情况。为了确定发射符号的种类，电子标签需要测量图 9-9 中所示的高/低脉冲转换的间隔。

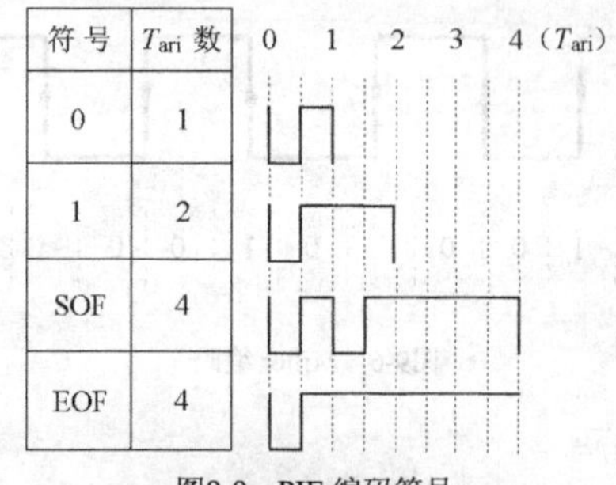

符号	T_{ari} 数
0	1
1	2
SOF	4
EOF	4

图9-9　PIE 编码符号

(3)　帧格式

读写器向电子标签传送的一组数据称为数据帧。每个数据帧包含帧开始符 SOF、命令或数据、帧结束符 EOF。在读写器传送数据帧之前，应确保电子标签收到非调制载波的持续时间不少于 300μs（静止时间）。

读写器传送 EOF 后，应继续发送稳定的载波，为电子标签提供能量。载波持续时间应通过协议规定，因为这取决于电子标签上电和传送返回信息的时间。

如果电子标签没有收到周期大于 EOF 的数据，则电子标签的命令译码器复位到准备状态，等待下一个 SOF。

(4)　PIE 编码的特点

- PIE 编码的位时间可以改变，它的时间数值根据当地许可的频谱可以进行调整。

- 二进制码数据的出现可以很容易地被检测到，因为发送有大量的脉冲信号。
- 当没有任何信息出现时，在时隙中有大量的可用空闲时间用于远程供电和计算。
- 比其他编码有更长的平均充电时间，能够为电子标签提供较高的能量转换电平，具有潜在的较长通信距离。

八、双相空间编码（FM0）

双相空间编码（FM0）是电子标签向读写器传送数据的编码方式。FM0 编码的规则是：符号“0”在时间中间和边沿均发生电平改变；符号“1”只在时间边沿发生电平改变。FM0 编码的规则如图 9-10 所示。

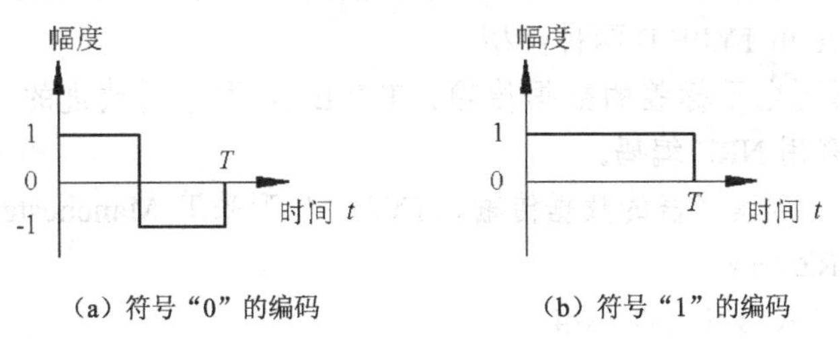

（a）符号“0”的编码　　（b）符号“1”的编码

图9-10　FM0 编码的规则

(1)　FM0 编码的特征

- 符号“0”有 3 个转换，包括在位时间的起始位的一个转换和在位时间的中间位的一个转换。
- 符号“1”有 1 个转换，在位时间的起始位。

(2)　FM0 符号、FM0 符号序列和编码的例子

- FM0 符号如图 9-11（a）所示，图中包含两种可能的形式。
- FM0 符号序列如图 9-11（b）所示，图中包含两种可能的形式。
- FM0 编码的例子如图 9-11（c）所示，有两种可能的形式，取决于原先条件。

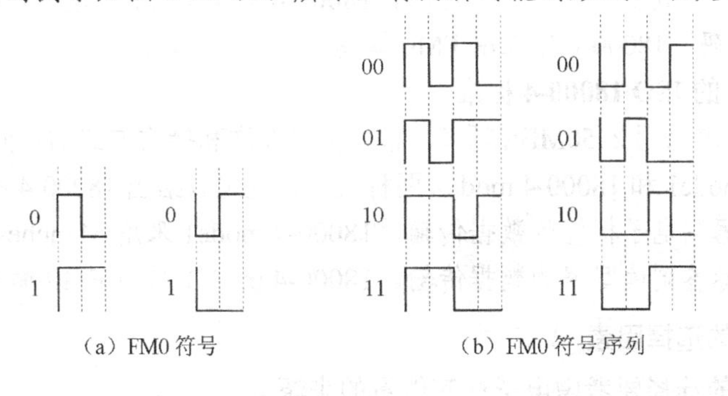

（a）FM0 符号　　（b）FM0 符号序列

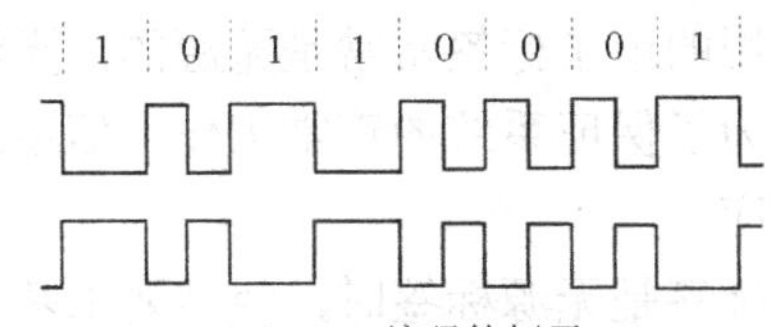

（c）FM0 编码的例子

图9-11　FM0 符号、FM0 符号序列和编码的例子

9.3.3 RFID 常用标准的编码方式

在一个 RFID 系统中，编码方式的选择要考虑电子标签能量的来源、检错的能力、时钟的提取等多方面因素。前面介绍的每一种编码方式都有某方面的优点，实际应用中要综合考虑、兼顾选择。

一、RFID 常用标准编码类型的选择

(1) 13.56MHz 的 ISO/IEC 14443 标准

ISO/IEC 14443 标准采用 13.56MHz 频率。根据信号发送和接收方式的不同，ISO/IEC 14443 定义了 TYPE A 和 TYPE B 两种类型。

- 对于读写器到电子标签的数据传输，TYPE A 型采用改进的 Miller 编码，TYPE B 型采用 NRZ 编码。
- 对于电子标签到读写器的数据传输，TYPE A 型采用 Manchester 编码，TYPE B 型采用 NRZ 编码。

(2) 433MHz 的 ISO 18000-7 标准

ISO 18000-7 标准采用 433MHz 频率。

- 对于读写器到电子标签的数据传输，采用 Manchester 编码。
- 对于电子标签到读写器的数据传输，也采用 Manchester 编码。

(3) 860/960MHz 的 ISO 18000-6 标准

ISO 18000-6 标准采用 860/960 MHz 频率。根据信号发送和接收方式的不同，ISO 18000-6 标准定义了 18000-6 A、18000-6 B 和 18000-6 C 共 3 种类型。

- 对于读写器到电子标签的数据传输，18000-6 A 采用 PIE 编码，18000-6 B 采用 Manchester 编码，18000-6 C 采用 PIE（取反）编码。
- 对于电子标签到读写器的数据传输，18000-6 A 采用 FM0 编码，18000-6 B 采用 FM0 编码，18000-6 C 采用 FM0 编码。

(4) 2450MHz 的 ISO 18000-4 标准

ISO 18000-4 标准采用 2450MHz 频率。根据信号发送和接收方式的不同，ISO 18000-4 标准定义了 18000-4 mode1 和 18000-4 mode2 两种类型。这里只给出 18000-4 mode1 的情况。

- 对于读写器到电子标签的数据传输，18000-4 mode1 采用 Manchester 编码。
- 对于电子标签到读写器的数据传输，18000-4 mode1 采用 FM0 编码。

二、编码方式的选择因素

(1) 编码方式的选择要考虑电子标签能量的来源

在 RFID 系统中，由于使用的电子标签常常是无源的，无源标签需要在与读写器的通信过程中获得自身的能量供应。为了保证系统的正常工作，信道编码方式首先必须保证不能中断读写器对电子标签的能量供应。

在 RFID 系统中，当电子标签是无源标签时，经常要求基带编码在每两个相邻数据位元之间具有跳变的特点。这种相邻数据间有跳变的码，不仅可以保证在连续出现 0 的时候对电子标签能量的供应，而且便于电子标签从接收到的码中提取时钟信息。也就是说，如果要求编码方式保证电子标签能量供应不中断，必须选择码型变化丰富的编码方式。

(2) 编码方式的选择要考虑电子标签检错的能力

为保障系统工作的可靠性，必须在编码中提供数据一级的校验保护，编码方式应该提供这一功能，并可以根据码型的变化来判断是否发生误码或有电子标签冲突发生。

在实际的数据传输中，由于信道中干扰的存在，数据必然会在传输过程中发生错误，这时要求信道编码能够提供一定程度检测错误的能力。

在多个电子标签同时存在的环境中，读写器逐一读取电子标签的信息，读写器应该能够从接收到的码流中检测出是否有冲突，并采用某种算法来实现多个电子标签信息的读取，这需要选择检测错误能力较高的编码。在上述编码中，曼彻斯特（Manchester）编码、差动双向（DBP）编码、双相空间编码（FM0）和单极性归零码具有较强的编码检错能力。

(3) 编码方式的选择要考虑电子标签时钟的提取

在电子标签芯片中，一般不会有时钟电路，电子标签芯片一般需要在读写器发来的码流中提取时钟，读写器发出的编码方式应该能够使电子标签容易提取时钟信息。在上述编码中，曼彻斯特（Manchester）编码、米勒（Miller）编码、脉冲间隔编码（PIE）和差动双向（DBP）编码容易使电子标签提取时钟。

9.3.4 编码方式 MATLAB/Simulink 仿真

计算机仿真相对物理性实验而言具有实现简单、参数修改方便等特点，而且可以完成许多物理性实验不能完成的工作。MATLAB 软件中的 Simulink 是一个功能强大而且非常易用的动态系统软件仿真工具，利用该软件可以完成 RFID 编码方式的仿真。

(1) MATLAB/Simulink 软件

MATLAB、Mathematica 和 Maple 并称为三大数学软件。其中，MATLAB 是矩阵实验室（Matrix Laboratory）的简称，是美国 MathWorks 公司出品的数学软件。MATLAB 软件可以进行矩阵运算、函数绘制、算法实现、与其他编程语言连接、用户界面创建等，主要用于工程计算、控制设计、信号处理及多个行业建模设计与分析等，可实现算法开发、数据可视化、数据分析和数值计算等多种功能。MATLAB 软件的界面如图 9-12 所示。

图9-12　MATLAB 软件界面

20 世纪 70 年代，美国新墨西哥大学计算机科学系主任 Cleve Moler 为了减轻学生编程的负担，用 FORTRAN 编写了最早的 MATLAB。1984 年，由 Little、Moler 和 Steve Bangert 合作成立了 MathWorks 公司，并把 MATLAB 正式推向市场。到 20 世纪 90 年代，MATLAB 已成为国际控制界的标准计算软件。MATLAB 的基本数据单位是矩阵，它的指令表达式与数学、工程中常用的形式十分相似，故用 MATLAB 解算问题比用 C 或 FORTRAN 等语言完成相同的事情要简捷得多。在新的版本中，MATLAB 加入了对 C、FORTRAN、C++ 和 Java 等的支持，用户也可以将自己编写的实用程序导入到 MATLAB 函数库中方便自己以后调用。

(2) Simulink 使用简介

MATLAB 是开放式的，也就是说它支持别人给它写工具包，而 Simulink 就是 MATLAB 软件的工具包之一。Simulink 是 MATLAB 中的一种可视化仿真工具，是一种基于 MATLAB 框图的设计环境，是实现动态系统建模、仿真和分析的一个软件包。Simulink 是 MATLAB 最重要的组件之一，它提供了一个动态系统建模、仿真和综合分析的集成环境。在该环境中，无需大量书写程序，而只需要通过简单直观的鼠标操作，就可以构造出复杂的系统。Simulink 提供了交互式图形化环境和可定制模块库，可实现设计、仿真、执行和测试等功能，被广泛应用于线性系统、非线性系统、数字控制及数字信号处理的建模和仿真中。Simulink 具有结构流程清晰、仿真精细、贴近实际、效率高和灵活等优点，同时有大量的第三方软件和硬件可应用于或被要求应用于 Simulink。

在 MATLAB 中启动 Simulink 后，首先出现的是 Simulink 库浏览器，Simulink 库浏览器如图 9-13 所示。Simulink 库浏览器分为左右两个栏，左边为库名列表，右边为选定库的相应模型列表。在 RFID 仿真中，经常用到的库有 Simulink、communication、DSP 和 fixed-point 等。利用 Simulink 软件包提供的功能，可以仿真 RFID 中的各种编码，如仿真 Manchester 编码。在仿真结束后，还可以打开软件中的示波器查看编码波形。利用 Simulink 库中的资源，可以封装 RFID 通信系统中常见的信道编码模块，可以基于这些封装的编码模块仿真信道编码的抗干扰能力（即仿真 RFID 编码的检错能力）。

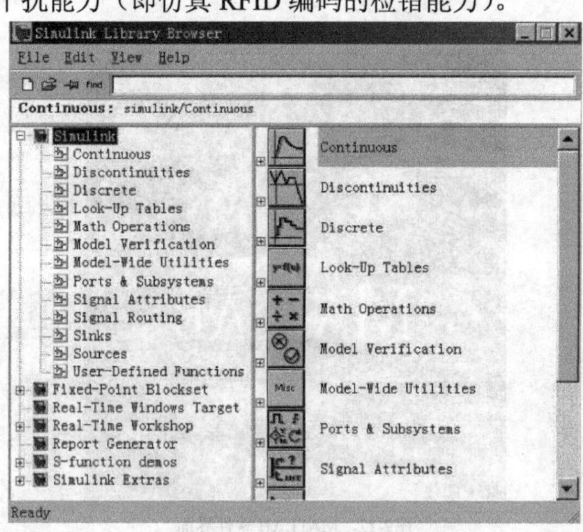

图9-13　Simulink 库浏览器

仿真就是用程序去模仿真的事情。比如，“用欧姆表测电阻”这个实验是用欧姆表、电阻和连线等，按照电路图连接起来，然后打开开关进行测量。在 Simulink 中，就有虚拟的欧姆表、电阻和连线，只要新建一个文件，就相当于建了一个“板”，然后把需要的欧姆表、电阻和连线等复制到新建的文件中，Simulink 就会自动模仿真的情形开始仿真。当然，Simulink 的目的不是用来解决上面这个小问题的，它里面有很多的虚拟元器件，一般一些大型工程为了省资金就直接用 Simulink 仿真模拟做实验。Simulink 是一个虚拟的实验室，里面有丰富的工具，只要按照软件的操作要求去连接工具，就能做仿真实验了。

9.4 RFID 常用的调制方法

数字基带信号往往具有丰富的低频分量，必须用数字基带信号对载波进行调制，而不是直接传送数字基带信号，以使信号与无线信道的特性相匹配。用数字基带信号调制载波，把数字基带信号变换为数字已调信号的过程称为数字调制。

9.4.1 调制的目的和方式

(1) 调制的目的

- 调制的最初目的是将基带信号搬移到射频，用射频进行无线传输，以适应信道传输要求。承载数据信息的载体为载波，基带数据是调制信号。
- 调制的第二个目的是便于信道复用，使在基带频谱重叠的数据依次调制到载波的不同位置，以便在接收端分解开来，使同一载波承载更多的用户信息，即在同一载波上实现复用传输。一般每个被传输信号占用的带宽小于信道带宽，一个信道同时只传一个信号是很浪费的，此时信道工作在远小于其传输信息容量的情况下。然而通过调制，使各个信号的频谱搬移到指定的位置，可实现在一个信道里同时传输许多信号。
- 调制的第三个目的是获取抗干扰能力，使接收端解调增益更高。
- 在 RFID 系统中，正弦载波除了是信息的载体外，在无源电子标签中还具有提供能量的作用，这一点与其他无线通信有所不同。

(2) 调制的方式

通常选择正弦波作为载波，这是因为其便于产生和接收，且不同载波信号容易分离。正弦载波有 3 个基本参数可供调制：幅度、频率和相位。因此，有 3 种基本的调制方式，分别为幅度调制（Amplitude Modulation，AM）、频率调制（Frequency Modulation，FM）和相位调制（Phase Modulation，PM）。

因调制信号形式的不同，调制方式分为数字调制和模拟调制。数字调制与模拟调制的基本原理相同，但数字信号有离散取值的特点，数字调制技术利用数字信号的这一特点，通过开关键控载波，从而实现数字调制。这种方法通常称为键控法，其对载波的振幅、频率或相位进行键控，使高频载波的振幅、频率或相位与调制的基带信号相关，从而获得振幅键控（Amplitude Shift Keying，ASK）、频移键控（Frequency shift keying，FSK）和相移键控（Phase shift keying，PSK）三种基本的数字调制方式。

数字信息有二进制与多进制之分，数字调制也分为二进制调制与多进制调制。在二进制调制中，调制信号只有两种可能的取值；在多进制调制中，调制信号可能有 M 种取值，M 大于 2。为了提高调制的性能，又对数字调制体系不断加以改进，提出了多种新的调制解调体系，其中包括振幅和相位联合键控等，出现了一些特殊的、改进的和现代的调制方式，如正交振幅调制（QAM）、最小频移键控（MSK）和正交频分复用（OFDM）等。

RFID 主要采用数字调制的方式。在无源标签 UHF RFID 空中接口标准 ISO/IEC18000-4 和 ISO/IEC18000-6 中，调制方式包括 ASK 和由此派生的双边带幅度键控（DSB-ASK）、单边带幅度键控（SSB-ASK）和相位反转幅度键控（PR-ASK）。在 UHF RFID 空中接口标准 ISO/IEC18000-7 中，选用 FSK 的调制方式。在 ISO/IEC18000-4 和 ISO/IEC18000-6 中，有跳频扩展频谱（Frequency-Hopping Spread Spectrum，HFSS）作为可选调制方式。在全部 ISO/IEC18000 中，有直接序列扩展频谱（Direct Sequence Spread Spectrum，DSSS）参数条款，注以“未采用”。

9.4.2 载波

在信号无线传输的过程中，并不是将信号直接进行无线传输，而是将信号与一个固定频率的波进行相互作用，这个过程称为加载，这个固定频率的波称为载波。

举个例子说明为什么用载波。将人（这里指信号）从一个地方送到另外一个地方，走路需要很长时间，人会很累（这里指信号衰减）。如果让人坐车（这里指载波），则需要的时间很短，人也很舒服（这里指信号不失真）。那么坐什么交通工具呢（这里指选择调制方法）？这要根据不同人的具体情况来判断（这里指信号的特点和用途）。

载波是指被调制以传输信号的波形，载波一般为正弦振荡信号，正弦振荡的载波信号可以表示为

$$v(t) = A\cos(\omega_c t + \varphi) \tag{9.6}$$

式（9.6）中，ω_c 称为载波的角频率，A 称为载波的振幅，φ 称为载波的相位。可以看出，在没有加载信号时，载波为高频正弦波，这个高频信号的波幅是固定的、频率是固定的，初相位也是固定的。

角频率、频率、波长和速度之间有如下关系。

$$\omega_c = 2\pi f_c \tag{9.7}$$

$$\lambda = \frac{c}{f_c} \tag{9.8}$$

$$c = 3\times10^8\,\mathrm{m/s} \tag{9.9}$$

在式（9.7）～式（9.9）中，f_c 称为载波的频率，λ 称为载波的波长，c 称为自由空间

电磁波的传播速度。不同的应用目的会采用不同的载波频率，不同的载波频率可以使多个无线通信系统同时工作，避免了相互干扰。

载波加载之后，也即载波被调制以后，载波的振幅、频率或相位就随信号的变化而变化，就是把一个较低频率的基带信号调制到一个频率相对较高的载波上去。载波信号一般要求正弦载波的频率远远高于调制信号的带宽，否则会发生混叠，使传输信号失真。

9.4.3 振幅键控

调幅是指载波的频率和相位不变，载波的振幅随调制信号的变化而变化。调幅分为模拟调制与数字调制，这里只介绍数字调制，也即振幅键控（ASK）。ASK 是利用载波的幅度变化来传递数字信息，在二进制数字调制中，载波的幅度只有两种变化，分别对应二进制的“1”和“0”。目前电感耦合 RFID 系统经常采用 ASK 调制方式，如 ISO/IEC 14443 标准及 ISO/IEC 15693 标准采用了 ASK 调制方式。

(1) 二进制振幅键控的定义

二进制振幅键控信号可以表示成二进制序列与正弦载波的乘积，即

$$v(t)=s(t)\cos(\omega_c t) \tag{9.10}$$

式（9.10）中，$s(t)$ 为二进制序列，$\cos(\omega_c t)$ 为载波。其中

$$s(t)=\sum_n a_n g\left(t-nT_s\right) \tag{9.11}$$

式（9.11）中，T_s 为码元持续时间，$g(t)$ 为持续时间 T_s 的基带脉冲波形，a_n 为第 n 个符号的电平取值。在振幅键控时，载波振幅按二进制编码在两种状态之间切换，如图 9-14 所示，其中图 9-14（a）所示为数字信号，图 9-4（b）所示为正弦载波，图 9-14（c）所示为振幅键控波形。

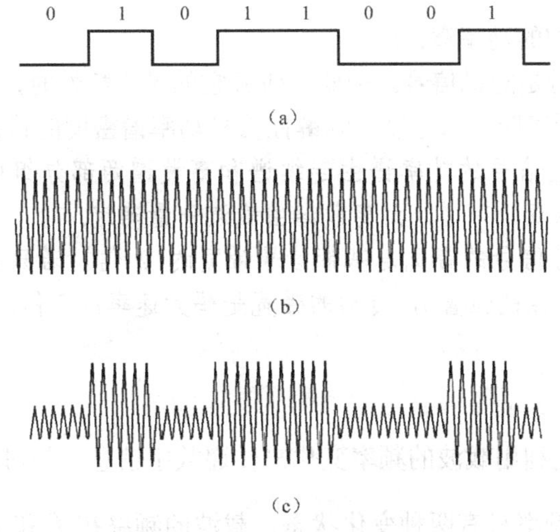

图9-14 振幅键控的时间波形

在振幅键控时，载波振荡的振幅按二进制编码在 2 种状态 a_0 和 a_1 之间切换（键控），其中 a_0 对应“1”状态，a_1 对应“0”状态。

已调波的键控度 m 为

$$m = \frac{a_0 - a_1}{a_0 + a_1} \tag{9.12}$$

键控度 m 表示了调制的深度。当键控度 m 为 100%时，载波振幅在 a_0 与 0 之间切换，这时为通—断键控。

(2) 二进制振幅键控的电路原理图

二进制振幅键控信号的产生方法通常有两种，一种是模拟调制法，另一种是键控法。模拟调制法是用乘法器实现，键控法是用开关电路实现，相应的调制器原理图如图 9-15 所示。其中，图 9-15（b）所示的键控度 m 为 100%，这时为通—断键控。

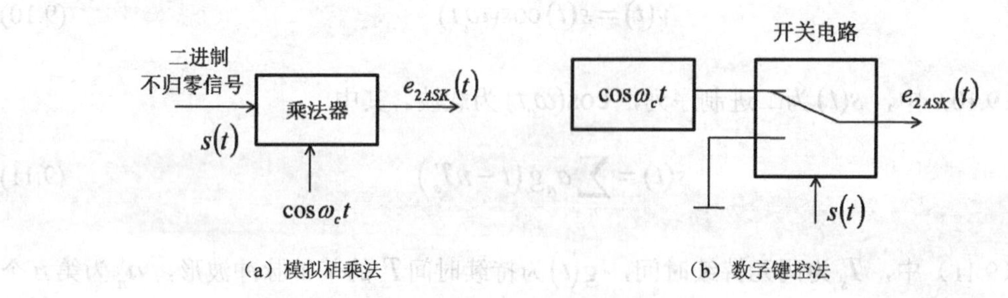

图9-15 二进制振幅键控电路原理图

二进制振幅键控是运用最早的无线数字调制方法，但这种方法在传输时受噪声影响较大，是受噪声影响最大的调制技术。噪声电压和信号一起可能改变振幅，使信号“0”变为“1”，使信号“1”变为“0”。

(3) 二进制振幅键控的功率谱密度

二进制振幅键控信号是随机信号。因此，研究它的频谱特性时，应该讨论它的功率谱密度。对式（9.10）的分析表明，二进制振幅键控信号功率谱密度的特性如下。

- 二进制振幅键控信号的功率谱由连续谱和离散谱两部分组成，连续谱取决于经线性调制后的双边带谱，而离散谱由载波分量确定。
- 二进制振幅键控信号的带宽是基带信号带宽的 2 倍，若只计功率谱密度的主瓣（第一个谱零点的位置），传输的带宽是码元速率的 2 倍。

9.4.4 频移键控

频移键控（FSK）是利用载波的频率变化来传递数字信息，是对载波的频率进行键控。二进制频移键控载波的频率只有两种变化状态，载波的频率在 f_1 和 f_2 频率点变化，分别对应二进制信息的“1”和“0”。

(1) 二进制频移键控的定义

二进制频移键控信号可以表示成在两个频率点变化的载波，其表达式为

$$v(t)=\begin{cases}A\cos\left(\omega_1 t+\varphi_n\right) & \text{发送“1”时}\\ A\cos\left(\omega_2 t+\theta_n\right) & \text{发送“0”时}\end{cases} \tag{9.13}$$

由式（9.13）可以看出，在发送“1”和发送“0”时，信号的振幅不变，但是角频率在变。

式（9.13）中

$$\omega_1=2\pi f_1 \tag{9.14}$$

$$\omega_2=2\pi f_2 \tag{9.15}$$

在频移键控时，载波振荡的频率按二进制编码在两种状态之间切换（键控）。其中，f_1 对应“1”状态，f_2 对应“0”状态。频移键控的时间波形如图 9-16 所示，其中图 9-16（a）所示为数字信号，图 9-16（b）所示为频移键控波形。

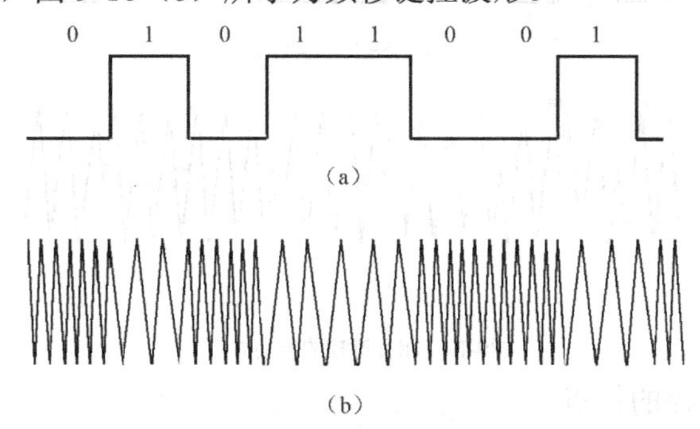

图9-16　频移键控的时间波形

(2) 二进制频移键控的特点

- 从时间函数来看，可以将二进制频移键控信号看作是两种不同载频 f_1 和 f_2 的振幅键控信号的组合。因此，二进制频移键控信号的频谱可以由两种振幅键控的频谱叠加得出。
- 二进制频移键控在数字通信中应用较广，国际电信联盟（ITU）建议，在数据率低于 1200bit/s 时采用该体制，这种方式适合于衰落信道的场合。

9.4.5 相移键控

相移键控（PSK）是利用载波的相位变化来传递数字信息，是对载波的相位进行键控。二进制相移键控载波的初始相位有 2 种变化状态，通常载波的初始相位在 0 和 π 的状态变

化，分别对应二进制信息的“1”和“0”。

(1) 二进制相移键控的定义

二进制相移键控信号的表达式为

$$v(t) = A\cos(\omega_c t + \varphi_n) \tag{9.16}$$

式（9.16）中，φ_n 表示第 n 个符号的绝对相位。

在二进制相移键控中，φ_n 为

$$\varphi_n = \begin{cases} 0 & \text{发送“1”时} \\ \pi & \text{发送“0”时} \end{cases} \tag{9.17}$$

载波振荡的相位 φ_n 按二进制编码在两种状态之间切换（键控），如图 9-17 所示。其中，图 9-17（a）所示为数字信号，图 9-17（b）所示为相移键控波形。

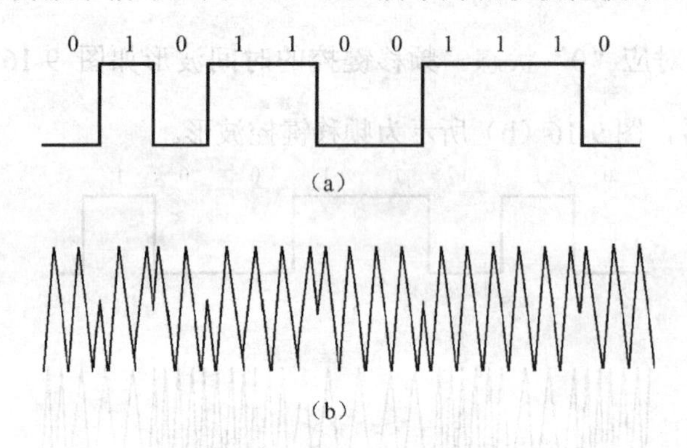

图9-17 相移键控的时间波形

(2) 二进制相移键控的特点

- PSK 系统具有较高的频带利用率，PSK 方式在误码率、信号平均功率等方面都比 ASK 系统的性能更好。
- 二进制 PSK 系统在实际中很少直接使用，实际应用经常采用差分相移键控（DPSK）、相位抖动调制（PJM）等方式。

9.4.6 副载波调制

副载波调制是指首先把信号调制在载波 1 上，出于某种原因，决定再进行一次调制，于是用这个结果再去调制另外一个频率更高的载波 2。副载波调制是 RFID 系统经常采用的一种调制方式。

(1) 电子标签到读写器的副载波调制

由于读写器天线与电子标签天线之间的耦合很弱，读写器天线上有用信号的电压波动在数量级上比读写器的输出电压小。例如，对于 13.56MHz 的 RFID 系统来说，天线线圈上的

电压通过谐振可以升高到约 100V，但只能得到大约 10mV 的有用信号（有用信号与“干扰信号”之比为 80dB）。由于检测这种很小的电压变化需要在电路上花费很大的开销，所以人们利用了由天线电压振幅调制所产生的调制边带。

在 7.4.3 小节中，电子标签的附加负载电阻以很高的频率接通和断开，于是在读写器发送频率的两侧$\pm f_H$处产生两条谱线，这两条谱线是容易检测的，这时只要求 f_H 小于读写器的工作频率 f_T。在无线电技术中，将这种附加引入的节拍频率称为副载波。通过使用副载波的负载调制，在读写器的发送频率两侧相距副载波频率 f_H 处产生两个边带，有用的信息在两条副载波的边带中。针对这两个调制边带，能够用低通滤波器保留其中的一个边带，并将较强的读写器信号完全分离开。

就 RFID 而言，副载波调制主要用在 6.78MHz、13.56MHz、27.125MHz 和微波的 RFID 系统中，而且是从电子标签到读写器的数据传输。对于 13.56MHz 的 RFID 系统，当副载波频率 f_H=212kHz 时，通过使用副载波调制在读写器发送频率的两侧相距副载波频率 f_H 处产生两个边带的示意图如图 9-18 所示。

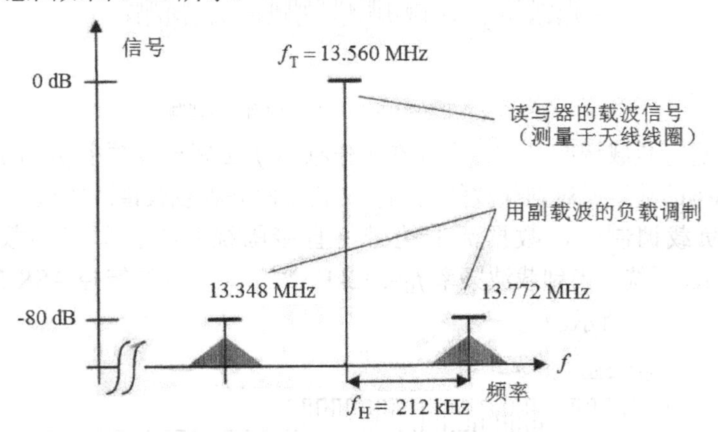

图9-18　通过副载波调制在读写器发送频率两侧产生 2 个边带

(2)　使用副载波的调制法

对 RFID 系统来说，副载波调制方法主要用在电感耦合系统中，而且是用在从电子标签到读写器的数据传输中。电感耦合 RFID 的负载调制有着与读写器天线上高频电压的振幅键控（ASK）调制相似的效果。用基带编码的数据信号首先调制低频率的副载波，代替在基带编码信号节拍中对负载电阻的切换。数据传输是以数据流的节拍通过对副载波进行调制完成的，可以选择振幅键控（ASK）、频移键控（FSK）或相移键控（PSK）调制作为对副载波的调制方法。

在 RFID 副载波调制中，首先用基带编码的数据信号调制低频率的副载波，已调的副载波信号用于切换负载电阻；然后采用 ASK、FSK 或 PSK 的调制方法，对副载波进行二次调制。通常副载波频率是对工作频率分频产生的。例如，对 13.56MHz 的 RFID 系统来说，使用的副载波频率可以是 847kHz（13.56MHz/16）、424kHz（13.56MHz/32）或 212kHz（13.56MHz/64）。采用 ASK 的副载波调制如图 9-19 所示，其中图 9-19（a）所示为数字信号，图 9-19（b）所示为副载波，图 9-19（c）所示为调制副载波，图 9-19（d）所示为载波信号，图 9-19（e）所示为副载波调制后再进行调制的波形。

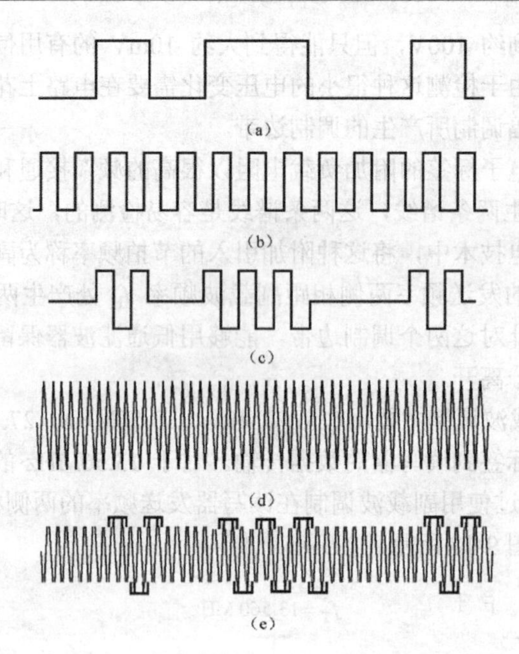

图9-19　采用振幅键控（ASK）的副载波调制

采用副载波进行负载调制时，一方面在工作频率 f_T±副载波频率 f_H 上产生两条谱线，信息随着基带编码的数据流对副载波的调制被传输到两条副载波谱线的边带中；另一方面，在基带中进行负载调制时，数据流的边带将直接围绕着工作频率的载波信号。对于 13.56MHz 的 RFID 系统，当副载波频率 f_H=212kHz 时，采用振幅键控 ASK 的副载波调制的二重调制过程如图 9-20 所示。

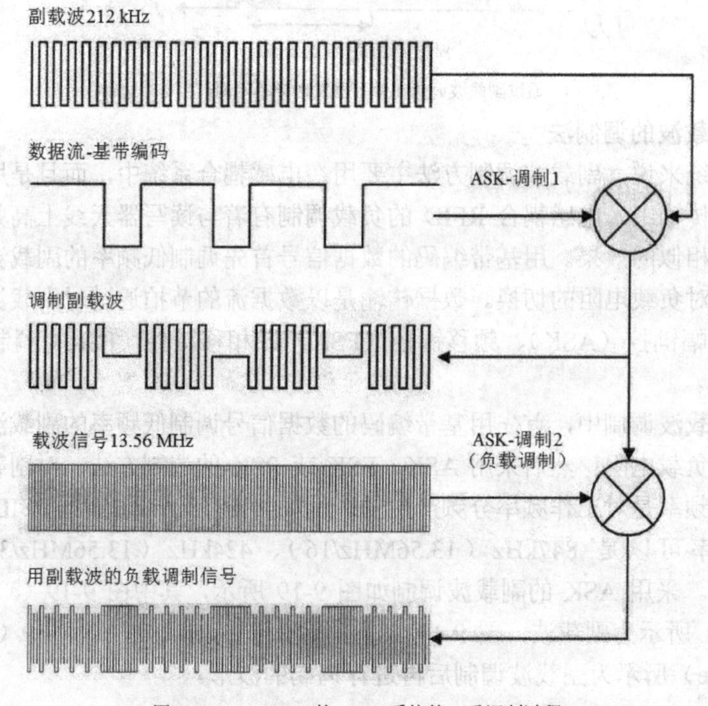

图9-20　13.56MHz 的 RFID 系统的二重调制过程

对于松散耦合的电子标签系统来说，读写器的载波信号 f_T 与接收的负载调制边带信号之间的差别在 80dB～90dB 的范围内。由于边带 f_T+f_H 和边带 f_T-f_H 中包含了相同的信息，在解调时，可以将两个副载波之一滤出，对其解调即可。

9.4.7 RFID 常用标准的调制方式

(1) 13.56MHz 的 ISO/IEC 14443 标准

ISO/IEC 14443 标准采用 13.56MHz 频率，定义了 TYPE A 和 TYPE B 共两种类型。

- 对于读写器到电子标签的数据传输，TYPE A 型采用 ASK 调制深度为 100%的调制方式，TYPE B 型采用 ASK 调制深度为 10%的调制方式。
- 对于电子标签到读写器的数据传输，TYPE A 型采用 ASK 副载波 847kHz 的调制方式，TYPE B 型采用 PSK 副载波 847kHz 的调制方式。

(2) 433MHz 的 ISO 18000-7 标准

ISO 18000-7 标准采用 433MHz 频率，从读写器到电子标签的数据传输采用 FSK 的调制方式。

(3) 860/960MHz 的 ISO 18000-6 标准

ISO 18000-6 标准采用 860/960 MHz 频率，定义了 18000-6 A、18000-6 B 和 18000-6 C 共 3 种类型。

- 对于读写器到电子标签的数据传输，18000-6 A 采用 ASK 的调制方式，调制深度为 27%～100%。
- 对于读写器到电子标签的数据传输，18000-6 B 采用 ASK 的调制方式，调制深度为 18%或 100%。
- 对于读写器到电子标签的数据传输，18000-6 C 采用 ASK 的调制方式，调制深度为 80%～100%。

9.5 本章小结

读写器与电子标签之间消息的传递是通过无线传输实现的。将基带信号编码，然后变换成适合在无线信道中传输的信号，这个过程称为编码与调制；在接收端进行反变换，然后进行解码，这个过程称为解调与解码。经过调制以后的信号具有两个基本特征，一个是携带有信息，另一个是适合在信道中传输。

编码是为了达到某种目的而对信号进行的一种变换，编码理论有信源编码、信道编码和保密编码。编码是 RFID 系统的一项重要工作，二进制编码是用不同形式的代码来表示二进制的 1 和 0。RFID 常用的编码方式有反向不归零（NRZ）编码、曼彻斯特（Manchester）编码、单极性归零（Unipolar RZ）编码、差动双相（DBP）编码、米勒（Miller）编码、差动编码、脉冲间隔编码（PIE）和双相空间编码（FM0）等。

调制是指载波调制，就是用调制信号去控制载波的参数，包括改变高频载波的幅度、频率或者相位，使其随着基带信号的变化而变化。RFID 采用数字调制方式，数字调制对载波的振幅、频率或相位进行键控，主要获得振幅键控、频移键控和相移键控 3 种基本的数字

调制方式。副载波调制也是 RFID 系统经常采用的一种调制方式。副载波调制是指首先把信号调制在载波 1 上，出于某种原因，决定再进行一次调制，于是用这个结果再去调制另外一个频率更高的载波 2。副载波调制方法主要用在从电子标签到读写器的数据传输中。

9.6 思考与练习

9.1　RFID 通信系统的模型是什么？简述这个模型的组成。

9.2　简述信道频带宽度、信道传输速率和信道容量的概念，说明波特率与比特率的不同，说明频带宽度和信噪比与信道容量的关系。

9.3　设某数字传输系统传送二进制码元的速率为 1200Baud。试求：（1）该系统的信息传输速率 R_b；（2）若该系统改为传送八进制信号码元，码元速率不变，该系统这时的信息传输速率 R_b。

9.4　已知二进制数字信号的比特率 R_b 为 1200bit/s。若该系统信息传输速率不变，当变换为八进制信号码元时，求这时的波特率 R_B。

9.5　设某发射机与接收机之间传输的数据率为 13KBps，试求：传输的字节数每秒为多少？

9.6　已知某信道带宽为 2.5kHz。试求：（1）当信道输出信噪比为 30dB 时，信道的容量；（2）若要在该信道中传输 24kbit/s 的数据，接收端要求的最小信噪比。

9.7　数字通信系统的模型是什么？主要涉及哪些技术问题？

9.8　什么是信源编码、信道编码和保密编码？在数字通信系统中各有什么作用？

9.9　调制的目的是什么？简述将基带信号调制为频带信号的过程。

9.10　在数字编码方式中，什么是单极性码和双极性码？什么是归零码和非归零码？

9.11　RFID 常用的编码格式 NRZ、Manchester、Unipolar RZ、DBP、Miller、PIE 和 FM0 编码各是怎么定义的？

9.12　简述 MATLAB/Simulink 软件的功能以及在 RFID 编码中的作用。

9.13　什么是载波？正弦振荡载波信号的振幅、角频率和初相是固定的吗？振幅键控、频移键控和相移键控分别调制正弦载波的哪一个参量？

9.14　对于 13.56MHz 的 RFID 系统，当副载波频率 f_H=212kHz 时，画出振幅键控 ASK 的副载波调制的二重调制过程。

9.15　对于 ISO/IEC 14443 标准 TYPE A 和 TYPE B 类型，分别说明读写器到电子标签的调制方式，并分别说明电子标签到读写器的调制方式。

第10章 RFID 的数据完整性

在读写器与电子标签的无线通信中，数据传输的完整性主要存在两个方面的问题，一个是各种干扰，另一个是电子标签之间的数据碰撞。由于 RFID 系统内部有噪声干扰，系统外部有电磁干扰，导致信号会产生失真，在接收端可能误判而产生误码，这将导致数据传输发生错误。读写器的作用范围经常有多个电子标签，如果同时要求通信，会使发送的数据发生冲突，导致数据产生碰撞。在 RFID 系统中，为防止各种干扰和数据碰撞，提高数字传输系统的可靠性，就要采用数据检验（差错检测）和防碰撞算法来分别解决这两个问题，从而使数据保持完整性。本章首先介绍差错控制和数据校验，然后介绍数据传输中的碰撞问题和防碰撞算法，最后介绍 RFID 数据完整性的实施策略。

10.1 差错控制

差错控制是指保证接收数据的准确和完整。在数字通信中，差错控制利用编码方法对传输中产生的差错进行控制，以提高数字消息传输的准确性。

10.1.1 差错的分类和衡量指标

(1) 差错的分类

通信过程中的差错大致可分为两类，一类是由热噪声引起的随机错误，另一类是由冲突噪声引起的突发错误。突发性错误影响局部，而随机性错误影响全局。

- 随机错误。热噪声引起的差错是一种随机差错，亦即某个码元的出错具有独立性，与前后码元无关。传输随机错误的信道称为无记忆信道或随机信道。
- 突发错误。突发错误是由冲击噪声引起的。冲击噪声是由短暂原因造成的，例如，电机的启动或停止、电器设备的放弧等。冲击噪声引起的差错是成群的，它们之间有相关性，其差错持续时间称为突发错的长度。传输突发错误的信道称为有记忆信道或突发信道。

(2) 差错的衡量指标

在数据通信中，如果发送的信号是“1”，而接收到的信号却是“0”，这就是“误码”，也就是发生了一个差错。差错的衡量指标也就是传输质量的衡量指标，差错衡量指标主要有误码率（码元差错率）和误信率（信息差错率）。

- 误码率 P_e

在一定时间内收到的数字信号中，发生差错的码元数与同一时间所收到的总码元数之比称为“误码率”。误码率 P_e 为

$$P_e = \frac{错误接收码元数}{传送总码元数} \tag{10.1}$$

- 误信率 P_b

在一定时间内收到的数字信号中，发生差错的比特数与同一时间所收到的总比特数之比称为“误信率”。误信率 P_b 为

$$P_b = \frac{错误接收比特数}{传送总比特数} \tag{10.2}$$

例 10.1　已知某四进制数字传输系统的信息传输速率（也即传信率）为 2400bit/s，接收端在半小时内共收到 216 个错误码元。试计算该系统的误码率。

解　由式（9.2）可得，码元传输速率（也即传码率）为

$$R_B = \frac{R_b}{\log_2 M} = \frac{2400}{\log_2 4} = 1200\text{B}$$

由式（10.1）可得，该系统的误码率为

$$P_e = \frac{216}{1200 \times 0.5 \times 3600} = 0.01\%$$

例 10.2　某系统经长期测定，它的误码率 $P_e=10^{-5}$，该系统传码率为 1200B。试计算该系统平均在多长时间内可能收到 360 个误码元。

解　由式（10.1）可得，该系统的误码率为

$$P_e = \frac{360}{1200 \times t} = 10^{-5}$$

平均收到 360 个误码元的时间为

$$t = \frac{360}{1200 \times 10^{-5}} = 3 \times 10^4\,\text{s}$$

10.1.2　差错控制的方式和原理

一、差错控制的基本方式

差错控制最常用的方法是差错控制编码。数据信息位在向信道发送之前，先按照某种关系增加监督码元，即附加上一定的冗余位，并利用监督码元去发现或纠正传输中发生的错误，这个过程称为差错控制编码过程。接收端收到该码后，检查信息位和附加冗余位之间的关系，以检查传输过程中是否有差错发生，这个过程称为检验过程。

(1)　差错控制编码的分类

差错控制编码可以分为检错码和纠错码。

- 检错码：能自动发现差错的编码。
- 纠错码：不仅能发现差错，而且能自动纠正差错的编码。

(2) 差错控制方式的分类

差错控制方式主要分为两类，一类称为前向纠错（FEC），另一类称为检错重发（ARQ）。在这两类基础上，又派生出一种混合纠错检错（HEC）的方式。差错控制方式如图 10-1 所示。对于不同类型的信道，应该采用不同的差错控制技术。

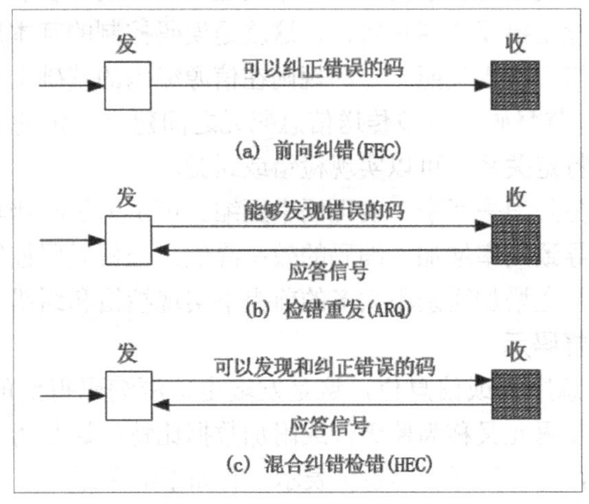

图10-1　差错控制的 3 种方式

- 前向纠错（FEC）

这是较为复杂的编码方法，这种方式不但能发现传输差错，而且能纠正一定程度的传输差错。采用前向纠错方式时，不需要反馈信道，也无需反复重发而延误传输时间，这对实时传输有利。但是，FEC 方式的纠错设备比较复杂。

FEC 方式必须使用纠错码。在 FEC 方式中，接收端不但能发现差错，而且能确定二进制码元发生错误的位置，从而加以纠正。

- 检错重发（ARQ）

这种方式是能够发现传输差错的编码方法。这种方法在发送端加入少量监督码元，在接收端根据编码规则对收到的信号进行检查，当发现有错码时，即向发送端发出询问信号，要求重发。发送端收到询问信号后，立即重发，直到信息正确接收为止。

在 ARQ 方式中，所谓发现差错是指在若干接收码元中，知道有一个或一些是错的，但不一定知道错误的准确位置。这种方法是检错重发，只能发现差错，但不能自动纠正差错，因此需要请求重发。ARQ 原理方框图如图 10-2 所示。

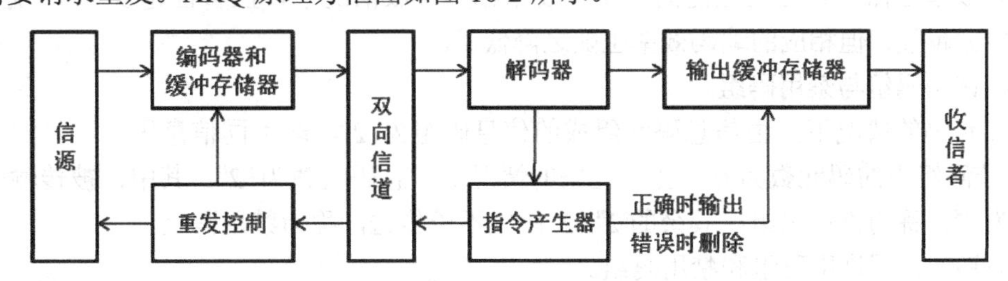

图10-2　ARQ 原理方框图

- 混合纠错检错（HEC）

这种方式是综合采用反馈纠错和前向纠错的方法。当少量纠错时，采用前向纠错（FEC）的方法，在接收端自动纠正；当差错较严重时，采用检错重发（ARQ）的方法。

二、误码控制的基本原理

为了判断传送的信息是否有误，可以在传送时增加必要的附加判断数据。如果既能判断传送的信息是否有误，又能纠正错误，则需要增加更多的附加判断数据。这些附加的判断数据在不发生误码的情况下完全是多余的。但如果发生误码，就可以利用信息数据与附加数据之间的特定关系，实现检出错误和纠正错误，这就是误码控制的基本原理。

为了实现检错和纠错，应当按照一定的规则在信源编码的基础上增加一些冗余码元（又称为监督码元），使这些监督码元与被传送信息码元之间建立一定的关系。在收信端，根据信息码元与监督码元的特定关系，可以实现检错或纠错。

信源编码的中心任务是消去冗余，实现码率压缩。可是为了检错与纠错，信道编码又不得不增加冗余，这必然导致码率增加，编码的效率降低。分析误码控制编码的目的正是为了寻求较好的编码方式，能在增加冗余不太多的前提下实现检错和纠错。

(1)　信息码元与监督码元

信息码元又称为信息序列或信息位，这是发端由信源编码得到的被传送的信息数据比特，通常以 k 表示。监督码元又称为监督位或附加数据比特，这是为了检纠错码而在信道编码时加入的判断数据位，监督码元通常以 r 表示。有如下的关系

$$n = k + r \tag{10.3}$$

式（10.3）中，经过分组编码后的总码长为 n 位，其中信息码长（码元数）为 k 位，监督码长（码元数）为 r 位，通常称为长为 n 的码字。信息码元与监督码元如图 10-3 所示。

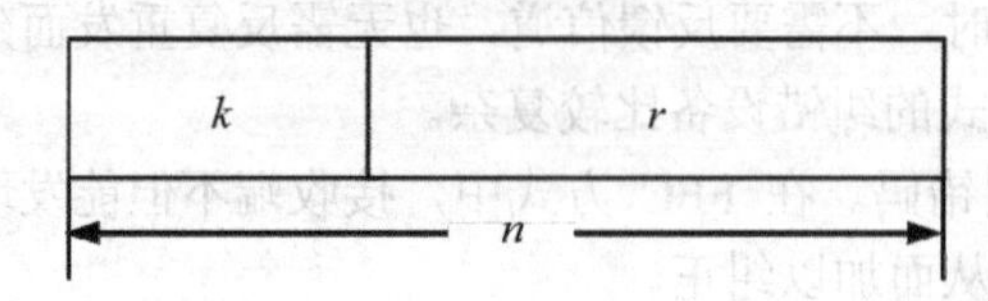

图10-3　信息码元与监督码元

(2)　编码的效率

衡量编码性能好坏的一个重要参数是编码效率，编码效率是码字中信息码元占总码元数的比例。编码效率的计算公式为

$$R = \frac{k}{n} = \frac{k}{k+r} \tag{10.4}$$

编码效率是衡量纠错码性能的一个重要指标，一般情况下，监督位越多（即 r 越大），检纠错能力越强，但相应的编码效率也随之降低了。

(3)　许用码组与禁用码组

在二元码的情况下，由信息码元组成的信息码组为 2^k，即不同信息码元取值的组合共有 2^k。若码组中的码元数为 n，在二元码的情况下，总码组数为 2^n。其中，被传输的信息码组数为 2^k，称为许用码组；其余的 2^n-2^k 码组不予传送，称为禁用码组。

下面举例说明许用码组和禁用码组。

- 由 3 位二进制数字构成的码组，共有 8 种不同的可能组合。若将其全部用来表示天气，可以表示 8 种不同的天气，例如："000"（晴）、"001"（云）、"010"（阴）、"011"（雨）、"100"（雪）、"101"（霜）、"110"（雾）、"111"（雹）。其中任何一个码组在传输中若发生一个或多个错码，将变成另一个信

息码组。在这种情况下，接收端无法发现传输错误。

- 现在假设上述 8 种码组中只准许 4 种传送天气，例如：“000”（晴）、“011”（云）、“101”（阴）、“110”（雨）。这时虽然只能传送 4 种不同的天气，但接收端却有可能发现码组中的错码。

若“000”（晴）中发生 1 位错码，则接收码组将变成“100”或“010”或“001”，这 3 种码组都是不准使用的，称为禁用码组。在接收端收到禁用码组时，就认为传输出现了差错。可以看出，“000”（晴）、“011”（云）、“101”（阴）、“110”（雨）为许用码组，而“100”“010”“001”“111”为禁用码组。

若“000”（晴）中错了 3 位，则接收码组将变成“111”，这也是禁用码组，故这种编码也能检测 3 个错码。

- 如果希望编码不仅能够检测错码，而且能够纠正错码，还要增加更多的冗余度。例如，规定许用码组只有两个：“000”（晴）、“111”（雨），其他都是禁用码组。这种规定可以检测两个以下错码，或能够纠正一个错码。

例如，当收到禁用码组“100”时，若仅有一个错码，则可判断错码发生在“1”位，从而纠正为“000”（晴）。但是，若错码数不超过两个，则有两种可能性：“000”错一位和“111”错两位都可能变成“100”，因而这时只能检测出存在误码，而无法纠正错码。

(4) 码重与码距

- 码重。在分组编码后，每个码组中码元为“1”的数目称为码的重量，简称码重。例如，码字 11001 的码重为 $W=3$。
- 码距。两个码组对应位置上取值不同（1 或 0）的位数，称为码组的距离，简称码距，又称汉明距离，通常用 d 表示。例如，码字 10010 和 01110 有 3 个位置的码元不同，所以 $d=3$，即汉明距离为 3。最小码距与信道编码的检纠错能力密切相关。

10.1.3 检纠错码的分类

随着数字通信技术的发展，已经开发了多种误码控制编码方案，但每种编码所依据的原理各不相同。不同的编码建立在不同的数学模型基础上，具有不同的检错与纠错特性，可以从不同的角度对误码控制编码进行分类。检纠错码的分类如图 10-4 所示。

(1) 纠正随机错误码与纠正突发错误码

按照误码产生的原因不同，误码控制编码可以分为纠正随机错误的码与纠正突发性错误的码。

(2) 分组码与卷积码

按照信息码元与监督码元之间约束方式的不同，误码控制编码可分为分组码与卷积码。

- 在分组码中，编码后的码元序列每 n 位分为一组，其中包括 k 位信息码元和 r 位附加监督码元，即 $n=k+r$。每组的监督码元仅与本组的信息码元有关，而与其他组的信息码元无关。例如，线性码属于分组码。
- 在卷积码中，虽然编码后码元序列也划分为码组，但每组的监督码元不但与本组的信息码元有关，而且与前面码组的信息码元也有约束关系。

(3)　线性码与非线性码

按照信息码元与监督码元之间的数学检验关系，误码控制编码可分为线性码与非线性码。

- 如果信息码元与监督码元呈线性关系，即满足一组线性方程式，就称为线性码。例如，奇偶校验码和循环码都是线性码。
- 如果信息码元与监督码元呈非线性关系，就称为非线性码。

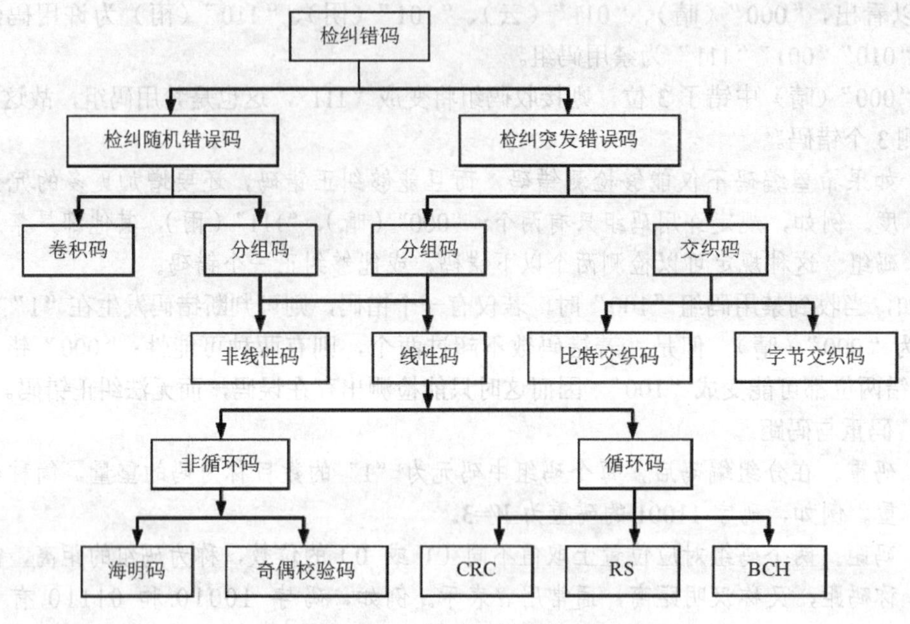

图10-4　检纠错码的分类

10.2　常用的数据校验方法

常用的数据校验方法有奇偶校验、纵向冗余校验（LRC）和循环冗余校验（CRC）等。校验可以识别传输错误，并启动校正措施，如重新传输有错误的数据块。

10.2.1　奇偶校验

奇偶校验是一种最简单而有效的数据校验方法，应用非常广泛。这种方法是在每个被传送码的左边或右边加上 1 位奇偶校验位 0 或 1，在数据传输前必须确定是用奇数校验还是偶数校验，以保证发送器和接收器都是用同样的方法进行校验。奇偶校验能发现一个或奇数个位的错误，但不能实现对错误的定位，也无纠错能力。

(1)　校验原理

奇偶校验码也称为奇偶监督码，它是一种线性分组检错编码方式。奇偶校验码分为奇数校验码和偶数校验码两种，两者具有完全相同的工作原理和检错能力，原则上采用任何一种都是可以的。这种编码方法是首先把信源编码后的信息数据流分成等长的码组，在每一信息码组之后加入一位（1 比特）监督码元作为奇偶检验位，使得总码长 n（包括 k 位信息位和

1 位监督位）中的码重为偶数（称为偶校验码）或奇数（称为奇校验码）。如果在传输过程中任何一个码组发生一位（或奇数位）的错误，则收到的码组必然不再符合奇偶校验的规律，因此可以发现误码。奇偶校验码分组码的结构如图 10-5 所示。

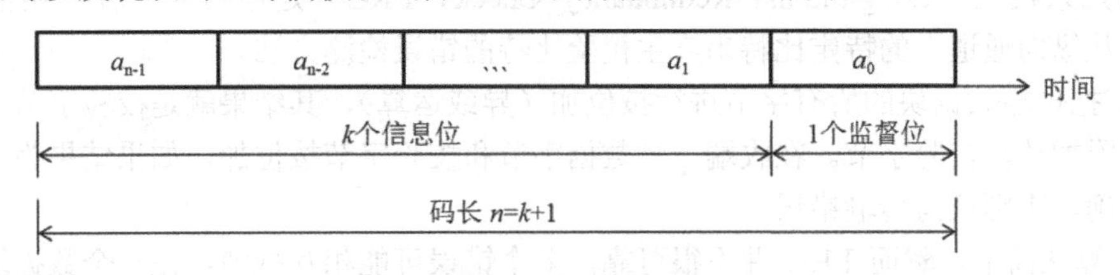

图10-5 奇偶校验码分组码的结构

奇偶校验位的值是按照如下方法设定的。

- 奇校验时，若每字节的数据位中 1 的个数为奇数，则校验位的值为 0；反之，则校验位的值为 1。
- 偶校验时，若每字节的数据位中 1 的个数为奇数，则校验位的值为 1；反之，则校验位的值为 0。

(2) 校验方程

由于每两个 1 的模 2 相加为 0，故利用模 2 加法可以判断一个码组中码重是奇数或是偶数。模 2 加法等同于“异或”运算。

- 偶数监督码

在偶数监督码中，它使码组中“1”的数目为偶数，即满足下面的条件时，为合法码字。

$$a_{n-1} \oplus a_{n-2} \oplus \cdots \oplus a_0 = 0 \tag{10.5}$$

式（10.5）中，a_0 为监督位（校验位），其余为信息位。

- 奇数监督码

在奇数监督码中，它使码组中“1”的数目为奇数，即满足下面的条件时，为合法码字。

$$a_{n-1} \oplus a_{n-2} \oplus \cdots \oplus a_0 = 1 \tag{10.6}$$

式（10.6）中，a_0 为监督位（校验位），其余为信息位。

例 10.3 若信息码元为 100101，试求：①奇监督码；②偶监督码；③编码的效率；④若有 1 位错码，能检测吗？⑤若有 2 位错码，能检测吗？

解 ① 由式（10.6）可得，奇监督码为 1001010。

② 由式（10.5）可得，偶监督码为 1001011。

③ 由式（10.4）可得，奇监督码和偶监督码的编码效率相同，为

$$R = \frac{k}{k+r} = \frac{6}{6+1} = \frac{6}{7}$$

④ 奇偶校验码只能检测奇数个错码。若有 1 位错码，可以检测。

⑤ 若有 2 位错码，不能检测。

10.2.2 纵向冗余校验（LRC）

纵向冗余校验（Longitudinal Redundancy Check，LRC）是通信中一种常用的校验形式，它是从纵向通道上的特定比特串产生校验比特的错误检测方法。

LRC 把传输数据块的所有字节进行按位加（异或运算），其结果就是校验字节。在传输数据时，附加传输校验字节。在收端，将数据字节和校验字节按位加，如果结果为 0，就认为传输正确，否则认为传输错误。

LRC 算法简单，然而 LRC 并不很可靠，多个错误可能相互抵消，在一个数据块内字节顺序的互换也识别不出来，因此 LRC 主要用于快速校验很小的数据块。在 RFID 中，标签的容量一般较小，每次交易的数据量也不大，所以这种算法还是比较适合的。

例 10.4 传输如下数据，说明 LRC 校验方法。

0100 0110
0111 0010
0110 0001
0110 1110
0111 1010

解 将上述所有字节进行按位加（异或运算），其结果就是校验字节。校验字节为

0100 0001

发送如下字节（数据字节和校验字节）

0100 0110
0111 0010
0110 0001
0110 1110
0111 1010
0100 0001

在接收端进行按位加（异或运算），结果为

0000 0000

则认为传输正确。

10.2.3 循环冗余校验（CRC）

循环冗余校验（Cyclic Redundancy Check，CRC）是数据通信中最常用的一种数据校验方法，其是一种检错、纠错能力很强的数据校验方法。CRC 码是由循环多项式生成的，它的特征是信息字段和校验字段的长度可以任意选定。

(1) CRC 码的特点

一个二进制数据可以用一个多项式表达，任意一个由二进制位串组成的代码都可以与一个系数仅为“0”和“1”取值的多项式一一对应，即一个长度为 n 的代码可以表示为

$$T(x)=a_{n-1}x^{n-1}+a_{n-2}x^{n-2}+\cdots+a_1x+a_0 \tag{10.7}$$

例如，代码 1100101 对应的多项式为

$$T(x)=1\cdot x^6+1\cdot x^5+0\cdot x^4+0\cdot x^3+1\cdot x^2+0\cdot x^1+1 \tag{10.8}$$

若设码字长度为 n 位，信息字段为 k 位，校验字段为 r 位，则对于 CRC 码中的任意一个码字，有如下关系。

$$T(x)=x^r m(x)+r(x) \tag{10.9}$$

式（10.9）中，$m(x)$ 为 k-1 次信息多项式，$r(x)$ 为 r-1 次校验多项式。

(2) CRC 码的校验方法

CRC 码是基于多项式的编码技术。在计算 CRC 码时，发送方和接收方必须采用一个共同的生成多项式 $g(x)$，$g(x)$ 的阶为 r，$g(x)$ 的最高、最低项系数必须为 1。CRC 编码过程是将要发送的信息字段看作是信息多项式 $m(x)$ 的系数，$x^r m(x)$ 除以生成多项式，然后把余数作为校验字段，校验字段挂在原信息多项式之后一起发送。发送方通过指定的 $g(x)$ 产生 CRC 码字，接收方则通过该 $g(x)$ 来验证收到的 CRC 码字。

CRC 校验方法借助于多项式除法，其余数为校验字段。例如：

- 若信息字段代码为 1011001，对应 $m(x)=x^6+x^4+x^3+1$。
- 假设生成多项式为 $g(x)=x^4+x^3+1$，则对应 $g(x)$ 的代码为 11001。
- $x^4 m(x)=x^{10}+x^8+x^7+x^4$，对应的代码记为 10110010000。
- 采用多项式除法 $x^4 m(x)/g(x)$，得余数为 1010，即校验字段为 1010。
- 发送方发出的传输字段为 10110011010，前 7 位为信息字段，后 4 位为校验字段。
- 接收方使用相同的生成码进行校验，接收到的多项式如果能够除尽，则正确。

例 10.5 若信息码元为 3 位、总码元为 7 位的（7,3）循环码，信息码为 101，生成多项式为 $g(x)=x^4+x^2+x+1$。试求：系统码的编码输出。

解 ① 若信息码为 101，对应 $m(x)=x^2+1$。

② 生成多项式为 $g(x)=x^4+x^2+x+1$，则对应 $g(x)$ 的代码为 10111。

③ $x^4 m(x)=x^6+x^4$，对应的代码记为 1010000。

④ 采用多项式除法 $x^4m(x)/g(x)$，有

$$\frac{x^4m(x)}{g(x)}=\frac{x^6+x^4}{x^4+x^2+x+1}=x^2+\frac{x^3+x^2}{x^4+x^2+x+1}$$

即余式为 x^3+x^2，因此余数为 1100，即校验字段为 1100。

⑤ 发送方发出的传输字段为 1011100，前 3 位为信息字段，后 4 位为校验字段。

⑥ 接收方使用相同的生成多项式 $g(x)=x^4+x^2+x+1$ 进行校验。若接收方收到 1011100，由于 1011100 除以 10111 的余数为 0，表明能够除尽，也即接收正确。

(3) 常用的 CRC 生成多项式

选用的生成多项式不同，产生的循环码组也不同。CRC 在数据通信中得到了广泛的应用，目前已经成为国际标准的 CRC 生成多项式如下。

- CRC-5 的生成多项式为

$$g(x)=x^5+x^3+1 \tag{10.10}$$

- CRC-12 的生成多项式为

$$g(x)=x^{12}+x^{11}+x^3+x^2+x+1 \tag{10.11}$$

- CRC-16 的生成多项式为

$$g(x)=x^{16}+x^{15}+x^2+1 \tag{10.12}$$

- CCITT 推荐的 CRC-16 生成多项式为

$$g(x)=x^{16}+x^{12}+x^5+1 \tag{10.13}$$

10.2.4　RFID 标准的误码检测方式

ISO18000-6 标准类型 A、类型 B 和类型 C 分别给出了前向链路（读写器到电子标签）和后向链路（电子标签到读写器）的误码检测方式。分别如下。

(1) ISO18000-6 标准类型 A

对于 ISO18000-6 标准类型 A 的误码检测，前向链路采用 CRC-5 或 CRC-16，后向链路采用 CRC-16。

(2) ISO18000-6 标准类型 B

对于 ISO18000-6 标准类型 B 的误码检测，前向链路采用 CRC-16，后向链路采用 CRC-16。

(3) ISO18000-6 标准类型 C

对于 ISO18000-6 标准类型 C 的误码检测，前向链路采用 CRC-16，后向链路采用

CRC-16。

例 10.6 若信息码元用十六进制表示为 $m(x)$=4D6F746Fh，16 位的 CRC 生成多项式为 $g(x)=x^{16}+x^{12}+x^{5}+1$。试求：系统码的编码输出及校验生成传输过程。

解 ① 信息码 $m(x)$ 为

4D
6F
74
6F

② CRC-16 生成多项式的二进制序列为

10001000000100001

CRC-16 生成多项式的十六进制为

11021h

③ 十六进制的 $x^{16}m(x)$=4D6F746F0000h。

④ 采用多项式除法 $x^{16}m(x)/g(x)$，商为 49F99B14，余数为 B994，即校验字段为 B994h。

⑤ 发送方发出的十六进制的传输字段为 4D6F746FB994h，其中 4D6F746F 为信息字段，B994 为校验字段。发送方发出的传输字段（也即系统码的编码输出）为

4D
6F
74
6F
B9
94

⑥ 接收方使用相同的 CRC-16 生成多项式（11021h）进行校验。接收方若收到十六进制的 4D6F746FB994h，由于 4D6F746FB994h 除以 11021h 的余数为 0，表明能够除尽，也即接收正确。

10.3 数据传输中的碰撞问题及防碰撞机制

在 RFID 系统应用中，可能有多个读写器或多个标签，由此造成的读写器之间或标签之间的相互干扰统称为碰撞，因此需要对防碰撞机制进行研究。

10.3.1 标签碰撞和读写器碰撞

读写器与电子标签之间的工作方式主要有 3 种，分别为无线电广播工作方式、多路存取工作方式、多个读写器与多个电子标签同时发送数据的工作方式。

(1) 一个读写器周围有多个标签

- 无线电广播方式

这是一种从读写器到多个电子标签的工作方式，读写器发送的信号同时被多个电子标签接收。这种工作方式与一个广播电台发射信号，多个接收机同时接收相类似，所以被称为“无线电广播”工作方式。无线电广播的工作方式如图 10-6 所示。

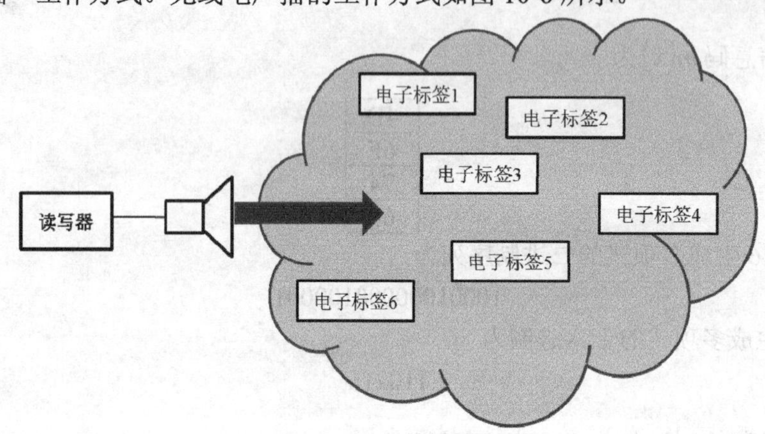

图10-6 无线电广播的工作方式

- 多路存取方式

在这种工作方式中，读写器的工作范围同时有多个电子标签，多个电子标签同时将数据传送给读写器。多路存取的工作方式如图 10-7 所示。在多路存取的工作方式中，各个电子标签有可能同时对读写器发出信号，从而造成电子标签数据的碰撞，使读写器不能正常读取各个电子标签的有关数据。

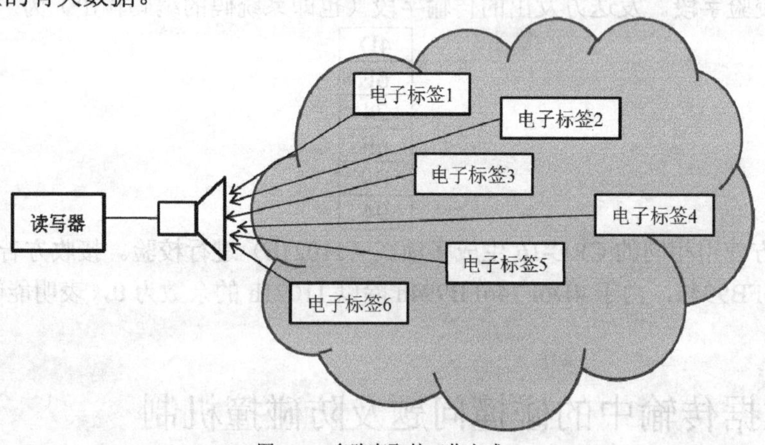

图10-7 多路存取的工作方式

(2) 多个读写器周围有多个标签

多个读写器周围有时会有多个标签，如图 10-8 所示。在这种情况下，还会存在读写器与读写器之间的碰撞。例如，从某一标签反射到读写器 2 的信号，很容易被从读写器 1 发出的信号干扰。又例如，某一标签接收到的信息为两个读写器发射的信号的和。可以看出，读写器与读写器之间的碰撞也是存在的，这种碰撞也使读写器不能正常读取各个电子标签的有关数据。

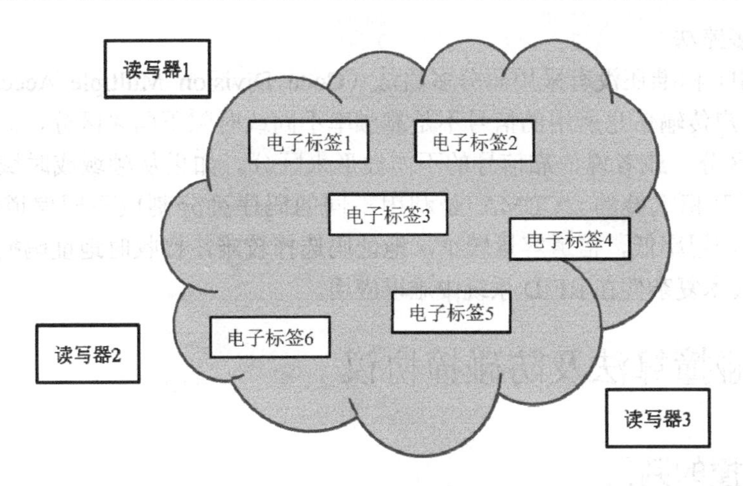

图10-8　多个读写器周围有多个标签

10.3.2　防碰撞机制

在无线通信中，数据碰撞有 4 种防碰撞解决方法，分别为空分多路法、频分多路法、时分多路法和码分多路法，如图 10-9 所示。

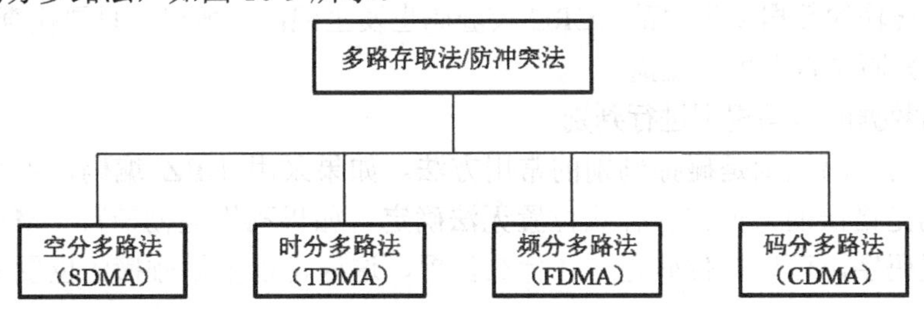

图10-9　防碰撞的 4 种常用方法

(1)　空分多路法

在空分多路法（Space Division Multiple Access，SDMA）中，RFID 系统利用天线的空间分离技术分别读取电子标签的数据。

SDMA 将空间进行分割，在不同的分离空间范围内重新使用确定的资源。例如，对于自适应 SDMA，系统控制定向天线，天线的辐射方向直接对准某个空间的标签。又例如，减少单个读写器的作用范围，使不同的读写器工作范围在空间没有交集。

(2)　频分多路法

在频分多路法（Frequency Division Multiple Access，FDMA）中，RFID 系统把不同载波频率的传输通道分别提供给电子标签用户。

(3)　时分多路法

在时分多路法（Time Division Multiple Access，TDMA）中，RFID 系统把整个可供使用的信道容量按时间不同分配给多个用户分别读取数据。

在 RFID 系统中，根据读写器与电子标签之间的通信特点，空分多路法、频分多路法和码分多路法在应用中都受到一定的限制，只能应用到一些特定的场合。因此，RFID 系统主要采用时分多路法。

(4)　码分多路法

目前，RFID 标准还没有采用码分多路法（Code Division Multiple Access，CDMA）。CDMA 不同用户传输信息所用的信号不是靠频率不同或时隙不同来区分，而是用各自不同的编码序列来区分，或者说，靠信号的不同波形来区分。如果从频域或时域来观察，多个 CDMA 信号是互相重叠的。CDMA 是利用不同的码序列分割成不同信道的多址技术。CDMA 的频带利用率低，信道容量较小，地址码选择较难，接收时地址码捕获时间较长，其通信频带和技术复杂性在 RFID 系统中难以应用。

10.4　防碰撞算法及防碰撞协议

10.4.1　碰撞的判别

要解决碰撞问题，首先要判断是否发生了碰撞。碰撞判断包含在防碰撞算法中。碰撞的判断主要有如下两种方法。

(1)　利用数据传输的校验码进行判别

CRC 校验是 RFID 常用的校验方法，可以用 CRC 校验码判断是否发生了碰撞。当发生碰撞时，不但传输的数据发生混乱，CRC 校验码也发生混乱。所以，只要检查 CRC 校验码的值，就可以判断是否发生了碰撞。

(2)　利用数据的编码规则进行判别

利用数据的编码规则是碰撞判别的常用方法。如果采用 NRZ 编码，当两个标签碰撞时，回答译码是错误的，但错在什么位置无法确定。如果利用曼彻斯特（Mancherster）编码，译出错误码字，可以按位确定错在什么位置，这样可以根据碰撞的位置考虑防碰撞算法。

10.4.2　防碰撞算法

解决防碰撞问题的关键是优化的防碰撞算法。现有的 RFID 防碰撞算法主要是基于 TDMA 算法，可划分为 Aloha 防碰撞算法和基于二进制搜索算法。防碰撞算法可以使系统的吞吐率及信道的利用率更高，需要的时隙更少，数据的准确率更高。

一、轮询法和二进制搜索法

轮询法和二进制搜索法都是 RFID 基于 TDMA 的防碰撞算法。

轮询法是不断向标签发送询问命令，该命令中包含一个序列号。标签收到命令后，检测命令中的序列号是否与自己的序列号相同，如果不同就不回答。读写器在规定的时间内收不到回答，就再发送包含另一个序列号的询问命令，直到有一个标签的序列号符合要求，完成与读写器的数据通信。可以看出，该算法的效率很低。

二进制搜索法则是读写器收到标签的回答后，检测引起碰撞的位，并根据检测情况发送能使标签分组的询问命令。某标签收到命令后，看是否在允许通信的分组内，如果是就继续回答，直到只有一个标签时，完成与读写器的数据交换。依次类推，直到完成所有标签与读写器的数据交换。

二、ALOHA 算法

Aloha 防碰撞算法有纯 ALOHA 算法和时隙 ALOHA 算法。

(1) 纯 ALOHA 算法

Aloha 是 1968 年美国夏威夷大学一项研究计划的名字，Aloha 网络是世界上最早的无线电计算机通信网络。20 世纪 70 年代初，美国夏威夷大学研制成功一种分组交换计算机网络，这种网络采用无线广播技术，这也是最早、最基本的无线数据通信方式。Aloha 是夏威夷人表示致意的问候语，这项研究计划是要解决夏威夷群岛之间的通信问题。Aloha 网络可以使分散在夏威夷各岛的多个用户通过无线信道来使用中心计算机，实现一点到多点的数据通信。该系统所采用的技术是无线电广播技术，采用的协议就是有名的 ALOHA 协议，叫做纯 ALOHA（Pure ALOHA），纯 ALOHA 采用的是一种随机接入的信道访问方式。

纯 ALOHA 协议是随机访问或竞争发送协议。随机访问意味着对任何站都无法预计其发送的时刻；竞争发送是指所有发送站自由竞争信道的使用权。纯 ALOHA 协议的思想很简单，只要用户有数据要发送，就尽管让他们发送。当然，这样会产生冲突从而造成帧的破坏。但是，由于广播信道具有反馈性，因此发送方可以在发送数据的过程中进行冲突检测，将接收到的数据与缓冲区的数据进行比较，就可以知道数据帧是否遭到破坏。如果发送方知道数据帧遭到破坏（即检测到冲突），那么它可以等待一段随机长的时间后重发该帧。纯 ALOHA 算法的模型图如图 10-10 所示。

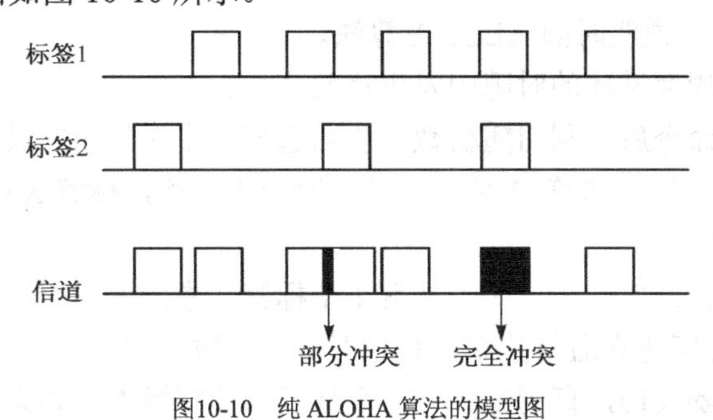

图10-10　纯 ALOHA 算法的模型图

纯 ALOHA 算法的信道利用率不高。分析表明，纯 ALOHA 算法的信道吞吐率 S 与发送的总数据率 G 之间的关系为

$$S = Ge^{-2G} \tag{10.14}$$

计算可以得出，当 $G = 0.5$ 时，信道吞吐率 $S = 18.4\%$。由于纯 ALOHA 算法的碰撞概率较大，在实际中，该算法仅适于只读型的标签，即阅读器只负责接收标签发射的信号，标签只负责向阅读器发射信号的情况。

ALOHA 算法因具有简单易实现等优点而成为应用最广的算法之一。ALOHA 算法是在 ALOHA 思想的基础上，根据 RFID 系统的特点不断改进而形成的算法体系，它的本质是分离电子标签的应答时间，使电子标签在不同的时隙发送应答。一旦发生碰撞，一般采取退避原则，等待下一循环周期再发送应答。

(2) 帧时隙 ALOHA 算法

帧时隙 ALOHA（Framed Slotted Aloha，FSA）算法是基于通信领域的 ALOHA 协议提出的。在 FSA 中，帧（Frame）是由读写器定义的一段时间长度，其中包含若干个时隙

（Slot），电子标签在每个帧内随机选择一个时隙发送数据。所有电子标签应答都要同步，即只能在时隙开始点向读写器发送信息，每个电子标签发送的时隙是随机选择的。

FSA 每个时隙长度要大于标签回复的数据长度，标签只能在每个时隙内发送数据。有 3 种时隙：①空闲时隙，此时隙内没有标签发送；②成功识别时隙（应答时隙），即仅一个标签发送且被正确识别；③碰撞时隙，即多个标签发送，产生碰撞。碰撞的标签退出当前循环，等待参与新的帧循环。时隙 ALOHA 算法的模型图如图 10-11 所示。

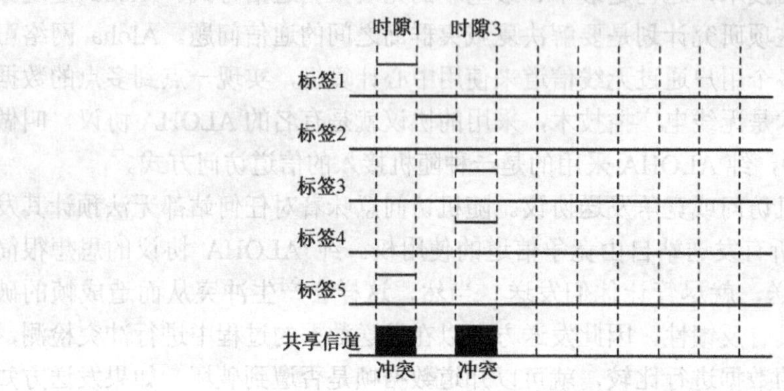

图10-11　时隙 LOHA 算法的模型图

例 10.7　有 5 个标签，全部进入读写器的识别范围，读写器设定了 3 个时隙。假设 5 个标签如图 10-11 所示，试说明时隙 ALOHA 算法。

解　① 读写器在周期循环的时隙中发出询问命令。

② 标签收到询问命令后，利用随机数发生器选择 3 个时隙中的某一个，将自己的序列号传送到读写器。在本例中，标签 1 和标签 5 在时隙 1 回答，标签 3 和标签 4 在时隙 3 回答，标签 2 在时隙 2 回答。

③ 读写器检测时隙，如果某一时隙只有 1 个标签（本例中，时隙 2 的标签 2），则回答数据有效，读写器与标签建立通信关系，完成对标签的数据读写。

④ 之后，重复步骤（1），直到完成对 5 个标签的读写操作。如果找不到只有 1 个标签的时隙，则说明标签碰撞，重复步骤（1）。

⑤ 时隙 ALOHA 算法在标签多、时隙少的情况下，经过多次循环也找不到在某一时隙只有 1 个标签的情况，效率较低。因此，又衍生出很多改进算法，如动态 ALOHA 帧时隙（Dynamic Framed Slotted Aloha，DFSA）。

在 FSA 算法中，信道的利用率有所提高。帧时（Frame time）表示发送一个标准长度的帧所需的时间，吞吐率表示平均每帧时成功传送的帧数，帧产生率表示每帧时尝试传送帧的总次数，分析表明，FSA 算法的信道吞吐率 S 与帧产生率 G 之间的关系为

$$S = Ge^{-G} \tag{10.15}$$

计算可以得出，当 $G = 0.5$ 时，信道吞吐率 $S = 36.8\%$。可见，FSA 算法避免了纯 ALOHA 算法中的部分碰撞，提高了信道的利用率。

三、二进制树型搜索算法

基于二进制搜索（Binary Search，BS）算法有二进制树型搜索算法、修剪枝的二进制树

型搜索算法等。BS 的基本思想是：将处于碰撞的标签分成两个子集 0 和 1，查询子集，若没有碰撞，则正确识别标签，若有碰撞则分裂（例如，把 1 子集分成两个子集 00 和 01），直到识别子集中所有标签。

BS 算法的模型图如图 10-12 所示。在 BS 算法的实现中，起决定作用的是读写器所使用的信号编码必须能够确定碰撞的准确比特位置。例如，曼彻斯特码（Mancherster）可在多卡同时响应时，译出错误码字，可以按位识别出碰撞，这样可以根据碰撞的位置，按一定法则重新搜索标签。

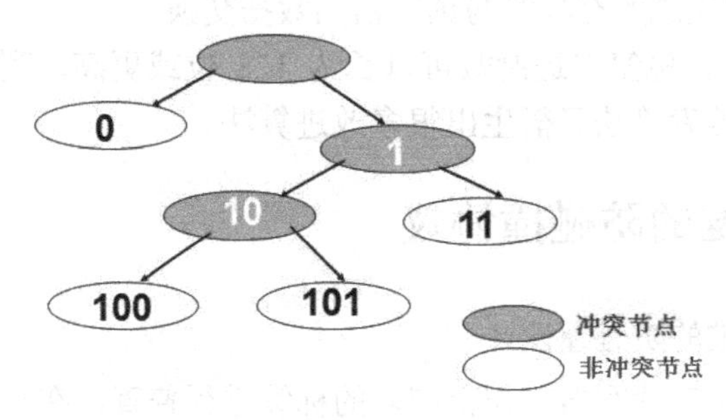

图10-12　二进制搜索算法的模型图

二进制搜索是读写器发送带限制条件的询问命令，满足限制条件的标签回答，如果发生碰撞，就根据发生错误的“位”修改限制条件，再一次发送带限制条件的询问命令，直到找到一个正确的答案，完成对标签的读写操作。

例 10.8　有 4 个标签进入读写器的识别范围，4 个标签的 8 位二进制数分别为 10110010、10100011、10110011 和 11100011。试说明二进制搜索法。

解　① 读写器第一次询问命令的限制条件是：标签的 8 位二进制数<11111111。显然，4 个标签都符合条件，4 个标签都将各自的数据发送给读写器。情况如下。

	二进制数
标签 1 发送	10110010
标签 2 发送	10100011
标签 3 发送	10110011
标签 4 发送	11100011
读写器接收	1?1?001?

结果是：读写器收到的信号从高位起第 2、4、8 位有碰撞。

② 读写器第二次询问命令的限制条件是：标签的 8 位二进制数<10111111。此时，标签 1、标签 2 和标签 3 符合条件，3 个标签将各自的数据发送给读写器。情况如下。

	二进制数
标签 1 发送	10110010
标签 2 发送	10100011
标签 3 发送	10110011
标签 4 发送	
读写器接收	101?001?

结果是：读写器收到的信号从高位起第 4、第 8 位有碰撞。

③ 读写器第三次询问命令的限制条件是：标签的 8 位二进制数<10101111。此时，只有标签 2 符合条件，标签 2 将数据发送给读写器。情况如下。

	二进制数
标签 1 发送	
标签 2 发送	10100011
标签 3 发送	
标签 4 发送	
读写器接收	10100011

结果是：读写器收到的信号没有碰撞，标签 2 进行读写操作。

④ 依次类推，直到完成所有标签与读写器的数据交换。

⑤ 在实际 RFID 中，标签二进制数可以长达 128 位或更高，利用二进制搜索算法的效率不高。因此，二进制搜索算法又衍生出很多改进算法。

10.4.3　RFID 标准的防碰撞协议

一、UHF RFID 标准的防碰撞设计

碰撞仲裁的目的在于对读写器工作范围内的标签进行普查，在一个简单程序中体现接收标签的有关能力和接收数据内容信息的有关能力，标签应按读写器设定的标志返回信息。由于现行 UHF RFID 标准属于单信道接入技术体制，读写器不具有同时接收多个标签应答的能力，碰撞仲裁与协调成为空中接口标准通信协议不可缺少的内容。ISO/IEC 18000 UHF RFID 空中接口规定了不同的防碰撞协议。

ISO/IEC 18000-6 空中接口的基本特征是无源标签、单信道和多标签盘存，处理多标签应答碰撞成为系统设计的核心任务之一。为适应不同的应用环境，ISO/IEC 18000-6 解决碰撞的算法有多种，而且陆续创立了多种改进版本。ISO/IEC 18000-7 和 ISO/IEC 18000-4 也采用了不同的防碰撞协议。ISO/IEC 18000 UHF RFID 防碰撞协议见表 10-1。

表 10-1　ISO/IEC 18000 UHF RFID 防碰撞协议

防碰撞协议	ISO/IEC 18000 标准
帧时隙（FSA）	ISO/IEC 18000-7
动态帧时隙（DFSA）	ISO/IEC 18000-6A
时隙随机（SR）	ISO/IEC 18000-6C
二进制树搜索	ISO/IEC 18000-6B
	ISO/IEC 18000-4M1

二、ISO/IEC 18000-6 Tape A 无源标签 RFID 空中接口

(1)　该算法的基本思想

- 帧长随待识别标签数的改变而改变。当系统待识别标签数较多时，动态增加帧长，可以降低时隙碰撞率，提高系统性能；当系统待识别标签数较少时，动态减少帧长，可以降低空闲时隙比率，提高时隙利用率，提高系统性能。
- 读写器是与标签通信的主体，读写器是防碰撞判断和处理的控制方。
- 在标签中设置时隙计数器，时隙计数器在读写器的控制下计数，当时隙计数器的值等于设定值时，标签向读写器发送信息。也就是说，将进入读写器识别

范围内的标签分配到不同的时隙中，只有一个时隙与读写器通信。如果是 4 位时隙计数器，最多可以分成 16 个时隙；如果是 5 位时隙计数器，最多可以分成 32 个时隙。

- 在标签内部有一个与时隙计数器匹配的随机数发生器，随机数发生器的用途之一是为时隙计数器赋初值。
- 碰撞仲裁采用指配标签进入循环和时隙的机理，一个循环包含多个时隙，一个时隙持续的时间足以让读写器收到一个标签的应答。时隙有效持续时间由读写器决定。

(2) 该算法的防碰撞基本过程

- 当读写器的射频场不存在时，标签处于射频场断开的状态；当标签进入读写器的射频场时，标签的电源接通，复位程序转入准备（ready）状态。
- 读写器由发送初循环（init-round）指令或初循环全部指令（init-round-all）开始，发起一个标签普查或标签碰撞仲裁过程，指令中有初循环包含的时隙数。
- 标签收到初循环指令后，随即产生一个随机数作为该标签应答时隙号，并处于等待应答发射状态。每个标签只能在所选定的时隙开始点向读写器发送信息，如果所选随机数为 1，标签将等待一个伪随机时延，该时延等于 0~7 的某个值，然后响应；如果随机数大于 1，则标签保留这个时隙号，等待下一条指令。

读写器发送初循环指令后，可能有如下 3 个结果。

- 读写器收不到响应。原因是没有一个标签选择时隙 1，或读写器没有检测到标签的响应。于是，读写器发送一个关闭时隙的指令。
- 读写器检测到两个或多个标签应答碰撞，碰撞可能来自多个发射的竞争，或检测 CRC 不正确，并证实不再有标签发射。读写器发送关闭时隙的指令。
- 读写器接收的标签响应没有错误，具有有效的 CRC，响应中包含标签签名。读写器发送下一时隙指令，指令中包含刚刚收到的标签签名。

标签收到指令后，可能有如下 5 个结果。

- 当现时隙标签收到关闭时隙指令或下一时隙指令时，标签不再发射，将时隙计数器减 1。
- 当时隙计数器值等于早先标签选择的时隙号时，标签按照上述规则发射，否则等待另外的指令。
- 当标签在激活状态收到关闭时隙的指令时，将增加它的计数器值。
- 当在现时隙已发数据的标签收到下一时隙指令时，它需证实指令中的签名与其最后响应签名相符，且证实在规定时间窗口已收到下一时隙指令。
- 如果标签满足其认可条件，则进入静默状态，否则维持现状态，循环继续直到所有时隙被搜索。

每次关断时隙或下一时隙指令发布，读写器保持时隙计数跟踪。当时隙号等于初始循环指令发布的循环大小时，循环结束。读写器可以发布一个新的循环指令，开始一个新的循环，重复循环的标志与先前的指令不同。在一个循环中，读写器可以发送循环守候指令，暂停循环，标签用相似的方法处理下一时隙指令。除非认可条件已经保证，标签进入被选状态，如果不能满足，标签进入循环守候状态。注意，循环守候机理允许读写器继续循环前与被选标签接触对话。

三、ISO/IEC 18000-6 Tape B 无源标签 RFID 空中接口

ISO/IEC 18000-6 Tape B 无源标签 RFID 空中接口采用二进制树碰撞仲裁算法。二进制树碰撞仲裁算法要求标签的硬件有一个 8byte 计数器和一个能产生“0”和“1”的随机数发生器。读写器通过一系列操作指令，排除标签应答碰撞，让标签在时间域按顺序应答。

四、ISO/IEC 18000-6 Tape C 无源标签 RFID 空中接口

ISO/IEC 18000-6 Tape C 无源标签 RFID 空中接口采用时隙随机（Slot Random，SR）碰撞仲裁算法，属于动态时隙 Aloha 的改进。

SR 碰撞算法不再使用帧的概念，而是采用盘存循环的概念，即读写器连续两次发出询问指令之间的间隔。帧时隙 Aloha 是在一个帧的所有时隙之后，才能改变一帧所包含的时隙数。SR 碰撞算法则不同，SR 碰撞算法允许在盘存循环未完成之前改变时隙数，让尚未被识别的标签重新选择时隙计数器的设定值。

ISO/IEC 18000-6 Tape C 的 SR 碰撞算法规定帧长度（即盘存循环）为 $2^{Q}-1$，Q（取值 1～15）为时隙计数参数，所包含的时隙数为 $0\sim 2^{Q}-1$。读写器发送询问指令启动一个盘存循环。参与盘存的标签收到指令后，在 $0\sim 2^{Q}-1$ 内选择一个随机数，存入标签的时隙计数器内。选择数为 0 的标签转换为应答状态，并立即应答。选择非 0 的标签转入仲裁状态，并等待读写器发送询问调整指令或询问应答指令。读写器开始发送后，在一个盘存循环内读写器典型地发送一个或多个询问调整或询问应答指令。询问调整重复先前的询问并可以增加或减少 Q 值，但不能引入新的标签进入循环。一个盘存循环可以包括多个询问调整或询问应答指令，在同一点读写器将发送一个新的询问指令，从而开始一个新的盘存循环。

10.5 数据完整性实施策略

10.5.1 RFID 中数据完整性的实施策略

在读写器与电子标签的无线通信中，存在多种干扰因素，最主要的干扰因素是信道噪声和信号冲突。采用恰当的信号编码、调制与校检方法，并采取信号防冲突控制技术，能显著提高数据传输的完整性和可靠性。

(1) 信号的编码、调制与校检

RFID 系统的编码方式有多种，编码方式与系统所用的防碰撞算法有关。RFID 系统一般采用 Manchester 编码，该编码半个 bit 周期中的负边沿表示 1、正边沿表示 0。该编码若码元片内没有电平跳变，则被识别为错误码元。这样可以按位识别是否存在碰撞，易于实现读写器对多个标签的防碰撞处理。

信号传输前先进行降噪处理，去除信号中的低频分量和高频分量，然后进行载波调制。载波调制主要有 ASK、FSK 和 PSK 等几种制式，在 RFID 系统中，为简化设计、降低成本，大多数系统采用 ASK 的调制技术。

为减少信号传输过程中的波形失真，还应使用校验码对可能或已经出现的差错进行控

制，鉴别是否发生错误，进而纠正错误，甚至重新传输全部或部分消息。在多个电子标签同时与读写器通信时，如果发生数据碰撞，CRC 校验码也会发生混乱，通过检测 CRC 校验码的正确性，也能判断是否发生碰撞。

(2) 信号防冲突

为使读写器能顺利完成其作用范围内的标签识别、信息读写等操作，防止碰撞，RFID 主要采用时分多路（TDMA）接入法，每个标签在单独的某个时隙内占用信道与读写器进行通信。然而，在多读写器、多电子标签的系统中，信号之间的冲突与干扰在所难免，这会导致信息叠混，严重影响 RFID 的使用性能。信号之间的冲突分为标签冲突和读写器冲突两类，解决冲突的关键在于使用防碰撞算法。

- 标签冲突

首先是随机性解决方案。对于标签冲突，可以采用 ALOHA 搜索算法。例如，目前高频频段（HF）的电子标签都使用 ALOHA 算法来处理。ALOHA 算法在一个周期性的循环中将数据不断地发送给读写器，数据的传输时间只占重复时间的很小部分，传输间歇长，标签重复时间小，各标签可在不同的时段上传输数据，数据包传送时不易发生碰撞。改进型的 ALOHA 算法还可以对标签的数量进行动态估计，并根据一定的优化准则，自适应选取延迟的时间及帧长，显著地提高了识别速度。由于同类型的电子标签工作在同一频率，共享同一通信信道，ALOHA 算法中标签利用随机时间响应读写器的命令，其延迟时间和检测时间是随机分布的，所有 ALOHA 算法是一种不确定的随机算法。

其次是确定性解决方案。除随机性方案外，还有一种确定性解决方案，可用于 UHF 频段。确定性解决方案的基本思想是：读写器将冲突区域的标签不断划分为更小的子集，根据标签 ID 的唯一性来选择标签进行通信。在确定性解决方案中，最典型的是树型搜索算法，这种算法由读写器发出请求命令，*N* 个标签同时响应造成冲突后，检测冲突位置，逐个通知不符合要求的标签退出冲突，最后一个标签予以响应。余下的 *N*-1 个标签重复上述步骤，经过 *N*-1 次循环后，所有标签访问完毕。确定性解决方案的缺点是标签识别速度较低。

- 读写器冲突

在实际应用中，有时需要近距离布局多个 RFID 读写器，一个标签同时接收到多个读写器的命令，从而导致读写器间相互干扰。

读写器冲突有两种，一种是由多个读写器同时在相同频段上运行而引起的频率干扰，另一种是由多个相邻的读写器试图同时与一个标签进行通信而引起的标签干扰。解决干扰最简单的做法是：对相邻的读写器分配在不同的频率或时隙，而对物理上足够分离的读写器分配在同一频率或时隙。目前已提出的 Colorwave 算法提供了一个实时、分布式的 MAC 协议，该协议可以为读写器分配频率与时隙，从而减少了读写器间的干扰。

在欧洲 ETSI 标准中，读写器在同标签通信前，每隔 100ms 探测一次数据信道的状态，采用载波侦听的方式解决读写器的冲突。在 EPC 标准中，在频率谱上将读写器传输和标签传输分离开，这样读写器仅与读写器发生冲突，标签仅与标签发生冲突，简化了问题。

10.5.2 编解码电路和校验电路 FPGA 设计

RFID 的编解码电路和校验电路可以采用 FPGA 设计。随着微电子技术的发展，设计与

制造集成电路的任务已不完全由半导体厂商独立承担，系统设计师们更愿意自己设计专用集成电路芯片。FPGA 是在 PAL、GAL 和 PLD 等可编程器件的基础上进一步发展的产物，它是作为专用集成电路（ASIC）领域中的一种半定制电路而出现的，既解决了定制电路的不足，又克服了原有可编程器件门电路数有限的缺点。FPGA 可以使 ASIC 的设计周期尽可能短，而且在实验室里就能设计出合适的 ASIC 芯片，并且能够立即投入实际应用之中。

(1) FPGA 的发展历史

现场可编程门阵列（Field Programmable Gate Array，FPGA）是在可编程阵列逻辑（Programmable Array Logic，PAL）、门阵列逻辑（Gate Array Logic，GAL）和可编程逻辑器件（Programmable Logic Device，PLD）等可编程器件的基础上进一步发展的产物。其中，PLD 是半定制的通用性器件，用户可以通过对 PLD 器件进行编程来实现所需的逻辑功能。PLD 从 20 世纪 70 年代发展到现在，已经形成了许多类型的产品，其结构、工艺、集成度和速度等方面都在不断地完善和提高。随着数字集成电路不断进行更新换代，许多简单的 PLD 产品已经逐渐退出市场。目前使用最广泛的可编程逻辑器件有两类，一类是 FPGA，另一类是复杂可编程逻辑器件（Complex Programmable Logic Device，CPLD）。

FPGA 是一类高度集成的可编程逻辑器件，起源于美国的赛灵思（Xilinx）公司，该公司 1985 年推出了世界上第一块 FPGA 芯片。在这 30 多年的发展过程中，FPGA 的硬件体系结构和软件开发工具都在不断完善，技术日趋成熟。FPGA 芯片从最初的 1200 个可用门，到 90 年代几十万个可用门，发展到目前数百万门至上千万门的单片 FPGA 芯片，Xilinx 公司和 Altera 公司等世界顶级厂商已经将 FPGA 器件的集成度提高到了一个新的水平。FPGA 结合了微电子技术、电路技术和 EDA 技术，设计者可以集中精力进行所需逻辑功能的设计，缩短了数字集成电路设计的周期，提高了设计的质量。

(2) FPGA 的特点

FPGA 如同一张白纸或是一堆积木，工程师可以通过传统的原理图输入法或是硬件描述语言自由设计一个数字系统。使用 FPGA 开发数字电路，可以先通过软件仿真，事先验证设计的正确性。在印制电路板（Printed Circuit Board，PCB）完成以后，还可以利用 FPGA 的在线修改能力，随时修改设计而不必改动硬件电路。使用 FPGA 开发数字电路可以大大缩短设计时间，减少 PCB 面积，提高系统可靠性。上述特点使 FPGA 得到了飞速发展，同时也大大推动了电子设计自动化（Electronic Design Automatic，EDA）软件和硬件描述语言（Very High Speed Integrated Circuit Hardware Description Language，VHDL）的进步。

FPGA 是由存放在片内 RAM 中的程序来设置其工作状态的，因此工作时需要对片内的 RAM 进行编程。FPGA 的使用非常灵活，用户可以根据不同的配置模式采用不同的编程方式。加电时，FPGA 芯片将 EPROM 中的数据读入片内；配置完成后，FPGA 进入工作状态；掉电后，FPGA 恢复成白片，内部逻辑关系消失。因此，FPGA 能够反复使用。FPGA 编程无须专用的 FPGA 编程器，只须使用通用的 EPROM、PROM 编程器，当需要修改 FPGA 功能时，只需换一片 EPROM 即可。这样，同一片 FPGA、不同的编程数据，可以产生不同的电路功能。FPGA 芯片是小批量系统提高系统集成度、可靠性的最佳选择之一，其特点如下。

- 采用 FPGA 设计 ASIC 电路，用户不需要投片生产，就能得到合适的芯片。FPGA 是 ASIC 电路中设计周期最短、开发费用最低和风险最小的器件之一。

- FPGA 可做其他全定制或半定制 ASIC 电路的中试样片。
- FPGA 内部有丰富的触发器和 I/O 引脚，采用高速 CHMOS 工艺，功耗低，可以与 CMOS、TTL 电平兼容。
- 随着超大规模集成电路工艺的不断提高，单一芯片内部可以容纳上百万个晶体管，FPGA 芯片的规模也越来越大，其单片逻辑门数已达到上百万门，所能实现的功能也越来越强，同时也可以实现系统集成。
- FPGA 芯片在出厂之前都做过百分之百的测试，不需要设计人员承担投片风险和费用，设计人员只需要在自己的实验室里，就可以通过相关的软硬件环境来完成芯片的最终功能设计。所以，FPGA 资金投入小。
- 采用 FPGA，用户可以反复地编程、擦除和使用，或者在外围电路不动的情况下，用不同的软件实现不同的功能。
- 用 FPGA 试制样片，能以最快的速度占领市场。FPGA 软件包中有各种输入工具、仿真工具、版图设计工具和编程器等全线产品，电路设计人员在很短的时间内就可以完成电路的输入、编译、优化和仿真，直至完成最后芯片的制作。
- 当电路有少量改动时，更能显示出 FPGA 的优势。电路设计人员使用 FPGA 进行电路设计时，不需要具备集成电路（IC）深层次知识，FPGA 设计易学易用，可以使设计人员更能集中精力进行电路设计，快速将产品推向市场。

(3) ISO 18000-6 编解码、校验和防冲突简介

ISO 18000-6 标准的编解码电路和校验电路可以采用 FPGA 进行设计。

- 编解码和防冲突

ISO 18000-6 A 型由读写器向电子标签的数据发送采用 PIE 编码，由电子标签向读写器的数据发送采用 FM0 编码。ISO 18000-6 B 型由读写器向电子标签的数据发送采用曼彻斯特（Manchester）编码，由电子标签向读写器的数据发送采用 FM0 编码。

ISO 18000-6 标准已经实现了各种协议的演进。最初，ISO 18000-6 A 型采用了 ALOHA 协议；之后，协议演进到 ISO 18000-6 B 型，该协议使用了二进制树协议。

ISO 18000-6 A 型和 ISO 18000-6 B 型的比较如图 10-13 所示。

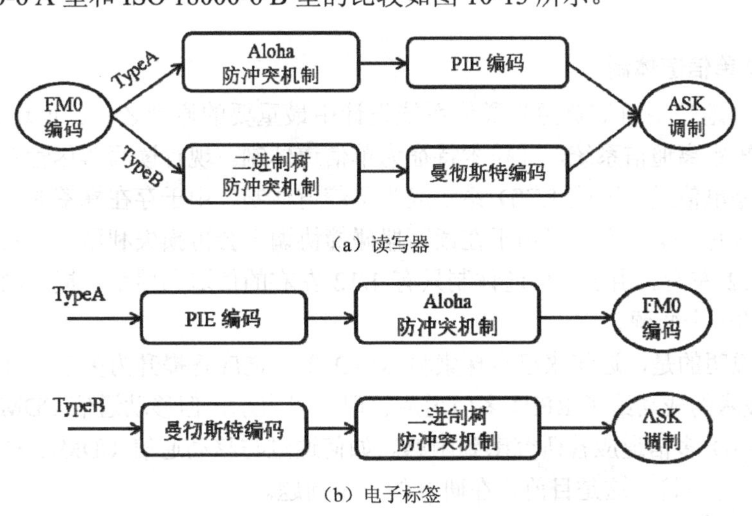

图10-13 ISO 18000-6 A 型和 ISO 18000-6 B 型的比较

- 编解码电路和校验电路 FPGA 实现

ISO 18000-6 A 型和 ISO 18000-6 B 型读写器接收电子标签的信息都是 FM0 编码，读写器对 FM0 解码。FM0 编码的工作原理是在一个位窗内采用电平变化来表示逻辑，一个位窗的持续时间是 25μs。如果电平从位窗的起始处翻转，则表示逻辑“1”；如果电平除了在位窗的起始处翻转，还在位窗中间翻转，则表示逻辑“0”。根据 FM0 编码规则可以发现，无论传送的数据是“0”还是“1”，在位窗的起始处都需要发生跳变。因此，只需要使用二倍频时钟，在上升沿对输入信号进行两次抽样。如果两次抽样的数值相等，输出信号“1”；否则，输出信号“0”。

ISO 18000-6 A 型读写器采用 PIE 编码。PIE 编码的原理是通过定义脉冲下降沿之间的不同时间宽度来表示数据。在该标准的规定中，由读写器发往标签的数据帧由 SOF（帧开始信号）、EOF（帧结束信号）、数据 0 和 1 组成。在标准中定义了一个名称为“T_{ari}”的时间间隔，也称为基准时间间隔，该时间段为相邻两个脉冲下降沿的时间宽度，持续为 25μs。4 种符号编码所需的时间宽度不一样，其中数据 0 为一个标准的“T_{ari}”时间段，而其他符号的编码所需时间宽度均为数据 0 的 PIE 编码宽度的整数倍。利用数字逻辑的基本原理实现 PIE 编码比较困难，这主要是由于其编码的信号宽度不同。PIE 编码是“0”→“01”、“1”→“0111”，假设需要编码的位数是 8 位，则编码后的长度为 16 位～32 位。也可以用软件的方法实现 PIE 编码。4 种符号的编码均可以用 NRZ 码来表示，所选用 NRZ 码的数据时钟为 40kHz，若采用 CPU 处理，则以 40kHz 的时钟速率送出变换后的 NRZ 码。

ISO 18000-6 A 型采用 CRC-5 或 CRC-16 校验，ISO 18000-6 B 型采用 CRC-16 校验。CRC 校验都采用了乘法和除法运算。利用数字逻辑的基本原理，可以将复杂的乘法和除法运算全部转换为加法运算，即按位异或运算。如果增加时钟信号，还可以实现实时校验。

10.5.3 RFID 通信资源利用

在各种通信资源中，频谱资源最为重要。体现频谱资源利用水平的参数包括信道资源及利用率。下面在 RFID 单信道体制下，讨论信道资源、信道利用率、频谱效率和频谱利用率。

一、RFID 单信道体制

充分而合理地使用通信资源是通信系统设计中最重要的原则之一。但现行 UHF RFID 空中接口作为短距离通信系统，其技术特征为单信道体制。现行读写器尽管有多信道，但是无源标签却总是单信道，因此 RFID 系统成为单信道体制。由于存在标签的碰撞与仲裁，单信道的利用率只有 1/4 左右。又由于在读写器碰撞协调中会再损失利用率，实际信道的最终利用率只有 1/12 左右。由于单信道体制只有 1/12 左右的信道利用率，接入网络能力低就成为 RFID 系统的一个瓶颈。

这里需要说明的是，近年来已有探索将 RFID 单信道应答提升为多信道并行应答。移动通信 CDMA 技术的成功给了 RFID 多信道应答研究以启示，但移动通信 CDMA 技术实现的复杂性又使 RFID 多信道应答研究感到困惑。如何通过与移动通信 CDMA 技术不同的途径实现 RFID 多信道应答，这是目前正在研究的一个问题。

二、信道资源和信道利用率

(1) 无源标签信道资源

目前世界各国在 800/900 MHz 频段都给出了 RFID 频谱资源分配表，尽管世界各国频谱的具体安排不同，但允许带宽都在 2MHz 以上。以我国为例，我国将 840MHz～845MHz 和 920MHz～925MHz 分配给 RFID 使用，其中有效辐射功率（e.r.p）为 2W 的频带是 2 个 4MHz，分别为 840.5MHz～844.5MHz 和 920.5MHz～924.5MHz；有效辐射功率（e.r.p）为 100mW 的频带是 2 个 5MHz，分别为 840MHz～845MHz 和 920MHz～925MHz。

按照 ISO/IEC 18000-6 标准，RFID 单信道体制的信道带宽为 200/250kHz，读写器在 800/900 MHz 频段的信道划分见表 10-2。由表 10-2 可以看出，在无源标签 RFID 空中接口中，频道划分只对读写器有意义，对标签没有意义。也就是说，无论分配多宽频谱资源，标签总是不分信道的，这就决定了现行 RFID 系统为单信道体制的特点。

表 10-2　800/900 MHz 频段的信道划分

频带宽度/MHz	读写器信道数（200 kHz 间隔）	读写器信道数（250 kHz 间隔）	标签信道数（200 kHz 间隔）	标签信道数（250 kHz 间隔）
2	10	8	1	1
10	50	40	1	1

(2) 信道利用率

影响 RFID 无源标签空中接口频谱利用率的因素主要来自单信道体制，包括由于标签不划分信道造成的频谱效率损失，由于标签碰撞引起的信道利用率降低，以及为应对读写器碰撞所带来的信道利用率降低。

- 标签不划分信道

以我国 RFID 使用为例。我国 800/900 MHz 频段 RFID 为 2 个 5MHz 频带，读写器按照每信道 250 kHz 划分，每个 5MHz 频带总计有 20 个 250 kHz 信道。由于标签不划分信道，实际 RFID 的 20 个信道总是只能作为 1 个信道使用。因此，频带内的信道利用率为 k_B=5%。

- 标签碰撞

在现行 ISO/IEC 18000-6 标准的 4 种碰撞仲裁算法中，通过率最高为 0.36，也即标签碰撞致使每信道利用率最高为 k_C=36%。

- 读写器碰撞

现行 ISO/IEC 18000-6 标准没有统一规定读写器防碰撞算法。目前比较典型的读写器防碰撞算法是色波法，也即将地图 4 色原理映射到时域进行设计，结果是每个读写器信道利用率为单个读写器独立工作时的 1/4，也就是说读写器碰撞协调导致信道利用率 k_I=25%。

- 无源标签单信道体制的信道利用率

标签不划分信道、标签碰撞和读写器碰撞是 3 个影响信道利用率的因素，以上 3 个因素累计的结果为

$$k_B \times k_C \times k_I = 0.45\%$$

可以看出，接入网络能力低是 RFID 系统的一个瓶颈。

三、频谱效率和频谱利用率

对频谱利用有效度的考核指标主要有频谱效率和频谱利用率两项。

(1) 频谱效率

比较不同通信系统的有效性时，单看传输速率是不够的，还应该看在这样的传输速率下所占信道的宽度。所以，真正衡量数字通信系统传输效率的应当是单位频带内的码元传输速率。通信系统的有效性由传输速率和传输速率下所占用信道宽度来评价，频谱效率η等于码元传输速率R_B除以带宽B，即

$$\eta = R_B / B \tag{10.16}$$

现行 800/900MHz 频段 RFID 典型带宽为 2MHz，而我国 800/900MHz 频段分配给 RFID 使用的频带则是 2 个 5MHz。按照 5MHz、ISO/IEC 18000-6C 标准，单信道传输 FM0 调制时，上行信道传输速率R_b为 40～640kbit/s，下行信道传输速率R_b为 27.6～128kbit/s，系统频谱效率为 0.552%～12.8%。副载波调制时，上行信道传输速率R_b为 5～320kbit/s，系统频谱效率为 0.1%～6.4%。

(2) 频谱利用率

在 UHF RFID 单信道空中接口中，按照 ISO/IEC 18000-6 标准并假设单读写器使用的情况下，频谱利用率α为实际使用带宽B与系统占用带宽W之比，即

$$\alpha = B / W \tag{10.17}$$

参照我国频谱规定和 ISO/IEC 18000-6 标准，W=5MHz，B=125kHz，频谱利用率为

$$\alpha = 125\text{kHz}/5\text{MHz} = 5\%$$

在多读写器同时使用的情况下，为防止读写器碰撞，经常采用色波法，也即时间分割的思路。若选色波数为 4 色，则我国频谱利用率为

$$\alpha = (125\text{kHz}/4)/5\text{MHz} = 1.25\%$$

(3) 频谱效率和频谱利用率的计算

对于分配的频谱资源分别为 2MHz 和 5MHz 带宽，按照 ISO/IEC 18000-6C 标准进行计算，得到的频谱效率和频谱利用率见表 10-3。

表 10-3　频谱效率和频谱利用率

频谱资源	频谱效率 (R_b=27.6～128kbit/s)	频谱效率 (R_b=5～320kbit/s)	频谱效率 (R_b=40～640kbit/s)	频谱利用率（带宽 200kHz）	频谱利用率（带宽 250kHz）
2MHz	1.38%～6.4%	0.25%～16%	2%～32%	10%	12.5%
5MHz	0.552%～2.5%	0.1%～6.4%	0.8%～12.8%	4%	5%

由表 10-3，得到如下结论。

- 对于 2MHz 频谱资源，下行信道信息传输速率为 27.6～128kbit/s，频谱效率为 1.38%～6.4%；若上行信道信息传输速率为 5～320kbit/s，则频谱效率为 0.25%～16%；若上行信道信息传输速率为 40～640kbit/s，则频谱效率为 2%～32%。
- 对于 5MHz 频谱资源，下行信道信息传输速率为 27.6～128kbit/s，频谱效率为 0.552%～2.5%；若上行信道信息传输速率为 5～320kbit/s，则频谱效率为

0.1%～6.4%；若上行信道信息传输速率为 40～640kbit/s，则频谱效率为 0.8%～12.8%。

- 对于 2MHz 频谱资源，频谱利用率为 10%～12.5%；对于 5MHz 频谱资源，频谱利用率为 4%～5%。

(4) RFID 与同频段移动通信比较

ISO/IEC 18000-6 标准的频谱利用率如何，需要与现代通信系统比较后才能作出评价。由于 800/900MHz 频段的电波传播特性，使得该频段是移动通信的理想频段，在此无需与 3G 和 4G 移动通信比较，只要将 RFID 与第二代移动通信的 3 种体制对比，便可以给出 RFID 频谱利用率的结论。

第二代移动通信的 3 种体制为 FDMA 体制的 DAMPS、TDMA 体制的 GSM 和 CDMA 体制的 IS-95。以 DAMPS 为例，有如下结论。

- DAMPS 的信道带宽为 30kHz，可容 3 个话音信道，则每话音信道平均占用 10kHz 带宽，频率复用因子为 7，因此每小区每话音信道占用带宽为 70kHz。每小区频谱利用率为 0.42，频率复用因子为 7，总频谱利用率为 2.94。
- DAMPS 的每信道速率为 8kbit/s，每话音信道平均占用 10kHz 带宽，则每小区每话音信道频谱效率为 0.11bit/s/Hz。由于频率复用因子为 7，因此总频谱效率为 0.77bit/s/Hz。

各种体制的频谱效率见表 10-4。可以看出，RFID 频谱利用率和频谱效率与 20 世纪 90 年代的第二代移动通信的 3 种体制相比，存在很大差距，就更不用说 RFID 频谱利用率和频谱效率与 3G 和 4G 移动通信的比较了。

表 10-4 同频段移动通信各种体制的频谱效率

体制	DAMPS	GSM	IS-95	RFID
信道带宽	30kHz	200kHz	1.22MHz	2MHz/5MHz
话音信道数	3	8	56	1
频率复用因子	7	3	1	4#
每小区每话音信道占用带宽	70kHz	75kHz	22.5kHz	200/250kHz
频谱利用率	2.94	1.125	1	0.01～0.0375
每话音（数据）信道速率	8kbit/s	13kbit/s	14.4kbit/s	5～640kbit/s
频谱效率	0.77bit/s/Hz	0.51bit/s/Hz	0.64bit/s/Hz	0.001～0.128bit/s/Hz

#按色波法读写器碰撞协调方式

10.6 本章小结

RFID 数据传输的完整性主要存在两个方面的问题：一个是各种干扰，另一个是电子标签之间的数据碰撞。经常采用差错控制和防碰撞算法来分别解决这两个问题。

差错控制是一种保证接收数据完整、准确的方法。在数据通信中，差错衡量指标主要有误码率和误信率，差错控制编码是利用监督码元去发现或纠正传输中发生的错误。RFID 常用的差错校验方法有奇偶校验码、LRC 校验和 CRC 校验。

RFID 通信时，经常发生碰撞问题。读写器与电子标签之间的工作方式主要有 3 种：无线电广播工作方式、多个电子标签同时将数据传送给一个读写器的工作方式、多个读写器同时与多个电子标签通信的工作方式。RFID 在数据传输中会发生标签碰撞和读写器碰撞。解决防碰撞问题主要有空分多路法、频分多路法、时分多路法和码分多路法，RFID 主要采用时分多路法。解决防碰撞问题的关键是基于时分多路法的防碰撞算法，RFID 防碰撞算法有 ALOHA 算法、时隙 ALOHA 算法和二进制搜索算法等。采用恰当的信号编码、调制与校检方法，并采取信号防冲突控制技术，能显著提高数据传输的完整性和可靠性。

10.7 思考与练习

10.1 什么是数据的完整性？在 RFID 系统中，影响数据完整性的两个主要因素是什么？

10.2 衡量差错的指标是什么？误码率和误信率有什么差别？

10.3 有哪几种差错控制的基本方法？

10.4 已知某八进制数字传输系统的信息传输速率（也即传信率）为 4800bit/s，接收端在半小时内共收到 232 个错误码元。试计算该系统的误码率。

10.5 某系统经长期测定，它的误码率 $P_e=2\times10^{-5}$，该系统传码率为 1000B。试计算该系统平均在多长时间内可能收到 320 个误码元。

10.6 给出信息码元、监督码元和编码效率的基本概念，说明误码控制的基本原理，简述奇偶校验和 CRC 校验的工作原理。

10.7 若信息码元为 1011001，试求：（1）奇监督码；（2）偶监督码；（3）编码的效率；（4）若有 1 位错码，能检测吗？（5）若有 2 位错码，能检测吗？

10.8 多路存取法主要有哪 4 种？RFID 常常采用哪种多路存取法？

10.9 现有的 RFID 防碰撞算法有哪几种？分别说明工作原理。

10.10 为了实现二进制搜索算法，常采用 Manchester 编码。为什么？

10.11 写出 5 个现行 UHF RFID 标准防碰撞协议。

10.12 从编码、调制与校检 3 个方面，举例说明 RFID 数据完整性的实施策略。

10.13 什么原因导致 RFID 信道利用率、频谱效率和频谱利用率很低？

第11章　RFID 的数据安全性

随着 RFID 的深入推广，其安全与隐私问题也日益突出。RFID 的数据安全性主要表现为安全漏洞和个人隐私泄露，安全与隐私问题已经成为制约 RFID 技术的主要因素之一。由于标签与后端系统之间的无线通信和标签成本的限制，RFID 的数据脆弱性十分突出。RFID 系统的安全解决策略有物理安全机制和逻辑安全机制。

11.1　RFID 的安全与隐私问题

RFID 的安全问题主要表现为安全漏洞和个人隐私泄露。RFID 的安全问题主要来自两个方面：首先，RFID 标签和后端系统之间的通信是非接触无线方式，使通信很易受到窃听；其次，标签本身的计算能力和可编程性受到成本的限制，难以实现对安全威胁的防护。实际上，标签中数据的脆弱性、标签和读写器之间通信的脆弱性、读写器中数据的脆弱性和后端系统的脆弱性都会威胁 RFID 的安全。

11.1.1　RFID 的安全问题举例

(1)　RFID 汽车钥匙的安全问题

德州仪器（TI）公司制造了一种数字签名收发器（Digital Signature Transponder，DST），其内置了加密功能的低频 RFID 设备。DST 已配备在数以百万计的汽车上，其功能主要是用于防止车辆被盗。DST 同时也被 SpeedPass 无线付费系统采用，该系统在北美用于成千上万的 ExxonMobil 加油站。

DST 执行了一个简单的询问/应答（challenge/response）协议来进行工作。读写器的询问数据长度为 40bit，标签芯片产生的回应数据长度为 24bit，芯片中的密钥长度亦为 40bit。由于 40bit 的密钥长度对于现在的标准而言太短了，这个长度对于暴力攻击毫无免疫力。2004 年末，一队来自约翰霍普津斯大学和 RSA 实验室的研究人员示范了对 DST 安全弱点的攻击，他们成功复制了 DST，这意味着他们破解了含有 DST 的汽车钥匙。

(2)　RFID 超市应用的安全问题

超市是 RFID 最有潜力的应用领域之一，自沃尔玛公司在 2006 年开始在其货箱和托盘上应用 RFID 电子标签，RFID 超市应用的安全问题就受到广泛关注。目前超市已构建 RFID 系统，并实现仓储管理和出售商品的自动化。

超市管理者使用的读写器可以读写商品标签数据（写标签数据时需要接入密钥），考虑到价格调整等因素，标签数据必须能够多次读写。移动 RFID 用户自身携带有嵌入在手机或 PDA 中的读写器，该读写器可以扫描超市中商品的标签，以获得产品的制造商、生产日期

和价格等详细信息。

攻击者通过信道监听、暴力破解或其他人为因素，可能得到写标签数据所需的接入密钥。如果破解了标签的接入密钥，攻击者可随意修改标签数据，更改商品价格，甚至“kill”标签，将导致超市的商品管理和收费系统陷入混乱。目前防盗标签的成本较高，超市无法大规模承受，防盗标签的成本能否降低是 RFID 超市应用的关键问题。

标签中数据的脆弱性还可能导致后端系统的安全受到威胁。有研究者提出，病毒可能感染 RFID 芯片，通过伪造沃尔玛、家乐福等这样超级市场里的 RFID 电子标签，将正常的电子标签替换成恶意标签，就可以进入超级市场的数据库，对 IT 系统发动攻击。

11.1.2 RFID 的隐私问题举例

如果 RFID 缺少隐私保护，随时都会面临很多风险。例如，如果证件、钞票和机票等凭证上含有标签，那么其他人就能通过非接触式的扫描轻易得知身份、携带钞票的数量及行程等信息。又例如，药品中的标签可以暴露正在服用的药物，从而泄露病情信息。如果不进行隐私保护，不法分子可以轻易地搜集个人隐私。

(1) 消费者的身份隐私

- 关联威胁。由于标签具有一个唯一识别码，该识别码将会与标签的持有者产生关联。如果消费者 A 持有某个标签，那么当读写器读取到该标签时，就可以推测出是消费者 A，并得知该消费者拥有某种物品。
- 群聚威胁。若消费者携有数个标签，这群标签也可能与此消费者产生关联，若读写器一直读取到同一群标签，就可以推测出是该消费者，并得知该消费者拥有某些物品。
- 面包屑威胁。此威胁是由关联威胁延伸出来的。因为标签的识别信息可与持有者产生关联，如果持有者的标签遭窃或丢弃，可能会被不法分子利用，以假冒原先持有者的身份进行违法行为。

(2) 消费者的购物隐私

- 动作威胁。消费者的动作、行为及意图可以通过观察标签的动态情况进行推测。如果某个卖场货架上高价商品的标签信号突然消失，那么卖场可以推测是否有消费者想进行偷窃或想购买该物品。
- 偏好威胁。由于标签上可能记载着商品的相关信息，如商品种类、品牌和尺寸等，可以通过标签上的信息来推测消费者的购物偏好。
- 交易威胁。当某群标签中的一个标签转移到另一群标签中时，可以推测出这两群标签的持有者有进行交易的可能。

(3) 消费者的行踪隐私

由于标签的读取具有一定的范围，因此可以通过标签来追踪商品或消费者的位置。

11.1.3 RFID 系统面临的安全攻击

(1) 电子标签面临的安全攻击

- 截获 RFID 标签。基础的安全问题就是如何防止对 RFID 标签信息进行截获和破解，因为 RFID 标签中的信息是整个应用的核心和媒介，在获取了标签信息之后，攻击者就可以对 RFID 系统进行各种非授权使用。

- 破解 RFID 标签。RFID 标签是一种集成电路芯片，这意味着用于攻击智能卡产品的方法在 RFID 标签上也同样可行。破解 RFID 标签的过程并不复杂，对于使用 40 位密钥的产品，通常在一个小时之内就能够完成被破解出来；对于更坚固的加密机制，则可以通过专用的硬件设备进行暴力破解。
- 复制 RFID 标签。即使加密机制足够强壮，RFID 标签仍然面临着被复制的危险。特别是那些没有保护机制的 RFID 标签，利用读卡器或标签的智能卡设备，就能够轻而易举地完成标签复制工作。尽管目前篡改 RFID 标签中的信息还非常困难，至少要受到较多的限制，但是在大多数情况下，成功地复制标签信息已经足以对 RFID 系统构成威胁。
- 重构 RFID 标签。对获得的标签实体，通过物理手段在实验室环境中去除芯片封装，使用微探针获取敏感信号，就可以对目标标签进行重构的复杂攻击。

(2) 标签与读写器之间通信面临的安全攻击

- 通过扫描标签和读写器之间的响应，寻求安全协议、加密算法及实现的弱点，进行标签与读写器之间通信内容的删除或篡改。
- 通过干扰广播、阻塞信道或其他手段，产生异常的应用环境，使合法的标签与读写器之间的通信产生故障，进行拒绝服务的攻击。
- 通过窃听技术，分析微处理器正常工作过程中产生的各种电磁特征，来获得 RFID 标签和读写器之间或其他 RFID 通信设备之间的通信数据。这是由于接收到读写器传来的密码不正确时，标签的能耗会上升，功率消耗模式可以被加以分析，以确定何时标签接收了正确和不正确的密码位。美国 Weizmann 学院计算机科学教授 Adi Shamir 和他的一位学生利用定向天线和数字示波器，监控 RFID 标签被读取时的功率消耗，通过监控标签的能耗过程，推导出了密码。

(3) 读写器中数据面临的安全攻击

在读写器发送数据、清空数据或是将数据发送给主机之前，都会将信息存储在内存中，并用它来执行某些功能。在这些处理过程中，读写器就像其他计算机系统一样，存在着传统的安全侵入问题。

(4) 主机系统面临的安全攻击

当电子标签的数据经读写器传送到主机后，将面临主机系统 RFID 数据的安全侵入问题。这是计算机安全和网络安全的共性问题。

11.1.4 RFID 系统的安全需求

一、RFID 前端各个环节的安全需求

(1) 读写器的认证

只有合法的读写器才能获取或更新相应的标签状态。也即标签应对读写器进行认证。

(2)　标签的认证和标签匿名性

只有合法的标签才可以被读写器获取或更新状态。也即读写器需要对标签进行认证。

标签用户的真实身份、当前位置等敏感信息，在通信中应该保证机密性，也即应加密。

(3)　前向安全性

即使攻击者攻破某个标签，获得了它当前时刻的状态，该攻击者也无法将该状态与之前任意时刻获得的某个状态关联起来，以防止跟踪和保护用户隐私。每次发送的身份信息需要不断变化，且变化前的值不能由变化后的值推导出。

(4)　向安全性与所有权转移

标签在某一时刻的秘密信息不足以用来在另一时刻识别认证该标签，也即抵抗重放攻击。若一个安全协议能够实现后向安全性，那么所有权转移就有了保证。每次发送的身份信息需要不断变化，且变化后的值不能由变化前的值推导出。

二、RFID 前端与服务器之间的安全需求

RFID 前端的大量读写设备连接到互联网进行信息交换，这也对其传输数据和信息安全提出了要求。由于 RFID 终端设备资源有限，传统安全协议无法在其上直接应用，而针对终端设备的各种攻击越来越多，RFID 终端设备与服务器之间的安全问题已经成为发展中的关键问题之一。

在 RFID 中，为使终端设备连接网络，通常配置一个 Web 浏览器和 TCP/IP 协议栈，使其作为 HTTP 客户端。由 Web 服务器生成并存储于用户计算机内存中的文本信息，是实现 Web 应用认证的主要手段，其由名称、有效期、目录和站点域等信息组成。安全认证协议包括 3 个阶段：注册阶段、登录阶段、认证阶段。

(1)　注册阶段

终端设备在云服务器上进行注册，其发送唯一的 ID 号到服务器；云服务器收到这个请求后，为每个设备生成一个唯一的密码。

(2)　登录阶段

当设备需要与服务器连接时，在这一阶段发送登录请求，在每次登录之前，设备选择一个随机数。

(3)　认证阶段

终端设备和云服务器进行相互认证。服务器在收到登录请求的参数后，首先使用其私钥计算随机数，然后利用私钥、设备身份和有效时间来计算信息，接着计算点，如果符合，则服务器执行下一个步骤，否则服务器终止会话。

三、RFID 安全性分析

(1)　抵抗重放攻击

重放攻击是指在认证过程中，攻击者窃听服务器和设备之间的通信信息，并重发这些消息，以试图通过系统的认证，充当合法用户进行登录。

(2)　抵抗中间人攻击

中间人攻击类似于重放攻击，攻击者通过冒充合法服务器，发送从设备中获得的响应消息来模仿合法设备。

(3) 抵抗盗窃攻击

盗窃攻击中，攻击者从智能设备中窃取存储在其上的信息，并试图利用该信息登录云服务器。

(4) 抵抗窃听攻击

由于服务器和终端设备之间的通信消息通过不安全通道传输，攻击者可以通过窃听获取用户的机密信息，并利用窃听信息伪造合法用户的身份认证信息。

(5) 抵抗暴力破解攻击

暴力破解攻击中，恶意用户首先从通信消息中获得参数。但即使恶意用户成功地记录了这些信息，仍然不能利用暴力破解攻击找出正确的密码，因为他不知道服务器的密钥且没有办法猜测随机数。

(6) 抵抗离线字典攻击

在这种类型的攻击中，恶意用户首先记录通信消息，接着尝试从这些信息中猜测合法用户的密码。如果恶意用户不能够在多项式时间内从通信消息中计算出密码，即可以抵抗离线字典攻击。

(7) 抵抗认证器泄漏攻击

在这类攻击中，恶意用户进入服务器并窃取储存在其内的信息，然后利用这些信息计算合法用户的密码。如果恶意用户不能猜测服务器的私钥，可以抵抗认证器泄漏攻击。

(8) 提供相互身份认证

服务器通过比较接收到的值和计算的值，来检查智能设备的真实性。

(9) 提供机密性保护

利用函数来保护设备认证信息，确保只有经过认证的设备才能访问服务器。协议可以抵抗流量分析和窃取，保证信息机密性。

(10) 提供匿名性保护

通常设备可以发送用于认证的消息到其附近的任何服务器。如果攻击者冒充服务器来接触设备，则该设备将与攻击者交换初始消息。

(11) 提供前向保密性

前向保密性为利用设备当前的传播信息不能追踪先前的传播信息。由于在每次会话中，随机产生的新值提供了机密性，即恶意用户没法知道设备内生成的随机数。因此，本文通过使过去的通信信息具有不可预测性来确保前向保密性。

(12) 提供系统可用性

RFID 系统可能会受到各种攻击，导致系统无法正常工作。例如：去同步化攻击可以使标签与后台数据库所存储的信息不一致，导致合法标签失效；拒绝服务攻击可以通过对合法标签广播大量的访问请求，使标签无法对合法读写器的访问进行响应。因此，必须设计良好的安全认证协议，使 RFID 系统可用。

11.2 RFID 系统的安全解决策略

目前 RFID 的安全策略主要有两大类：物理安全机制和逻辑安全机制。物理安全机制存在很大的局限性，往往需要附加额外的辅助设备，不但增加了成本，还存在其他缺陷。逻辑

安全机制与密码学密切相关，有基于加密算法等多种方案可供选择。任何单一手段的安全性都是相对的，安全措施级别会因应用的不同而改变，安全性也与成本相互制约，实际上往往需要采用综合性解决方案。在实施和部署 RFID 应用系统之前，有必要进行充分的业务安全评估和风险分析，综合的解决方案需要考虑成本和收益之间的关系。

11.2.1　物理安全机制

(1)　杀死（Kill）标签

Kill 标签的原理是使标签丧失功能，方法之一是使用编程 Kill 命令，Kill 命令是用来在需要的时候使标签失效的命令。Kill 命令可以使标签失效，而且是永久的。Kill 命令是基于保护产品数据安全的目的，必须对使用过的产品进行杀死标签的处理。Kill 这种方式的优点是能够阻止对标签及其携带物的跟踪，如在超市买单时进行的 Kill 处理，商品在卖出后标签上的信息将不再可用。Kill 这种方式的缺点是影响到反向跟踪，如多余产品的返回、损坏产品的维修和再分配等，因为标签已经无效，物流系统将不能再识别该数据，也不便于日后的售后服务和用户对产品信息的进一步了解。

(2)　法拉第笼

根据电磁场理论，由导电材料构成的容器（法拉第笼）可以屏蔽无线电波，使得外部的无线电信号不能进入容器内，容器内的信号同样也不能传输到容器外。把标签放进由导电材料（金属网罩或金属箔片）构成的容器，可以阻止标签被扫描，即被动标签接收不到信号，不能获得能量，而主动标签发射的信号不能被外界所接收。这种方法的优点：可以阻止恶意扫描标签获取信息，如当货币嵌入 RFID 标签后，可利用法拉第笼原理阻止恶意扫描，以避免他人知道你包里有多少钱。这种方法的缺点：增加了额外费用，有时不可行。

(3)　主动干扰

主动干扰无线电信号也是一种屏蔽标签的方法。标签用户可以通过一种设备主动广播无线电信号，用于阻止或破坏附近的 RFID 读写器的操作。但这种方法可能导致非法干扰，使附近其他合法的 RFID 系统受到干扰，更严重的是，它可能阻断其他无线系统。

(4)　阻止标签

阻止标签是一种特殊设计的标签，此种标签会持续对读取器传送混淆的讯息，以阻止读写器读取受保护的标签；但当受保护的标签离开保护范围，则安全与隐私的问题仍然存在。这种方法的原理是通过采用一个特殊的阻止标签干扰防碰撞算法来实现，它将一部分标签予以屏蔽，读写器读取每次命令总是获得相同的应答数据，从而保护标签。

11.2.2　密码学基础

密码学是研究编制密码和破译密码的技术科学，密码技术是信息安全技术的核心。密码学主要由密码编码技术和密码分析技术两个分支组成，密码编码技术的主要任务是寻求产生安全性高的有效密码算法和协议，以满足对数据和信息进行加密或认证的要求；密码分析技术的主要任务是破译密码或伪造认证信息，以实现窃取机密信息的目的。

(1)　加密模型

密码是通信双方按照约定的法则进行信息变换的一种手段。依照这些信息变换法则，变明文为密文称为加密变换；变密文为明文称为解密变换。加密模型如图 11-1 所示，欲加密的信息 m 称为明文，明文经过某种加密算法 E 之后转换为密文 c，加密算法中的参数称为加密密钥 K；密文 c 经过解密算法 D 的变换后恢复为明文 m，解密算法也有一个密钥 K'，它与加密密钥 K 可以相同也可以不相同。

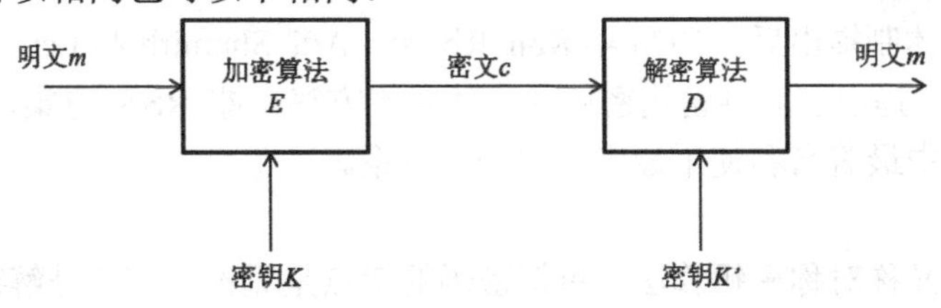

图11-1　加密模型

加密变换和解密变换的关系式分别为

$$c = E_K(m) \tag{11.1}$$

$$m = D_{K'}(c) = D_{K'}(E_K(m)) \tag{11.2}$$

(2)　密钥

加密是对明文的伪装过程，加密的基本要素是加密算法和密钥。加密算法是一些数学公式、规则或程序，在一定时间内通常是稳定的、公开的；密钥是加密算法的可变参数，是保密的。密钥是一种参数，它是在明文转换为密文或密文转换为明文的算法中输入的数据。密码学的真正秘密在于密钥，密钥的特点如下。

- 密钥越长，密钥空间就越大，破译的可能性就越小。但密钥越长，加密算法越复杂，所需的存储空间和运算时间也越长，所需的资源就越多。
- 密钥易于变换。
- 密钥通常由一个密钥源提供。

(3)　密码的体制

密码学目前主要有两大体制，即公钥密码与单钥密码。其中，单钥密码又可以分为分组密码和序列密码。分组密码是算法在密钥控制下对明文按组加密，这样产生的密文位一般与相应的明文组和密钥中的位有相互依赖性，因而能引起误码扩散，它多用于消息的确认和数字签名中。序列密码是算法在密钥控制下产生的一种随机序列，并逐位与明文混合而得到密文，其主要优点是不存在误码扩散，但对同步有较高的要求，它广泛应用于通信系统中。

- 公钥密码

1976 年，Whitfield Diffie 和 Martin Hellman 发表了论文“New directions in cryptography”，提出了公共密钥密码体制，奠定了公钥密码系统的基础。

公钥密码算法又称非对称密钥算法或双钥密码算法，其原理是加密密钥和解密密钥分离，这样一个具体用户就可以将自己设计的加密密钥和算法公诸于众，而只保密解密密钥。任何人利用这个加密密钥和算法向该用户发送的加密信息，该用户均可以将之还原。公共密钥密码的优点是不需要经过安全渠道传递密钥，大大简化了密钥的管理。

公开密钥密码体制是现代密码学最重要的发明和进展。一般理解密码学就是保护信息传递的机密性，但这仅仅是当今密码学主题的一个方面。对信息发送与接收人的真实身份进行

验证，对所发出或接收的信息在事后加以承认并保障数据的完整性，是现代密码学主题的另一方面。公开密钥密码体制对这两方面的问题都给出了出色的解答，并正在继续产生许多新的思想和新的方案。在公钥体制中，加密密钥不同于解密密钥，人们将加密密钥公之于众，谁都可以使用，而解密密钥只有解密人自己知道。

公共密钥密码体制提出后，1978 年 Ron Rivest、Adi Shamirh 和 Len Adleman 在美国麻省理工学院（MIT）提出了公共密钥密码的具体实施方案，即 RSA 方案，RSA 系统是迄今为止所有公钥密码中最著名和使用最广泛的一种体系。

- 分组密码

单钥密码算法又称对称密钥算法，单钥密码的特点是无论加密还是解密都使用同一个密钥。在单钥体制下，加密密钥和解密密钥是一样的，或实质上是等同的，这种情况下，密钥经过安全的密钥信道由发方传给收方。因此，单钥密码体制的安全性就是密钥的安全，如果密钥泄露，则此密码系统便被攻破。

所谓分组密码，通俗地说就是数据在密钥的作用下，一组一组、等长地被处理，且通常情况下是明、密文等长。这样做的好处是处理速度快，节约了存储，避免浪费带宽。分组密码是许多密码组件的基础，比如很容易转化为流密码（序列密码）。分组密码的另一个特点是容易标准化，由于具有高速率、便于软硬件实现等特点，分组密码已经成为标准化进程的首选体制。但该算法存在一个比较大的缺陷，就是安全性很难被证明。有人为了统一安全性的概念，引入了伪随机性和超伪随机性，但在实际设计和分析中很难应用。关于分组密码的算法，有早期的 DES 密码和现在的 AES 密码，此外还有其他一些分组密码算法，如 IDEA、RC5、RC6 和 Camellia 算法等。

- 序列密码

序列密码也称流密码，加密是按明文序列和密钥序列逐位模 2 相加（即异或操作）进行，解密也是按密文序列和密钥序列逐位模 2 相加进行。由于一些数学工具（比如代数、数论、概率等）可以用于研究序列密码，序列密码的理论和技术相对而言比较成熟。

序列密码的基本思想是：加密的过程是明文数据与密钥流进行叠加，同时解密过程就是密钥流与密文的叠加。该理论的核心就是对密钥流的构造与分析。

在序列密码的设计方法方面，人们将设计序列密码的方法归纳为 4 种，即系统论方法、复杂性理论方法、信息论方法和随机化方法。序列密码不像分组密码那样有公开的国际标准，虽然世界各国都在研究和应用序列密码，但大多数设计、分析和成果还都是保密的。

序列密码与分组密码的区别在于有无记忆性。对于序列密码来说，内部存在记忆元件（存储器）。根据加密器中记忆元件的存储状态是否依赖于输入的明文序列，序列密码又分为同步流密码和自同步流密码，目前大多数的研究成果都是关于同步流密码的。

11.2.3 基于加密算法的安全机制

比较典型的加密算法有 DES、AES 和 RSA 等。加密措施的引入必然增加成本，也影响读写器与标签之间的数据传输速率，应根据实际应用要求选择适合的加密措施。

(1) DES 加密算法

数据加密算法（Data Encryption Algorithm，DEA）是一种对称加密算法，也是使用最广泛的密钥系统。DES 加密算法一般指数据加密算法，DES 算法的应用比较成熟，比较难于破译。DES 由 IBM 公司 1975 年研究成功并发表，1997 年被美国定为联邦信息标准。DES 使用一个 56 位的密钥和附加的 8 位奇偶校验位（每组的第 8 位作为奇偶校验位），将 64 位的明文经加密算法变换为 64 位的密文。DES 加密和解密共用同一算法，可使工作量减半。DES 综合运用了置换、代替、代数和移位等多种密码技术，数据处理流程如图 11-2 所示。DES 是一个迭代的分组密码，其中将加密的文本块分成两半，使用子密钥对其中一半应用循环功能，然后将输出与另一半进行“异或”运算；接着交换这两半，这一过程会继续下去，但最后一个循环不交换；DES 使用 16 轮循环。

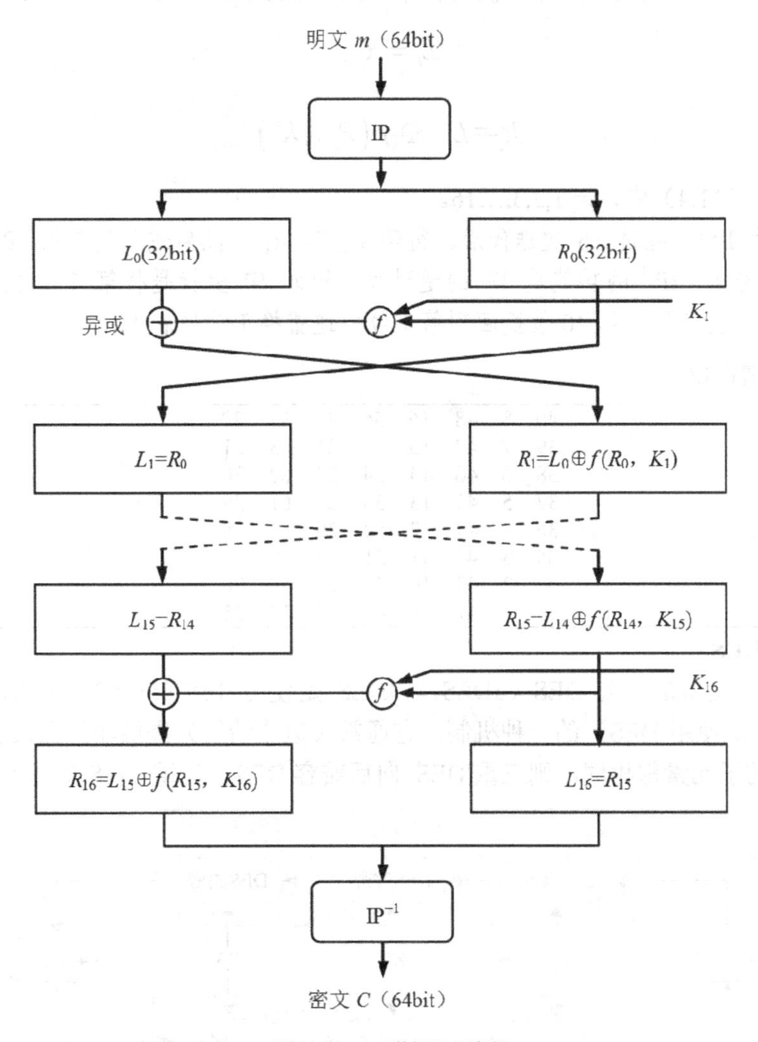

图11-2　DES 数据处理流程

- 初始置换 IP。初始转换 IP（Initial Permutation）是将明文数据排列顺序按照一定的规则重新排列，生成新的数据序列的过程。例如，将 64bit 数据块按位重新组合。然后将组合输出分成左右两部分 L_0 和 R_0，两部分都是 32 位。例如，把输入的第 1 位置换到第 40 位，把输入的第 58 位置换到第 1 位，结果见表 11-1。

表 11-1　初始置换 IP

58	50	42	34	26	18	10	2
60	52	44	36	28	20	12	4
62	54	46	38	30	22	14	6
64	56	48	40	32	24	16	8
57	49	41	33	25	17	9	1
59	51	43	35	27	19	11	3
61	53	45	37	29	21	13	5
63	55	47	39	31	23	15	7

- 迭代。在迭代过程中，R_0 与子密钥 K_1 经密码函数 f 运算得到 $f(R_0, K_1)$，与 L_0 按位模 2 加得到 R_1，将 R_0 作为 L_1，就此完成了第一次迭代。迭代表达式为

$$L_i = R_{i-1} \tag{11.3}$$

$$R_i = L_{i-1} \oplus f\left(R_{i-1}, K_i\right) \tag{11.4}$$

式（11.3）和式（11.4）中，i= 1,2,3,…16。

- 逆置换 IP^{-1}。经过 16 次迭代后，得到 L_{16} 和 R_{16}，然后进行逆置换 IP^{-1}，形成 64bit 密文。IP^{-1} 的功能是 IP 的逆过程，例如 IP 置换是将第 1 位换到第 40 位，IP^{-1} 置换是将第 40 位换回到第 1 位。逆置换 IP^{-1} 见表 11-2。

表 11-2　逆置换 IP^{-1}

40	8	48	16	56	24	64	32
39	7	47	15	55	23	63	31
38	6	46	14	54	22	62	30
37	5	45	13	53	21	61	29
36	4	44	12	52	20	60	28
35	3	43	11	51	19	59	27
34	2	42	10	50	18	58	26
33	1	41	9	49	17	57	25

(2)　三重 DES

DES 的常见变体是三重 DES（3DES）。3DES 是使用 168（56×3）位的密钥对资料进行三次加密（3 次使用 DES）的一种机制，它通常（但非始终）提供非常强大的安全性。如果三个 56 位的子元素都相同，则三重DES 向后兼容 DES。三重 DES 如图 11-3 所示。

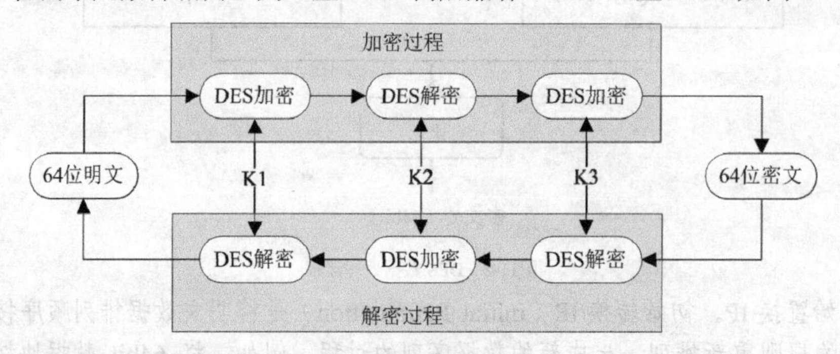

图11-3　三重 DES 数据处理流程

(3)　AES 加密算法

高级加密标准（Advanced Encryption Standard，AES）由美国国家标准与技术研究院

（NIST）于 2001 年 11 月 26 日发布，并在 2002 年 5 月 26 日成为有效的标准。2006 年，AES 已成为对称密钥加密中最流行的算法之一。

AES 是分组加密算法，分组长度为 128 位，密钥长度有 128 位、192 位和 256 位 3 种，分别称为 AES-128、AES-192 和 AES-256。对 AES 的基本要求如下：①比 3 重 DES 快；②至少与三重 DES 一样安全；③数据长度为 128bit；④密钥长度为 128/192/256bit。AES 的设计原则如下：①能抵抗所有已知的攻击；②在各种平台上易于实现，速度快；③设计简单。

标准的 AES 算法需要 20000～30000 个等效门电路来实现。但 Feldhofer 等人提出了一个 128 位的 AES 算法，只需要 3600 个等效门（和 256bit 的 RAM）实现。

(4) RSA 加密算法和双钥密码体制

RSA 加密算法是一种用数论构造双钥的方法，它既可用于加密、又可用于数字签字。RSA 算法的安全性基于数论中大整数分解的困难性，即要求得两个大素数的乘积是容易的，但要分解一个合数为两个大素数的乘积，则在计算上几乎是不可能的。RSA 密钥长度应该介于 1024bit 到 2048bit 之间。

DES 和 RSA 两种算法各有优缺点：DES 算法处理速度快，而 RSA 算法速度慢很多；DES 密钥分配困难，而 RSA 简单；DES 适合用于加密信息内容比较长的场合，而 RSA 适合用于信息保密非常重要的场合。

目前比较流行的双钥密码体制还有椭圆曲线密码体制（ECC）。ECC 算法数学理论复杂，在工程中应用比较困难，但它的安全强度比较高，其破译或求解难度基本上是指数级的。这意味着对于达到期望的安全强度，ECC 可以使用较 RSA 更短的密钥长度。 ECC 的密钥尺寸和系统参数与 RSA 相比要小得多，因此 ECC 在智能卡中已获得相应的应用。

11.2.4 基于共享秘密和相互对称鉴别的安全机制

相互对称鉴别是指读写器与标签通信双方互相校验其真伪。也即在 RFID 系统中，读写器要鉴别标签的合法性，标签也要鉴别读写器的合法性。共享秘密是指在读写器与标签的相互认证过程中，属于同一应用的所有标签和读写器共享同一加密密钥。

这是 RFID 的认证技术，这种安全机制有三次认证过程。由于同一应用的所有标签都使用唯一的加密密钥，这种三次认证协议依然具有安全隐患。认证过程如下。

（1）读写器向标签发送查询口令。

（2）标签产生一个随机数 R_A，并作为应答响应传送给读写器。

（3）读写器产生一个随机数 R_B，利用共同的加密算法和公共密钥 K 计算出一个加密数据块，称为令牌 1。令牌 1 中包含随机数 R_A、随机数 R_B 和其他控制数据，并发送给标签。

（4）标签利用同样的加密算法和公共密钥 K 对令牌 1 解密，将接收到的随机数 R_A' 与原来发送的 R_A 进行比较。如果 R_A 与 R_A' 相同，标签就认为读写器的密钥与自己的密钥相同，随机产生另一个随机数 R_{A2}，利用共同的加密算法和公共密钥 K 计算出一个加密数据块，称为令牌 2。令牌 2 中包含随机数 R_B 和其他控制数据，并发送给读写器。

（5）读写器利用同样的加密算法和公共密钥 K 对令牌 2 解密，将接收到的随机数

R_B' 与原来发送的 R_B 进行比较。如果 R_B 与 R_B' 相同，读写器就认为标签合法。

11.2.5　基于哈希函数的安全机制

(1)　哈希函数

哈希（Hash）意为散列，就是通过散列算法，把任意长度的输入（又称为预映射）变换成固定长度的输出，该输出就是散列值。这种转换是一种压缩映射，也就是散列值的空间通常远小于输入的空间，不同的输入可能会散列成相同的输出，而不可能从散列值来唯一地确定输入值。简单地说，Hash 就是一种将任意长度的消息压缩到某一固定长度的消息摘要的函数。Hash 函数主要用于信息安全领域中。

(2)　Hash 锁协议

哈希锁（Hash lock）是一种抵制标签未授权访问的安全与隐私技术，该方案采用了 Hash 函数。基于 Hash 函数的 RFID 协议之一为哈希锁（Hash lock），后来的许多函数都是由它发展形成的，基于 Hash 锁的 RFID 安全协议以其低成本优势得到了普遍应用。

Hash 锁协议采用 Hash 函数作为电子标签的访问锁，只有通过认证的读写器才能取得对标签有效数据的访问（解锁），否则标签处于锁定状态。Hash 锁协议的主要内容如下。

- 锁定标签。读写器生成一个随机密钥 Key，读写器将真实 ID、Key 一起写入标签后，标签进 入锁定状态。同时，读写器计算 metaID=H(Key)，并将 metaID、Key、ID 写入后台数据库中。
- 认证解锁。读写器在需要读写标签中的信息时，先发送访问请求，标签计算 meatID=H(Key)，然后将 metaID 经读写器返回至数据库，并查找与 metaID 相符的记录，并将其 Key 发送给标签。标签计算其 metaID，并比较 metaID 与 H(Key′)是否相符，若相符则解锁，并为附近的读写器开放所有的功能。

(3)　Hash 锁协议的优点和缺点

优点：在认证过程中使用对真实 ID 加密后的 metaID。解密单向 Hash 函数是较困难的，因此该方法可以阻止未授权的读写器读取标签信息数据，在一定程度上为标签提供隐私保护。该方法只需在标签上实现一个 Hash 函数的计算，以及增加存储 metaID 值，因此在低成本的标签上容易实现。

缺点：对密钥进行明文传输，且 metaID 是固定不变的，不利于防御信息跟踪威胁。由于每次询问时标签回答的数据是特定的，因此其不能防止位置跟踪攻击。读写器和标签间传输的数据未经加密，窃听者可以轻易地获得标签 Key 和 ID 值。

11.3　RFID 电子标签和应用系统的安全设计

数据的安全性主要解决消息认证和数据加密的问题。消息认证是指在 RFID 数据交易进行前，读写器和电子标签必须确认对方的身份，即双方在通信过程中首先应该互相检验对方的密钥，才能进行进一步的操作。数据加密是指对于经过身份认证的电子标签和读写器，在数据传输前使用密钥和加密算法对数据明文进行处理，得到密文，在接收方使用解密密钥和解密算法将密文恢复成明文。消息认证和数据加密有效地实现了数据的安全性，但同时其复杂的算法和流程也大大提升了 RFID 系统的成本。对一些低成本标签，它们往往受成本严格的限制而难以实现上述复杂的密码机制，可以采用物理方法防止部分安全威胁。

11.3.1 RFID 电子标签的安全设计

RFID 电子标签自身都有安全设计，但 RFID 电子标签能否足够安全，RFID 电子标签的安全机制是如何设计的，这些都与电子标签的分类密切相关。RFID 电子标签按芯片的类型分为存储型、逻辑加密型和 CPU 型等，一般来说，存储型电子标签的安全等级最低，逻辑加密型电子标签的安全等级居中，CPU 型电子标签的安全等级最高。目前广泛使用的 RFID 电子标签以逻辑加密型居多。

一、电子标签的安全设置

(1) 存储型电子标签

存储型电子标签没有做特殊的安全设置，标签内有一个厂商固化的不重复、不可更改的唯一序列号，内部存储区可存储一定容量的数据信息，不需要安全认证即可读出数据。虽然所有存储型的电子标签在通信链路层都没有采用加密机制，并且芯片本身的安全设计也不是非常强大，但在应用方面采取了很多保密手段，使其可以保证较为安全。

(2) 逻辑加密型电子标签

逻辑加密型电子标签具备一定强度的安全设置，内部采用了逻辑加密电路及密钥算法。逻辑加密型电子标签可设置启用或关闭安全设置，如果关闭安全设置则等同于存储型电子标签。例如，只要启用了一次性编程（One Time Programmable，OTP）这种安全功能，就可以实现一次写入不可更改的效果，可以确保数据不被篡改。

许多逻辑加密型电子标签具备密码保护功能，这种方式是逻辑加密型电子标签采取的主流安全模式，设置后可通过验证密钥实现对存储区数据信息的读取或改写等。采用这种方式的电子标签密钥一般不会很长，通常为四字节或六字节数字密码。有了这种安全设置的功能，逻辑加密型电子标签还可以具备一些身份认证和小额消费的功能，如我国第二代公民身份证和 MIFARE 卡都采用了这种安全方式。

MIFARE 卡是目前世界上使用数量最大、技术最成熟、性能最稳定、内存容量最大的一种感应式智能 IC 卡，它成功地将 RFID 技术和 IC 卡技术相结合，解决了卡中无源（卡中无电源）和免接触的技术难题。MIFARE 系列非接触 IC 卡是荷兰 Philips 公司的经典 IC 卡产品，现在 Philips 公司 IC 卡部门独立为恩智浦（NXP）公司，产品知识产权归 NXP 所有。MIFARE 系列主要包括 MIFARE one S50（1K 字节）、MIFARE one S70（4K 字节）、简化版 MIFARE Light 和升级版 MIFARE Pro 四种芯片型号，广泛使用在门禁、校园和公交领域，应用范围已覆盖全球。在这几种芯片中，除 MIFARE Pro 外都属于逻辑加密卡，即内部没有独立的 CPU 和操作系统，完全依靠内置硬件逻辑电路实现安全认证和保护。

(3) CPU 型电子标签

CPU 型电子标签在安全方面做的最多，因此在安全方面有着很大的优势。从严格意义上说，这种电子标签不应归属于 RFID 电子标签的范畴，而应属于非接触智能卡。但由于 ISO 14443 Type A/B 协议的 CPU 非接触智能卡与应用广泛的 RFID 高频电子标签通信协议相

同，所以通常也被归为 RFID 电子标签。

CPU 类型的广义 RFID 电子标签具备极高的安全性，芯片内部的操作系统（Chip Operating System，COS）本身采用了安全的体系设计，并且在应用方面设计有密钥文件和认证机制，比前几种 RFID 电子标签的安全模式有了极大的提高，也保持着目前唯一没有被人破解的记录。这种 RFID 电子标签将会更多地应用于带有金融交易功能的系统中。

二、电子标签的安全机制

(1)　存储型电子标签

存储型电子标签的应用主要是通过快速读取 ID 号来达到识别的目的，主要应用于动物识别和跟踪追溯等方面。这种应用要求的是系统的完整性，而对于标签存储的数据要求不高，多是要求数据具有唯一的序列号以满足自动识别的要求。

如果容量稍大的存储型电子标签想在芯片内存储数据，对数据做加密后写入芯片即可，信息的安全性主要由密钥体系安全性的强弱决定，与存储型标签本身没有太大的关系。

(2)　逻辑加密型电子标签

逻辑加密型电子标签的应用极其广泛，并且其中还有可能涉及小额消费的功能，因此它的安全设计是极其重要的。逻辑加密型电子标签内部存储区一般按块分布，并有“密钥控制位”设置每个数据块的安全属性。下面以 MIFARE 公交卡为例，说明逻辑加密型电子标签的密钥认证功能流程，如图 11-4 所示。

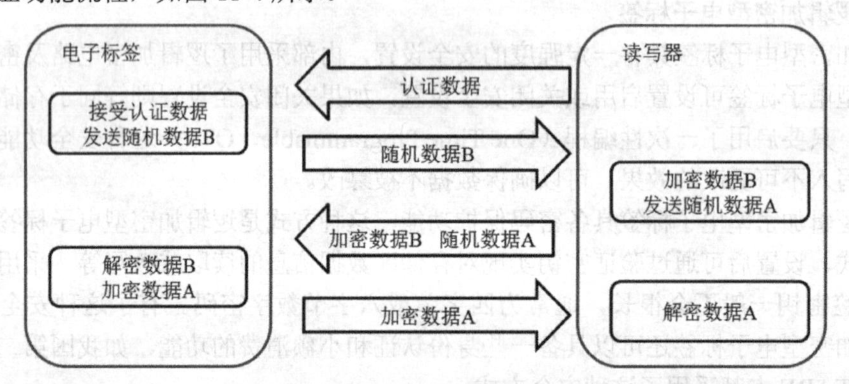

图11-4　MIFARE 公交卡的认证功能流程

MIFARE 公交卡认证的流程可以分成以下几个步骤。

- 应用程序通过 RFID 读写器向电子标签发送认证请求。
- 电子标签收到请求后向读写器发送一个随机数 B。
- 读写器收到随机数 B 后，向电子标签发送要验证的密钥加密 B 的数据包，其中包含了读写器生成的另一个随机数 A。
- 电子标签收到数据包后，使用芯片内部存储的密钥进行解密，解出随机数 B 并校验与之发出的随机数 B 是否一致。
- 如果是一致的，RFID 使用芯片存储的密钥对 A 进行加密并发送给读写器。
- 读写器收到此数据包后，进行解密，解出 A 并与前述的 A 比较是否一致。

如果上述的每一个环节都成功，则验证成功；否则验证失败。这种验证方式可以说是非常安全的，破解的强度也是非常大的。比如，MIFARE 的密钥为 6 字节，也就是 48 位；

MIFARE 一次典型验证需要 6ms，如果外部使用暴力破解的话，所需的时间为一个非常大的数字，常规破解手段将无能为力。

(3) CPU 型电子标签

CPU 型电子标签的安全设计与逻辑加密型类似，但安全级别与强度要高得多。CPU 型电子标签芯片内部采用了核心处理器，而不是如逻辑加密型芯片那样在内部使用逻辑电路。CPU 型电子标签芯片安装有专用操作系统，可以根据需求将存储区设计成不同大小的二进制文件、记录文件和密钥文件等。

11.3.2 RFID 应用系统的安全设计

以上几种 MIFARE 电子标签的芯片尽管已经极力做了安全设计，但还是被破解了（目前仅 CPU 型电子标签尚无人破解），那么 RFID 电子标签是否还安全?

2008 年 2 月，荷兰政府发布了一项警告，指出目前广泛应用的 MIFARE RFID 产品存在很高的风险。这个警告的起因是一个德国学者 Henryk Plotz 和一个弗吉尼亚大学在读博士 Karsten Nohl 已经破解了 MIFARE 卡的 Crypto-1 加密算法，二人利用普通的计算机在几分钟之内就能够破解出 MIFARE Classic 的密钥，一时之间电子标签的安全再度受到审视。这两位专家使用了反向工程方法，一层一层剥开 MIFARE 的芯片，从而分析芯片中近万个逻辑单元，根据 48 位逻辑移位寄位器的加密算法，利用普通计算机通过向读卡器发送几十个随机数，就能够猜出卡片的密钥是什么。这两位专家发现了 16 位随机数发生器的原理，从而可以准确预测下一次产生的随机数，他们几乎可以让 MIFARE Classic 加密算法在一夜之间从这个地球上被淘汰。

那么如何保证电子标签的安全?答案只有一个，那就是 RFID 应用系统采用高安全等级的密钥管理系统。密钥管理系统相当于在电子标签本身的安全基础上再加上一层保护壳，这层保护壳的强度决定于数学的密钥算法。目前 RFID 应用系统广泛采用 PKI（例如，非对称密钥算法 RSA 及椭圆曲线）及简易对称（例如，DES 及 3DES 等）的加密体系。

RFID 应用系统广泛采用的加密算法如图 11-5 所示。从图 11-5 可以看到，RFID 应用系统通过复杂并保密的生成算法，可以得到根密钥；再根据实际需要，通过多级分散最终可以获得电子标签芯片的密钥。此时每一个 RFID 芯片根据 ID 号不同写入的密钥也不同，这就是“一卡一密”。

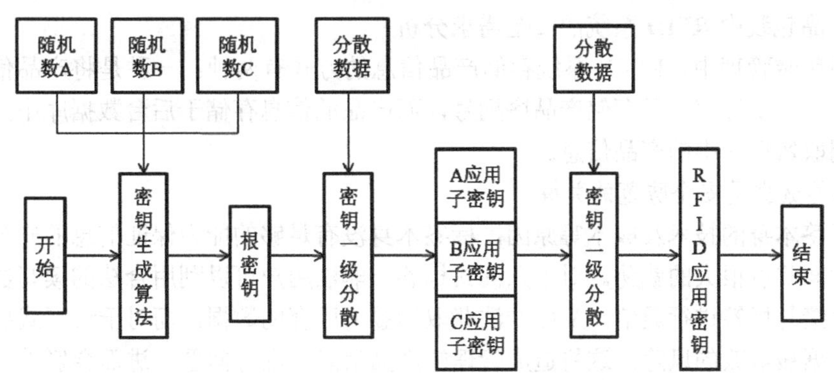

图11-5 RFID 应用系统广泛采用的加密算法

如果采用了这种“一卡一密”的管理方式，前面破解的电子标签芯片，也只是破解了一张 RFID 电子标签的密钥而已，并不代表可以破解整个应用系统的密钥，系统还是安全的。

目前在金融领域，电子标签的金融消费不仅采用了专用交易流程限制，而且在认证安全方面又使用了 PKI 体系的静态认证、动态认证和混合认证，安全性能又提高了一个等级。

所以有理由认为，电子标签自身的安全设计虽有不足，但完善的 RFID 应用系统可以弥补并保证电子标签安全地运行。电子标签只是信息媒介，在电子标签自有的安全设置基础上，再加上应用系统更高级别的安全设计，可以使电子标签的安全无懈可击。

11.3.3　RFID 安全策略举例

随着 RFID 技术的推广，RFID 信息安全问题在产品包装领域逐渐受到关注，其中涉及产品包装在储存、运输和使用中的安全。这些安全问题直接关系到产品信息的可靠性，从而影响到整个物流环节的正常运行。在产品包装领域，标签数据、读写器、通信链路、中间件和后端应用等方面都需要考虑信息安全问题。根据产品包装的安全要求，可以采用屏蔽、物理手段、专有协议和认证等多种安全策略。

(1)　产品包装中的 RFID 技术

在产品包装领域，RFID 标签正逐渐取代传统的产品卡片和装箱单，成为商品信息的真正载体。产品包装中的 RFID 技术涉及如下几个方面。

- 在 RFID 产品包装管理中，首先需要对产品按照某种规则编制标签，实现对标签的识别，完成产品与标签之间信息的映射转化。
- 在接收产品时，将相关的产品信息从电子标签中读出，并输入到物流信息管理系统进行相关业务的处理。
- 在发放产品时，将发放产品的相关信息写入标签中。保管员通过读写器对标签的内容进行修改，输入新的数据，并将信息反馈到管理计算机，以便及时更改账目。
- 在运输途中，可以采集 RFID 标签中的信息，并上传相关数据到数据中心，以便物流信息管理系统实时掌握商品的信息。
- 在应急物流的情况下，对电子标签中的数据进行读写，达到对产品管理、查找、统计和盘点的目的。

(2)　产品包装中 RFID 系统的安全需求分析

在产品包装管理中，RFID 系统存储产品信息的方式有两种：一种是将产品信息直接写入标签；另一种是标签中只存储产品序列号，而产品的信息存储于后台数据库中，通过读取序列号来调取数据库中的产品信息。

- 标签数据是安全防范的关键

由于标签本身的技术及成本等原因，标签本身没有足够的能力保证信息的安全，标签信息的安全性面临着很大的威胁。对于只读式标签，非法用户可以利用合法的读写器或自购的读写器，直接与标签进行通信，从而非法获取标签内所存的数据。而对于读写式标签，标签还面临着数据被篡改的风险，这将造成管理中产品信息混乱等问题，进而会影响到整个物流链的数据准确性。

标签数据的安全性包括数据溢出、数据复制和虚假事件等问题。数据溢出是因进入阅读区的标签太多，或者由中间件缓存的 RFID 事件太多而又集中向后台发送而引起的数据碰撞；数据复制是指复制标签所造成的数据虚假，例如，对已经失去时效的标签再次复制并读取等；虚假事件是指标签的数据被非法篡改。在上述标签数据的安全中，数据复制和虚假事件是安全防范的关键。

- 读写器安全是安全问题的主要方面

来自读写器的安全威胁主要有 3 个方面，分别是物理攻击、修改配置文件和窃听交换数据。读写器如果受到上面所述的安全攻击，产品的信息就可能被物流系统之外的人员窃取，从而导致产品信息的泄露。

物理攻击：攻击者可以通过物理方式侦测或者修改读写器。

修改配置文件：攻击者可以通过修改配置文件，使得读写器误报标签产生的事件，或者将标签产生的事件报告给未经授权的应用程序。

窃听与交换数据：攻击者可以通过窃听、修改和干扰读写器与应用程序之间的数据，窃听交换产品数据，并伪装成合法的读写器或服务器，来修改数据或插入噪声中断通信。

- 通信链路是安全防范的薄弱环节

当标签传输数据给读写器，或者读写器质询标签的时候，其数据通信链路是无线通信链路，由于无线信号本身是开放的，这就给非法用户的侦听带来了方便。非法侦听的常用方法如下，这些破坏方式使产品的信息面临着安全威胁，甚至会破坏 RFID 系统信息的正确传输。

黑客非法截取通信数据：即通过非授权的读写器截取数据，或根据 RFID 前后向信道的不对称远距离窃听标签的信息等。

拒绝服务攻击：即非法用户通过发射干扰信号来堵塞通信链路，使得读写器过载，无法接收正常的标签数据。

假冒标签：利用假冒标签向读写器发送数据，使得读卡器处理的都是虚假数据，而真实的数据则被隐藏。

破坏标签：通过发射特定的电磁波，破坏标签。

- 中间件与后端安全不容忽视

RFID 系统的中间件与后台应用系统的安全属于传统的信息安全范畴，是网络与计算机数据的安全。如果说前端系统相当于产品包装管理的前沿阵地，那么中间件与后端就相当于这个体系的指挥部，所有产品的数据都由这个部分搜集、存储和调配。在这个过程中，中间件承担了所有信息的发送与接收任务，在中间件发挥职能的每个环节，都存在着被攻击的可能性，具体攻击会以数据欺骗、数据回放、数据插入或数据溢出等手段进行。这一环节一旦遭到攻击，整个产品识别系统将面临瘫痪的危险。

(3) 产品包装中 RFID 系统的安全策略

RFID 系统在数据标签、读写器、通信链路、中间件及后端等环节都存在着各种安全隐患，为保证 RFID 在产品包装应用中的正常、有效运转，解决 RFID 系统存在的诸多安全问题就变得尤为重要。

- 屏蔽和锁定标签

解决标签本身安全的手段之一就是屏蔽。在不需要阅读和通信的时候，屏蔽对标签是一

个主要的保护手段，特别是对包含有敏感数据的标签包装。借助屏蔽设备屏蔽标签，标签被屏蔽之后，也同时丧失了 RF 的特征。可以在需要通信的时候，解除对标签的屏蔽。

解决标签本身安全的另一种方法是标签锁定。锁定是使用一个特殊的、被称为锁定者的 RFID 标签，来模拟无穷标签的一个子集，这样可以阻止非授权的读写器读取标签的子集。锁定标签可以防止其他读写器读取和跟踪附近的标签，而在需要的时候，则可以取消这种阻止，使标签得以重新生效。

屏蔽和锁定标签这两种方法，理论上是最适合应用在产品包装管理中的，可以大大提高整个物流管理系统的安全系数。

- 采用编程和物理手段使 RFID 标签适时失效

方法之一是使用编程 Kill 命令，Kill 命令是用来在需要的时候使标签失效的命令。标签接收到这个 Kill 命令之后，便终止其功能，无法再发射和接收数据。屏蔽和杀死都可以使标签失效，但后者是永久的，特别是在应急条件下的产品分配，基于保护产品数据安全的目的，必须对使用过的产品进行杀死标签的处理。Kill 这种方式的最大缺点是影响到反向跟踪，比如多余产品的返回、损坏产品的维修和再分配等，因为标签已经无效，物流系统将不能再识别该数据，这将造成包装产品的浪费，尤其在集装箱循环系统等环境不适合使用。

方法之二是物理损坏。物理损坏是指使用物理手段彻底销毁标签，并且不必像杀死命令一样担心标签是否失效。但是对一些嵌入的、难以接触的标签，物理损坏难以做到。

- 利用专有通信协议实现敏感使用环境的安全

专有通信协议有不同的工作方式，如限制标签和读写器之间的通信距离。可以采用不同的工作频率、天线设计、标签技术和读写器技术，限制两者之间的通信距离，降低非法接近和阅读标签的风险。这种方法涉及非公有的通信协议和加解密方案，基于完善的通信协议和编码方案，可实现较高等级的安全。

在物流包装环境要求安全条件较高、高度安全敏感和互操作性不强的情况下，实现专有通信协议是有效的。但是，这种方法不能完全解决数据传输的风险，而且可能还会损害系统的共享性，影响 RFID 系统与其他标准系统之间的数据共享能力。

- 引入认证和加密机制

使用各种认证和加密手段来确保标签和读写器之间的数据安全，使数据标签只可能与已授权的 RFID 读写器通信，确保网络上的所有读写器在传送信息给中间件之前都必须通过验证，并且确保读写器和后端系统之间的数据流是加密的。但是这种方式的计算能力以及采用算法的强度受标签成本的影响，一般在高端 RFID 系统适宜采用这种方式加密。

- 利用传统安全技术解决中间件及后端的安全

在 RFID 读取器的后端是非常标准化的网络基础设施，因此 RFID 后端网络存在的安全问题，与其他网络是一样的。在读取器后端的网络中，可以借鉴现有的网络安全技术，确保物流信息的安全。

11.4　本章小结

RFID 的数据安全性主要表现为安全漏洞和个人隐私泄露。RFID 的安全问题主要来自两个方面：标签与后端系统之间的无线通信、标签成本的限制。RFID 系统面临的安全攻击包括电子标签面临的安全攻击、标签与读写器之间通信面临的安全攻击、读写器中数据面临的安全攻击和主机系统面临的安全攻击。RFID 系统的安全解决策略有物理安全机制和逻辑安全机制，其中逻辑安全机制与密码学密切相关，有基于加密算法、基于相互对称鉴别和基于 Hash 函数等多种方案可供选择。RFID 标签的安全设计与标签的分类密切相关，存储型标签的安全等级最低，逻辑加密型标签的安全等级居中，CPU 型标签的安全等级最高。

11.5 思考与练习

11.1 举例说明 RFID 存在的安全问题。

11.2 举例说明 RFID 存在的隐私问题。

11.3 RFID 系统面临哪些安全攻击？RFID 系统的安全需求是什么？

11.4 什么是 RFID 物理安全机制？具体可以采用哪些方法？

11.5 为什么说逻辑安全机制与密码学密切相关？简述加密模型的构成，解释密钥的概念。什么是密码体制中的公钥密码和单钥密码？

11.6 有哪些比较典型的加密算法？说明 DES 加密算法的数据处理流程。

11.7 什么是基于共享秘密和相互对称鉴别的安全机制？

11.8 什么是哈希函数？什么是 RFID 的 Hash 锁协议？

11.9 什么是消息认证和数据加密？为什么 RFID 的数据安全性需要解决这两个方面的问题？

11.10 简述存储型、逻辑加密型和 CPU 型电子标签的安全设计方法。

11.11 MIFARE 卡有几种类型？分别采用哪种认证流程和加密方法？

11.12 以产品包装领域为例，说明 RFID 安全的实施策略。

第 5 篇　物联网 RFID 体系标准

内容导读

第 5 篇“物联网 RFID 体系标准”共有 4 章内容，介绍了标签和读写器的体系结构，并介绍了物联网 RFID 中间件和标准体系。

- 第 12 章“标签的体系结构”介绍了各种类型标签的基本构成。标签是携带物品信息的数据载体，这个数据载体可以利用物理效应构成，也可以由电子电路构成。
- 第 13 章“读写器的体系结构”介绍了不同工作频率读写器的基本构成。读写器是读取或写入标签信息的设备，读写器还通过通信接口与系统高层进行通信。
- 第 14 章“物联网 RFID 中间件”介绍了中间件的概念和作用，并介绍了中间件的结构和实例。中间件可以解决物联网 RFID 分布异构的问题，中间件是物联网 RFID 部署与运作的中枢。
- 第 15 章“物联网 RFID 标准体系”介绍了全球 5 大 RFID 标准组织，并介绍了物联网 RFID 标准体系构成和标准汇总表。

第12章　标签的体系结构

标签是携带物品信息的数据载体。根据工作原理的不同，标签这个数据载体可以划分为两大类：一类是利用物理效应进行工作的数据载体，另一类是以电子电路为理论基础的数据载体。标签的体系结构如图 12-1 所示。当标签利用物理效应进行工作时，属于无芯片的标签，这种类型的标签主要有“一位电子标签”和“声表面波标签”两种结构。当标签以电子电路为理论基础进行工作时，属于有芯片的电子标签，这种类型的电子标签主要分为具有存储功能的电子标签和含有微处理器的电子标签两种结构。

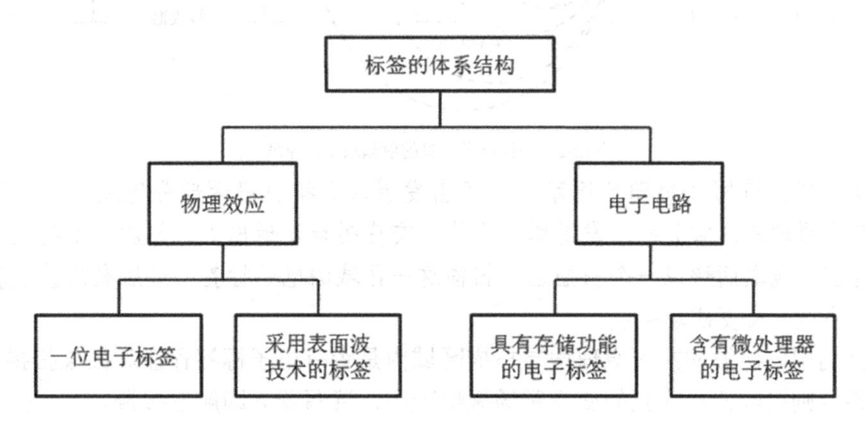

图12-1　标签的体系结构

本章首先介绍一位电子标签，其次介绍声表面波标签，然后介绍含有芯片的电子标签的一般结构，最后介绍具有存储功能的电子标签和含有微处理器的电子标签。

12.1　一位电子标签

一位系统的数据量为一位，当电子标签是一位（1bit）时，电子标签只有“1”和“0”的状态。该系统读写器只能发出两种状态，这两种状态分别是“在读写器的工作区有电子标签”和“在读写器的工作区没有电子标签”。一位电子标签是最早商用的电子标签，这种电子标签出现在上世纪 60 年代，主要应用在商店的防盗系统（EAS）中，该系统读写器通常放在商店的门口，电子标签附在商品上，当商品通过商店门口时系统就报警。

一位电子标签不需要芯片，可以采用射频法、微波法、分频法、电磁法和声磁法等多种方法进行工作。下面以射频法为例，介绍一位电子标签的工作原理。

(1)　射频法系统的工作原理

射频法工作系统由电子标签、读写器（检测器）和去激活器 3 部分组成。电子标签采用 L-C 振荡电路进行工作，振荡电路将频率调谐到某一振荡频率 f_R 上。读写器由发射器和接收器两部分组成。读写器的发射器部分的天线发出某一频率 f_G 的交变磁场，当交变磁场的频率 f_G 与电子标签的谐振频率 f_R 相同时，电子标签的振荡电路产生谐振，同时振荡电路中的电流对外部的交变磁场产生反作用，并导致交变磁场振幅减小。读写器的接收器部分的天线如果检测到交变磁场减小，就将报警。当电子标签使用完毕后，用“去激活器”将电子标签销毁。一位电子标签的射频法工作原理如图 12-2 所示。

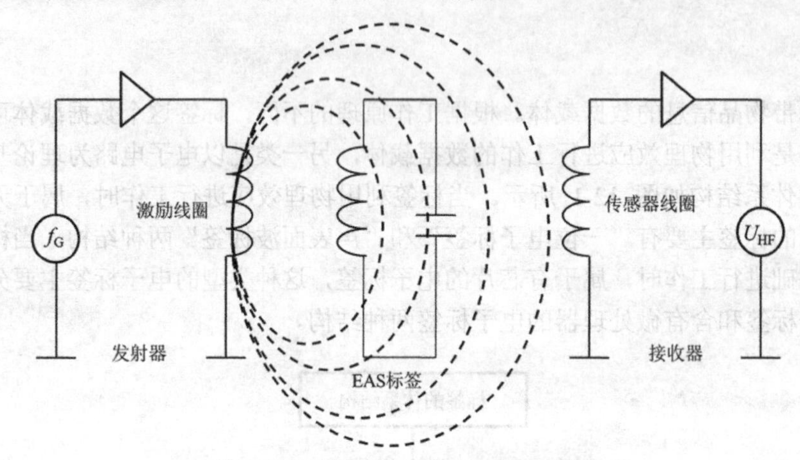

图12-2　一位电子标签的射频法工作原理

- 读写器。读写器也即检测器，一般由发射器和接收器两部分组成。读写器的工作原理是：首先利用发射器天线将一交变磁场发射出去；其次在发射天线和接收天线之间形成一个扫描区，扫描这一区域的电子标签；最后利用接收器天线将这一交变磁场接收。

读写器利用电磁波的共振原理搜寻扫描区域内是否有电子标签存在。如果扫描区域内出现电子标签，则接收器接收到的交变磁场振幅减小，读写器立即触发报警。

- 电子标签。电子标签的内部是一个 LC 结构的振荡回路。电子标签安装在商品上，目前市场上的电子标签有软标签和硬标签。软标签成本较低，直接粘附在较“硬”的商品上，但软标签不可以重复使用。硬标签一次性成本较软标签高，但可以重复使用。硬标签必须配备专门的取钉器，多用于服装类柔软的、易穿透的物品。
- 去激活器。去激活器能够产生足够强的磁场，该磁场可以将电子标签中的薄膜电容破坏，使电子标签内的 LC 结构失效。去激活器也经常被开锁器或解码器替代，开锁器是将硬标签取下的装置，解码器是使软标签失效的装置。

(2)　电子商品防窃系统简介

现今电子商品防盗系统（Electronic Article Surveillance，EAS）在零售商业系统的应用越来越广泛，它是一种使零售商业减少开架售货时商品失窃的电子防盗产品。实际上，EAS 系统是单比特射频识别系统，因为只有两个状态，所以只能显示商品的存在与否，不能显示是什么商品。EAS 系统防盗检测的步骤如下。

- 将防盗标签附着在商品上。
- 在商场出口通道或收银通道处安装检测器。
- 付款后的商品经过专用解码器使标签解码失效或开锁取下标签。

- 未付款商品（附着标签）经过出口时，门道检测器测出标签并发出警报。

如果将未经解码的商品带离商场，读写器（检测器）会触发报警，提醒收银人员、顾客和商场保安人员及时处理。EAS 商品防盗系统不会像监控系统那样让顾客有不自在的感觉，而且还起到了威慑的作用。一般来说，射频 EAS 系统价格比较便宜。

12.2 采用声表面波技术的标签

声表面波（Surface Acoustic Wave，SAW）是传播于压电晶体表面的机械波。利用 SAW 技术制造标签始于 20 世纪 80 年代，近年来对 SAW 标签的研究已经成为一个热点。SAW 标签不需要芯片，它应用了电子学、声学、雷达、半导体平面技术及信号处理技术，是有别于 IC 芯片的另一种新型标签。

12.2.1 声表面波的形成及计算

(1) 声表面波的形成

如果将电压加在压电晶体上，例如加在石英（SiO_2）或铌酸锂（$LiNbO_3$）上，压电效应会在晶格中形成机械畸变，利用这种效应可以产生符合需要的表面波。

把大约 0.1μm 厚的铝片构成的电极作为电声转换器，安放在压电晶体的抛光表面上，当电声转换器加上交流电压时，声表面波传播到晶体表面上，同时晶格中的偏移随着深度的增加按指数下降。因此，耦合的声功率的最大部分集中在薄薄的大约一个波长的晶体表面层中，形成了声表面波。声表面波在高精度抛光的基衬表面上传播时，几乎是不衰减的，而且是不分散的，传播速度为 3000m/s～4000m/s。有效的电声转换器是指状电极结构，即手指互相交叉的结构。每 2 个互相交叉的指状电极构成一个叉指换能器（IDT），如图 12-3 所示。IDT 的指状电极上的交流电压由于压电效应可在晶格中产生表面波；相反地，入射的表面波在 IDT 的指状电极上可产生频率相同的交流电压。

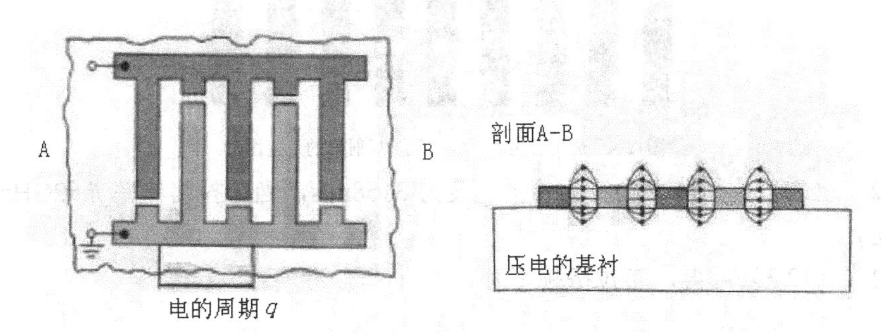

图12-3 叉指换能器的结构

在图 12-3 中，极性相同的两个手指之间的距离为 IDT 的电的周期 q。在中心频率 f_0 时，电声相互作用最大，这时声表面波的波长 λ_0 与电的周期 q 准确地相等，所有波的相位准确地重叠，出现最大的电声转换。声表面波的波长 λ_0 为

$$\lambda_0 = \frac{v}{f_0} = q \tag{12.1}$$

式（12.1）中，v 为声表面波的速度。IDT 的频带宽度与 IDT 长度有关，频带宽度为

$$B = \frac{2f_0}{N} \tag{12.2}$$

式（12.2）中，N 为手指的数量。

例 12.1　已知石英晶体表面波的传播速度为 3158m/s。计算：①在中心频率 f_0=2GHz 时，声表面波的波长 λ_0；②若出现最大的电声转换，IDT 的电的周期 q。

解　① 由式（12.1）可得，声表面波的波长为

$$\lambda_0 = \frac{v}{f_0} = \frac{3158}{2\times10^9} = 1.6\times10^{-6}\text{m} = 1.6\mu\text{m}$$

② 电声相互作用最大时，由式（12.1）可得 IDT 的电的周期为

$$q = \lambda_0 = 1.6\mu\text{m}$$

可以看出，当频率为 GHz 时，IDT 的尺寸为微米级。

(2)　声表面波的反射

如果声表面波遇到机械的或电的不连续表面，则表面波的一部分将被反射。自由表面与金属化表面之间的过渡就是这样的不连续。因此，可以用周期配置的反射条作为反射器，如图 12-4 所示。两个相邻反射条之间的距离为反射条的周期 p，如果反射条的周期 p 与半波长相等，则所有反射叠加起来的相位是相同的。因此，反射率达到最大值时的频率 f_B 为

$$f_B = \frac{v}{2p} \tag{12.3}$$

式（12.3）中，f_B 称为布拉格（Bragg）频率。

图12-4　适用于声表面波的简单反射器的几何图形

例 12.2　已知石英晶体表面波的传播速度为 3158m/s，当布拉格频率 f_B=2GHz 时，求反射条的周期 p。

解　由式（12.3）可得，布拉格频率为

$$f_B = \frac{v}{2p}$$

周期为

$$p = \frac{v}{2f_B} = \frac{3158}{2\times2\times10^9} = 0.79\times10^{-6}\text{m} = 0.79\mu\text{m}$$

可以看出，当频率为 GHz 时，反射器的尺寸也为微米级。

12.2.2 声表面波器件概述和特点

(1) 声表面波器件概述

声表面波（SAW）器件是近代声学中的表面波理论、压电学研究成果和微电子技术有机结合的产物。SAW 是在压电固体材料表面产生和传播的弹性波，SAW 与沿固体介质内部传播的体声波（BAW）比较有两个显著特点：其一是能量密度高，其中约 90%的能量集中于厚度等于一个波长的表面薄层中；其二是传播速度慢，传播衰耗很小。根据这两个特性可以研制出具有不同功能的 SAW 器件，而且这些不同类型的无源器件既薄又轻。

SAW 器件主要由具有压电特性的基底材料和在该材料的抛光面上制作的 IDT 组成。IDT 是由相互交错的金属薄膜构成的，IDT 叉指状金属薄膜电极可以借助半导体平面工艺技术制作。IDT 的金属条电极是铝膜或金膜，通常用蒸发镀膜设备镀膜，并采用光刻方法制出所需图形。压电基底材料兼作传声介质和电声换能材料。如果在 IDT 电极的两端加入高频电信号，压电材料的表面就会产生机械振动，同时激发出与外加电信号频率相同的表面声波。这种表面声波会沿基板材料表面传播，如果在 SAW 的传播途径上再制作另外一对 IDT 电极，则可将 SAW 检测出来，并使其转换成电信号。典型的 SAW 器件的结构原理图如图 12-5 所示，电信号通过叉指发射换能器转换成声信号（SAW），在介质中传播一定距离后到达叉指接收换能器，又转换成电信号，从而得到对输入电信号模拟处理的输出电信号。

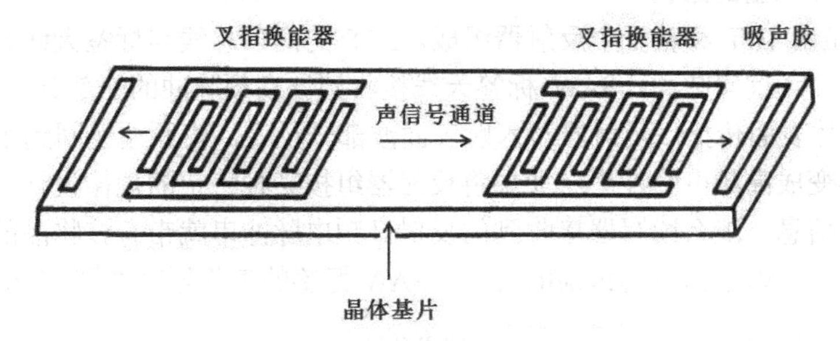

图12-5 典型的 SAW 器件结构原理图

SAW 器件有多种类型，目前已发展到包括 SAW 滤波器、谐振器、延迟线、相关器、卷积器、移相器和存储器等在内的 100 余个品种。SAW 器件是在压电基片上采用微电子工艺技术制作各种声表面波器件。SAW 器件可以实现电—声—电的变换过程，并完成对电信号的处理过程，以获得各种用途的器件。

(2) 声表面波器件特点

- 实现器件的超小型化。SAW 具有极低的传播速度，比相应电磁波的传播速度（3×10^8m/s）小 10^5 倍，因此具有极短的波长。在超高频和微波频段，电磁波器件的尺寸是与波长同量级的。同理，作为 SAW 器件，它的尺寸也是与声波波长同量级的。因此，在同一频段上，SAW 器件的尺寸比相应电磁波器件的尺寸减小了很多，重量也随之大为减轻。
- 实现器件的优越性能。SAW 是沿固体表面传播，加上传播的速度极慢，这使得时变信号在给定瞬时可以完全呈现在晶体基片表面上。因此，当信号在器件的输入端和输出端之间行进时，可以方便地对信号进行取样和变换。这使它能

以非常简单的方式去完成其他技术难以完成或完成起来过于繁重的各种功能。SAW 器件的上述特性，使其可以完成脉冲信号的压缩和展宽、编码和译码以及信号的相关和卷积等多种功能。在很多情况下，SAW 器件的性能远远超过了最好的电磁波器件所能达到的水平。例如，用 SAW 器件可以制成时间—带宽乘积大于 5000 的脉冲压缩滤波器，在 UHF 频段内可以制成 Q 值超过 50000 的谐振腔，以及可以制成带外抑制达 70dB 的带通滤波器。

- 易于工业化生产。由于 SAW 器件是在单晶材料上用半导体平面工艺制作的，所以它具有很好的一致性和重复性，易于大量生产。
- 性能稳定。当使用某些单晶材料或复合材料时，SAW 器件具有极高的温度稳定性。SAW 器件的抗辐射能力强，动态范围很大，可达 100dB。这是因为它利用的是晶体表面的弹性波，不涉及电子的迁移过程。

12.2.3　声表面波标签

随着加工工艺的飞速发展，SAW 器件的工作频率已覆盖 10MHz～2.5GHz，SAW 器件已成为现代信息产业不可或缺的关键元件。SAW 标签目前的工作频率主要为 2.45GHz 和 433MHz，这种标签是无源的，抗电磁干扰能力强，是对基于集成电路技术的标签的补充。

(1)　声表面波标签的结构

SAW 标签是由 IDT 和若干个反射器组成，IDT 的两条总线与标签天线相连接。读写器天线周期地发送高频询问脉冲，SAW 标签天线接收到该高频脉冲的一部分，并通过 IDT 转变成 SAW 在晶体表面传播。反射器对入射表面波部分反射，表面波返回到 IDT，IDT 又将反射声脉冲串转变成高频电脉冲串。如果将反射器组按某种特定的规律设计，使其反射信号表示规定的编码信息，那么读写器接收到的反射高频电脉冲串就带有该物品的特定编码。再通过解调与处理，可以达到自动识别的目的。SAW 标签的工作原理如图 12-6 所示。

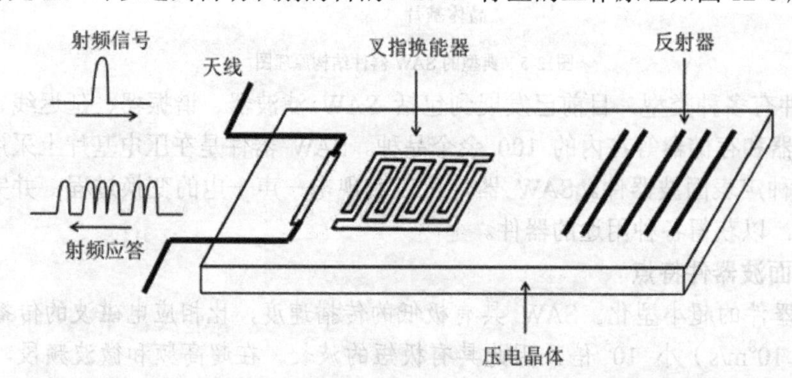

图12-6　声表面波标签的工作原理

由于 SAW 的传播速度很低，最初的应答脉冲在经过几微秒的延迟时间后才回到读写器。这期间，来自读写器周围的干扰反射已衰减，不会对 SAW 标签的应答脉冲产生干扰。来自读写器周围 100m 内的干扰反射会在 0.66μs（2×100m 的传播距离）后开始衰减。在某种基衬上的表面波（速度为 3030m/s）在这段时间内恰好再一次返回 2mm，正好到达基衬上的首个发射器。因此，表面波标签的这种构造形式被称为“反射延迟线路”。

例 12.3 读写器发出的信号会被周围环境反射，从而造成干扰。试计算：①对于读写器周围 100m 内的反射干扰，会在多长时间内反射回读写器；②若在 SAW 标签的基衬上的表面波速度为 3030m/s，SAW 标签上 IDT 与反射器的距离为 1mm，读写器发出的信号会在 SAW 标签上的最少时间；③若读写器与 SAW 标签的距离为 2m，读写器获取 SAW 标签信息的时间，以及读写器每秒可以读取 SAW 标签数据的次数。

解 ① 电磁波在空气中的传播速度为 3×10^8m/s。读写器被反射干扰的电磁波传播距离为 2×100m，这段距离的电磁波传播时间为

$$t=\frac{l}{c}=\frac{2\times100}{3\times10^8}=0.66\times10^{-6}\text{s}=0.66\mu\text{s}$$

② 反射器是由多个反射条构成，电磁波在 SAW 标签上的传播距离最少为 2×1mm，这段距离的表面波传播时间最少为

$$t=\frac{l}{v}=\frac{2\times0.001}{3030}=0.66\times10^{-6}\text{s}=0.66\mu\text{s}$$

可以看出，读写器周围 100m 之内的反射不会对 SAW 标签的应答信号产生干扰。

③ 读写器获取 SAW 标签信息的时间分为 2 段，一段是在空气中传播 2×2m 距离所用的时间，另一段是在 SAW 标签上最少传播 2×1mm 距离所用的时间。读写器获取 SAW 标签信息的时间为

$$t=t_1+t_2=\frac{l_1}{c}+\frac{l_2}{v}=\frac{2\times2}{3\times10^8}+\frac{2\times0.001}{3030}=0.67\times10^{-6}\text{s}=0.67\mu\text{s}$$

读写器每秒可以读取 SAW 标签数据的次数 N 为

$$N=\frac{1}{t}=\frac{1}{0.67\times10^{-6}}=1.49\times10^6$$

可以看出，读写器每秒可以读取几十万次 SAW 标签的数据。

(2) 声表面波标签的使用和频段

SAW 标签识别系统与集成电路 RFID 的使用方法是基本一致的，也就是将 SAW 标签安装在被识别的对象物上。当带有标签的被识别对象物进入读写器的有效阅读范围时，读写器自动侦测到标签的存在，向标签发送指令，并接收从标签返回的信息，从而完成对物体的自动识别。

SAW 标签经常使用的声表面波基衬材料的性能参数见表 12-1。

表 12-1 声表面波基衬材料的性能参数

材料	速度 v（m/s）	433MHz 时的衰减（dB/μs）	2.45GHz 时的衰减（dB/μs）
石英（SiO_2）	3158	0.75	18.6
铌酸锂（$LiNbO_3$）	3488	0.25	5.8
钽酸锂（$LiTaO_3$）	4112	1.35	20.9

SAW 标签目前使用的工作频率主要为 2.45GHz 和 433MHz，在 2.45GHz 和 433MHz 频率用于估算 SAW 标签作用距离的系统参数见表 12-2。

表 12-2　2.45GHz 和 433MHz 时估算 SAW 标签作用距离的系统参数

参数名称	433MHz 的参数值	2.45GHz 的参数值
发送功率	14dBm	
发送器天线的增益	0dB	
应答器天线的增益	-3dB	0dB
波长	70cm	12cm
接收器（读写器）的噪声系数	12 dB	
信噪比（所需的信号/无障碍数据检测的干扰）	20dB	
插入衰减（表面波应答信号在返回通道中的衰减）	35dB	40dB
接收天线的噪声温度	300K	

(3)　声表面波标签的特点

- 读取范围大且可靠，读取范围可达数米。
- 可使用在金属和液体产品上。
- 标签芯片与天线匹配简单，制作工艺成本低。
- 不仅能识别静止物体，而且能识别速度达 300 千米/小时的高速运动物体。
- 可在高温度差（-100℃～300℃）、强电磁干扰等恶劣环境下使用。

12.2.4　声表面波技术的发展方向

早期的 SAW 器件主要应用于视听类电子产品，例如应用在电视、遥控和报警系统中。随着移动通信和物联网的发展，SAW 器件的市场主体发生了重大转移，目前在手机和 RFID 中 SAW 器件都有应用。SAW 技术的发展方向如下。

(1)　提高工作频率

对于 SAW 器件，当压电基材选定之后，其工作频率则由 IDT 指条宽度决定。IDT 指条越窄，频率越高。目前 0.5μm 级的半导体工艺已是较普通的技术，该尺寸的 IDT 指条能制作出 1500MHz 的 SAW 滤波器。利用 0.35μm 级的光刻工艺，能制作出 2GHz 的器件。借助于 0.2μm 级的精细加工技术，2.5GHz 的 SAW 器件已实现大批量生产。目前，3GHz 的 SAW 器件开始进入实用化。

(2)　微型化、片式化、组合化

SAW 器件微型化、片式化和轻便化是对通信产品提出的基本要求。SAW 器件的 IDT 电极条宽度通常是按照 SAW 波长的 1/4 来进行设计的。对于工作在 1GHz 的器件，若设 SAW 的传播速度是 4000m/s，波长仅为 4μm，在 0.4mm 的距离中能够容纳 100 条 1μm（1/4 波长）宽的电极。故 SAW 器件芯片可以做得非常小，便于实现超小型化。例如，日本富士通公司推出的 SAW 滤波器，尺寸仅为 2.5mm×2.0mm×1.2mm。

将不同功能的 SAW 器件封装在一起形成组合型器件，同样是减小 PCB 面积的一个途径。例如，用于 800MHz 的 SAW 滤波器，就内装了两个滤波器，其中一个是 810MHz～830MHz 的低频带滤波器，另一个是 870MHz～885MHz 的高频带滤波器，尺寸为 3mm×3mm。这种组合型器件，能提供 3dB 的插入损耗和 45dB 的带外衰减。像 SAW 滤波器这类器件在通信中应用得很好，是压电陶瓷滤波器和单片晶体滤波器望尘莫及的。

(3) 降低插入损耗

SAW 滤波器以往存在的最突出问题是插入损耗大，一般不低于 15dB。为满足通信系统的要求，通过开发高性能的压电材料和改进 IDT 设计，已经使器件的插入损耗降低到 4dB 以下，而且有些产品甚至降至 1dB。

(4) 宽带化

由于通信系统不断更新换代，要求 SAW 滤波器宽带化。为使 SAW 滤波器实现宽带化和低损耗化，必须在 IDT 电极结构设计上不断创新。

(5) 提升耐电力特性

在耐电力特性和插入损耗要求非常严格的场合，移动终端的发送/接收（TX/RX）天线转换开关有时要承受约 1W 的发送电力。随着 SAW 滤波器性能的提高，该器件的应用领域不断拓展，也少不了这种 SAW 天线转换开关器件。SAW 天线转换开关器件不仅需要具有超低的插入损耗特性，而且需要提高传输的功率容限。

12.3 含有芯片的电子标签

含有芯片的电子标签是以集成电路芯片为基础的电子数据载体，这也是目前使用最多的标签形式。含有芯片的电子标签基本由天线、射频前端（模拟前端）和控制电路 3 部分组成，如图 12-7 所示。电子标签天线接收从读写器发出的信号，该信号通过射频前端（模拟前端）电路进入电子标签的控制电路。其中，射频前端主要分为电感耦合和电磁反向散射两种类型，控制电路主要分为具有存储功能和含有微处理器两种类型。

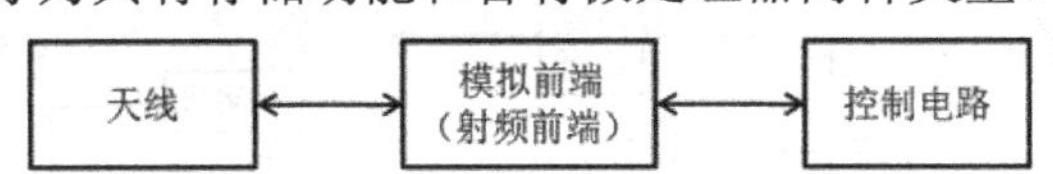

图12-7 含有芯片的电子标签的结构框图

12.3.1 电感耦合标签的基本功能模块

当工作在低频和高频频段，电子标签采用电感耦合的工作方式。当标签进入读写器的磁场区域后，标签的线圈天线与读写器的线圈天线产生电感耦合，于是标签的线圈天线产生交变电压。电子标签的天线和射频前端的功能模块如图 12-8 所示，说明如下。

(1) 电子标签获得能量

电子标签线圈天线产生的交变电压通过整流、滤波和稳压后，给电子标签的芯片提供所需的直流电压 Vcc。RFID 电感耦合系统的电子标签主要是无源的，电子标签通过这种方式获得的能量可以使标签开始工作。

(2) 电子标签获得时钟

电子标签线圈天线产生的高频场的载波频率（如 13.56MHz）可视为时钟，可以进行分频，可产生电子标签内部的节拍信号。

(3) 电子标签获得数据

电子标签线圈天线接收到的高频调制信号通过解调器后，产生的数字式串行数据流

（数据输入）进入电子标签的控制电路。

(4)　电子标签的负载调制器

将副载波节拍信号传给开关，数字化的标签发送数据通过开关控制负载调制器，可以将电子标签的数据返回到读写器。

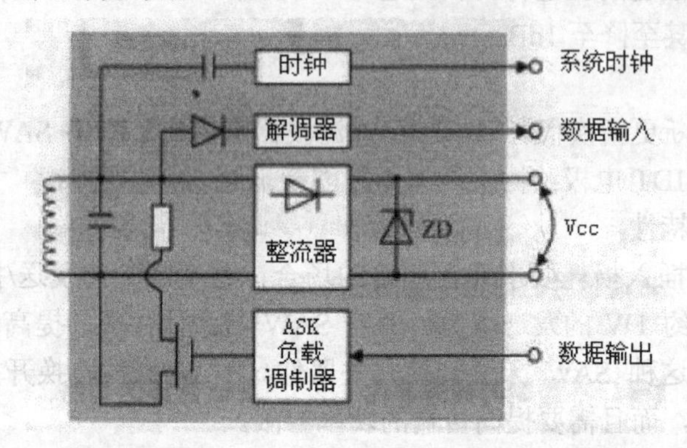

图12-8　电感耦合电子标签的天线和射频前端的功能模块

12.3.2　电磁反向散射标签的基本功能模块

在微波频段，电子标签采用电磁反向散射工作方式。电子标签的基本功能模块如图 12-9 所示，一般包括电源电路、时钟电路、解调器、解码器、编码器、控制器、存储器和负载调制电路等功能模块。

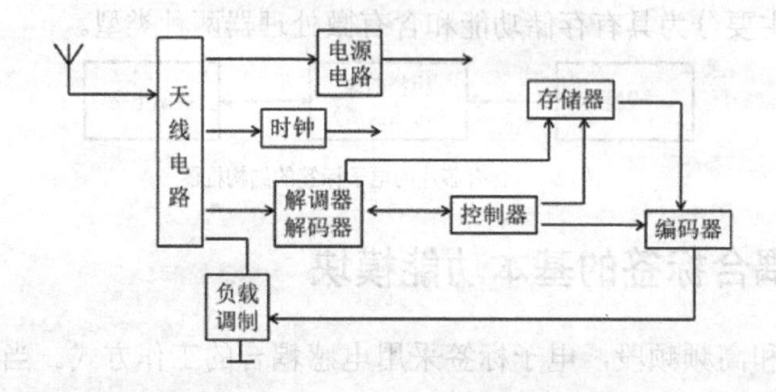

图12-9　电磁反向散射电子标签的基本功能模块

(1)　电子标签的电源电路

一般来说，电源电路的功能是将标签天线输入的射频信号整流为标签工作的直流能量。电子标签天线产生交变电压，整流稳压后作为芯片的直流电源，为芯片提供稳定的电压。设计电源电路时，需要综合考虑电子标签天线的匹配问题、功率和电压的效率问题、数据调制的兼容性问题和电路结构复杂度问题。

(2)　电子标签的时钟电路

时钟电路提供时钟信号。电子标签天线获取载波信号，频率经过分频后可以作为电子标签编解码器、存储器和控制器的时钟信号。

(3)　电子标签数据输入和输出模块

从读写器传送到电子标签的信息包括给电子标签下达的命令和传送的数据两部分。命令

部分通过解调、解码电路送至控制器，控制器实现命令所规定的操作；数据部分经解调、解码后，在控制器管理下写入电子标签的存储器。电子标签到读写器的数据在控制器的管理下从存储器输出，经编码器、负载调制电路输出到电子标签天线，再由天线发射给读写器。

(4) 电子标签的存储器

电子标签存储器主要分为只读标签存储器、一次写入只读标签存储器、可读写标签存储器 3 种类型。

(5) 电子标签的负载调制模块

读写器天线发射功率 P_1，P_1 的一部分（P_1'）经自由空间到达电子标签天线。P_1'的一部分（P_2）被电子标签天线反射，P_2 的一部分经自由空间返回读写器。在上述过程中，电子标签天线的反射功能受连接到天线的负载影响，可以采用负载调制的方法实现反射调制。反射功率 P_2 是振幅调制信号，振幅调制中包含了存储在电子标签中的识别数据信息。

(6) 电子标签的天线

电子标签相当于一个无线收发信机，这个收发信机输出射频信号，然后由电子标签天线以电磁波的形式辐射出去。这个收发信机接收的射频信号也由这个电子标签天线接收下来。可以看出，天线是电子标签发射和接收无线信号的装置。

12.3.3 控制部分的电路结构

控制部分的电路基本分为两类，一类是具有存储功能，但不含微处理器的电子标签，另一类是含有微处理器的电子标签。

(1) 具有存储功能的电子标签

具有存储功能的电子标签的控制部分主要由地址和安全逻辑、存储器两部分组成。这种电子标签的主要特点是利用状态自动机在芯片上实现寻址和安全逻辑。具有存储功能的电子标签的控制部分的电路框图如图 12-10 所示。

- 地址和安全逻辑。这是数据载体的心脏，控制着芯片上的所有过程。
- 存储器。该存储器用于存储数据，如序列号等。

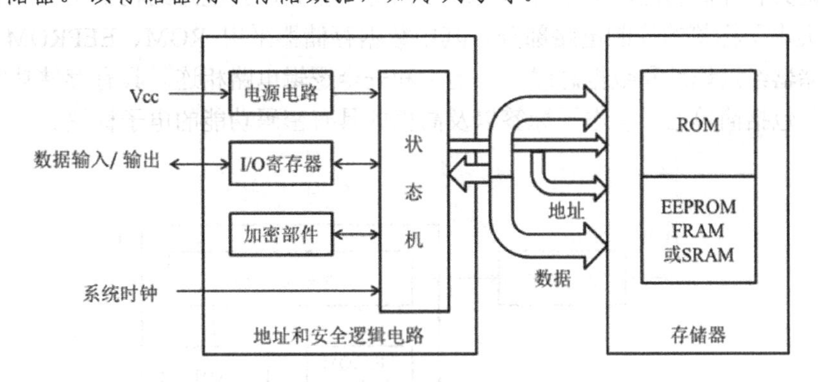

图12-10 具有存储功能电子标签的控制部分电路框图

(2) 含有微处理器的电子标签

含有微处理器的电子标签的控制部分主要由微处理器、操作系统和存储器组成，电路结构如图 12-11 所示。

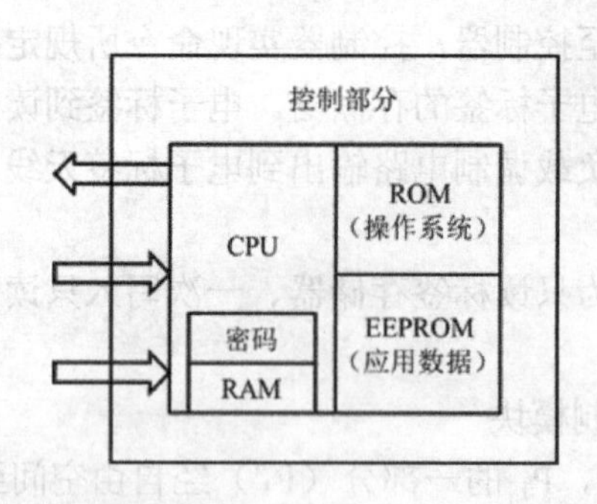

图12-11　含有微处理器电子标签的控制部分电路框图

- 微处理器。微处理器是芯片的核心，许多厂家还提供数字协处理器（密码部件），以高速执行加密过程的运算。微处理器是对内部数据进行处理，并对处理过程进行控制的部件。微处理器用来控制电子标签的相关协议和指令，具有数据处理的功能。
- 操作系统。带有微处理器的电子标签包含有自己的操作系统。操作系统的任务是对电子标签进行数据传输，对命令序列进行控制，对文件进行管理，以及执行加密算法。程序是以代码的形式写入 ROM 的，并在芯片生产阶段用光刻掩膜技术写入芯片（掩膜编程）。
- 存储器。存储器是记忆设备，用来存放程序和数据。数据存储器包含随机存取存储器（RAM）、只读存储器（ROM）、静态随机存取存储器（SRAM）、铁电存储器（FRAM）和电可擦写可编程只读存储器（EEPROM）等。其中，EEPROM 是非易失性的数据存储器，常用于存储电子标签的相关信息和数据，在没有供电的情况下数据不会丢失，存储时间可以长达十几年。

12.4　具有存储功能的电子标签

本节讨论具有存储功能，但不含微处理器的电子标签，其电路结构如图 12-12 所示。本节只讨论这类电子标签的控制电路部分，其中数据存储器采用 ROM、EEPROM 或 FRAM 等，数据存储器经过地址和数据总线，与地址和安全逻辑电路相连。具有存储功能的电子标签种类很多，包括简单的只读电子标签以及高档的具有密码功能的电子标签。

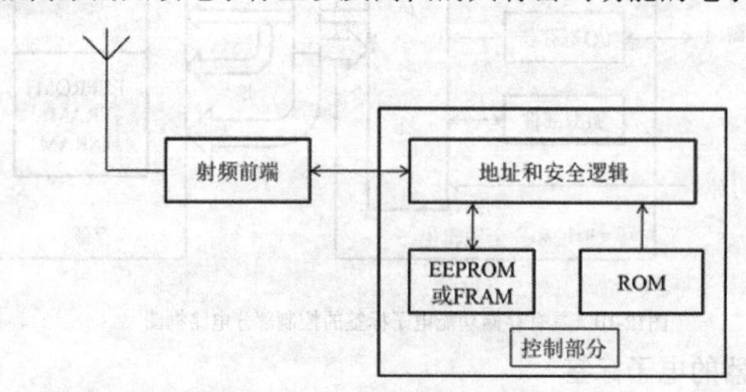

图12-12　具有存储功能电子标签的结构框图

12.4.1 地址和安全逻辑

这种电子标签没有微处理器，地址和安全逻辑是数据载体的心脏，通过状态机对所有的过程和状态进行控制。

(1) 地址和安全逻辑电路的构成

在图 12-10 中，地址和安全逻辑电路主要由电源电路、时钟电路、I/O 寄存器、加密部件和状态机构成。这几部分的功能分别如下。

- 电源电路。当电子标签进入读写器的工作区域后，电子标签获得能量，并将其转化为直流电源，使地址和安全逻辑电路处于规定的工作状态。
- 时钟电路。控制与系统同步所需的时钟经射频电路由高频场获得，然后被输送到地址和安全逻辑电路。
- I/O 寄存器。专用的 I/O 寄存器，用于同读写器进行数据交换。
- 加密部件。加密部件是可选的，用于数据的加密和密钥的管理。
- 状态机。地址和安全逻辑电路的核心是状态机，状态机对所有过程和状态进行控制。

(2) 状态机

状态机可以理解为一种装置，具有存储变量状态能力和执行逻辑操作能力，能采取某种操作来响应一个外部事件。具体采取的操作不仅取决于接收到的事件，还取决于各个事件的相对发生顺序。之所以能做到这一点，是因为该装置能跟踪一个内部状态，它会在收到事件后进行更新。这样一来，任何逻辑都可以建模成一系列事件与状态的组合。

在数字电路系统中，有限状态机是一种十分重要的时序逻辑电路模块，它对数字系统的设计具有十分重要的作用。有限状态机是指输出取决于过去输入部分和当前输入部分的时序逻辑电路。一般来说，除了输入和输出部分外，有限状态机还含有一组具有“记忆”功能的寄存器，这些寄存器的功能是记忆有限状态机的内部状态，它们常被称为状态寄存器。在有限状态机中，状态寄存器的下一个状态不仅与输入信号有关，还与该寄存器的当前状态有关，因此有限状态机又可以认为是寄存器逻辑和组合逻辑的一种组合。其中，寄存器逻辑的功能是存储有限状态机的内部状态；组合逻辑可以分为次态逻辑和输出逻辑两部分，次态逻辑的功能是确定有限状态机的下一个状态，输出逻辑的功能是确定有限状态机的输出。

状态机可归纳为 4 个要素，即现态、条件、动作和次态。这样的归纳，主要是出于对状态机的内在因果关系的考虑。具体如下。

- 现态。现态是指当前所处的状态。
- 条件。条件又称为“事件”。当一个条件被满足，将会触发一个动作，或者执行一次状态的迁移。
- 动作。条件满足后执行的动作。动作执行完毕后，可以迁移到新的状态，也可以仍旧保持原状态。动作不是必需的，当条件满足后也可以不执行动作，直接迁移到新状态。
- 次态。条件满足后要迁往的新状态。“次态”是相对于“现态”而言的，“次态”一旦被激活，就转变成新的“现态”了。

12.4.2　存储器

具有存储功能的电子标签种类很多，电子标签的档次与存储器的结构密切相关。具有存储功能的电子标签分为只读电子标签、一次性编程只读标签、可重复编程只读标签和可写入式标签等。其中，只读电子标签档次最低，可写入式电子标签档次较高。

(1)　只读电子标签

在识别过程中，内容只能读出不可写入的电子标签是只读型电子标签。只读型电子标签所具有的存储器是只读型存储器（Read Only Memory，ROM）。ROM 所存储的数据一般是装入整机前事先写好的，整机工作过程中只能读出。ROM 所存的数据稳定，断电后所存的数据也不会改变，其结构较简单，读出较方便，因而常用于存储各种固定的程序和数据。

当电子标签进入读写器的工作范围时，电子标签就开始输出它的特征标记，通常芯片厂家保证对每个电子标签赋予唯一的序列号。电子标签与读写器的通信只能在单方向上进行，即电子标签不断将自身的数据发送给读写器，但读写器不能将数据传输给电子标签。这种电子标签功能简单，因此这种电子标签的结构也较简单。

(2)　一次性编程只读标签

一次性编程只读标签可在应用前一次性编程写入，在识别过程中不可改写。一次性编程只读标签的存储器一般由 PROM 构成。

(3)　可重复编程只读标签

可重复编程只读标签的内容经擦除后可重复编程写入，但在识别过程中不可改写。可重复编程只读标签的存储器一般由 EEPROM 构成。

电可擦可编程只读存储器（Electrically Erasable Programmable Read-Only Memory，EEPROM）是一种掉电后数据不丢失的存储芯片，可以在电脑上或专用设备上擦除已有信息，重新编程。EEPROM 是电感耦合式电子标签主要采用的存贮器，EEPROM 的缺点是写入时功耗高，如果频繁重复编程，EEPROM 的寿命也是一个很重要的考虑参数。

(4)　可写入式电子标签

在识别过程中，内容既可以读出又可以写入的电子标签是可写入式电子标签。可写入式电子标签可以采用静态随机存储器（SRAM）或铁电存储器（FRAM）。

SRAM 是一种具有静止存取功能的内存，SRAM 不需要刷新电路即能保存它内部存储的数据。SRAM 的优点是速度快，不需要刷新操作；SRAM 的缺点是价格高，体积大，集成度较低。SRAM 为了保存数据，需要用辅助电池进行不中断供电，可以用在一些微波频段自带电池的电子标签中。

FRAM 存储器是一个非易失性随机存取储存器，能提供与 RAM 一致的性能，但又有与 ROM 一样的非易失性。FRAM 非易失性是指记忆体掉电后数据不丢失，非易失性记忆体是源自 ROM 的技术。FRAM 将 ROM 的非易失性数据存储特性和 RAM 的无限次读写、高速读写以及低功耗等优势结合在一起，这就使得 FRAM 产品既可以进行非易失性数据存储，又可以像 RAM 一样操作。FRAM 与 EEPROM 相比，其写入功耗低（约为 EEPROM 功耗的 1/100），写入时间短（约为 0.1μs，比 EEPROM 快 1000 倍）。

在可写入式电子标签工作时，读写器可以将数据写入电子标签。对电子标签的写入与读出大多是按字组进行的，字组通常是规定数目的字节的汇总，字组一般作为整体读出或写入。为了修改一个数据块的内容，必须从读写器整体读出这个数据块，对其修改，然后再重新整体将数据块读入。可写入式电子标签的存储量最少可以是 1 个字节，最高可达 64 千字节。比较典型的电子标签是 16 位、几十到几百字节。

12.4.3 具有密码功能和分段存储的电子标签

(1) 具有密码功能的电子标签

对于可写入式电子标签，如果没有密码功能，任何读写器都可以对电子标签读出和写入。为了保证系统数据的安全，应该阻止对电子标签未经许可的访问。

可以采取多种方法对电子标签加以保护。对电子标签的保护涉及数据的加密，数据加密可以防止跟踪、窃取或恶意篡改电子标签的信息，从而使数据保持安全性。

- 分级密钥

分级密钥是指系统有多个密钥，不同的密钥访问权限不同，在应用中可以根据访问权限确定密钥的等级。例如，某一系统具有密钥 A 和密钥 B，电子标签与读写器之间的认证可以由密钥 A 和密钥 B 确定，但密钥 A 和密钥 B 的等级不同，如图 12-13 所示。

在图 12-13 中，电子标签内部的数据分为两部分，分别由密钥 A 和密钥 B 保护。密钥 A 保护的数据由只读存储器存储，该数据只能读出，不能写入。密钥 B 保护的数据由可写入存储器存储，该数据既能读出，也能写入。

读写器 1 具有密钥 A，电子标签认证成功后，允许读写器 1 访问密钥 A 保护的数据。读写器 2 具有密钥 B，电子标签认证成功后，允许读写器 2 读出密钥 B 保护的数据，并允许读写器 2 写入密钥 B 保护的数据。

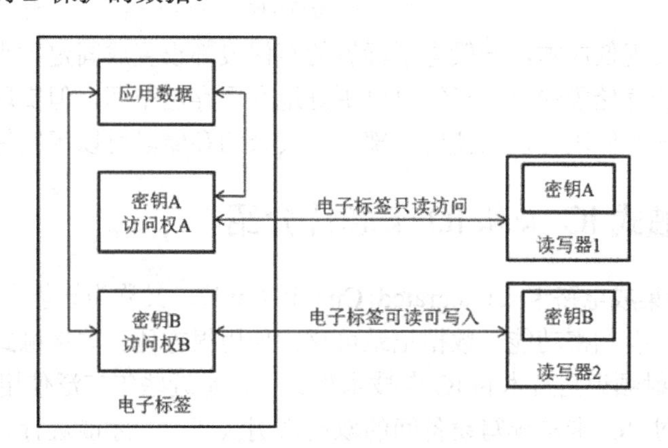

图12-13 分级密钥

- 分级密钥在公共交通中的应用

在城市公交系统中，就有分级密钥的应用实例。现在城市公交系统可以用刷卡的方式乘车，该卡是无线识别卡，即 RFID 电子标签（卡）。城市公交系统的读写器有两种，一种是公交汽车上的刷卡器（读写器），一种是公交公司给卡充值的读写器。

RFID 电子标签采用非接触的方式刷卡，每刷一次从卡中扣除一次金额，这部分的数据由密钥 A 认证。RFID 电子标签还可以充值，充值由密钥 B 认证。

公交汽车上的读写器只有密钥 A。电子标签认证密钥 A 成功后，允许公交汽车上的读写器扣除电子标签上的金额。

公交公司的读写器有密钥 B。电子标签需要到公交公司充值，电子标签认证密钥 B 成功后，允许公交公司的读写器给电子标签充值。

(2) 分段存储的电子标签

当电子标签存储的容量较大时，可以将电子标签的存储器分为多个存储段。每个存储段单元具有独立的功能，存储着不同应用的独立数据。各个存储段单元有单独的密钥保护，以防止非法的访问。

一般来说，一个读写器只有电子标签一个存储段的密钥，只能取得电子标签某一应用的访问权，如图 12-14 所示。在图 12-14 中，某一电子标签具有汽车出入、小区付费、汽车加油和零售付费等多种功能，各种不同的数据分别有各自的密钥；而一个读写器一般只有一个密钥（如：汽车出入密钥），只能在该存储段进行访问（如：对汽车出入进行收费）。

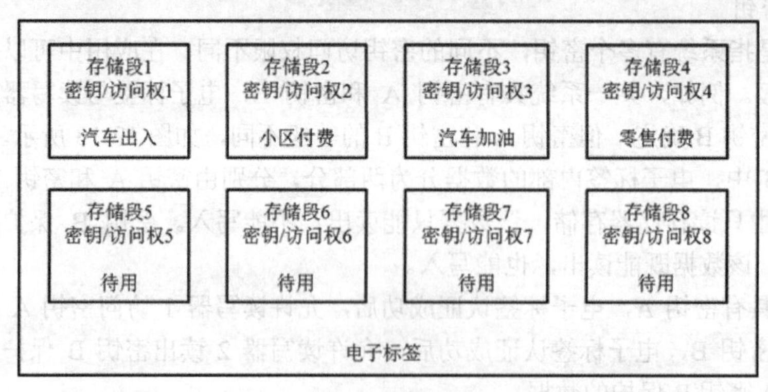

图12-14　分段存储

为使电子标签实现低成本，一般电子标签的存储段都设置成固定大小的段，这样实现起来较为简单。可变长存储段的电子标签可以更好地利用存储空间，但实现起来困难，一般很少使用。电子标签的存储段可以只使用一部分，其余的存储段可以闲置待用。

12.4.4 非接触式 IC 卡和 ID 卡芯片介绍

IC 卡的全称为集成电路卡（Integrated Circuit Card），又称为智能卡（Smart Card）。IC 卡可读写，容量大，有加密功能，数据记录可靠，使用很方便。非接触式 IC 卡又称为射频 IC 卡，它成功地将射频识别技术和 IC 卡技术相结合，是近些年广泛使用的一项技术。IC 卡在使用时，必须通过 IC 卡与读写设备间的双向密钥认证后，才能进行相关的工作，从而使整个系统具有极高的安全保障。IC 卡出厂时就必须进行初始化（即加密），目的是在出厂后的 IC 卡内生成“一卡通”系统密钥，以保证“一卡通”系统的安全发放机制。

ID 卡的全称为身份识别卡（Identification Card），是一种不可写入的感应卡。ID 卡含有固定的编号。ID 卡与磁卡一样，都仅仅使用了“卡的号码”而已，卡内除了卡号外，无任何保密功能。ID 卡的“卡号”是公开、裸露的，也就根本谈不上初始化的问题。

非接触式 IC 卡和 ID 卡是智能化“一卡通”管理的解决方案，广泛应用于智能楼宇、智能小区、现代企业和学校等领域，可用于通道控制、物流管理、停车场管理、商业消费、企业管理和学校管理等方面。

(1) Temic e5551 感应式 IC 卡

- 芯片：Temic（Atmel 下属子公司）e5551。
- 工作频率：125kHz。
- 存储器容量：264bit/320bit，8 分区，8 位密码。
- 读写距离：3cm ~ 10cm。
- 擦写寿命：大于 100000 次。
- 数据保存时间：10 年。
- 尺寸：ISO 标准卡 85.6mm×54mm×0.80mm / 厚卡 85.6mm×54mm×1.80mm。
- 封装材料：PVC、ABS、PETG。
- 典型应用：感应式智能门锁、企业“一卡通”系统、门禁和通道系统等。

(2) Atmel AT88RF256-12 感应式 IC 卡

- 芯片：Atmel RF256。
- 工作频率：125kHz。
- 存储器容量：264bit/320bit，8 分区，8 位密码。
- 读写距离：3cm ~ 10cm。
- 擦写寿命：大于 100000 次。
- 数据保存时间：10 年。
- 尺寸：85.5mm×54mm×0.82mm。
- 封装材料：PVC。
- 典型应用：感应式智能门锁、企业“一卡通”系统、门禁和通道系统等。

(3) EM4069 感应式读写 ID 卡

- 芯片：μEM 瑞士微电 EM4069 Wafer。
- 工作频率：125kHz。
- 存储器容量：128bit，8 字段，OTP 功能。
- 读写距离：2cm ~ 15cm。
- 尺寸：ISO 标准的薄卡/中厚卡/厚卡。
- 封装材料：PVC、ABS。
- 典型应用：考勤系统、门禁系统和身份识别等。

(4) EM4150 感应式读写 ID 卡

- 芯片：μEM 瑞士微电 EM4150 Wafer。
- 工作频率：125kHz。
- 存储器容量：1Kbit，分为 32 字段。
- 读写距离：2cm ~ 15cm。
- 尺寸：ISO 标准的薄卡/中厚卡/厚卡。
- 封装材料：PVC、ABS。
- 典型应用：考勤系统、门禁系统和身份识别等。

(5) SR176 感应式读写 ID 卡

- 芯片：美国 ST 微电 SR176 Wafer。

- 工作频率：13.56MHz/847kHz 副载频。
- 存储器容量：176 bit，64 bit 唯一 ID 序列号。
- 读写距离：2cm ~ 15cm。
- 尺寸：　ISO 标准卡/厚卡/标签卡等。
- 封装材料：PVC、ABS。
- 典型应用：考勤系统、门禁系统和身份识别等。

(6)　SRIX4K 感应式读写 IC 卡

- 芯片：美国 ST 微电　SR176 Wafer。
- 工作频率：13.56MHz/847kHz 副载频。
- 存储器容量：4096bit 读写空间，64bit 唯一 ID 序列号。
- 读写距离：2cm ~ 15cm。
- 尺寸：ISO 标准卡/中厚卡/厚卡。
- 封装材料：PVC、ABS。
- 典型应用：考勤系统、门禁系统、身份识别、企业/校园一卡通等。

(7)　UCODE HSL

UCODE HSL 是飞利浦公司推出的智能标签 IC 中的一个产品，是一种专用的非接触式无源 IC 芯片，运行在 900MHz 和 2.45GHz 频段，可用于远距离智能电子标签和电子标牌，也特别适合于物品供应链和后勤应用方面的信息管理。

当需要数米远的操作距离时，选择该芯片是恰当的。例如，在供应链和物流管理领域，该芯片每秒可阅读 50 个集装箱/货箱的标签，其最大的好处是整个集装箱和货箱在通过货运仓库时就可以被读卡器感应到，而无需再扫描每一个单独的货物。在没有视觉障碍的有效范围内，芯片读写距离可达 1.5m～8.4m（根据读卡机射频功率、机具天线和标签天线增益来确定）。UCOD HSL 系统在读写器天线有效电磁场的范围内，可以同时区分和操作多张标签，具有防碰撞机制。以 UCODE HSL 芯片制造的电子标签产品不需要额外的电源供电，它是从读写器的天线以无线电波方式，向标签内的天线传送能量。

芯片特点如下。

- 工作频率：860MHz ~ 930MHz 和 2.4GHz ~ 2.5GHz。
- 操作距离：最大有效操作距离可达到 8.4 米。
- 存储单元：具有 2048bit 的存储空间（含数据锁存标志位），包括 0 ~ 7 字节（64bit）UID 存储、8 ~ 223 字节（共 216 字节）用户自定义数据存储和 32 字节锁存控制数据存储。被分配在 64 块中，每块的大小是 4 字节（32bit），字节是最小的读写单位，用户自定义的存储空间均可以被读写器进行读写操作。
- 空中接口标准：空中接口技术规范包括信道频率和宽度、调制方式、功率和功率灵敏度及数据结构。UCODE HSL 符合 ISO18000-4（2.45GHz）、ISO18000-6（860/960MHz）、ANSI/INCITS 256-2001 Part3 和 ANSI/INCITS 256-2001 Part4 标准。
- 数据传输：上传 40kbit/s ~ 160kbit/s，下载 10kbit/s ~ 40kbit/s。
- 调制：10% ~ 100%的幅度调制。
- 校验：采用 16 位 CRC 校验。

- 数据的安全性：具有防冲突仲裁机制，适合单标签、多标签识别；64 位的唯一产品序列号；每字节的写保护机制；用户存储空间可分别以字节作写保护设置，写保护区段无法再次改写数据。
- 工作模式：可读写（R/W），无源。
- 其他。

  工作温度：-20℃ ~ 70℃。

  适应速度：< 60km/h。

  安装方式：空气介质中使用。

  工作特点：数据保持能力可达 10 年，芯片反复擦写周期大于 100 千次。

  应用标准：符合 FCC1 美国国家标准，符合 HH20.8.4、AIAG B-11、EAN.UCC GTAG 和 ISO18185 标准。

  封装：标签本身的形状具有多样化，最常见的是被封装成粘贴式纸质柔性标签以及柔性聚酯薄膜标签。根据使用场合的需要，也可以制作成硬质卡片式标签和异形标签。

12.4.5 MIFARE 技术

MIFARE 是恩智浦半导体（NXP Semiconductors）公司拥有的商标之一，MIFARE 卡是目前世界上使用量最大（超过 50 亿张卡）、技术最成熟、内存容量最大的一种感应式智能 IC 卡。采用 MIFARE 技术的 IC 卡占世界 80%的市场份额，是目前射频 IC 卡的工业标准。采用 MIFARE 技术的 IC 卡如图 12-15 所示。

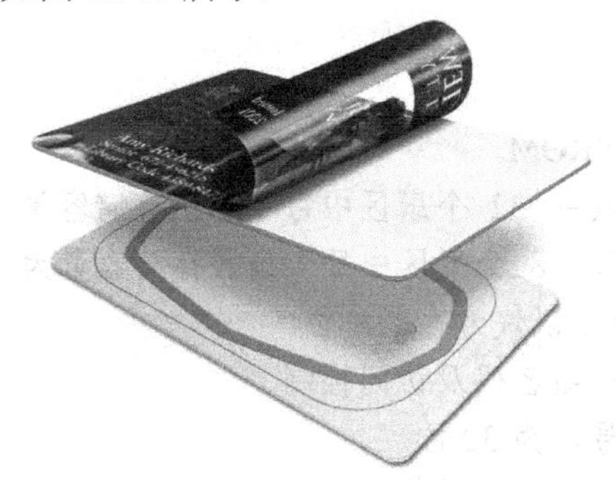

图12-15 采用 MIFARE 技术的 IC 卡

一、MIFARE 卡的优点

(1) 操作简单、快捷

采用射频无线通信，使用时无须插拔卡，不受方向和正反面的限制，用户使用非常方便。完成一次读写操作仅需 0.1 秒，既适用于一般场合，又适用于快速、高流量的场所。

(2) 抗干扰能力强

MIFARE 卡中有快速防冲突机制，在多卡同时进入读写范围时，能有效防止卡片之间的数据干扰，读写设备可逐一对卡进行处理，提高了应用的并行性及系统工作的速度。

(3) 可靠性高

MIFARE 卡与读写器之间没有机械接触，避免了由于接触而产生的各种读写故障。卡

中的芯片和感应天线完全密封在标准的 PVC 中，提高了应用的可靠性和卡的使用寿命。

(4)　适合于一卡多用

根据 MIFARE 卡的存储结构及特点（大容量：16 分区、1024 字节），MIFARE 卡能应用于不同的场合或系统，尤其适用于学校、企事业单位、智能小区的停车场管理、身份识别、门禁控制、考勤签到、食堂就餐、娱乐消费、图书管理等多方面的综合应用，有很强的系统应用扩展性，可以做到“一卡多用”。

二、MIFARE 卡的技术参数

MIFARE 卡的主要芯片有 philip mifare one S50、philip mifare one S70 等。MIFARE 卡的有关技术参数介绍如下。

(1)　Mifare one IC S50

- 容量为 8Kb 的 EEPROM。
- 分为 16 个扇区，每个扇区为 4 块，每块 16 个字节，以块为存取单位。
- 每个扇区有独立的一组密码及访问控制。
- 每张卡有唯一的序列号，为 32 位。
- 具有防冲突机制，支持多卡操作。
- 无电源，自带天线，内含加密控制逻辑和通信逻辑电路。
- 数据保存期为 10 年，可改写 10 万次，读无限次。工作温度为-20 ℃ ~ 50℃。工作湿度为 90%。
- 读写距离：10cm 以内（与读写器有关）。
- 工作频率：13.56MHz。
- 通信速率：106kbit/s。

(2)　Mifare one IC S70

- 容量为 32Kb 的 EEPROM。
- 分为 40 个扇区，其中 32 个扇区中每个扇区存储容量为 64 个字节，分为 4 块，每块 16 个字节；8 个扇区中每个扇区存储容量为 256 个字节，分为 16 块，每块 16 个字节，以块为存取单位。
- 每个扇区有独立的一组密码及访问控制。
- 每张有唯一的序列号，为 32 位。
- 具有防冲突机制，支持多卡操作。
- 无电源，自带天线，内含加密控制逻辑和通信逻辑电路。
- 数据保存期为 10 年，可改写 10 万次，读无限次。工作温度为-20 ℃ ~ 50 ℃。工作湿度为 90%。
- 读写距离：10cm 以内（与读写器有关）。
- 工作频率：13.56MHz。
- 通信速率：106kbit/s。

例 12.4　针对 Mifare one IC S50 卡，计算：①每块的存储容量；②每个扇区的存储容量；③EEPROM 的存储容量。

解　① Mifare one IC S50 卡每块有 16 个字节，每个字节 8bit。每块的存储容量为

$$16\times8=128\text{bit}$$

也即 Mifare one IC S50 卡的存取单位为 128 bit。

② Mifare one IC S50 卡每个扇区为 4 块。因此，每个扇区的存储容量为

$$128\times4=512\text{bit}$$

③ Mifare one IC S50 卡分为 16 个扇区。因此，EEPROM 的存储容量为

$$512\times16=8192\text{bit}$$

由于

$$1\text{Kbit}=1024\text{bit}$$

因此

$$8192\text{bit}=8\text{Kbit}$$

也即 Mifare one IC S50 卡的 EEPROM 存储容量为 8Kbit。

三、MIFARE 卡的安全性

2008 年 2 月，德国研究员亨利克•普洛茨（Henryk Plotz）和弗吉尼亚大学计算机科学在读博士卡尔斯腾•诺尔（Karsten Nohl）成功破解了恩智浦公司的 MIFARE 卡。此事一经报道，在我国引起轩然大波。目前我国共有接近 180 个城市应用了公共事业 IC 卡系统，其中 95%选择了逻辑加密型非接触 IC 卡，发卡量超过 1.4 亿张，应用范围已覆盖公交、地铁、出租、轮渡、自来水、燃气、风景园林和小额消费等领域。

Mifare One 卡是加密存储卡，尽管它能进行动态的安全验证，但其性能远不如 CPU 卡。有效防范 Mifare One 卡算法破解的根本方法就是升级现有的 IC 卡系统，并逐步将逻辑加密卡替换为 CPU 卡。

12.5　含有微处理器的电子标签

随着 RFID 系统的不断发展，电子标签越来越多地使用了微处理器，这种电子标签的电路结构如图 12-16 所示。本节只讨论这类电子标签的控制电路部分。含有微处理器的电子标签拥有独立的 CPU 处理器和芯片操作系统，可以更灵活地支持不同的应用需求，并提高了系统的安全性。

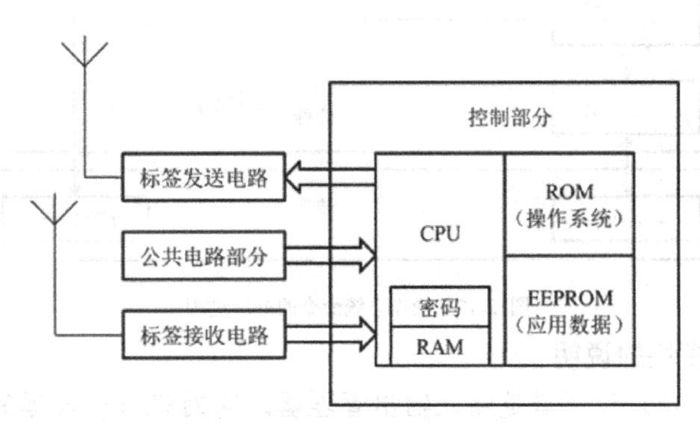

图12-16　含有微处理器电子标签的电路结构框图

12.5.1 微处理器

中央处理器是指计算机内部对数据进行处理并对处理过程进行控制的部件。随着大规模集成电路技术的迅速发展，芯片集成密度越来越高，CPU 可以集成在一个半导体芯片上，这种具有中央处理器功能的大规模集成电路器件统称为“微处理器”。

微处理器不仅是微型计算机的核心部件，也是各种数字化智能设备的关键部件。如今微处理器已经无处不在，无论是智能洗衣机、移动电话等家电产品，还是汽车引擎控制、数控机床等工业产品，都要嵌入各类不同的微处理器。目前含有微处理器的电子标签越来越多，如许多银行卡就是含有微处理器的电子标签。

12.5.2 操作系统命令的处理过程

读写器向电子标签发送的命令，经电子标签的天线进入射频模块，信号在射频模块中处理后，被传送到操作系统中。操作系统程序模块是以代码的形式写入 ROM 的，并在芯片生产阶段写入芯片之中。操作系统的任务是对电子标签完成命令序列的控制、文件管理及加密算法。操作系统命令的处理过程如图 12-17 所示。

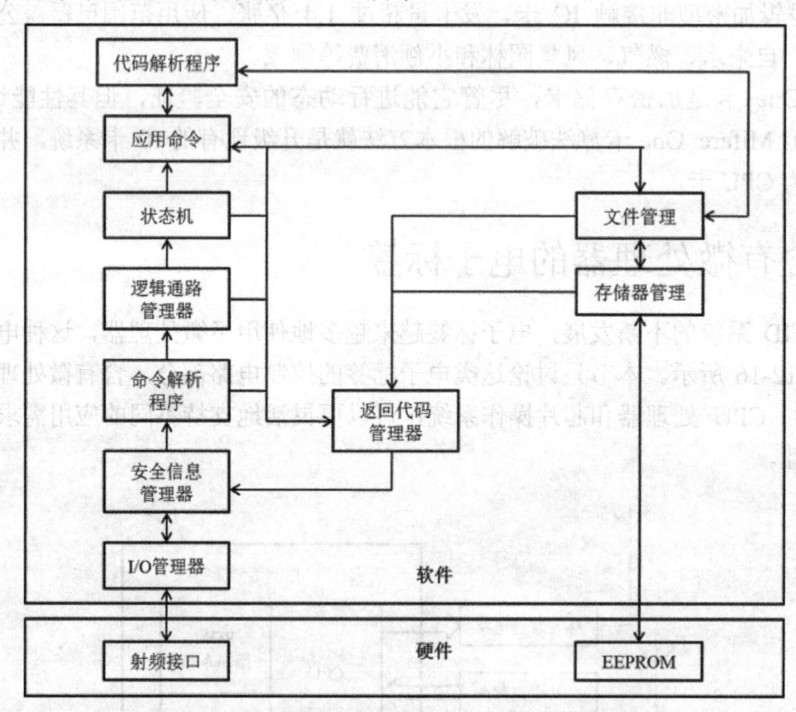

图12-17 操作系统命令的处理过程

(1) 图 12-17 中模块的说明

- I/O 管理器。I/O 管理器是输入输出管理器。它对来自读写器的信息进行错误识别，并加以校正；它也是向读写器返回代码的通道。
- 安全信息管理器。安全信息管理器接收无差错的命令，经解密后检查其完整性。

- 命令解释程序。命令解释程序尝试对命令译码。如果不可能译码，则送到返回代码管理器；如果能译码，则送到逻辑通路管理器。
- 返回代码管理器。返回代码管理器产生相应的返回代码，并经 I/O 管理器送回到读写器。之后，读写器会将信息重发给电子标签。

(2) 操作系统命令的处理过程

读写器向电子标签发送命令，由电子标签射频接口所接收，I/O 管理器独立地进行错误识别和校正机制，与更高级的过程无关。安全信息管理器接收无差错的命令，经解密后检查其完整性。解密后，命令解释程序尝试对命令译码。如果不可能译码，则调用返回代码管理器，它将产生相应的返回代码，并经过 I/O 管理器送回读写器。

如果收到了一个有效命令，则执行与此命令相关的程序代码。如果需要访问 EEPROM 中的应用数据，则由“文件管理”和“存储器管理”来执行。这时需要将所有符合的地址转换成存储区的物理地址，即可完成对 EEPROM 应用数据的访问。

12.5.3 含有微处理器的电子标签实例

(1) MIFARE（r）PRO 智能卡方案

MIFARE（r）PRO 是智能卡的方案，它内部有微处理器，而且是双端口卡。MIFARE（r）PRO 集成了非接触智能卡接口和接触型通信接口，其中非接触接口符合 ISO/IEC 14443 TYPE A 标准，接触接口符合 ISO/IEC 7816 标准。

MIFARE 是一个完整的产品系列。MIFARE（r）PRO 保证了与 MIFARE（r）S 和 MIFARE（r）PLUS 的兼容性，与现有的 MIFARE（r）读写设备完全兼容。MIFARE（r）PRO 的物理尺寸使该产品可以用来生产 ISO 标准的智能卡片。

MIFARE（r）PRO 片内的微处理器是 80C51，80C51 可以工作在接触和非接触模式。也就是说，在两种模式下，MIFARE（r）PRO 适合高端语言与操作系统，如 Java 或 MULTOS。这可以使智能卡在两种模式下的安全性保持统一，内部的 TDES 协处理器可以与接触/非接触通信接口同时工作，以达到更高的安全性。

(2) 技术参数

- 内置工业标准 80C51 微控制器，可以工作在接触和非接触模式。
- 低电压、低功耗工艺，内置 TDES 协处理器，可以工作在接触和非接触模式。
- 20（16）K 字节用户 ROM 区；256 字节 RAM。
- 8K 字节 EEPROM：可以放置用户代码；存取以 32 字节为一页单位；其中有 8 字节为安全区，是一次编程型的；EEPROM 可以保证有 10 万次的擦写周期；数据保持期最小 10 年；片内产生 EEPROM 的编程电压。
- 时钟频率：1 MHz ~ 5MHz；工作频率：13.56MHz。
- 省电模式：有掉电和空闲模式；工作电压：2.7V ~ 5.5V；4kV 静电保护，符合 MIL883-C（3015）标准。
- 两级中断源，分别为 EEPROM 和输入输出跳变。
- 接触界面的配置和串行通信符合 ISO7816 标准；符合 ISO14443-A 的推荐标准

的非接触接口（Mifare（r）RF）。

- 高速通信方式（106kbit/s，可靠的帧结构保护）；完整的硬件防碰撞算法；符合 CCITT 的高速 CRC 协处理器。
- 保持与标准 MIFARE 读写器的兼容性；支持仿真 MIFARE（r）标准产品和 MIFARE（r）PLUS 的工作模式。

12.6　标签信息编码规则

本节以 EPC 的编码为例介绍标签信息编码规则。EPC 测试使用的编码标准是 64 位的编码结构，实际使用的编码标准是 96 位的编码结构。

12.6.1　EPC 码的标识类型

EPC 码是新一代的与 EAN·UCC 码兼容的编码标准，在 EPC 系统中 EPC 码与现行的物品编码 EAN·UCC 系统共存。因此，EPC 码既有通用标识（GID）的类型，也有基于 EAN·UCC 标识的类型，是由现行的条码标准逐渐过渡到 EPC 标准。EPC 码的标识类型如图 12-18 所示，其中基于 GID 标识的类型有 GID-96，这类标识是 96 位代码；基于 EAN·UCC 标识的类型有 SGTIN、SSCC、SGLN、GRAI 和 GIAI，这类标识分为 96 位和 64 位两种代码。

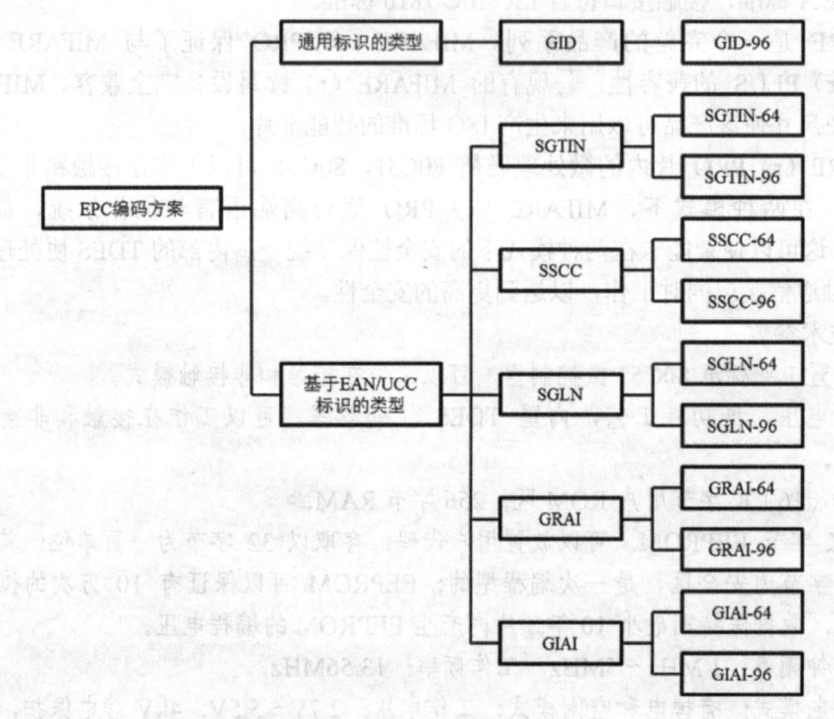

图12-18　EPC 码的标识类型

12.6.2 EPC 码的编码结构

编码长度为 64 位或 96 位，每一种标识类型的 EPC 码都由一个“标头”和“标头”后的数字段组成。

EPC 码的编码结构见表 12-3。

表 12-3 EPC 码的编码结构

标头值（二进制）	编码长度/位	EPC 编码方案
01	64	64 位保留方案
10	64	SGTIN-64
11	64	64 位保留方案
0000 0001	na	1 个保留方案
0000 001x		2 个保留方案
0000 01xx		4 个保留方案
0000 1000	64	SSCC-64
0000 1001	64	SGLN-64
0000 1010	64	GRAI-64
0000 1011	64	GIAI-64
0000 1100 … 0000 1111	64	4 个 64 位保留方案
0001 0000 … 0010 1111	na	32 个保留方案
0011 0000	96	SGTIN-96
0011 0001	96	SSCC-96
0011 0010	96	GLN-96
0011 0011	96	GRAI-96
0011 0100	96	GIAI-96
0011 0101	96	GID-96
0011 0110 … 0011 1111	96	10 个 96 位保留方案
0000 0000…		为未来标头长度大于 8 位保留

(1) EPC 码的通用标识符

EPC 码的数据标准定义了一种通用的标识类型，即通用标识符 GID-96（General Identifier-96）。通用标识符 GID-96 不依赖任何现有的规范或现有的标识方案，是 EPC 系统的一种全新标识方案。通用标识符 GID-96 由 4 个数字字段组成：标头、通用管理者代码、对象分类代码和序列代码，见表 12-4。

表 12-4　通用标识符（GID-96）

标头	通用管理者代码	对象分类代码	序列代码
8 位	28 位	24 位	36 位
00110101 （二进制值）	268435456 （十进制容量）	16777216 （十进制容量）	68719476736 （十进制容量）

通用标识符的编码方案说明如下。

① 8 位的标头 0011 0101 保证了 EPC 命名空间的唯一性。

② 通用管理者代码有 28 位，用来标识一个实体组织（本质上是一个公司的管理者或其他管理者），该实体组织负责维持后续字段的编号，也即负责后续“对象分类代码”的编号和“序列代码”的编号。

③ 对象分类代码有 24 位，用于识别一个物品的种类或类型，且在每一个通用管理者代码之下必须是唯一的。

④ 最后，序列代码有 36 位，序列代码在每一个对象分类代码中是唯一的。换句话说，实体组织负责为每一个对象分类代码中的每一个物品分配唯一的、不重复的序列代码。

(2)　EPC 码基于 EAN·UCC 标识的编码规则

EPC 码基于 EAN·UCC 的标识有 SGTIN、SSCC、SGLN、GRAI 和 GIAI，同时每一种标识又可分为 96 位和 64 位两种结构。例如，与目前常用的条形码 GTIN 相对应，EPC 码中有 SGTIN-96、SGTIN-64 两种；与系列货运包装箱代码 SSCC 相对应，EPC 码中也有 SSCC-96、SSCC-64 两种。下面讨论 EPC 码基于 EAN·UCC 标识的编码规则。

- SGTIN 码

下面以 SGTIN-96 码为例，说明 SGTIN 码的位分配方法。SGTIN 码的编码方案允许 EAN·UCC 系统的 GTIN 码和序列代码直接嵌入 EPC 标签，校验位不进行编码。SGTIN-96 码采用二进制编码，由标头、滤值、分区、厂商识别代码、贸易项代码及序列号代码 6 个字段组成，其位分配见表 12-5。

表 12-5　SGTIN-96 的位分配方法

标头	滤值	分区	厂商识别代码	贸易项代码	序列代码
8 位	3 位	3 位	20 位～40 位	24 位～4 位	38 位
0011 0000 （二进制）	8 （十进制容量）	8 （十进制容量）	999999～999999999999 （十进制容量）	9999999～9（十进制容量）	274877906943 （十进制容量）

- SSCC 码

下面以 SSCC-96 码为例，说明 SSCC 码的位分配方法，见表 12-6。

表 12-6　SSCC-96 的位分配方法

标头	滤值	分区值	厂商识别码+贸易项代码+扩展位	未分配位
第 1～8 位	第 9～11 位	第 12～14 位	第 15～72 位	第 73～96 位

例 12.5　以条形码“6901010101098”为例，给出 EAN-13 码转换为 96 位 EPC 码的方法，详述转换过程。

解 这个 EAN-13 码是 GTIN。它的前三位“690”是国家代码，“1010”为厂商代码，所以 EPC 码的厂商识别码就是“6901010”；产品代码为“10109”；校验位为“8”。下面说明这个 EAN-13 码转化为 SGTIN-96 码的分段和赋值步骤。

- SGTIN-96 码的标头就是“0011 0000”。
- 滤值依据包装类型，根据实际情况选择。这里假设包装类型为包装箱，其滤值为 011。
- 在常用的 EAN-13 码中，厂商的识别码为 7 位（这里为 6901010），则目标码的分区值为 5（101）。
- 厂商识别码“6901010”在 EPC 码中应为 24 位，转换结果不足 24 位在前面补零，结果为“0110 1001 0100 1101 0001 0010”。
- EAN-13 码的指示符数字（也就是扩展位）为“0”，在产品代码前加“0”，构成 6 位代码（010109），作为产品代码。产品代码“010109”在 EPC 码中应为 20 位，转换结果不足 20 位在前面加上补零，转换为贸易项代码，结果为“0000 0010 0111 0111 1101”。
- 最后给序列号赋值，假设为“1234567”。“1234567”在 EPC 码中应为 38 位，转换结果不足 38 位在前面补零，转换为“00 0000 0000 0000 0001 0010 1101 0110 1000 0111”。
- 将 EAN-13 码经过转换得到的二进制数组合起来，就是符合 EPC 编码规则的编码了。最后，按 EPC 码的组合顺序连接起来，条形码“6901010101098”加上包装类型和序列号，转换为 EPC 码的结果为：0011 0000 0111 0101 1010 0101 0011 0100 0100 1000 0000 1001 1101 1111 0100 0000 0000 0000 0001 0010 1101 0110 1000 0111。
- 为了方便起见，将二进制 96 位的 EPC 码，转换为 24 位的十六进制数，转换的结果为：3075A5344809DF400012D687。

12.7 本章小结

标签分为两大类。一类是利用物理效应进行工作的数据载体，主要有“一位电子标签”和“声表面波标签”两种形式；另一类是以电子电路为理论基础的数据载体，属于有芯片的电子标签，主要分为具有存储功能的电子标签和含有微处理器的电子标签两种形式。

一位电子标签是最早商用的电子标签，可以采用射频法、微波法、分频法、电磁法和声磁法等工作原理，主要应用在商店的防盗系统（EAS）中。SAW 标签主要由具有压电特性的基衬材料、在抛光的基衬材料上制作的叉指状换能器（IDT）、若干反射器和标签天线构成，它应用了电子学、声学、雷达、半导体平面技术和信号处理技术。

含有芯片的电子标签是以集成电路芯片为基础的电子数据载体，基本由天线、射频前端（模拟前端）和控制电路 3 部分组成，这是目前使用最多的标签形式。含有芯片的电子标签基本分为两类，一类是具有存储功能，但不含微处理器的电子标签；另一类是含有微处理器的电子标签。含有微处理器的电子标签的安全性更高。

本章以 EPC 的编码为例介绍了标签信息编码规则，包括 EPC 码的标识类型、EPC 码的通用标识符 GID-96 和 EPC 码基于 EAN·UCC 标识的编码规则。

12.8　思考与练习

12.1　标签这个物体数据的载体可以划分为哪两大类？哪类标签是有芯片的，哪类标签是没有芯片的？

12.2　一位电子标签是用什么原理制作的？简述一位电子标签的射频法工作原理，简述电子标签在防盗系统中的使用方法。

12.3　什么是 SAW？SAW 器件有哪些优点？简述 SAW 技术的发展方向，简述 SAW 标签的结构、工作原理、使用方法和技术特点。

12.4　已知铌酸锂（$LiNbO_3$）晶体表面波的传播速度为 3488m/s。计算：（1）在中心频率 f_0=2.4GHz 时，声表面波的波长 λ_0；（2）若出现最大的电声转换，IDT 的电的周期 q。

12.5　已知钽酸锂（LiTaO3）晶体表面波的传播速度为 4112m/s，若布拉格频率 f_B=433MHz 时，求反射条的周期 p。

12.6　试计算：（1）对于读写器周围 120m 内的反射干扰，在多长时间内反射回读写器；（2）若 SAW 标签的基衬上的表面波速度为 3158m/s，SAW 标签上 IDT 与反射器的距离为 1mm，读写器发出的信号在 SAW 标签上的最少时间；（3）若读写器与 SAW 标签的距离为 3m，读写器读取 SAW 标签的时间，以及读写器每秒可以读取 SAW 标签数据的次数。

12.7　在具有存储功能的电子标签中，地址和安全逻辑由哪几部分构成？简述每一部分的作用。存储器有几种类型？简述每一种存储器的工作方式。

12.8　在具有密码功能的电子标签中，分级密钥有什么作用？举例说明。

12.9　什么是分段存储的电子标签？密钥保护是怎样实现的？给出分段存储电子标签的实例，并说明技术参数。

12.10　含有微处理器的电子标签与具有存储功能，但不含微处理器的电子标签的主要区别是什么？

12.11　IC 卡是什么含义？ID 卡是什么含义？分别给出 IC 卡和 ID 卡的实例，并分别说明各自的技术参数。

12.12　MIFARE 技术在世界 IC 卡应用领域居什么地位？简述 MIFARE 卡的优缺点，给出 MIFARE 卡的技术参数。

12.13　对 Mifare one IC S70 卡，计算：（1）以块为存取单位，每块的存储容量；（2）每个扇区的存储容量；（3）EEPROM 的存储容量。

12.14　什么是微处理器？简述含有微处理器的电子标签的工作流程。给出一个含有微处理器的电子标签的实例，说明其技术参数。

12.15　EPC 码的标识类型有几种？什么是 EPC 码的通用标识符 GID-96？

第13章 读写器的体系结构

读写器是读取或写入电子标签信息的设备，具有读取、显示和数据处理等功能。读写器可以单独存在，也可以以部件的形式嵌入到其他系统中。读写器与应用软件一起，完成对电子标签的操作。本章首先介绍读写器在 RFID 应用系统中的作用，其次介绍读写器的组成与设计要求，然后分别介绍低频读写器、高频读写器和微波读写器。

13.1 RFID 系统“主-从”原则中的读写器

在 RFID 应用系统中，要从一个电子标签中读出数据或者向一个电子标签中写入数据，需要非接触式的读写器作为接口。读写器与电子标签的所有动作均由应用软件控制，对一个电子标签的读写操作是严格按照“主-从”原则进行的。在这个“主-从”原则中，应用软件是主动方；读写器是从动方，只对应用软件的读写指令做出反应。

为了执行应用软件发出的指令，读写器会与一个电子标签建立通信。而相对于电子标签而言，此时的读写器是主动方。除了最简单的只读电子标签，电子标签只响应读写器发出的指令，从不自主活动。RFID 应用系统的“主-从”原则如图 13-1 所示，其中包括应用软件与读写器的“主-从”原则和读写器与电子标签的“主-从”原则。

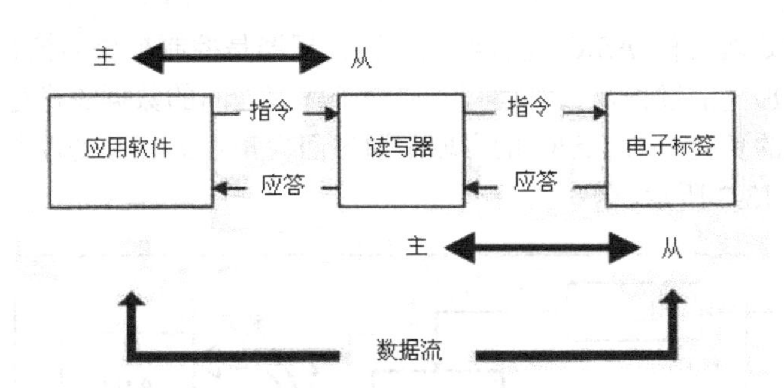

图13-1 RFID 应用系统中的“主-从”原则

读写器的基本任务是启动电子标签，与电子标签建立通信，并在应用软件和非接触的电子标签之间传送数据。非接触通信的具体细节包括通信建立、冲突避免和身份验证等，均由读写器自己来处理。在下面的例子中，由应用软件向读写器发出的一条读取命令，会在读写器与电子标签之间触发一系列的通信步骤，具体如下。

(1) 应用软件向读写器发出一条读取某一电子标签信息的命令。

(2) 读写器进行搜寻，读写器查看该电子标签是否在读写器的作用范围内。

(3) 该电子标签向读写器回答出一个序列号。

(4) 读写器对该电子标签的身份进行验证。

(5)　读写器对该电子标签的身份验证后，读取该电子标签的信息。

(6)　读写器将该电子标签的信息送往应用软件。

13.2　读写器的组成与设计要求

各种读写器虽然在工作频率、耦合方式、通信流程和数据传输方式等方面有很大的不同，但在组成和功能方面是十分类似的。

13.2.1　读写器的组成

读写器一般由天线、射频模块、控制模块和接口组成。控制模块是读写器的核心，控制模块处理的信号通过射频模块传送给读写器天线，由读写器天线发射出去。而控制模块与应用软件之间的数据交换主要通过读写器的接口完成。读写器的组成如图 13-2 所示。

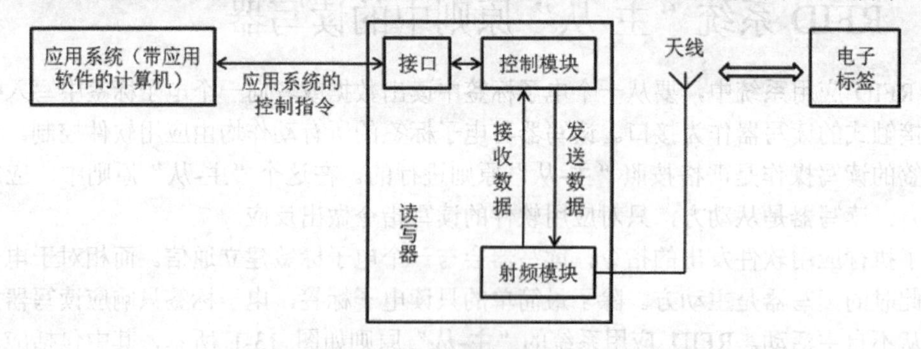

图13-2　读写器的结构框图

(1)　控制模块

控制模块由微处理器和 ASIC 组件组成。微处理器是控制模块的核心部件。ASIC 组件主要用来完成逻辑加密的过程，如对读写器与电子标签之间的数据流进行加密，以减轻微处理器计算过于密集的负担。对 ASIC 的存取是通过面向寄存器的微处理器总线来实现的。控制模块的构成如图 13-3 所示。

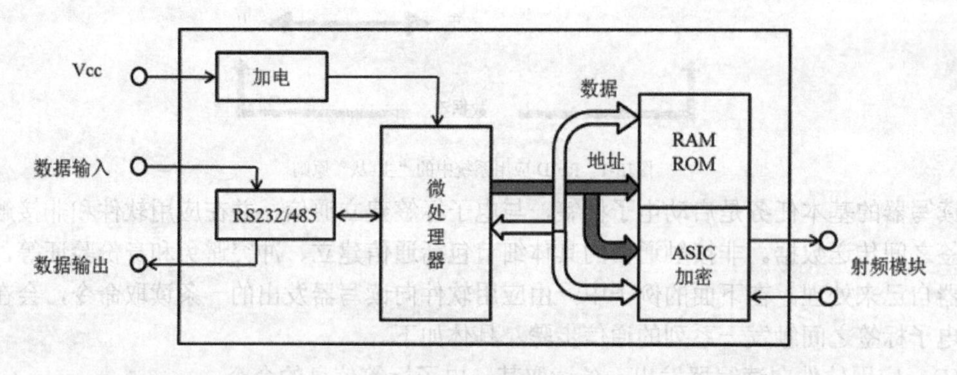

图13-3　读写器控制模块的构成

控制模块包括基带信号处理和智能处理。基带信号处理是将读写器智能单元发出的命令进行编码，使编码便于调制到射频载波上；或对经过射频模块处理的标签回送信号进行解码等处理，处理后的结果进行读写器智能处理。智能处理是读写器的控制核心，智能处理通常采用嵌入式微处理器，并通过编程实现读写器和电子标签的身份验证、读写器与电子标签之间的通信、读写器与电子标签之间数据的加密和解密、读写器与后端应用程序之间的接口规范、执行防碰撞算法等。读写器的控制模块主要完成以下功能。

- 与应用软件进行通信，并执行应用软件发来的命令。
- 控制与电子标签的通信过程。
- 信号的编码与解码。
- 执行防冲突算法。
- 对电子标签与读写器之间传送的数据进行加密和解密。
- 进行电子标签与读写器之间的身份验证。

随着微电子技术的发展，用数字信号处理器（DSP）设计读写器的思想逐步成熟。这种思想将控制模块以 DSP 为核心，辅以必要的附属电路，将基带信号处理和控制处理软件化。随着 DSP 版本的升级，读写器可以实现对不同协议电子标签的兼容。

(2) 射频模块

射频模块用以产生射频的发射功率，并接收和解调来自电子标签的射频信号。射频模块有两个分隔开的信号通道，分别用于往来于电子标签的两个方向的数据流。其中，传送到电子标签的数据是通过发送通道完成的，而来自于电子标签的数据则通过接收通道完成。根据两个信号通道的差异，射频模块主要分为如下类型。

- 电感耦合方式的射频模块

电感耦合方式的射频模块主要用于 13.56MHz 和 125kHz。由石英振荡器产生所需的频率，提供 13.56MHz 或 125kHz 频率的信号。振荡器信号被送到由信号编码的基带信号控制的调制级，根据调制器的类型执行对振荡器信号的 ASK、PSK 或 FSK 调制，然后再将已调信号送到线圈天线。接收通道开始于天线端，首先通过滤波器滤除发送的强信号，然后将接收信号进行放大和解调。

- 微波系统的射频模块

微波系统的射频模块主要由发送电路、接收电路和公共电路 3 部分组成，如图 13-4 所示。发送电路的主要功能是对控制模块处理好的数字基带信号进行处理，然后通过读写器的天线将信息发送给电子标签。接收电路的主要功能是对天线接收到的已调信号进行解调，恢复出数字基带信号，然后送到读写器的控制部分。

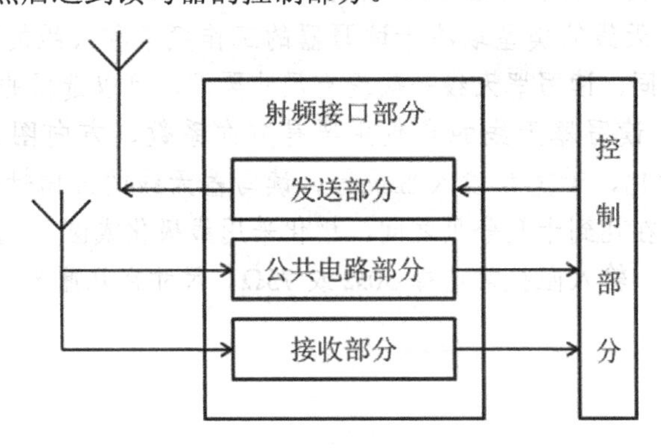

图13-4　微波读写器的射频模块

发送电路主要由调制电路、上变频混频器、带通滤波器和功率放大器构成，发送电路如图 13-5 所示。其中，调制电路主要是对控制电路输出的数字基带信号进行调制；上变频混频器对调制好的信号进行混频，将频率搬移到射频频段；带通滤波器对射频信号进行滤波，滤除通带外的功率；读写器常采用 ASK 调制，由于调制好的 ASK 信号功率比较小，功率放大器对信号进行放大，放大后的信号将送到天线，由天线辐射出去。

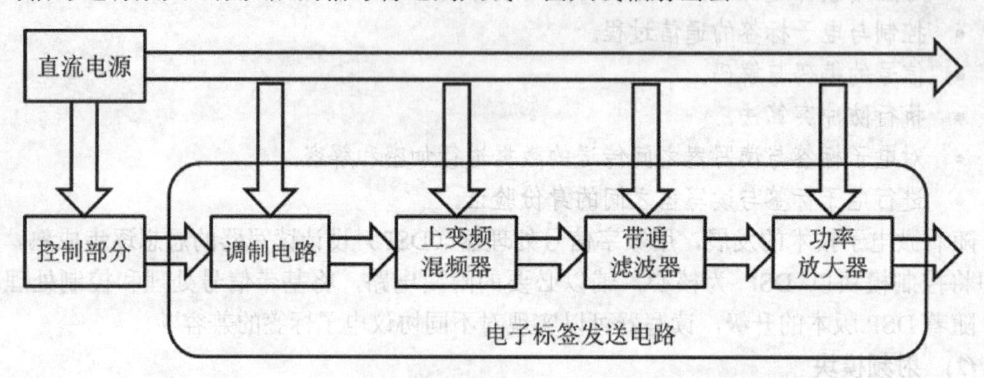

图13-5　微波读写器的射频发送电路框图

接收电路主要用来完成包络产生和检波功能。包络产生电路的主要功能是对射频信号进行包络检波，将信号从频带搬移到基带，提取出 ASK 调制信号包络。包络产生电路主要由非线性元件和低通滤波器构成。其中，非线性元件将输入信号变换为多个频率，多个频率的信号中包含包络信号；低通滤波器用于提取频率比较低的 ASK 调制信号包络。检波电路由带通滤波器和电压比较器构成。经过包络检波后，信号一般还会存在一些高频成分，还需要进一步采用带通滤波器进行滤波，使信号曲线变得光滑。滤波后的信号通过电压比较器，恢复出原来的数字信号，这是检波电路的功能。

(3)　读写器的接口

读写器控制模块与应用软件之间的数据交换主要通过读写器的接口实现，接口可以采用 RS-232、RS-485、RJ-45 或 WLAN 接口。

(4)　天线

天线是用来发射或接收无线电波的装置。天线处于读写器的最前端，是读写器的重要组成部分。读写器天线发射的电磁场强度和方向性，决定了电子标签的作用距离；读写器天线的阻抗和带宽等参数，会影响读写器与天线的匹配程度。

- 天线的类型。天线的类型取决于读写器的工作频率和天线的电参数，与电子标签的天线不同，读写器天线一般没有尺寸要求，可以选择的种类较多。
- 天线的参数。读写器天线的参数主要是方向系数、方向图、半功率波瓣宽度、增益、极化、带宽和输入阻抗等。读写器天线的方向性根据设计可强可弱，增益一般在几到十几分贝之间，极化采用线极化或圆极化方式，带宽覆盖整个工作频段，输入阻抗常选择 50Ω 或 75Ω，尺寸在几厘米到几米之间。

13.2.2 读写器的设计要求

读写器在设计时需要考虑许多因素，包括基本功能、应用环境、电器性能和电路设计等。读写器在设计时需要考虑的主要因素如下。

(1) 读写器的基本功能和应用环境

- 读写器是便携式还是固定式。
- 它支持一种还是多种类型电子标签的读写。
- 读写器的读取距离和写入距离。一般来说，读取距离和写入距离不相同，读取距离比写入距离要大。
- 读写器和电子标签周边的环境，如电磁环境、温度、湿度和安全等。

(2) 读写器的电气性能

- 空中接口的方式。
- 防碰撞算法的实现方法。
- 加密的需求。
- 供电方式与节约能耗的措施。
- 电磁兼容（EMC）性能。

(3) 读写器的电路设计

- 选用现有的读写器集成芯片或是自行进行电路模块设计。
- 天线的形式与匹配的方法。
- 收、发通道信号的调制方式与带宽。
- 若是自行进行电路模块设计，还应设计相应的编码与解码、防碰撞处理、加密和解密等电路。

13.3 低频读写器

射频识别技术首先在低频得到应用和推广。低频读写器主要工作在 125kHz，可以用于门禁考勤、汽车防盗和动物识别等方面。下面以 U2270B 芯片为例，介绍低频读写器的构成和主要应用。

13.3.1 基于 U2270B 芯片的读写器

(1) U2270B 芯片

U2270B 芯片是 ATMEL 公司生产的基站芯片，该基站可以对一个 IC 卡进行非接触式的读写操作。U2270B 基站的射频频率在 100kHz～150kHz 的范围内，在频率为 125kHz 的标准情况下，数据传输速率可以达到 5000 波特率。基站的工作电源可以是汽车电瓶或其他的 5V 标准电源。U2270B 具有可微调功能，与多种微控制器有很好的兼容接口，在低功耗模式下低能量消耗，并可以为 IC 卡提供电源输出。U2270B 芯片如图 13-6 所示，U2270B 芯片的引脚如图 13-7 所示，U2270B 芯片引脚的功能见表 13-1。

图13-6　U2270B 芯片

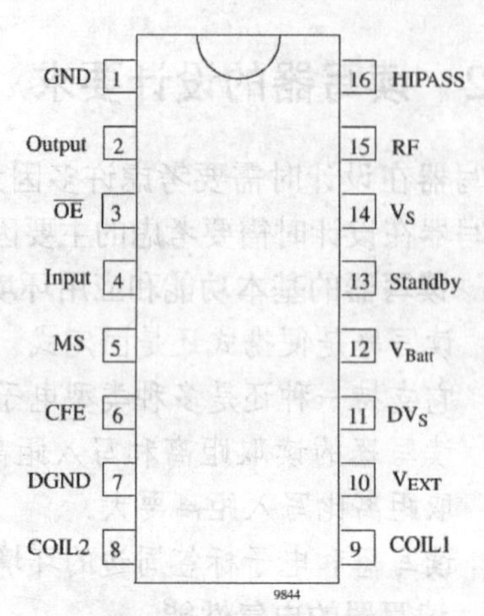

图13-7　U2270B 芯片的引脚

表 13-1　U2270B 芯片引脚的功能

引脚号	名称	功能描述	引脚号	名称	功能描述
1	GND	地	9	Coil1	驱动器 1
2	Output	数据输出	10	VEXT	外部电源
3	$\overline{\text{OE}}$	使能	11	DVS	驱动器电源
4	Input	信号输入	12	VBatt	电池电压接入
5	MS	模式选择	13	Standby	低功耗控制
6	CFE	载波使能	14	VS	内部电源
7	DGND	驱动器地	15	RF	载波频率调节
8	Coil2	驱动器 2	16	Gain	调节放大器增益带宽参数

(2)　基于 U2270B 芯片的读写器

由 U2270B 构成的读写器主要是由基站芯片 U2270B、微处理器和天线构成。工作时，基站芯片 U2270B 通过天线以约 125kHz 的调制射频信号为 RFID 电子标签提供能量（电源），同时接收来自 RFID 电子标签的信息，并以曼彻斯特（Manchester）编码输出。天线一般由铜制漆包线绕制，直径 3cm，线圈 100 圈即可，电感值为 1.35mH。微处理器可以采用多种型号，如单片机 AT89C2051、AT89S51 等。U2270B 芯片由振荡器、天线驱动器、电源供给电路、频率调节电路、低通滤波电路、高通滤波电路和输出控制电路等组成。由 U2270B 构成的读写器模块如图 13-8 所示，U2270B 芯片的内部结构如图 13-9 所示。

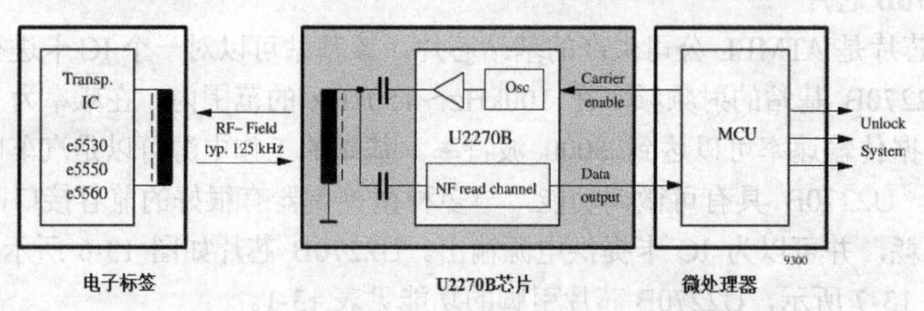

图13-8　由 U2270B 芯片和微处理器构成的读写器框图

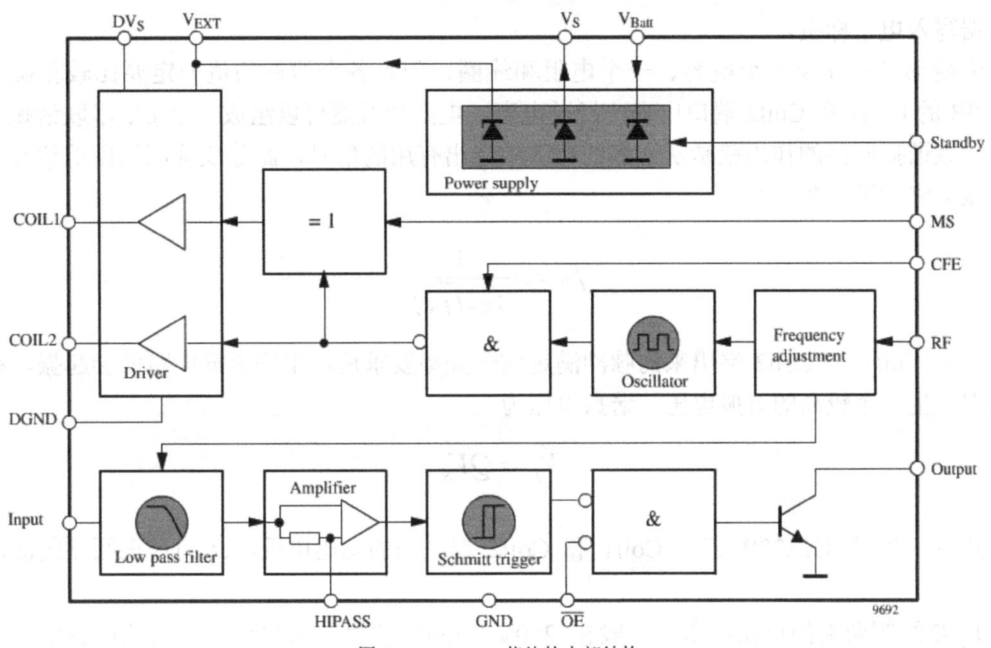

图13-9　U2270B 芯片的内部结构

13.3.2　考勤系统的读写器

由 U2270B 构成的读写器可以用于学生考勤系统。其中，电子标签由射频卡构成，读卡器由基站芯片 U2270B 及其支撑电路、主控芯片 MCU 及其支撑电路、外围接口电路（键盘、液晶、时钟和串口模块）构成。

(1)　学生考勤系统的工作原理

- 在平时，MCU 工作于低功耗状态，标签因为没有能量而处于休眠状态。
- 当按下键盘上的工作按钮时，MCU 被换醒，同时激活 U2270B 开始工作，U2270B 的两个天线端子通过线圈将能量传输给外界。
- 当有电子标签靠近读写器的线圈天线时，电子标签获得能量开始工作，并将其内部存储的信息发送到读写器中 U2270B 的输入端。
- 经过 U2270B 转换后，将信息发送给 MCU，MCU 接收到信息后将其转换成可识别的数据，最后送至液晶显示。

(2)　读写器的功能模块

- 射频模块和天线模块

发射频率是 U2270B 输出的天线驱动频率。天线端子线圈的发射频率是由线圈回路的电容和电感决定的，这个频率越接近发射频率，发射功率越强。U2270B 的天线驱动频率可以自己设定，可设定的频率是由流入 RF 端的电流决定的。可以将内部振荡频率固定在特定的频率上(典型为 125kHz)，然后通过天线驱动器的放大作用，在天线附近形成特定频率的射频场。当电子标签进入该射频场内时，由于电磁感应的作用，在标签内的天线会产生感应电势，该感应电势也是标签的能量来源。将数据写入电子标签是采用间隙的方式，即由数据“0”和“1”控制振荡器的启振和停振，并由天线产生间歇的射频场，这样完成将基站发射

的数据写入电子标签。

天线部分只涉及一个电容、一个电阻和线圈，但是各个器件的值一定要比较精确。从 U2270B 的 Coil1 和 Coil2 端口出来，经过电容、电阻和线圈可以组成一个 LC 串联谐振选频回路，该谐振回路的作用就是从众多的频率中选出有用的信号，滤除或抑制无用的信号。串联谐振电路的谐振角频率为

$$f_0 = \frac{1}{2\pi\sqrt{LC}}$$

当从 Coil1 和 Coil2 端出来的脉冲满足这一频率要求后，串联谐振电路就会起振，在回路两端产生一个较高的谐振电压，谐振电压为

$$V_L = QV_S$$

其中，V_S 为 U2270B 芯片 Coil1 和 Coil2 端之间的输出电压，Q 为谐振回路的品质因数。V_L 是线圈两端的谐振电压，一般在 200V～350V 之间，所以线圈两端的电容耐压值要高、热稳定性要好。当谐振电压达到一定的值，就会通过感应电场给电子标签供电。当电子标签进入感应场的范围内，电子标签内部的电路就会在谐振脉冲的基础上进行非常微弱的调幅调制，从而将电子标签的信息传递回 U2270B 的天线，再由 U2270B 读取。

- 电源模块

U2270B 的 V_S（电源）为内部电路提供电源，V_{EXT} 为天线和外部电路提供电压。对于 U2270B 基站，电源有 3 种设计模式：第一种是单电压供电，即 DV_S、V_{EXT}、V_S、V_{BATT} 使用一个 5V 的电源；第二种是双电压供电，即 V_S 使用 5V 电压，DV_S、V_{EXT}、V_{BATT} 使用 7V～8V 电压；第三种是电池电压供电，V_{EXT} 和 V_S 由内部电池供给，DV_S 和 V_{BATT} 使用 7V～16V 的外部电压，对于这种供电方式，U2270B 的低功耗模式是可供选择的。

- 数据输入与输出模块

这里所讲的数据输入指的是 U2270B 从天线回路读回的数据。基站从电子标签读入的是经过载波调制后的信号，它通过电容耦合输入到 INPUT 输入端，经过低通滤波器、放大器、施密特触发器等几个环节后，在 OUTPUT 端输出解调后的信号。需要注意的是，OUTPUT 端输出的信号只是经过了解调，并没有解码。解码任务要通过单片机编程来完成。

13.3.3　汽车防盗系统的读写器

汽车防盗装置应具有无接触、工作距离大、精度高、信息收集处理快捷和环境适应性好等特点，以便加速信息的采集和处理。射频识别以非接触、无视觉和高可靠的方式传递特定的识别信息，适合用于汽车防盗装置，能够有效地达到汽车防盗的目的。

(1) 防盗系统的工作原理

汽车防盗装置的基本原理是将汽车启动的机械钥匙与电子标签相结合，也就是将小型电

子标签直接装入到钥匙把手内，当一个具有正确识别码的钥匙插入点火开关后，汽车才能用正确的方式进行启动。该装置能够提供输出信号控制点火系统，即使有人以破坏的方式进入汽车内部，也不能通过配制钥匙启动汽车。

一个典型的汽车防盗系统由电子标签和读写器两部分组成。电子标签是信息的载体，应置于要识别的物体上或由个人携带；读写器可以具有读或读写的功能，这取决于系统所用电子标签的性能。

(2) 防盗系统的组成

该系统的读写器主要由读写电路（采用芯片 U2270B）、单片机（AT89S51）、语音报警电路、电源监控电路、存储接口电路、汽车发动机电子点火系统和键盘构成。其中，语音报警电路以美国 ISD 公司生产的语音合成芯片 ISD2560 为核心，该芯片采用 EEPROM 将模拟语音信号直接写入存储单元中，无需另加 A/D 或 D/A 变换来存放或重放。如果电子标签里面的密钥正确，单片机就发出正确的信号给汽车电子点火系统，汽车才可以启动，此时语音报警电路不工作；如果有人非法配置钥匙启动汽车，单片机就发出信号给语音系统，语音系统会立刻发出报警声音。IC 卡发射的数据由基站天线接收后，由 U2270B 处理后经基站的 Output 脚把得到的数据流发给 AT89S51 的输入口。这里基站只完成信号的接收和整流的工作，而信号解码的工作要由 MCU 完成，MCU 根据输入信号在高电平、低电平的持续时间来模拟时序进行解码操作。汽车防盗系统的基本组成如图 13-10 所示。

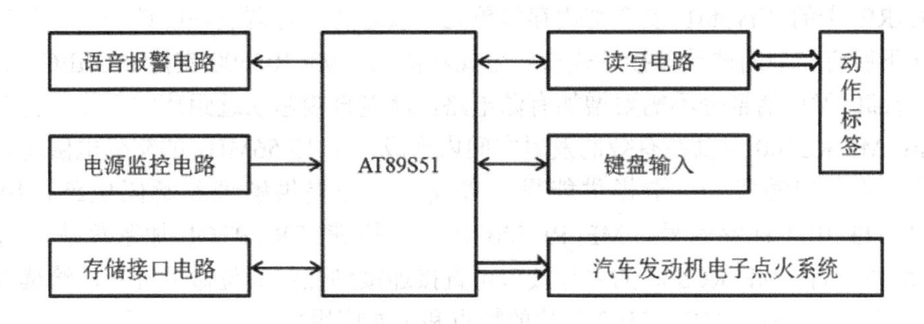

图13-10 汽车防盗系统的电路基本组成

(3) 硬件电路设计

在 U2270B 用于汽车防盗系统时，一方面负责向电子标签传输能量、交换数据，另一方面负责电子标签与单片机之间的数据通信。汽车防盗系统的硬件电路如图 13-11 所示。

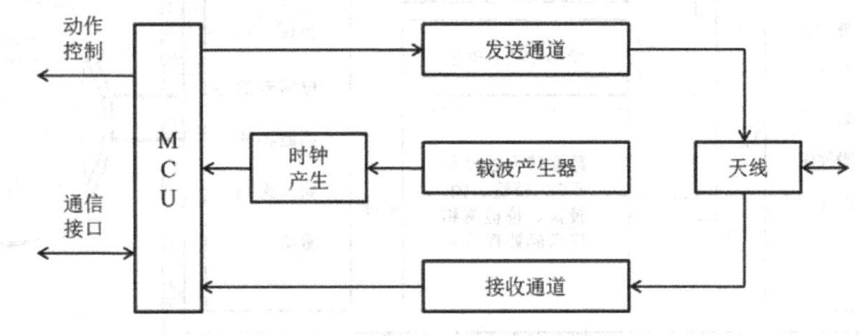

图13-11 汽车防盗系统的硬件电路

- 发送通道。对载波信号进行功率放大；向电子标签传送操作命令及写数据。
- 接收通道。接收电子标签传送至读写器的响应及数据。

- 载波产生器。采用晶体振荡器，产生所需频率的载波信号。
- 时钟产生电路。通过分频器形成工作所需的各种时钟。
- 微控制器（MCU）。这是读写器工作的核心，完成收发控制、向电子标签发命令及写数据、数据读取与处理、与高层处理应用系统的通信等工作。
- 天线。与电子标签形成耦合交连。

(4)　软件系统设计

软件系统设计包括读卡软件设计、写卡软件设计、语音报警程序设计和串行通信程序设计等。

13.4　高频读写器

高频读写器主要工作在 13.56MHz，典型的应用有我国第二代身份证、电子车票和物流管理等。下面以 MF RC500 芯片为例，介绍高频读写器的构成和主要应用。

13.4.1　MF RC500 芯片

Philips 公司的 MF RC500 芯片主要应用于 13.56MHz，是非接触、高集成的 IC 读卡芯片。MF RC500 包括微控制器接口单元、模拟信号处理单元、ISO14443A 规定的协议处理单元和 MIFARE 卡的 Crypto1 安全密钥存储单元，该芯片具有调制和解调功能，并集成了在 13.56MHz 下所有类型的被动非接触式通信方式和协议。MF RC500 支持 ISO/IEC 14443A 所有的层；内部的发送器部分不需要增加有源电路，就能直接驱动近距离的天线，驱动距离可达 100mm；MF RC500 可以在有效的发射空间内形成一个 13.56MHz 的交变电磁场，为处于发射区域内的非接触式 IC 卡提供能量；接收器部分提供解调和解码电路，用于兼容 ISO/IEC 14443 电子标签信号。MF RC500 还支持快速 CRYPTOI 加密算法，用于验证 MIFARE 系列产品。MF RC500 的并行接口可直接连接到任何 8 位微处理器，给读卡器的设计提供了极大的灵活性。MF RC500 芯片的特点和主要应用如图 13-12 所示。

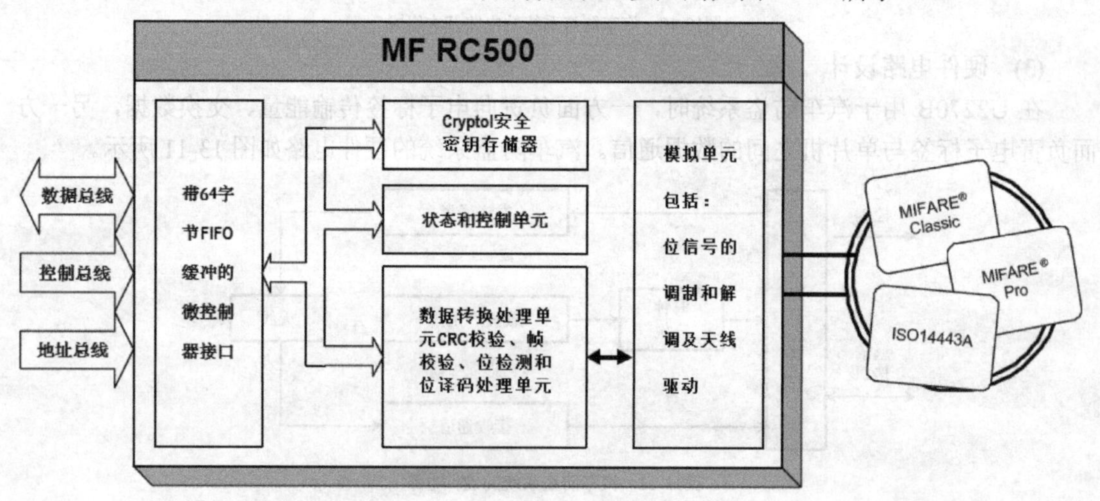

图13-12　MF RC500 芯片的特点和主要应用

(1) MF RC500 芯片的特性

MF RC500 的内部包括并行微控制器双向接口、FIFO 缓冲区、中断、数据处理单元、状态控制单元、安全和密码控制单元、模拟电路接口及天线接口。MF RC500 的外部接口包括数据总线、地址总线、控制总线(包含读写信号和中断等)和电源等。

MF RC500 的并行微控制器接口自动检测连接的 8 位并行接口的类型。它包含一个易用的双向 FIFO 缓冲区和一个可配置的中断输出，具有 64 个字节的先进先出（FIFO）队列，可以和微控制器之间高速传输数据，为连接各种 MCU 提供了很大的灵活性，即使采用成本非常低的器件，也能满足高速非接触式通信的要求。

数据处理部分执行数据的并行-串行转换，支持包括 CRC 校验和奇偶校验。MF RC500 以完全透明的模式进行操作，因而支持 ISO/IEC 14443A 的所有层。状态和控制部分允许对器件进行配置以适应环境的影响，并将性能调节到最佳状态。当与 MIFARE Standard 和 MIFARE 通信时，使用高速 CRYPTOI 流密码单元和一个可靠的非易失性密钥存储器。

模拟电路包含一个具有阻抗非常低的桥驱动器输出的发送部分，这使得最大操作距离可达 100mm，接收器可以检测到并解码非常弱的应答信号。片内的模拟单元带有一定的天线驱动能力，能够将数字信号处理单元的数据信息调制并发送到天线中。读卡器发送给射频卡的数据在调制前采用米勒编码，而从射频卡到读卡器的数据采用曼彻斯特编码。

由 MF RC500 芯片构成的读写器如图 13-13 所示。

图13-13 由 MF RC500 芯片构成的读写器

(2) MF RC500 芯片引脚的功能

MF RC500 芯片如图 13-14 所示。MF RC500 芯片的主要引脚如图 13-15 所示。MF RC500 芯片引脚的功能如表 13-2 所示。

图13-14 MF RC500 芯片

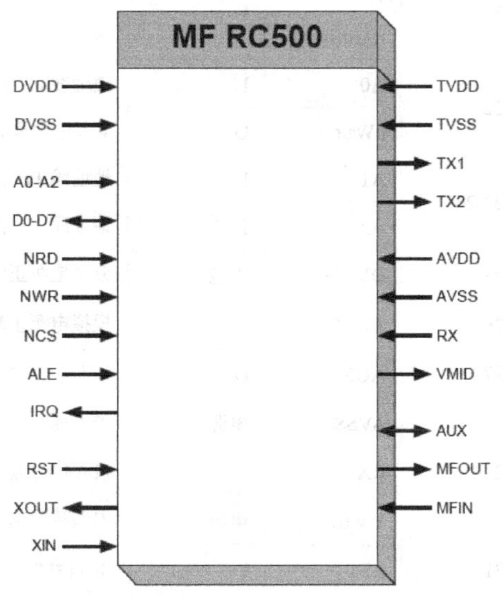

图13-15 MF RC500 芯片的主要引脚

表 13-2　MF RC500 芯片引脚的功能

引脚号	引脚名	类型	功能描述
1	XIN	输入（I）	晶振输入端，可外接 13.56MHz 石英晶体，也可作为外部时钟（13.56MHz）信号的输入端
2	IRQ	输出（O）	中断请求输出端
3	MFIN	I	MIFARE 接口输入端，可接收带有副载波调制的曼彻斯特码或曼彻斯特码串行数据流
4	MFOUT	O	MIFARE 接口输出端，用于输出来自芯片接收通道的带有副载波调制的曼彻斯特码或曼彻斯特码流，也可以输出来自芯片发送通道的串行数据 NRZ 码或修正密勒码流
5	TX1	O	发送端 1，发送 13.56MHz 载波或已调制载波
6	TVDD	电源	发送部分电源正端，输入 5V 电压，作为 TX1 和 TX2 驱动输出级电源电压
7	TX2	O	发送端 2，功能同 TX1
8	TVSS	电源	发送部分电源地端
9	NCS	I	片选，用于选择和激活芯片的微控制器接口，低有效
10	NWR	I	选通写数据（D0～D7），进入芯片寄存器，低有效
	R/NW	I	在一个读或写周期完成后，选择读或写，写为低
	nWrite		在一个读或写周期完成后，选择读或写，写为低
11	NRD	I	读选通端，选通来自芯片寄存器的读数据（D0～D7），低有效
	NDS		数据读选通端，为读或写周期选通数据，低有效
	nDStrb		同 NDS
12	DVSS	电源	数字地
13-20	D0～D7	I/O	8 位双向数据线
	AD0～AD7	I/O	8 位双向地址/数据线
21	ALE	I	地址锁存使能，锁存 AD0～AD5 至内部地址锁存器
	nAStrb		地址选通，为低时选通 AD0～AD5 至内部地址锁存器
22	A0	I	地址线 0，芯片寄存器地址的第 0 位
	nWait	O	等待控制器，为低时开始一个存取周期，结束时为高
23-24	A1	I	地址线 1，芯片寄存器地址的第 1 位
	A2	I	地址线 2，芯片寄存器地址的第 2 位
25	DVDD	电源	数字电源正端，5V
26	AVDD	电源	模拟电源正端，5V
27	AUX	O	辅助输出端，可提供有关测试信号输出
28	AVSS	电源	模拟地
29	RX	I	接收信号输入，天线电路接收到 PICC 负载调制信号后送入芯片的输入端
30	VMID	电源	内部基准电压输出端，该引脚需接 100nF 电容至地
31	RST	I	Reset 和低功耗端，引脚为高电平时芯片处于低功耗状态，下跳变时为复位状态
32	XOUT	O	晶振输出端

13.4.2 基于 MF RC500 芯片的读写器

(1) 基于 MF RC500 和 AT89S51 的读写器系统

根据 RFID 原理和 MF RC500 的特性，可设计基于 MF RC500 芯片和 AT 89S51 单片机的 RFID 读写器系统，结构框图如图 13-16 所示。

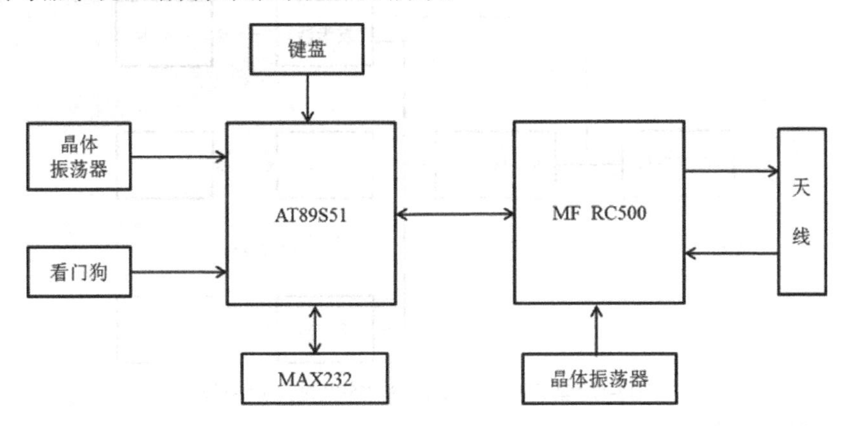

图13-16 基于 MF RC500 和 AT89S51 的读写器构成框图

- 系统硬件设计

系统主要由 MF RC500、AT89S51、晶体振荡器、看门狗、MAX232 和矩阵键盘等组成。系统先由 MCU 控制 MF RC500，驱动天线对 MIFARE 卡（也即电子标签）进行读写操作；然后与 PC 通信，把数据传给上位机。主控电路采用 AT89S51，AT89S51 的开发简单、快捷，运行稳定。采用 ATMEL 的 AT24C256 型、具有 I^2C 总线的 EEPROM 存储系统的数据。为了防止系统“死机”，使用 MAX813 作为看门狗来实现系统上电复位、按键热重启和电压检测等。与上位机的通信采用 RS232 方式的 MAX232，整个系统由 9V 电源供电，再由稳压模块稳压成 5V 的电源。

- 系统天线设计

为了驱动天线，MF RC500 通过 TX1 和 TX2 提供 13.56MHz 的载波。根据寄存器的设定，MF RC500 对发送数据进行调制来得到发送的信号。天线接收的信号经过天线匹配电路送到 MF RC500 的 RX 脚。MF RC500 的内部接收器对信号进行检测和解调，并根据寄存器的设定进行处理，然后将数据发送到并行接口，由微控制器进行读取。

一般天线的设计要达到天线线圈的电流最大、功率匹配和足够的带宽，以最大程度地利用产生磁通的可用能量，并无失真地传送用数据调制的载波信号。天线是有一定负载阻抗的谐振回路，读写器又具有一定的源阻抗，为了获得最佳性能，必须通过无源的匹配回路将线圈阻抗转换为源阻抗，这样通过同轴线缆即可无损失地将功率从读写器传送出去。

- 系统工作流程

对 MF RC500 的控制通常是通过读写 MF RC500 的寄存器实现的。MFRC500 共有 64 个寄存器，分为 8 个寄存器页，每页 8 个，每个寄存器都是 8 位。单片机将这些寄存器作为片外 RAM 进行操作，要实现某个操作，只需将该操作对应的代码写入对应的地址。当对应的电子标签进入读写器的有效范围时，电子标签耦合出能量，并与读写器建立通信。

(2) 基于 MF RC500 和 P89C58BP 的读写器系统

根据 RFID 原理和 MF RC500 的特性，还可以设计基于 MF RC500 芯片和 P89C58BP 单片机的 RFID 读写器系统。该系统由 MIFARE 卡、发卡器、读卡器和 PC 管理机组成，其中，MIFARE 卡存放身份号（PIN）等相关数据，由发卡器将密码和数据一次性写入。该系统如图 13-17 所示。

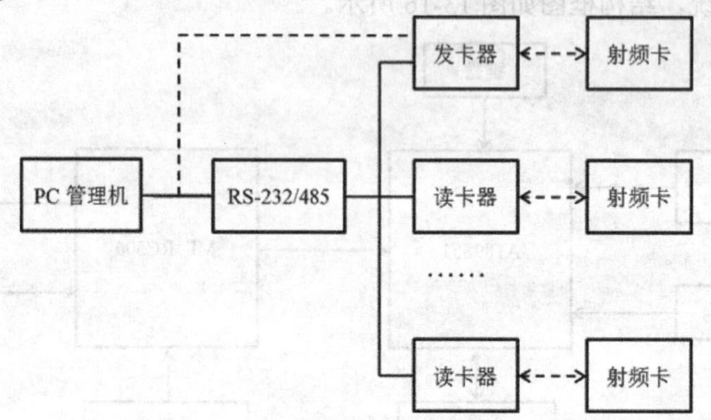

图13-17　基于 MF RC500 和 P89C58BP 的读写器系统

- 发卡器和读卡器

发卡器实际上是一种通用写卡器，直接与 PC 机的 RS-232 串行口相连，或经过 RS-485 网络间接与 PC 机相连。发卡器由系统管理员管理，通过 PC 设置或选择好要写入的数据，发出写卡命令，完成对 MIFARE 卡的数据及密码写入。

与读卡器不同，发卡器往往处于被动地位，不主动读写进入射频能量范围内的射频卡，而是必须接收 PC 的命令才操作，即必须联机才能工作。读卡器是主动操作的，读卡器往往可以脱离 PC 工作，只要有非接触式 IC 卡进入读卡器天线的能量范围，读卡器便可读写卡中相关指定扇区的数据。

- 读卡器硬件系统

发卡器与读卡器在硬件设计上大同小异，都是由单片机控制读写芯片（MF RC500），再加上一些必要的外围器件组成。读卡器的硬件组成如图 13-18 所示。

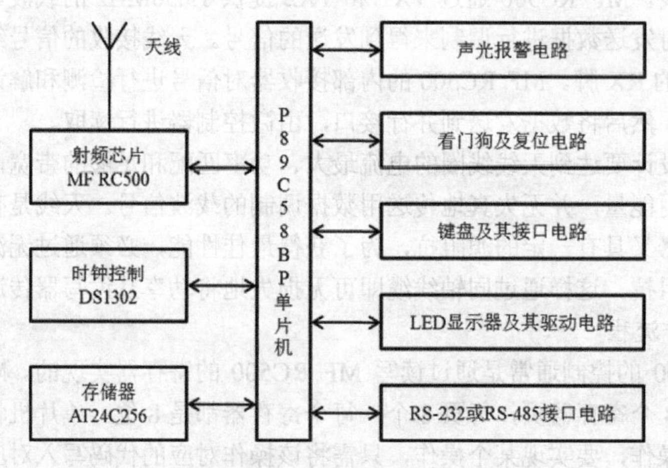

图13-18　基于 MF RC500 和 P89C58BP 的读卡器硬件组成

读卡器用 MF RC500 芯片作为单片机与射频标签通信的中介，P89C58BP 单片机作为主控制器，74HC595 作为显示驱动器驱动 LED 数码显示器，PS/2 总线作为通用编码键盘接口，键盘与 LED 显示器作为人机交互接口，AT24C256 串行 E2PROM 作为数据存储器，DS1302 串行时钟芯片作为硬件实时时钟，MAX232 或 MAX485 作为串口信号转换，DS1232 作为看门狗定时器。当有卡进入并读卡成功时，指示灯闪动一下，喇叭叫一声。

MIFARE 卡进入距离读卡器天线 100mm 内，读卡器就可以读到 MIFARE 卡中的数据。读卡器读到 MIFARE 卡中的数据后，系统单片机要将所读的数据及刷卡的时间一起存入存储器 AT24C256，并在 LED 显示器上显示卡的数据。没有卡进入读卡器工作范围时，系统读出实时时钟芯片中的时间，在显示器上显示当前时间。主控器 P89C58BP 内部有 32KB 的 Flash 存储器，256 字节 RAM，可反复擦写、修改程序。同时，由于外部不用扩展程序存储器，可以简化电路设计，减小读卡器的尺寸，同时有较多的 I/O 口提供给系统使用。

13.5 微波读写器

微波 RFID 系统是目前射频识别研发的核心，也是物联网的关键技术。微波 RFID 常见的工作频率是 433MHz、860/960MHz、2.45GHz 和 5.8GHz。微波 RFID 系统可以同时对多个电子标签进行操作，主要应用于需要较长的读写距离和高读写速度的场合。

13.5.1 微波 RFID 系统射频前端的一般结构

微波 RFID 系统与电感耦合式 RFID 系统在射频频率的形成上有着不同的工作原理。微波 RFID 读写器射频前端的一般结构如图 13-19 所示。为了将自身的发射信号与微弱的电子标签反向散射信号区分开，在微波 RFID 读写器中安装有定向耦合器。

微波 RFID 的射频频率不能直接由石英振荡器产生。石英振荡器产生的频率较低，首先在这个较低的频率上进行调制，然后通过上变频混频器产生射频频率，最后经输出级放大后传输到天线。混频时，调制可以被保留。另外，上变频混频器也可以由倍频器代替。

在接收通道，情况是相反的。接收的信号被放大后，通过微波接收器将信号频率降低，然后通过解调器得到接收数据。

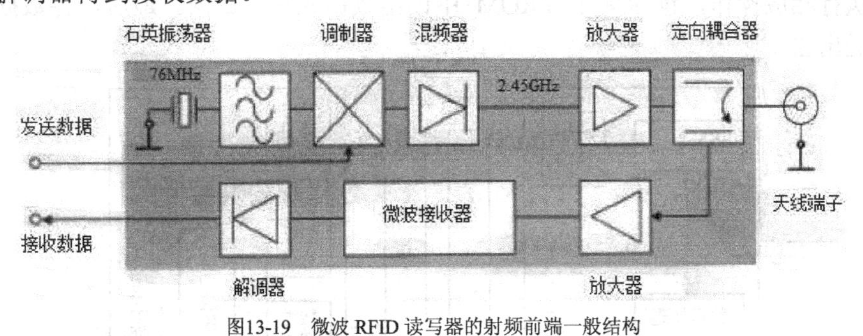

图13-19 微波 RFID 读写器的射频前端一般结构

13.5.2 用于声表面波标签的微波读写器

在声表面波（SAW）标签的识别中，由读写器天线发出的短电磁脉冲会被 SAW 标签的天线所接收，并在压电晶体上转换成表面波。表面波被 SAW 标签上的反射器反射后，会产

生大量的脉冲，SAW 标签的天线将这些脉冲作为应答信号再发射出去。由于压电晶体中的表面波传输有时延，读写器能够区分来自 SAW 标签的信号与来自周围的干扰反射。

用于识别 SAW 标签的读写器电路框图如图 13-20 所示。振荡器为高频源，而且它还带有谐振器。利用高速高频开关，从振荡器中产生 80ns 的高频脉冲，然后通过功率放大器将其放大到 36dBm（峰值 4W），并通过读写器天线发射出去。读写器天线接收 SAW 标签的反射脉冲并进行低噪声放大，然后通过正交解调器进行解调，得到两个互相正交的分量（I 和 Q），利用它们就能确定 SAW 标签的信息。

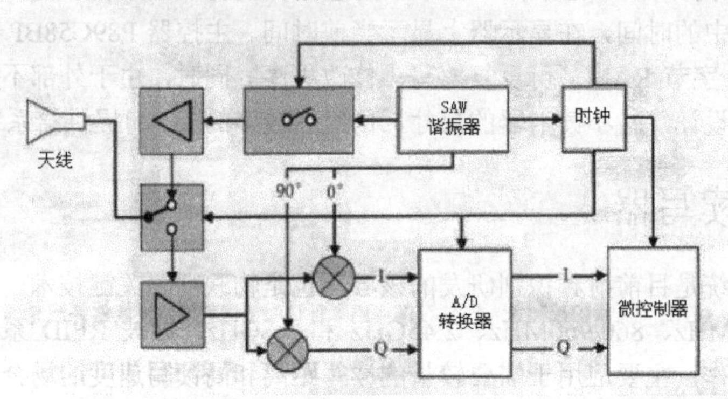

图13-20　用于 SAW 标签的读写器电路框图

13.5.3　微波读写器的一个实例

读写器的工作频率为 915MHz，该读写器是基于无源反射调制技术和模块化设计原理的 RFID 读写器，工作距离长达 10m。

(1) RFID 系统构成

这是无源 RFID 系统，由读写器和电子标签组成，如图 13-21 所示。当电子标签进入读写器的能量场，电子标签的能量检测电路将射频信号转化为直流信号，供其工作。同时，芯片内部的数据解调部分从接收到的射频信号中解调出数据并送到控制逻辑。控制逻辑负责分析数据并执行相应操作，包括从 EPPROM 中读出数据或写入数据。最后，将数据调制后通过天线发送出去。

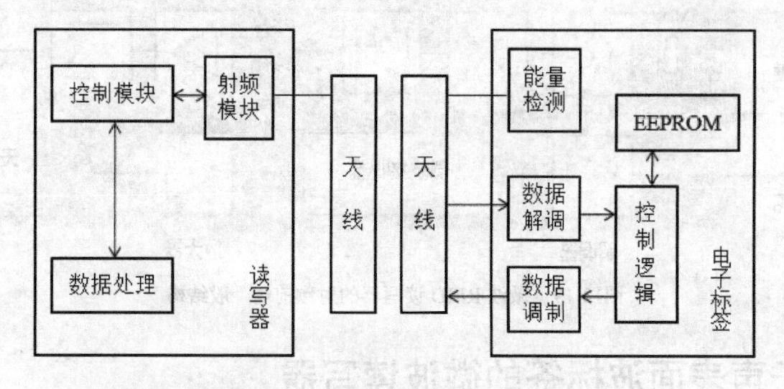

图13-21　UHF 频段 RFID 系统框图

(2) 读写器的硬件结构

915MHz 读写器主要由天线、射频模块和主控模块 3 部分组成。射频模块由发送部分和接收部分构成，发送部分产生射频信号及射频能量，并提供给无源电子标签；接收部分对天线接收的反射调制信号进行解调、放大及滤波。主控模块控制与电子标签的通信过程，控制与应用软件的通信，并执行应用软件发来的命令。

- 数字锁相环技术

在射频部分，采用晶体振荡器和压控振荡器以全数字锁相环的形式产生 915MHz 射频信号。传统的锁相环由模拟电路实现，而全数字锁相环与传统的模拟电路实现方法相比，具有精度高且不受温度和电压影响、环路带宽和中心频率编程可调、易于构建高阶锁相环等优点，并且在数字应用系统中不需要 A/D 及 D/A 转换。

- 信号接收

天线接收的反射调制信号经过定向耦合器到接收通路，检波后的信号通过差动放大、低通滤波器、运算放大后，进行 A/D 转换送至主控模块进行解码。

读写器进行读写操作时，读写器与电子标签的距离不是固定不变的。如果读写器与电子标签距离近，读写器接收到的反射调制信号较强；如果读写器与电子标签距离远，读写器接收到的反射调制信号就较弱。为了在读写器的工作距离内得到稳定可靠的接收数据，需要对 A/D 转换之前的运算放大器进行放大倍数控制，较弱的接收信号需要较大的放大倍数。为了保持接收信号的稳定，采用了移动终端功率控制方案：反射信号变强，降低接收通路的放大倍数；反之，反射信号变弱，提高其放大倍数。采用对数放大器对反射调制信号进行电平检测，然后输入到主控模块进行算法分析，输出控制信号改变末级运算放大器的反馈电阻大小，即可实现运算放大器的放大倍数自动控制，进而实现 A/D 转换前信号幅度的稳定。

- 主控模块

主控模块的核心处理器为数字信号处理器（Digital Signal Processing，DSP），该 DSP 芯片运算速度为 50MIPS（MIPS：每秒执行百万条指令），片内有 10K 字节双向访问 RAM，支持 64K 字的数据空间和 64K 字的程序空间，能够满足射频识别系统的要求。实际系统中，扩展了 64K 字的 SRAM，但因 DSP 最多支持外部扩展 64K 字的数据空间，因此模拟 CE 控制信号由 DSP 通过 CPLD 中的逻辑电路控制，从而决定选择 SARM 的高地址段 64K 字的存储空间还是低地址字段的存储空间。这样，在 DSP 外扩数据空间要求的基础上又增加了宝贵的存储资源。除了 SRAM，还配置了 64K 字的 FLASH ROM，以满足 DSP 引导装入程序的需要。

主控模块的硬件框图如图 13-22 所示，本系统采用复杂可编程逻辑器件（Complex Programmable Logic Device，CPLD）完成整个系统的逻辑电路设计。

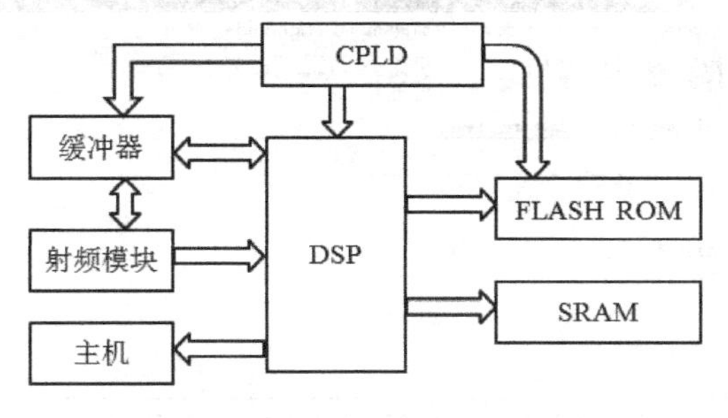

图13-22　915MHz 读写器的主控模块框图

13.5.4 射频电路与 ADS 仿真设计

ADS（Advanced Design System）由美国安捷伦（Agilent）公司开发，是当前射频和微波电路设计的首选工程软件，可以支持从模块到系统的设计。ADS 可实现包括时域和频域、线性和非线性、电路和电磁等多种仿真手段，并可对设计结果进行成品率分析和优化，从而提高了复杂电路的设计效率。现在射频和微波电路的设计越来越复杂，指标要求越来越高，而设计周期却越来越短，这要求设计者使用电子设计自动化（EDA）软件工具。在深入理解射频和微波电路理论的基础上，结合 EDA 技术软件工具（如 ADS 软件）进行设计，是通向射频和微波电路设计成功的最佳路线。

(1) 启动 ADS

启动 ADS 软件后，首先出现图 13-23 所示的画面，接着系统自动弹出 ADS 主视窗，主视窗的出现标志着可以使用 ADS 软件了。

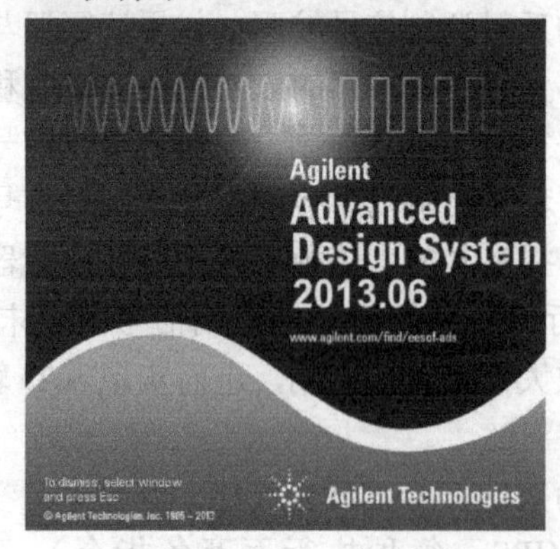

图13-23　进入 ADS 软件标志

(2) ADS 的 4 种工作视窗

ADS 软件主要有 4 种工作视窗，分别为主视窗、原理图视窗、版图视窗和数据显示视窗，分别可以完成文件管理、原理图设计、版图设计和仿真数据显示等功能。启动 ADS 后，首先自动弹出主视窗，由主视窗可以进入原理图视窗、版图视窗和数据显示视窗。

- 主视窗。ADS 主视窗是进入和退出 ADS 系统的桥梁。在主视窗上不能做任何射频电路的设计工作，主视窗主要用于浏览文件和管理项目。主视窗如图 13-24 所示。

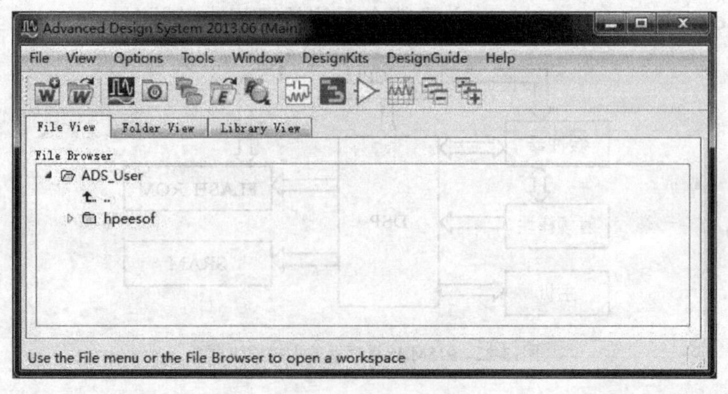

图13-24　ADS 主视窗

- 原理图视窗。原理图视窗提供了设计、编辑和仿真原理图的环境，它是进行电路设计时使用最多的视窗。原理图视窗如图 13-25 所示。作为一个例子，这里给出一个在原理图视窗上设计微带线分支定向耦合器的设计案例，如图 13-26 所示。

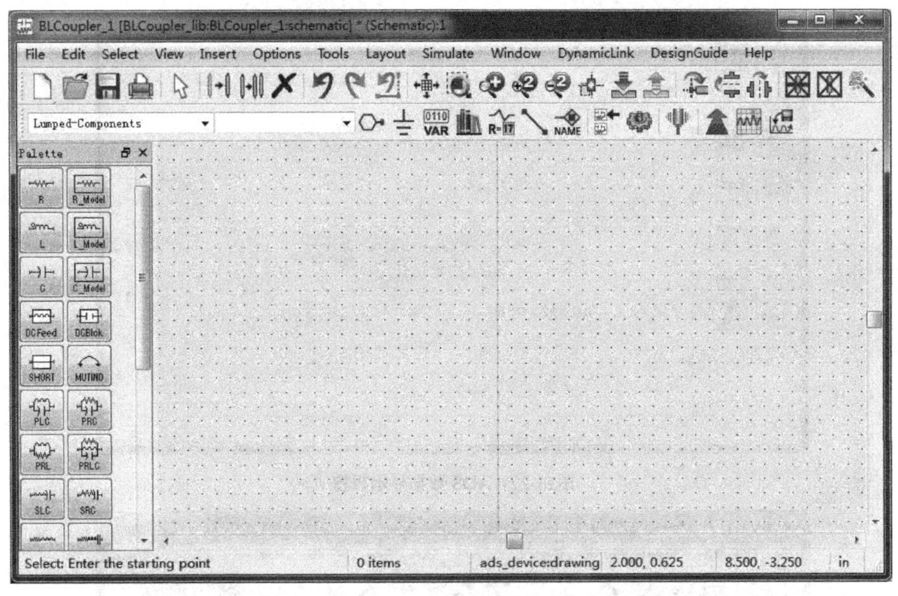

图13-25 ADS 原理图视窗

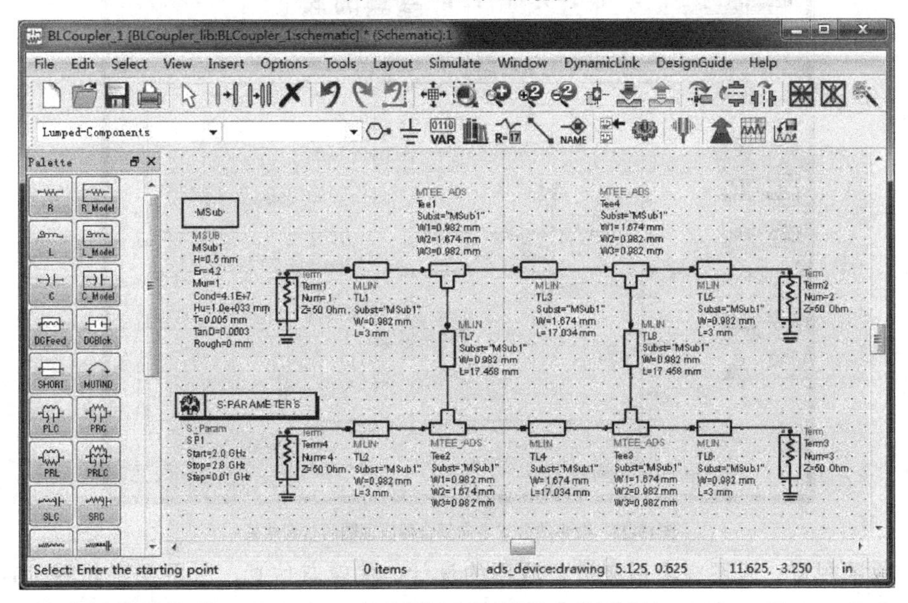

图13-26 在原理图视窗上设计微带线分支定向耦合器

- 数据显示视窗。当完成设计仿真后，可以在数据显示视窗显示仿真结果。数据显示视窗如图 13-27 所示。图 13-26 中在原理图视窗设计的微带线分支定向耦合器，其仿真数据结果可以在数据显示视窗中给出，如图 13-28 所示。

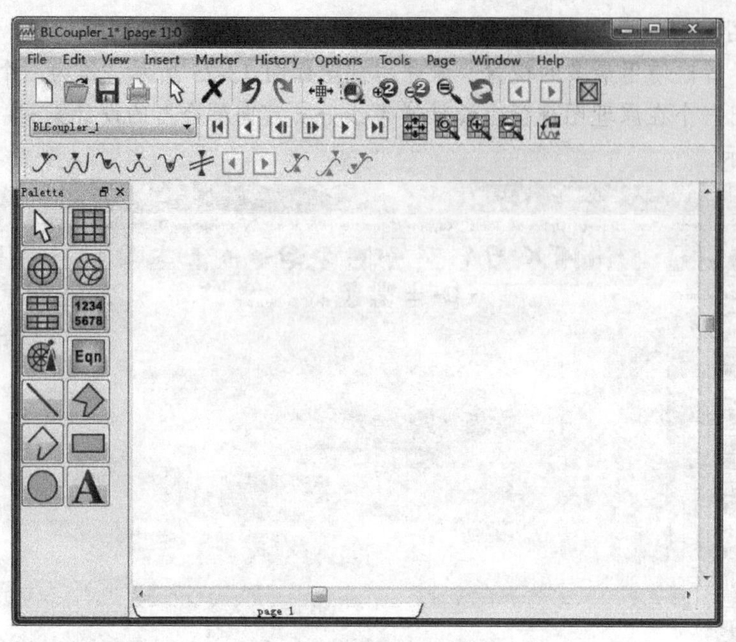

图13-27　ADS 数据显示视窗

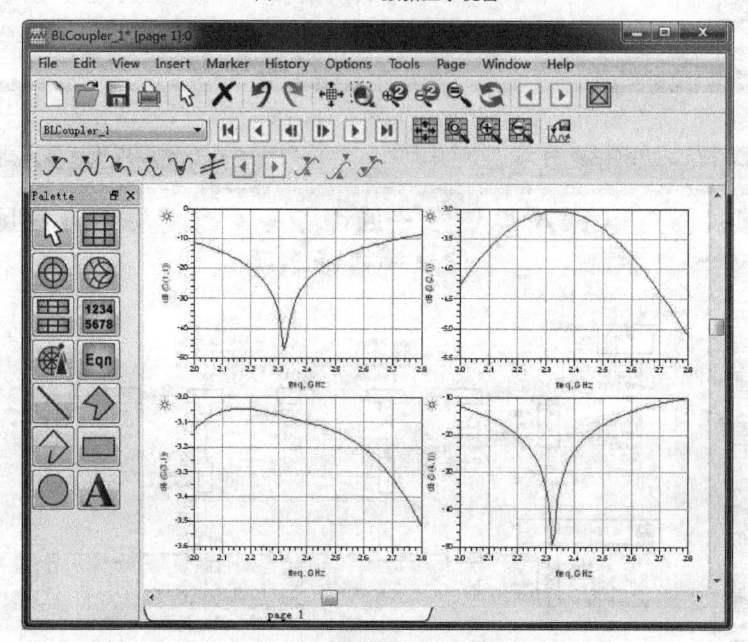

图13-28　微带线分支定向耦合器原理图的仿真结果

- 版图视窗。版图视窗用来进行版图的设计、编辑与仿真，版图视窗如图 13-29 所示。电路设计时，一般首先给出原理图设计，然后再将原理图设计转换为版图设计。图 13-26 中在原理图上设计的微带线分支定向耦合器，对应的版图设计如图 13-30 所示。

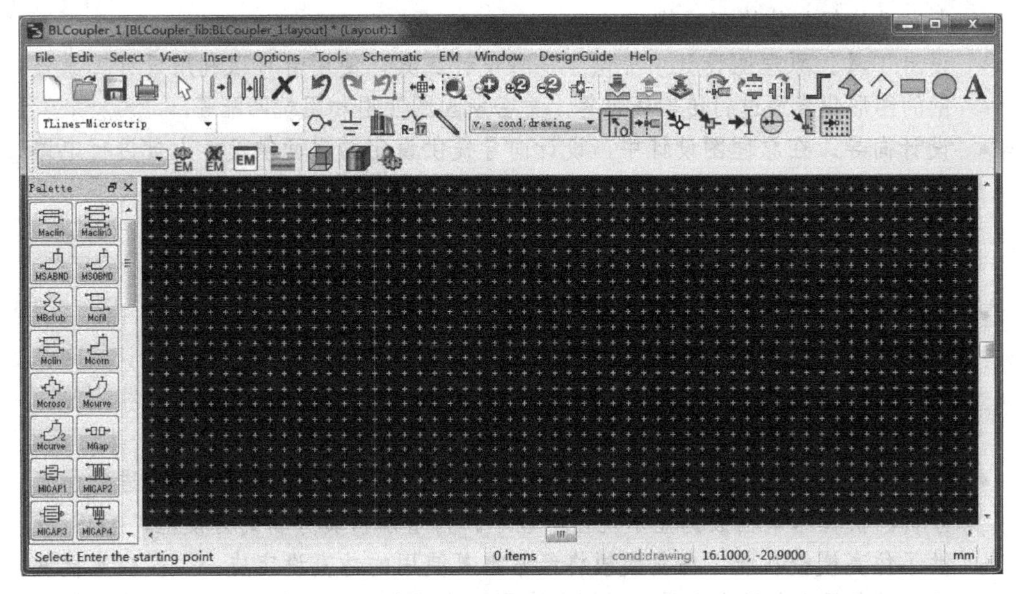

图13-29 ADS版图视窗

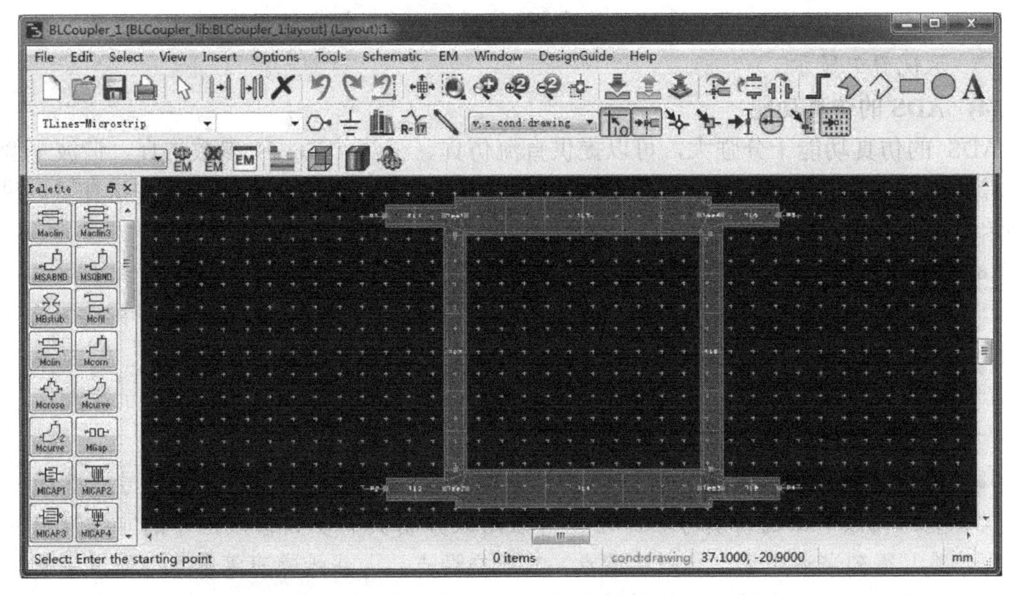

图13-30 版图视窗中的微带线分支定向耦合器

(3) ADS的设计功能

ADS可以提供原理图设计和版图设计。ADS不仅提供了从无源到有源、从器件到系统的设计面板，而且提供设计工具、设计向导和设计指南等。

- 设计面板。原理图设计中提供了60多类元件面板，每个元件面板上有几个到几十个不等的元件，使用者利用元件面板上提供的元部件可以进行设计。这些面板包括时域源、频域源、调制源等各种类型源的面板，微带线、带状线等各种类型传输线的面板，集总参数元件、分布参数元件等各种无源器件的面板，砷化镓器件、晶体管器件等各种有源器件的面板，滤波器、放大器、混频器等

各种系统级部件的面板等。

- 设计工具。原理图设计中提供了多种设计工具，使用者可以利用设计工具提供的图形化界面进行传输线计算、史密斯圆图使用和阻抗匹配等。
- 设计向导。在原理图设计中，设计向导提供设定的界面供设计人员进行电路分析与设计，使用者可以利用图形化界面设定参数，设计向导会自动完成电路响应模型。ADS 提供的设计向导包括负载电路设计向导、滤波器设计向导、放大器设计向导、混频器设计向导和振荡器设计向导等。
- 设计指南。设计指南以范例与指令说明的形式示范电路的设计流程，使用者可以利用这些范例学习如何利用 ADS 高效地进行电路设计。ADS 设计指南包括 GSM 设计指南、WLAN 设计指南、CDMA 设计指南和 RFIC 设计指南等。使用者也可以建立设计指南。
- 仿真与数据显示。原理图和版图设计完成后，可以对原理图和版图进行仿真分析，仿真结果在数据显示视窗中显示。为增加仿真分析的方便性，ADS 提供了仿真模板功能，仿真模板将经常重复使用的仿真设定成一个模板直接使用，避免了重复设定所需的时间和步骤。使用者也可以建立自己的仿真模板。ADS 还可以将原理图设计转换成版图设计，版图仿真结果同样可以在数据显示视窗中显示。

(4) ADS 的仿真功能

ADS 的仿真功能十分强大，可以提供直流仿真、交流仿真、S 参数仿真、谐波平衡仿真、增益压缩仿真、电路包络仿真、瞬态仿真、预算仿真和电磁仿真等。这些仿真可以进行线性和非线性仿真、电路和系统仿真、频域时域和电磁仿真。

- 线性分析。线性分析为频域、小信号电路的仿真分析方法，可以对线性和非线性射频电路进行线性分析。在进行线性分析时，软件首先计算电路中每个元件的线性参数，如 S 参数、Z 参数、Y 参数、电路阻抗、反射系数、稳定系数、增益与噪声等，然后对整个电路进行分析和仿真，得到线性电路的幅频、相频、群时延、线性噪声等特性。
- 谐波平衡和增益压缩分析。谐波平衡和增益压缩分析为频域、大信号、非线性、稳态电路的仿真分析方法，可以用来分析具有多频输入信号的非线性电路，得到谐波失真、功率压缩点、三阶交调点、非线性噪声等参数。谐波平衡和增益压缩仿真是一个有效的频域分析工具，与时域瞬态 SPICE 仿真分析相比，谐波平衡和增益压缩仿真可以给非线性电路提供一个快速有效的分析方法。对现今频率越来越高的通信系统来说，谐波平衡和增益压缩仿真显得尤为重要，填补了时域瞬态 SPICE 仿真和小信号 S 参数仿真的不足。
- 高频 SPICE 瞬态分析。高频 SPICE 瞬态分析可以分析线性与非线性电路的瞬态响应，是一种时域的仿真分析方法。瞬态仿真是传统 SPICE 软件采用的最基本的仿真方法，SPICE 软件可以说是所有电路仿真软件的鼻祖，能够对模拟和数字电路进行仿真。但与传统 SPICE 软件相比，高频 SPICE 瞬态分析有很多优点，例如，可以直接使用频域分析模型，对微带线和分布参数滤波器等进行分析，这是因为 ADS 在仿真时可以将频域分析模型进行拉氏变换后再进行瞬态分析，因此高频 SPICE 瞬态仿真分析能够对频域模型进行分析。

- 电路包络分析。电路包络仿真可以将高频调制信号分解为时域和频域两部分进行处理，是近年来通信系统的一项标志性技术，非常适合对数字调制射频信号进行快速、全面的分析。在时域上，电路包络仿真对相对低频的调制信息用时域 SPICE 方法来仿真分析。而对相对高频的载波成分，电路包络仿真则采用类似谐波平衡法的仿真方法，在频域进行处理。这样的处理，使仿真器的速度和效率都得到了一个质的飞跃。
- 电磁仿真分析。ADS 软件采用矩量法（Momentum）等对电路进行电磁仿真分析。矩量法是一种数值计算方法，可以对微分方程和积分方程进行数值求解，因此在电磁场的数值计算中应用十分广泛。矩量法将激励和加载分割成若干个部分，并将一个泛函方程化为矩阵方程，从而得到射频电路电磁分布的数值解。如果激励和加载分割的数量越多，矩量法的电磁数值解就越精确。ADS 软件采用矩量法对版图进行电磁仿真分析，得到电路版上的寄生和耦合效应，从而对原理图的设计结果加以验证。

13.6 本章小结

读写器是读取或写入电子标签信息的设备，具有读取、显示和数据处理等功能。读写器与电子标签的所有动作均由应用软件控制。读写器遵循如下两个“主-从”原则：应用软件是主动方，读写器是从动方，读写器只对应用软件的读写指令做出反应；而相对于电子标签，读写器是主动方，电子标签只响应读写器发出的指令。

读写器一般由天线、射频模块、控制模块和接口组成。天线是用来发射或接收无线电波的装置。射频模块有两个分隔开的信号通道，分别用于往来于电子标签的两个方向的数据流。控制模块一般由微处理器和 ASIC 组件组成，微处理器是控制模块的核心部件，ASIC 组件主要用来完成逻辑加密的过程。接口用来实现控制模块与应用软件之间的数据交换。

低频读写器主要工作在 125kHz，可以用于门禁考勤、汽车防盗和动物识别等方面。U2270B 是一种常用的读写器基站芯片，可工作于 100kHz～150kHz 的范围内，与多种微控制器有很好的兼容接口，微控制器可以采用单片机 AT89C2051、单片机 AT89S51 等。

高频读写器主要工作在 13.56MHz，典型的应用有我国第二代身份证、电子车票和物流管理等。MF RC500 是一种常用的读写器基站芯片，工作于 13.56MHz，并集成了在 13.56MHz 下包括 ISO/IEC 14443 在内的所有类型的被动非接触式通信方式和协议，还支持快速 CRYPTOI 加密算法，可直接连接到任何 8 位微处理器，不需要增加有源电路就能够直接驱动近距离的天线。根据 MF RC500 的特性，可设计基于 MF RC500 芯片和单片机的 RFID 读写器系统。

微波 RFID 常见的工作频率是 433MHz、860/960MHz、2.45GHz 和 5.8GHz。微波 RFID 是物联网的关键技术，主要应用于需要较长的读写距离、同时对多个电子标签进行操作和高读写速度的场合。读写器主要由天线、射频模块和主控模块 3 部分组成，其中射频模块分为发射通道和接收通道，这与低频和高频读写器的射频模块有本质上的差别。此外，还可以采用声表面波标签的微波系统。ADS 软件适合对射频模块和系统进行仿真设计。

13.7　思考与练习

13.1　（1）读写器遵循的两个“主-从”原则是什么？（2）读写器的硬件一般由几部分组成？每部分的功能是什么？（3）读写器在设计时，分别需要考虑基本功能、应用环境、电器性能和电路设计的哪些因素？

13.2　低频读写器采用的 U2270B 芯片，射频工作频率范围是什么？数据传输速率可以达到多少？标准工作电源是多少？芯片各个引脚的功能是什么？主要应用是什么？

13.3　由 U2270B 构成的考勤系统读写器，基本工作原理是什么？简述射频模块、天线模块、电源模块、数据输入和输出模块的主要功能。

13.4　由 U2270B 构成的汽车防盗系统读写器，简述工作原理、系统构成、硬件电路设计和软件系统设计。

13.5　高频读写器采用的 MF RC500 芯片，射频工作频率是什么？支持哪种协议？对天线的驱动距离可达多少？是否支持加密算法？是否可用于验证 MIFARE 系列产品？并行接口可直接连接到多少位的微处理器？芯片的引脚有多少？芯片各个引脚的功能是什么？

13.6　基于 MF RC500 芯片和 AT89S51 单片机的 RFID 读写器系统，简述系统硬件设计、天线设计和工作流程。

13.7　基于 MF RC500 芯片和 P89C58BP 单片机的读写器系统，简述发卡器、读卡器、硬件系统和 MF RC500 芯片的组成和工作原理。

13.8　微波读写器的射频电路与低频和高频读写器有什么本质上的差别？为什么需要考虑分布参数的影响？

13.9　什么是电子设计自动化（EDA）软件工具？ADS 软件的全称是什么？

13.10　ADS 软件的 4 种主要工作视窗是什么？各种视窗主要可以完成什么功能？

13.11　ADS 软件的设计面板、设计工具、设计向导和设计指南各有什么功能？

13.12　简述 ADS 软件的线性仿真、谐波平衡仿真、增益压缩仿真、瞬态仿真、电路包络仿真和电磁仿真功能。

第14章　物联网 RFID 中间件

RFID 将与互联网和无线通信网等一起在全球编织一个庞大的物联网。这种网络格局的变革将使许多应用程序在网络环境的异构平台上运行。分布式异构的环境通常存在多种硬件系统平台，并存在各种各样的系统软件，如何把这些硬件和软件集成起来，开发出新的应用，并在网络上互通互联，是一个非常现实和困难的问题。为解决分布异构的问题，人们提出了中间件的概念。RFID 中间件是介于前端读写器与后端应用软件之间的重要环节，是 RFID 部署与运作的中枢，是 RFID 大规模应用的关键技术，也是 RFID 产业链的高端领域。

本章首先对 RFID 中间件进行概述，其次介绍 RFID 中间件的接入技术和业务集成技术，然后介绍中间件的基本结构，最后介绍 RFID 中间件实例。

14.1　RFID 中间件概述

14.1.1　中间件的概念

目前，中间件（Middleware）并没有严格的定义。人们普遍接受的定义是：中间件是一种独立的系统软件或服务程序，分布式应用系统借助这种软件，可实现在不同的应用系统之间共享资源。人们在使用中间件时，往往是一组中间件集成在一起，构成一个平台（包括开发平台和运行平台），但在这组中间件中必需要有一个通信中间件，即中间件=平台＋通信。从上面这个定义来看，中间件是由“平台”和“通信”两部分构成，这就限定了中间件只能用于分布式系统，同时也把中间件与支撑软件和实用软件区分开来。

中间件如图 14-1 所示。中间件应具有如下的一些特点。

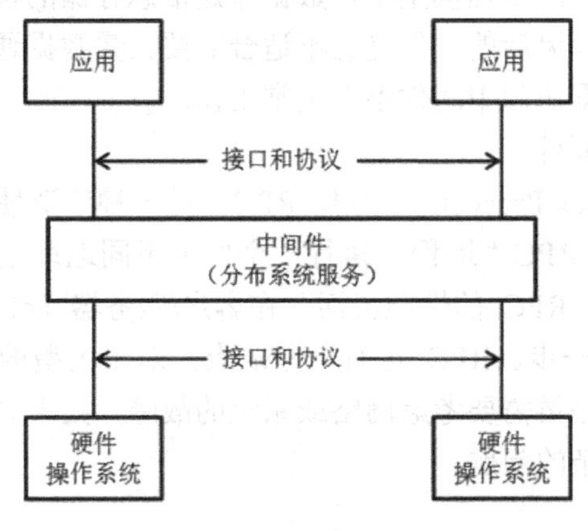

图14-1　中间件的概念

(1)　满足大量应用的需要。

(2)　运行于多种硬件和操作系统（OS）平台。

(3)　支持分布计算，提供跨网络、硬件和 OS 平台的透明性应用或服务的交互。

(4)　支持标准的协议。

(5)　支持标准的接口。

中间件是伴随着网络应用的发展而逐渐成长起来的技术体系。最初，中间件的发展驱动力是需要有一个公共的标准应用开发平台，来屏蔽不同操作系统之间的环境和应用程序编程接口（API）差异，也就是所谓操作系统与应用程序之间“中间”的这一层叫中间件。但随着网络应用的不断发展，解决不同系统之间的网络通信、安全、事务的性能、传输的可靠性、语义的解析、数据和应用的整合这些问题，逐渐变成中间件更重要的驱动因素。

中间件位于客户机服务器的操作系统之上，管理计算机资源和网络通信，分布式应用软件借助这种软件，可以连接网络上不同的应用系统，在不同的技术之间共享资源，以达到资源共享、功能共享的目的。

由于标准接口对于可移植性和标准协议对于互操作性的重要性，中间件已成为许多标准化工作的主要部分。对于应用软件开发，中间件远比操作系统和网络服务更为重要。中间件提供的程序接口定义了一个相对稳定的高层应用环境，不管底层的硬件和系统软件怎样更新换代，只要将中间件升级更新，并保持中间件对外的接口定义不变，应用软件几乎不需任何修改，从而保护了应用软件开发和维护中的重大投资。

14.1.2　RFID 中间件的分类

中间件包括的范围十分广泛，针对不同的应用需求，涌现出多种各具特色的中间件。根据中间件所起的作用和采用的技术，RFID 中间件大致分为以下几种。

(1)　数据访问中间件

数据访问中间件（Data Access Middleware）是在系统中建立数据应用资源互操作模式，实现异构环境下的数据库连接或文件系统连接，从而为网络中的虚拟缓冲存取、格式转换、解压等操作带来方便。在所有的中间件中，数据访问中间件是应用最广泛、技术最成熟的一种。不过在数据访问中间件的处理模型中，数据库是信息存储的核心单元，中间件仅完成通信的功能。这种方式虽然是灵活的，但是它不适合需要大量数据通信的高性能处理场合，而且当网络发生故障时，数据访问中间件不能正常工作。

(2)　远程过程调用中间件

远程过程调用（Remote Procedure Call，RPC）是一种广泛使用的分布式应用程序处理方法，一个应用程序使用 RPC“远程”执行一个位于不同地址空间里的过程，并且从效果上看和执行本地调用相同。RPC 的性能灵活，在客户/服务器（client/server）应用方面，比数据访问中间件又迈进了一步。RPC 也有一些缺点，对于大型的应用，同步通信方式就不是很合适了，因为此时程序员需要考虑网络或系统的故障，处理并发操作、缓存、流量控制以及进程同步等一系列复杂的问题。

(3)　面向消息中间件

面向消息中间件（Message Oriented Middleware，MOM）指的是利用高效可靠的消息传递机制，进行与平台无关的数据交流，并基于数据通信进行分布式系统的集成。通过消息传递和消息排队模型，中间件可在分布式环境下扩展进程间的通信，并支持多种通信协议、语言、应用程序、硬件和软件平台。在消息传递和排队技术方面，MOM 通信程序可在不同的时间运行，对应用程序的结构没有约束，程序与网络复杂性相隔离。

(4) 面向对象中间件

面向对象中间件（Object Oriented Middleware）是对象技术和分布式计算发展的产物，它提供一种通信机制，透明地在异构的分布式计算环境中传递对象请求，而这些对象可以位于本地或者是远程机器。

(5) 事件处理中间件

事件处理中间件是在分布、异构环境下提供保证交易完整性和数据完整性的一种环境平台，它是针对复杂环境下分布式应用的速度和可靠性要求而产生的。它给程序员提供了一个事件处理的 API，程序员可以使用这个程序接口编写高速而且可靠的分布式应用程序。事件处理中间件可向用户提供一系列服务，如应用管理、管理控制、已经应用于程序间的消息传递等服务。事件处理中间件常用的功能包括全局事件协调、事件的分布式两段提交（准备阶段和完成阶段）、资源管理器支持、故障恢复、高可靠性和网络负载平衡等。

(6) 网络中间件

网络中间件包括网管、接入、网络测试、虚拟社区和虚拟缓冲等，网络中间件也是当前研究的热点。

(7) 屏幕转换中间件

屏幕转换中间件的作用在于实现客户机图形用户接口与已有的字符接口方式的服务器应用程序之间的互操作。

14.1.3 RFID 中间件的发展历程

RFID 中间件最初只是面向单个读写器和特定的应用驱动交互程序。如今，RFID 中间件涉及应用的各个层面，涵盖从基础通信、数据访问到应用集成等众多环节，已成为射频识别应用系统开发、集成、部署、运行和管理必不可少的工具。

(1) RFID 中间件的发展阶段

- 应用程序的发展阶段。本阶段是 RFID 中间件的初始阶段。在本阶段 RFID 中间件多以整合、串接 RFID 读写器为目的。在 RFID 技术使用初期，企业需要花费许多成本去处理后端系统与读写器的连接问题，根据企业的需要，RFID 厂商帮助企业将后端系统与 RFID 读写器串接。
- 构架的发展阶段。本阶段是 RFID 中间件的成长阶段。由于 RFID 技术的应用越来越广泛，促进了国际各大厂商对 RFID 中间件的研发，大大促进了 RFID 中间件的发展，RFID 中间件不但具备了基本数据收集、过滤和处理等功能，同时也满足了企业多点对多点的连接需求，并具备了平台的管理与维护功能。
- 解决方案的发展阶段。本阶段是 RFID 中间件的成熟阶段。各厂商针对 RFID 在不同领域的应用，提出了各种 RFID 中间件的解决方案，企业只需通过 RFID 中间件就可以将原有的应用系统快速地与 RFID 系统连接，实现对 RFID

系统的可视化管理。

(2) RFID 中间件从传统模式向网络服务模式的发展趋势

在支持相对封闭、静态、稳定、易控的企业网络环境中的企业计算和信息资源共享方面，传统中间件取得了巨大成功。但在新时期以开放、动态、多变的互联网为代表的网络技术冲击下，传统中间件显露出了固有的局限性，如功能较为专一化，产品和技术之间存在着较大的异构性，跨互联网的集成和协同工作能力不足，僵化的基础设施缺乏随需应变能力等。传统中间件在互联网计算带来的巨大挑战面前已经显得力不从心。

中间件技术的发展方向是：聚焦于消除信息孤岛，推动无边界信息流，支撑开放、动态、多变的互联网环境中的复杂应用系统，实现对分布于互联网之上的各种自治信息资源（计算资源、数据资源、服务资源、软件资源）的简单、标准、快速、灵活、可信、高效能及低成本的集成、协同和综合利用，提高组织 IT 基础设施的业务敏捷性，降低总体运维成本，促进 IT 与业务之间的匹配。

随着 RFID 应用向规模化、灵活化方向的不断深入，商业模式的创新让 RFID 应用变得更加灵活，从而满足了更快响应的需求。一方面，服务架构（SOA）、网格技术将与 RFID 中间件技术逐渐融合，突破了应用程序之间沟通的障碍，实现了商业流程自动化；另一方面，为解决大规模应用中对企业机密、个人隐私等关键信息的保护，更可靠和更高效的安全技术将成为 RFID 中间件技术发展的另一个重点。

14.1.4　RFID 中间件的特征与作用

(1)　中间件的特征

- 多种构架。RFID 中间件可以是独立的，也可以是非独立的。非独立中间件将 RFID 技术纳入其现有的中间件产品中，RFID 技术作为中间件可选的子项。
- 数据流。RFID 中间件的主要目的在于将实体对象转换为信息环境下的虚拟对象，因此数据处理是 RFID 中间件最重要的特征。RFID 中间件具有数据收集、过滤、整合与传递等特性，以便将正确的信息传到企业后端的应用系统。在 RFID 中间件从 RFID 读写器获取大量的突发数据流或连续的标签数据时，需要除去重复数据，过滤垃圾数据，或者按照预定的数据采集规则对数据进行效验，并提供可能的警告信息。
- 过程流。RFID 中间件采用程序逻辑及存储再传送（Store-and-forward）的功能，来提供顺序的消息流，具有数据流设计与管理的能力。
- 支持多种编码标准。目前国际上有关机构和组织提出了多种编码方式，但尚未形成统一的 RFID 编码标准体系。RFID 中间件应具有支持各种编码标准的能力，并具有进行数据整合与集成的能力。
- 状态监控。RFID 中间件还可以监控连接到系统中的 RFID 读写器的状态，并自动向应用系统汇报。该项功能十分重要，对于分布在不同地点的多个 RFID 应用系统，通过视觉或人工监控读写器状态都是不现实的。设想在一个大型仓库里，多个不同地点的 RFID 读写器自动采集系统信息，如果某台读写器状态错误或连接中断，那么在这种情况下，及时准确的汇报就能够快速地确定出错位置。在理想情况下，监控软件还能够监控读写器以外的其他设备，如在系统中同时应用的条码读写器或者智能标签打印机等。

- 安全功能。通过安全模块可完成网络防火墙功能，保证数据的安全性和完整性。

(2) 中间件的作用

- 控制。控制 RFID 读写设备按预定方式工作，保证不同读写设备之间配合协调。
- 过滤。按照一定规则过滤数据，筛除绝大部分冗余数据，将真正有效的数据传送给后台。为了减少网络流量，中间件只向上层转发它感兴趣的某些事件或事件摘要。
- 可靠通信。保证读写器和企业级分布式应用系统平台之间的可靠通信，为分布式环境下异构的应用程序提供可靠的数据通信服务。
- 屏蔽底层。屏蔽了底层操作系统的复杂性，使程序开发人员面对一个简单而统一的开发环境，减少了程序设计的复杂性，不必为程序在不同系统软件上的移植而重复工作。中间件带给应用系统是开发的简便、开发周期的缩短，也减少了系统的维护、运行和管理的工作量，还减少了计算机总体费用的投入。

14.2 RFID 中间件的接入技术和业务集成技术

RFID 中间件是连接读写器与应用系统的纽带，负责将原始的 RFID 数据转换为面向业务领域的结构化数据供企业应用系统使用，同时负责多类型读写设备的即插即用，实现多设备间的协同。在上述过程中，RFID 中间件主要涉及接入技术和业务集成技术。

14.2.1 RFID 硬件设备与中间件架构

RFID 硬件设备与中间件的集成架构如图 14-2 所示。从 RFID 中间件的体系结构上来看，它分为边缘层和业务集成层两个部分。各种规格的读写设备通过 RFID 中间件的边缘层接入到中间件，边缘层是 RFID 中间件对 RFID 读写设备的一个控制点。RFID 中间件的业务集成层是指 RFID 中间件与应用系统的衔接部分。

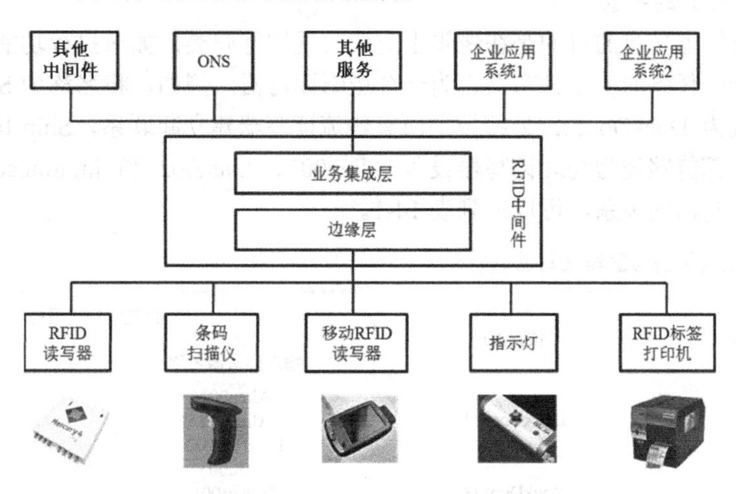

图14-2 RFID 设备与中间件的集成构架

边缘层是一种位置相对靠近 RFID 读写器的逻辑层，负责 RFID 读写设备的接入和管理。通过采用 RFID 中间件的接入技术，边缘层可以实现对不同种类的读写器进行参数设置。边缘层还负责过滤和消减海量 RFID 数据，处理 RFID 复杂事件，这样可以防止大量无用的数据流入系统。设备接口仅实现读写设备与中间件的数据传输，当读写设备提供的功能不能满足接口时，边缘层将对读写设备进行封装，以满足上层的需求。

通过采用 RFID 中间件业务集成技术，业务集成层可以将各个企业的业务流程关联在一起，形成基于 RFID 技术的业务流程自动化。RFID 中间件业务集成层是企业间进行业务集成的公共基础设施，它通过灵活的配置消除了集成中繁杂的定制开发，为基于 RFID 业务流程的集成提供了必要的支撑环境，是 RFID 技术集成的核心。

14.2.2 RFID 中间件的接入技术

RFID 中间件的边缘层会对多个用来完成不同目标的读写器进行参数设置，所以每个读写器作为单一的个体而言，必须用唯一的名字、序列号和 IP 地址等为之进行命名。RFID 中间件通过唯一的读写器名可以找到相应的物理读写器，对它的读写器 ID、读写器类型、位置号、读写器 IP 地址和读写器 IP 端口号等各项参数进行设置。此外，当系统中的读写器设备出现问题时，RFID 中间件的边缘层还能够对读写器设备进行重新配置，从而完成对读写器设备简单故障的恢复。

(1) RFID 读写设备在接入中间件的过程中可能出现的问题

- 读写器设备数量的更改。例如，原来安装在入货区的 3 个读写器不够用，改为 4 个读写器才能覆盖整个货区。
- 读写器设备的更换。如果使用硬编码的方式，在硬件设备改变时，相应的代码就必须做出更改，这将增加系统与设备的关联性。而对上层而言，实现这一功能的是哪个读写器并不重要，上层关心的是它接受的事件是否在指定的位置扫描到所有的标签数据。为了避免这些问题，可以通过使用逻辑读写器来降低系统与设备的关联性。逻辑读写器是客户端使用一个或多个物理读写器完成单一逻辑目的的抽象名字。

配置逻辑读写器信息的目的是在逻辑上对读写器进行归类，如对执行功能进行分类，将同一位置完成同一任务的多个读写器视为一个逻辑读写器。例如，将名称为 Ship-In001 的逻辑读写器与位置为 DockDoor42 处摆放的所有物流读写器建立起联系，Ship-In001 在任何事件周期的描述中都能够视为物理读写器设备 Alien001、Alien002 和 Intermec002。根据逻辑读写器与物理读写器的关系，可以得到表 14-1。

表 14-1　物流读写器与逻辑读写器的映射表

逻辑读写器名称	位置 ID	物理读写器设备	
		物理读写器名称	参数
Ship-In001	DockDoor42	Alien001	UHF
		Alien002	UHF
		Intermec002	UHF
Ship-Out006	DockDoor43	Ruifu005	UHF
		Samsys001	UHF
		Intermec003	UHF

一个逻辑读写器可以代表一个或多个物理读写器，一个逻辑读写器的一个事件周期集合了关联到此逻辑读写器的所有物理读写器读到的数据。逻辑读写器与物理读写器的映射关系如下：一个逻辑读写器可能直接指向单个物理读写器；一个逻辑读写器也可能映射到多于一个的物理读写器。

- 读写器接入方式的更改。RFID 读写器的类型千差万别，读写器开发商提供的读写设备开发包多种多样。一方面，根据 RFID 读写设备不同的硬件特征，设备连接构件与读写设备的连接方式分为网口连接、串口连接和 USB 连接等；另一方面，针对不同厂商提供的不同开发包，设备连接构件与读写设备接入方式分为 jar 包开发、dll 开发及串口命令开发等。为此，与 RFID 读写器的连接需要选择不同的连接形式和连接技术。通过屏蔽 RFID 读写设备的多样性和复杂性，能够为后台业务系统提供强大的支撑，实现各种各样读写设备快速良好地接入中间件系统，从而驱动更广泛、更丰富的 RFID 应用。

(2) RFID 接入技术可实现的功能

- 对 RFID 读写设备的发现。当有新的 RFID 读写设备加入到网络中时，必须能够发现这些新的读写设备。
- 对 RFID 读写设备的重新配置。当有新的 RFID 读写设备加入到网络中时，必须给出新的读写设备配制任务，并将它们加入到现有的系统中，而不需要针对每一个设备进行人工干预。

14.2.3 RFID 中间件业务集成技术

RFID 中间件业务集成是将各企业的业务流程关联在一起，实现基于 RFID 技术的业务流程自动化。通过对 RFID 消息的处理，中间件将供应链管理、企业资源计划和客户关系管理等企业信息系统连接起来，使各企业系统不仅能够实时、快速地获取物理信息，也能够在各个企业系统业务流之间高效地协同，从而使企业的信息系统有效地集成在一起，达到改进并提高企业运作效率的目的。

(1) RFID 中间件业务集成方案

RFID 业务集成的主要作用是将各企业系统中基于 RFID 技术的业务流程整合在一起，实现企业间实时数据的共享和业务流程的自动化。所以，RFID 业务集成方案是一种面向 RFID 技术的企业信息集成方案。企业信息集成已经发展了很多年，存在封闭性强、独立性高和扩展性差等诸多问题，在这种情况下进行 RFID 系统与企业信息系统的集成将更加困难，所以需要构建新的软件系统结构和检测模式实现集成。这种集成模式需要考虑很多问题，例如，如何将 RFID 业务流程融合到企业现有的流程中，如何将 RFID 业务流程以服务的形式封装和组合，如何设计 RFID 中间件、集成服务总线和服务监控等诸多问题。

除了考虑信息集成方面的问题外，还需要考虑 RFID 技术的独特性。例如，海量 RFID 数据处理、异构 RFID 设备管理和 RFID 复杂事件处理等，这些问题使集成方案必须从整体考虑，采用一体化的模型和理论，提供统一的 RFID 应用集成平台。应用集成平台采用面向服务体系的分层构架设计，具备可伸缩、可定制、可扩展、可动态配置等多种特性。企业可以从 RFID 应用集成的实际需求出发，对其进行定制和裁剪，通过 RFID 业务与企业现有系

统的整合，可以有效地使用 RFID 信息，实现企业内部业务流程的优化重组。

(2) RFID 中间件业务集成平台

RFID 中间件业务集成平台是企业间基于 RFID 技术进行业务集成的公共基础设施，是可定制、可裁剪和可配置的综合平台。通过灵活易用的平台配置，可以消除集成过程中繁杂的定制开发，为基础 RFID 业务流程的集成提供必要的支撑环境。RFID 中间件可在多个平台层次上进行集成，如图 14-3 所示。RFID 中间件业务集成平台包括数据层集成、功能层集成、事件层集成、总线层集成、业务层集成和服务层集成。RFID 中间件业务集成平台具有灵活升级、定制裁剪和按需扩展等特性，从整体上保证了平台设计的可扩展性。

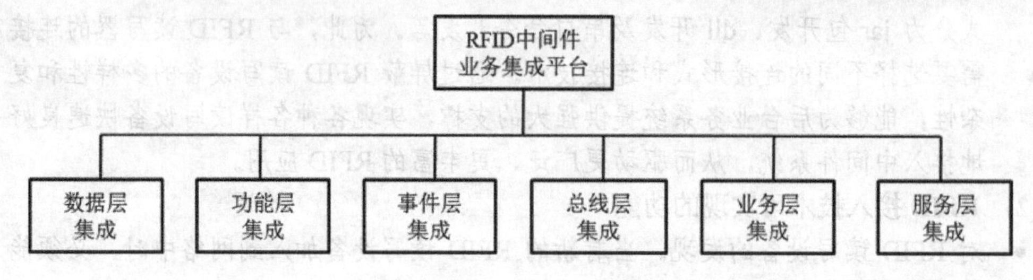

图14-3 RFID 中间件业务集成平台

- RFID 数据层集成。RFID 数据可以分为设备级的原始数据和应用级的数据。所以，RFID 数据层集成应从两个层面进行。第一个层面实现设备原始级数据的处理，主要功能包括：统一不同标准和协议的 RFID 数据格式；解决原始数据格式的多样性、数据组织和命名规则的各异性、数值类型的不一致等问题；过滤和消减 RFID 冗余数据。第二个层面是面向业务流程应用级数据的处理，主要完成的是底层设备级数据向具有语言信息的业务数据转化。
- RFID 功能层集成。目前，国内外多个厂家提供了 RFID 中间件系统，如 IBM、Oracle、Microsoft、SAP、Sun、Sybass 和 BEA 等公司提供了 RFID 中间件。因此，RFID 功能层集成需要从企业业务流程的需求出发，通过对异构 RFID 系统所提供的功能进行抽象和封装，为 RFID 应用集成提供统一的功能访问接口、功能映射接口和功能转换接口。

功能集成不是原有功能的简单迭加，而是根据应用对不同层次信息的具体需求，设计总体集成系统应具备的功能。功能集成所要达到的效果奠定了集成系统的框架结构。RFID 功能集成层是构建在中间件集成之上的，是对中间件更高层次功能的抽象。从各类 RFID 中间件的数据处理、事件处理和消息处理等功能出发，抽象出以下通用的功能，如 RFID 事件驱动模型与引擎、RFID 事件与数据管理等。主要通过屏蔽下层由不同公司开发的 RFID 系统的种种差异，为多个企业信息系统提供统一的访问接口和转换服务，方便企业内部和企业之间多个信息系统的数据转换及映射、事件处理及监护、消息处理及协议转换。并通过多维数据管理构建多维数据模型和数据仓库，开发面向各种业务主题与应用层次的在线分析处理和数据挖掘工具，为企业经营管理中的监控和决策分析提供支持，从而建立对多种 RFID 系统通用的支撑环境，实现在不同企业信息系统与不同 RFID 系统之间整合的目的。

- RFID 事件层集成。事件是具有一定语义信息的消息载体。RFID 事件集成平台是一种事件驱动的信息交换平台，避免了单纯使用消息交换造成的平台性能不高和缺乏语义信息等问题。RFID 事件集成平台可提供事件生产者、消费者、发布/订阅、基于内容的路由和事件触发等机制，使得平台具有高效的处理能力，同时对事件驱动的业务流程集成提供必要的支持。

- RFID 总线层集成。RFID 总线层集成主要面向服务体系的接口设计，实现对各种信息协议的支持及转换，提供对请求/响应、点对点、发布/订阅、多播消息等多种交换模型和定制路由的支持。在对 HTTP、IIOP 和 JMS 等多协议信息转换的基础上，RFID 总线层提供对 SOAP/HTTP、SOAP/JMS 和 WSDL 等协议之上的 Web 服务及相关的 Web 服务基础设施的支持，如 UDDI、注册、查询和动态服务选择等。
- RFID 服务层集成。RFID 服务层是所有服务使用者和服务提供者共同依赖的公共基础设施，定义了所有的服务标准和运行设施，以便总线服务能够以一致的、与下层技术无关的方式进行交互操作。该层主要由服务层模型构件、服务合同构件、服务注册与查找构件和服务层过滤构件组成。

14.3 RFID 中间件的基本结构

中间件采用分布式架构，利用高效可靠的消息传递机制进行数据交流，并基于数据通信进行分布式系统的集成，支持多种通信协议、语言、应用程序、硬件和软件平台。中间件作为新层次的基础软件，其重要作用是将在不同时期、不同操作系统上开发的应用软件集成起来，彼此像一个整体一样协调工作，这是操作系统和数据管理系统本身做不到的。

14.3.1 中间件的系统框架

中间件主要包括读写器接口（Reader Interface）、处理模块（Processing Module）和应用接口（Application Interface）3 部分。读写器接口主要负责前端和相关硬件的连接；处理模块主要负责读写器监控、数据过滤、数据格式转换、设备注册；应用程序接口主要负责后端与其他应用软件的连接。中间件还提供 EPC 系统的对象名称解析服务（ONS）和信息服务。中间件的结构框架如图 14-4 所示。

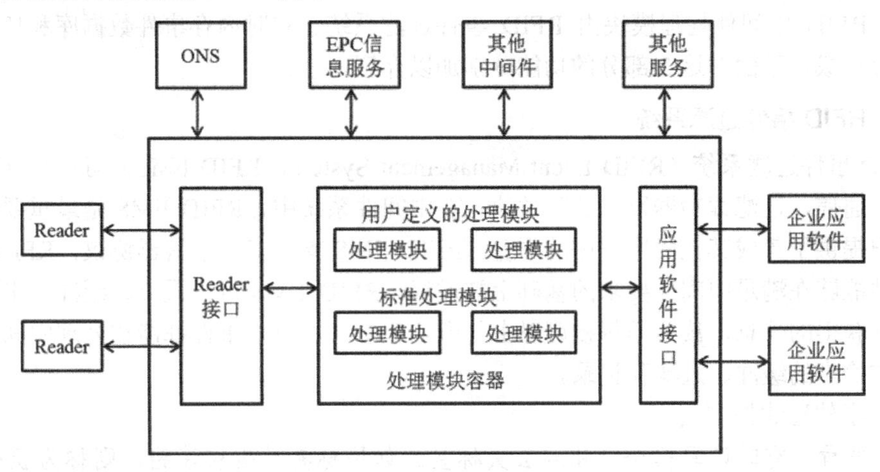

图14-4 中间件系统结构框架

(1)　读写器接口的功能

目前有多种不同的读写器，每一种都有专有的接口，读写器接口及数据的访问和管理能力是各不相同的。要使开发人员能够了解所有的读写器接口是不现实的，所以应该使用中间件来屏蔽具体的读写器接口。读写器适配层是将专有的读写器接口封装成通用的抽象逻辑接口，提供给应用开发人员。读写器接口的功能如下。

- 提供读写器硬件与中间件连接的接口。
- 负责读写器、适配器与后端软件之间的通信接口，并支持多种读写器和适配器。
- 能够接收远程命令，控制读写器和适配器。

(2)　处理模块的功能

处理模块汇聚不同数据源的读取数据，并且基于预先配置的应用层事件过滤器进行调整和过滤，然后将经过过滤的数据送到后端系统。处理模块的功能如下。

- 在系统管辖下，能够观察所有读写器的工作状态。
- 提供处理模块向系统注册的机制。
- 提供 EPC 编码和非 EPC 编码的转换功能。
- 提供管理读写器的功能，如新增、删除、停用、群组等功能。
- 提供过滤不同读写器接收内容的功能，进行数据处理。

(3)　应用接口的功能

应用接口在中间件的顶层，其主要目的在于提供一个标准机制，来注册和接受经过过滤的事件。应用接口还提供标准的 API，来配置、监控和管理中间件，以及它所控制的读写器和感应器。

14.3.2　中间件的处理模块

中间件处理模块是 RFID 中间件的核心模块，主要作用是负责数据接收、数据处理和数据转换，具有对读写器的工作状态进行监控的功能，同时还具有读写器的注册、删除、群组等功能。RFID 中间件处理模块由 RFID 事件过滤系统、实时内存事件数据库和任务管理系统 3 部分组成，下面对这 3 部分的功能分别加以介绍。

一、RFID 事件过滤系统

RFID 事件过滤系统（RFID Event Management System，RFID EMS）可以与读写器应用程序进行通信，过滤读写器发送的事件流。在中间件系统中，RFID EMS 是最重要的组件，它为用户提供了集成其他应用程序的平台。RFID EMS 支持多种读写器协议，RFID EMS 读取的事件能够在满足中间件要求的基础上被过滤。RFID EMS 可以采集、缓冲、平滑和组织从读写器获得的信息，读写器每秒可以上传数百个事件，每个事件都能在处理中间件请求的基础上被恰当的缓冲、过滤和记录。

(1)　事件过滤的方式

- 平滑。有时读写器会读错或丢失标签。如果标签数据被读错，则称为积极阅读错误；如果覆盖区内的标签数据被漏读，则被称为消极阅读错误。平滑算法就是要清除那些被怀疑有积极或消极错误的阅读。

- 协调。当多个读写器相互之间离得很近时，它们会读到相同的标签数据。如果一个标签数据被不同的读写器上传两次，中间件流程逻辑就会产生错误。协同工作可以采用不同的运算规则，清除“不属于”的那个读写器的阅读。如果在几毫秒中，一个解读事件涉及不同的读写器阅读同一个标签数据，协同运算规则就可以删除这一事件。如果当前读写器距离标签比它应该“归属”的读写器离标签近，那么附加的逻辑应该允许当前读写器的数据通过。
- 转发。一个时间转发器应该有一个或多个输出。根据事件类型的不同，转发器可以将事件传送为一个或多个输出。例如，时间转发器可选择只转发读写器上传的非标签数据阅读事件，如阅读时的温度。因此，RFID EMS 支持具有一个输入事件流，一个或多个输出事件流的“事件过滤器”。

(2) 事件记录的方式

经过采集和平滑的事件，最终会被恰当的以事件记录的方式处理。常用的事件记录方式有以下 4 种。

- 保存在类似数据库一样的存储器中。
- 保存在仓储数据结构中，如实时内存数据库。
- 通过 HTTP、JMS 或 SOAP 协议传输到远程服务器。
- RFID EMS 支持多种“事件记录器”。

(3) 事件过滤的作用

- RFID EMS 是具有采集、过滤和记录功能的“程序模块”，工作在独立的线程中，相互不妨碍。RFID EMS 能在不同的线程中启动处理单元，而且能够在单元间缓冲事件流。
- RFID EMS 能够实例化和连接上面提到的事件处理单元。
- RFID EMS 允许远方机器登录和注销到动态事件流中。

(4) 事件过滤的功能

- 允许不同种类的读写器写入适配器。
- 读写器以标准格式采集数据。
- 允许设置过滤器，清除冗余的数据，上传有效的数据。
- 允许写各种记录文件，如记录数据库日志，记录数据广播到远程服务器事件中的 HTTP/JMS/SOAP 网络日志。
- 对记录器、过滤器和适配器进行事件缓冲，使它们在不相互妨碍的情况下运行。

二、实时内存事件数据库

实时内存事件数据库（Real-time In-memory Event Database，RIED）是一个用来保存 RFID 边缘中间件信息的内存数据库。RFID 边缘中间件保存和组织读写器发送的事件。RFID 事件管理系统通过过滤和记录事件的框架，可以将事件保存在数据库中。但是，数据库不能在一秒内处理几百次以上的交易。实时内存事件数据库提供了与数据库一样的接口，但其性能要好得多。应用程序可以通过 JDBC 或本地 Java 接口访问实时内存事件数据库。

RIED 支持常用的 SQL 操作，还支持一部分 SQL92 中定义的数据操作方法。RIED 也可以保存不同事件点上数据库的“快照”。

RIED 是一个高性能的内存数据库。假如读写器每秒阅读并发送 10000 个数据信息，内存数据库每秒必须能够完成 10000 个数据处理，而且这些数据是保守估计的。内存数据库必须高效地处理读取的大量数据。

RIED 是一个多版本的数据库，即能够保存多种快照的数据库。此外，并不是读写器发送的每个事件都能存储到内存数据库中。保存监视器的过期快照是为了满足监视和备份的要求，RIED 可以为过期信息保存多个阅读快照。例如，数据库中可以保存监视器的两个过期快照，一个是一天的开始，另一个是每一秒的开头，但现有的内存数据库系统不支持对永久信息的有效管理。

三、任务管理系统

任务管理系统（Task Management System，TMS）负责管理由上级中间件或企业应用程序发送到本级中间件的任务。一般情况下，任务可以等价为多任务系统中的进程，TMS 管理任务类似于操作系统管理进程。

(1)　任务管理系统的特点

TMS 具有许多一般线程管理器和操作系统不具有的特点。TMS 的特点如下。

- 任务进度表的外部接口。
- 独立的虚拟机平台，包含从冗余类服务器中根据需要加载的统一库。
- 用来维护永久任务信息的健壮性进度表，具有在中间件碎片或任务碎片中重启任务的能力。TMS 使分布式中间件的维护变得简单，企业可以仅仅通过在一组类服务中保存最新的任务和中间件中恰当地安排任务进度来维护中间件。然而，硬件和核心软件，如操作系统和 Java 虚拟机，必须定期升级。

(2)　任务管理系统的功能

传输到 TMS 的任务可以获得中间件的所有便利条件，TMS 可以完成企业的多种操作。TMS 的功能如下。

- 数据交互。向其他中间件发送产品信息或从其他中间件中获取产品信息。
- PML 查询。查询 ONS/PML 服务器获得产品实例的静态或动态信息。
- 删除任务进度。即确定和删除其他中间件上的任务。
- 值班报警。当某些事件发生时，警告值班人员，如需向货架补货、丢失或产品到期。
- 远程数据上传。即向远处供应链管理服务器发送产品信息。

(3)　任务管理系统的性能

- 从 TMS 的各种需求可以看到，TMS 应该是一个有较小存储注脚，建立在开放、独立平台标准上的健壮性的系统。
- TMS 是具有较小存储处理能力的独立系统平台。不同的中间件选择不同的工作平台，一些工作平台，尤其是那些需要大量中间件的工作平台，可以是进行低级存储和处理的低价的嵌入式系统。
- 对网络上所有中间件进行定期升级是一项艰巨的任务，如果中间件基于简单维护的原则对代码解析自动升级则是比较理想的。所以要求 TMS 能够对执行的任务进行自动升级。中间件需要为任务时序提供外部接口，为了满足公开和协同工作的系统要求，为了将 TMS 设计从任务设计中分离出来，需要在一个独立的语言平台上，用简单、定义完美的软件开发工具包（SDK）来描述任务。

14.4 RFID 中间件实例

目前技术比较成熟的 RFID 中间件主要是国外产品，IBM、Microsoft、BEA、Reva、Oracle、Sun 和 SPA 等公司都提供 RFID 中间件产品。国内的深圳立格和清华同方是较早涉足这一领域的企业，已经拥有具有自主知识产权的中间件产品。

中间件主要分为非独立中间件和独立的通用中间件两大类。非独立中间件将各种技术纳入其现有的中间件产品，某一种技术作为可选的子项，例如，IBM 将 RFID 纳入 WebSphere 架构、SPA 在 NetWeaver 中增加 RFID 功能。非独立中间件是在现有产品的基础上开发 RFID 模块，其优点是开发工作量小、技术成熟度高、产品集成性好；缺点是使得 RFID 中间件产品变得庞大，推出“套餐”价格高，不便于中小企业低成本轻量级应用。独立的通用中间件具有独立性，不依赖于其他软件系统，各模块都是由组件构成，根据不同的需要进行软件组合，灵活性高，能够满足各种行业应用的需要。独立的通用中间件的优点是轻量级、价格低，便于中小企业低成本快速集成；缺点是开发工作量大，技术仍处于走向成熟的过程。

14.4.1 IBM 的 RFID 中间件

IBM 公司在中间件领域处于全球领先地位。IBM 公司推出了以 WebSphere 中间件为基础的 RFID 解决方案，WebSphere 中间件通过与 EPC 平台集成，可以支持全球各大著名厂商生产的各种型号读写器和传感器，可以应用在几乎所有的企业平台。

(1) IBM RFID 中间件的体系架构

IBM RFID 中间件的体系架构主要包括边缘控制器和前端服务器，如图 14-5 所示。

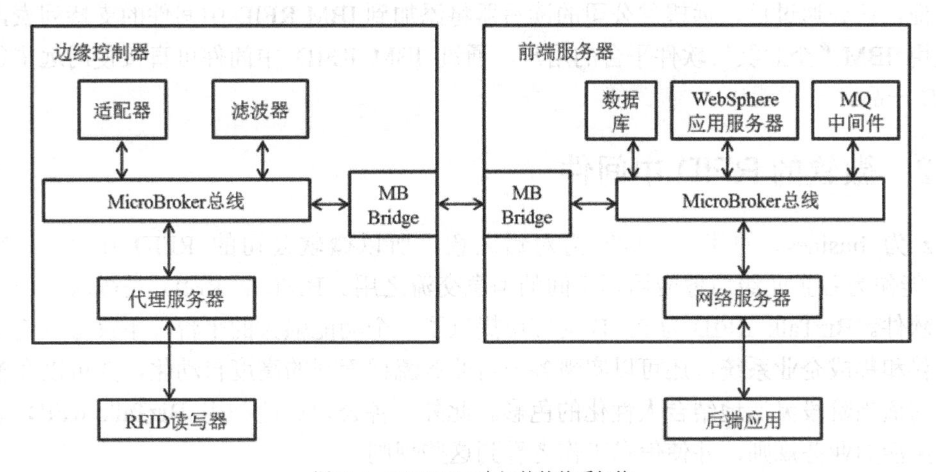

图14-5 IBM RFID 中间件的体系架构

- 边缘控制器。边缘控制器（Edge Controller）主要负责与 RFID 硬件设备之间的通信，对 RFID 读写器所提供的数据进行过滤、整合，将其提供给前端服务器。边缘控制器主要由适配器（Device Infrastructure）、滤波器（Filter Agent）、读写器代理服务器等组成。
- 前端服务器。前端服务器充当了所有 RFID 设备信息采集的汇合中心。前端服务器基于 J2EE（Java 2 Platform Enterprise Edition）标准环境，主要由 WebSphere 服务器（WebSphere Application Server，WAS）、MQ 中间件、数据库、网络服务器等部分组成。边缘控制器与前端服务器之间采用发布主题／订阅主题的方式通信。

(2) IBM RFID 中间件的工作流程

RFID 读写器获得标签数据后，通过代理服务器将其发布到 Microbroker 总线；适配器和滤波器订阅了标签数据这一主题，就从 Microbroker 总线上得到数据。适配器主要适配各种 RFID 读写器数据，因为读写器厂家众多，所以它支持的协议也不尽相同。滤波器负责定制过滤规则，并负责对数据进行过滤，忽略重复的标签信息，过滤不需要的数据，然后将处理后的标签数据发布到 Microbroker 总线上，由 MB Bridge 模块将数据发送到前端服务器。

前端服务器订阅了处理后的标签数据，然后将其提供给 WebSphere 应用服务器。IBM WebSphere 应用服务器将 RFID 事件、企业的商业模型及应用程序进行映射，提取应用程序关心的 RFID 事件和数据。由于 WebSphere 应用服务器运行在标准的 J2EE 环境下，因此基于 J2EE 的应用程序均可以在 IBM RFID 中间件中运行。该产品可以动态配置网络拓扑结构，管理工具可以动态配置网络中的 RFID 读写器，并可以重新启动边缘控制器。

WebSphere 应用服务器通过对数据进一步过滤、整理，将处理过的数据发送给网络服务器模块，最后数据通过 MQ 以 XML 的格式传送到后端应用系统为用户所用。

(3) IBM 与远望谷公司合作开发的中间件

我国远望谷公司与 IBM 公司共同合作开发了 RFID 中间件适配层软件。远望谷与 IBM 的合作，实现了远望谷公司 RFID 系统与 IBM 公司 RFID 系统在技术上的对接。

为使 RFID 硬件和应用系统之间的互动更为顺畅，远望谷与 IBM 共同开发了 RFID 中间件适配层软件，该软件在 IBM 中国创新中心实验室顺利通过测试，测试结果得到了 IBM 公司的认证。认证通过后，远望谷公司的读写器将添加到 IBM RFID 中间件的支持列表，这意味着使用 IBM“企业级”软件平台的用户，通过 IBM RFID 中间件可直接使用远望谷公司的 RFID 产品。

14.4.2 微软的 RFID 中间件

Biz 为 business 的简称，talk 为对话之意，所以微软公司的 RFID 中间件 BizTalk RFID，能作为各企业级商务应用程序间的消息交流之用。BizTalk RFID 是微软的一个“平台级”软件。BizTalk RFID 为 RFID 的应用提供了一个功能强大的平台，不仅可以连接贸易合作伙伴和集成企业系统，还可以实现各公司业务流程管理的高度自动化，并可以在整个工作流程的适当阶段灵活地结合人性化的色彩。此外，各公司还能利用 BizTalk RFID 规则引擎实施灵活的业务规则，并使信息工作者看到这些规则。

一、BizTalk RFID 的特性

(1) 提供基于 XML 标准 Web Services 的开发接口，方便软硬件合作伙伴在此平台上进行开发、应用、集成。

(2) 含有 RFID 识别的标准接入协议及管理工具，DSPI 设备接口是微软公司和全球 40 家 RFID 硬件合作伙伴定制的一套标准接口，所有支持 DPSI 的各种设备（RFID、条码、IC 卡等）在 Microsoft Windows 上即插即用。

(3) 对于软件合作伙伴，微软公司的 BizTalk RFID 提供了对象模型应用访问程序接口，这是为上层的各类软件解决方案服务的。BizTalk RFID 也提供了编码器/解码器的插件接口，不管将来的 RFID 标签采用何种编码标准，都可以非常方便地接入到解决方案中。

(4) 在应用环境中，需要创建业务流程将各种分散的应用程序融为一体。借助微软公司的 BizTalk RFID，可以实现不同应用程序的连接，然后利用图形用户界面来创建和修改业务流程，以便使用这些应用程序提供的服务。各用户都需要集成各种不同供应商提供的应用程序、系统和技术，BizTalk RFID 提供了集成技术，使集成变得更加简便。

二、BizTalk RFID 的功能

与基于 COM 的早期版本不同，BizTalk RFID 完全是在 Microsoft NET Framework 和 Microsoft Visual Studio.NET 的基础上构建的。它本身可以利用 Web Services 进行通信，而且能够导入和导出以业务处理执行语言（Business Process Execution Language，BPEL）描述的业务流程。BizTalk RFID 引擎还在早期版本的基础上提供了扩展功能和新服务功能。BizTalk RFID 的主要功能如图 14-6 所示。

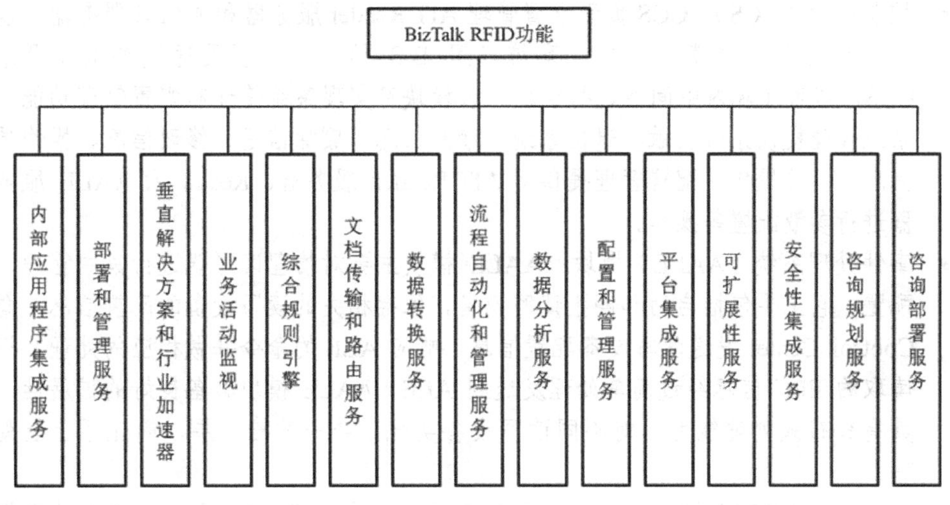

图14-6 BizTalk RFID 的主要功能

14.4.3 国内的 RFID 中间件

由于中间件在 RFID 系统中的地位越来越重要，国内在这方面给予了越来越多的关注，并进行了技术研究。目前国内 RFID 中间件具有自主知识产权、独立开发的比较少，国产

RFID 中间件产品提供的功能较为简单，大都处于将数据转换成有效的业务信息阶段，可以满足 RFID 系统与企业后端应用系统的连接、数据的捕获、监控、测试等基本需求，但在安全性等更深层次的问题上尚缺乏性能优秀的产品。尽管与国外同行存在差距，但国内在中间件领域的积极尝试和积累将有助于推动低成本 RFID 应用的发展。

一、深圳立格公司的 RFID 中间件

深圳立格公司的 AIT LYNKO-ALE 中间件是与国际市场同步开发的产品，拥有自主知识产权，具有提供整体 RFID 及 EPC 应用解决方案的能力。该产品完成了 ALE（Application Level Event）规范的基本要求，可实现 ALE 接口规范所描述的工作状态，能够接受多种类型 EPC 事件，如 HTTP、TCP、FILE 等，可处理 ECPec、ECReport 等 XML 格式，并可为第三方提供 Web Service 接口。

(1) AIT LYNKO-ALE 中间件的功能

AIT LYNKO-ALE 中间件集成了业界主流的 RFID 读写器，可实现以下的配置管理功能。

- 配置读写器集成参数，实现不同读写器的集成。
- 配置 ALE 接口参数，实现第三方访问的功能。
- 配置中间件工作参数，实现 RFID 读写设备在特殊环境下工作。
- 提供集中管理功能。

(2) AIT LYNKO-ALE 中间件的构成

AIT LYNKO-ALE 可提供对 RFID 读写器的监控、配置和管理，支持多个读写器同时访问，可实现对多个读写器的同时监控，可对不同标准的 RFID 读写器进行配置和管理。AIT LYNKO-ALE RFID 中间件由如下 4 个主要模块构成。

- 控制中心（CCS）。CCS 负责配置管理 AIT Reader 服务器和 AALE 服务器，以及管理控制物理读写设备。系统采用 B/S 结构，管理员通过游览器登录 CCS，即可实现对中间件进行管理。该模块可实现系统管理和配置管理功能，系统管理提供系统登录、退出系统、增加信息，删除信息、修改信息、操作员信息查验等操作，配置管理提供对 AIT Reader 服务器、Reader 及 AALE 服务器进行参数配置等操作。
- 事件处理系统（AALE）模块。AALE 模块主要对物理读写器进行集中管理、配置。它主要包括启动和停止读写设备，保存相关的读写设备的配置信息，向 Control Center 发送读写设备配置信息，响应 ALE 的命令并做相应的处理，将读取的 EPC 信息经过简单处理发送到 ALE。AALE 模块具备良好的扩展性，具有分布式处理能力，对不同读写设备实现了统一的接口层，简化了上层处理。
- 识读系统（RSS）模块。RSS 模块的主要作用是将 Reader 服务器传送的数据进行整理，把标签数据封装成标准的数据格式，为上层的应用系统提供服务。它的主要功能为建立逻辑读写设备和物理读写设备的映射，接收 Reader Server 传送的数据，根据上层应用的要求定制服务信息。RSS 模块具备良好的可扩展性，具有分布式处理能力，采用了高效处理算法和特殊的数据结构，使其整

体性能比较高。

- AIT 网关（AGW）模块。AGW 模块的主要功能是实现管理服务和数据服务的转换，它具有较高的安全性和可扩展性。外部应用采用 HTTP，具有防火墙穿透功能，在 Internet 上可实现远程服务请求功能。

二、清华同方“ezONE 易众”中间件

“ezONE 易众”是基于 J2EE/XML/Portlet/WFMC 等开放技术开发的，提供整合框架和丰富的构件及开发工具的应用中间件平台。在“ezONE 易众”平台之上，融合控制技术和信息技术，可以开发出智能建筑、城市供热、RFID、协同办公和智能交通等多个行业类软件，能够满足多个行业信息化的需求。

清华同方在“ezONE 易众”这一业务基础软件平台基础上，开发、构建和整合数字城市、数字家园、电子政务、数字教育等 IT 应用，使行业用户能以更好的性价比、更高的效率构建 IT 应用系统，实现整合、智能、统一的行业信息化应用效果。

同方软件 V3.0 版本是 ezONE 业务基础平台以及 ezM2M 构件平台。M2M 是指机器对机器（Machine to Machine），是物联网的实现方式之一。同方的 ezONE V3.0 除了在功能和性能上都得到了一定程度的拓展以外，最显著的变化是增加了 ezM2M 构件平台。

14.5 本章小结

为解决分布异构的问题，人们提出了中间件的概念。中间件是一种独立的系统软件或服务程序，分布式应用系统借助这种软件可实现在不同的应用系统之间共享资源。中间件由“平台”和“通信”两部分构成。RFID 系统存在多种硬件平台，并存在各种各样的应用软件，属于分布式异构的环境。RFID 中间件介于前端读写器硬件模块与后端应用软件之间，能解决分布异构环境的硬件和软件集成问题，是 RFID 部署与运作的中枢。

RFID 中间件主要涉及接入技术和业务集成技术。RFID 中间件接入技术处于边缘层，可解决 RFID 读写设备在接入中间件的过程中可能出现的问题。RFID 中间件业务集成是将各企业的业务流程关联在一起，实现基于 RFID 技术的业务流程自动化。

RFID 中间件的基本结构包括读写器接口、处理模块和应用接口 3 部分。读写器接口主要负责前端和相关硬件的连接；处理模块主要负责读写器监控、数据过滤、数据格式转换和设备注册；应用程序接口主要负责后端与其他应用软件的连接。

目前技术比较成熟的 RFID 中间件主要是国外产品，IBM、Microsoft、BEA、Reva、Oracle、Sun 和 SPA 等公司都提供 RFID 中间件产品。国内的深圳立格和清华同方是较早涉足这一领域的企业，已经拥有具有自主知识产权的中间件产品。

14.6 思考与练习

14.1 简述中间件的定义，并说明 RFID 中间件的分类方法。

14.2 简述 RFID 中间件的发展阶段，并说明中间件的发展趋势。

14.3 简述中间件的特征，并说明中间件的作用。

14.4 对于 RFID 中间件接入技术，简述 RFID 读写设备在接入中间件的过程中可能出

现的问题，并说明 RFID 接入技术可实现的功能。

14.5　对于 RFID 中间件接入技术，简述 RFID 中间件业务集成方案，并说明 RFID 中间件业务集成平台的类型。

14.6　RFID 中间件的系统框架由几部分组成？简述各个模块的功能。

14.7　简述 IBM 公司 RFID 中间件的特性。简述微软公司 RFID 中间件的特性。

14.8　简述国内 RFID 中间件的特性。

第15章　物联网 RFID 标准体系

目前还没有全球统一的 RFID 标准体系，物联网 RFID 处于多个标准体系共存的阶段。现在全球主要的 RFID 标准体系有 ISO/IEC、EPC 和 UID 等，多个标准体系之间的竞争十分激烈，物联网 RFID 标准体系已经成为参与国际竞争的重要手段，同时多个标准体系共存也促进了 RFID 技术和产业的快速发展。如果说一个专利影响的仅仅是一个企业，那么一个技术标准则会影响一个产业，一个标准体系甚至会影响一个国家的竞争力。物联网 RFID 标准体系包含大量技术专利，物联网 RFID 标准之争实质上就是物品信息控制权之争，关系着国家安全、RFID 战略实施和 RFID 产业发展的根本利益。

本章首先对物联网 RFID 标准体系概况作简要介绍，然后分别介绍 ISO/IEC、EPC 和 UID 标准体系，最后介绍我国物联网 RFID 标准的现状。

15.1　物联网 RFID 标准体系简介

物联网 RFID 是涉及诸多学科、涵盖众多技术和面向多领域应用的一个体系，需要建立标准体系。标准是对重复性事物和概念所做的统一规定，是共同遵守的准则和依据。

15.1.1　RFID 标准化组织

目前全球有 5 大 RFID 标准化组织，分别代表了国际上不同团体或国家的利益，它们分别为 ISO/IEC、EPCglobal、UID、AIM Global 和 IP-X。这些不同的 RFID 标准化组织各自推出了自己的标准体系，给 RFID 大范围应用带来了困难，但多个标准体系的竞争也促进了技术和产业的快速发展。全球 5 大 RFID 标准组织如图 15-1 所示。

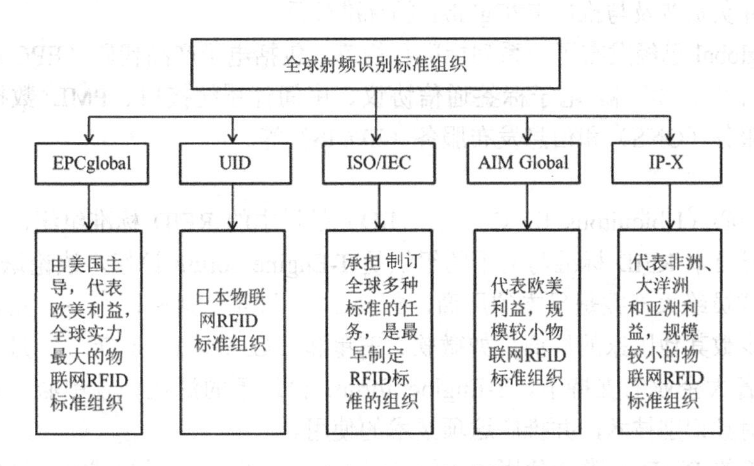

图15-1　全球 5 大 RFID 标准组织

(1) ISO/IEC

国际标准化组织（International Organization for Standardization，ISO）是一个全球性的非政府组织，是国际标准化领域一个十分重要的组织。中国是 ISO 的正式成员，中国参加 ISO 的国家机构是中国国家标准化管理委员会（Standardization Administration of China，SAC）。国际电工委员会（International Electrotechnical Commission，IEC）是非政府性国际组织和联合国社会经济理事会的甲级咨询机构，成立于 1906 年，是世界上成立最早的国际标准化机构。中国参加 IEC 的国家机构是国家技术监督局。

ISO 与 IEC 有密切的联系，它们担负着制订全球国际标准的任务。ISO 和 IEC 约有 1000 个专业技术委员会和分委员会，各会员国以国家为单位参加这些技术委员会和分委员会的活动。ISO 和 IEC 每年大约制订和修订 1000 个国际标准，标准的内容涉及广泛，从基础的紧固件、轴承到半成品和成品，其技术领域涉及信息技术、交通运输和环境等。

ISO/IEC 也负责制订 RFID 标准，是制订 RFID 标准最早的组织。ISO/IEC 早期制订的 RFID 标准只是在行业或企业内部使用，并没有构筑物联网的背景。随着物联网概念的提出，两个后起之秀 EPCglobal 和 UID 相继提出了基于物联网的 RFID 标准，于是 ISO/IEC 又制订了新的 RFID 标准。与 EPCglobal 和 UID 相比，ISO/IEC 有着天然的公信力。在 RFID 标准中，EPCglobal 专注于 860/960MHz 频段，UID 专注于 2.45GHz 频段，ISO/IEC 则在每个频段都发布了标准。EPCglobal 和 UID 也希望将自己的 RFID 标准纳入到 ISO/IEC 的标准体系，以扩大自己标准的影响力。

(2) EPCglobal

1999 年，美国麻省理工学院提出了电子产品编码（Electronic Product Code，EPC）的概念，并成立了 Auto-ID 中心。2003 年，国际物品编码协会（EAN）和美国统一编码委员会（UCC）联合收购了 EPC，共同成立了全球电子产品编码中心（EPCglobal）。EPCglobal 以创建物联网为使命，与众多成员共同制订了一个开发的标准。

EPCglobal 在全球有上百家成员，得到了世界 500 强企业沃尔玛、强生和宝洁等公司的支持，同时有 IBM、微软和 Auto-ID Lab 等提供技术支持，是以物联网为目标、实力最强的一个物联网 RFID 标准化组织。EPCglobal 除发布标准外，还负责号码注册管理，目前 EPCglobal 已经在加拿大、中国、日本和韩国等建立了分支机构，负责 EPC 码在这些国家的分配和管理，并负责普及与推广 EPCglobal 的标准体系。

目前 EPCglobal 已经发布了一系列标准和规范，包括电子产品代码（EPC 码）、电子标签规范和互操作性、读写器-电子标签通信协议、中间件系统接口、PML 数据库服务器接口、对象名称服务（ONS）和信息发布服务（EPCIS）等。

(3) UID

泛在识别中心（Ubiquitous ID Center，UID）是日本的 RFID 标准组织，主要由日系的厂商组成。主导日本 RFID 标准与应用的组织是 T-Engine forum 论坛，该论坛已经拥有 475 家成员，这些成员绝大多数是日本的厂商，如 NEC、日立、索尼、三菱、夏普、富士通和东芝等，还有少数其他国家的厂商，如微软、三星和 LG 等。2002 年 12 月，在日本产经省、总务省及各大企业的支持下，T-Engine forum 论坛下的泛在识别中心（UID）成立。UID 负责研究射频识别技术，并推广这项技术的使用。

日本和欧美的 RFID 标准在使用的无线频段、信息位数和应用领域等有许多不同点。日本标签主要采用的频段为 2.45GHz 和 13.56MHz，EPC 标准主要采用 860/960MHz 频段；日本标签的信息位数为 128 位，EPC 标准的信息位数为 96 位；日本的标签标准可用于库存管理、信息发送、信息接收及产品和零部件的跟踪管理等，EPC 的电子标签标准侧重于物流管理和库存管理等；日本的标准强调电子标签与读写器的功能，信息传输网络多种多样，EPC 标准则强调了组网，在美国要建立一个全球网络中心。

(4) AIM Global

全球自动识别和移动技术行业协会（AIM Global）也是一个射频识别的标准化组织，但这个组织相对较小。AIM（Automatic Identification Manufacturers）是由 AIDC（Automatic Identification and Data Collection）组织发展而来，目的是推出 RFID 技术标准。AIDC 原先制订通行全球的条码标准，1999 年 AIDC 另成立了 AIM。AIM 在全球几十个国家与地区有分支机构，目前全球的会员数已累积至一千多个。

AIM Global 是可移动环境中自动识别、数据搜集及网络建设方面的专业协会，致力于促进自动识别和移动技术在世界范围内的普及和应用，成员主要是射频识别技术、系统和服务的提供商。AIM Global 由技术符号委员会、北美及全球标准咨询集团、RFID 专家组等组成，开发射频识别技术标准，同时也是条码、RFID 及磁条技术认证的机构。

(5) IP-X

IP-X 是较小的射频识别标准化组织，IP-X 标准主要是在非洲、大洋洲和亚洲推广，目前南非、澳大利亚和瑞士等国家采用 IP-X 标准，我国也在青岛对 IP-X 技术进行了试点。

15.1.2 RFID 标准体系构成

RFID 标准体系主要由 4 部分组成，分别为技术标准、数据内容标准、性能标准和应用标准。其中，编码标准和通信协议（通信接口）是争夺得比较激烈的部分，它们也构成了 RFID 标准的核心。RFID 标准体系的构成如图 15-2 所示。

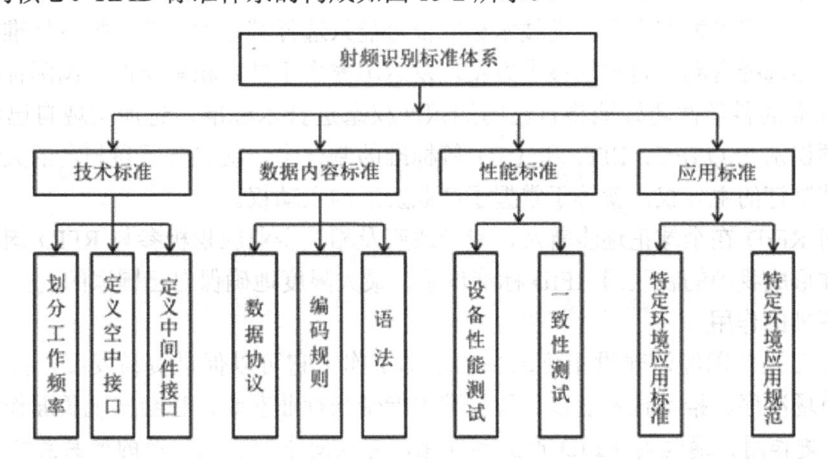

图15-2 RFID 标准体系的构成

(1) RFID 技术标准

RFID 技术标准主要定义了不同频段的空中接口及相关参数，包括基本术语、物理参数、通信协议和相关设备等。

RFID 技术标准划分了不同的工作频率，工作频率主要有低频、高频、超高频和微波。RFID 技术标准规定了不同频率电子标签的数据传输方法和读写器工作规范。

RFID 技术标准也定义了中间件的应用接口。中间件是电子标签与应用程序之间的中介，从应用程序端使用中间件提供的一组应用程序编程接口（Application Programming Interface，API），就能连接到读写器，读取电子标签的数据。

(2)　RFID 数据内容标准

RFID 数据内容标准涉及数据协议、数据编码规则及语法，主要包括编码格式、语法标准、数据对象、数据结构和数据安全等。

(3)　RFID 性能标准

RFID 性能标准也称为 RFID 一致性标准，涉及设备性能测试标准和一致性测试标准，主要包括设计工艺、测试规范和试验流程等。

(4)　RFID 应用标准

RFID 应用标准用于设计特定应用环境 RFID 的构架规则，包括 RFID 在工业制造、物流配送、仓储管理、交通运输、信息管理和动物识别等领域的应用标准和应用规范。

15.1.3　标准的本质与作用

(1)　标准的本质

标准提供共同遵守的工作语言，是对重复性技术事项在一定范围内所作的统一规定。标准的出发点是获得最佳次序和促进共同利益。标准的制订是以最新的科学技术和实践成果为基础，它为技术的进一步发展创建一个稳固平台。

但是标准是由参与标准制订的各方代表制订出来的，标准实际上更多地体现了参与者的利益。美国、日本等国积极参与 ISO、ITU 等国际标准的制订，尽可能地把自己国家的知识产权纳入到标准中，为自己国家的企业争取最大的利益，以确保获得技术垄断。

由于技术方案可能有多套，而技术标准很可能只选择其中的一套，拥有标准制订权的国家或企业就会选择有利于自己的技术方案。发达国家由于技术积累雄厚、国际标准化经验丰富，利用标准的科学性巧妙地将自己的知识产权塞进技术标准，进而实现自己利益的最大化。在射频识别 ISO/IEC、EPC 和 UID 等标准的制订中，就包含了参与者的大量专利，因此拥有标准制订的主导权，就等于掌握了产业发展的主动权。

物联网 RFID 在全球正逐步普及，我国政府及相关企业应积极参与 RFID 国际标准的制订工作，并形成我国的物联网 RFID 标准体系，最大限度地确保自己国家的利益。

(2)　标准的作用

制订标准是各国经济建设不可缺少的基础工作，它可以促进贸易发展、提高产业竞争力、规范市场次序、推动技术进步。但标准也能带来行业垄断，也会出现负面作用。

- 促进作用。通过对 RFID 产业标准化，可以使不同企业生产的产品互相兼容，促进全球产业分工，促进国际贸易发展，促进科技进步，促进新技术普及。标准的建立可以提高技术的可信度，符合标准的产品可以有很好的兼容性，减少了用户的技术风险。
- 协调作用。所谓标准的协调，是指在同一领域中不同标准的技术相同，不同的标准之间彼此相互认同。世界上各个地区、各个国家、各个企业联盟颁布的各类标准浩如烟海，而国际标准的数量显得不足。标准化的一个重要职能就是通过协调标准，取代那些杂乱无章的标准，减少各国之间的贸易壁垒，为贸易自由化铺平道路。

- 优化作用。标准化的过程实际上就是一个技术优化的过程。单个标准技术不一定是最高水平，但所有标准技术整合起来形成的标准体系将是最优水平。在标准的制订和使用中，如果不可避免涉及专利技术，也应当对专利人给予适当的限制，这样不仅会使专利人在标准使用中受益，同时也会使其他企业乃至整个社会均能受益。
- 限制与垄断。标准可以用来限制竞争对手。从事联合开发的行业寡头通过推出行业标准来控制竞争规则，这些标准中包含了大量的知识产权，导致其他企业要进入该行业标准，必须要支付高额的知识产权费用。标准可以用来构筑技术贸易壁垒。在激烈的竞争中，各国利用标准保护本国的民族工业，或者利用提高标准技术水平阻止进口。凭借经常变化、复杂苛刻的技术标准进行贸易保护，正成为新的贸易保护主义的主要手段。

15.1.4 标准与知识产权

现在发达国家和跨国公司激烈争夺国际标准的制订权，极力将自己的专利融入到标准中，以获得超额的经济利益。标准和知识产权从最初的相互排斥转变为现在的紧密结合，标准已成为知识产权的最高表现形式，可以借助标准的强大推动力成批高额出售知识产权。

(1) 专利、标准与知识产权

标准在制订的过程中，涉及大量的专利技术，这就涉及专利技术的许可规则，涉及知识产权。专利有多种许可方式，有专利人在合理条件下提供的技术许可，也有专利人在免费条件下提供的技术许可。现在一项技术可能存在多项专利技术，要将该技术推向商业化，就必须获得多次专利授权，这种技术许可的做法目前已被 ISO/IEC、EPCglobal 和 UID 等许多 RFID 国际标准组织接受。

标准制订应与有关方协调一致，完全舍弃知识产权人合法利益的做法，只能会导致知识产权人的反对，最终影响标准本身的制订和实施。标准的制订必须以科学技术的综合成果为依据，在对新的科研成果进行总结吸收的基础上，从中选择最佳的解决方案。

(2) 知识产权在标准中的行使

标准的本质特征是“统一”，知识产权人行驶权利的重要方式之一是许可授权，如果某项专利技术被纳入某技术标准之中，就扩展了该知识产权的许可范围。正因为这一点，EPCglobal 将自己的标准递交给国际标准化组织 ISO/IEC，将自己制订的标准成为国际化标准，借助 ISO/IEC 的强大推广能力，扩大了 EPC 标准中知识产权的许可范围。

15.2 ISO/IEC RFID 标准体系

ISO/IEC RFID 标准体系主要包含 ISO/IEC 技术标准、ISO/IEC 数据结构、ISO/IEC 性能

标准和 ISO/IEC 应用标准等。

15.2.1　ISO/IEC 技术标准

ISO/IEC 技术标准规定了 RFID 有关技术特征、技术参数和技术规范，主要包括 ISO/IEC 18000（空中接口参数）、ISO/IEC 10536（密耦合、非接触集成电路卡）、ISO/IEC 15693（疏耦合、非接触集成电路卡）和 ISO/IEC 14443（近耦合、非接触集成电路卡）等。ISO/IEC 的 RFID 技术标准构成如图 15-3 所示。

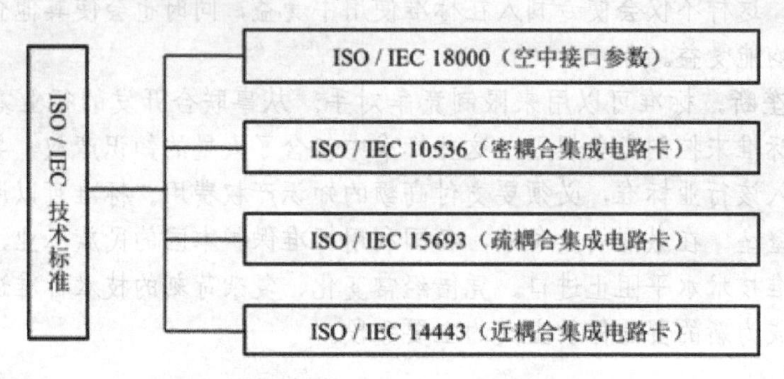

图15-3　ISO/IEC 技术标准的构成

(1)　空中接口通信协议 ISO/IEC 18000

ISO/IEC 18000 空中接口通信协议主要规定了基于物品管理的 RFID 空中接口参数，如图 15-4 所示。由于不同频段 RFID 标签在识读速度、识读距离和适用环境等方面存在较大差异，单一频段的标准不能满足各种应用的需求，所以 ISO/IEC 制订了多种频段的空中接口协议。ISO/IEC 18000 包含了有源和无源 RFID 技术标准，规范了读写器与电子标签之间信息的交互，目的是使不同厂家生产的设备可以互联互通。

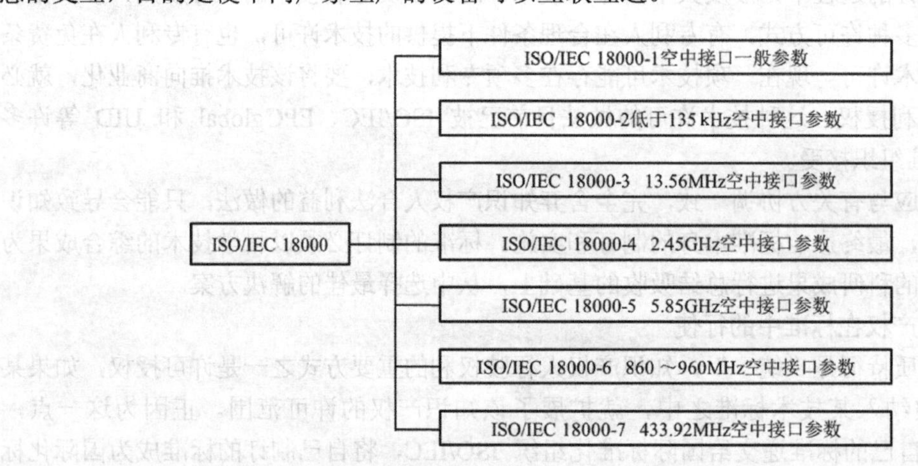

图15-4　ISO/IEC18000 标准的结构

- ISO/IEC 18000-1 标准。ISO/IEC 18000-1 规范了空中接口通信协议的基本内容，包括读写器与电子标签的通信参数和知识产权基本规则等，该内容适合多个频段，这样每一个频段对应的标准不需要对相同内容进行重复规定。
- ISO/IEC 18000-2 标准。ISO/IEC 18000-2 适用于低频 125 kHz ~ 134kHz，规定

了电子标签和读写器之间通信的物理接口，规定了协议和指令以及多标签通信的防碰撞方法。读写器应具有与 Type A(FDX)和 Type B(HDX)标签通信能力。

- ISO/IEC 18000-3 标准。ISO/IEC 18000-3 适用于高频段 13.56MHz，规定了读写器与标签之间的物理接口、协议、命令及防碰撞方法。关于防碰撞协议可以分为两种模式，模式 1 分为基本型和两种扩展型协议（无时隙、无终止、多电子标签协议和时隙、终止、自适应轮询、多电子标签读取协议）；模式 2 采用时频复用 FTDMA 协议，共有 8 个信道，适用于标签数量较多的情形。
- ISO/IEC 18000-4 标准。ISO/IEC 18000-4 适用于微波 2.45GHz，规定了读写器与电子标签之间的物理接口、协议、命令及防碰撞方法。该标准包括两种模式，模式 1 是无源标签，工作方式为读写器先讲；模式 2 是有源标签，工作方式为电子标签先讲。
- ISO/IEC 18000-6 标准。ISO/IEC 18000-6 适用于超高频频段 860MHz～960MHz，规定了读写器与电子标签之间的物理接口、协议、命令及防碰撞方法。ISO/IEC 18000-6 包含 Type A、Type B 和 Type C 三种无源标签的接口协议，通信距离最远可以达到 10m。其中，Type C 是由 EPCglobal 起草的，并于 2006 年 7 月获得批准，它在识别速度、读写速度、数据容量、防碰撞、信息安全、频段适应能力和抗干扰等方面有较大提高。
- ISO/IEC 18000-7 标准。ISO/IEC 18000-7 适用于超高频 433.92MHz，属于有源电子标签。ISO/IEC 18000-7 规定了读写器与标签之间的物理接口、协议、命令及防碰撞方法。有源标签识读范围大，适用于大型固定资产的跟踪。

(2) 其他 ISO/IEC 技术标准

自 20 世纪 70 年代 IC 卡（集成电路卡）诞生以来，IC 卡的发展经历了从存储卡到智能卡、从接触式卡到非接触式卡、从近距离识别到远距离识别的过程。非接触 RFID 卡由于无读卡磨损、寿命长和操作速度快，应用日趋广泛，现在，食堂卡、公交卡和考勤卡等都采用 RFID 卡。上述 RFID 卡主要采用 ISO/IEC 14443 定义的近耦合卡、ISO/IEC15693 定义的疏耦合卡或 ISO/IEC10536 定义的密耦合卡。

- ISO/IEC 14443 标准。ISO/IEC14443 是近耦合、非接触集成电路卡标准，最大的读取距离一般不超过 10cm，是 ISO/IEC 早期制订的 RFID 标准，技术发展较早，相关标准也较为成熟。ISO/IEC 14443 采用 13.56MHz 频率，根据信号发送和接收方式的不同定义了 TYPE A 和 TYPE B 两种卡型，公交卡和校园卡主要基于 TYPE A 标准，中国第二代居民身份证基于 TYPE B 标准。
- ISO/IEC 15693 标准。ISO/IEC 15693 是疏耦合、非接触集成电路卡标准，最大的读取距离一般不超过 1m，也是 ISO/IEC 早期制订的 RFID 标准，技术发展较早，相关标准也较为成熟。ISO/IEC 15693 使用的频率为 13.56MHz，设计简单让生产读写器的成本比 ISO14443 低，ISO/IEC 15693 标准可以应用于进出门禁控制和出勤考核等。
- ISO/IEC 10536 标准。ISO/IEC10536 是密耦合、非接触集成电路卡标准，最大读取距离一般不超过 1cm，使用频率为 13.56MHz，也是 ISO/IEC 早期制订的 RFID 标准。

15.2.2 ISO/IEC 数据结构标准

数据结构标准规定了数据从电子标签、读写器到主机（中间件或应用程序）各个环节的表示形式。由于电子标签能力（存储能力和通信能力）的限制，各个环节的数据表示形式各不相同，必须考虑各自特点采取不同的表现形式。ISO/IEC 数据结构标准如图 15-5 所示。

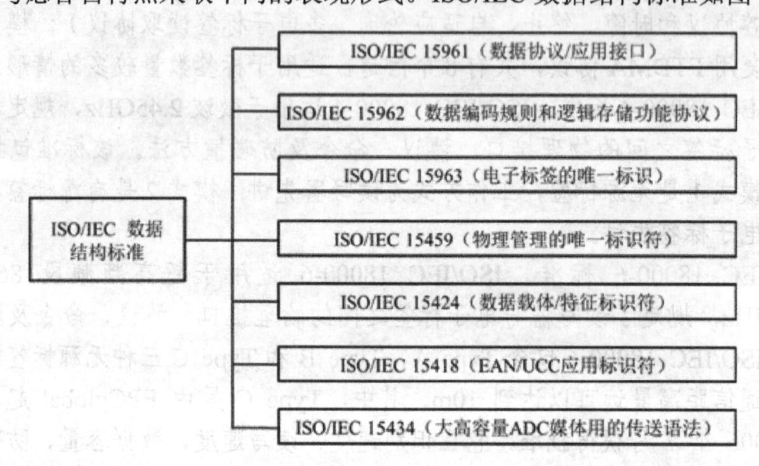

图15-5 ISO/IEC 数据结构标准

(1) ISO/IEC 15961 标准

ISO/IEC 15961 标准规定了读写器与应用程序之间的接口，规定了应用命令与数据协议加工器交换数据的标准方式，定义了错误响应消息。应用程序可以完成对电子标签数据的读取、写入、修改、删除等操作功能。

(2) ISO/IEC 15962 标准

ISO/IEC 15962 规定了数据的编码、压缩、逻辑内存映射格式，以及如何将电子标签中的数据转化为应用程序有意义的方式。该协议提供了一套数据压缩的机制，可以充分利用电子标签中有限数据存储空间及空中通信能力。

ISO/IEC 24753 扩展了 ISO/IEC 15962 数据处理能力，适用于具有辅助电源和传感器功能的电子标签。增加传感器以后，电子标签中存储的数据量及对传感器的管理任务大大增加了，ISO/IEC 24753 规定了电池状态监视、传感器设置与复位、传感器处理等功能。

(3) ISO/IEC 15963 标准

ISO/IEC 15963 规定了电子标签唯一标识的编码标准，该标准兼容 ISO/IEC 7816-6、ISO/TS 14816、EAN/UCC 标准编码体系和 INCITS 256，并保留对未来扩展。

15.2.3 ISO/IEC 性能标准

性能标准是所有信息技术类标准中非常重要的部分，它包括设备性能测试方法和一致性测试方法。ISO/IEC 性能标准的内容如图 15-6 所示。

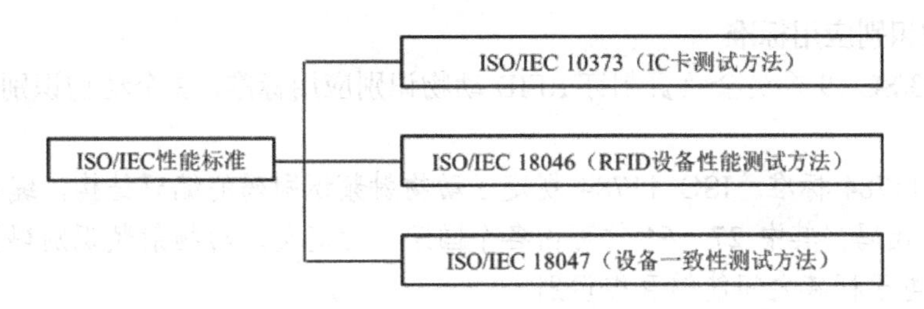

图15-6 ISO/IEC 性能标准

(1) 设备性能测试标准（ISO/IEC 18046）

ISO/IEC 18046 是设备性能测试标准，主要内容如下。

- 电子标签性能参数及其检测方法，包括标签检测参数、检测速度、标签形状、标签检测方向、单个标签检测和多个标签检测等。
- 读写器性能参数及其检测方法，包括读写器检测参数、识读范围检测、识读速率检测、读数据速率检测和写数据速率检测等。
- 在 ISO/IEC 18046 附件中，规定了测试条件，包括全电波暗室、半电波暗室和开阔场 3 种测试场。该标准定义的测试方法形成了性能评估的基本架构，可以根据 RFID 系统应用的要求，扩展测试内容。应用标准或应用系统测试规范可以引用 ISO/IEC 18046 性能测试方法，并在此基础上根据具体要求进行扩展。

(2) 射频识别设备一致性标准（ISO/IEC 18047）

ISO/IEC 18047 对确定射频识别设备（电子标签和读写器）一致性的方法进行定义，也称为空中接口通信测试方法，它与 ISO/IEC 18000 系列标准相对应。一致性测试是确保各部分之间的相互作用达到系统的一致性要求，只有符合一致性要求，才能实现不同厂家生产的设备在同一个 RFID 网络内互连互通互操作。

15.2.4 ISO/IEC 应用标准

ISO/IEC 针对不同应用领域所涉及的共同要求和属性，制订通用应用标准，而不是每一个应用标准完全独立制订。通用技术标准提供的是一个基本框架，而应用标准是对它的补充和具体规定。应用标准是在通用技术标准的基础上，根据各个行业自身的特点而制订的，它针对行业应用领域所涉及的共同要求和属性。ISO/IEC 主要应用标准如图 15-7 所示。

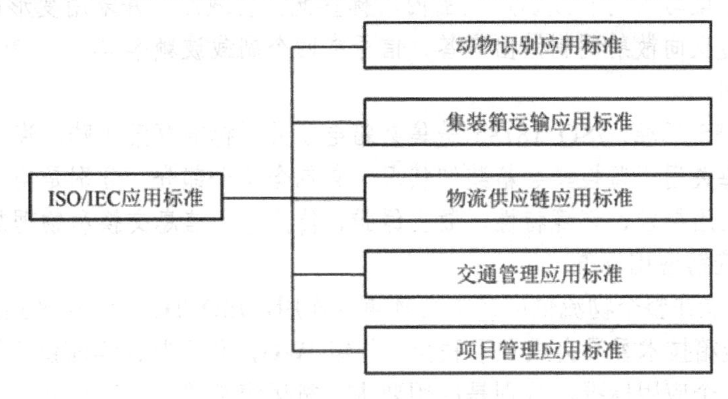

图15-7 ISO/IEC 应用标准

(1) 动物识别应用标准

ISO TC 23/SC 19 委员会负责制订 RFID 动物识别应用标准。3 个动物识别应用标准的具体内容如下。

- ISO 11784 标准。ISO 11784 规定了动物射频识别码的编码结构，编码结构为 64 位代码，其中 27～64 位可由各个国家自行定义。动物射频识别码要求读写器与电子标签之间能够互相识别。
- ISO 11785 标准。ISO 11785 是技术准则，规定了电子标签的数据传输方法和读写器的技术参数要求。ISO 11785 工作频率为 134.2kHz，数据传输方式有全双工和半双工两种，读写器数据以差分双相代码表示，电子标签采用 FSK（频移键控）调制、NRZ（不归零码）编码。由于存在电子标签充电时间较长和工作频率的限制，该标准通信速率较低。
- ISO 14223 标准。ISO 14223 规定了动物射频识别读写器和高级标签的空间接口标准，可以让动物数据直接存储在标签上，这表示通过简易、可验证、廉价的解决方案，每只动物的数据就可以在离线状态下直接取得，进而改善库存追踪及提升全球的进出口控制能力。通过符合 ISO 14223 标准的读取设备，可以自动识别家畜，而它所具备的防碰撞算法和抗干扰特性，即使家畜的数量极为庞大，识别也没有问题。ISO 14223 标准包含空中接口、编码和命令结构、应用 3 个部分，它是 ISO 11784/11785 的扩展版本。

(2) 集装箱运输应用标准

ISO TC 104 技术委员会是负责集装箱标准制订的最高权威机构，ISO TC 104 技术委员第四子委员会（SC4）负责制订与 RFID 相关的标准。3 个集装箱运输应用标准的具体内容如下。

- ISO 6346 标准。ISO 6346 是集装箱编码、ID 和标识符号标准，1995 年制订。该标准提供了集装箱标识系统，规定了集装箱尺寸、类型等参数的数据编码方式及相应标记方法，同时规范了操作标记和集装箱标记的物理展示方法。
- ISO 10374 标准。ISO 10374 是集装箱自动识别标准，1991 年制订，1995 年修订。该标准是基于微波电子标签的集装箱自动识别系统，RFID 标签为有源设备，工作频率在 850MHz～950MHz 和 2.4GHz～2.5GHz 范围内，只要 RFID 标签处于读写器的有效识别范围内，标签就会被激活，并采用变形的 FSK 副载波通过反向散射调制做出应答，信号在两个副载波频率 40kHz 和 20kHz 之间被调制。
- ISO 18185 标准。ISO 18185 是集装箱电子关封标准草案（陆、海、空），该标准被海关用于监控集装箱装卸状况。它包含 7 个部分，分别是空中接口通信协议、应用要求、环境特性、数据保护、传感器、信息交换和物理层特性。

(3) 物流供应链应用标准

为了使 RFID 能在整个物流供应链中发挥重要作用，ISO TC 122 包装技术委员会和 ISO TC 104 货运集装箱技术委员会成立了联合工作组 JWG，负责制订物流供应链的系列标准。工作组制订了 6 个应用标准，分别是应用要求、货运集装箱、装载单元、运输单元、产品包装单元和单品物流单元。

- ISO 17358 标准。ISO 17358 是应用要求标准，该标准定义了物流供应链单元层次的参数，定义了环境标识和数据流程。
- ISO 17363～ISO 17367 标准。ISO 17363～ISO 17367 是系列标准，供应链 RFID 物流单元系列标准分别对货运集装箱、可回收运输单元、运输单元、产品包装和产品标签的 RFID 应用进行了规范。该系列标准内容基本类同，针对不同的使用对象还做了补充规定，因而在具体规定上存在差异，如使用环境条件、标签的尺寸、标签张贴的位置等，根据对象的差异要求采用电子标签的载波频率也不同。这里需要注意的是 ISO 10374、ISO 18185 和 ISO 17363 标准之间的关系，它们都针对集装箱，但是 ISO 10374 是针对集装箱本身的管理，ISO 18185 是海关为了监视集装箱而制订的标准，ISO 17363 是针对供应链管理而在集装箱上使用可读写的 RFID 标识标签和货运标签标准。

15.2.5 ISO/IEC 其他标准

(1) 实时定位系统标准

实时定位系统（Real-Time Location System，RTLS）是利用无线通信技术，在指定的空间范围内，实时或接近实时将特定目标定位的系统。

RTLS 是应用于单品管理、小范围定位的空中接口标准，可实现物品位置的全程跟踪与监视，可解决短距离尤其是室内物体的定位，可弥补 GPS 等定位系统只能适用于室外大范围的不足，一般用于物流供应链、配送中心和工业环节等领域的物品追踪，近年亦有针对人员的追踪。

包含如下标准。

- ISO/IEC 24730-1 标准。ISO/IEC 24730-1 适用于应用编程接口 API，它规范了 RTLS 服务的功能及访问方法，目的是使应用程序可以方便地访问 RTLS 系统，它独立于 RTLS 的低层空中接口协议。
- ISO/IEC 24730-2 标准。ISO/IEC 24730-2 是适用于 2.45GHz 的 RTLS 空中接口协议，它规范了一个网络定位系统，该系统可以远程实时配置发射机的参数，接收机可以根据收到的几个 RTLS 信标信号解算位置。
- ISO/IEC 24730-3 标准。ISO/IEC 24730-3 是适用于 433MHz 的 RTLS 空中接口协议，其内容与 ISO/IEC 24730-2 类似，也规范了一个网络定位系统。

(2) 软件系统基本架构标准

2006 年，ISO/IEC 将 RFID 应用系统的标准 ISO/IEC 24752 调整为 6 个部分，并重新命名为 ISO/IEC 24791。ISO/IEC 24791 是软件系统基本架构，制订该标准的目的是对 RFID 应用系统提供一种框架，规范数据安全和多种接口，便于 RFID 系统之间的信息共享，使应用程序不再关心多种设备和不同类型设备之间的差异，便于应用程序的设计和开发。ISO/IEC 24791 支持设备的分布式协调控制和集中管理，具有优化密集读写器组网的性能。

ISO/IEC 24791 标准的具体内容如下。

- ISO/IEC 24791-1 标准。ISO/IEC 24791-1 规定了体系架构，给出了软件体系的总体框架和各部分标准的基本定义。它将体系架构分成 3 大类，分别为数据平

面、控制平面和管理平面，三个平面的划分可以使软件架构体系的描述得以简化。其中，数据平面侧重于数据的传输与处理，控制平面侧重于对读写器空中接口协议参数的配置，管理平面侧重于运行状态的监视和设备管理。

- ISO/IEC 24791-2 标准。ISO/IEC 24791-2 位于数据平面，是数据管理标准，主要功能包括读、写、采集、过滤、分组、事件通告、事件订阅等。另外，ISO/IEC 24791-2 支持 ISO/IEC 15962 标准提供的接口，也支持其他标准的标签数据格式。
- ISO/IEC 24791-3 标准。ISO/IEC 24791-3 是设备管理标准，类似于 EPC 系统的读写器管理协议，能够支持设备运行参数设置、读写器运行性能监视和故障诊断。参数设置包括初始化运行参数、动态改变的运行参数及软件升级等。性能监视包括历史运行数据的收集和统计等功能。故障诊断包括故障的检测和诊断等功能。
- ISO/IEC 24791-4 标准。ISO/IEC 24791-4 是应用接口标准，位于最高层，提供读、写功能的调用格式，并提供交互流程。
- ISO/IEC 24791-5 标准。ISO/IEC 24791-5 位于控制平面，是设备接口标准，类似于 EPC 的 LLRP 低层读写器协议。它与空中接口协议相关，为控制和协调读写器的空中接口协议提供通用接口规范。
- ISO/IEC 24791-6 标准。ISO/IEC 24791-6 是数据安全标准。

15.2.6 ISO/IEC 的 RFID 标准汇总表

ISO/IEC 中的 RFID 标准包括术语、空中接口、实时定位、软件系统、实施方针、数据结构、性能测试和应用标准等，如表 15-1 所示。

表 15-1　ISO/IEC 的 RFID 标准

标准类型	标准号	标准名称和说明
术语	19762	信息技术-自动识别和数据采集技术-调和术语
	19762-1:2005	第一部分：自动识别和数据采集技术的一般术语
	19762-2:2005	第二部分：光学可读媒体
	19762-3:2005	第三部分：射频识别
	19762-4	第四部分：射频通信的一般术语
	19762-5	第五部分：定位系统
空中接口	18000	信息技术-自动识别和数据采集技术-电子标签 用于单项物品管理-空中接口
	18000-1:2004	第一部分：全球适用频率空中接口通信的一般参数

续表

标准类型		标准号	标准名称和说明
空中接口		18000-2:2004	第二部分：135kHz 以下的空中接口通信参数
		18000-3:2004	第三部分：13.65MHz 的空中接口通信参数
		18000-4:2004	第四部分：2.45GHz 的空中接口通信参数
		18000-6:2004	第六部分：860～960MHz 的空中接口通信参数
		18000-6:2004/Amd1:2006	C 类型扩展及 A、B 类型的改进
		18000-7:2004	第七部分：433MHz 有源电子标签的空中接口通信参数
		24710:2005	信息技术-自动识别和数据采集技术-电子标签用于单项物品管理-ISO/IEC18000 空中接口定义的基本标签牌照功能
		24753	自动识别和数据采集技术-电子标签用于单项物品管理-电池辅助和传感器功能的空中接口命令
		18092:2004 (ECMA-340)	信息技术-系统间的无线电通信和信息交换-近场无线通信接口和协议-1
		21481:2005 (ECMA-352)	信息技术-系统间的无线电通信和信息技术-近场无线通信接口和协议-2
		28361	信息技术-近场有线通信接口（NFC-WI）
非接触集成电路卡	近耦合	14443	识别卡-非接触式集成电路卡-近耦合卡
		14443-1:2000	第一部分：物理特性
		14443-1	受限使用非接触式集成电路卡标准定义
		14443-2:2001	第二部分：射频功率与信号接口
		14443-2:2001/Amd1:2005	提供较高的 fc/64、fc/32 和 fc/16 数据速率
		14443-3:2001	第三部分：初始化与防冲突
		14443-3:2001/Amd 1:2005	提供较高的 fc/64、fc/32 和 fc/16 数据速率
		14443-3:2001/Amd3:2006	对保留字段和值的处理
		14443-4:2001	第四部分：传输协议
		14443-4:2001/Amd1:2006	对保留字段和值的处理
	疏耦合	15693	识别卡-非接触式集成电路卡-疏耦合卡
		15693-1:2000	第一部分：物理特性
		15693-2:2006	第二部分：空中接口与初始化
		15693-3:2001	第三部分：防冲突与传输协议
实时定位		24730-1:2006	信息技术-自动识别和数据采集技术-实时定位系统第一部分：应用编程接口
		24730-2:2006	信息技术-自动识别和数据采集技术-实时定位系统第二部分：2.4GHz 空中接口协议
		24730-3	信息技术-自动识别和数据采集技术-实时定位系统第三部分：433MHz 空中接口协议
		24730-4	信息技术-自动识别和数据采集技术-实时定位系统第四部分：全球定位系统
		24730-5	信息技术-自动识别和数据采集技术-实时定位系统第五部分：2.4GHz 宽带线性调频扩频
		24769	信息技术-自动识别和数据采集技术-实时定位系统装置一致性测试方法
		24770	信息技术-自动识别和数据采集技术-实时定位系统装置性能测试方法

续表

标准类型	标准号	标准名称和说明
软件系统	24791	信息技术-自动识别和数据采集技术-射频识别用于单品管理-软件系统构架
	24791-1	第一部分：构架
	24791-2	第二部分：数据管理
	24791-3	第三部分：设备管理
	24791-4	第四部分：应用接口
	24791-5	第五部分：设备接口
	24791-6	第六部分：安全
实施方针	24729-1	信息技术-电子标签用于单品管理-执行准则第一部分：RFID 可用标签
	24729-2	信息技术-电子标签用于单品管理-执行准则第二部分：电子标签的循环使用
	24729-3	信息技术-电子标签用于单品管理-执行准则第三部分：读写器/天线安装
数据结构	15418:1999	信息技术-应用和数据标识符及维护
	15424:2000	信息技术-自动识别和数据采集技术-数据载体标识符
	15434:2006	信息技术-自动识别和数据采集技术-大容量 ADC 媒体语法
	15459	信息技术-唯一标识号
	15459-1:2006	第一部分：运输单元的唯一标识
	15459-2:2006	第二部分：注册程序
	15459-3:2006	第三部分：唯一标识号的常用规则
	15459-4:2006	第四部分：供应链管理的唯一标识号
	15459-5:2007	第五部分：可循环传输方面的唯一标识号
	15459-6:2007	第六部分：产品组合在物资生命周期管理中的唯一标识号
	15961:2004	信息技术-电子标签用于单品管理-数据协议
	15961-1	信息技术-电子标签用于单品管理-数据协议第一部分：应用接口
	15961-2	信息技术-电子标签用于单品管理-数据协议第二部分：RFID 数据结构注册
	15961-3	信息技术-电子标签用于单品管理-数据协议第三部分：RFID 数据结构
	15962:2004	信息技术-电子标签用于单品管理-数据协议:数据编码规则与逻辑内存功能
	15962-1	信息技术-电子标签用于单品管理-数据协议:数据编码规则与逻辑内存功能
	15963:2004	信息技术-电子标签用于单品管理-电子标签的唯一标识符
性能测试	18046:2006	信息技术-射频识别装置性能测试方法
	18046-1	第一部分：对系统性能的测试方法
	18046-2	第二部分：读写器性能的测试方法
	18046-3	第三部分：标签性能的测试方法
	18047	信息技术-电子标签装置一致性测试方法

续表

标准类型	标准号	标准名称和说明
性能测试	18047-2:2006	第二部分：对 135kHz 频率以下空中接口通信的测试方法
	18407-3:2004	第三部分：13.56MHz 空中接口通信的测试方法
	18047-4:2004	第四部分：2.45GHz 空中接口通信的测试方法
	18047-6:2006	第六部分：860～960MHz 空中接口通信的测试方法
	18047-7:2005	第七部分：433MHz 空中接口通信的测试方法
动物识别应用	11784:1996	动物识别-动物无线射频识别-编码结构
	11785:1996	动物无线射频识别-技术概念
	14223-1:2003	动物无线射频识别-高级标签-第一部分：空中接口
	14223-2	动物无线射频识别-高级标签-第二部分：编码和指令结构
	24631-1	动物无线射频识别-第一部分：射频标签与生产厂商号的一致性评估
	24631-2	动物无线射频识别-第二部分：ISO11784/11785 射频标签收发机一致性评估
	24631-3	动物无线射频识别-第二部分：ISO11784/11785 射频标签收发机一致性评估
	24631-4	动物无线射频识别-第二部分：ISO11784/11785 射频标签收发机一致性评估
气瓶应用	21007-1:2005	以电子标签技术标识和标记气瓶-第一部分：参考构架与术语
	21007-2:2005	以电子标签技术标识和标记气瓶-第二部分：射频编号方案
集装箱应用	830	货运集装箱-术语
	10374	货运集装箱-自动识别
	17712:2006	货运集装箱-机械封条
	18185-1:2007	货运集装箱-电子封条-第一部分：通信协议
	18185-2:2007	货运集装箱-电子封条-第二部分：应用需求
	18185-3:2007	货运集装箱-电子封条-第三部分：环境特征
	18185-4:2007	货运集装箱-电子封条-第四部分：数据保护
	18185-5:2007	货运集装箱-电子封条-第五部分：物理层
供应链应用	17363	电子标签用于供应链-货物集装箱
	17364	电子标签用于供应链-可回收运输物品
	17365	电子标签用于供应链-运输单元
	17366-2	电子标签用于供应链-产品包装
	173667-2	电子标签用于供应链-产品标记
交通运输应用	14814:2006	道路运输与交通远程信息处理-自动车辆与设备识别-参考构架与术语
	14815:2005	道路运输与交通远程信息处理-自动车辆与设备识别-系统规范
	14816:2005	道路运输与交通远程信息处理-自动车辆与设备识别-编号与数据结构
	17261:2005	自动车辆与设备识别-联合运输的货物运送-构架与术语
	17862:2003	自动车辆与设备识别-联合运输的货物运送-编号与数据结构
	17863:2003	自动车辆与设备识别-联合运输的货物运送-系统参数

15.3 EPCglobal RFID 标准体系

EPCglobal 是物联网的倡导者，在物联网 RFID 的标准制订上处于全球第一的位置。

EPC 系统的主要特点是：倡导物联网，以建立全球物品信息实时共享的物联网为最终目标；全球化的标准，该标准框架可以适用于任何地方；开放的系统，所有的接口都按开放的标准来实现；独立的平台，该标准框架可以在不同的软、硬件平台上实现；可扩展性，该标准框架可以针对用户的需求进行相应的配置。

15.3.1　EPC 系统的框架结构

EPC 系统的框架结构包括标准体系框架和用户体系框架。EPCglobal 的目标是形成物联网完整的标准体系，同时将全球用户纳入到这个体系中来。

(1)　EPCglobal 的标准体系框架

在 EPCglobal 中，体系框架委员会（ARC）的职能是制订 RFID 标准体系框架，协调各个 RFID 标准之间的关系，使标准符合 RFID 标准体系框架的要求。EPCglobal 标准体系框架主要包含 EPC 物理对象交换、EPC 基础设施和 EPC 数据交换，如图 15-8 所示。

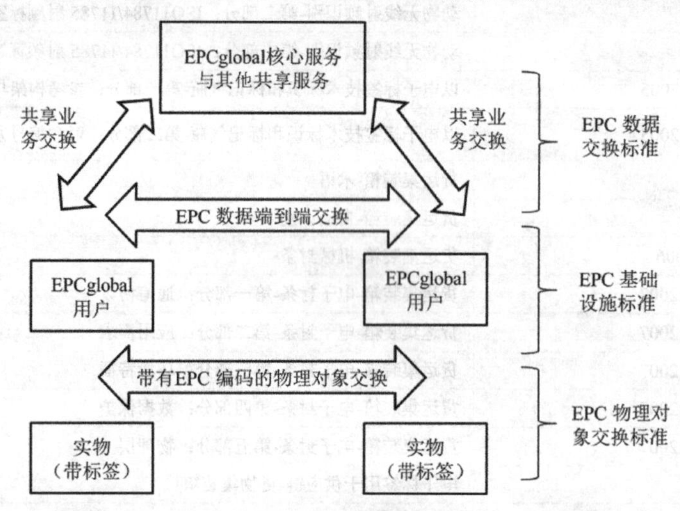

图15-8　EPC 系统的标准体系框架

- EPC 物理对象交换标准。在 EPC 系统的网络中，物理对象是商品，用户是该商品供应链中的成员。EPC 系统的标准体系框架定义了 EPC 物理对象交换标准，从而保证了当用户将一种物理对象交给另一个用户时，后者能够根据该物理对象的 EPC 码方便地获得相应的物品信息。
- EPC 基础设施标准。为实现 EPC 数据共享，每个新生成的物理对象都要进行 EPC 编码，通过监视物理对象携带的 EPC 码对其进行跟踪，并将收集到的信息记录到 EPC 网络中的基础设施内。EPC 系统的标准体系框架定义了用来收集和记录数据的主要设施部件接口标准，并允许用户使用互操作部件来构建其内部系统。
- EPC 数据交换标准。用户通过相互交换数据，可提高物品在供应链中的可见性。EPC 系统的标准体系框架定义了 EPC 系统的数据标准，为用户提供了一种点对点共享 EPC 数据的方法，并给用户提供了访问 EPC 系统核心业务和其他共享业务的机会。

(2) EPCglobal 的用户体系框架

多个用户之间 RFID 体系框架的模型如图 15-9 所示，它为所有用户的 EPC 信息交互提供了公共平台，不同用户 RFID 系统之间通过它可以实现信息交互。多用户体系框架需要考虑认证接口、EPCIS 接口、ONS 接口、编码分配管理和标签数据转换。

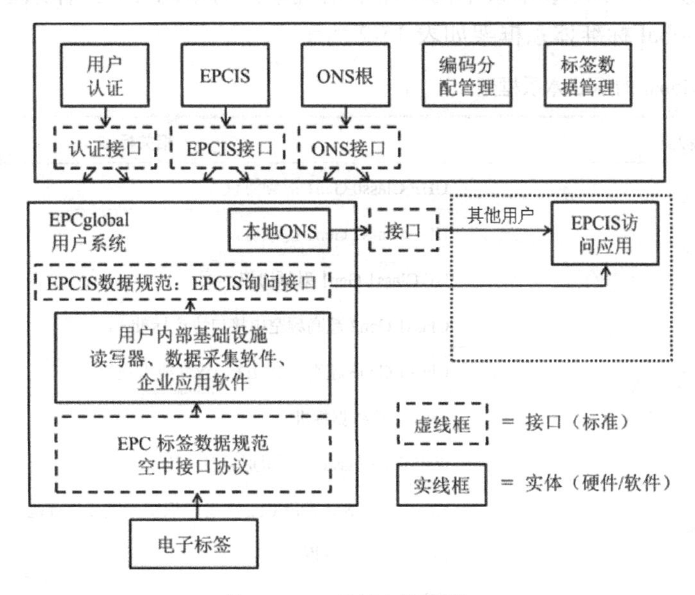

图15-9　EPC 的用户体系框架

单个用户内部 RFID 体系框架的模型如图 15-10 所示。一个用户系统可能包含很多 RFID 读写器和应用终端，还可能包括一个分布式网络，为确保不同厂家设备之间的兼容，它不仅需要考虑主机与读写器、读写器与电子标签之间的交互，还需要考虑读写器性能控制与管理、读写器设备管理、核心系统与其他用户之间的交互。

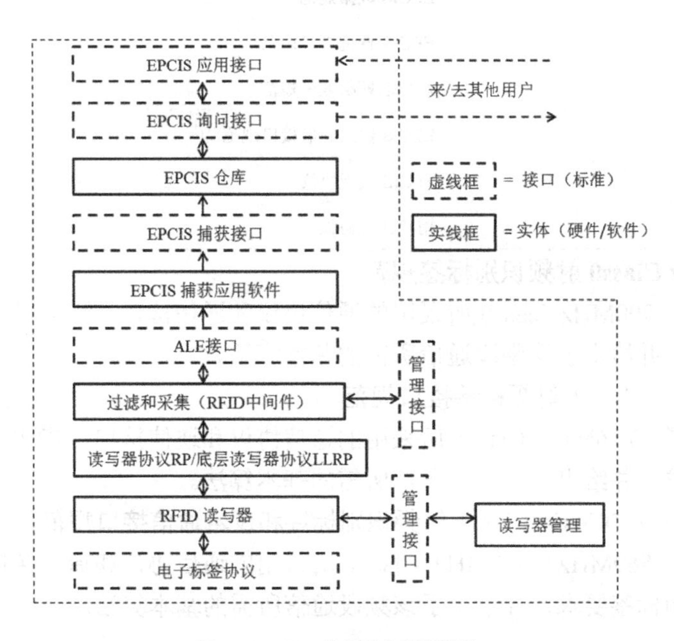

图15-10　EPC 的单用户体系框架

15.3.2 EPC 系统的标准体系框架

EPC 标准体系框架与 EPC 物理对象交换、EPC 基础设施和 EPC 数据交换 3 种活动密切相关，其在不同频率、不同版本或不同类型的情况下，对不同 EPC 体系框架中所有的部件进行规范。EPCglobal 标准体系框架如表 15-2 所示。

表 15-2 EPCglobal 的标准体系框架

活动种类	相关标准
EPC 物理对象交换	UHF Class0 Gen1 射频协议
	UHF Class1 Gen1 射频协议
	HF Class1 Gen1 射频协议
	Class1 Gen2 超高频空中接口协议标准
	Class1 Gen2 超高频 RFID 一致性要求规范
	EPC 标签数据标准
	900MHz Class0 射频识别标签规范
	13.56MHz ISM 频段 Class1 射频识别标签接口规范
EPC 基础设施	EPCglobal 体系框架
	应用水平事件规范
	读写器协议
	读写器管理规范
	标签数据解析分析
EPC 数据交换	EPCIS 数据规范
	EPCIS 查询接口规范
	对象名解析业务规范
	EPCIS 数据获取接口规范
	EPCIS 发现协议
	用户认证协议

(1) 900MHz Class0 射频识别标签规范

本规范定义了 900MHz Class0 所采用的通信协议和通信接口，指明了该频段的射频通信要求和标签要求，并给出了该频段通信所需的基本算法。

(2) 13.56MHz Class1 射频标签接口规范

本规范定义了 13.56MHz Class1 所采用的通信协议和通信接口，指明了该频段的射频通信要求和标签要求，并给出了该频段通信所需的基本算法。

(3) 869 MHz～930MHz Class1 射频识别标签和逻辑通信接口规范

本规范定义了 869MHz～930MHz Class1 所采用的通信协议和通信接口，指明了该频段的射频通信要求和标签要求，并给出了该频段通信所需的基本算法。

(4) Class1 Gen2 超高频 RFID 一致性要求规范

本规范给出了 EPC 系统在 860MHz～960MHz 的 Class1 Gen2 超高频 RFID 协议，包括读写器和电子标签之间在物理上的交互协同要求，以及读写器和电子标签在操作流程与命令上的协同要求。

(5) EPC 体系框架

本文件定义和描述了 EPC 体系框架。EPC 体系框架是由硬件、软件、数据接口及 EPC 核心业务组成，它代表了通过 EPC 码提升供应链效率的所有业务。

(6) EPC 标签数据标准

这项由 EPCglobal 管理委员会通过的标准，给出了 EPC 标签的系列编码方案。

(7) Class1 Gen2 超高频空中接口协议标准

该标准是 EPC 系统应用最多的标准，其定义了在 860MHz～930MHz 频段内被动式反向散射、读写器先激励工作方式 RFID 系统的物理和逻辑要求。Class1 Gen2 的特点如下。

- 开放的标准，符合全球各国超高频段的规范，不同销售商的设备具有良好的兼容性。
- 可靠性强，标签具有高识别率，在较远距离测试具有将近 100%的识别率。
- 芯片将缩小到现有版本的 1/2 到 1/3，Gen2 标签在芯片中有 96 字节的存储空间，具有特定的口令、更大的存储能力及更好的安全性能，可以有效地防止芯片被非法读取，能够迅速地适应变化无常的标签群。
- 可在密集的读写器环境里工作。标签的隔离速度高，隔离率在北美可达每秒 1500 个标签，在欧洲可达每秒 600 个标签。
- 安全性和保密性强，协议允许使用两个 32Bit 的密码，一个用来控制标签的读写权，另一个用来控制标签的禁用/销毁权，并且读写器与标签的单向通信也采用加密。
- 实时性好，允许标签延时后进入识读区仍能被读取，这是 Gen1 所不能达到的。
- 抗干扰性强，更广泛的频谱与射频分布提高了 UHF 的频率调制性能，可以减少与其他无线电设备的干扰。
- 标签内存采用可延伸性的存储空间，原则上用户可有无限的内存。
- 识读速率大大提高，Gen2 标签的识读速率是现有标签的 10 倍，这使得通过使用 RFID 标签可实现高速自动化作业。

(8) 应用水平事件规范

该标准定义了某种接口的参数与功能，通过该接口，用户可以获取过滤后的和整理过的电子产品代码数据。

(9) 对象名解析业务规范

本规范指明了域名服务系统如何用来定位与确定 EPC 码的权威数据和业务，其目标群体是对象名称解析业务系统的开发者和应用者。

15.3.3 EPC 系统的工作流程

在 EPC 系统的工作流程中，EPC 系统首先需要对物品编码，然后对物品识别，最后将

物品信息上传到网上。EPC 系统的工作流程对应着 EPC 编码体系、射频识别系统和信息网络系统 3 部分，如表 15-3 所示。

表 15-3　EPC 系统的构成

系统构成	名　称	注　释
EPC 编码体系	EPC 码	用来标识目标的特定代码
射频识别系统	EPC 标签	附着在物品上
	读写器	识读 EPC 标签
信息网络系统	EPC 中间件	EPC 系统的软件支持系统
	对象名称解析服务（ONS）	
	EPC 信息服务（EPCIS）	

在由 EPC 标签、EPC 读写器、EPC 中间件、ONS 服务器、EPC 信息服务器（EPCIS）和众多数据库组成的实物互联网中，读写器读出的 EPC 码只是一个信息参考（指针），由这个信息参考可以在 Internet 中找到 IP 地址，并获取该地址存放的相关物品信息。由于标签上只有一个 EPC 码，计算机需要知道与该 EPC 码匹配的其他信息，这就需要 ONS 服务器提供一种自动化的网络数据库服务。EPC 中间件将 EPC 码传给 ONS，ONS 指示 EPC 中间件到一个保存着产品文件的服务器（EPCIS）查找，该文件可由 EPC 中间件复制，因而产品的文件信息就能传到供应链上。EPC 系统的工作流程如图 15-11 所示。

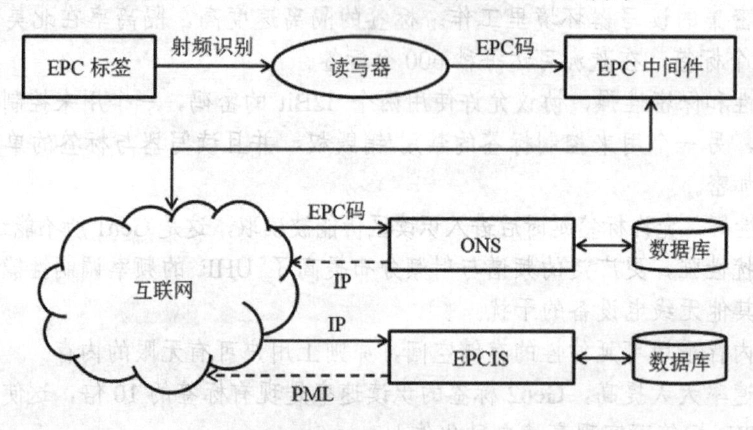

图15-11　EPC 系统的工作流程

15.4　日本泛在识别 UID 标准体系

本节将介绍 UID 标准体系架构、UID 编码结构、UID 识别系统和 UID 信息解析服务系统。通过对本节的学习，可以对日本 UID 标准体系有一个整体的认识。

15.4.1　UID 标准体系的架构

UID 也倡导物联网，但 UID 与 EPCglobal 的物联网宗旨有区别。EPC 采用业务链方式，面向企业，面向产品信息的流动，比较强调与互联网结合。UID 比较强调信息的获取和分析，强调前端的微型化与集成，它采用的是始于 20 世纪 80 年代中期的实时操作系统（TRON），从而保证了信息具有防复制和防伪造的特性。

为了制订具有自主知识产权的 RFID 标准体系，UID 采用 Ucode 编码，它能兼容日本已有的编码体系，同时也能兼容其他国家的编码体系。UID 积极参加空中标准的制订工作，泛在通信除了提供读写器与标签的通信外，还提供 3G、PHS 和 802.11 等多种接入方式。在信息共享方面，Ucode 解析服务器通过 Ucode 识别码提供信息服务器的地址，信息系统服务器存储并提供与 Ucode 识别码相关的各种信息。UID 信息共享尽量依赖于日本的泛在网络，它可以独立于因特网实现信息共享。

15.4.2 泛在识别码

UID 采用 Ucode 识别码，Ucode 识别码是识别对象的唯一手段。泛在识别的 Ucode 标签可以嵌入到被跟踪的物品中，Ucode 标签存储识别物品的 Ucode 识别码，并在其容量范围内存储附加的属性信息。

(1) UID 识别码的结构

Ucode 识别码采用 128 位编码记录信息，并能够以 128 位为单元进一步扩展到 256 位、384 位或 512 位。Ucode 识别码能包容现有编码体系，可以兼容多种国外编码，包括 ISO/IEC 和 EPC 的编码，甚至可以兼容电话号码。

(2) UID 识别码的特点

- 厂商的独立性。在有多个厂商提供多个 Ucode 标签的环境下，使用任意厂商提供的标签进行读写，都能获得正确的信息。
- 安全性。在泛在信息服务系统的应用中，由于采用了 TRON（实时操作系统），能够提供确保用户安全的技术和对策。
- 可读性。经过 Ucode 标准认证的标签和读写器，都能够通过 Ucode 识别码确认。
- 使用频率不做强制性规定。日本的读/写（Read/Write，R/W）标准可以使用 13.56MHz、950MHz 和 2.45GHz 等多种频率。若在其他国家使用 UID 射频识别系统，也可根据该国情况决定使用频率。

15.4.3 Ucode 标签

Ucode 标签泛指所有包含 Ucode 识别码的设备，如条码、RFID 标签、智能卡和主动芯片等。Ucode 标签具有多个性能参数，包括成本、安全性能、传输距离和数据空间。在不同的应用领域，对 Ucode 标签的性能参数要求也不相同，有些应用需要成本低廉，有些应用需要牺牲成本来保证较高的安全性，没有超级芯片可以满足所有的应用要求，所以需要对 Ucode 标签进行分级。目前 Ucode 标签主要分为 9 类。

(1) 光学性 ID 标签（Class0）

光学性 ID 标签是指可通过光学手段读取的 ID 标签，相当于目前的条码。

(2) 低档 RFID 标签（Class1）

低档 RFID 标签的代码在制造时已经被嵌入在商品内，由于结构的限制，是不可复制的标签，同时标签内的信息不可改变。

(3)　高档 RFID 标签（Class2）

高档 RFID 标签具有简单认证功能和访问控制功能，Ucode 识别码必须通过认证，并具有可写入功能，而且可以通过指令控制工作状态。

(4)　低档 RFID 智能标签（Class3）

低档 RFID 智能标签内置 CPU 内核，具有专用的密匙功能，通过身份认证和数据加密来提升通信的安全等级，具有抗破坏性，并具有端到端访问保护功能。

(5)　高档 RFID 智能标签（Class4）

高档 RFID 智能标签内置 CPU 内核，具有通用的密匙功能，通过身份认证和数据加密来提升通信的安全等级，并具有端访问控制和防篡改功能。

(6)　低档有源标签（Class5）

低档有源标签内置电池，访问网络时能够进行简单的身份认证，具有可写入功能，可以进行主动通信。

(7)　高档有源标签（Class6）

高档有源标签内置电池，具有抗破坏性，它通过身份认证和数据加密来提升通信的安全等级，并具有端到端访问保护的功能，可以进行主动通信，且可以进行编程。

(8)　安全盒（Class7）

安全盒是可以存储大量数据、安全可靠的计算机节点，安全盒安装了 TRON（实时操作系统），可以有效地保护信息安全，同时具有网络通信功能。

(9)　安全服务器（Class8）

安全服务器除具有 Class7 安全盒的功能外，还采用了更加严格的通信保密方式。

15.4.4　泛在通信器

泛在通信是一个识别系统，由标签、读写器和无线通信设备等构成，主要用于读取物品标签的 Ucode 识别码信息，并将获取的信息传送到 Ucode 解析服务器。

泛在通信器（Ubiquitous Communicator，UC）是 UID 泛在通信的一种终端，是泛在计算环境与人进行通信的接口。泛在通信器可以和各种形式的标签（包括射频 IC 卡）进行通信，可以获得与 Ucode 识别码相关的增值服务，同时还具有与广域网络通信的功能，可以与 3G、PHS 和 IEEE802.11 等多种无线网络连接。泛在通信器能够随时随地提供信息交流服务，并具有丰富的多元通信功能，是 UID 泛在识别系统的主要组成部分。

(1)　多元通信接口

泛在通信器能够提供标签的读写功能，能够满足 ISO/IEC 14443 标准 RFID 卡所需的通信方式，具有可同时读取多个不同公司、不同种类标签的功能。

在泛在识别中心，可以利用无线和宽带通信手段，为具有 Ucode 识别码的物品提供信息服务。这个信息服务的过程是：RFID 标签中存储有 Ucode 识别码，通过泛在通信器（UC）的无线通信功能，可以读取 Ucode 识别码的相关信息，无线通信的方式可以采用第三代手机通信网 WCDMA、局域网、蓝牙等。泛在通信器将读取的 Ucode 识别码信息发送到 Ucode 解析服务器，即可获得附有该 Ucode 识别码相关信息的存储位置，即宽带通信（如因特网）地址。泛在通信器检索对应地址，即可访问产品信息库，从而得到该物品的相关信息。

(2) 无缝通信

泛在通信器具有多个通信接口，不仅可以使用不同的通信方式，还可以在两种通信方式之间进行无缝切换。例如，泛在通信器具有 WLAN 接口和第三代手机的 WCDMA 接口，在建筑物中使用泛在通信时可以利用 WLAN 接口。在从室内走到室外的过程中，泛在通信可自动切换到 WCDMA 接口，在通信接口切换时，仍然可以为用户提供高质量的通信服务。这种可自动切换通信接口的技术被称为无缝通信技术。

(3) 安全性

在通信过程中，为了对个人隐私进行有效保护，防止其信息不被恶意攻击或读取，在使用泛在识别技术通信时首先需要认证物品的 Ucode 识别码，同时也需要认证物品的信息密码。这样即使获得了物品信息，没有密码也无法读懂物品信息的内容。在泛在环境下，安全威胁主要来自窃听和泄密，UID 中心提出了多种防范措施。

- 窃听问题。通过窃取泛在识别系统的信息获取相应的通信内容，可导致个人信息或秘密信息泄露。例如，将 UID 应用于药品物流管理时，通过窃取药品上的 RFID 标签信息，可获得购买、付费和使用等通信记录，从而推测出服药主体以及其身体健康状况。
- 信息泄露问题。如果远程 RFID 标签访问权限控制的不够充分，恶意攻击者可能会通过无线通信远程读取物品相关信息，从而出现物品信息泄露的情况。例如，当顾客穿着具有 Ucode 标签的衣物外出旅游，泛在通信器（UC）在靠近该衣物时即可读到 Ucode 识别码的信息，通过检索产品数据库，就可了解到衣物的购买主体，甚至可以推断出穿着该衣物人的具体位置。

15.4.5 信息系统服务器

信息系统服务器存储并提供与 Ucode 识别码相关的各种信息。由于采用 TRON 实时操作系统，从而保证了数据信息具有防复制、防伪造特性。信息服务系统具有专业的抗破坏性，通过自带的 TRON ID 实时操作系统识别码，信息系统服务器可以与多种网络建立通信连接。为保护通信过程中的个人隐私，UID 技术中心使用密码通信和通信双方身份认证的方式确保通信安全。TRON 的硬件（节点）具有抗破坏性，要保护的信息存储在 TRON 的节点中，在 TRON 节点间进行信息交换时，通信双方必须进行身份认证，且通信内容必须使用密码进行加密，即使恶意攻击者窃取了传输数据，也无法解译具体的内容。

15.4.6 Ucode 解析服务器

分散在世界各地的 Ucode 标签和信息服务器数量庞大，在泛在计算环境下，为了获得实时物品信息，Ucode 解析服务器的巨大分散目录数据库与 Ucode 识别码之间保持着信息服务的对应关系。Ucode 解析服务器以 Ucode 识别码为主要线索，具有对泛在识别信息服务系统的地址进行检索的功能，可确定与 Ucode 识别码相关的信息存放在哪个信息系统服务器，是分散型轻量级目录服务系统。Ucode 解析服务器特点如下。

(1) 分散管理

Ucode 解析服务器不是由单一组织实施控制，而是一种使用分散管理的分布式数据库，

其方法与因特网的域名管理（Domain Name Service，DNS）类似。

(2)　与已有的 ID 服务统一

在对 UID 信息服务系统的地址进行检索时，可以使用某些已有的解析服务器。

(3)　安全协议

Ucode 识别码解析协议规定，在 TRON 结构框架内进行 eTP（entity Transfer Protocol）会话，需要进行数据加密和身份认证，以保护个人信息安全。此外，通过在物品的 RFID 标签上安装带有 TRON 的智能芯片，可以保护存储在芯片中的信息。

(4)　支持多重协议

使用的通信基础实施不同，检索出的地址种类也不同，而不仅仅局限于检索 IP 地址。

(5)　匿名代理访问机制

UID 中心可以提供 Ucode 解析代理业务，用户通过访问一般提供商的 Ucode 解析服务器，可获得相应的物品信息。

15.5　我国物联网 RFID 技术标准

RFID 标准的制订是促进我国 RFID 产业发展的基础性工作，从维护国家利益的角度出发，我国只有推出具有自主知识产权的 RFID 标准，才能掌握 RFID 发展的主动权。

15.5.1　制订我国 RFID 标准的必要性和基本原则

(1)　制订我国 RFID 标准的必要性

- 保障信息安全。在 RFID 标准的制订过程中，要考虑国家的信息安全。RFID 标准中涉及国家信息安全的核心问题是编码规则、传输协议和中央数据库等，谁掌握了产品信息的中央数据库和产品编码的注册权，谁就获得了产品身份认证、产品数据结构、物流和市场信息的拥有权。没有自主知识产权的 RFID 技术标准，就不可能有真正的信息安全。以 EPC 标准体系为例，EPC 系统的中央数据库在美国，如果我国使用 EPC 的编码体系，会使我国信息被美国所掌控，对我国国民经济运行和国防安全造成隐患。
- 突破技术壁垒。发达国家出于对本国产业的保护，经常以技术标准为借口建立技术壁垒。如果我国不建立具有自主知识产权的 RFID 标准体系，在使用国外的 RFID 技术标准时，会涉及大量的知识产权问题，需要花费大量资金购买专利使用权。
- 实现标准自主。掌握 RFID 标准制订的主导权，就能充分考虑我国的应用需求，有条件地选择国外专利技术，控制产业发展的主导权，降低标准的综合使用成本。中国拥有巨大市场，为建立我国自主的 RFID 标准提供了优良条件，若能够实现自主制订 RFID 技术标准，将为我国在国际标准竞争中打开一个突破口，掌握 RFID 产业发展的主导权。

(2)　制订我国 RFID 标准的基本原则

我国在深入分析国际 RFID 标准体系和 RFID 系统各基本要素相互关系的基础上，依据

《中国射频识别技术政策白皮书》，提出了制订我国 RFID 标准体系的原则，建立了我国 RFID 系统构架模型和 RFID 标准体系模型，给出了 RFID 标准体系优先级列表，进而为国家的宏观决策提供技术依据，为 RFID 的国家标准和行业标准提供指南。考虑到 RFID 在我国应用的具体情况，需要按照以下原则制订标准。

- 系统性。RFID 技术极具渗透性，它的应用领域包括资产管理、物流供应链、安全防伪和生产管理等，涉及国民经济的各个方面。制订 RFID 标准要从系统的角度出发，综合考虑系统的各个组成要素，协调和统一各个环节的技术问题。
- 衔接性。RFID 技术包括前端数据采集、中间件、编码解析和信息服务等环节，各个环节之间涉及众多标准，要充分考虑这些标准的衔接性，以保证标准体系的配套，从而发挥标准体系的综合作用。
- 自主性。要充分考虑我国 RFID 产业和应用的现状，优先吸收我国自主的专利技术，建立具有自主知识产权的 RFID 标准体系，促进我国 RFID 相关产业快速发展。
- 兼容性。兼容性是多种产品在一起使用的基本要求。自主性并不意味着排斥国外的先进技术，要充分研究国外 RFID 标准体系和我国 RFID 应用现状，在制订我国 RFID 标准时考虑与相关国际标准的兼容性，这样有利于我国 RFID 产品的出口。

15.5.2 我国 RFID 标准体系框架

制订 RFID 标准框架的指导思想是以完善的基础设施和技术装备为基础，并考虑相关的技术法规和行业规章制度，利用信息技术整合资源，形成相关的标准体系。

(1) RFID 标准体系

RFID 标准体系由各种实体单元组成，各种实体单元由接口连接起来，对接口制订接口标准，对实体定义产品标准。

我国 RFID 标准体系可分为基础技术标准体系和应用技术标准体系，基础技术标准又分为基础类标准、管理类标准、技术类标准和信息安全类标准 4 个部分。其中，基础类标准包含术语标准；管理类标准包含编码注册管理标准和无线电管理标准；技术类标准包含编码标准、RFID 标准（包括 RFID 标签、空中接口协议、读写器、读写器通信协议等）、中间件标准、公共服务体系标准（包括物品信息服务、编码解析、检索服务、跟踪服务、数据格式）和相应测试标准；信息安全类标准不仅涉及标签与读写器，也涉及整个信息网络的每一个环节，RFID 信息安全类标准可分为安全基础标准、安全管理标准、安全技术标准和安全测评标准 4 个方面。我国 RFID 标准体系如图 15-12 所示。

(2) RFID 基础技术标准体系

我国 RFID 基础技术标准体系如图 15-13 所示，图中 RFID 标签、读写器和中间件标准仅仅包含所有产品的共性功能与共性要求，应用标准体系中将定义个性功能和个性要求。接口标准和公共服务类标准不随应用领域变化而变化，是应用技术必须采用的标准。

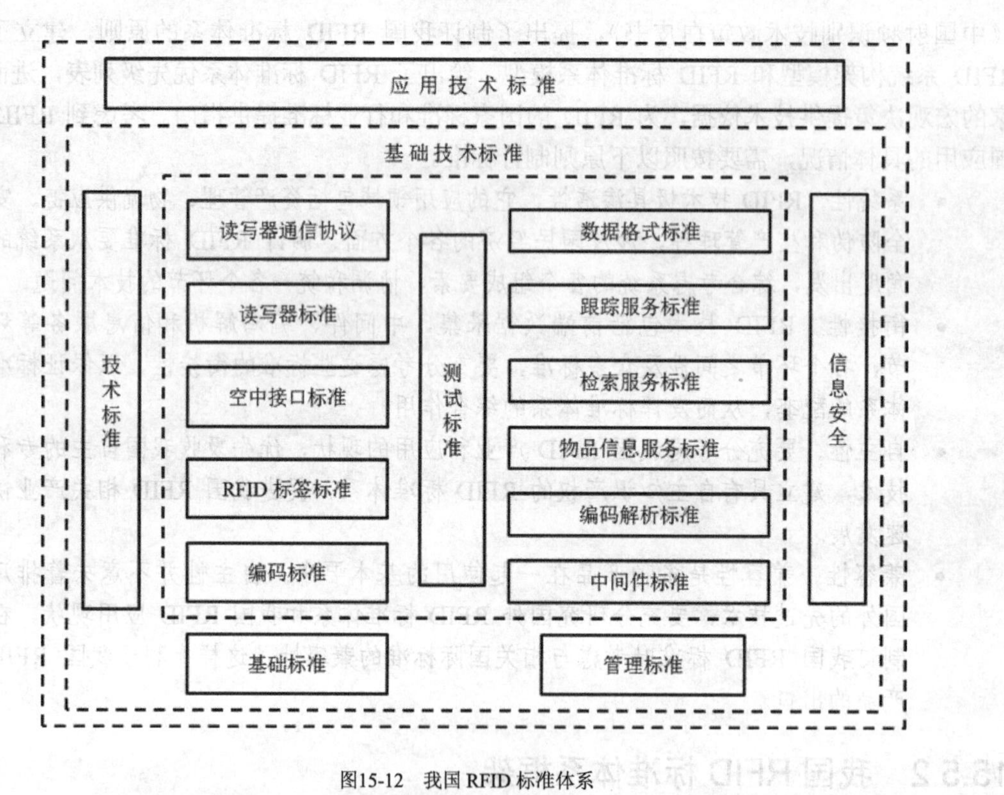

图15-12　我国 RFID 标准体系

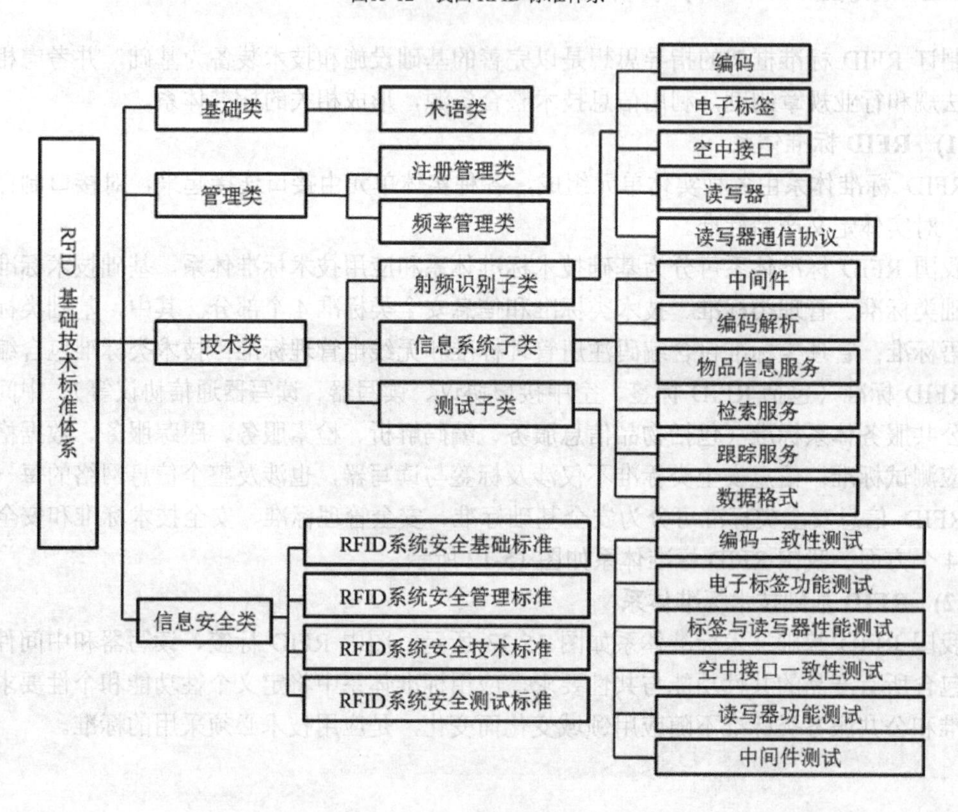

图15-13　基础技术标准体系

(3) RFID 应用技术标准体系

应用标准是在 RFID 标签编码、空中接口协议和读写器协议等基础技术标准之上，针对不同的应用领域和不同的应用对象制订的具体规范。它包括使用条件、标签尺寸、标签位置、标签编码、数据内容、数据格式和使用频段等特定应用要求规范，还包括数据的完整性、人工识别、数据存储、数据交换、系统配置、工程建设和应用测试等扩展规范。

RFID 应用技术标准体系是一个指导性框架，制订具体 RFID 应用技术标准时，需要结合应用领域的特点，对它进行补充和具体的规定。在 RFID 应用技术标准体系模型中，有些内容需要制订国家标准，有些内容需要制订行业标准、地方标准或企业标准，标准制订机构需要根据具体的情况确定制订什么级别的应用标准。

15.5.3 我国 RFID 的关键技术及标准

RFID 的关键技术根据 RFID 数据流来决定，可以借鉴 ISO/IEC 和 EPCglobal 的框架体系。RFID 的框架体系分为数据采集和数据共享两个部分，主要包括编码标准、数据采集标准、中间件标准、公共服务体系标准和信息安全标准 5 个方面内容。

(1) 编码标准

应该制订自己的编码体系，满足国家信息安全和中国特色应用的要求。同时需要考虑与国际通用编码体系的兼容性，使其成为国际承认的编码方式之一。这样可以减小商品流通信息化的成本，同时也是降低国外编码机构收费的一种手段。编码方面的标准主要有如下几种。

- 基于 RFID 的物品编码。该标准对物品 RFID 编码的数据结构、分配原则以及编码原则进行规定，为实际编码提供基本原则。
- 基于 RFID 的物品编码注册和维护。该标准对物品编码申请人的资格、注册程序及注册后的相关权利和义务进行规定，实现对物品编码的国家层和行业层管理。通过对物品编码注册、维护和注销等加以规定，可以实现物品编码信息的循环流通。

(2) 数据采集标准

RFID 数据采集技术框架主要由空中接口协议组成，如图 15-14 所示。空中接口协议主要指的是 ISO/IEC 18000 系列标准，从理论上讲，空中接口协议应趋向一致，以降低成本并满足标签与读写器之间互操作性的要求。电子标签的低成本决定了一个标签难以支持多种空中接口协议。如果存在多种空中接口协议，而每一张标签只支持一种协议，就会出现一个读写器的读取范围内，标签具有不同的空中接口协议，这样会导致有些标签无法读取。

(3) 中间件标准

目前，对 RFID 中间件标准的制订才刚刚开始，仅 EPCglobal 提出了中间件规范，一些国际著名的 IT 企业，如微软、SAP、Sun 和 IBM 等都在积极从事 RFID 中间件的研究与开发，但各个厂家的中间件在互联互通方面还处在探索和融合阶段。我国目前使用的中间件主要是从国外进口，随着 RFID 应用的迅速增长，对 RFID 中间件和相关标准的需求将非常迫切。在制订我国自主的中间件标准时，既要借鉴国外的经验和技术，又要考虑我国行业的应用特点和现状，这样才能够设计和开发出具有自主知识产权的 RFID 中间件产品。

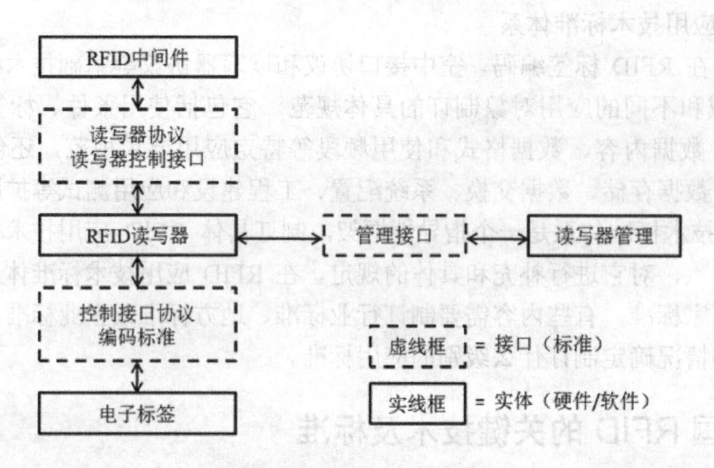

图15-14　数据采集技术框架

(4)　公共服务体系标准

公共服务体系是在互联网网络体系的基础上，增加一层可以提供物品信息交流的基础设施，其功能包括编码解析、检索与跟踪服务、目录服务和信息发布服务等。

在国外的 RFID 标准体系中，ISO 目前没有相应的标准，EPCglobal 和日本 UID 考虑了公共服务体系。日本 UID 基于泛在计算体系，目前没有公布相关的规范。EPCglobal 制订了“物联网”规范，已公布的规范有 EPCIS（EPC 信息服务）、ONS（对象域名解析服务）和 PML（物体标识语言）。EPCglobal 的 ONS 的主要问题是安全性不能满足我国要求，域名资源由美国控制，其中央数据库也在美国。

公共服务体系是 RFID 技术广泛应用的核心支撑，它关系到国民经济运行、信息安全甚至国防安全。在制订我国 RFID 公共服务体系标准时，既要考虑我国未来 RFID 的应用特点，也要考虑全球贸易，需要支持与 EPCglobal 的互联互通。

(5)　信息安全标准

目前，ISO/IEC、EPC 和 UID 标准体系都没有发布信息安全方面的标准。从电子标签到读写器、读写器到中间件以及公共服务体系各因素之间，均涉及信息安全问题。因此，我国应根据 RFID 系统中的不同节点、不同信息类型，研究其安全性要求，制订 RFID 信息安全标准，确保信息的安全。

15.5.4　我国 RFID 应用标准

在 RFID 应用标准和通用产品标准的制订方面，我国也做了大量的工作。目前已经公布的标准有国家应用标准、行业应用标准、协会应用标准、地方应用标准和企业应用标准，还有一些 RFID 标准正在制订中。

(1)　动物识别代码结构标准

2006 年 12 月，中华人民共和国国家质量监督检验检疫总局、中国国家标准管理委员会联合发布国家标准 GB/T20563-2006《动物射频识别代码结构》。这项标准是根据 ISO11784：1996《射频识别-动物代码结构》的总体原则，并结合我国动物管理的实际编写而成。该标准首先保证了编码具有国际流通的功能，最核心的编码部分（动物代码）由 64

位二进制数组成，其中，前 16 位为控制代码，第 17～26 位为国家或地区代码，第 27～64 位为国家动物代码，适用于家禽家畜、家养宠物、动物园动物、实验室动物和特种动物的识别，也适用于动物管理相关信息的处理和交换。

(2) 道路运输电子收费系列标准

目前我国已发布了应用于高速公路收费的 RFID 系列标准。在这个系列标准中，制订了一系列用于不停车收费专用短程通信的国家标准，包括设备和系统的设计和生产制造标准。该系列标准主要包括如下 5 个部分。

- 《电子收费 专用短程通信 第一部分：物理层》。该部分在选定的 5.8GHz 频段上为专用短程通信建立了物理层通用框架，规定了用于电子收费的短程通信物理层的技术要求，包括对通信设备关键技术参数的要求，同时规定了上、下行链路参数，以实现路测单元与车载单元之间的信息交换。
- 《电子收费 专用短程通信 第二部分：数据链路层》。该部分规定了路测单元的通信媒质和通信链路的控制方式，支持单工、半双工传输模式，主要适用于主动式车载单元，也可以支持被动反射式车载单元。数据链路层包括 2 个子层：介质访问控制(MAC)子层和逻辑链路控制（LLC）子层，其中逻辑链路子层（LLC）采纳了 ISO8802-2 的一个子集。数据链路层定义了共享媒质接入控制过程、地址规则、数据流控制过程、信息过程、错误控制过程、向应用层提供的服务。数据链路层提供的服务有两种：无确认的（类型 1）和有确认的（类型 2）无连接服务。
- 《电子收费 专用短程通信 第三部分：应用层》。该部分规定了电子收费专用短程通信应用层的传输内核、初始化内核和广播内核提供的基本服务。该标准提供了应用层的结构和框架，规定了数据传送和远程操作的服务、数据通用编码规则、通信初始化和释放程序、广播服务支持、DSRC(专用短距离通信)管理支持、数据结构定义和编码规则等内容。
- 《电子收费 专用短程通信 第四部分：设备应用》。该部分规定了专用短距离通信的设备技术要求、数据结构、电子收费应用接口、信息传输安全措施和地址收费应用流程。标准要求车载设备为双片式类型（即必须支持 IC 卡的读写），车载设备与 IC 卡接口和访问符合中国人民银行的可编程系统级芯片(Programmable System-On-Chip，PBOC)相关规定。一些被限定的关键信息应当采用经密钥加密的密文方式进行传输。
- 《电子收费 专用短程通信 第五部分：物理层主要参数方法测试》。该部分标准是对《电子收费 专用短程通信 第一部分：物理层》标准中主要参数的测试进行相关规定。在该标准中，对测试所涉及的场地和测试设置进行规定，并对主要测试设备提出要求。该标准保证了产品技术要求的可检测性和标准的可执行性，设备生产厂商、用户和相关认证机构可以根据标准规定进行实际检测和实验，以保证检测和试验结果的准确性和重现性。

(3) 铁路机车车辆自动识别标准

原铁道部发布了该系统的行业标准 TB/T3070-2002《铁路机车车辆自动识别设备技术条件》，该标准适用于铁路机车车辆自动识别设备的设计、制造、安装和检验。标准规定了铁

路机车车辆自动识别设备基本要求与地面自动识别设备、标签和车载编程器技术要求等内容。标准还规定了系统的主要部件如标签、地面自动识别设备（AEI）、标签编程设备、数据管理、监测和跟踪设备的基本功能。同时标准还对自动识别设备的安装进行了规范。

该标准是国内应用 RFID 最早也是最成功的案例之一，是铁路车号自动识别系统（ATIS），ATIS 系统的目标是在所有机车和货车上安装电子标签，在所有的区段站、编组站、大型货运站和分界站安置地面识别设备（AEI），对运行的列车及车辆进行准确地识别，并向后台管理系统及其他监测系统提供相关信息，建立一个铁路列车车次、机车和货车号码、标识、属性和位置等信息的计算机自动采集处理系统。

(4) 射频读写器通用技术标准

射频读写器通用技术规范由中国自动识别协会主持制订，2006 年 12 月公布。该技术规范分为《射频读写器通用技术规范-频率低于 135kHz》（AIMC0003-2006）、《射频读写器通用技术规范-频率为 13.56MHz》（AIMC0004-2006）、《射频读写器通用技术规范-频率为 2.45GHz》（AIMC0005-2006）、《射频读写器通用技术规范-频率为 UHF(860～960)》(AIMC0006-2006)和《射频读写器通用技术规范-频率为 433MHz》（AIMC0007-2006）。

《射频读写器通用技术标准》协会标准根据 ISO/IEC18000-2、ISO/IEC18000-3、ISO/IEC18000-4、ISO/IEC18000-6 和 ISO/IEC18000-7 空中接口标准设定了频率范围，分别针对频率低于 135kHz、频率 13.56MHz、频率 2.45GHz、频率 860/960MHz 和频率 433MHz 的读写设备，规定了 RFID 的系统功能、读写器技术结构框架、主要技术参数和应用指标，同时该标准还对读写器的测试项目、测试条件与测试方法也给出了相应的规范。

15.6 本章小结

目前全球有 5 大 RFID 标准化组织，分别为 ISO/IEC、EPCglobal、UID、AIM Global 和 IP-X。ISO/IEC 是制订 RFID 标准最早的组织；EPCglobal 由美国主导，以创建全球物联网为使命；UID 由日本主导，强调建立不依赖于互联网的物品信息网络；AIM Global 和 IP-X 则是两个较小的 RFID 标准化组织。

ISO/IEC RFID 标准体系主要包含 ISO/IEC 技术标准、ISO/IEC 数据结构、ISO/IEC 性能标准和 ISO/IEC 应用标准等。ISO/IEC 技术标准规定了 RFID 有关技术特征、技术参数和技术规范，主要包括 ISO/IEC 18000 和 ISO/IEC 14443 标准等；ISO/IEC 数据结构标准主要规定了数据从电子标签、读写器到主机各个环节的表示形式；ISO/IEC 性能标准包括设备性能测试方法和一致性测试方法；ISO/IEC 应用标准是针对不同应用领域所涉及的共同要求和属性而制订。此外，ISO/IEC 还制订了实时定位系统标准和软件系统标准。

EPC 系统的框架结构包括标准体系框架和用户体系框架。标准体系框架主要包含 EPC 物理对象交换标准、EPC 基础设施标准和 EPC 数据交换标准 3 种内容；用户体系框架包含多个用户之间 RFID 体系框架和单个用户内部 RFID 体系框架。EPC 系统的工作流程涉及 EPC 编码体系、射频识别系统和信息网络系统 3 部分，包括 EPC 码、EPC 标签、EPC 读写器、EPC 中间件、ONS 服务器和 EPCIS 信息服务器。

UID 标准体系主要由架构、编码、识别设备和信息网络服务构成。UID 采用 128 位 Ucode 识别码，并能够以 128 位为单元进一步扩展。泛在通信是一个识别系统，由 Ucode 标签、读写器和无线通信设备等构成，目前 Ucode 标签主要分为 9 类。信息网络服务主要由信息系统和 Ucode 解析服务组成，信息系统服务器采用 TRON 实时操作系统，Ucode 解析服务器具有对泛在识别信息服务系统的地址进行检索的功能。

我国发表了《中国射频识别技术政策白皮书》，提出了制订我国 RFID 标准体系的原则，建立了我国 RFID 系统构架模型和 RFID 标准体系模型。我国 RFID 标准体系可分为基础技术标准体系和应用技术标准体系，基础技术标准又分为基础类标准、管理类标准、技术类标准和信息安全类标准 4 个部分。我国已经制订的 RFID 标准有动物识别代码结构标准、道路运输电子收费系列标准、铁路机车车辆自动识别标准和射频读写器通用技术标准等。

15.7 思考与练习

15.1 全球主要有哪 5 个 RFID 标准化组织？RFID 标准体系主要由哪 4 部分组成？

15.2 简述标准的意义、本质与作用，简述专利、知识产权与标准三者的关系。

15.3 ISO/IEC 18000 空中接口通信协议主要规定了什么参数？规范了读写器与电子标签之间什么频段的协议？

15.4 ISO/IEC 技术标准主要包括什么？数据结构标准主要规定了什么内容？性能标准的主要内容是什么？应用标准主要涉及什么领域？

15.5 ISO/IEC 中的 RFID 标准包括术语、空中接口、实时定位、软件系统、实施方针、数据结构、性能测试和应用标准等，针对上述内容简述 ISO/IEC 中的 RFID 标准汇总表。

15.6 EPC 系统的体系框架包括哪两个部分？为什么说 EPCglobal 的目标是形成物联网完整的标准体系？

15.7 在 EPC 应用系统中，多个用户之间 RFID 体系框架的模型是什么？单个用户内部 RFID 体系框架的模型是什么？在 EPC 用户体系框架中实体单元的主要功能是什么？

15.8 EPC 系统由 EPC 编码体系、射频识别系统和信息网络系统 3 部分组成，简述每一部分涉及的主要内容，简述 EPC 系统的工作流程。

15.9 简述日本泛在识别（UID）标准体系与 EPC 标准体系的异同点。

15.10 简述 UID 的编码结构和编码特点。简述泛在通信器的工作特点。简述 Ucode 标签的种类和性能参数。简述 Ucode 信息服务器和解析服务器的特点。

15.11 简述制订我国 RFID 标准的必要性和基本原则。

15.12 简述我国 RFID 标准体系的构成。简述我国 RFID 基础技术标准体系和应用技术标准体系。简述我国 RFID 的关键技术和已经公布的 RFID 标准。

第6篇　物联网RFID应用实例

内容导读

第6篇“物联网RFID应用实例”共有3章内容，介绍了物联网RFID在世界各地的应用案例，读者通过这些实例可以认识到物联网的时代即将来临。物联网RFID将对社会经济的各个领域产生重大影响。物联网本身则必然成为继计算机、互联网之后，世界信息产业的第三次浪潮。

- 第16章“物联网RFID在交通领域的应用”介绍了物联网RFID在交通运输领域的应用案例，包括世界各国航空基于RFID的管理系统、我国铁路基于RFID的信息采集管理系统和中美两国公交RFID实施案例等。
- 第17章“物联网RFID在制造与物流领域的应用”介绍了物联网RFID在制造与物流领域的应用案例，包括德国将RFID用于汽车制造的案例，美国将RFID用于电路板制造的案例，日本将RFID用于物品配送的案例和我国RFID案例等。
- 第18章“物联网RFID在防伪和安全领域的应用”介绍了物联网RFID在交通运输领域的应用案例，包括世界杯RFID电子门票案例，五粮液酒RFID防伪案例，RFID门禁控制案例和德国RFID医院信息系统案例等。

第16章　物联网 RFID 在交通领域的应用

目前越来越多的交通运输行业开始引入基于物联网的 RFID 系统，对推进交通运输信息化建设、提升智能交通水平具有重要意义。航空具有快捷、高效的优势，基于 RFID 技术的航空管理系统正逐渐成为民航信息化建设的重点。铁路地域广、运输量大，铁路系统建立了基于 RFID 技术的信息自动报告采集系统，提升了铁路运输的智能化水平。随着城市汽车的拥有量不断增加，交通管理部门采用了 RFID 技术实现城市交通智能化，提高了城市交通管理能力。本章将介绍物联网 RFID 在世界各地交通运输领域的应用案例，并介绍物联网 RFID 在现代交通运输中的应用优势。

16.1　物联网 RFID 在民航领域的应用

RFID 航空物流管理系统可以提高运营效率，降低运营成本，实现各个环节的信息化管理，并可为顾客提供高效周到的服务。RFID 已经具备了替代旧一代识别技术的能力，它将以全新的姿态投入到机场管理当中，去解决繁重的机场管理工作。

16.1.1　RFID 在机场管理系统的应用优势

RFID 技术与传统的条码技术相比有许多优势，可以帮助航空公司减少人力成本和费用支出，提高我国航空信息化进程，使我国航空管理水平有技术上的突破。

(1)　更优质的服务

在机场登记柜台处，工作人员给旅客的行李贴上 RFID 标签。在柜台、行李传送带和货仓处，机场分别安装上射频读写器。这样航空管理系统就可以全程跟踪行李。

(2)　运输过程管理和货物追踪

RFID 标签可以安装在货箱上，记录产品摆放位置、产品类别和日期等。通过识别在货箱上的 RFID 标签，就可以随时了解货品的状态、位置及配送的地方。RFID 技术可以实现全程追踪产品，可以实时、准确、完整地记录产品的运行情况，可以加强从产品的生产、运输到销售各个环节的管理，并可为客户提供查询、统计和数据分析等服务。

(3)　降低飞机意外风险

RFID 技术可以降低飞机维修错误的风险。在巨大的飞机检修仓库内，经过专业培训的高级机械师每天都要花费大量的时间查阅检修日志，寻找维修飞机的合适配件，这种过时、低效率的方式不但经常会犯错误，而且浪费了大量的时间。通过在飞机部件上使用 RFID 电子标签，能快速准确地显示部件的相关资料，帮助航空公司迅速准确地更换有问题的部件，可节省大量的人力和物力。在飞机座位上安装 RFID 电子标签，飞机管理人员可以清楚地了

解到每个座位上的救生衣是否到位，可以有效地避免遇到紧急情况时发生错误。

(4)　货物和人员跟踪定位

RFID 技术能够在繁多的货物中正确地指示各种货物的具体位置，并能在机场或飞机上确定要寻找人员的具体位置。RFID 系统可在几十米的范围内准确测定物体的位置，方便机场管理人员及时准确地确定物体和工作人员的位置。

(5)　应付恐怖袭击和保安作用

每张 RFID 电子标签都有一组无法修改、独立的编号，而且经过专门的加密。可以将黑名单人员的信息输入 RFID 系统，在黑名单上的人员通过关卡时，RFID 系统能够发出报警信号，同时能够迅速确定此人的行李位置，有效地防止恐怖事件的发生。

(6)　对机场工作人员进出授权

机场可以根据每位工作人员的工作性质、职位和身份对他们的工作范围进行划分，然后把以上信息输入员工工作卡上的 RFID 电子标签。RFID 系统能够及时识别该员工是否进入了未被授权的区域，使航空公司更好地对员工进行管理。

16.1.2　RFID 在机场管理系统的应用前景

根据国际航空运输协会列出的全球机场 RFID 应用计划，全球 80 家最繁忙的机场将采用 RFID 标签追踪和处理包裹。悉尼金斯福德·史密斯国际机场和墨尔本泰勒马林国际机场也在这 80 家预计安装 RFID 设备的名单内，它们目前已经开始测试 RFID 标签。吉隆坡国际机场、香港国际机场和北京首都国际机场也拟采用 RFID 技术处理内部包裹。

(1)　RFID 标签代替包裹条码标签的计划

国际航空运输协会在一份 RFID 技术应用计划书中，列出了全球采用 RFID 标签代替包裹条码标签的详细建议方案。RFID 航空管理系统全程跟踪行李如图 16-1 所示。

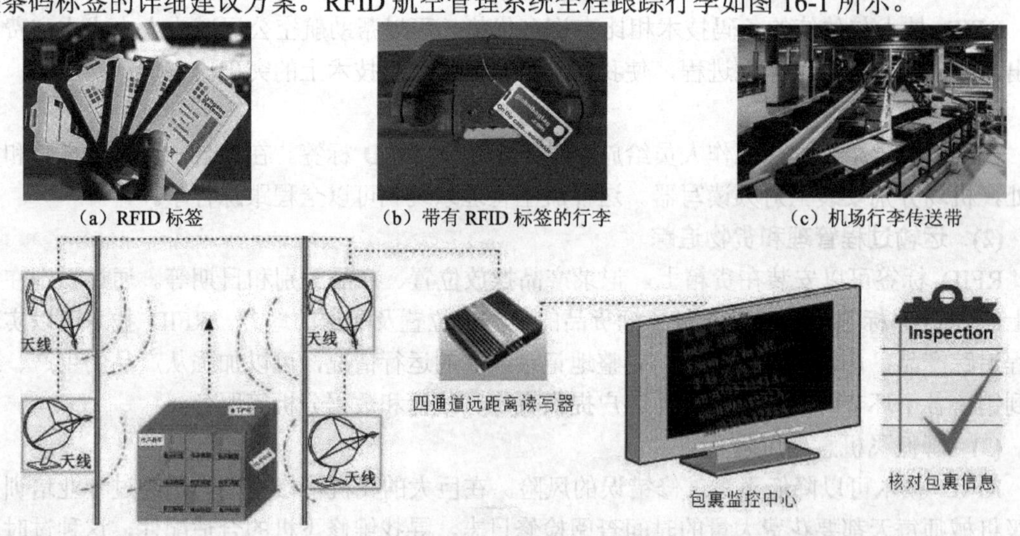

图16-1　RFID 航空管理系统全程跟踪行李

(2)　RFID 标签计划的实施范围

国际航空运输协会代表着 240 个航空公司。该协会研究表明，80 座最繁忙的机场对全球 80%的包裹丢失事件负有责任，并称这 80 座机场将采用 RFID 标签代替条形码标签。该项目第一阶段包括美国 32 座机场、欧洲 22 座机场、加拿大和中南美洲 11 座机场、亚洲 9 座机场、中东 2 座机场、澳大利亚 2 座机场、新西兰 1 座机场和南非 1 座机场。

(3) RFID 标签计划的经济效益

美国机场的包裹失踪率在全球各国机场中是最高的，亚太地区的失踪率则比较低。国际航空运输协会的报告称，包裹失踪和处理错误让航空业每年损失了 50 亿美元，其中 12 亿美元用于赔偿旅客，36 亿美元花费在劳动力上。国际航空运输协会估计每 1000 位乘客就有 20 例包裹失踪或处理错误的情况，如果整个航空业都采用 RFID 技术处理包裹，那么每年能节省 7.33 亿美元，当 RFID 项目的第一个 5 年计划结束后，全球约 80 家机场就能够采用 RFID 标签处理包裹。国际航空运输协会表示，50%的会员支持 RFID 技术，另一半航空公司则担忧费用、技术的成熟度等问题。从国际航空运输协会的决心和这份报告的数据可以看出，基于 RFID 的机场管理将成为一种发展趋势，即使在短时间内一些航空公司对费用、技术的成熟度有所怀疑，RFID 技术在机场管理系统的应用已经是一种必然的发展方向。

16.1.3 RFID 在机场管理系统各个环节中的应用

(1) 电子机票

电子机票利用 RFID 智能卡技术，不仅能为旅客累计里程点数，还可预定出租车和酒店，提供电话和金融服务。使用电子机票，旅客只需凭有效身份证和认证号，就能领取登机牌。从印刷到结算，一张纸质机票的票面成本是四五十元，而电子机票不到 5 元。对航空公司来说，除了使销售成本降低 80%以外，电子机票还能节省时间，保证资金回笼的及时与完整，保证旅客信息的正确与安全，并有助于对市场的需求做出精确分析。

电子机票是空中旅行效率的源头。1993 年 8 月，以美国亚特兰大为基地的 Valuejet 航空公司售出了第一张电子机票。1998 年，美国联合航空公司电子机票比例达到 36%；2001 年电子机票比例达到 65%。2000 年 3 月 28 日，我国南方航空公司在国内率先针对散客推出电子机票，但当年只销售 30 万元人民币；2001 年销售额达到 1.5 亿元；2002 年达到 6 亿元。2003 年，我国国航电子机票进军上海和广州，东航积极跟进。2004 年，我国电子机票占到机票销售总额的 6.7%，销售总收入 40 亿元，南航比例达到 25%，以全国每年 7000 万人次客流计算，能节省 21 亿元。2007 年，我国电子机票比例已经达到 50%以上。

(2) RFID 为机场“导航”

大型机场俨然是一个方圆数里的迷宫。20 世纪 80 年代，某些繁忙的美国机场曾经有自己的广播电台，旅客开车到机场的路上就能看到这个电台的标志牌，它不断地播出航班、订车位和路况等信息。现在，广播和显示屏日渐精致，却本质依旧，对旅客来说，这种信息 99%是无用的，航班越来越多，广播的语种、显示屏的滚动等方面的压力也越来越大。

通过使用 RFID，机场可以为旅客提供“导航”服务。在机场入口为每个旅客发一个 RFID 卡，将旅客的基本信息输入 RFID 卡，该 RFID 卡可以通过语言提醒旅客航班是否正点、在何处登机等信息。丹麦 Kolding 学院探索的概念更前卫，利用 RFID 个人定位和电子地图技术，不管机场多复杂，只要按个人信息显示的箭头，就能准确到达登机口。RFID 导航服务如图 16-2 所示，图 16-2（a）所示为繁忙的机场，图 16-2（b）所示为旅客的 RFID 卡。

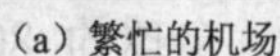
（a）繁忙的机场

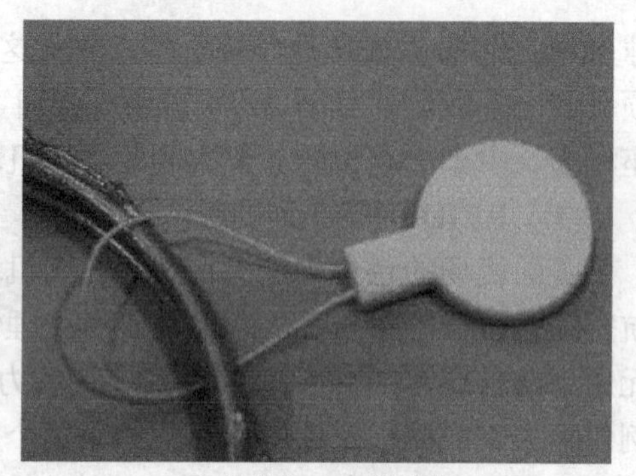
（b）旅客的 RFID 信息卡

图16-2　RFID 技术导航服务

(3)　RFID 提供贵宾服务

RCG 等公司针对航空公司特殊的行业背景，量身定做了一套机场贵宾服务方案。该方案集合了 RFID 无线射频识别、指纹识别及面部轮廓识别 3 个高科技技术，贵宾客户只要去贵宾专区的登机柜台，航空公司工作人员便会派发一张无线射频贵宾卡（后称贵宾卡）给客户，同时也会为客户采集指纹及面部轮廓等数据。

当乘客在登机柜台登记时，客户服务人员会按照乘客所乘坐的航班及个人资料，发出一张拥有“主动射频”功能的贵宾卡。这个贵宾卡除了可以方便登机之外，还可以使机场人员在必要时立即确定乘客的位置，为乘客提供实时帮助，方便工作人员去催促乘客登机。如果客户需要在机场购物，只需要把贵宾卡放在收款台的无线射频读写器上，就可以代替现金结算。当客户在贵宾专用的通道登机时，只需要将贵宾卡放在无线射频读写器上，然后将手指压在指纹信息识别仪上，面向摄像头，系统便会识别客户的指纹和面部轮廓，确认后即可登机。当乘客入闸后，在已装有无线射频读写器的候机区内，他们的位置会被射频读写器读取，乘客的位置数据会通过网络上传至服务器。

(4)　旅客的追踪

使用 RFID 标签，可随时追踪旅客在机场内的行踪。实施方式是在每位旅客向航空公司柜台登记时，发给一张 RFID 标签，再配合 RFID 读写器和摄像机，即可监视旅客在机场内的一举一动。主持这项名为“Optap”的计划已经在匈牙利机场测试，该计划由欧盟出资，并有欧洲企业和伦敦大学组成的财团负责研究开发。“Optap”的作用是让机场人员有能力追踪可疑旅客的行踪，阻止他们进入限制区域，提升机场的安全，如图 16-3 所示。

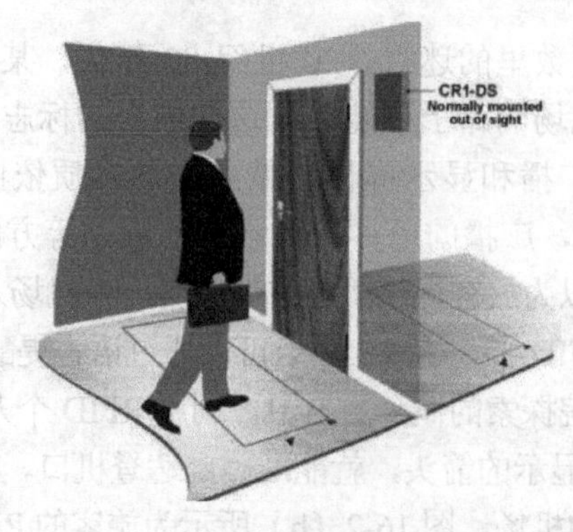

图16-3　RFID 技术阻止旅客进入限制区域

若匈牙利机场的测试成功并吸引顾客，该技术可能部署欧洲各地机场。“Optap”识别范围可达 10m～20m，识别标签定位的误差也缩小到 1m 以内。“Optap”个人定位的功能在疏散人员、寻找走失儿童和登机迟到的乘客等状况下也非常有用。但使用“Optap”技术尚有实地执行的障碍有待解决，如在机场环境中找出适当操作标签的方式，开发一种确保旅客会接受的标签，并消除可能会侵犯旅客人身自由权的顾虑。

(5) 车辆的追踪

凤凰城的 Sky Harbor 国际机场是美国排名第六的繁忙机场，由于城市人口以每年 30%的速度增加，机场需要提高管理水平。凤凰城的 Sky Harbor 国际机场选择 TransCore 公司为其设计车辆跟踪系统，这个系统采用的是 RFID 识别技术结合 GPS 定位技术，使机场可以对各种车辆进行全程跟踪。机场的地面交通服务有 4 种：定时班车、的士、预约服务和域间交通。在机场范围的路面上，每天大约有 1500 个人员在从事各种作业。该系统用于分析、监视和收集各种车辆的使用情况，从停机坪到巴士中心往返接送旅客的机场内部交通也包括在内。该系统可以让监管部门确定车辆的行驶线路，并对其进行监管。

TransCore 公司从事 RFID 机场车辆管理技术开发已经多年，主要用于车辆出入管理、无线和信用卡事务处理。1989 年，在洛杉矶国际机场安装第一个 RFID 系统，实现收益增加 250%、交通堵塞减少 20%的效果。此后，已经有 60 个机场安装了类似的系统。根据盐湖城国际机场的估计，如果没有无线跟踪系统，机场工作人员至少要增加一倍或两倍，才能满足联邦航空管理总局的临时强化安检要求。

(6) RFID 解决安全问题

近年来模拟实验表明，美国机场的安检偶尔仍会漏掉枪支。机场应该达到的理想安全水平是：在机场的每个人、每个包、所有物品和所有设备都能被识别、跟踪和定位。使用 RFID 技术可以实现此目的，考虑到“9·11”事件，在这方面加大投入已经没有人反对。

航空公司将利用 RFID 技术实现各种功能。比如，将 RFID 标签嵌入在行李标签中，当数以百万的行李都被贴上这种标签后，所有机场将被“连”在一起，形成一个安全甄别和服务管理体系。旅客的随身物品也会被贴上 RFID 标签，以便随时被定位，标签还能够与智能卡对应，不会出现旅客没有登机而他的行李上了飞机的情况。行李检查也将应用激光扫描器，发现可疑行李能立即查找并能拦截到行李的所有者。

(7) RFID 与机器人结合

阿姆斯特丹 Schiphol 机场希望能通过行李搬运机器人结合 RFID 技术来解决转机过程中旅客行李丢失的问题。IBM 和 Vanderlande Industries 公司与阿姆斯特丹 Schiphol 机场签署协议，协助其安装一个新型 RFID 行李系统，增加处理大厅的容量。

IBM 提供了 RFID 行李管理系统，通过机器人和 RFID 技术控制并跟踪每一个包裹，同时还将提供咨询、硬件、软件和应用开发等服务。该大厅中将有 6 个机器人处理行李，承担 60%的装载工作，阿姆斯特丹 Schiphol 机场希望能实现每年 7000 万件行李的转机量。这一 RFID 系统将降低 Schiphol 机场的运营成本，并加速旅客在 Schiphol 机场的转机速度。

16.1.4 实施 RFID 需要考虑的几个问题

(1) RFID 产品的标准

美国和欧洲的一些国家的机场采用的是符合 EPC 标准的 RFID 技术，为了与其他机场实现互联互通，在选择 RFID 产品之前，需要确认 RFID 产品是否采用 EPC 标准。

(2) RFID 系统的软件升级

RFID 系统在机场管理的应用不仅涉及本机场内部管理的问题，还涉及与其他机场管理系统互联互通的问题，比如旅客行李的识别必须要相互认证。为了保持与其他机场新建的 RFID 系统技术水平同步，RFID 系统软件必须保证能够不断升级。

(3) RFID 系统的容量

RFID 系统不仅要识别本机场携带有 RFID 标签的人员和物品，还要识别来自世界各地带有 RFID 标签的人员和物品。因此，要求 RFID 系统的容量要足够大。

(4) RFID 系统的扩容

随着 RFID 技术的不断发展和完善，RFID 技术会逐步涉及机场管理的各个环节，这就要求 RFID 系统能够在原有系统的基础上不断扩展其功能和应用领域。

16.1.5 RFID 在世界各国机场的应用案例

(1) 北京首都国际机场

北京首都国际机场新航站楼已经建设了世界上最先进的基于 RFID 技术的行李传输系统，这套系统每小时可以分拣传输 19000 多件行李，并且以每秒 11 米的速度高速传送，在不到 25 分钟的时间内就可以将一件行李从值机柜台传送到停机坪的飞机上。

北京国际机场已经成为世界上最大的机场，每年承运 6000 万旅客和 180 万吨货物，并且可以承接 50 万架航班起降。北京国际机场行李分拣系统最高速度可达每小时 40 公里，这套系统每分钟可处理 2 架飞机的行李，是世界上最长也是最快的行李分拣系统。北京国际机场有 330 个值机柜台，旅客的行李将会在人们的脚下快速穿越隧道，隧道 2.5 公里长，连接着国内和国际航站楼。为了保证在高速的情况下行李不掉出传送带，系统将行李装入安装着 RFID 标签的托盘小车中，在托盘小车飞快地驶向行李正确的登机口之前，旅客的信息和行李的目的地信息会在毫秒间预先写入标签中。

(2) 香港国际机场

香港国际机场引入无线射频识别（RFID）行李传送系统后，成为亚太区首个引入并全面应用此技术的机场。RFID 新技术的应用是在原有行李条码卷标基础上，植入比米粒还小的 RFID 芯片，两种技术可同时使用，扫描仪可以远距离多角度读取资料。由于 RFID 技术还没有被机场广泛应用，加上尚有部分本港机场的航空公司未认识到使用该技术的好处，故有必要保留现行使用的条码卷标。目前香港机场 RFID 系统 24 小时运转，平均每天可处理近 4 万件离港行李，占离港行李的 90%左右。资料显示，RFID 技术并未达到 100%犯人准确率，原因之一是旅客使用金属行李箱的形状会影响 RFID 读写器识别的准确度。

(3) 乔莫·肯雅塔国际机场

肯尼亚首都内罗毕的乔莫·肯雅塔国际机场最近引进了无线射频技术，以减少托运行李被盗事件。这是利用此项技术保障行李安全的第一家机场，当 RFID 芯片被“植入”行李后，行李持有者便可随时追踪行李的位置和状态。无线射频技术比传统的条码技术更值得信赖，用这种技术鉴别身份、追踪物品既安全又便捷，还能提高行李的装卸速度。

(4) McCarran 国际机场

McCarran 国际机场每天输送的乘客将近 70000 人次，起降航班 460 多架次，它是美国最繁忙的七大机场之一。机场的 2 座候机楼、93 道大门及受拉斯维加斯吸引的客流，使该机场业务繁忙。“9·11”之后，交通运输安全管理局发布了提高机场安全的训令，但机场方面明白，要在短短的几个月时间选择并实施最佳的解决方案，这是一个极其困难的任务。通过全面深入地调查研究，McCarran 国际机场很快发现了 RFID 技术的众多优势，于是选择了美国讯宝科技公司的 RFID 系统。如今，McCarran 国际机场的服务速度和效率比以往任何时候都要高，尽管机场的客流在增长，但乘客的满意度却在不断攀升。

(5) 成田机场

日本国土交通省在成田机场展开导入 RFID 技术执行空手旅行的试验计划。该计划是日本“电子机场构想”之一，由成田机场、日本航空、全日空、佐川急变、福山通运、NTT 和 DAT 等单位参加。其计划验证行李材质与形状不同时，贴在行李上的 RFID 电子标签卷的读取率，以及信息在相关系统（如机场管理系统、航空公司签到系统、宅配业者配送管理系统等）之间传输的准确率。

16.2 物联网 RFID 在铁路领域的应用

16.2.1 RFID 在铁路车号自动识别系统中的应用

铁路作为国家重要的基础设施和国民经济大动脉，在交通体系中发挥着重要作用。铁路系统以往是通过电话、图表等简单工具进行人工抄摘、分级传递信息，其准确性和实时性难以保证。现在我国铁道部建设了基于射频识别（RFID）的铁路车号自动识别系统（ATIS），ATIS 取代了手抄笔记的人工方式，铁路信息实时化、自动化程度有了大幅度提升。

(1) ATIS 系统建设的目标

铁道部 ATIS 的建设目标是建立一个机车和货车号码、标识、属性和位置等信息的自动报告采集系统。目前我国铁路部门已在各路局界口设置 ATIS，并将 ATIS 采集的数据作为铁路内部财务清算的依据。此外，各企业的铁路专用线也在逐步实施 ATIS 改造，ATIS 的应用将更加广泛。ATIS 系统建设的具体目标如下。

- 在所有机车、货车上安装电子标签（TAG）。
- 在所有区段站、编组站、大型货运站和分界站安装地面识别设备（AEI）。
- 对运行的列车及车辆信息进行准确识别。
- 信息经计算机处理后，为铁路管理信息系统（TMIS）等系统提供列车、车辆、集装箱实时追踪管理所需的基础信息。
- 信息为分界站货车的精确统计提供保证。
- 信息为红外轴温探测系统提供车次、车号的准确信息。

- 信息可实现局、分局、车站各级车的实时管理，车流精确统计和实时调整。

(2) ATIS 系统的主要构成

- 货车/机车 RFID 电子标签。每个 RFID 电子标签相当于每辆车的身份证。RFID 电子标签安装在机车、货车底部的中梁上，由微带天线、虚拟电源、反射调制器、编码器、微处理器和存储器组成。RFID 电子标签如图 16-4（a）所示。
- 地面识别系统（AEI）。AEI 对运行的列车及车辆进行准确识别。AEI 由安装在轨道间的地面天线、车轮传感器（磁钢）、安装在探测机房的 RF 微波射频装置、读出计算机（工控机）等组成。地面天线如图 16-4（b）所示，磁钢如图 16-4（c）所示。
- 后台集中管理系统（CPS）。车站机房配置专门的计算机，把地面识别设备传送来的信息通过 CPS 进行处理、存储和转发。
- 中央数据库管理系统。该系统作为全路标签编程站的总指挥部，完成车辆编号、车号信息处理等功能。该系统将标签编程站申请的每批车号与中央车号数据库进行核对，对重车号重新分配新车号，再向标签编程站返回批复的车号信息。也即集中统一地处理、分配和批复车号信息，同时又是一个信息管理和查询中心，好比人脑的中枢神经系统。

（a）电子标签

（b）地面天线和馈线

（c）磁钢

图16-4　电子标签和地面识别设备

(3) ATIS 系统的工作原理

ATIS 系统一般设置在界口站、编组站、枢纽站、运量较大的装车站及铁路专用线与国铁车站的分界口。当列车即将进站时，列车的第一个轮子压过开机磁钢时开始计数，计数大于等于 6 次时开启地面 800/900MHz 微波射频装置（微波射频装置在没有列车通过时保持关闭状态）。微波射频装置开启后，安装在轨道中间的地面天线开始工作，向急驰而过的列车每辆车厢底部的 RFID 电子标签发射微波载波信号，为标签提供能量，使标签开始工作。标签在微处理器控制下，将标签内信息通过编码器进行编码，通过调制器控制微带天线，开始向地面反射信息；地面天线接收标签的信息，并传送到铁路旁的探测机房；机房内无人值守的地面读出设备将接收到的已调波信号进行解调、译码、处理和判别；然后将处理后的信息送入车站机房的 CPS 系统。当列车最后一节车厢的轮子压过关门磁钢后，关闭射频微波装置。CPS 系统对多台地面识别设备进行管理，按照铁路 TMIS 的通信协议规程，将识别后的信息向铁路 TMIS 等系统传送，也即有目的的存储转发。

(4) ATIS 系统的实施要点

- 地面天线与磁钢。根据线路单、复线来车方向的不同，AEI 设备分为双向开机和单向开机两种模式，其中双向开机的天线与磁钢如图 16-5 所示。

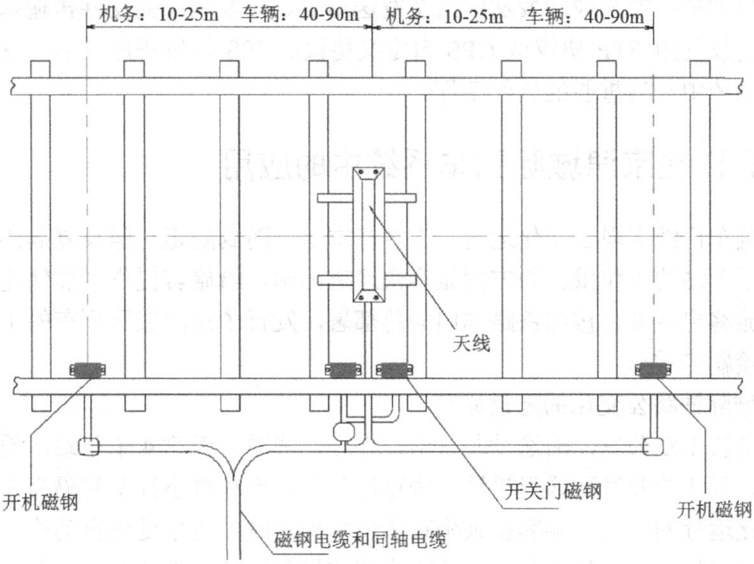

图16-5　双向开机的天线与磁钢

天线加防护罩后固定于路轨中间，安装地点应尽量避开电磁干扰密集的环境。天线安装位置应避开钢轨接头，尽量在一节钢轨的中部，距钢轨接头的最近距离应大于 5m。馈线（射频同轴电缆）穿管过路轨，馈线埋置地面下 20cm 以下。馈线与天线接头间拧紧并加固，避免由于列车通过时的振动造成接触不良。天线与机房间的射频同轴电缆长度应小于 30m，也即机房位置应满足机房与地面天线间的射频同轴电缆长度小于 30m。

双向行驶的地面读出设备每套有 4 个计轴判辆装置，其中 2 个是开机磁钢，另外 2 个磁钢用于开门和关门。开机磁钢距机房距离不小于 60m（在车速大于 120km/h 时应大于 100m），开机磁钢距天线的距离与列车最高运行速度有关，要求列车以最高速度自开机磁钢运行至天线的时间应大于 2s。开门和关门磁钢安装在天线附近。

- 集中管理系统（CPS）。如何高效充分地利用车号地面识别系统采集到的信息，并与铁路 TMIS 系统友好接口并交换信息，最终使基础信息高效的共享？CPS 系统是实现此目标的一个重要的接口环节。CPS 服务器一般设置在车站信息机房或车号室内，列检值班室设置车号复示设备，如果 CPS 服务器设置在信息机房，车号室也应设置复示设备。

地面识别设备（AEI）与 CPS 服务器之间的传输通道采用电缆、数字电路或光缆，利用网络接口或专线 Modem 实现数据交换。其中专线 Modem 采用 2 线传输方式，传输速率 9600bit/s，网络接口采用 TCP/IP 协议。车号信息管理中心数据库与 CPS 服务器的信息传输采用铁路计算机网。由于光缆造价较低并且光电转换技术日趋成熟，信息点间敷设光缆、两端设置光收发器或光端机的模式成为目前各子系统间通道的首选方案，具有稳定、维护少、寿命长等优点。

CPS 具有多线程多目标存储转发机制的特点，可以同时向多个目标发送报文，具有较高的发送效率。CPS 转发程序具有准确无误、不丢失报文的特点，有一定的实时性，是一个存储转发装置。当 CPS 收到 AEI 报文时，转发程序立刻向各个预定义目标发送报文，如

果此时到达某个目标的网络线路不通，转发程序会把未成功发送的报文存储起来，等线路通时，转发程序自动把以前未成功发送的报文发送出去。转发程序的文件传输基于 TCP/IP 协议。高层传输协议使用 FTP 协议或 CPS 自定义协议。CPS 转发程序具有广泛的适用性，是车号自动识别系统中一项重要的软件工程。

16.2.2　RFID 在京津城际列车系统中的应用

京津城际列车已经实现公交化运营，旅客基本上可随到随走。但反复购票不仅耗费旅客时间，也增加了车站的工作量。为方便旅客快速进出站，给旅客提供更加便捷、高效、舒适的服务，提升旅客忠诚度，按照铁路部门的总部署，发行了京津城际列车的 RFID 快通卡，可实现旅客直接刷卡乘车。

(1)　京津城际铁路公交化的建设原则

京津铁路全长 120 公里，沿途设北京南、亦庄、武清、天津 4 个车站，预留永乐站，沿途站都是北京、天津的开发区或卫星城。线路运营后，列车最小行车间隔为 5 分钟，城际铁路达到了公交化运行的标准。乘客在乘坐京津城际列车时，能享受到自动检票系统、自动客运公里系统、列车调度系统等服务，能按照系统的提示选择车次和车站，并可根据客运管理系统的提示进站上车、到站下车。

RFID 射频卡在国内外的轨道交通运营中已得到广泛应用，已成为提高运营管理效率和水平的重要手段。京津城际快通卡系统在借鉴其他交通领域 RFID 卡的经验基础上，研发了适应中国铁路特点的快通卡系统。京津城际快通卡项目遵循“统筹规划、分步实施、先试点、后推广”的基本原则进行建设，系统设计符合铁路部门有关 RFID 技术规范和相关规定，符合中国银行金融集成电路卡应用规范和标准。

(2)　京津城际铁路公交化的系统总体结构

京津城际铁路快通卡的总体结构如图 16-6 所示。

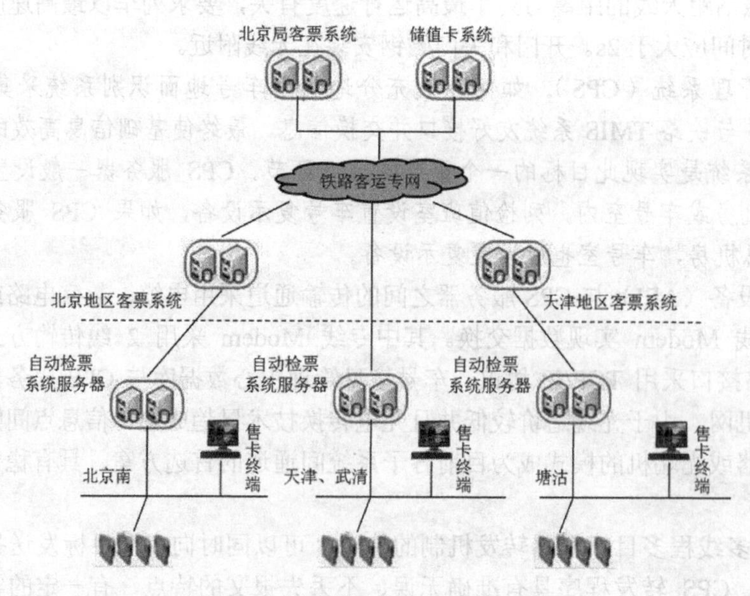

图16-6　京津城际铁路快通卡系统的总体结构

京津城际铁路快通卡系统的建设目标是实现快通卡的一卡多用、多地使用，建设城际铁路电子支付平台示范工程，统一发卡、统一清算。以非接触 RFID 卡为支付手段，一方面方便市民快速乘坐城际轨道交通，促进窗口购票、自动售票机购票、商户网点购物等领域消费；另一方面可实时准确计算和统计各铁路局的营运收付信息，为宏观调控及高铁建设提供科学决策和现代化管理手段。

(3) 项目的实施内容

- 开发并部署具备基本管理功能的快通卡系统软件，实现发卡、售卡、充值、换卡和退卡等业务的账户管理功能。
- 在京津城际各站设立快通卡服务窗口，为旅客提供售卡、充值、换卡和退卡等服务。
- 改造京津城际各站自动检票系统。在指定自动检票机上加装非接触式快通卡处理模块，支持旅客到检票机上刷卡检票，升级改造自动检票系统软件。
- 完善客票系统，实现快通卡检票存根的采集并汇总到路局客票中心，在各站查询中心完成客运收入的数据统计。

(4) 系统的业务流程

根据快通卡系统的业务流程，快通卡系统主要完成以下业务。

- 快通卡系统统一对 RFID 卡初始化，完成发卡。
- 快通卡服务窗口为旅客提供购卡、充值、换卡和退卡等服务。
- 旅客持卡在自动检票机上刷卡检票，系统可记录进出站检票存根。
- 自动检票系统实时采集快通卡检票存根。
- 自动检票系统将快通卡存根自动上传客票系统。
- 客票系统完成快通卡存根的汇总。
- 接收从客票系统传过来的检票存根，验证数据的合法性，完成账户管理和统计。

(5) 快通卡的选型

京津城际铁路快通卡的应用主要是电子钱包消费，通过卡片安全性、扩展性和便捷性等多方面综合比较，决定采用同方公司的非接触式 RFID 射频卡，如图 16-7 所示。

图16-7 京津城际铁路快通卡（RFID 射频卡）

京津城际铁路快通卡参数指标如下。

- 符合 ISO/IEC14443 非接触式智能卡标准。
- 8 位 CPU 内核，14K 字节 ROM 存储器，8K 字节 EEPROM 存储器，具有硬件 DES/TDES 加密解密处理器。

- 支持多应用防火墙，支持内外部双向认证，符合 ISO/IEC14443 中描述的防冲突标准，支持防插拔处理和数据断电保护机制。
- 工作频率为 13.56MHz，最大 106kbit/s 通信速率，读写距离 0～10cm。
- 交易为标准 PBOC 电子钱包交易，交易时间<80ms，保存时间最短 10 年。
- 擦写次数至少 10 万次。
- 工作温度的范围为-25℃～+70℃。

(6) 卡务管理

- 发卡。通过发卡设备完成快通卡的初始化。在快通卡内写入基础信息，并在卡面上打印卡号，同时在系统数据库中建立卡账户，账户状态为未启用。发卡完成后，快通卡可以在服务网点发售，账户状态改为启用。
- 售卡。快通卡服务窗口向旅客发售快通卡。
- 充值。快通卡中设有电子钱包。充值交易实际上是一个旅客预缴费的过程，旅客在快通卡服务窗口进行充值时，系统将充值金额写入电子钱包，同时记录在卡账户中。
- 退卡。只有能正常读写和未锁定的快通卡才允许退卡。操作员刷卡查询账户信息，并退还卡内余额。
- 损坏卡的处理。旅客发现快通卡损坏后，首先登记，两天后可进行销户或换卡。换卡是指旅客在快通卡窗口重新办理一张快通卡，操作员将旧卡账户中的余额转入新卡。
- 卡解锁。当快通卡被锁定时，旅客持卡到快通卡服务窗口进行解锁后，方可再次使用。解锁时，系统根据卡内部交易记录进行扣款。

(7) 交易数据清算及统计

交易数据清算可以实现卡充值、卡消费、退卡等多种交易数据的统计，目的是为了保证铁路快通卡检票收入的准确性。

- 交易合法性验证。系统接受交易数据后需要进行交易合法性验证，以确认交易数据有没有被篡改和丢失。
- 清算处理。交易数据若未能通过合法性验证，将作为可疑交易数据，通过人工方式进行处理。若通过验证，则修改卡账户金额，同时统计各闸机、各车站的运营收入。

(8) 自动检票系统改造

- 自动检票机硬件的改造。通过对自动检票机硬件进行改造，可实现快通卡刷卡检票。改造方法是在自动检票机内增加一个独立的快通卡处理模块，负责完成快通卡检票交易流程。快通卡处理模块根据指令完成卡片交易流程，并将结果返回自动检票机。
- 检票及计费规则改造。检票及计费规则支持根据系统设定的参数进行进站刷卡和检票人数的控制。旅客进站刷卡检票时，默认乘坐当前正在检票的、开车时间最近的城际列车。刷卡进站时，首先确认卡是否有效，并记录进站检票存根。刷卡出站时，按进出区域计算票价，扣款及记录出站检票存根。

(9) 京津城际铁路公交化的实施效果

京津城际铁路快通卡项目采用了同方股份有限公司自主研发的非接触 RFID 射频卡、读写设备、嵌入式模块和 RFID 射频卡管理清算系统。该系统适应中国铁路的特点，具有自主知识产权。京津城际铁路快通卡具有储值、支付等功能，同时支持联机充值和脱机消费，并且具有很好的安全性。京津城际铁路快通卡项目已经成为高速铁路公交化的典范，高速铁路从此进入刷卡乘车时代。

16.3 物联网 RFID 在公路领域的应用

16.3.1 RFID 在公交管理系统中的应用

基于 RFID 的公交业务管理系统可以对驾驶员每天劳动业绩的 8 个指标数据（车辆例行保养、行车公里、客运量、营业收入、油耗、修理、行车事故、行车服务）进行实时记录。通过 RFID 的公交业务管理系统，“路单”变人工记录为“信息卡”输入，驾驶员可随时查询自己每天和每月的劳动业绩。RFID 公交业务管理系统可以将上述 8 个数据实时传送到车队，各种数据可用于考核、评比和奖励，改变了传统的粗放型管理。

(1) 系统结构

基于 RFID 的公交业务管理系统由 RFID 标签、读写器、天线、服务器和信息终端组成，对于分散的始发站和终点站可采用 ADSL 或无线网络技术实现互联。该系统主要由出入场记录终端、始发站调度终端、票务管理终端、加油记录终端、维修记录终端、领导查询终端、员工查询终端、网络管理终端和服务器组成，其结构如图 16-8 所示。

RFID 公交业务管理系统在每辆车上安装一张 RFID 卡，在数据库管理系统中将该卡的 ID 号与对应的车牌号进行关联，形成电子车牌。车辆管理信息系统需要设置站调度、场调度、票务、加油、维修、领导查询和员工查询等客户端，并在场入口和场出口各设置一个读写器，读写器与计算机终端相链接。当车辆通过出入口时，读写器自动识别车辆，同时将信息上传给计算机终端，计算机终端会存储该车辆的出入场信息。

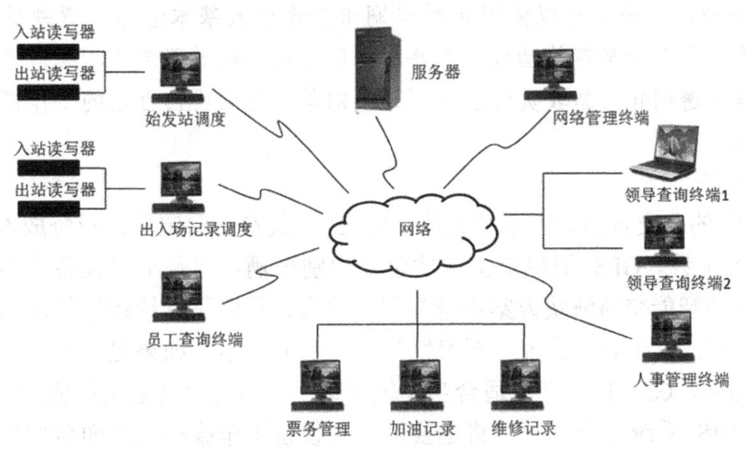

图16-8 RFID 公交业务管理系统结构图

(2) 管理功能

RFID 公交业务管理系统以驾驶员车辆管理为主，实现公交日常运营业务的管理。RFID 公交业务管理系统以电子路单为基础，通过工作证号、工号和车号将若干个系统（发卡系统、人事系统、票务系统、车辆维修系统）集成，形成一个能全面反映公交运营状态的公交业务管理系统。RFID 公交业务管理工作具体如下。

- 场调度。场调度系统根据行车时刻表自动生成每日行车计划表。驾驶员上下班后在 RFID 读卡器上刷卡，场调度软件自动记录其上班时间，自动存储包括工号、当日路牌、车牌号和存油数等信息；驾驶员出车前，对车辆进行例行保养工作，填写保养记录；驾驶员出场时，RFID 读写器可识别到此车出场，并记录车辆出场时间。RFID 公交业务管理系统可实时对信息进行分类、汇总和统计，形成报表，供管理人员参考。
- 始发站终点站调度。始发站和终点站负责车队的日常运营调度。车辆进入和离开始发站时，RFID 读写器自动识别车辆，对车辆进出站时间，运营线路等基本数据进行记录，并将相应的信息输入计算机。根据调度管理的需要，RFID 公交业务管理系统可分别统计计划营运公里数、计划空驶公里数、实际营运公里数、实际空驶公里数、损失公里数、安全公里数、实际运行和计划的异常情况对比表等信息。
- 票务和加油。每天车辆下班进场后，需要对驾驶员的票箱进行清点，操作员将清点结果输入计算机。票款收入数据可以直接从公交卡读卡器中读取，最后按照车辆和驾驶员的票款收入情况进行统计分析，形成报表。加油时，根据 RFID 卡权限认证自动进行加油，加油数量由驾驶员输入，加油机按照数量自动加油并将加油数据自动录入数据库。
- 管理部门查询。按照不同的权限，既可以对车队运营状况和驾驶员信息进行实时统计查询，也可以按照工号、姓名、电子路单号、日期、驾驶员和车辆等信息进行查询。RFID 公交业务管理系统还可以对某一时间段内的车辆油耗、行驶里程、维修和事故等情况进行分类汇总分析。
- 员工查询。驾驶员可以使用执勤卡刷卡查询个人基本信息。驾驶员登陆后，能查询自己驾驶车辆的油耗、维修、行驶路程和电子路单等相关信息，真正做到管理的透明化。驾驶员还能按照日期对某一时间段内自己的工作情况进行分类汇总。

(3) 应用优势

与基于 GPS 的公交智能管理系统相比，RFID 系统在方向定位、投资成本和扩展性等方面都有比较大的优势。GPS 卫星定位虽然可以识别车辆，但是车载设备价格昂贵，信号不稳定。而 RFID 的智能交通解决方案不依靠卫星信号，保障了系统运行的可靠性。GPS 在应用上必须结合 GIS 地理信息系统，不但增加了应用的成本，如果更新不及时，还会影响系统的准确性。另外，GPS 技术并不适合当车辆到达出入口时自动触发的应用。而 RFID 系统不需要复杂的 GIS 系统配合，可以将主要的识别设备由车载移至地面数据采集。在实现同等功能的情况下，RFID 电子标识卡安装在公交车辆的成本明显低于 GPS 车载设备。

RFID 系统实施后，也可以为其他社会车辆提供增值服务。从横向来看，基于 RFID 的公交管理系统和其他智能交通系统（ITS）有机整合，可以实现不停车收费、闯红灯拍照、车速监控等功能。从纵向来看，RFID 公交管理系统能为架构在 RFID 基础上的其他软件提供接口，给整体 ITS 提供更多的信息服务。如果利用 RFID 技术的红绿灯控制系统，可根据交通的具体情况让一些车辆优先通行。

16.3.2 美国双子城 RFID 公交车库定位和管理系统

美国明尼阿波利斯市和圣保罗市是明尼苏达州双子城，Metre Transit 公交公司为双子城周围地区提供公共运输服务。现在这个公交公司有 5 个公交总站采用 Ubisense 实时定位系统，这个实时定位系统使用的是 RFID 定位技术。

(1) Metro Transit 公交公司以前采用 GPS 管理系统

在安装 Ubisense 公司的 RFID 定位系统之前，Metro Transit 采用的是基于 GPS 技术的车辆自动定位系统（AVL）。Metro Transit 利用 GPS 识别离开总站、沿 118 条公交线路行驶的汽车，通过 AVL 系统实时监视车辆位置，追踪是否遵循各自的公交线路运营。

虽然 AVL 系统可以让调派员了解车辆在各自线路上的位置，但当车辆停在城市 5 处室内车库时，AVL 无法识别车辆的位置，这样工作人员不得不花时间亲自查看车辆，以决定哪辆车什么时候分配到哪条路线。为了简化这个流程，Metro Transit 公司开始寻求一套无线解决方案，最后选择了 Ubisense 公司的 RFID 定位系统。

(2) Metro Transit 公交公司现在采用 RFID 管理系统

Metro Transit 公司拥有 900 多辆公交车，目前每辆公交车车顶都安装一个有源 RFID 标签，标签以每秒 4 次的速率发送唯一 ID 码，当标签的内嵌感应器检测到公交车处于静止时，标签进入休眠状态，停止发送 6GHz～8.5GHz 信号，从而延长标签内部电池的寿命。

Ubisense 在公司车库内安装了多个 RFID 读写器，读写器如图 16-9 所示，这样多个读写器可接收汽车标签发出的信号，信号通过以太网发送到一个中央主节点，后者根据多个读写器信号的强弱及信号接收的角度，计算各个标签的位置，从而确定汽车的位置。系统通过另一根电缆将这些数据发送到 Metro Transit 服务器，Ubisense 公司的软件接收和编译读写器信息，并在一张地图上显示各辆公交车的位置。

车库的面积平均达 400000 平方英尺，车库如图 16-10 所示。Ubisense 面对的最大挑战是确保安装在天花板上的读写器读取标签信号，在天花板高度较低的情况下，柱子或公交车可能会妨碍信号的传输，因此 Ubisanse 有策略性地安装读写器，解决了这个问题。

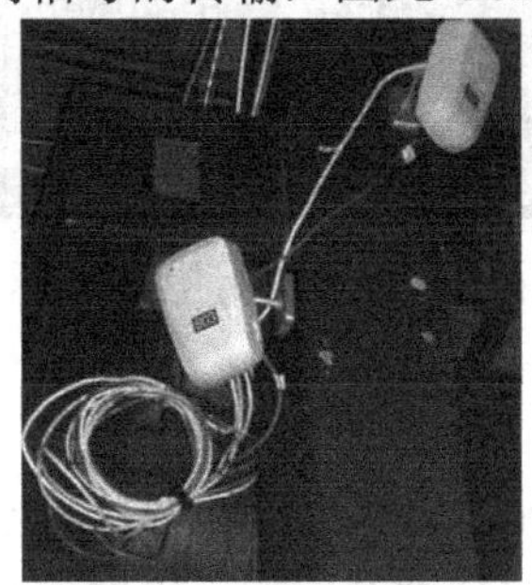

图16-9　车库安装的读写器

图16-10　RFID 监控的车库

Ubisense 公司的这套系统通过分析至少 2 台读写器接收的信号，可在 5 英尺范围内精确

定位车辆。主读写器配备微型计算器，完成原始的计算，接着发送数据到服务器，服务器中的 Ubisense 软件计算公交停放的车道及其位置。软件也可将 ID 码与车辆信息相对应，如尺寸、引擎类型、维修历史等其他信息。

(3) Metro Transit 公交公司采用 RFID 管理系统的优点

Metro Transit 公司的调派员采用这套系统后，早上无需离开办公室去查找车辆。机械工人采用这套系统后，可快速定位需要维修的车辆。工作人员采用这套系统后，可快速找到乘客遗失物品的车辆。另外，这套系统还可以让 Metro Transit 公司了解车辆离开和返回车库的时间，确认司机所汇报时间的正确性。

在一台计算机屏幕上，Ubisense 公司的软件显示了车辆的位置和状态，蓝色按钮表示车辆属于其他车库，灰色按钮表示车辆已被分配到一条路线，扳手按钮表示该车要求或正在接受维修。Metro Transit 公司还将 AVL 系统集成进 Ubisense 软件，这样调派员只需登录 Ubisense 系统，就可以查看停在室外或室内车库的车辆。

迄今为止，Metro Transit 公交公司对这套系统非常满意，认为它大大提高了运营效率。

16.3.3　RFID 不停车收费智能化管理系统

针对社区、企业和机构对智能化停车场的需求，推出了 RFID 智能停车场管理系统。该系统可实现车辆自动识别和信息化管理，同时可统计车辆出入数据。该系统不仅方便管理人员进行调度，而且有效防止收费漏洞。

(1) 系统特点

RFID 智能停车场管理系统可用于管理大型区域。通过划分区域，在每个区域出入路口增加读写器，可实现全区域无人自动化管理。也可以通过保安人员手持便携式读写器，通过巡逻统计数据。出于更为安全的考虑，可采用人车两卡分离（尤其适合于长住户），识别系统只有在车载卡、主人卡对比辨别相符后才能生效，使安全管理更为有效。RFID 智能停车场如图 16-11 所示。

（a）公共智能停车场

（b）小区智能停车场

图16-11　RFID 智能停车场

(2) 系统功能

RFID 智能停车场管理系统主要包含两部分，一部分为读写器，它可安装在车辆出入口的上方；另一部分为电子标签，每一停车用户配备一张经过注册的 RFID 电子标签，它可安装在车辆前挡风玻璃内适当的位置，该标签内有身份识别代码。

当车辆到达小区入口 6m～8m 处时，RFID 读写器检测到车辆的存在，验证驶来车辆的电子标签身份代码（ID），ID 以微波加载并发射到读写器。读写器中自带的信息库预置了该车主 RFID 电子标签的 ID 码，如果读写器可以确定该标签属于本车场，则车闸迅速自动打开，车辆无须停车便可顺利通过，整个系统响应时间仅 0.9s。

(3) 系统构成

RFID 智能停车场管理系统由附在车体上的 RFID 标签、车库出入口的收发天线、读写器、由读写器控制启动的摄像机、后台管理平台和内部通信网络构成。

- 中央控制室设备：计算机、管理软件等。
- 停车场入口设备：入口通信器、栏杆机、RFID 读写器、摄像机等。
- 停车场出口设备：出口通信器、栏杆机、RFID 读写器、摄像机等。
- RFID 标签：附在车体上，与注册车辆数相同。

(4) 操作说明

当车辆通过出入口时，RFID 标签被激活，发射出车辆身份的代码信息（如车牌号码、车型类别、车辆颜色、车牌颜色、单位名称及用户姓名等），并同时接受检验信息和录像存储信息。通过信息存储（入库）或信息对比（出库）确认后，控制出入口的挡车栏杆动作。出入库读写器接收信号后，经过处理传输到计算机系统，进行数据管理及存档，以备查询。RFID 智能停车场管理系统可实现如下操作。

- 实现对场地中所有车辆的监控。
- 实现计算机管理车辆信息。
- 在无人值守的情况下，系统自动记录出入车辆的时间和车牌号码。
- 问题车辆的报警。
- 通过便携读写器采集，完全掌握车库状况与车辆停车位信息。
- 加强对迟交停车费车辆的控制管理。

(5) 性能指标

- 工作频率。国际标准（920 MHz ~ 925MHz）、美国标准（902 MHz ~ 928MHz）或定制其他频段跳频或定频工作。
- 支持协议。ISO18000-6B 和 ISO18000-6C（EPC GEN2）。
- 跳频方式。广谱跳频（FHSS）或定频，可由软件设置。
- 工作方式。定时自动读卡、外触发控制读卡或软件发命令读卡，读卡方式可设置。
- 射频功率。0 ~ 30dBm，软件可调。
- 读卡距离和读卡时间。读卡距离 1m ~ 12m；单标签 64 位 ID 号读取时间小于 6ms。
- 工作电压和工作温度。DC+12V；−20℃ ~ +80℃。
- 天线参数。内置极化天线，增益 12dB。
- 支持接口。RS485、RS232、Wiegand26、Wiegand34、RJ45。
- 外形尺寸。227mm×227mm×60mm 或 450mm×450mm×120mm。

16.4　本章小结

本章介绍了物联网 RFID 在世界各地民航、铁路和公路交通运输领域的应用案例，并介绍了物联网 RFID 在现代交通运输中的应用优势。

RFID 在机场管理系统具有应用优势，可用于电子机票，可为机场“导航”，可提供贵宾服务，可解决运输管理和货物追踪，可降低飞机意外风险，可进行货物和人员定位，可应付恐怖袭击和具有保安作用，并可与机器人结合。目前，RFID 在世界各国机场都有应用案例，包括北京机场、香港机场、肯尼亚机场、美国机场和日本机场等。

我国 RFID 铁路车号自动识别系统（ATIS）已经应用，在所有区段站、编组站、大型货运站和分界站都安装了 RFID 设备，ATIS 的数据已作为铁路部内部财务清算的依据。RFID 京津城际列车公交化系统已经运营，实现了 RFID 卡的一卡多用、多地使用、统一发卡和统一清算。

RFID 能够实现城市交通智能化管理。RFID 可用于公交管理系统，可以对驾驶员 8 个指标数据（车辆例行保养、行车公里、客运量、营业收入、油耗、修理、行车事故、行车服务）进行实时记录。RFID 可实现公交车库定位管理，美国双子城已经选择了 RFID 实时定位系统，对于公交车库定位而言 RFID 优于 GPS 技术。RFID 智能停车场管理系统可实现不停车收费，可统计车辆出入数据，并方便管理人员进行调度。

16.5　思考与练习

16.1　简述 RFID 在机场管理系统的应用优势、应用前景和应用环节。

16.2　简述机场实施 RFID 需要考虑的问题，并举出 RFID 在世界各国机场的应用案例。

16.3　简述我国铁路 ATIS 系统的建设目标、基本构成、工作原理和实施要点。

16.4　简述京津城际铁路公交化建设原则、实施内容和业务流程，并简述对快通卡选型、卡务管理、交易数据清算统计和自动检票系统改造的实施策略。

16.5　简述 RFID 在公交管理中的系统结构，以及在调度、票务、加油和查询方面的基本功能。

16.6　RFID 公交业务管理系统与 GPS 公交智能管理系统相比有什么优势？美国双子城为什么采用 RFID 公交车库定位和管理系统？

16.7　简述 RFID 不停车收费智能化管理系统的基本特点、系统构成和性能指标。

第17章　物联网 RFID 在制造与物流领域的应用

对于大型制造企业，科学的管理必须依靠实时准确的生产数据。物联网 RFID 技术能够实现产品数据的全自动采集和产品生产过程的全程跟踪，可以为大型制造企业的科学管理提供实时准确的数据信息。在物流领域，商品信息的准确性和及时性是物流领域管理的关键。物联网 RFID 技术可以实现原料、半成品、成品、运输、仓储、配送、上架、销售和退货等所有环节的实时监控，从而显著提高供应链的透明度和管理效率，因此物流领域被认为是 RFID 将来最大的应用领域。本章将介绍物联网 RFID 在制造与物流领域的应用，并介绍物联网 RFID 在制造与物流领域中的应用优势。

17.1　物联网 RFID 在制造领域的应用

近年来对制造业的要求逐渐苛刻，单纯软件管理已不能使制造业的生产达到理想状态。制造业由于无法实时传输生产绩效和生产跟踪的统计数据，导致缺乏供应链内的生产同步，管理部门无法对生产、仓储和物料供应等实施精确规划，造成生产线上经常出现诸如过量的制造、库存的浪费、等待加工时间和大量移动物料等问题。

解决这些问题的关键是如何采集实时产品数据。RFID 系统通过无线收发，可以在无人工操作的情况下实现自动识别和信息存储，能够解决生产数据的实时传输和实时统计。RFID 在制造业的应用多数属于闭环应用，芯片可回收、可重复使用，不存在成本问题，应用越多成本就降得越低。在 RFID 技术这种“非接触式”信息采集方式中，电子标签充当了“移动的信息载体”，这迎合了制造业生产流程和管理模式的需求。RFID 的一个直接作用就是解放劳动力，消除生产过程中的人为因素，能够准确、快速、可靠地提供实时数据。

17.1.1　物联网 RFID 在制造业中的作用

随着工业化大规模生产的发展，需要在同一条生产线生产不同种类的商品，这就要求生产线能够在每个生产岗位明确地表示产品的当前状态，以便能够正确地执行操作工序。流水线最初使用产品工艺卡在生产线上传递，操作人员通过工艺卡可以读到自己生产岗位的所有信息，但这种人工操作方式经常出现误差。RFID 技术不仅可以在电子标签中读出产品的当前状态（如加工进度、质量数据），而且还可以读出产品以前执行过的操作和产品以后将要执行的操作。RFID 能够实现产品生产过程的全自动跟踪，可以把产品的全部操作信息写入 RFID 标签，RFID 标签将获取的数据传给 RFID 读写器，读写器通过中间件实时将数据信息传送给企业信息管理系统。这样企业就可以实现更高层次的质量控制。

(1) 制造企业传统的管理状况

在传统的制造企业，在生产线的每个固定岗位都进行相同的工序，生产的都是功能和外形单一的产品。管理主要集中在产品管理、质量管理、仓库管理、车队管理和售后服务管理等，这些部门通过人工记录传递数据，使得企业的生产过程产生了大量的错误数据，影响了产品的质量。传统企业的生产运行模式如图 17-1 所示。

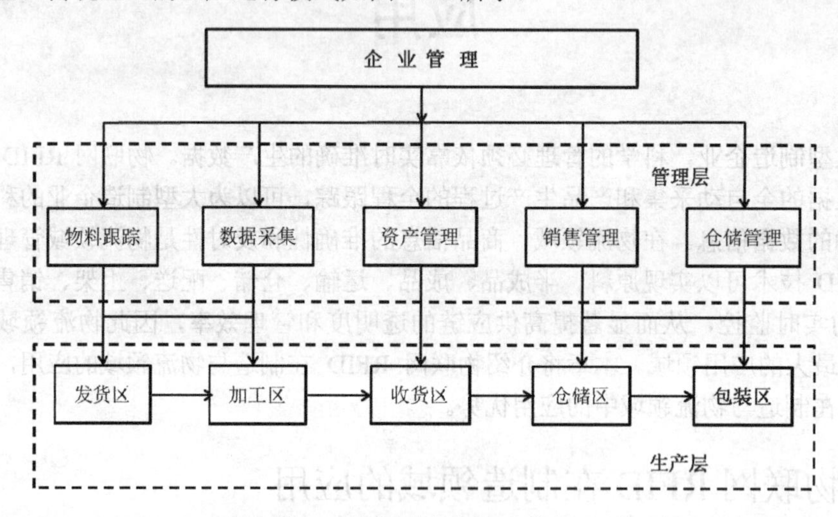

图17-1 传统企业的生产运行模式

企业传统的运行模式产生的问题如下。

- 物料跟踪。物料跟踪需要人工记录，资产管理部门收到的记录资料在时间上存在延迟。资产管理部门根据记录资料提出的解决方案，通过人工传送到生产层，又产生一个时间的延迟。由于无法获得产品生产过程的实时信息，资产管理部门无法科学地配给生产线所需的物料，经常产生物料供给不足或物料过剩的现象。由于人工记录经常出现误差，在生产线上出现报废的零件时，无法及时追溯，影响了产品的质量。
- 仓储管理。仓库货物的存储和出入都依靠人工记录，仓库的信息不能实时传送，管理部门无法了解生产、销售和物料供应的实时信息，影响了企业的科学管理。仓库的人工记录会有误差，资产管理部门需要定期对库房产品进行盘点，这又浪费了大量的人力。由于没有生产和销售的实时信息，同时又必须满足生产安全存量的要求，这会导致产品存量过多，往往需要花费更高的成本。
- 数据采集。人工采集的数据通常在下一个工作日才能传给管理部门，由于管理部门没有实时产品生产信息，无法对生产线上的每个产品进行管理和监控，只能通过对产品抽样的方式来检查某个产品批次的质量，使得企业无法精细管理。如果生产线上生产的是不同型号的产品，人工记录产品信息的方式对物料的供应和产品的质量影响会更大。
- 销售管理。产品的销售过程涉及仓库管理的出货、换货和退货，如果依靠人工的方式记录销售信息和货物的进出信息，会大大降低企业的销售效率。同时，由于管理部门无法获得实时的销售信息，管理部门也无法科学地安排生产，降低了企业现金的周转周期，增加了企业的生产成本。

- 资产管理。由于不能实时得到生产线运行的历史资料，资产管理部门无法确定运行设备的维修养护时间。由于没有实时仓库货物信息和生产信息，资产管理部门无法及时准确地安排生产线的物料供应。人工记录的资产信息出现差错的可能性较大，资产品种的数量与位置关系不能相互对应，因此经常需要查验资产，增加了企业的生产成本。

(2) 采用 RFID 技术后制造业的管理状况

美国制造研究机构在一份研究报告中指出，精确和实时的预测能明显提高供应链的性能，可以减少 15%的库存量，完成的订单率可以提高 17%，现金循环周期可以缩短 35%。

RFID 技术正在改变制造业传统的生产方式，通过“中间件”将 RFID 系统与企业现有的制造执行系统和制造信息管理系统连接，制造商可以实时地获取产品在生产各个环节中的信息，为企业制定合理的生产计划提供科学的依据。RFID 技术的应用将会对制造业的信息管理、质量控制、产品跟踪、资产管理和仓储量可视化管理产生深远的影响，RFID 技术将大幅度地提高生产率和节省生产成本。

- 制造信息实时管理。对制造商来说，生产线及时且准确地反馈信息是十分重要的。RFID 技术可以实现对生产线上的产品全程跟踪，自动地记录产品在生产线各个节点的操作信息，并能将这些信息实时地传递到后台管理系统，这样管理部门就能及时了解生产线的生产情况，甚至某个产品所在的位置，可以实现更高层次的质量控制和各种在线测量。通过 RFID 中间件，制造商可以将 RFID 系统与企业现有的制造管理系统相连接，可以建成功能更为强大的信息链，管理部门可以随时获得生产线上产品的准确信息，为企业制定合理的生产计划提供科学的依据，从而可以增强生产力，提高资产的利用率。
- 同一生产线制造不同种类的产品。RFID 系统可以提供实时产品信息，有了这种及时准确的产品信息，产品的合同化生产变得简单方便。如果有一批甚至数批合同产品需要在同一流水线进行加工生产，按照传统的生产方式，先生产同型号的产品，然后将生产线停机，调整生产线后再生产另一型号的产品，这样既浪费了时间和人工，又延误了工期。采用 RFID 系统后，可将不同型号的产品进行编码，写入 RFID 标签内，当不同型号的产品进入加工点时，通过读取 RFID 标签内的信息，即可以确认加工哪种型号的产品，应该执行怎样的操作，这样不仅提高了劳动生产率，又增加了企业效益。
- 产品实时质量控制。RFID 系统提供的实时产品信息可以用来保证正确地使用劳动力、机器、工具和部件。具体地讲，就是当材料和零部件通过生产线时，可以进行实时控制。RFID 系统还能提供附加的产品信息和对产品实施在线测试，从而保证了对产品执行的操作满足生产标准的要求，确保生产线上每个产品的质量稳定可靠。
- 产品跟踪和质量追溯。RFID 系统可实现产品在生产过程中的全程自动跟踪，可以自动记录产品在生产线各个节点的所有信息。对于有质量瑕癖的产品，通过 RFID 系统提供的产品信息以及产品在线测量的结果，很容易发现产品在哪个环节出现了问题。如果由于疏忽，导致有质量问题的产品进入市场，通过

RFID 系统提供的产品生产和流通信息，质量管理部门就可以查询到该产品的生产厂商、生产日期、合同号、原料来源和生产过程等信息，从而可以采取相应的措施改善产品的质量。

- 资产管理。RFID 系统可提供生产线上设备的运行状态、工作性能和安放位置等信息，资产管理部门可以根据这些信息合理调配劳动力的使用，科学地安排生产线上设备的养护和维修，把设备的工作性能调整到最佳工作状态，有助于提高资产的价值、优化资产的性能、最大化地提高资产的利用率。
- 仓储量可视化。随着工业化进程的加快，企业按合同制造变得越来越重要。能否获得产品在供应链和制造过程的实时准确信息，就成为企业进行科学管理和科学规划的关键。RFID 系统可以实现产品的物料供应、生产过程、包装、存储、销售和运输全程可视化，管理部门可以根据这些信息，科学地规划物料供应，合理地安排生产线的生产，保证仓储量在一个合理的水平，减少企业的运行成本，增强企业的经济效益。

17.1.2　物联网 RFID 在德国汽车制造领域的应用实例

德国 ZF Friedrichshafen 公司是全球知名的车辆底盘和变速器供应商，在全球 25 个国家设有 119 家工厂，约有 57000 名员工，公司的年度财政收入 195 亿美元。在 ZF Friedrichshafen 的工厂里，公司为 MAN 和 IVECO 等品牌的商用车辆生产变速器和底盘，越来越多的卡车制造商要求 ZF Friedrichshafen 公司不仅要准时供货，而且还要按生产排序供货。因此，ZF Friedrichshafen 公司希望提高生产流程，实现在正确的时间按正确的顺序运送正确的产品给顾客。

ZF Friedrichshafen 公司引进了一套 RFID 系统来追踪和引导八速变速器的生产。这套 RFID 系统采用 Siemens RF660 读写器和 Psion Teklogix Workabout Pro 手持读写器，通过 RF-IT Solutions 公司生产的 RFID 中间件，与 ZF Friedrichshafen 公司其他的应用软件连接。现在，ZF Friedrichshafen 公司实现了生产全过程的中央透明管理，从而扩大了公司 RFID 的应用规模，提高了公司的经济效益。

(1)　变速器的标签

ZF Friedrichshafen 公司在这个新项目之前采用的是条码识别产品，但条码在生产器件过程中容易受损或脱落，公司需要一套可识别各个变速器的新方案。

针对这个 RFID 新项目，ZF Friedrichshafen 公司专门设计了一个新的生产流程，通过对 RFID 标签进行测试，确认其可以承受变速器恶劣的生产环境。ZF Friedrichshafen 公司将 RFID 技术直接引入生产流程，建立了一条八速变速器的生产线，设置了 15 个 RFID 标签读取点，通过获得标签存储的信息，来控制生产的全部流程。RFID 标签封装在保护性塑料外壳里，封装在塑料外壳里的 RFID 标签如图 17-2 所示。

图17-2　封装在塑料外壳里的 RFID 标签

ZF Friedrichshafen 公司自己或者委托供应商浇铸变速器的外壳。当 ZF Friedrichshafen 公司或供应商浇铸变速器的外壳时，外壳配置一个无源超高频 RFID 标签嵌体，标签将安装在嵌体里，标签符合 EPC Gen2 标准。

无源超高频 RFID 标签带有 512 字节的用户内存，标签存储着与生产相关的数据信息，该数据信息包括变速器的识别码、序列号、型号和生产日期等。安装在变速器外壳上的 RFID 标签如图 17-3 所示。

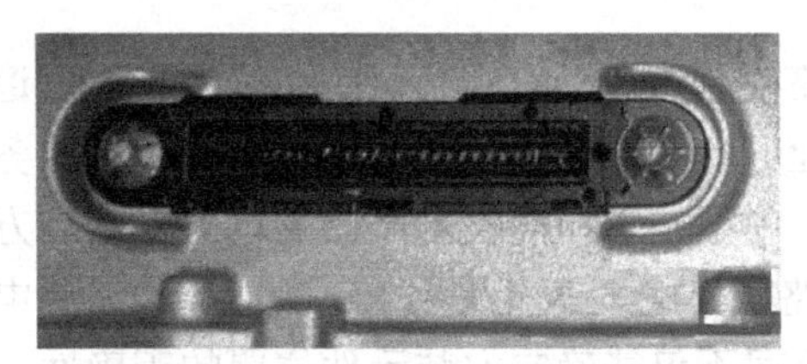

图17-3　标签安装在变速器外壳上

(2) 标签在生产线上

一旦标签应用于变速器上，ZF Friedrichshafen 公司或供应商将采用手持或固定 RFID 读写器测试标签，并在标签里存储浇铸信息。稍后，ZF Friedrichshafen 公司或供应商将采用读写器识别变速器外壳，再将变速器送往生产线上。

在生产线上，ZF Friedrichshafen 公司在 3 个生产阶段共识别外壳约 15 次，包括机械处理、变速器集装和检测等。据澳大利亚 B&M Tricon Auto-ID Solutions 商务方案经理 Jürgen Kusper 称，B&M Tricon Auto-ID Solutions 部门负责项目的筹划和集成。

在全自动生产线的多个点上，ZF Friedrichshafen 公司采用远距离读写器或读写站来读取标签，并获取可以改变特定变速器生产流程的信息。举个例子，在读写站可以升级标签数据，如补充生产状态信息等，同时在读写站获取的工艺参数和测量值可能被用于定制生产流程。在生产线上读取标签数据如图 17-4 所示。

图17-4　在生产线上读取标签数据

在生产的最后阶段，各个变速器装满油，进行运行测试。上述生产数据保留在 ZF Friedrichshafen 公司的服务器上，用于诊断和过程监测，如果产品发生问题，可以用于生产追溯。一旦变速器通过测试，系统接着对 RFID 标签写入序列号，标签仍保留着生产运行信息，标签的这些信息可用于质量追溯。

(3) RFID 变速器系统的优点

八速变速器 RFID 系统 2009 年年初开始实施，ZF Friedrichshafen 公司希望由 RFID 标签控制的生产线每年可生产 100000～200000 件变速器。ZF Friedrichshafen 公司称，这套系统的主要收益是稳定、低成本、变速器的唯一识别和生产能力控制。

17.1.3 物联网 RFID 在美国电路板制造领域的应用实例

美国加州圣克拉拉电路板制造商 NBS 公司的布线历史可以追溯到 20 世纪 80 年代中期。NBS 公司 PCB 布线业务非常专业，在组装工艺中提供的服务卓有声誉，拥有大量的分包制造商客户，在试生产、中型技术和高技术产品的电路板组装方面有良好业绩。

现在，NBS 公司在电路板集成机器上采用 RFID 标签，追踪电路板上的具体元件及其位置。通过监测这类信息，公司不仅能确定安装元件位置的正确性，也存储了集成电路板的相关数据，便于在元件发生故障或制造商召回情况下有相应的数据可追溯。

(1) RFID 标签对电路板质量的作用

NBS 公司为各类用户提供电路板，电路板的质量是 NBS 公司最关注的问题之一。在很多情况下，电路板的正常运行事关重大，例如，NBS 公司为医疗植入设备制造商提供心脏起搏器电路板，这些电路板正常工作与否性命攸关。

元件送达集装工厂时，是以“磁带和卷轴”的形式包装。卷轴的设计使自动贴片机进料更加方便，可以将元件直接放置在电路板上。NBS 公司每个“元件卷”都装有 RFID 标签，标签的序列号与元件的编号、批次及其他特定的信息相对应。公司采用一套严格的制衡体系，确保电路板（含 10～200 个元件，如电阻器、电容器、开关和 LED 等）的正常集成。NBS 公司现在采用 Cogiscan 公司的 RFID 技术和 Juki IFS-X2 智能进料系统。生产之前，工人将每个“元件卷”装载到各自的进料器，进料器是一种固定装置，进料器将元件一个接一个送到集成机器，制成集成电路板。元件进料和电路板集成如图 17-5 所示。

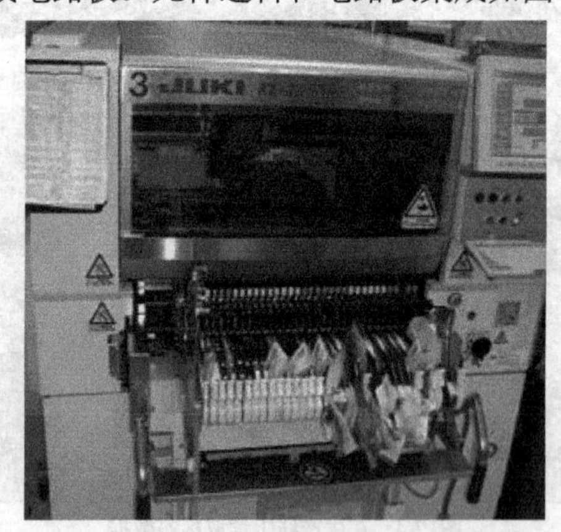

图17-5 元件进料和电路板集成

当一辆小拖车被插入到一台电路板集成机器时，系统采用 RFID 确认所有进料器和元件是否处于正确的位置。几个工人对“元件卷”贴片紧密监视，确保每个元件都安装在小拖车的正确槽孔中，接着再将小拖车插入一台电路板集成机器里，确保元件安装在集成电路板的正确位置。集成完成后，工人需要对电路板进行一系列检查，再次确认元件已经安装正确。

上述所有信息都存储在一个中央数据库里，以便实时监督检查。

(2) RFID 标签对电路板追踪的作用

NBS 公司一天通常会生产 5000 块电路板，机器的设置和小拖车的“元件卷”经常需要更换，这使得追溯过程变得更加复杂。如果某个元件发生故障，被制造商召回，NBS 公司很难判断该元件的来源和所在批次，也无法追踪采用这些元件的电路板。

现在，NBS 公司在送料器上装有一个专用的 125kHz 低频 RFID 标签，当“元件卷”装载到进料器时，操作员利用一台手持读写器扫描“元件卷”和进料器的 RFID 标签，并在数据库里将它们对应起来。小拖车上的读写器配备一列小天线（一个进料槽一支小天线），当进料器装载到小拖车时，读写器读取标签的唯一标号，接着发送信息给公司后端监控系统，根据读取该标签 ID 码，即可确定天线的位置，进而判断“元件卷”放置的具体槽位。“元件卷”的追踪如图 17-6 所示，送料器上的 RFID 标签如图 17-7 所示。

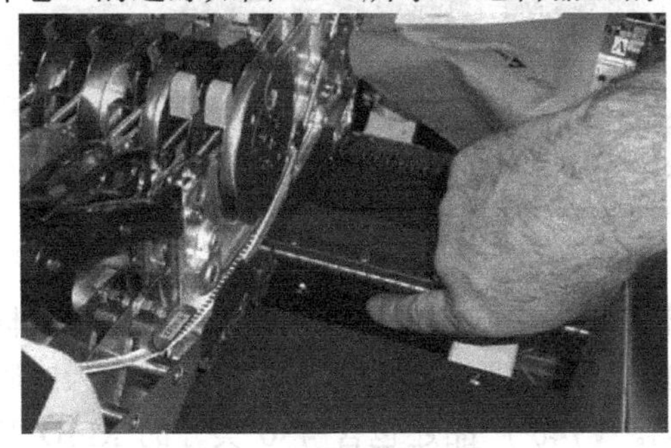

图17-6 “元件卷”位置追踪

图17-7 送料器上的 RFID 标签

系统根据集成电路板的类型，可以判断“元件卷”是否被正确安装在槽内。一旦配置正式生效，小拖车将被插入机器内，一些机器可以一次性接受 4 个小拖车。当小拖车安装到位时，系统再次使用 RFID 确认所有进料器和“元件卷”是否在正确位置。如果发现某个“元件卷”处于错误槽位，机器会停止集成，显示屏会闪动报警，告诉工人移去错误的“元件卷”，重新安装。通过 RFID 系统，公司就可以记录具体电路板，并记录“元件卷”安装在电路板上的位置。在生产的最后阶段，系统将所有数据写到一个与电路板序列号相对应的文件里，如果电路板出现问题，就可以方便地进行追溯。

17.1.4 各国用于制造业的 RFID 产品实例

(1) 日本 OMRON 公司的 RFID 产品

作为汽车行业 RFID 解决方案的重要品牌，OMRON 公司 RFID 应用方案在汽车制造领域得到了广泛应用，如在汽车涂装、焊装和总装中。OMRON 公司的 RFID 标签可以用于辨别工序、颜色和编号等，可以用来记录各种相关的汽车加工数据，并可以提高汽车制造的生产效率和信息管理的安全性。

日本欧姆龙（OMRON）公司推出了基于 RFID 技术的 V600、V700、V720 和 V740 等几个系列产品，包括电子标签、读写器、天线和编程器等几个部分，这些产品满足 ISO15963 等标准。其中，V740 系列产品有高级接口与传统的 RFID 产品兼容，用户可以方便地使用这些符合 ROHS 标准的型号，以替代上一代的 RFID 产品。OMRON 公司的 RFID 产品如图 17-8 所示。

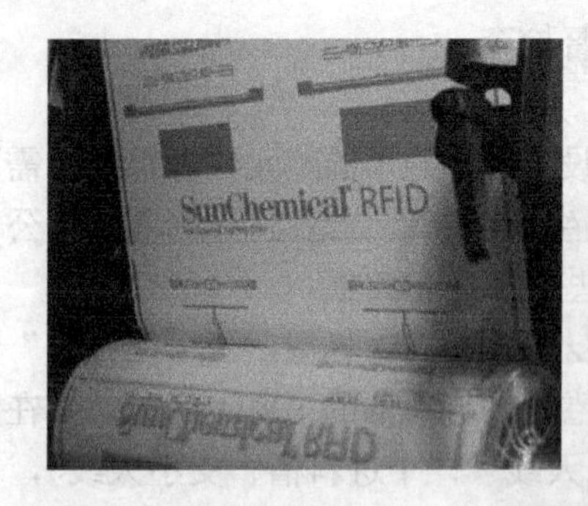

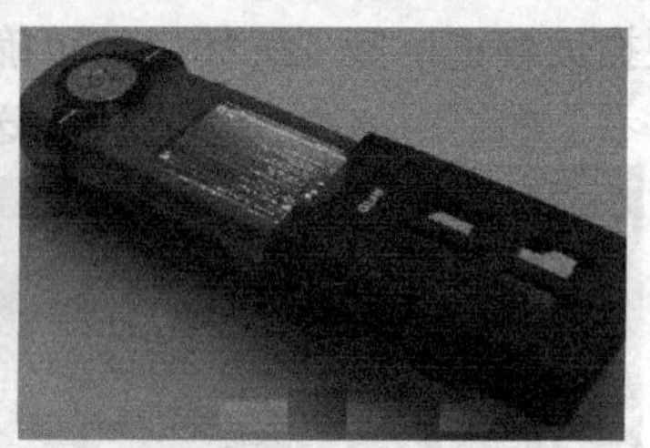

图17-8　OMRON 公司的 RFID 系统产品

新一代的 V740 系列产品符合 ROHS（电子电气设备中限制使用某些有害物质指令）标准。V740 系列产品包含有 RFID 读写器、天线、RFID 编码器、EPC 软件、指示灯和天线底托等，用户可以通过编码器对 RFID 标签进行编码。V740 产品还包含 4×6 英寸的 RFID 智能标签，用户可以对 RFID 智能标签发出命令，并生成 RFID 标签打印命令。

(2)　德国盖博瑞尔公司的 RFID 产品

德国盖博瑞尔公司的 RFID 产品主要包括 868MHz/915MHz 有源和无源系列标签、读写器和中间件。RFID 读写器的识读距离可达 100m～500m，在有效范围内可同时识读 2000 个标签，每秒识读 100 个标签，可在 280 公里/小时～300 公里/小时的高速状态下准确识读。盖博瑞尔公司的部分 RFID 产品如图 17-9 所示。

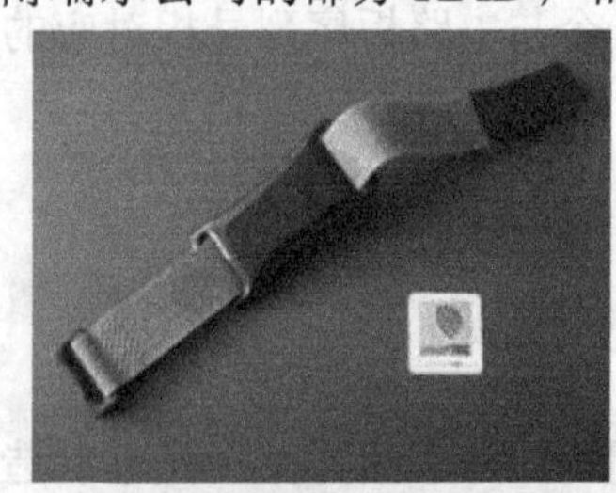

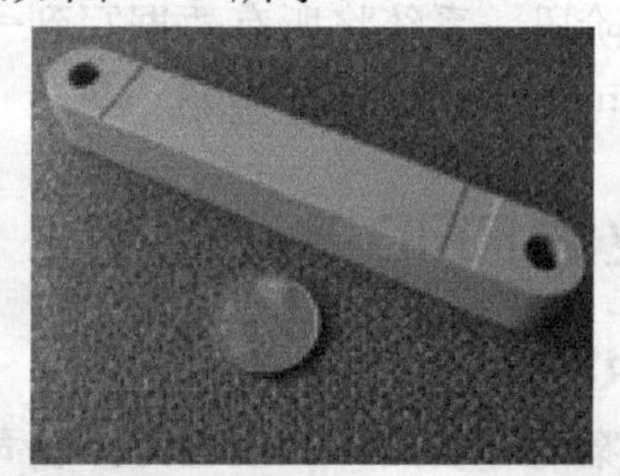

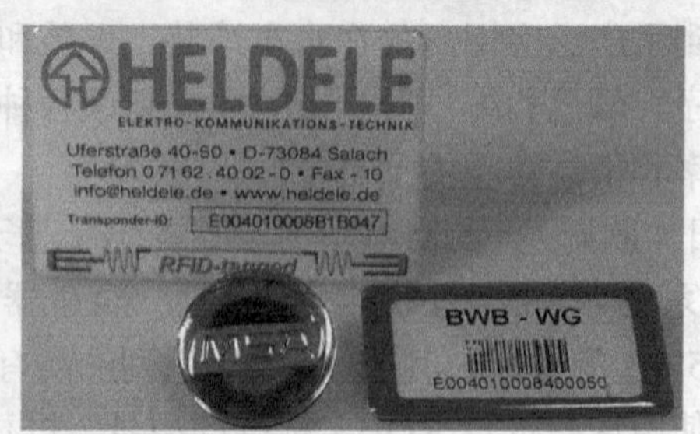

图17-9　盖博瑞尔公司的 RFID 产品

盖博瑞尔公司 i-Q32L/EU-DI 系列的电子标签是智能长距离有源产品，i-Q32L/EU-DI 系列标签发送和接收的距离都达到 100m 以上，使用手持式和固定式读写器都可以准确识读。该系列标签功耗低，有效工作时间可超过 6 年，标签采用先进的防碰撞技术，可以在同一个区域内同时识别数千个标签。该系列的标签可用在汽车生产线上，用于对零件的识别和管理，也适合对高价值产品进行跟踪或进行人员管理。

盖博瑞尔公司的 LUR2000 无源标签可用在部件生产线、车身装配车间和油漆车间，用于记录、辨别工序和辨别颜色等。LUR2000 无源标签的读写距离可达 5m、可以读取满足 ISO18000-6B 标准和 ISO18000-6C 标准的 RFID 标签，具有防碰撞功能，可在天线覆盖范围内快速读取大量标签，具有缓冲读取模式及通知信道进行数据过滤的功能。LUR2000 无源标签可以增强生产工序操作的准确性，提高汽车生产的质量。

(3) 中国深圳远望谷公司的 RFID 产品

深圳远望谷公司是中国 RFID 产品和解决方案供应商，自 1993 年起就致力于 RFID 技术和产品的研发，借助中国铁路车号自动识别系统，开创了国内 RFID 产品规模化应用的先河。远望谷公司可为资产追踪、物流、供应链、机动车辆和服装等多个领域提供 RFID 解决方案，可提供包括读写器、电子标签、天线及其衍生品等系列产品，可为客户做 RFID 系统规划。远望谷公司部分 RFID 产品如图 17-10 所示。

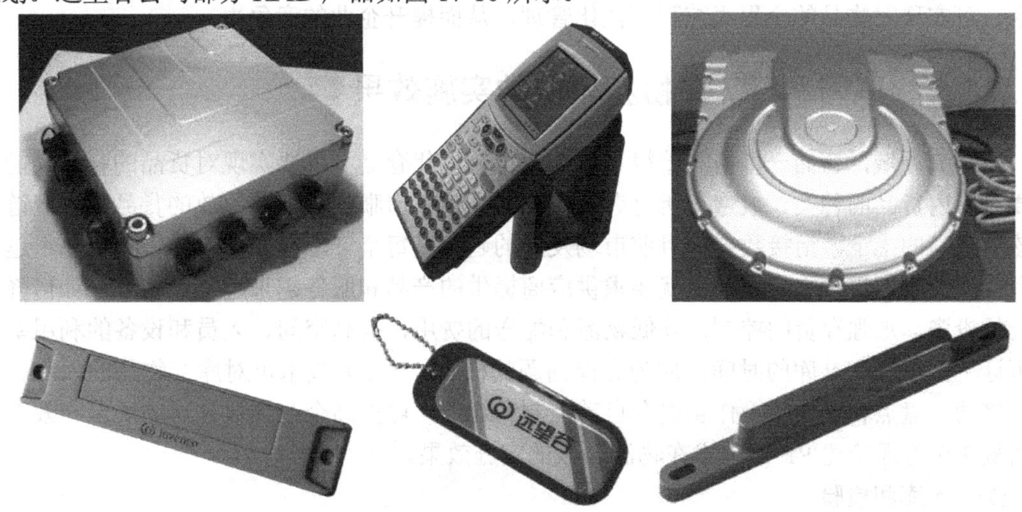

图17-10　远望谷公司的 RFID 产品

远望谷 XCRF-860 型固定式读写器符合 EPC C1G2（ISO 18000-6C）标准，具有优异的读写性能、多标签阅读能力及带标签匹配和重复标签过滤功能，每秒可读取 120 张符合 EPC C1G2 标准的电子标签，稳定读取距离最远可达 10m。该读写器内置 WEB 访问界面，可通过 IE 浏览器连接到读写器，能够进行远程配置。该读写器能提供系统日志，具有读写器故障远程诊断和现场维护功能。XCRF-860 型固定式读写器读写性能卓越，支持密集型阅读模式，是一款高性能、智能型阅读器，特别适合于大规模批量组网，可广泛应用于产品制造、物流跟踪、资产管理和供应链管理等领域。

远望谷公司自行研发的 XCRF-510 型发卡器符合 18000-6B 标准，是一款天线内置的一体化读写器。在接到指令后，发卡器开始工作，待机状态下则不发射功率，其电磁场辐射强度符合国家一级标准限值的要求。该读写器也可以作为近距离读写器读取标签信息，其读卡最大距离为 0.1m。XCRF-510 型发卡器与符合 ISO18000-6B 标准的电子标签配合，可广泛应用于产品制造和物流管理领域。

XC2900 手持式读写器采用 Intel 的 CPU，内置 Window CE 移动操作系统，使其拥有良好的人机交互界面。XC2900 手持式读写器具备 USB 接口，既可以插入 U 盘传输或复制存储信息，也可以接入计算机与计算机交换同步数据，能实现三方通信，满足不同场合对数据传输和存储的要求。XC2900 手持式读写器融合所有的主流无线通信技术，提供几乎适合任何移动环境的解决方案，支持数据通信和语言通信的 GPRS，可用于仓储、物流、资产管理和产品制造等领域，尤其适合需要移动采集数据的各种场合。

17.2　物联网 RFID 在物流领域的应用

在物流领域的供应链中，企业必须实时、精确地掌握整个供应链上的商流、物流、信息流和资金流的流向和变化，各个环节、各个流程都要协调一致、相互配合，采购、存储、生产制造、包装、装卸、运输、流通加工、配送、销售和服务必须环环相扣，才能发挥最大的经济效益和社会效益。然而，由于实际物体的移动过程处于运动和松散的状态，信息常常在空间和时间上发生变化，影响了信息的可获性和共享性。物联网 RFID 是用于物流的一种新技术，可实现对物品的全程跟踪和可视化管理，从而提升企业的竞争力。

17.2.1　物联网 RFID 在物流领域的实施效果

在物流领域，仓储一直扮演着很重要的角色。现代仓储不仅要实现对货品的存放功能，还要对库内货品的种类、数量、所有者及储位等属性有清晰的标记，存放的货品在供应链中应该有清晰的上下游衔接数据。目前市场发展的趋势是每个订单越做越小，但订单总量越来越多，作业时间也越来越短，这就要求供应商提供的产品和服务越来越复杂精细。如何降低存货的投资，加强存货的控制，降低物流和配送的费用，提高空间、人员和设备的利用率，缩短订单的流程和补库的时间，成为仓储问题的核心。RFID 技术可对库存物品的入库、出库、移动、盘点和配料等操作实现全自动控制和管理，可提高企业物料管理的质量和效率。下面从 3 个方面论述 RFID 技术在物流领域的实施效果。

(1)　入库和检验

当贴有 RFID 标签的货物运抵仓库时，入口处的读写器将自动识别标签，同时将采集的信息自动传送到后台管理系统，管理系统会自动更新存货清单，企业根据订单的需要将相应的货品发往正确的地点。在上述过程中，采用 RFID 技术的现代入库和检验手段简化了传统的货物验收程序，省去了烦琐的检验、记录和清点等大量需要人力的工作。

(2)　整理和补充货物

装有读写器的运送车可自动对贴有 RFID 标签的货物进行识别，根据管理系统的指令自动将货物运送到正确的位置。运送车完成管理系统的指令后，读写器再次对 RFID 标签进行识别，将新的货物存放信息发送给管理系统，管理系统将货物存放清单更新，并存储新的货物位置信息。管理系统的数据库会按企业的生产要求设置一个各种货物的最低存储量，当某种货物达不到最低存储量时，管理系统会向相关部门发送补货指令。

在整理和补充货物时，通过 RFID 读写器采集的数据与管理系统存储的数据相比较，很容易发现摆放错误的货物。如果 RFID 读写器识别到摆放错误的货物，读写器会向管理系统发出警报，管理系统会向运送车读写器发送一个正确摆放货物的指令，运送车则根据接收到的指令将货物重新摆放到正确的位置。

(3) 货物出库运输

应用 RFID 系统后，货物运输将实现高度自动化。当货物运送出仓库时，在仓库门口的读写器会自动记录出库货物的种类、批次、数量和出库时间等信息，并将出库货物的信息实时发送给管理系统，管理系统立即根据订单确定出库货物的信息正确与否。上述整个流程无需人工干预，可实现全自动操作，出库的准确率和出库的速度得到很大提高。

17.2.2 物联网 RFID 在日本物品配送领域的应用实例

FANCL 是日本最大、最有规模的“添加”护肤及健康食品品牌，FANCL 公司现在是东京证券交易的上市公司。FANCL 公司成立于 1980 年，以邮购无添加化妆品起家，同时也经营补品（如营养食品）、发芽米和青汁等商品。此后，FANCL 公司以邮购为起点，在日本国内大规模开设直营店，进而拓展到便利店等传统流通渠道，事业得到不断发展。现在 FANCL 公司拥有世界尖端的科研和生产技术，研制出有别于一般护肤品、不含防腐剂和化学添加剂的美容品及健康食品，杜绝了一般含防腐剂护肤品所引起的肌肤问题。

目前，FANCL 公司采用日立公司先进的物流管理方案，引进了日本国内规模最大的 RFID 系统，按照商品类别和销售渠道将运营的 8 个物流中心整合在一起，大幅提高了 FANCL 公司物流中心的业务效率。

(1) FANCL 公司 RFID 系统的建设

2008 年 8 月，FANCL 公司启用了位于日本千叶县的最新物流基地——FANCL 株式会社关东物流中心，将一直以来按照商品类别和销售渠道分别运营的 8 个物流中心整合在一起。在这里，FANCL 公司有先进的物料搬运设备，而最引人注目的是多达 14000 枚的 RFID 电子标签。FANCL 公司 RFID 工作频率采用 13.56MHz，RFID 构筑了高精度的物流系统，实现了全透明实时管理。FANCL 公司应用 RFID 技术的物流配送中心如图 17-11 所示。

图17-11　应用 RFID 系统的物流配送中心

FANCL 公司始终将产品的新鲜度和品质放在首位，通过启用该物流中心，FANCL 公司把当日接单的出货率提高到 90%以上，并把出货的精度提高到“错误基本为零”的水准，为客户提供了满意的供应链服务。当初，FANCL 公司在有生产工厂的千叶和横滨两地都没有物流中心，业务由本部进行管理。但由于事业的发展和经营水平的多样化，这种管理模式逐渐无法适应生产的需要，为此 FANCL 公司在横滨、崎玉、长野等地利用外部仓库，建立了不同业务和不同商品类别的八大物流基地。然而，由于据点分散，导致同一订单商品发货地点不同，带来要多次收发货、物流费用增加、商品新鲜度管理复杂等问题。

由于业务发展的需要，FANCL 公司委托日立物流公司北柏营业所开发了总面积为 1332000m^2 的关东物流中心。在建设这个新中心时，FANCL 公司采用了 RFID 技术，投资了 6 亿日元，分 7 年向日立物流公司支付。关东物流中心以 600 种化妆品和 300 种健康食品为主，对共约 2500 多种商品进行一体化管理。FANCL 公司关东物流中心除了每天要处理多达 3 万件商品的邮购业务以外，还要承担向日本国内 200 家直营店和近 200 家其他类型流通商店的配送工作，并承担向海外市场出货的工作。

(2)　FANCL 公司 RFID 系统的运行

关东物流中心在新开发的 RFID 系统支持下，大幅改善保管商品的料箱式自动仓库，以料箱式自动仓库“Fine Stocker”为核心，设置了邮购商品检查区、邮购商品拣选区、海外商品检查区、海外商品拣选区、流通类商店商品拣选区和店铺商品拣选区。关东物流中心构建了以堆垛机自动补货为主的多种拣选系统，构成了超过 100 个检查站组成的物流系统。关东物流中心的最大特点是：将 14000 枚 RFID 电子标签应用于检选周转箱中，实时控制了各个工序的传输流程。

(3)　自动拣选系统

在面向邮购的小件商品检查与拣选区，从拣选周转箱处起，就开始应用 RFID 标签，标签包含的信息与每一件商品订单内的信息是一一对应的，如图 17-12 所示。这里共有 15 个工位，工人将不同的商品订单放置在不同的周转箱中，同时用手持读写器确认订单信息是否正确。这样，分拣订单实现了无纸化，大大降低了由人工造成的风险。此后，周转箱被传送至不同的拣货区域。在输送过程中，传送带上共安装 164 台读写器和编写器，能够准确迅速地进行出货调度。

图17-12　应用 RFID 技术的自动拣选系统

(4) 自动补货系统

为了提高处理能力，在拣货区通过人工的方式，提前把下一个订单的商品放在临时放置台上。在本区域货架的背面，并列安放了堆垛机箱式射频自动补货系统，这种自动补货系统能节省大量人力。补货用堆垛机从箱式自动仓库提取商品，无论是塑料箱还是瓦楞纸箱都可以应对，同时也支持各种尺寸的包装箱，如图17-13所示。之后，商品经过传送带被送到检查包装站，在这里每一件商品还要被读取一次编码，以确保被包装的商品准确无误。商品包装完毕后，用传送带输送至物流中心一层，货品经过滑块式的自动分拣系统，按照不同运输公司进行分类输送。

图17-13 应用RFID技术的自动补货系统

(5) 自动配送系统

对于面向店铺、流通及海外的大件商品检查与拣选区，工作方式大致相同。在这里，按照健康食品、基础化妆品等基础分类，设置了4条分拣流水线。在流水线的起点，通过读写器向能多次擦写的RFID塑胶标签写入可视化信息，然后将RFID标签插入周转箱，可擦写的RFID标签最多可读写1000次，全部商品均采用数字式分拣方式，如图17-14所示。在进入包装工序之前，不同的商品会在RFID读写器的“判断”下，按照店铺、流通或海外商品的分类，进入不同的包装工位。此外，周转箱也可以进行两段式叠放，因此RFID天线也可以设置为上下两个。

图17-14 应用RFID技术的自动配送系统

RFID 系统的使用可以减少物流的费用，并致力于环保。目前，该中心经营的商品共有 2500 个品种，出货量约为每天 30 万个，其中有近 1000 个批次是保鲜产品。在约 2000 个品种的直销商品中，热销商品约 300～400 个品种，总订购量为平均每天 12000～15000 件，最大每天处理可达 3 万件，全部用数字分拣系统进行处理。

(6) FANCL 公司 RFID 系统的优点

FANCL 公司关东物流中心的 RFID 标签自动读取率达到 99.99%，基本上没有错误发生，读取率远远高于条码。在中心的传送带流水线中，能够实现 90m/min 无停止标签读取，系统运行稳定正常。与条码相比，引进 RFID 系统虽然初期整体投资会增加一倍，但运行中所节约的费用相当可观，一年半后即可收回投资。

- 减小差错。通过使用先进的 RFID 系统，FANCL 公司大幅度提高了大批量货物的处理能力和出货准确率，当日订单的发货率从 78%上升到 90%以上，误出率也从原来的 0.04%下降到 0.005%以下。通过对 8 个物流分中心进行集成和整合后，减少了存储转移和库存转移的次数，实现了 RFID 统一管理和统一配送。
- 节省费用。由于 RFID 系统的使用，因营业额上升而增加的网络费用，目前以每年 10%的幅度消减。而且，原来需要 280 名员工的工作岗位，现在只需要 200 名左右就足够了。
- 安全环保。FANCL 公司新中心的启用，减少了用于仓库间移动和配送的卡车运输量，由此每年可以减少约 130 万吨的二氧化碳排放。在物流业务所需的票据类方面，使用 RFID 后实现了无纸化管理，每年可节约 740 万张纸，相当于 30 吨纸。

17.3 本章小结

对于大型制造企业，物联网 RFID 技术能够实现产品数据的全自动采集和产品生产过程的全程跟踪。在物流领域，物联网 RFID 可以实现商品原料、半成品、成品、运输、仓储、配送、上架、销售和退货处理等所有环节的实时监控。本章介绍了物联网 RFID 在制造与物流领域的应用案例和应用优势。

RFID 技术能够改变制造业传统的生产方式，可以实现生产过程的全自动跟踪，RFID 将大幅度提高生产率和节省生产成本。德国 ZF Friedrichshafen 公司将 RFID 用于汽车制造领域，采用 RFID 系统来追踪和引导八速变速器的生产，实现了在正确的时间按正确的顺序运送正确的产品给顾客。美国 NBS 公司将 RFID 用于电路板制造领域，追踪电路板上的具体元件及其位置，不仅能确定安装元件位置的正确性，也存储了集成电路板的数据。此外，日本 OMRON 公司、德国盖博瑞尔公司和我国远望谷公司都提供 RFID 系列产品。

在物流系统中，RFID 技术可实现对物品的全程跟踪和可视化管理。日本 FANCL 公司将 RFID 用于物品配送领域，采用日立公司的 RFID 系统来配送美容品和健康食品，形成了超过 100 个 RFID 检查站组成的物流系统，实时控制了各个工序的传输流程。

17.4 思考与练习

17.1 简述制造业传统的管理状况和采用 RFID 技术后制造业的管理状况，说明物联网 RFID 在制造业中的作用。

17.2 ZF Friedrichshafen 公司引进一套 RFID 系统的目的是什么？简述 ZF Friedrichshafen 公司的 RFID 标签在封装、安装、用户内存、采用标准等方面的参数和技术指标，这套 RFID 系统的优点是什么？

17.3 简述 RFID 标签对美国 NBS 公司电路板质量的作用，并简述 RFID 标签对电路板追踪的作用。

17.4 简述日本 OMRON 公司的 RFID 产品实例，简述德国盖博瑞尔公司的 RFID 产品实例，简述中国深圳远望谷公司的 RFID 产品实例。

17.5 在物联网 RFID 物流领域中，简述货物入库、检验、整理、补充和出库的实施内容和实施效果。

17.6 简述 FANCL 公司 RFID 系统的建设和运行情况，并说明 FANCL 公司 RFID 系统的优点。

第18章　物联网 RFID 在防伪和安全领域的应用

防伪和安全领域涉及的方面极为广泛，票证防伪、食品防伪、财产安全、门禁管理、医疗管理和汽车防盗等各个方面都涉及防伪和安全。RFID 技术作为一项自动识别和数据采取技术，已经在防伪和安全领域得到越来越广泛的应用。本章将介绍物联网 RFID 在防伪和安全领域的应用，并介绍物联网 RFID 在防伪和安全领域中的应用优势。

18.1　物联网 RFID 在防伪领域的应用

RFID 防伪技术的应用有利于企业提高管理效率，降低运营成本。RFID 防伪技术不仅可以给企业带来直接的经济效益，还可以使国家管理部门有效地监管企业的生产经营状况，打击和取缔非法生产活动，维护社会秩序稳定。

18.1.1　物联网 RFID 电子票证在防伪系统中的作用

传统门票容易伪造、容易复制，加上人情放行、换人入馆等弊端时有发生，致使各大场馆的门票收入严重流失，难以对观众出入各大场馆的活动进行实时统计和实时管理。电子票证采用 RFID 技术，通过与数据库、定位技术和通信技术相结合，有效地解决了各大场馆的票务管理和信息管理等传统问题，实现了电子门票售票、验票、查询、统计和报表等的全自动管理，对提高馆会的综合管理水平和经济效益有显著的作用。

(1)　电子门票系统的组成

RFID 电子门票系统由制售门票子系统、验票监控子系统、展位观众子系统、统计分析子系统、系统维护子系统和网上注册子系统 6 个部分构成。

- 制售门票子系统。该子系统主要由发卡器、打印机和读写器构成，用来完成门票的制作和销售任务。
- 验票监控子系统。该子系统主要由读写器和摄像机构成，用来完成验票入场的任务。
- 展位观众子系统。该子系统用手持读写器巡查观众席位，记录展位的观众数目并稽查观众的购票情况。
- 统计分析子系统。该子系统对展会的各种数据进行实时统计分析。
- 系统维护子系统。利用该子系统可以对 RFID 电子门票系统进行维护。
- 网上注册子系统。利用该子系统可以完成网上注册。

电子票证防伪系统的构成如图 18-1 所示。

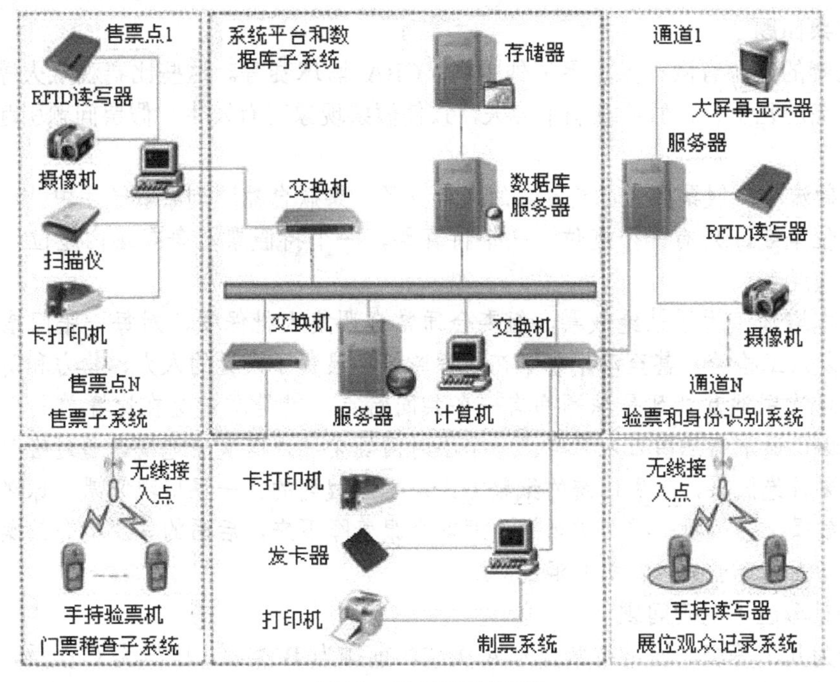

图18-1 电子票证防伪系统

(2) 电子门票系统的功能

电子门票系统建立了完整的电子标签票务归类系统，实现了制票、售票、检票、查票、数据采集、数据结算、数据汇总统计、信息分析、查询和报表等整个业务流程的全自动化管理，使会展的业务全部纳入计算机统一管理，提高了工作效率，堵住了票务发行的漏洞和财务漏洞。RFID 电子门票系统可以完成以下功能。

- 系统具有全方位的实时监控和管理功能。
- 有效杜绝了因伪造门票所造成的经济损失。
- 有效杜绝了无票的人员进场，加强了场馆的安全保障措施。
- 能准确统计参观者的流量、经营收入及查询票务，杜绝了内部财务漏洞，对于提高场馆的现代化管理水平，有着显著的经济效益和社会效益。
- 通过对参展商和观众不同身份的归类划分，提供信息归类和增值服务。
- 通过长期的数据积累分析，可积累相关行业的市场动态资料。
- 通过使用电子票证防伪系统，主办方可以大大地提高顾客满意度。

18.1.2 南非世界杯预选赛 RFID 电子门票系统

2010 年 6 月，世界杯足球赛在南非举行。2008 年 3 月，南非世界杯足球赛亚洲选区的第三轮比赛（中国-澳大利亚）在中国昆明拓东体育场进行。鉴于以往大型国际比赛在国内多次出现票务问题，组委会为此次比赛制订了 RFID 电子门票解决方案。

一、传统门票存在的问题

(1) 假票问题

热门比赛的票源有限，如世界杯外围赛、CBA 篮球赛等。这些比赛观众火爆，票价低的几百元，高的几千元，假票利润十分大，致使假票现象时有发生。假票问题引起的严重后果如下。

- 票款流失。假票多了，买真票的人就少了，票款自然流到票贩子手中。
- 座位争夺。只有一个座位，一个持真票，一个持假票，争夺场内座位，容易引起混乱。
- 成本增加。为了杜绝假票，组委会通常会调集大批保安，对每一张门票进行反复人工检验，甚至动用警察在一旁监督，浪费了大量的人力、物力和财力。
- 入场次序混乱。凡是球赛都有一个共同特点，就是球迷会在比赛前一个小时进场，通常有三四万人观看。一个小时内既要球迷有次序地快速通过检票口，又要杜绝假票，采用传统的纸票方式是无法做到的。一旦出现假票，球迷必然会鼓噪，会争执，整个进场的速度就会跟着降下来，后面的球迷也会鼓噪，这样场面就可能失控，引起混乱。

(2) 场馆分区不明确问题

门票分为几个等级，通常主席台为 A 类票，前排为 B 类票，中排为 C 类票，后排为 D 类票。人工检票的时候，检票人员无法控制 A 类票在第一入口进入、B 类票在第二入口进入，球迷进场后很容易因为找不到位置或坐错位置而引发争执，这就容易引发混乱。

(3) 进场的速度问题

传统的纸质门票需要用人工来检验门票的真伪，检票员需要用肉眼来辨别票的真伪，需要花较多的时间，这将降低了检票的速度。

二、昆明足球赛制订的电子门票解决方案

世界杯昆明预选赛采用了电子门票。在整个检票过程中，总计发现了 3000 多张假票，门票上的条码、激光和钢印等防伪手段均制造得相当精致，但最后还是被 RFID 读写器验出。昆明世界杯电子门票如图 18-2 所示。

图18-2 昆明世界杯电子门票

昆明世界杯电子门票的特点如下。

(1) 采用 RFID 技术

昆明世界杯电子门票在传统纸质门票的基础上，嵌入拥有全球唯一代码的 RFID 电子芯

片，彻底杜绝了假票。RFID 芯片无法复制，可读可写，具有先进的防伪手段。

(2) 质优价廉

昆明世界杯 RFID 电子门票采用飞利浦公司的 MIFARE ULTRALIGHT 芯片，具有极高的稳定性，而且价格低廉（1 元/张，已含印刷费）。

(3) 检票速度提高

因为电子门票无须人工分辨真伪，只需要用 POS 机（手持读写器）靠近电子门票，0.1 秒即可分辨真伪，可让球迷快速通过检票口。

(4) 快速区分门票的入口

在电话或网络订票时，售票人员已经将买票人购票的种类、门票价格、购票人姓名和电话号码等信息写入电脑，并写入 RFID 电子门票的芯片中。待球迷到检票口时，如果该票应该在 A 入口进入，球迷到 B 入口来检票，POS 机就会报警，提醒保安让球迷到 A 入口检票进入，这样就避免了进错入口找不到座位而引起的混乱。

18.1.3 五粮液酒 RFID 防伪系统

在国家颁布的《2006-2020 年国家信息化发展战略》和四川省发布的《四川电子信息产业发展规划》等政策大力推动下，为满足五粮液酒高端产品对 RFID 标签的需求，五粮液集团启动了 RFID 防伪项目。

(1) 项目背景

五粮液酒作为中国顶尖、销量最大的酒类品牌，一直是假冒犯罪的首要目标。因此，五粮液集团在保护品牌方面的重视程度和投入力度均超过同行。

五粮液酒防伪项目初期，实现高端品牌 RFID 防伪标签年用量在两千万枚以上，同期推出多功能 RFID 查询设备八百套以上，专卖店 RFID 查询设备及手持式查询设备两千套以上。五粮液酒防伪项目投入约二亿元人民币，目的是构建一个完整的 RFID 整体解决平台。

(2) 项目目标及应用功能

通过项目实施，建设完整的 RFID 五粮液酒防伪和追溯管理系统，树立 RFID 技术在食品类防伪应用的国内示范，建立从芯片设计、制造、标签封装、包装生产、出入库、物流、销售、消费、投诉和打假等各环节的一整套防伪技术和服务规范。五粮液酒防伪项目将逐步完善 RFID 技术在食品防伪和追溯管理方面的主要功能，逐步建立起 RFID 行业应用标准，为下一步 RFID 技术在我国商品流通市场中的应用摸索出一条可行的途径。

本项目以 RFID 应用带动 RFID 产业，以 RFID 电子标签设计、RFID 读写设备研发、应用系统集成为基础，实现 RFID 食品防伪和追溯管理的目标，建立 RFID 技术在食品防伪和追溯管理的应用规范和模式。五粮液酒防伪项目的目标及应用功能如下。

- RFID 标签防伪和产品追溯。
- 生产管理和决策。
- 仓储和物流管理。
- 销售管理（防伪和防窜货管理）。

(3) 五粮液车间及仓库 RFID 数据采集系统

五粮液酒防伪 RFID 系统整体优化了五粮液包装车间、出入库和物流环节的操作流程，

使包装流水线的生产、产品仓储和流通更加精确化和规模化，RFID 电子标签的数据采集准确率在 99.5%以上。五粮液车间及仓库 RFID 数据采集系统的结构示意图如图 18-3 所示。

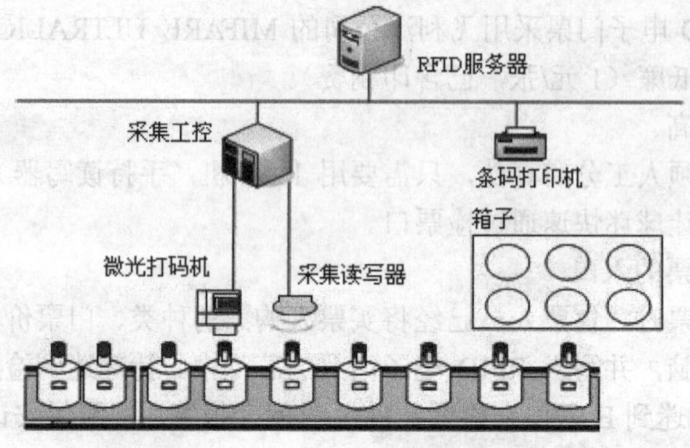

图18-3 五粮液 RFID 数据采集示意图

- RFID 数据采集系统的功能。向应用系统提供每一瓶酒的产品属性信息、生产日期、入库和流转的业务操作信息，包括标签验证结果信息、单品物流信息、箱体物流信息和系统出错统计信息等。可实现产品信息实时上传、重要数据在本地备份存储，形成完整的系统管理和配置功能。
- RFID 数据采集的应用领域。五粮液酒防伪 RFID 系统可应用于五粮液生产线、产品出入库、物流和销售等领域。

(4) 五粮液 RFID 电子标签

五粮液 RFID 电子标签工作频率在超高频频段，包含多项专利技术，具有全球唯一码、数字签名、防转移和防复制等特性。五粮液 RFID 电子标签的金属天线采用易碎纸作为基材，即保证了对标签高读写性能的要求，又能满足大规模生产的经济性要求。

(5) RFID 电子标签防伪查询机

RFID 电子标签防伪查询机是智能、多功能识别设备，具有准确和便捷的特点，适用于专卖店、商场和超市等各种公共场合。

RFID 电子标签防伪查询机的主要功能如下。

- 读取 RFID 标签信息。
- 产品 RFID 防伪查询。
- 数字签名验证。
- 产品出入库管理。
- 物流信息查询。
- 产品宣传广告播放。

(6) 手持式 RFID 扫描仪

手持式 RFID 扫描仪是一款集 RFID 读写器和条形码读写器于一体的多功能手持式读写设备，具有携带方便的特点。

手持式 RFID 扫描仪的主要功能如下。

- 读取 RFID 标签信息。
- 产品出入库管理。
- RFID 电子标签识别。

- RFID 标签内数据的防伪查询与认证。

(7) 终端消费的礼品式 RFID 读写设备

礼品式 RFID 读写设备是一款集 RFID 读写和其他音频功能、照明功能等为一体的多功能读写设备，具有携带方便、功能齐全、外形美观小巧、数据读取准确率高等特点。礼品 RFID 读写设备如图 18-4 所示。礼品式 RFID 读写设备使用容易，便于携带，方便读取 RFID 防伪标签内的信息，很容易验证五粮液产品的真伪，在终端消费查询中得到了应用。

图18-4 礼品 RFID 读写设备

18.2 物联网 RFID 在安全领域的应用

目前 RFID 技术已经渗透到员工考勤、电子门禁、医疗管理和汽车防盗等各个安全领域，RFID 技术使各项管理工作更加高效，为人们的日常生活带来了便捷和安全。

18.2.1 中国 RFID 门禁控制系统

RFID 门禁系统作为一项先进的防范手段，具有隐蔽性和及时性，在科研、工业、博物馆、酒店、商场、医疗监护、银行和监狱等领域得到越来越广泛的应用。

(1) 门禁系统简介

门禁系统没有物理障碍，利用 RFID 检测人员通过和运行的方向，方便人员快速通行，同时又防止未授权人员的非法通行。门禁系统无须刷卡，实现了真正的快速通行，通行速度可达 3 人/秒。门禁系统具备防尾随功能，可及时识别尾随在合法人员后面试图进入通道的非授权人员，并在监控中心发出声光报警，如有需要还可以同时把非法通过人员的照片抓拍下来，以备日后查证。门禁系统从一个方向刷卡只能按刷卡对应的方向进入，防止内部人员为外来人员放行，可有效防止在通道一端刷卡，而非法人员从另一端闯入。门禁系统具备防钻功能，防止非法人员从通道底部钻入。门禁系统可实现在高档写字楼、工厂、机场、实验室等快速进出场合下的安全管制。

使用 RFID 门禁系统，管理人员坐在监控电脑前，就可以了解整个公司人员的进出情况，根据电脑的实时监控功能，判断是否要到现场进行观察，同时将人员进出情况、报警事件等信息进行浏览查看、打印或存档。

此外，门禁系统的 RFID 卡不易复制、安全可靠、寿命长，非接触读卡方式可以使卡的机械磨损减少到零。

(2) 门禁系统的特点

- 具有对通道出入控制、保安防盗和报警等多种功能。

- 方便内部员工或者住户出入，同时杜绝外来人员随意进出，既方便内部管理，又增强了内部的保安。
- 门禁管理系统在智能建筑中是安保自动化的一部分，可为用户提供一个高效的工作环境，从而提高了管理的层次。

(3) 门禁系统的设计依据

- 国际综合布线标准 ISO/IEC 11801。
- 《民用建筑电气设计规范》JGJ/T 16-92。
- 《中华人民共和国安全防范行业标准》GA/T 74-94。
- 《中华人民共和国公共安全行业标准》GA/T 70-94。
- 《监控系统工程技术规范》GB/50198-94。

(4) 门禁系统的设计原则

- 系统的易操作性。系统的前端产品和系统软件应具有良好的可学习性和可操作性。特别是可操作性，通过简单培训就能掌握操作要领，达到独立完成值班任务的操作水平。
- 系统的实时性。为了防止门禁系统中任何一个子系统出现差错或停机影响到整个系统的运行，门禁系统的各子系统应设计成“不停机”系统，以保证整个系统正常运行。
- 系统的完整性。一个完整的门禁系统是建筑整体形象的重要标志，功能完善、设备齐全、管理方便是设计应考虑的因素。
- 系统的安全性。门禁系统在保证所有设备及配件性能安全可靠的同时，还应符合国内和国际的相关安全标准。另外，安全性还应体现在信息传输及使用过程中，确保不易被截获和窃取。
- 系统的可扩展性。门禁系统的设计与实施应考虑到将来可扩展的实际需要。系统设计时，可以对系统的功能进行合理配置，这种配置可以按照需求进行改变，系统可灵活增减或更新各个子系统。系统软件可以进行实时更新，并提供免费的软件升级服务。
- 系统的易维护性。门禁系统在运行过程中维护应尽量做到简单易行，使系统的运行真正做到“开电”即可工作。要充分地考虑系统的可靠性，在做到系统故障率最低的同时，也考虑即使在意想不到的问题发生时，要保证数据的方便保存和快速恢复，并且保证紧急时能迅速打开通道。整个系统的维护应采用在线式，不会因为部分设备的维护而停止所有设备的正常运作。
- 系统投资的最佳效果。这主要体现在 3 个方面：在满足客户要求和系统可靠性的前提下，初期的投资要尽可能少；系统运行后，保养和维护的费用要少；系统在未来进行搬迁或改造升级时，只需要少量资金便可达成。

(5) 联网型门禁系统的拓扑图

联网型门禁系统主要由多个客户终端、多个读写器、多个通道、交换机和服务器构成，是组网型门禁系统。联网型门禁系统有多种形式的终端，各种终端之间通过交换机相互通信，并使用服务器进行管理。联网型门禁系统的拓扑图如图 18-5 所示。联网型门禁系统的拓扑图说明如下。

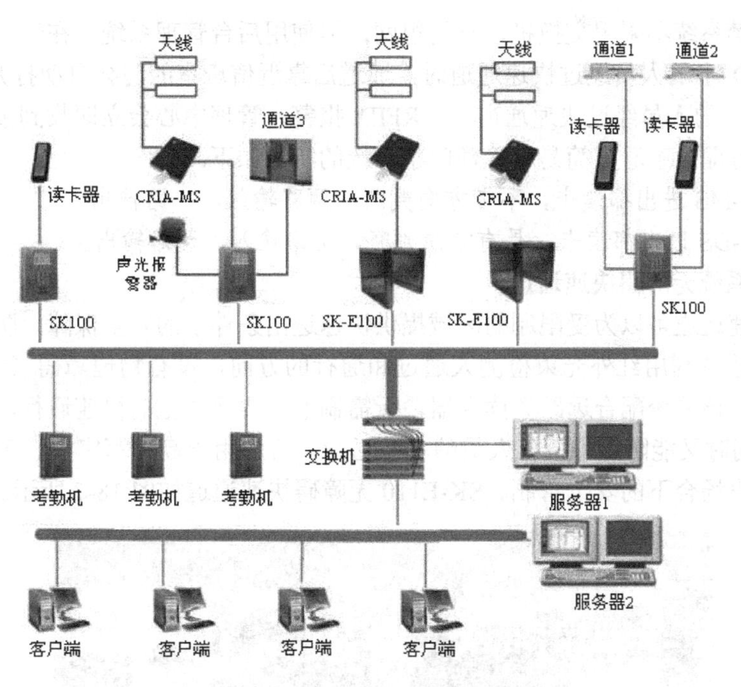

图18-5　联网型门禁系统

- 在 485 总线上，最多可以同时挂接 32 台控制器，如果全部采用 4 门控制的话，最多可控制 128 扇门。
- 总线采用手拉手的连接方式。
- 485 信号线要采用屏蔽双绞线，线径不能小于 0.75mm。当采用较小线径的信号线时，485 总线上所挂接的控制器数量和 485 总线的通信距离将减小。

(6)　简易型门禁系统的设计图

简易型门禁系统只有一种终端形式。简易型门禁系统的设计图如图 18-6 所示。

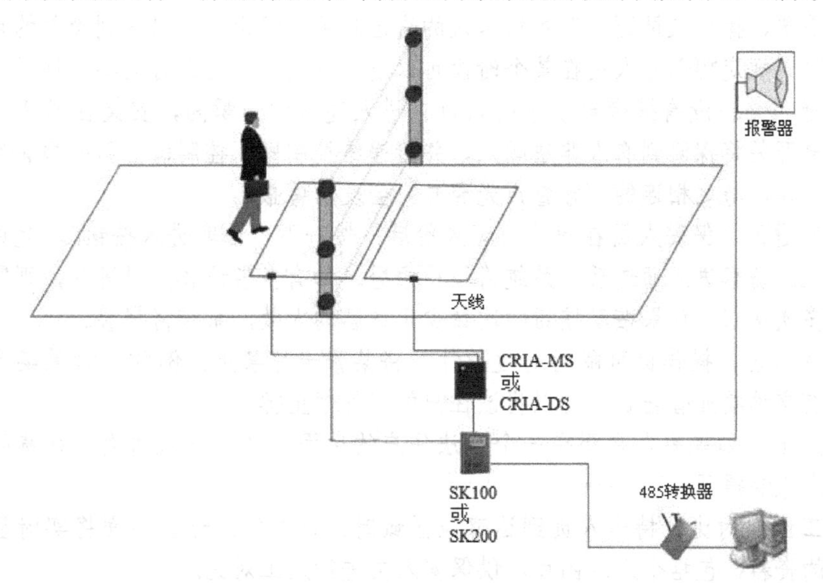

图18-6　简易型门禁系统

简易型门禁系统不采用交换机，不用组网，但使用后台管理系统，在管理中心可以实时监控。持 RFID 卡的人员经过快速通道时，通道后靠近值班室的门会自动打开，RFID 不报警。无 RFID 卡的人员经过快速通道时，RFID 报警，管理中心会立即收到报警信号，通过监控系统可进行即时查看。简易型管理门禁系统的特点如下。

- CR1A-MS 进出都读卡，不带方向判断，两路输入，一路输出。
- CR1A-DS 进出都读卡，具有方向判断，两路输入，两路输出。

(7) 门禁系统无障碍快速通道

无障碍快速通道可以为受限制的区域提供快速进出条件下的安全保障，防止未经授权的人员进入。该系统利用红外光束检测人通过和通行的方向，没有物理障碍（无闸臂），方便人员快速通行。该系统配合远距离读卡器，无需刷卡，实现真正的快速通行，通行速度可达到 3 人/秒，同时又能防止未授权人员的非法通行，可应用于高档写字楼、工厂、机场和试验室等快速进出场合下的安全管制。SK-E110 无障碍快速通道如图 18-7 所示。

图18-7　SK-E110 无障碍快速通道

SK-E110 无障碍快速通道系统的功能如下。

- 人员身份识别。只有持有合法卡的人员进入通道时，“通行绿灯”才会亮。根据需要，操作人员还可以对持卡人的进出权限进行设定，以达到管制的目的，如可以规定哪部分人员在某个时段可以进入该通道，其余时间不允许进入。
- 通道报警。没有携带合法卡的人员在进入通道的一瞬间，安装在通道两侧的光电开关将探测到有人非法闯入，并传递给控制器，控制器上面的报警继电器会动作，与之相连的“报警声光警号”会发出警报。
- 访客进入。保安人员在确认访客身份后，按一下“访客进入按钮”，允许访客进入。访客进入通道后，系统将不再报警。如有多名访客同时进入，则需要按动多次按钮，如果按动按钮的次数少于访客的人数，系统将报警。
- 卡片禁止。操作员可随时通过软件，将某张卡片禁止。例如，如果某个住户没有交纳物业管理费，可以将该住户的卡片禁止掉。
- 防尾随。如果有人紧跟在一个合法住户的后面，试图进入通道，系统同样会给出报警提示。
- 人工图像对比。持卡人员到达感应区域时，计算机的监控画面将实时显示该人的资料，包括个人的图片，供保安人员进行人工对比。

(8) 低频远距离感应卡

本系统采用英国 Census 低频远距离感应卡，型号为 TC6A，每个感应卡内有一个 64 位的号码。TC6A 感应卡如图 18-8 所示。

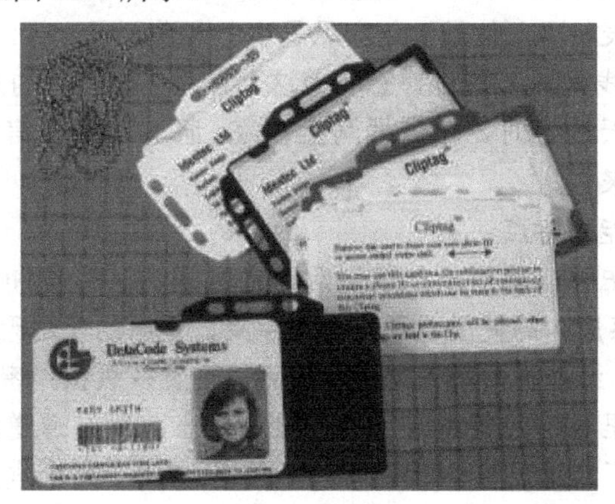

图18-8 TC6A 感应卡

(9) 远距离读卡器

采用低频远距离读卡器。低频可以穿透人的身体，只要人经过感应范围，读卡器就能读出，人不必掏出卡对准读写器。远距离 CR1A 读卡器外接两个 2 米的天线，在无外界干扰的情况下，读卡距离可达 3 米，可同时识别 55 张感应卡，识别速度高达 60 公里/小时。远距离读卡器 CR1A-DS 的内部结构如图 18-9 所示。

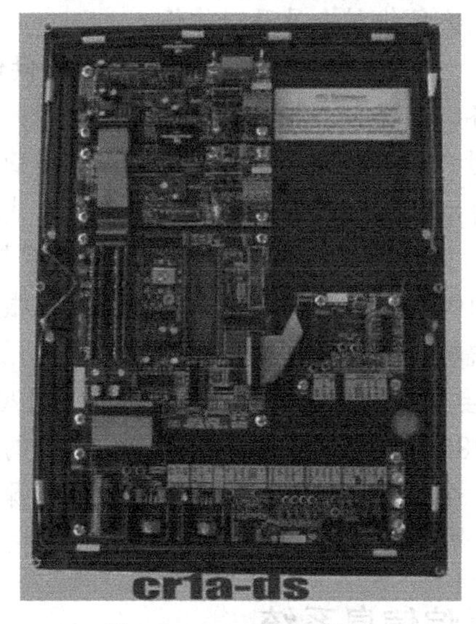

图18-9 CR1A-DS 内部结构

- 读卡器的技术参数。尺寸：矩形部分 88mm×56mm×3.5mm，整体 96mm×64mm×5mm。工作寿命：带电池，寿命 3 年以上，电池用完可更换。工作温度：−20℃ ~ +60℃。工作频率：135kHz。认证：美国 FCC 认证。
- 读卡器的工作原理。在通道经过的地方，分别埋设两个天线，称之为 A 天线和 B 天线。CR1A-DS 读卡器有两路单独的信号输出，称之为 A 通道输出和 B 通道输出，分别代表“有人进入”信号输出及“有人出来”信号输出。

当携带感应卡的人员靠近 A 天线时，A 天线读到感应卡，但不会有任何输出。

当感应卡从 A 天线到 B 天线时，就意味着这个人朝着进入的方向行走，这个过程中，感应卡前后被 A 天线和 B 天线读到，当感应卡被 B 天线读到的一瞬间，读卡器马上在 A 通道有一个信号输出，代表着“入信号”，意思是这个人进入了。

当感应卡又从 B 天线返回 A 天线，意味着这个人又在朝出来的方向行走。

当感应卡返回 A 天线处时，读卡器马上在 B 通道有一个信号输出，代表着“出信号”，意思是这个人出来了。

(10) 门禁系统的功能和特点

- 门禁系统是守护神。感应卡被识别后，通过确认其身份和使用时段，方能通行。可以设置感应卡的使用权限、使用年限、每周的使用天数、每日的使用时段，可以禁用已经挂失的个人识别卡，可以设置多级操作密码。
- 门禁系统是千里眼。门禁系统可以实时显示当前所有通道的进出情况，可以对以前时间内所有通道和卡的进出情况进行统计查询，进出人员均有相片显示，随时可查阅其人事档案。
- 门禁系统防尾随。门禁系统可以及时识别尾随在合法人员后面试图进入通道的非授权人员，并设有声光报警，既保证了合法人员的快速通过，又防止了非授权人员尾随进入。
- 门禁系统安全可靠。门禁系统采用无障碍通道，如遇到紧急情况对人员没有阻挡，可以确保人员的安全。门禁系统可以对设备的故障进行自检和跟踪监测，并有灯光提示，方便维护人员及时维修。
- 门禁系统方便灵活。门禁系统使用时，同步产生可供使用的用户数据库和历史数据库，可供财务、工资报表和其他管理部门使用。门禁系统可在网络回路上任意增减设备，用户应用软件界面友好，操作方便简单，全汉字分级显示，窗口式鼠标操作，自动式磁盘记录，具有多种查询方式。
- 门禁系统功能强大。门禁系统的容量非常大，每个控制器都可以保存 100000 张感应卡的信息和 100000 条出入的记录，并且可以根据用户的需要随时动态调整。门禁系统可脱机工作，计算机可存储 20 年的记录数据。门禁系统可提供 TPC/IPT 和 485 接口，通道与 485 通信距离可达 1200 米，采用多阶层连接方式，解决了传统 485 总线方式下通信距离受到限制的问题。门禁系统可以接控制器的数量为 32 个，现场控制器均采用独立的电源箱（二次电源）供电，即使 220V 断电，仍然可以用 220V 电源箱供电 5 小时。

18.2.2　德国 RFID 医院信息系统

现在大型医院都用上了医院信息化系统，但是目前医院信息化系统存在的一些问题并没有得到根本解决。例如，当遇到突发事件，面对必须及时施救的病人时，医生和护士必须寻找该病人的病例，在查看病人病史以及药物过敏史等重要信息后，才能针对病人的具体情况进行施救，然而这些查看过程会延误抢救病人的最佳时机。德国的 RFID 医院信息系统可以快速准确地解决这些问题，大大提高了医院治疗和管理病人的效率。

(1) 医院 RFID 系统的构成

医院的信息化系统已经对每一位挂号病人进行了基本信息录入，但是这个信息并不是实时跟着病人走的，只有医护人员到办公区域的电脑终端，才能查到病人的准确信息。现在，通过一条简单的 RFID 智能腕带，医护人员就可以随时掌握每一位病人的医疗信息。

当医院采用 RFID 系统后，每位住院的病人都将佩戴一个采用 RFID 技术的腕带，这里面储存了病人的相关信息，包括个人基本资料及药物过敏史等重要信息，更多更详细的信息可以通过 RFID 标签的编码到对应的中央数据库查阅。

医院 RFID 系统如图 18-10 所示。由图可以看出，医院服务器上存储着病人完整的病例，每个病区医生的 RFID 手持读写器上也可以存储所负责病人的相关病例，通过手持读写器可以准确读出病人腕带上的相关信息，并且也可以写入相应信息。

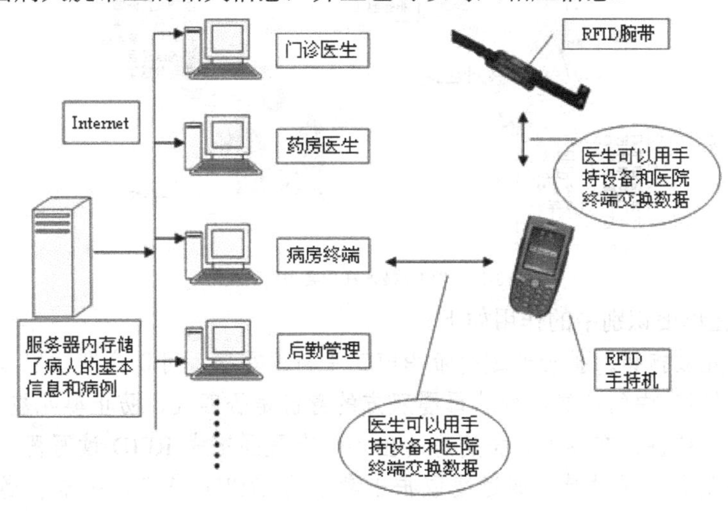

图18-10 医用 RFID 系统示意图

如今，RFID 技术完全可以代替现有病床前的病人信息卡。例如，病人是否对某种药物过敏，今天是否已经打过针，今天是否已经吃过药等监控信息，都可以通过 RFID 读写器和病人的腕带反应出来，这样可以大大提高管理病人的效率。

(2) 医院使用 RFID 的原则

医院在日常医疗活动中，每时每刻都要使用病人标识，包括使用记载着病人情况的床头标识卡，让病人穿上医院的标识服，让病人戴含有 RFID 技术的腕带等。医院使用 RFID 标识应该遵循以下 3 个基本原则。

- 提供确切的病人身份标识，标识准确而且统一，标识涵盖医院的各个部门。
- 建立病人与医疗档案，建立各种医疗活动的明确对应关系。
- 使用可靠的标识产品，确保病人标识不会被调换或丢失。

医院工作人员经常用类似“10 号床的病人，吃药了”这样的语言引导病人接受各种治疗。不幸的是，这些方法往往会造成错误的识别结果，甚至会造成医疗事故。

通过使用特殊设计的病人标识腕带，将标有病人重要资料的标识带系在病人手腕上进行 24 小时贴身标识，能够有效保证随时对病人进行快速准确地标识。同时，特殊设计的病人腕带能够防止被调换或除下，可以确保标识对象的唯一性和准确性。

医院也可以给工作人员佩戴 RFID 胸卡，这样医院不仅可以对病人进行管理，也可以对

医生进行管理，医院在紧急时可以找到最需要的医生。

(3)　RFID 在母婴识别上的应用

RFID 腕带可以应用在医院的很多方面，如可以应用在母婴识别上。刚刚出生的婴儿不能准确表达自己的状况，新生儿特征相似，如果不加以有效标识，往往会造成错误识别。单独对婴儿进行标识存在管理漏洞，母亲与婴儿是一对匹配的标识对象，将母亲与婴儿同时标识，可以杜绝恶意的人为调换，这对新生儿的标识尤为重要。

RFID 技术可以解决目前医院存在的母亲抱错婴儿、婴儿被盗等问题，如图 18-11 所示。当护士抱着婴儿离开时，婴儿腕带的识别信息必须和母亲的识别信息相匹配才能离开，如果信息不匹配，门禁系统就会发出报警，可以有效地防止婴儿被抱错。

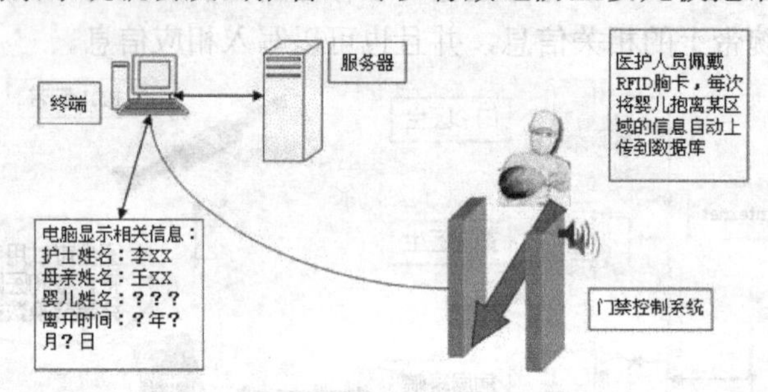

图18-11　RFID 技术在母婴识别的应用

RFID 技术在母婴识别中的作用如下。

- 防止婴儿被抱错。护士通过携带 RFID 手持读写器，可以分别读取母亲和婴儿 RFID 识别带中的信息，确认母婴双方的身份是否匹配，防止婴儿被抱错。
- 防止婴儿被盗。在各个监护病房的出入口布置固定式 RFID 读写器，每次有护士和婴儿需要通过时，通过读取护士身上的 RFID 身份识别卡和婴儿身上的 RFID 母婴识别带，身份确认无误后监护病房的门才能打开。同时，护士的身份信息、婴儿的身份信息及出入时间都被记录在数据库中，并配有监控录像，保安能够随时监控重点区域的情况。

(4)　德国盖博瑞尔 RFID 智能腕带

德国盖博瑞尔公司 RFID 智能腕带的芯片内置在柔软的树脂（ROYALPLAST）中，ROYALPLAST 采用高质量的聚碳树脂为基本材料，整个标签的厚度约为 2mm，符合欧洲 EN71-3 标准，经过硬化后，该材料不会对健康造成任何危险。德国盖博瑞尔公司的 RFID 智能腕带（Smart-Wrist）如图 18-12 所示。

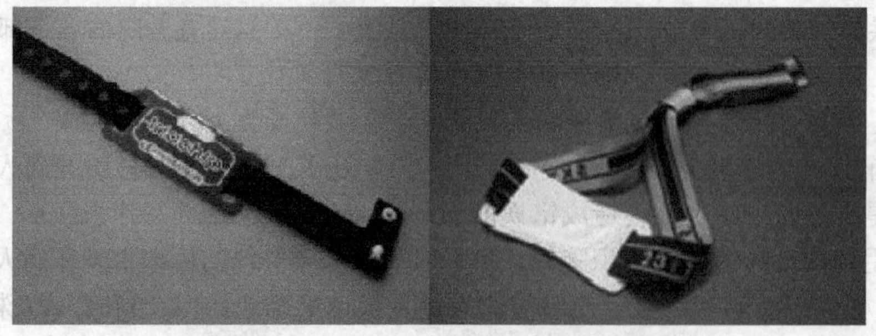

图18-12　德国盖博瑞尔 RFID 智能腕带（Smart-Wrist）

- 产品特征。防紫外线，可适应户外环境，防刮、防碰、不褪色、防潮、防油、防苯、防酸碱、防清洁剂和清洁粉。

- 耐热范围。-30℃～+120℃不变形。
- 芯片型号。TI、PHILIPS HILTAG、EN MRARIN、MIFARE 或 TEMIC 等。
- 频率。13.56MHz。
- 存储器。可读/可写。
- 读取距离。读取距离根据读写器规格而定，最大距离为 500mm。

(5) 医用 RFID 系统的优点

- 帮助医生或护士对交流困难的病人进行身份确认。
- 监视、追踪未经许可进入高危区域闲逛的人员。
- 当出现医疗紧急情况、传染病流行或恐怖威胁时，RFID 系统能够启动限制措施的执行，防止未经许可的医护人员、工作人员和病人进出医院。
- 病人的腕带上记录着病例的相关信息，医院管理人员对腕带数据进行加密，即使腕带丢失，也不会被其他人破解。
- 病区医生的手持读写器上存储着所负责病人的相关病例，医院服务器上存储着病人完整的病例，并且可以实时写入医疗的相应信息。
- 医院的工作人员佩戴 RFID 胸卡，医院可以通过胸卡对工作人员进行管理。

18.2.3 RFID 智能汽车钥匙防盗系统

随着汽车时代的到来，汽车无线接入技术得到了广泛应用，不仅提高了防盗安全性，而且给人们的汽车使用带来很大方便。目前 RFID 机动车辆防盗系统是 RFID 最大的应用领域之一，超过 10 亿的 RFID 智能汽车钥匙防盗系统正在使用。

(1) RKE 技术和 PKE 技术

遥控式免钥匙进入（Remote Keyless Entry，RKE）是第一代智能汽车钥匙防盗系统。RKE 使用主动式遥控车钥匙技术，该系统由钥匙发射模块和车内接收模块组成。车主按下钥匙上的按钮，钥匙端发出信号，信号中包含相应的命令信息；汽车端天线接收信号，经过车身控制模块（Body Control Module，BCM）认证后，由执行器实现启/闭锁的动作。RKE 在应用上有一定的便利性，但由于受到射频单向通信的限制，在安全上有其自身的不足。

被动式免钥匙进入（Passive Keyless Entry，PKE）是第二代智能汽车钥匙防盗系统。若汽车采用 PKE 系统，车主在整个驾车过程中不需要使用钥匙，只需要随身携带钥匙。当驾驶者走近汽车（在指定范围内），车钥匙接收到车载模块的感应信号，并发射应答信号，PKE 系统通过判断合法性自动为驾驶者打开车门，在这个过程中车主不需要操作钥匙。PKE 是无需用户操作的智能遥控车钥匙系统，相比 RKE 系统，PKE 系统更为方便。PKE 系统绝不仅仅带来了舒适与方便，其安全性也有了本质上的提高。PKE 系统通过低频（由车载模块到车钥匙）和射频（由车钥匙到车载模块）的双向通信，汽车与钥匙之间可以完成复杂的双向身份验证。PKE 还可以将遥控钥匙与引擎防盗合二为一，进一步提高了系统的安全性。

汽车的机械钥匙、RKE 钥匙和 PKE 钥匙如图 18-13 所示。

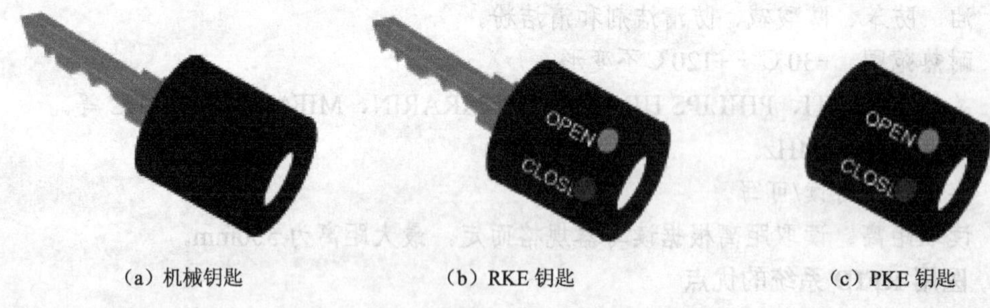

(a) 机械钥匙　　(b) RKE 钥匙　　(c) PKE 钥匙

图18-13 汽车的机械钥匙、RKE 钥匙和 PKE 钥匙

(2) RKE 原理

RKE 通常内置在汽车的 BCM 模块中，BCM 主要控制车门、车窗和内部照明等机电设备。RKE 不仅可以完成车门锁开启关闭，也可以与发动机防盗锁系统协同工作，在必要情况下禁止启动发动机，从而提高防盗水平。

遥控车钥匙包含一个识别信号产生芯片，由小型电池供电。识别信号由复杂的安全编码序列构成，早期使用定码方式，主机与车钥匙各有一组相同的密码，但是定码方式存在很多缺点，例如密码少、容易重复、容易复制和盗用，现在普遍采用滚码或跳码方式。密码依一定的编码函数，通常是 32 位或 64 位，每发射一次，密码随即变化一次，密码不会被轻易复制或盗取，安全性极高，然后进行数字调制等信号处理。由于安全性原因，编码算法等敏感信息高度保密，所以这类芯片通常对外部设备是黑盒子形式。同时这类芯片要求功耗极低，因为 99%的时间并不工作，所以低功耗设计很重要，非工作时段工作电流通常低到 100nA，而正常发射时段工作电流可达到 10mA～12mA。

RKE 通常采用 ASK 调制，在 RFID 技术中大量应用的 ASK 调制方式实现简单，成本较低。采用 FSK 调制也是一个发展方向，因为 FSK 调制在传输较高速率数据时更加稳定，抗干扰性也好于 ASK。对于 ASK 调制信号，主要通过包络检波和幅度检测等方式得到调制数据；对于 FSK 调制信号，通过鉴频电路或数字 IQ 解调得到调制数据。RKE 车载模块通过天线接收车钥匙发射的信号，目前 RKE 使用的射频载波频率包括 315MHz 和 433.92MHz，其中 315MHz 主要在北美使用，433.92MHz 主要在欧洲和日本使用。

(3) PKE 原理

PKE 在 RKE 的基础上，使车钥匙和车载模块之间变成双向通信。车载模块不断发射一种唤醒信号，通常为了避免车钥匙在较远距离被错误唤醒，唤醒信号通常采用 125 kHz 等低频信号，传输距离较短。车钥匙发射的信号与 RKE 类似，射频载波频率也是 315MHz 或 433.92MHz，这样车载模块接收车钥匙信号更稳定。

PKE 系统有两种工作方式。PKE 系统分为基站（车身）和应答器（钥匙）两部分。第一种工作方式是车辆中的基站单元不停地发送一条编码为 125 kHz 的低频报文，以搜寻并唤醒一定范围内的应答器。该信号范围内的所有应答器都能够接收到该报文，并对编码的数据字段进行验证。一旦车主身上的应答器识别成功，它就会自动发送一条频率为 315MHz 或 433.9MHz 的射频报文，基站单元在收到该报文后对其进行解码。如果识别成功，将控制指令执行机构打开车门。在第二种工作方式中，基站单元为了降低电流消耗并不会轮询应答器，基站单元一般处于休眠状态或掉电状态，只有当触发事件发生时才能将其唤醒，该触发事件一般是汽车门把手上的红外信号或者是由汽车门把手装置激活的微动开关。在第二种工作方式下，车主必须碰一下车门才能触发系统，从而打开车门。

(4) PKE 的优势

在 PKE 的功能实现方式和用户体验方面，PKE 比 RKE 拥有更大的优势。使用 RKE 的用户每次开锁和上锁前都需要按一下遥控器，而 PKE 用户则完全不需要任何操作，当用户从超市出来携带大量商品时，这一功能非常实用。PKE 系统能检测出车钥匙的位置，当车主携带车钥匙时，汽车能够判断出车主的位置，由此决定打开相应的车门或后备箱。当车主进入车内，只需要按汽车引擎按钮（而不是操作钥匙），汽车会自动检测车钥匙的位置，判断钥匙是否在车内，钥匙是否在主驾驶位置，若判断成功则自动发动汽车引擎。

从 PKE 和 RKE 两者的工作原理来看，在安全性方面，PKE 的双向通信认证方式显然更安全，这种方式大大降低了被截码、破解的可能性。特别是在抗干扰方面，RKE 很容易因为受到同频干扰而无法正常工作，而 PKE 在受到同频干扰时门会一直处于上锁状态，从而保证了用户的财产安全。整车的防盗系统对电路、油路和启动进行三点式锁定，就算防盗器被恶意拆除，也不能启动汽车。

(5) PKE 的不足

PKE 系统的制造成本相对于 RKE 要高一些。另外，由于 PKE 是被动式的工作原理，系统的功耗相对较大，电子钥匙的电池寿命比 RKE 要短。

18.3 本章小结

票证防伪、食品防伪、门禁管理和医疗管理等各个方面都涉及防伪和安全，本章介绍了物联网 RFID 在防伪和安全领域的应用案例和应用优势。

在 RFID 防伪领域，电子门票在传统纸质门票的基础上嵌入了 RFID 标签，实现了制票、检票、数据采集、数据结算和信息分析整个业务流程的全自动化管理。RFID 防伪标签已经用于五粮液酒的防伪项目，建立了 RFID 在食品防伪和追溯管理方面的应用模式。

在安全领域，RFID 技术已经渗透到员工考勤、电子门禁、医疗管理和汽车防盗等各个领域。RFID 门禁系统具有对通道出入控制、保安防盗和报警等多种功能。医院采用 RFID 系统后，每位病人都将佩戴一个 RFID 腕带，通过手持读写器可以读出病人的信息，也可以通过 RFID 标签中的编码到中央数据库查阅病人的详细信息。目前 RFID 机动车辆防盗系统是 RFID 最大的应用领域之一，超过 10 亿的 RFID 智能汽车钥匙防盗系统正在使用。

18.4 思考与练习

18.1 简述 RFID 电子门票系统的组成和电子门票系统的功能。

18.2 传统门票存在什么问题？简述南非世界杯预选赛（中国-澳大利亚）RFID 电子门票系统采用什么解决方案。

18.3 简述五粮液酒 RFID 防伪系统的项目背景、项目目标及应用功能。五粮液 RFID 电子标签、数据采集系统和防伪查询系统的特点是什么？

18.4 什么是门禁系统？简述门禁系统的特点、设计依据和设计原则。简述联网型门禁系统和简易型门禁系统在设计上的不同。

18.5　门禁系统无障碍快速通道与低频远距离读卡系统工作原理相同吗？各自有什么特点？

18.6　简述医院 RFID 系统的构成和医院使用 RFID 的原则。简述德国 RFID 智能腕带的技术参数，并说明医用 RFID 系统的优点。

18.7　什么是遥控式免钥匙进入（RKE）技术？什么是被动式免钥匙进入（PKE）技术？简述 RFID 智能汽车钥匙防盗系统的工作原理和优点。

习题答案

第3章

3.3 （1）100 000；（2）1 000 000 000；（3）1 000 000 000 000。

3.5 （1）2^{15}；（2）2^{13}；（3）2^{34}；（4）4 611 686 018 427 387 904。

第4章

4.4 $3W \Rightarrow 34.77dBm$，以 e.r.p 计 $32.62dBm$；$1.8W \Rightarrow 32.55dBm$，功率小。

4.5 （1）$1.5\times10^8 m/s$；（2）$0.95\times10^8 m/s$。

4.6 2400m，22.12m，0.69m，0.35m，0.33m，0.12m，0.05m。

4.7 （1）$k = 51.3rad/m$，$\eta_0 = 377\Omega$；（2）$H_y = 5.3\times10^{-6} A/m$；（3）$S_{av} = 5.3\times10^{-9} W/m^2$。

4.9 $R = -0.5$，$T = 0.5$。

4.13 $E_{rms} = 0.82V/m = 118.3dB\mu\cdot V\cdot m^{-1}$，$H_{rms} = 0.0022A/m = 66.7dB\mu\cdot A\cdot m^{-1}$。

4.14 $E_{rms} = 109.5dB\mu\cdot V\cdot m^{-1} = 0.30V/m$，e.i.r.p 为 $P = 182mW$。

第5章

5.2 $L_{bf} = 44.9dB$。

5.4 （1）$35.15dBm \Rightarrow 3.28W$；（2）$P_{t\,rms} = 1.44\times10^{-4} W \Rightarrow -8.4dBm$。

5.11 （1）$0.0085m^2$，$0.0012m^2$；（2）$0.013m^2$，$0.0019m^2$；（3）$0.014m^2$，$0.002m^2$。

5.12 （1）$E_{rms} = 1.07V/m$；（2）$r = 9.27m$。

5.13 （1）$V_e = 121mV$；（2）$P_L = 50\mu W$。

5.16 $P|_{back} = -47.6dBm$。

第 6 章

6.2　（1）$F(\theta,\varphi)=\sin\theta$；（2）$2\theta_{0.5}=90°$；（3）$D=1.5$。

6.5　（1）$D=10.1$；（2）$\eta_A=83.3\%$；（3）$G=8.4$。

6.9　1.6×10^3m。

6.10　22.1m。

6.11　0.18m。

第 7 章

7.4　C=157.4pF，R=7.45Ω。

7.5　BW=3.4×10^5Hz，BW=4.3×10^5Hz。

7.8　L=586.9nH，C=938.9pF。

第 8 章

8.2　（1）节点 A 处和 B 处频率为 840MHz，节点 C 处频率为 30kHz，节点 D 处和 E 处频率为 840.03MHz；（2）节点 A 处和 J 处频率为 840MHz，节点 I 处和 H 处频率为 60kHz，节点 G 处和 F 处频率为 840.06MHz。

8.6　$C_1'=10.6$pF，$L_2'=53.1$nH，$C_3'=21.2$pF。

第 9 章

9.3　（1）1200bit/s；（2）3600bit/s。

9.4　400Baud。

9.5　13312。

9.6　（1）25kbit/s；（2）28.9dB。

第 10 章

10.4　0.008%。

10.5　1.6×10^4s。

10.7　（1）10110011；（2）10110010；（3）7/8；（4）可以；（5）不能。

第 12 章

12.4　（1）$\lambda_0=1.45\mu m$；（2）$q=1.45\mu m$。

12.5　$p=4.75\mu m$。

12.6　（1）$t=0.8\mu s$；（2）$t=0.63\mu s$；（3）$t=0.65\mu s$，$N=1.54\times10^6$。

12.13　（1）每块有 16 个字节，每个字节 8bit，每块的存储容量为 16×8=128bit。（2）分为 40 个扇区，其中，32 个扇区中每个扇区为 64 个字节，每个扇区的存储容量为 64×8=512bit；8 个扇区中每个扇区为 256 个字节，每个扇区的存储容量为 256×8=2048bit。（3）32×512+8×2048=32768bit，由于 1Kbit=1024bit，所以 32768bit=32Kbit。

参考文献

[1]RFID 中国论坛 www.rfidchina.org
[2]RFID 世界网 www.rfidworld.com.cn
[3]中国物品编码中心 www.ancc.org.cn
[4]中国自动识别技术协会 www.aimchina.org.cn
[5]EPCglobal 标准化组织 www.epcglobal.org.cn
[6]中国射频识别 RFID 技术政策白皮书[S].2006.
[7]Klaus Finkenzeller（德）.王俊峰，宋起柱，彭潇，马爱文等译.射频识别技术.6 版[M].北京：电子工业出版社，2015.
[8]刘礼白.特高射频识别技术及应用[M].北京：科学出版社，2014.
[9]李全圣，刘忠立，吴里江.特高射频识别技术及应用[M].北京：国防工业出版社，2010.
[10]Dominique Paret（法）.安建平，高飞译，薛艳明等译.超高频射频识别原理与应用[M].北京：电子工业出版社，2013.
[11]单承赣，单玉锋，姚磊等.射频识别（RFID）原理与应用.2 版[M].北京：电子工业出版社，2015.
[12]章伟，甘泉.UHF RFID 标签天线设计、仿真与实践[M].北京：电子工业出版社，2012.
[13]武传坤等.物联网安全技术[M].北京：科学出版社，2013.
[14]张智文.射频识别技术理论与实践[M].北京：中国科学技术出版社，2008.
[15]周晓光，王晓华，王伟.射频识别（RFID）系统设计、仿真与应用[M].北京：人民邮电出版社，2008.
[16]樊昌信，曹丽娜.通信原理.7 版[M].北京：国防工业出版社，2015.
[17]Pozar D M.张肇仪，周乐柱，吴德明译.微波工程.3 版[M].北京：电子工业出版社，2015.
[18]Reinhold Ludwig，Pavel Bretchko.王子宇，王心悦等译.射频电路设计-理论与应用.2 版[M].北京：电子工业出版社，2013.
[19]黄玉兰.物联网-射频识别（RFID）核心技术教程[M].北京：人民邮电出版社，2016.
[20]黄玉兰.ADS 射频电路设计基础与典型应用.2 版[M].北京：人民邮电出版社，2015.
[21]黄玉兰.射频电路理论与设计.2 版[M].北京：人民邮电出版社，2014.
[22]黄玉兰.物联网传感器技术与应用[M].北京：人民邮电出版社，2014.
[23]黄玉兰.电磁场与微波技术.2 版[M].北京：人民邮电出版社，2012.
[24]黄玉兰.物联网核心技术[M].北京：机械工业出版社，2011.
[25]黄玉兰.物联网概论[M].北京：人民邮电出版社，2011.
[26]黄玉兰，梁猛.电信传输理论[M].北京：北京邮电大学出版社，2004.